凤阳山植物图说

第三卷

Atlas of Vascular Plants in Fengyang Mountain

Volume 3

主　编　金孝锋　叶立新　陈征海　徐跃良

ZHEJIANG UNIVERSITY PRESS
浙江大学出版社
·杭州·

图书在版编目（CIP）数据

凤阳山植物图说. 第三、四卷 / 金孝锋等主编. — 杭州 : 浙江大学出版社，2023.2
ISBN 978-7-308-21695-1

Ⅰ. ①凤… Ⅱ. ①金… Ⅲ. ①山—植物—龙泉—图谱 Ⅳ. ①Q948.525.54-64

中国版本图书馆CIP数据核字(2021)第174885号

凤阳山植物图说（第三、四卷）
金孝锋　叶立新　陈征海　徐跃良　主编

策划编辑　季　峥
责任编辑　季　峥
责任校对　张凌静
封面设计　十木米
出版发行　浙江大学出版社
（杭州市天目山路148号　邮政编码310007）
（网址:http://www. zjupress. com）
排　　版　杭州晨特广告有限公司
印　　刷　杭州宏雅印刷有限公司
开　　本　787mm×1092mm　1/16
印　　张　49
字　　数　1100千
版 印 次　2023年2月第1版　2023年2月第1次印刷
书　　号　ISBN 978-7-308-21695-1
定　　价　398.00元

浙江大学出版社市场运营中心联系方式:0571-88925591;http://zjdxcbs.tmall.com

内容简介

本卷记载了钱江源-百山祖国家公园龙泉保护中心(简称保护区)及其邻近区域的野生、归化、逸生及习见栽培的被子植物(双子叶植物:芸香科至菊科)31科,228属,433种。其中,浙江特有种5种,被列入国家或浙江省重点保护野生植物共4种。绝大部分植物有中文名、拉丁名、形态、产地、生境、分布及用途介绍。

本书可供农业、林业、园艺、医药、环保、自然保护或生物多样性研究等行业的科技人员、管理人员及广大植物爱好者参考,也可作各类院校植物学、农学、林学、园艺学、中药学、生态学等相关专业的辅助教材。

《凤阳山植物图说》
编辑委员会

主　任：李先顶　叶伟玲

副主任：季新良　余　英　叶立新　沈庆华

委　员：马　毅　杨少宗　陈　锋　张　洋　陈友吾
刘胜龙　刘玲娟　叶　飞　周伟龙　余盛武

主　编：金孝锋　叶立新　陈征海　徐跃良

副主编：王军峰　鲁益飞　季新良　陈　锋　刘胜龙
谢文远　陈友吾　梅旭东　张　洋　杨少宗

编　委（按姓氏笔画为序）：

马　毅　王　丹　王军峰　王　盼　王健生
叶　飞　叶立新　叶茂兴　朱光权　刘玲娟
刘胜龙　李美琴　杨少宗　余盛武　张方钢
张　洋　陈子林　陈友吾　陈征海　陈　波
陈　锋　季新良　金水虎　金孝锋　周伟龙
徐跃良　梅旭东　鲁益飞　谢文远

顾　问：丁炳扬

本卷编著者

卷主编：徐跃良　杨少宗

卷副主编：谢文远　张　洋　余盛武

编著者：

芸香科、酢浆草科、牻牛儿苗科　陈子林、王　盼(磐安中药产业发展促进中心)

凤仙花科、车前科、紫葳科、败酱科、菊科(管状花亚科)

徐跃良(浙江自然博物院)、马　毅(钱江源-百山祖国家公园龙泉保护中心)

五加科　刘胜龙、王　丹(钱江源-百山祖国家公园龙泉保护中心)

马鞭草科　叶立新、余盛武(钱江源-百山祖国家公园龙泉保护中心)

伞形科　谢文远(浙江省森林资源监测中心)、

叶　飞(钱江源-百山祖国家公园龙泉保护中心)

马钱科、醉鱼草科、萝藦科、旋花科、菟丝子科、紫草科

杨少宗(浙江省林业科学研究院)

龙胆科、列当科、苦苣苔科、爵床科、狸藻科　张　洋(浙江自然博物院)

夹竹桃科、桔梗科、茜草科　王健生(金华职业技术学院)、

骆珍莎(钱江源-百山祖国家公园龙泉保护中心)

茄科　陈友吾(浙江省林业科学研究院)

唇形科、水马齿科　丁炳扬(浙江省林业科学研究院)

木犀科　朱光权(浙江省林业科学研究院)

玄参科　张方钢(浙江自然博物院)

忍冬科　陈征海(浙江省森林资源监测中心)

菊科(舌状花亚科)　金孝锋(浙江农林大学)

Authors and division

Volume editors-in-chief

Yue-Liang XU and Shao-Zong YANG

Volume associate editors-in-chief

Wen-Yuan XIE, Yang ZHANG and Sheng-Wu YU

Authors

Rutaceae, Oxalidaceae, Geraniaceae

Zi-Lin CHEN and Pan WANG (Traditional Chinese Medicine Industry Development and Promotion Center of Pan'an County)

Balsaminaceae, Plantaginaceae, Bignoniaceae, Valerianaceae, Asteraceae (Tubiflorae)

Yue-Liang XU (Zhejiang Museum of Natural History), Yi MA (Longquan Protective Center of Qianjiangyuan-Baishanzu National Park)

Araliaceae

Sheng-Long LIU and Dang WANG (Longquan Protective Center of Qianjiangyuan-Baishanzu National Park)

Verbenaceae

Li-Xin YE and Sheng-Wu YU (Longquan Protective Center of Qianjiangyuan-Baishanzu National Park)

Apiaceae

Wen-Yuan XIE (Zhejiang Forest Resources Monitoring Centre)

Fei YE (Longquan Protective Center of Qianjiangyuan-Baishanzu National Park)

Loganiaceae, Buddlejaceae, Asclepiadaceae, Asclepiadaceae, Cuscutaceae, Boraginaceae

Shao-Zong YANG (Zhejiang Academy of Forestry)

Gentianaceae, Orobanchaceae, Gesneriaceae, Acanthaceae, Lentibulariaceae

Yang ZHANG (Zhejiang Museum of Natural History)

Apocynaceae, Campanulaceae, Rubiaceae

Jian-Sheng WANG (Jinhua Ploytechnic)

Zhen-Sha LUO (Longquan Protective Center of Qianjiangyuan-Baishanzu National Park)

Solanaceae

You-Wu CHEN (Zhejiang Academy of Forestry)

Labiatae, Callitrichaceae

Bing-Yang DING (Zhejiang Academy of Forestry)

Oleaceae

Guang-Quan ZHU (Zhejiang Academy of Forestry)

Scrophulariaceae

Fang-Gang ZHANG (Zhejiang Museum of Natural History)

Caprifoliaceae

Zheng-Hai CHEN (Zhejiang Forest Resources Monitoring Centre)

Asteraceae (Liguliflorae)

Xiao-Feng JIN (Zhejiang A&F University)

前　言

凤阳山（北纬27°46′′~27°58′′，东经119°06′′~119°15′）位于浙江省南部龙泉市南，为武夷山脉向东延伸的洞宫山系的一部分，面积$15171.4\times10^4m^2$，是浙江凤阳山-百山祖国家级自然保护区的重要组成部分。凤阳山地形复杂，地貌多样，群峰叠翠，峡谷纵深，沟壑交错。主峰黄茅尖海拔1929m，为浙江省内最高峰，也被誉为“江浙第一峰”。凤阳山处于我国东部典型亚热带季风型气候区，季风交替显著，季节变化明显，四季分明，年温适中，雨量丰沛，空气湿润，垂直气候差异显著。复杂的地形地貌、适宜的气候水文条件，孕育了丰富的生物资源，滋生了众多植物种类，也使之成为中国生物多样性关键地区之一的闽浙赣山地的重要组成部分。1975年，凤阳山省级自然保护区经浙江省人民政府批准成立；1992年，经国务院批准，与相邻的百山祖省级自然保护区（1985年批准成立）合并成立了浙江凤阳山-百山祖国家级自然保护区，主要以珍稀野生动植物及亚热带森林生态系统为保护对象，由浙江凤阳山-百山祖国家级自然保护区下辖的凤阳山管理处管理。

凤阳山丰富的植物资源，吸引了许多专家、学者来此考察研究。新中国成立初期至20世纪70年代初，先后有中国科学院植物研究所吴鹏程、中国科学院植物研究所华东工作站（现为南京中山植物园）单人骅、上海师范学院欧善华、华东师范大学王金诺、杭州植物园章绍尧、杭州大学（后并入浙江大学）张朝芳和郑朝宗、浙江林业学校王景祥等入山考察和采集，为省级自然保护区的建立提供了第一手资料。1980年后，调查采集的规模和次数大大增加，其中规模较大的考察有四次：一是1980年3—10月，杭州大学生物系（浙江省生物资源考察队）与凤阳山管理处合作开展动植物资源调查，采集植物标本3000多号。二是1980年4—5月，丽水地区科学技术委员会组织了保护区综合考察，参加单位有杭州大学、浙江林业学校、杭州植物园、浙江自然博物馆、浙江省林业科学研究所、浙江林学院、上海师范学院、丽水地区林业局及下属林科所等，采集标本1500多号，编写了考察报告和植物名录，对保护区植物资源有了比较全面的了解。三是1983年7月—1984年12月，浙江省林业厅抽调省内各个自然保护区的科技人员组成自然保护区考察组，对保护区木本植物做了考察，编写了相关考察报告。四是2003年7—8月，凤阳山管理处再次组织了动植物综合考察，参加植物资源调查的有浙江大学、浙江林学院、浙江中医学院、丽水市林业局、浙江自然博物馆等，并出版了《凤阳山自然资源考察与研究》(中国林业出版社2007年出版)。

生物多样性编目与分类、生物多样性监测是全球生物多样性研究的两个核心问题。物种编目是了解物种多样性的基础，只有掌握物种分布格局、物种与环境的关系，才能为物种监测和科学管理提供依据。对于保护区内维管植物的物种编目工作，较为系统、全面的有：20世纪70年代，欧善华和王金诺编写《浙南百山祖、凤阳山、昴山种子植物名录》；1980年，丽水地区科学技术委员会对保护区组织了综合考察，据此编写的《凤阳山自然保护区综合科学考察报告》附有植物名录；1998年，丁炳扬等收集历年调查结果，编写《凤阳山种子植物名录》，后又进行种子植物区系特征的分析；2003年，凤阳山管理处再次组织综合考察，丁炳扬等修订的植物名录收载于《凤阳山自然资源考察与研究》。已知保护区有蕨类植物37科74属203种，种子植物164科666属1464种，但以往名录中的植物种类大多仅来自保护区内官埔垟至大田坪、炉岙大湾、大田坪至凤阳庙、凤阳湖、将军岩、乌狮窟和黄茅尖一带的调查，很少涉及保护区外围人为活动频繁的试验区。除此以外，龙泉昴山的植物调查采集历史更悠久，不少种类也编入了名录。

随着钱江源-百山祖国家公园的创建，准确了解作为重要组成部分的龙泉凤阳山的物种组成和变化情况意义重大。自2018年始，凤阳山管理处与浙江农林大学、杭州师范大学、浙江自然博物院、浙江省森林资源监测中心、浙江省林业科学研究院等单位合作，进一步开展有针对性的植物资源调查，其中组织规模较大的调查有2018年7月、9月，2019年4月、6月、10月，2020年7月，共6次，遍及保护区核心区、缓冲区、试验区及外围邻近地区。在此基础上，结合以往的调查采集和分类研究成果，进一步修订了维管植物名录，汇编成《凤阳山植物图说》。

在编写过程中，中国科学院植物研究所王文采院士给予热情指导，浙江农林大学植物标本馆、杭州植物园标本馆、浙江自然博物院标本馆、浙江大学植物标本馆和杭州师范大学植物标本馆为标本查阅提供极大便利，凤阳山管理处的领导和工作人员对工作大力支持，编著者不畏艰险、团结合作，都是本次编著工作顺利开展的有力保障。在此表示衷心的感谢！

限于编著者水平，错误疏漏之处难免，敬请各位专家、学者和广大读者批评指正。

《凤阳山植物图说》编辑委员会

2022年12月

编写说明

1.《凤阳山植物图说》(简称《图说》)收录的种类为钱江源－百山祖国家公园龙泉保护中心(简称保护区)及其邻近区域的野生、归化、逸生及习见栽培维管植物。其中,石松类和蕨类植物采用张宪春(2012)的分类系统;裸子植物采用克里斯滕许斯(Christenhusz,2011)的分类系统;被子植物采用克朗奎斯特(Cronquist,1988)的分类系统。

2.《图说》共分四卷:第一卷为概论、石松类和蕨类植物、裸子植物门和被子植物门(木兰科至马齿苋科);第二卷为被子植物门(石竹科至楝科);第三卷为被子植物门(芸香科至菊科);第四卷为被子植物门(泽泻科至兰科)。

3.《图说》所记载的种类主要以区域内历年采集的标本和拍摄的照片为依据;对于以往文献或调查报告记载而无标本或照片的,经作者考证后酌情收录。

4.《图说》在科后附有调查区域的该科植物名录;科内所有属均有记录,属内详细记录的种不少于总种数的2/3,未详细记录的种在分种检索表中给出主要鉴别特征,种名前加"*"而不编号,以方便使用。种下等级(亚种、变种和变型)一般在模式种后作简要介绍。

5.详细记录的种主要介绍了种名、形态特征、物候期、产地、生境、简要分布区及主要用途,并附有彩色照片。中文名和拉丁名的异名酌情列出。

6.产地主要指物种在区内的分布情况,除常见者外,尽可能给出具体信息。具体记录的产地信息有官埔垟、炉岙、龙南(上兴)、老鹰岩、乌狮窟、凤阳庙、大田坪、黄茅尖、将军岩、凤阳湖(双折瀑)、双溪、均益、金龙、龙案、西坪、坪田、横溪、烧香岩、大小天堂、南溪口、东山头、干上、南溪。此外,还记录与保护区毗邻的兰巨、大赛等地,以及国家公园建设范围内的小梅金村、大窑、屏南瑞垟等地。描述物种分布区和主要用途时力求精练。保护区如为模式标本产地、物种列入《国家重点保护野生植物名录》(2021)或《浙江省重点保护野生植物名录》的,也相应列出。

7.本卷彩色图片除由各科作者提供以外,还承王军峰、倪孔正、钟建平、叶喜阳、吴棣飞、张培林、李根有、梅旭东、王挺等提供,谨致谢忱。

目　录

九九　芸香科 Rutaceae

乔木、灌木或草本，稀木质藤本。全体含芳香油。单叶或复叶，互生或对生；叶片常有半透明油点；无托叶。聚伞状、伞房状或圆锥花序，稀总状花序或单花；花常辐射对称，两性或单性，稀杂性同株；萼片4或5，离生或基部合生；花瓣4或5，多离生；雄蕊4或5，或为花瓣的倍数，花药2室，纵裂，药隔顶端常有油点；子房上位，稀半下位，心皮2~5或多数，分离至完全合生，每室具胚珠1至多粒，花柱分离或合生，柱头头状，常增大。果为蓇葖果、蒴果、核果、浆果或柑果，稀为翅果。

约155属，1600余种，分布于全球，主产于热带和亚热带地区。本区有8属，16种。

松风草 *Boenninghausenia albiflora*（Hook.）Reichb. ex Meisn.

柚 *Citrus maxima*（Burm.）Merr.

柑橘 *Citrus reticulata* Blanco

山橘 *Fortunella hindsii*（Champ. ex Benth.）Swingle

秃叶黄檗 *Phellodendron chinense* C. K. Schneid. var. *glabriusculum* C. K. Schneid.

日本茵芋 *Skimmia japonica* Thunb.

茵芋 *Skimmia reevesiana*（Fortune）Fortune

臭辣树 *Tetradium glabrifolium*（Champ. ex Benth.）T. G. Hartley

吴茱萸 *Tetradium ruticarpum*（A. Juss.）T. G. Hartley

飞龙掌血 *Toddalia asiatica*（L.）Lam.

椿叶花椒 *Zanthoxylum ailanthoides* Siebold et Zucc.

竹叶椒 *Zanthoxylum armatum* DC.

朵椒 *Zanthoxylum molle* Rehder

大叶臭椒 *Zanthoxylum myriacanthum* Wall. ex Hook. f.

花椒簕 *Zanthoxylum scandens* Blume

野花椒 *Zanthoxylum simulans* Hance

分属检索表

1. 多年生草本；2~3回三出复叶 ………………………… 1. 石椒草属 *Boenninghausenia*

1. 乔木、灌木或木质藤本；1回羽状复叶、三出复叶、单身复叶或单叶。

　2. 叶对生。

　　3. 小枝无顶芽，腋芽被叶柄基部包被；核果………………………… 2. 黄檗属 *Phellodendron*

　　3. 小枝具顶芽，腋芽外露；蓇葖果 ………………………… 3. 四数花属 *Tetradium*

　2. 叶互生。

　　4. 枝通常有刺，如无刺，则为柑果；叶为复叶。

　　　5. 羽状或掌状三出复叶；落叶或常绿。

　　　　6. 奇数羽状复叶；蓇葖果 ………………………… 4. 花椒属 *Zanthoxylum*

6. 掌状三出复叶；核果 ………………………………………………………… 5. 飞龙掌血属 *Toddalia*

5. 单身复叶，稀单叶；常绿。

7. 果小，直径通常不逾3cm；子房3~6室，每室具胚珠2 ……………………… 6. 金橘属 *Fortunella*

7. 果大，直径常超过4cm；子房7~15室或更多，每室具胚珠多数 ………………… 7. 柑橘属 *Citrus*

4. 枝无刺；浆果状核果；单叶 …………………………………………………… 8. 茵芋属 *Skimmia*

1 石椒草属 *Boenninghausenia* Reichb. ex Meisn.

多年生宿根草木；有浓烈气味。2回三出复叶，互生；小叶片无毛，有细小油点。聚伞花序，顶生或生于侧枝顶端，花多数，花枝细，基部有小叶片；花两性；萼片4枚，下部合生；花瓣4枚，白色，先端常带淡红色，倒卵状长圆形，覆瓦状排列；雄蕊8；心皮4，基部贴生。蓇葖果熟时各心皮由顶部沿腹缝线开裂为果瓣；每瓣有数粒种子。种子肾形。

1种，分布于亚洲东部及东南部。本区也有。

松风草　臭节草

Boenninghausenia albiflora（Hook.）Reichb. ex Meisn.

多年生宿根草本，高50~80cm，基部常木质化；全体有浓烈气味。嫩枝髓部很大，常中空。2回三出复叶，小叶片倒卵形、菱形或椭圆形，长1~2cm，宽5~18mm，先端圆钝，基部钝，全缘，上面绿色，下面灰绿色，两面无毛，有半透明油点。聚伞花序长可达20cm；萼片长约1mm，无毛；花瓣白色，有时先端淡红色，长6~9mm，有透明油点；雄蕊4，花药黄色至红色；心皮4枚，有凸起腺点，子房柄明显。果瓣有明显黄色腺点。种子黑褐色，肾形，长约1mm。花期4—8月，果期9—10月。

区内各地常见。生于山坡林下、山沟边或林缘阴湿处。分布于亚洲东部及东南部。

全草入药，有解表、截疟、活血、解毒之功效。

2 黄檗属 *Phellodendron* Rupr.

落叶乔木。树皮厚,有发达的木栓层,纵裂,内皮黄色,味苦;小枝无顶芽,腋芽为叶柄基部包被,位于马蹄形的叶痕之内。叶对生;奇数羽状复叶;小叶片边缘常有锯齿,齿缝处有较明显的油点。圆锥状聚伞花序,顶生;花细小,单性,5基数;花丝基部两侧或腹面常被长柔毛;退化雌蕊短小,5叉裂;心皮5,合生,子房5室,每室具胚珠2粒。核果近圆球形,具4~10分核。种子卵状椭圆球形,种皮骨质;胚直立,胚乳薄,肉质。

2~4种,主要分布于亚洲东部和东南部。本区有1种。

秃叶黄檗 秃叶黄皮树

Phellodendron chinense C. K. Schneid. var. **glabriusculum** C. K. Schneid.

落叶乔木,高达10m。枝无毛,灰褐色。小叶柄长1~3mm;叶轴、叶柄及小叶柄均近无毛,或仅在上面被稀疏短毛。小叶7~11,小叶片厚纸质,椭圆状卵形,长5~10cm,宽2~4cm,先端急尖至渐尖,基部宽楔形至近圆形,边缘具浅波状齿至近全缘,上面绿色,仅中脉有短毛,下面常呈青灰色,沿中脉两侧被稀疏短柔毛,或几无毛,但有甚细小的鳞片状体。果序轴及果梗粗壮,密被短柔毛;果近球形,黑色,直径8~10mm。花期6—7月,果期10—11月。

见于官埔垟等地。生于山脚路边林中。分布于华东、华中、华南、西南、西北。

浙江省重点保护野生植物。

3 四数花属 *Tetradium* Lour.

常绿、落叶灌木或乔木。叶对生；奇数羽状复叶，稀单叶；小叶对生，小叶片具明显或不明显的油点。聚伞花序或伞房状圆锥花序，顶生或腋生；花单性，雌雄异株；萼片4或5，基部合生；花瓣4或5；雄花具4或5枚离生雄蕊，长为花瓣长的1.5倍，花丝中部以下被长柔毛，退化子房顶端3~5裂；雌花具不发育的舌状雄蕊，心皮4或5，基部合生，每室具胚珠1或2粒，花柱贴合，柱头盾形。蓇葖果基部合生，每分果瓣有1或2粒种子，外部果皮（外果皮和中果皮）干燥或多少肉质，内果皮软骨质。种子具肉质胚乳，含油丰富。

9种，分布于东亚、东南亚和南亚地区。本区有2种。

分种检索表

1.小叶片两面被柔毛，具粗大油点 ………………………………………… 1.吴茱萸 *T. ruticarpum*

1.小叶片两面仅沿脉被柔毛，无油点 ……………………………………… 2.臭辣树 *T. glabrifolium*

1. 吴茱萸

Tetradium ruticarpum (A. Juss.) T. G. Hartley—— *Euodia rutaecarpa* (A. Juss.) Benth.——*E. rutaecarpa* var. *officinalis* (Dode) C. C. Huang——*E. rutaecarpa* f. *meionocarpa* (Hand.-Mazz.) C. C. Huang

落叶灌木或小乔木，高3~10m。小枝紫褐色，幼枝、叶轴、花序梗均被锈色长柔毛；裸芽，密被紫褐色长茸毛。叶对生；奇数羽状复叶，长16~32cm；小叶5~9枚，对生；小叶片椭圆形至卵形，长6~15cm，宽3~7cm，全缘或有不明显钝锯齿，上面被疏柔毛，下面密被短柔毛，有粗

大油点。聚伞状圆锥花序顶生;花单性,雌雄异株,5数;花瓣白色;雌花的花瓣较雄花的大,内面被长柔毛,退化雄蕊鳞片状。蓇葖果紫红色,有粗大油点,顶端无喙;有1粒种子。种子亮黑色,卵状球形。花期6—8月,果期9—10月。

见于官埔垟等地。生于海拔800m以下的疏林下、林缘或种植于农地边。分布于东亚、东南亚、南亚。

果实入药,有散寒止痛、降逆止呕、助阳止泻之功效。

2. 臭辣树 楝叶吴萸

Tetradium glabrifolium(Champ. ex Benth.)T. G. Hartley——*Euodia fargesii* Dode——*E. glabrifolia*(Champ. ex Benth.)C. C. Huang

落叶乔木,高可达15m。枝暗紫褐色。叶对生,奇数羽状复叶;小叶7枚,稀5或8~11枚,小叶片椭圆状披针形、卵状长圆形至披针形,长6~11cm,宽2~6cm,先端长渐尖,基部宽楔形至近圆形,常偏斜,边缘有不明显钝锯齿,两面沿脉被毛,脉腋间及脉的基部两侧的毛通常不脱落,并密生成簇,无油点;叶轴、叶柄被毛,后脱落。聚伞状圆锥花序顶生,长6~10cm;花单性,细小,5数;雄花的退化子房顶端5深裂。蓇葖果成熟时紫红色或淡红色,微皱褶。种子黑色。花期6—8月,果期9—10月。

见于凤阳庙、凤阳湖、炉岙、大田坪等地。生于海拔1200m以下的山坡、山谷、山脊的阔叶林中。分布于东亚、东南亚。

果实入药,有温中散寒、下气止痛之功效。

4 花椒属 *Zanthoxylum* L.

落叶、常绿灌木或小乔木，直立或攀援状，有皮刺。叶互生；奇数羽状复叶，稀3小叶；小叶对生；小叶片全缘或有锯齿，有半透明油点；无小叶柄或近无柄。花组成圆锥花序或丛生；花单性异株或杂性同株；花被片5~8枚，排成1轮，或萼片、花瓣均为4~5枚。蓇葖果红色或紫红色，外果皮常有腺点，开裂，具1粒种子。种子黑色，有光泽。

约250种，广布于亚洲、非洲、大洋洲、北美洲的热带和亚热带地区，温带较少。本区有6种。

分种检索表

1. 常绿灌木或攀援灌木。
  2. 攀援灌木；叶轴具狭翅 ······ 1. 花椒簕 *Z. scandens*
  2. 直立灌木；叶轴有翼叶或至少有狭窄、绿色的叶质翼痕 ······ 2. 竹叶椒 *Z. armatum*
1. 落叶小乔木或灌木。
  3. 花被片分化，2轮排列，萼片、花瓣均4或5；雄蕊与花瓣同数。
    4. 小叶片两面无毛，油点多且大，肉眼可见。
      5. 小叶片下面灰绿色，有灰白色粉霜 ······ 3. 椿叶花椒 *Z. ailanthoides*
      5. 小叶片下面淡绿色，无灰白色粉霜 ······ 4. 大叶臭椒 *Z. myriacanthum*
    4. 小叶片背面被毡状茸毛，油点不明显 ······ 5. 朵椒 *Z. molle*
  3. 花被片不分化，1轮排列，稀近2轮排列；雄花的雄蕊通常5~9 ······ 6. 野花椒 *Z. simulans*

1. 花椒簕

Zanthoxylum scandens Blume

常绿攀援灌木。茎、枝上的皮刺呈水平方向略向下弯曲，刺长1~3mm。奇数羽状复叶；小叶15~25枚，小叶互生或近对生，叶轴具狭翅；小叶片革质，卵形或卵状长圆形，先端长尾状渐尖，微凹头，凹口处有1半透明油点，基部宽楔形至近圆形，偏斜，全缘或有不明显细钝

齿，有半透明油点；小叶柄很短。伞房状圆锥花序腋生，长2~5cm；花单性，4数；萼片卵形；花瓣淡绿色，椭圆形；雄花雄蕊开花时伸出花瓣外。蓇葖果成熟时红褐色或红色，有粗大腺点，分果瓣有短喙。种子亮黑色。花期3—4月，果期7—8月。

见于官埔垟、南溪口及保护区外围屏南等地。生于海拔1100m以下的山地林下或灌丛中。分布于东亚、东南亚至大洋洲。

种子可榨油。

2. 竹叶椒

Zanthoxylum armatum DC.

常绿灌木，高可达4m。枝无毛，散生劲直扁皮刺，老枝皮刺基部木栓化增大。奇数羽状复叶；小叶3~9枚，通常为3~5枚；小叶片薄革质，披针形、卵形或椭圆形，长3~12cm，宽1~3cm，有半透明油点，先端急尖至渐尖，基部楔形至宽楔形，边缘有细小圆齿，齿缝有1粗大油点，小叶有短柄或近无柄；叶轴及叶柄有宽翅，稀窄狭；叶柄基部有1对托叶状皮刺。聚伞状圆锥花序，腋生或生于侧枝顶端；花单性；花细小，黄绿色；花被片6~8枚。蓇葖果红色，外面有凸起腺点。种子黑色，卵形。花期3—5月，果期8—10月。

见于官埔垟、凤阳湖、龙南及保护区外围屏南等地。生于海拔1500m以下的疏林下或灌丛中。分布于东亚。

果实、枝、叶均可提取芳香油，入药。

3. 椿叶花椒

Zanthoxylum ailanthoides Siebold et Zucc.

落叶小乔木，高达15m。树干上有鼓钉状大皮刺；枝粗壮，髓部常中空或为薄片状，密被短柔毛。叶互生；奇数羽状复叶，长25~60cm；小叶9~27枚，小叶对生，叶轴被密短柔毛；小叶片纸质，狭长圆形或椭圆形，长7~13cm，宽2~4cm，有半透明油点，先端长渐尖或短尾尖，边缘具浅钝锯齿，齿缝处有半透明油点。伞房状圆锥花序，顶生，长10~30cm，花多数；花序梗密被短柔毛；萼片5枚；花瓣淡青色或白色，5枚。蓇葖果红色，先端具极短喙。种子棕黑色，有光泽。花期7—8月，果期10—11月。

见于乌狮窟、炉岙、大田坪、均益及保护区外围屏南等地。生于海拔1500m以下的山坡或沟谷林中。分布于东亚。

果实可作调味料；种子可榨油；茎、叶及根可作兽药；用于景观林营造。

4. 大叶臭椒

Zanthoxylum myriacanthum Wall. ex Hook. f.——*Z. rhetsoides* Drake

落叶小乔木，高可达15m。树干上有鼓钉状大皮刺；枝粗壮，髓部大，中空。叶互生；奇数羽状复叶，长约50cm；有小叶9~15枚，小叶对生；小叶片厚纸质或近革质，卵状长圆形或长圆形，长7~16cm，宽3.5~7cm，密生半透明油点，先端急尖或短渐尖，钝头或微凹，基部圆钝或宽楔形，边缘上部有极浅圆齿或近全缘。伞房状圆锥花序顶生，花多数；花序梗红色，有短乳凸状毛；花小，有芳香；萼片5枚；花瓣5枚，黄绿色。蓇葖果棕红色，外有腺点。种子亮黑色。花期7—8月，果期9—11月。

见于官埔垟、炉岙、凤阳庙、大田坪等地。生于海拔1500m以下山坡林中。分布于东亚、东南亚。

5. 朵椒

Zanthoxylum molle Rehder

落叶小乔木，高可达10m。树干有鼓钉状大皮刺；枝粗壮，嫩枝暗紫红色，髓部甚大且中空。叶互生；奇数羽状复叶；小叶13~19枚，对生，叶轴浑圆，常被短毛；小叶片厚纸质，阔卵形或椭圆形，长8~15cm，宽4~9cm，先端急尖，基部近圆心形，两侧常对称，全缘或有细齿，上面无毛，下面密被白灰色或黄灰色毡状茸毛且覆盖油点。伞房状圆锥花序顶生，花多数，花序梗常有疏短皮刺；花梗黄绿色，密被短毛；萼片和花瓣均5。蓇葖果及果梗淡紫红色，顶端无喙，外有腺点。种子直径3.5~4mm。花期6—8月，果期10—11月。

见于炉岙等地。生于海拔1200m以下的山坡阔叶林中。我国特有，分布于华东、华中、西南。

叶、果可提取芳香油；叶、根、果壳、种子均可入药，功效同野花椒。

6. 野花椒

Zanthoxylum simulans Hance

落叶灌木，高1~2m。枝通常有皮刺及白色皮孔。叶互生；奇数羽状复叶；小叶3~9枚，小叶对生；小叶片厚纸质，宽卵形、卵状长圆形，长2.5~6cm，宽1.8~3.5cm，先端急尖或钝圆，基部楔形或近圆形，边缘具细锯齿，两面均有半透明油点；叶轴有狭翅和长短不等的皮刺。聚伞状圆锥花序顶生，长1~5cm；花单性；花被片5~8枚；雄花雄蕊5~7枚。蓇葖果红色至紫红色，1~2个，基部有伸长的子房柄，外面有较粗大、半透明腺点。种子亮黑色，近球形。花期3—5月，果期6—8月。

见于均益及保护区外围大赛等地。生于山坡灌丛中。我国特有，分布于华东、华中、华南等地。

果、叶、根入药，又可提取芳香油及脂肪油；叶及果实可作食品调味剂。

5 飞龙掌血属 *Toddalia* Juss.

常绿木质藤本。茎、枝有皮刺。叶互生，掌状三出复叶；小叶无柄。伞房状圆锥花序或聚伞状圆锥花序；花单性，细小；萼片4~5枚，基部合生；花瓣4~5枚；雄花的雄蕊4~5枚，较花瓣长，花丝近线形，退化雌蕊短棒状，常有4~5粒细小凸起腺体；雌花的退化雄蕊4~5枚，线形，比子房短。核果近圆球形，有黏胶质液，具4~8分核。种子肾形，种皮硬骨质，具肉质胚乳。

仅1种，分布于亚洲热带、亚热带至非洲东部地区。本区也有。

飞龙掌血

Toddalia asiatica（L.）Lam.

常绿木质藤本，长5~10m。根粗壮，外皮褐黄色，内部赤红色。枝常有下弯皮刺，常被褐锈色短柔毛。掌状三出复叶互生；小叶片近革质，倒卵形、椭圆形或倒卵状披针形，先端急尖，基部楔形，边缘有细钝锯齿或近全缘，有半透明油点；小叶无柄。花单性；雄花序为伞房状圆锥花序，雌花序为聚伞状圆锥花序，密被红褐色短柔毛；花白色至黄色；萼片4~5枚；花瓣4~5枚。核果橘黄色至朱红色，近球形，直径8~10mm，果皮肉质。种子亮黑色，肾形。花期10—12月，果期12月至次年2月。

见于官埔垟及保护区外围大赛。生于海拔600m以下的溪边灌丛或林缘灌丛中。分布于亚洲热带、亚热带至非洲东部地区。

根、皮入药，有祛瘀止痛之功效。

6 金橘属 *Fortunella* Swingle

常绿灌木或小乔木。嫩枝有棱，老枝浑圆，刺生于叶腋间或无刺。单身复叶，稀单叶；叶片无毛，密生油点，与叶柄连接处有关节，稀无关节；叶柄有明显狭翅或仅具痕迹。花两性，单朵或数朵簇生于叶腋，芳香；花萼4~5裂；花瓣5枚，覆瓦状排列。柑果卵形、椭圆形或球形，果皮肉质，稀干硬，味甜或酸。种子宽卵形。

约6种，分布于东亚至南亚。本区有1种。

山橘

Fortunella hindsii（Champ. ex Benth.）Swingle

常绿灌木。植株无毛；枝具长约2cm的枝刺；嫩枝具细棱。单身复叶，稀兼有少数单叶，互生；叶片卵状椭圆形，长3.5~8cm，宽1.5~4cm，先端圆钝，稀短尖，基部圆或宽楔形，全缘或具不明显细圆齿；翼叶宽约1mm或仅有痕迹。花单生及少数簇生于叶腋；花小，5基数；花瓣白色，长约4mm；雄蕊约20，花丝合生成4~5束；子房3~4室，每室具胚珠2粒。果圆球形或稍呈扁球形，直径0.8~1cm，果皮成熟时橙黄或朱红色；瓤囊3~4瓣，果肉味酸。种子3~4粒，阔卵球形，平滑无脊棱。花期5—6月，果期11月至次年3月。

见于保护区外围大赛等地。生于海拔600m以下的山坡林下或灌丛中。分布于华东、华中、华南。

果皮含芳香油，可作调味料；根、果入药，有理气止咳、消食之功效。

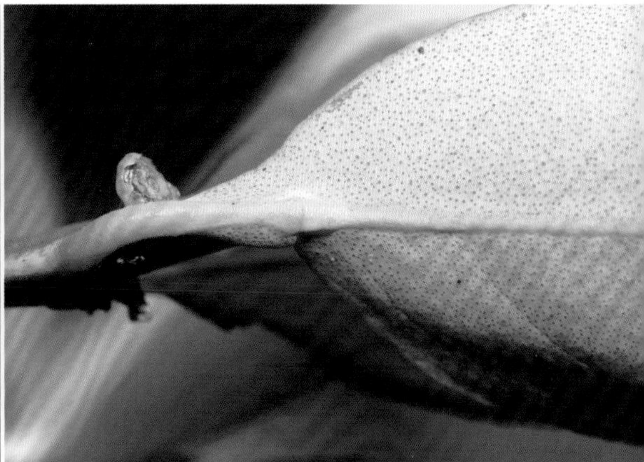

7 柑橘属 *Citrus* L.

常绿灌木或乔木。枝常具枝刺；嫩枝扁，具棱，深绿色。单身复叶，稀单叶，互生；叶片密生具芳香气味的油点，叶缘有细钝锯齿，稀全缘。单花腋生或数花簇生，或为少花的总状花序；花两性，偶单性，芳香；花萼杯状，3~5浅裂；花瓣5，花时常背卷，白色或背面带紫红色；雄蕊20~25，稀较多；子房7~15室或更多，每室有胚珠4~8或更多。柑果圆球形、卵球形、扁球形及梨形，直径常逾4cm，外果皮密生明显油胞，中果皮为白色网格状，内果皮发育成瓤囊；瓤囊内壁上有纺锤状半透明、多汁液的汁胞；种子多，一些栽培品种的种子少或无。种子纺锤状、楔状或卵球状，种皮平滑或有肋状棱。

约30种，分布于亚洲东部、东南部、南部，以及大洋洲、太平洋西南部群岛，现热带及亚热带地区广泛栽培。本区有2种。

本属植物多为著名水果，栽培种、杂交种、品种繁多，形态变异大；有的可供药用或观赏。

分种检索表

1. 翼叶宽0.5~3cm；果实大，直径12cm以上 ······ 1.柚 *C. maxima*
2. 翼叶小或仅有痕迹；果实直径4~8cm ······ 2.柑橘 *C. reticulata*

1. 柚 香泡 抛

Citrus maxima（Burm.）Merr.——*C. grandis*（L.）Osbeck

乔木。枝具长枝刺；嫩枝扁且有棱，连同叶背、花梗、花萼及子房均被柔毛。单身复叶；叶片阔卵形或椭圆形，连翼叶长7~20cm，宽4~12cm，顶端钝或圆，基部圆；翼叶长2~4cm，宽0.5~3cm。总状花序，有时兼有腋生单花；花蕾淡紫红色，稀乳白色；花萼不规则3~5浅裂；花瓣长1.5~2cm；雄蕊25~35，有时部分退化；花柱粗长，柱头略较子房大。柑果圆球形、扁球形、梨形或阔倒圆锥形，顶端圆、平或稍凹陷，直径12~30cm；果皮淡黄或黄绿色，海绵质，不易剥离；果心实，瓤囊10~15，汁胞白色、粉红或鲜红色。种子多数，亦有无种子的，形状不规则，有明显纵肋棱。花期4—5月，果期9—12月。

保护区外围大赛等地有栽培。原产于东南亚，现长江以南各地广泛栽培。

经长期选育形成许多栽培品种，根据果肉颜色的不同，主要有白色和红色两大类。果含有丰富的维生素C，营养价值高，供鲜食或制果汁，但模式种果皮厚，果肉小，味酸，口感不佳，食用的主要是栽培种；果皮、幼果供制蜜饯或盐渍，中果皮可作菜；果皮入药，名“五爪红”，有理气化痰、消食宽中之功效。

2. 柑橘 宽皮橘

Citrus reticulata Blanco

灌木或小乔木。分枝多,枝扩展或略下垂,枝刺较少。单身复叶;叶片椭圆状披针形、椭圆形或阔卵形,长5.5~8cm,宽2.5~4cm,大小变异较大,顶端常凹缺,叶缘上半段常有钝或圆锯齿,稀全缘;翼叶通常狭窄,或仅有痕迹。花单生或2~3朵簇生;花萼不规则3~5浅裂;花瓣白色,长不逾1.5cm;雄蕊20~25;花柱细长,柱头头状。柑果扁球形至近球形,直径4~8cm,顶端圆、平或微凹;果皮淡黄色、朱红色或深红色,光滑或粗糙,易剥离;瓤囊7~14瓣,汁胞通常纺锤形,果肉酸或甜,或有苦味。种子多或少数,稀无种子,通常卵球形。花期4—5月,果期10—12月。

本区农家常有栽培,有椪柑'Ponkan'、瓯柑'Suavissima'等品种。原产于我国南方。现秦岭—淮河以南广大地区均有栽培,经长期选育,形成许多品种。

果实酸甜适口,供鲜食、制果汁和罐头,是我国著名水果之一;果皮入药,称"陈皮",含陈皮素、橙皮甙等,有理气、化痰、和胃之功效;橘叶能疏肝行气、消肿散毒;橘核能理气、散结、止痛;橘络能通络化痰。

8 茵芋属 *Skimmia* Thunb.

常绿灌木或小乔木,无刺。小枝皮厚,光滑。单叶,互生,常聚生于枝顶;叶片全缘或有浅齿,有半透明油点。聚伞状圆锥花序顶生;花单性、两性或杂性同株;花萼4~5枚,基部合生,边缘膜质,有细睫毛;花瓣白色,4~5枚,覆瓦状排列,长椭圆形。核果浆果状,红色或蓝黑色,有胶质液;有2~5粒种子。种子有肉质胚乳。

约6种,分布于亚洲至南部的热带和亚热带地区。本区有2种。

分种检索表

1.花常两性,5数;叶片全缘或有疏浅锯齿 ………………………… 1.茵芋 *S. reevesiana*

2.花单性,雌雄异株,4数;叶片具疏浅细齿或全缘 ………………………… 2.日本茵芋 *S. japonica*

1. 茵芋

Skimmia reevesiana（Fortune）Fortune

灌木,高0.5~1m。小枝灰褐色,具棱,髓中空,幼枝有短柔毛,后渐脱落。单叶互生,常聚生于小枝顶端;叶片革质,狭长圆形或长圆形,长7~11cm,宽2~4cm,先端短尖或短渐尖,

基部楔形，全缘或有疏浅锯齿，上面中脉被微柔毛，有明显半透明油点，侧脉在两面均不明显；叶柄长4~13mm，无毛或有微毛。聚伞状圆锥花序顶生；花序梗和花梗有短柔毛；花常为两性，5数；萼片宽卵形，有短缘毛，宿存；花瓣白色，卵状长圆形，长3~5mm。浆果状核果长圆形至近圆形，红色，长8~15mm，有2~3粒种子。花期4—5月，果期9—11月。

区内各地常见。生于海拔500~1300m的山沟边、山坡林下或灌丛中。分布于东亚、东南亚和南亚。

叶有毒，可入药，有祛风除湿等功效；果秋冬季红色，可供观赏。

2. 日本茵芋

Skimmia japonica Thunb.

灌木，高0.5~1m。小枝灰褐色，有短柔毛，髓中空。叶互生，常近轮状集生于枝顶；叶片革质，椭圆形至长椭圆状倒披针形，长5~8cm，宽1.5~3cm，先端短渐尖，基部楔形，边缘有疏浅细齿，稀全缘，两面仅中脉上被短柔毛，有半透明油点，两面侧脉不明显或在上面稍明显。聚伞状圆锥花序顶生，花序梗和花梗有短柔毛；花单性，雌雄异株，4数；萼片宽卵形，微具缘毛；花瓣白色，狭长椭圆形，长4~5mm。浆果状核果球形，红色，直径约8mm；约有种子4。花期4—5月，果期9—11月。

见于凤阳庙、将军岩、黄茅尖等地。生于海拔1200m以上的山地沟边、林下阴湿处。分布于东亚。

一〇〇　酢浆草科 Oxalidaceae

一年生或多年生草本，极稀灌木或乔木。掌状或羽状复叶，稀单叶，互生；托叶细小或无。花两性，辐射对称，单花，或组成近伞状花序或伞房状花序，稀总状、圆锥状或聚伞花序；萼片5；花瓣5，旋转排列；雄蕊10，2轮，5长5短，外轮与花瓣对生，花丝基部通常连合，有时5枚无花药；子房上位，5室，每室具胚珠1至数粒，中轴胎座；花柱5，离生，宿存，柱头头状，有时 2浅裂。果为开裂的蒴果或为肉质浆果。

7~10属，1000余种，世界广布。本区有1属，4种。

酢浆草 *Oxalis corniculata* L.
直立酢浆草 *Oxalis stricta* L.
山酢浆草 *Oxalis griffithii* Edgew. et Hook. f.
紫叶酢浆草 *Oxalis triangularis* A. St.-Hil.

酢浆草属 *Oxalis* L.

一年生或多年生草本。掌状复叶互生或基生，小叶通常3，无小叶柄；小叶片在避光时闭合下垂。近伞状或伞房状聚伞花序，具花1至数朵或多朵；萼片5，覆瓦状排列；花瓣5，黄色、红色、淡紫色或白色；雄蕊10，5长5短，花丝分离或基部合生为1束；花柱5，分离。蒴果，室背开裂，成熟时将种子弹出，果瓣宿存于中轴上。

约800种，全世界广泛分布，主要分布于南美洲及南非。本区有4种。

分种检索表

1. 植株具球状鳞茎、肉质块茎或肥厚根状茎（栽培或归化）…………………… 1. 紫叶酢浆草 *O. triangularis*
1. 植株无地下球茎，根状茎不发达（野生）。
  2. 花瓣黄色或浅黄色；花集成近伞形花序，或兼有单花；地上茎明显。
    3. 植株铺地状丛生；托叶明显，基部与叶柄合生；果梗下弯至水平 …………… 2. 酢浆草 *O. corniculata*
    3. 植株直立至俯卧；托叶缺或不明显；果梗直立 ………………………………… 3. 直立酢浆草 *O. stricta*
  2. 花瓣白色或粉红色，具紫色脉纹；花单生；地上茎短缩而不明显 ………………… 4. 山酢浆草 *O. griffithii*

1. 紫叶酢浆草

Oxalistriangularis A. St.-Hil.

多年生直立草本。有根状茎,有时有球状鳞茎,密被淡紫色鳞片。叶基生,小叶3;小叶片深紫色,通常具浅紫色斑点,钝三角形至倒卵状三角形,直径3~5cm,裂片短,先端平截,中间微凹,基部宽楔形,两面密被细小腺点;托叶具长缘毛,基部与叶柄合生。近伞形聚伞花序,花序梗基生,长15~35cm,具(1)2~5(~9)花;萼片先端有2枚橙色小腺体;花瓣白色至粉红色或浅紫色,直径1.5~2.2cm;雄蕊10,5长5短。蒴果卵球形至椭圆球形,无毛。花果期4—12月。

保护区外围小梅金村与大窑有栽培。原产于南美洲热带。

可供观赏。

2. 酢浆草

Oxalis corniculata L.

多年生草本,被柔毛。无地下球茎;地上茎细弱,多分枝,常匍匐。掌状三出复叶互生;小叶片倒心形,长4~16mm,宽4~22mm,先端凹入,基部宽楔形,两面被柔毛或上面无毛,沿脉毛较密,边缘具贴伏缘毛;叶柄基部具关节;托叶小。花单生或数朵集生成近伞形花序,腋生;花梗长4~15mm,果后延伸;小苞片2,披针形;萼片5,宿存;花瓣5,黄色,长圆状倒卵形;雄蕊10,5长5短;子房5室,被短伏毛,花柱5,柱头头状。蒴果长圆柱形,具5棱。种子长卵球形,具横向肋状网纹。花果期2—9月。

区内常见。生于山坡草地上、河谷沿岸、路边、田边、荒地上或林下阴湿处。分布于亚洲、欧洲和北美洲。

全草可入药,有解热利尿、消肿散瘀等功效。

3. 直立酢浆草

Oxalis stricta L.

一年生或多年生草本。植株直立至俯卧，茎、叶被柔毛或具节毛。通常具地下匍匐茎，无地下球茎；地上茎不分枝，或具少量直立分枝，后期常弯曲，但节上不生根。叶互生，有时近对生或轮生，小叶3；小叶片倒心形，先端深凹；托叶缺或不明显。近伞形花序具2~5(~7)花；花梗基部具膨胀关节；苞片条形；萼片5，条形至狭椭圆形，边缘具缘毛；花瓣5，浅黄色，长圆状倒卵形；雄蕊10，5长5短。果梗直立；蒴果圆筒状，具5棱。花果期5—10月。

见于官埔垟、炉岙及保护区外围大赛、小梅金村等地。生于林下、路旁和沟谷潮湿处。分布于东亚和北美洲。

4. 山酢浆草

Oxalis griffithii Edgew. et Hook. f.

多年生草本。根状茎斜卧，节间具褐色小鳞片，无地下球茎；地上茎短缩。叶基生，小叶3；小叶片倒三角形或宽倒三角形，先端凹陷，两侧角钝圆，基部楔形，上面无毛，下面具短柔毛；叶柄长6~20cm，近基部具关节；托叶宽卵形，被柔毛。花序梗基生，单花，与叶柄近等长或更长；花梗长2~3cm，被柔毛；苞片2，在花序梗中部或中上部对生，披针形，被柔毛；萼片5，披针形，宿存；花瓣白色或粉红色，具紫色脉纹，狭倒心形，先端凹陷，基部狭楔形。蒴果椭圆球形。花期3—4月，果期8—10月。

见于炉岙、大田坪、双溪等地。生于海拔1200~1500m的密林、灌丛和沟谷等阴湿处。分布于东亚。

全草可入药，有利尿解热等功效。

一〇一　牻牛儿苗科 Geraniaceae

草本，稀亚灌木或灌木。叶互生或对生，叶片通常掌状或羽状分裂；具托叶。聚伞花序，稀单花；花两性，整齐；萼片(4)5；花瓣(4)5，覆瓦状排列；雄蕊10~15，2轮，外轮与花瓣对生，花丝基部合生或分离，花药“丁”字形着生，纵裂；蜜腺通常5，与花瓣互生；子房上位，心皮2或3(~5)，通常3~5室，每室倒生胚珠1或2，花柱与心皮同数，通常下部合生，上部分离。蒴果，室间开裂，稀不开裂，每果瓣具1种子。

11属约750种，广泛分布于全球温带、亚热带和热带山地。本区有1种。

野老鹳草 *Geranium carolinianum* L.

老鹳草属 *Geranium* L.

草本，稀亚灌木或灌木，通常被倒向毛。茎具明显的节。叶对生或互生；叶片掌状分裂，稀2回羽状分裂或仅边缘具齿；通常具长叶柄；具托叶。聚伞花序具2至多花，稀单花，花序梗具腺毛或无；花辐射对称；花萼5，无距；花瓣5；腺体5；雄蕊5，或为花瓣数的2~3倍，全部具花药；每室具2胚珠。蒴果具长喙，果瓣5，每果瓣具1种子。

约400种，分布于全世界，主要分布于温带及热带山区。本区有1种。

野老鹳草

Geranium carolinianum L.

一年生或二年生草本。茎直立，被倒向短柔毛。茎生叶互生或最上部叶对生；叶片圆肾形，长2~3cm，宽4~6cm，基部心形，掌状5~7深裂至近基部，裂片楔状倒卵形或菱形，被短伏毛；叶柄被倒向短柔毛；托叶披针形或三角状披针形，外被短柔毛。花序长于叶，被倒生短柔毛和开展长腺毛；苞片钻状，被短柔毛；花淡紫红色；萼片长卵形或近椭圆形，先端急尖，外被短柔毛或沿脉被开展糙柔毛和腺毛；花瓣倒卵形，稍长于萼片，先端圆形，基部宽楔形；雄蕊稍短于萼片，中部以下被长糙柔毛；雌蕊密被糙柔毛。蒴果被短糙毛，果瓣由喙上部先裂，向下卷曲。花期4—7月，果期5—9月。

见于双溪等地。生于山坡杂草丛中,归化植物。原产于北美洲。

全草可入药,有祛风收敛、止泻等功效。

一〇二　凤仙花科 Balsaminaceae

一年生或多年生草本，稀亚灌木。茎通常肉质。单叶，叶片边缘具圆齿或锯齿，齿端有小尖头，基部齿常有腺体。花两性，两侧对生，排列成总状花序或近伞形花序，或无花序梗而簇生，或单花腋生；萼片3或5，侧生萼片2或4，常离生，全缘或具齿，下面倒置的1枚萼片（唇瓣）大，花瓣状、漏斗状、囊状或舟状，基部常收缩成具蜜腺的距，稀无距；花瓣5，位于背面的1枚（旗瓣）离生，扁平或兜状，背面常增厚，下部的侧生花瓣成对合生成2裂的翼瓣，或全部花瓣均分离；雄蕊5，花丝短，花药2室；雌蕊心皮4或5，子房上位，4或5室，每室倒生胚珠2至多粒，花柱1，极短或无，柱头1~5裂。果为4或5瓣弹裂的蒴果，稀为不开裂的假浆果。种子无胚乳。

2属，约1000种，主要分布于亚洲热带地区和非洲，少数种类分布至欧洲、美洲和亚洲温带地区。本区有1属，2种。

凤仙花 *Impatiens balsamina* L.　　　浙皖凤仙花 *Impatiens neglecta* Y. L. Xu et Y. L. Chen

凤仙花属 *Impatiens* L.

属特征基本与科同，除其侧生花瓣成对合生为2裂的翼瓣，非全部离生。

近1000种，主要分布于东半球热带、亚热带山区，少数种类分布于欧亚大陆温带地区和北美洲。本区有2种。

分种检索表

1. 花1~3朵簇生于叶腋，无花序梗；蒴果宽纺锤形，密被柔毛 ………………………… 1. 凤仙花 *I. balsamina*
1. 花1朵，花序梗明显；蒴果狭长圆柱形，无毛 ……………………………………… 2. 浙皖凤仙花 *I. neglecta*

1. 凤仙花

Impatiens balsamina L.

一年生草本。茎粗壮，直立。叶互生；叶片通常椭圆状长圆形，长5~12cm，宽1.5~3cm，先端渐尖，基部楔形下延，边缘有圆锯齿，两面无毛，侧脉5~7对；叶柄长0.8~1.5cm，常有1~3对黑褐色的无柄腺体。花常2或3朵簇生于上部叶腋，无花序梗，粉红色或红色，稀白色，单瓣或重瓣；花梗长1~1.5cm，密被柔毛；苞片条形，生于花梗基部；萼片3，侧生萼片2，卵形或卵状椭圆形，被柔毛；唇瓣舟状，被柔毛，基部急缩成长约1.5cm的距；旗瓣近圆形；翼瓣具短柄，长2~3cm，2裂，下部裂片小，外缘近基部有小耳；花药卵球形，顶端钝；子房纺锤形，密被柔毛。蒴果宽纺锤形，长1~2cm，密被柔毛。花果期5—9月。

区内村庄常见栽培或逸生。原产于东亚。我国各地庭院、苗圃和房前屋后常见栽培或逸生。

2. 浙皖凤仙花

Impatiens neglecta Y. L. Xu et Y. L. Chen

一年生草本。茎直立。叶互生；叶片长圆状卵形，先端渐尖，基部楔形，边缘具粗锯齿。花单生，淡紫色；花序梗直立，连同花梗长2~3cm，中上部具苞片，宿存；萼片3，侧生萼片2，卵状圆形，两侧不等，顶端圆形，具小尖，中肋背面增厚，具狭翅；唇瓣宽漏斗形，口部平展，先端尖，基部渐狭成长约3.5cm的内弯距；旗瓣宽卵形，顶端圆形，基部微心形，中肋背面具翅；翼瓣具柄，长1.7cm，2裂，多少合生，下部裂片小，椭圆形，先端圆钝，上部裂片大，长圆形，外缘具月牙形反折小耳；花药顶端尖。蒴果狭长圆柱形，长3~4cm。花果期7—10月。

见于凤阳庙、七星潭等地。生于海拔1400m左右的山谷林下。我国特有，分布于华东。

一〇三　五加科 Araliaceae

乔木、灌木或木质藤本，稀多年生草本。具刺或无刺。叶互生，稀轮生；单叶、掌状复叶或羽状复叶；托叶常与叶柄基部合生成鞘状。伞形或头状花序，或再组成复合花序；花两性或杂性，辐射对称；花萼5(6)齿裂或不裂，花萼筒与子房合生；花瓣5~10，常离生；雄蕊与花瓣同数而互生，或为其倍数，花药长圆形或卵形，"丁"字形着生；花盘上位，肉质；子房下位，1~15室，花柱与子房室同数，离生，或下部合生但上部离生，或全部合生成柱状，胚珠倒生，单粒悬垂于子房室顶端。浆果或核果。

约50属，1350余种，广泛分布于全球热带至温带地区。本区有7属，10种。

楤木*Aralia chinensis* L.

头序楤木*Aralia dasyphylla* Miq.

棘茎楤木*Aralia echinocaulis* Hand.-Mazz.

树参*Dendropanax dentiger*（Harms）Merr.

细柱五加*Eleutherococcus nodiflorus*（Dunn）S. Y. Hu

三叶细柱五加(变种)var. *trifoliolatus*（C. B. Shang）S. L. Zhang et Z. H. Chen

白簕*Eleutherococcus trifoliatus*（L.）S. Y. Hu

吴茱萸五加*Gamblea ciliate* C. B. Clarke var. *evodiifolia*（Franch.）C. B. Shang，Lowry et Frodin

中华常春藤*Hedera nepalensis* K. Koch var. *sinensis*（Tobl.）Rehd.

竹节人参*Panax japonicus*（T. Nees）C. A. Mey.

通脱木*Tetrapanax papyrifer*（Hook.）K. Koch.

分属检索表

1.叶互生；木本，稀草本。
  2.单叶。
    3.叶一型；叶片全为掌状分裂；植物体具星状毛 ……………………… **1.通脱木属** *Tetrapanax*
    3.叶二型；叶片不分裂与掌状分裂兼有；植物体无星状毛。
      4.直立灌木或乔木；全株无毛；叶片常有半透明的红棕色腺点 ………………… **2.树参属** *Dendropanax*
      4.攀援灌木，具气生根；植株通常具毛或鳞片；叶片无腺点 ……………………… **3.常春藤属** *Hedera*
  2.复叶。
    5.掌状复叶或三出复叶。
      6.植株有刺，稀无刺；茎常拱曲，稀匍匐 ……………………… **4.五加属** *Eleutherococcus*
      6.植株无刺；茎直立……………………… **5.萸叶五加属** *Gamblea*
    5.叶为羽状复叶 ……………………… **6.楤木属** *Aralia*
1.叶在茎顶轮生；掌状复叶；草本 ……………………… **7.人参属** *Panax*

1 通脱木属 *Tetrapanax* K. Koch

常绿灌木或小乔木。植株无刺；茎直立，无气生根；具地下匍匐茎。单叶，互生；叶片大，全为掌状分裂；叶柄长；托叶2，锥形，与叶柄基部合生。伞形花序组成顶生圆锥花序，稀腋生；花两性；花梗无关节；花萼全缘或具齿；花瓣4(5)，镊合状排列；雄蕊4(5)；子房下位，2室，花柱2，离生。浆果状核果。

我国特有属，仅2种，分布于我国中部以南各地。本区有1种。

通脱木

Tetrapanax papyrifer（Hook.）K. Koch

常绿灌木或小乔木。茎粗壮，髓心大，白色；嫩茎、叶、花序均密被黄色星状厚茸毛。叶集生于茎顶；叶片近圆形，直径50~70cm，掌状5~11分裂，每枚裂片常又具2或3小裂片，全缘或疏生粗齿；叶柄粗壮，长30~50cm，无毛；托叶与叶柄基部合生，锥形。伞形花序组成顶生圆锥花序；苞片披针形；伞形花序具多花，花序梗长1~1.5cm；花梗长3~5mm；小苞片条形；花淡黄白色；花萼近全缘；花瓣4或5；雄蕊和花瓣同数；子房下位，2室，花柱2，离生。果扁球形，直径约4mm，紫黑色。种子2。花期10—11月，果期次年4—5月。

见于大田坪等地。生于路边山坡。我国特有，分布于华东、华中、华南、西南和西北。

茎髓可药用，为中药“通草”，有清热、利尿、催乳、止咳等功效；可供绿化观赏。

2 树参属 *Dendropanax* Decne. et Planch.

灌木或乔木。植株无刺,无毛;茎无气生根。单叶互生;叶二型,不分裂和掌状分裂兼有;叶片常有半透明红棕色腺点;托叶与叶柄基部合生,或无。伞形花序单生或组成复伞形花序;花两性或单性;苞片小或缺;花萼全缘或5齿裂;花瓣5;雄蕊5;子房5室,花柱离生或合生成柱状。核果球形或椭圆球形,具明显至不明显的棱。种子扁平或近球形。

约80种,主要分布于美洲热带地区、亚洲东部。本区有1种。

树参 木荷枫

Dendropanax dentiger（Harms）Merr.——*Gilibertia sinensis* Nakai

常绿小乔木。叶二型;不分裂者常椭圆形,长6~11cm,宽1.5~6.5cm,先端渐尖,基部圆楔形,基出脉3,网脉在两面隆起,有半透明红棕色腺点;分裂者倒三角形,掌状2~3深裂或浅裂;叶柄长0.5~8cm。伞形花序单个顶生或2~5个聚成复伞形花序,花序梗粗壮;苞片卵形,早落;小苞片三角形,宿存;花梗长5~10mm;花萼具5小齿;花瓣5,卵状三角形,淡绿色;雄蕊5;子房下位,5室,花柱5,基部合生,顶端离生。果椭圆球形,紫黑色,具5棱,每棱有3纵脊。花期7—8月,果期9—10月。

区内常见。生于海拔500~1500m的山坡林中、林缘。分布于东亚、东南亚。

根及枝、皮、叶可入药,有祛风除湿、舒筋活血、强筋壮骨等功效;嫩叶可作野菜。

3 常春藤属 *Hedera* L.

常绿木质藤本。茎匍匐，具气生根。单叶；叶二型，全缘或分裂；叶柄细长；无托叶。伞形花序单生，或几个组成顶生短圆锥花序；花两性；花梗无关节；苞片小；花萼筒近全缘或5齿裂；花瓣5；雄蕊5；子房下位，5室，花柱合生成短柱状。浆果球形。种子3~5，卵圆形。

约15种，分布于亚洲、欧洲和非洲北部。本区有1种。

中华常春藤

Hedera nepalensis K. Koch var. **sinensis**（Tobl.）Rehder

常绿木质藤本。全株均被锈色鳞片。叶二型；不育枝上的叶片常三角状卵形，长5~12cm，宽3~10cm，先端渐尖，基部截形，全缘或掌状3裂；能育枝上的叶片常椭圆状披针形，长5~10cm，宽1.5~6.5cm，先端渐尖，基部楔形，常全缘；叶柄长1~9cm。伞形花序单生或2~7个组成总状或伞房状；花序梗长1~3.5cm；苞片小；花梗长0.4~1.2cm；花绿白色，芳香；花萼近全缘；花瓣5；雄蕊5；花盘隆起，黄色；子房下位，5室，花柱合生成柱状。果球形，成熟时呈橙色，具宿存花柱。花期10—11月，果期次年3—5月。

见于官埔垟、乌狮窟、炉岙、大田坪、龙南、龙案及保护区外围屏南、大赛等地。生于海拔1300m以下的山坡、山麓林中或村宅旁，攀附于树上、墙上或岩石上。分布于东亚。

全株可药用，有祛风活血、消肿等功效；可供垂直绿化和园林观赏。

4 五加属 *Eleutherococcus* Maxim.

落叶灌木或小乔木。植株有刺；茎常拱曲，稀匍匐，无气生根；小枝有长枝和短枝之分。掌状或三出复叶；无托叶或托叶不明显。伞形或头状花序，单生或组成复伞形或圆锥花序；花常两性；花梗无关节或关节不明显；花萼具4或5齿；花瓣常5，镊合状排列；雄蕊5，花丝细长；子房2~5室，花柱2~5。核果近球形，具2~5棱。种子2~5。

约40种，分布于亚洲。本区有2种。

分种检索表

1.枝具刺；小叶3，具柄；伞形花序3~10组成复伞形或圆锥花序 ………………………… 1.白簕 *E. trifoliatus*

1.枝无刺，或仅在节上散生刺；小叶5，稀3，近无柄；伞形花序单生 ……………… 2.细柱五加 *E. nodiflorus*

1. 白簕　三加皮

Eleutherococcus trifoliatus（L.）S. Y. Hu——*Acanthopanax trifoliatus*（L.）Merr.

攀援状灌木。小枝疏生向下的宽扁钩刺。小叶3，稀4~5；叶柄长2~6cm，常有刺；小叶片椭圆状卵形至长圆形，长2~8cm，宽1.5~5.5cm，先端尖至渐尖，基部宽楔形，两侧小叶基部歪斜，具细锯齿或钝齿，两面无毛或沿脉疏生刺毛；小叶柄长2~8mm。伞形花序组成顶生复伞形或圆锥花序，花序梗长2~7cm，无毛；花黄绿色；花梗长1~2cm；花萼具5齿；花瓣5，三角状卵形，花时反曲；雄蕊5；子房2室，花柱2，合生至中部。果扁球形，黑色。花期9—10月，果期11—12月。

见于官埔垟、龙案及保护区外围大赛等地。生于海拔500~900m的山坡林下、林缘或山谷溪边。分布于东亚、东南亚。

根、叶可入药，有祛风除湿、通络、解毒等功效。

2. 细柱五加 五加

Eleutherococcus nodiflorus（Dunn）S. Y. Hu——*Acanthopanax gracilistylus* W. W. Sm.

落叶灌木。枝蔓生状，无毛，节上常疏生反曲扁刺，小枝较粗。小叶常5，在长枝上互生，在短枝上簇生；叶柄长3~9cm，无毛，常有细刺；小叶片倒卵形至倒披针形，长3~14cm，宽1~5cm，先端尖，基部楔形，具细钝齿，两面无毛或疏生刚毛，下面脉腋具淡棕色簇毛；小叶柄近无。伞形花序常单生，花序梗长1~5cm；花黄绿色；花梗长5~10mm；花萼具5小齿；花瓣5，长圆状卵形；雄蕊5；子房下位，2(3)室，花柱2(3)，离生而开展。果扁球形，紫黑色，宿存花柱反曲。花期4—8月，果期6—10月。

见于官埔垟、炉岙、凤阳湖、双溪及保护区外围屏南瑞垟等地。生于灌丛中、林缘、山坡路旁和村落边。我国特有，分布于华东、华中、华南、西南等地。

根皮作“五加皮”入药，有祛风除湿、补益肝肾、利水消肿等功效；嫩茎、叶可作野菜。

2a. 三叶细柱五加

var. **trifoliolatus**（C. B. Shang）S. L. Zhang et Z. H. Chen——*E. gracilistylus* var. *trifoliolatus*（C. B. Shang）Ohashi——*Acanthopanax gracilistylus* var. *trifoliolatus* C. B. Shang

小枝较细，无刺或极少刺；小叶3(~5)。

见于炉岙等地。生于山谷、山麓林缘草丛中或沟边石隙旁阴湿处。我国特有，分布于华东、华中。

5 萸叶五加属 *Gamblea* C. B. Clarke

灌木或小乔木。植株无刺;茎直立;小枝有长枝和短枝之分。掌状复叶互生,具3~5小叶;小叶片全缘或具细锯齿,齿端常具芒状刺,下面脉腋具簇毛;小叶无柄或几无柄;托叶早落。伞形、复伞形或圆锥状伞形花序生于短枝顶端;花梗无关节;花萼全缘或具4~5齿;花瓣4~5;子房2~5室,花柱2~5,离生或多少合生。核果近球形。种子2~5。

4种,分布于东亚至东南亚。本区有1种。

吴茱萸五加 树三加

Gamblea ciliata C. B. Clarke var. **evodiifolia** (Franch.) C. B. Shang, Lowry et Frodin ——*Acanthopanax evodiifolius* Franch.

落叶灌木或小乔木。小枝无刺。小叶3,在长枝上互生,在短枝上簇生;叶柄长3.5~8cm;中央小叶片卵形、卵状椭圆形或长椭圆状披针形,长5~9cm,宽3~6cm,先端渐尖,基部楔形,两侧小叶片基部歪斜,全缘或具锯齿,齿有刺尖;小叶几无柄。伞形花序常数个组成顶生复伞形花序,花序梗长,无毛;苞片膜质;花梗花后延长;花萼全缘,无毛;花瓣4,绿色,反曲;雄蕊4;花盘略扁平;子房下位,2(3)室,花柱2(3),仅基部合生。果近球形,黑色,有2~4浅棱。花期5月,果期9月。

见于乌狮窟、炉岙、凤阳湖、将军岩、大田坪、双溪等地。生于海拔600~1550m的山坡阔叶林中、林缘或山脊。我国特有,分布于华东、华中、华南、西南等。

根皮可入药,有祛风除湿、强筋壮骨等功效;叶色秋季变黄,可供观赏。

6 楤木属 *Aralia* L.

小乔木、灌木或多年生草本。植株常有刺。1~3回羽状复叶;小叶片有锯齿,稀波状或具深缺刻；托叶与叶柄基部合生，先端离生。伞状或头状花序，再组成圆锥状花序或伞房状花序；花杂性；苞片和小苞片常宿存；花梗具关节；花萼具5小齿；花瓣5，覆瓦状排列；雄蕊5；花盘肉质；子房下位，2~5室，花柱2~5，离生或仅基部合生。浆果或核果，球形、卵球形或扁球形，具2~5棱。种子侧扁。

40余种，分布于亚洲、大洋洲、北美洲。本区有3种。

分种检索表

1. 花无梗或几无梗，聚生为头状花序，再组成圆锥花序；叶轴和花序轴密生黄棕色茸毛 ………………………………………… 1. 头序楤木 *A. dasyphylla*
1. 花具明显花梗，聚生为伞形花序，再组成圆锥花序；叶轴和花序轴毛被不如上述。
   2. 叶片无毛；茎、小枝、叶轴密被红棕色细长针状直刺 ………………… 2. 棘茎楤木 *A. echinocaulis*
   2. 叶片至少脉上多少被毛；小枝、叶轴疏生细刺或无刺 ………………… 3. 楤木 *A. hupehensis*

1. 头序楤木　铁扇伞　毛叶楤木

Aralia dasyphylla Miq.

落叶灌木或小乔木，高2~10m。小枝具短而直的粗刺；幼枝、叶轴、花序密被淡黄棕色茸毛。2回羽状复叶；羽片具7~9小叶；小叶片卵形至长圆状卵形，长5~13cm，宽3~7.5cm，具细锯齿，上面粗糙，下面密被黄棕色茸毛；侧生小叶无柄或近无柄，顶生小叶柄长达4cm。头状花序聚生成大型圆锥花序，三级分枝长2~3cm；花无梗或几无梗；花萼具5小齿，无毛；花瓣5，淡绿白色；雄蕊5；子房下位，5室，花柱离生。果球形或卵球形，具5棱，紫黑色。花期9—10月，果期10—11月。

见于官埔垟、炉岙及保护区外围大赛等地。生于海拔500~1200m的山坡疏林下或沟谷林缘。我国特有，分布于华东、华中、华南、西南等地。

根皮可入药，有祛风除湿、杀虫等功效。

2. 棘茎楤木 红楤木 鸟不踏 红刺桐

Aralia echinocaulis Hand.-Mazz.

落叶灌木或小乔木状，高2~4m。茎干、小枝、叶轴密生红棕色细长针状直刺。2回羽状复叶；羽片有5~9小叶；小叶片长圆状卵形至披针形，长5~12cm，宽2.5~6cm，先端长渐尖，基部圆形至宽楔形，略歪斜，两面无毛，下面灰白色，边缘疏生细锯齿；小叶近无柄。伞形花序组成顶生圆锥花序，主轴和分枝常带紫褐色，被糠屑状毛；花梗长5~15(~30)mm；花萼具5小齿，淡红色；花瓣5，白色；雄蕊5；子房下位，5室，花柱离生。果球形，具5棱，紫黑色。花期6—7月，果期8—9月。

见于官埔垟、炉岙、大田坪、凤阳庙、凤阳湖、均益及保护区外围大赛等地。生于山坡疏林下、林缘或边坡乱石堆中。我国特有，分布于华东、华南、华中、西南等地。

根及根皮可入药，有祛风除湿、行气活血、解毒消肿等功效。

3. 楤木 鸟不宿

Aralia hupehensis G. Hoo——*A. chinensis* L. var. *nuda* Nakai——*A. subcapitata* G. Hoo——*A. chinensis* auct. pl., non L.

落叶灌木或小乔木，高2~8m。茎疏生粗壮直刺；小枝、叶轴和花序密被灰色茸毛并疏生细刺。2~3回羽状复叶；羽片有5~11(~13)小叶；小叶片卵形至卵状椭圆形，长3~12cm，宽2~8cm，基部圆形，上面粗糙，疏生糙毛，下面疏被灰色短柔毛，脉上尤密，边缘具细锯齿；顶生小叶柄长2~3cm。伞形花序组成顶生圆锥花序；花梗长2~6mm，密生短柔毛；花白色，芳香；花萼无毛，具5小齿；花瓣5；雄蕊5；子房下位，5室，花柱离生或基部合生。果球形，具5棱，黑色。花期6—8月，果期9—10月。

见于官埔垟、炉岙、大田坪、黄茅尖、凤阳湖、龙案及保护区外围屏南等地。生于海拔1900m以下的山坡疏林下、灌丛中或林缘路旁。我国特有，分布于华东、华南、西南、华北。

根皮和茎皮可入药，有祛风除湿、利尿消肿、活血止痛等功效；嫩芽、叶可作野菜。

7 人参属 *Panax* L.

多年生草本。有肉质根状茎或根；地上茎单生，基部有鳞片。掌状复叶轮生于茎顶；常无托叶。顶生伞形花序2至数个；结实花的花梗有关节；花萼有5小齿；花瓣5，覆瓦状排列；雄蕊5，花丝短；花盘肉质，环状；子房下位，2~5室，花柱与子房室同数，或在雄花的不育雌蕊上退化为1条。核果状浆果，近球形。种子2或3，三角状卵球形。

8种，分布于东亚、中亚与北美洲。本区有1种。

本属植物的根状茎和肉质根可药用，有些为著名的中药材。

竹节参 竹鞭三七 竹节人参 大叶三七

Panax japonicus（T. Nees）C. A. Mey.

多年生草本，高达1m。根状茎横生，竹鞭状，肉质肥厚；地上茎直立，无毛。掌状复叶3~5枚轮生于茎顶；叶柄长5~10cm；小叶常5；中央小叶片椭圆形，长5~15cm，宽2.5~6.5cm，先端渐尖或急尖，基部楔形或圆形，有锯齿，两面无毛或脉上具毛；小叶柄长0.2~2cm。伞形花序单生于茎顶，具50~80花，花序梗长9~28cm；花小，深绿色；花萼有5齿；花瓣5；雄蕊5；子房2~5室，花柱中部以下合生，果时外弯。果近球形，成熟时上半部黑色，下半部红色。种子白色，三角状长卵球形。花期6—8月，果期8—10月。

见于大田坪等地。生于海拔1400m左右的沟谷林下水沟边或阴湿岩石旁。分布于东亚。

根状茎名“竹三七”，有滋补强壮、散瘀止血等功效；叶有生津止渴、清热解毒等功效。为浙江省重点保护野生植物。

一〇四 伞形科 Apiaceae

草本，常含挥发油。主根通常发达而直生。茎直立、匍匐或向上延伸，有时退化。复叶，稀单叶，互生；叶片三出式分裂、掌状分裂、羽状分裂或不分裂；叶柄基部常扩大成鞘状。花小，两性或杂性；复伞形花序，稀单伞形花序；复伞形花序基部具总苞片或缺；小伞形花序基部常有小总苞片；花萼与子房贴生，萼齿5或无；花瓣5，先端钝圆或有内折的小舌片；雄蕊5；子房下位，2室，每室具胚珠1，顶部有圆锥状或盘状的花柱基，花柱2。双悬果，每一分生果外面具5主棱（1背棱、2中棱、2侧棱），有时主棱间有次棱，外果皮表面平滑或有毛、网状纹、皮刺、瘤状凸起，中果皮层内的棱槽和合生面常有油管1至多数；分生果背腹压扁状或两侧压扁。

约250属，3300多种，广泛分布于全球温带至热带地区。本区有16属，24种。

紫花前胡*Angelica decursiva*（Miq.）Franch. et Sav.
福参*Angelica morii* Hayata
旱芹*Apium graveolens* L.
积雪草*Centella asiatica*（L.）Urb.
蛇床*Cnidium monnieri*（L.）Cuss.
鸭儿芹*Cryptotaenia japonica* Hassk.
胡萝卜*Daucus carota* L. var. *sativa* Hoffm.
红马蹄草*Hydrocotyle nepalensis* Hook.
天胡荽*Hydrocotyle sibthorpioides* Lam.
肾叶天胡荽*Hydrocotyle wilfordii* Maxim.
藁本*Ligusticum sinense* Oliv.
白苞芹*Nothosmyrnium japonicum* Miq.
短辐水芹*Oenanthe benghalensis*（Roxb.）Benth. et Hook. f.
水芹*Oenanthe javanica*（Blume）DC.
西南水芹*Oenanthe thomsonii* C. B. Clarke
隔山香*Ostericum citriodorum*（Hance）C. Q. Yuan et Shan
华东山芹*Ostericum huadongensis* Z. H. Pan et X. H. Li
白花前胡*Peucedanum praeruptorum* Dunn
异叶茴芹*Pimpinella diversifolia* DC.
假苞囊瓣芹*Pternopetalum tanakae*（Franch. et Sav.）Hand.-Mazz. var. *fulcratum* Y. H. Zhang
变豆菜*Sanicula chinensis* Bunge
薄片变豆菜*Sanicula lamelligera* Hance
直刺变豆菜*Sanicula orthacantha* S. Moore
小窃衣*Torilis japonica*（Houtt.）DC.

分属检索表

1. 单叶，稀三出式分裂或掌状分裂。
  2. 茎匍匐或向上伸展；单伞形花序；果实表面光滑或有网状横纹。
    3. 伞形花序具多花；总苞片无或小；果实背棱凸出，侧棱藏于合生面，棱间光滑 … 1. 天胡荽属 *Hydrocotyle*
    3. 伞形花序具3或4花；总苞片2；果实背棱和侧棱凸出，棱间有网状横纹………… 2. 积雪草属 *Centella*

2. 茎直立，有时退化；复伞形花序；果实表面覆盖鳞片、小瘤或皮刺 ………………… 3. 变豆菜属 *Sanicula*

1. 复叶，稀基生叶为单叶。

4. 果实有刺、刺毛或刚毛。

5. 总苞片和小总苞片不分裂；果实的主棱线形，次棱及棱槽间具基部小瘤状的皮刺 … 4. 窃衣属 *Torilis*

5. 总苞片和小总苞片羽状分裂；果实的主棱不明显，有2列刚毛，次棱具狭翅，其上具1行短钩刺……… ……………………………………………………………………………………… 5. 胡萝卜属 *Daucus*

4. 果实无刺或刚毛，但有时具柔毛。

6. 果棱无翅。

7. 果实柱状椭圆球形或狭长椭圆球形。

8. 叶片1回三出式分裂，裂片宽大，边缘有齿；圆锥状复伞形花序，伞辐极不等长；花瓣基部不呈囊状 ……………………………………………………………………………… 6. 鸭儿芹属 *Cryptotaenia*

8. 叶片1~3回三出式分裂或三出式羽状分裂，裂片狭小，全缘；复伞形花序，伞辐不等长或近等长；花瓣基部内弯成囊状 …………………………………………………………… 7. 囊瓣芹属 *Pternopetalum*

7. 果实球形、卵球形、椭圆球形至卵状椭圆球形。

9. 果面平滑，果棱线形，不凸起。

10. 总苞片和小总苞片不发达，小而早落，不反折，或无；果实有柔毛或无毛 … 8. 茴芹属 *Pimpinella*

10. 总苞片和小总苞片发达，大而宿存，反折；果实光滑 ……………… 9. 白苞芹属 *Nothosmyrnium*

9. 果棱丝状或钝圆，凸起。

11. 果棱丝状，尖锐 ……………………………………………………………… 10. 旱芹属 *Apium*

11. 果棱木栓质，钝圆 …………………………………………………………… 11. 水芹属 *Oenanthe*

6. 果棱全部或部分呈翅状。

12. 背棱、中棱和侧棱均具狭翅。

13. 根具浓香；茎基部常具纤维状的叶柄残基 ……………………………… 12. 藁本属 *Ligusticum*

13. 根不具浓香；茎基部无纤维状的叶柄残基……………………………………… 13. 蛇床属 *Cnidium*

12. 背棱粗钝而呈波状凸起，或稍隆起，或呈狭翅状，侧棱则发达成或宽或狭的翅。

14. 分生果的侧棱翅宽而薄，成熟后自合生面易于分开。

15. 萼齿小或不明显；果皮厚，外果皮无瘤状凸起 ……………………………… 14. 当归属 *Angelica*

15. 萼齿大，果时宿存；果皮薄，外果皮有颗粒状凸起 ………………………… 15. 山芹属 *Ostericum*

14. 分生果的侧棱翅狭而厚，成熟后自合生面不易分开 ……………………… 16. 前胡属 *Peucedanum*

1 天胡荽属 *Hydrocotyle* L.

多年生草本。茎细长，匍匐或向上伸展。单叶；叶片心形、圆形、肾形或五角形，齿裂或掌状分裂；叶柄细长，无叶鞘；托叶小，膜质。单伞形花序具多花，密集成头状；总苞片无或小，早落；萼齿无；花瓣白色、绿色或淡黄色，卵形，镊合状排列。果实心状球形，两侧压扁状，背部圆钝；背棱凸出，侧棱常隐于合生面，棱间光滑；棱槽内和合生面油管不明显。

75~100种，分布于全球热带至温带地区。本区有3种。

分种检索表

1. 花序数个簇生，花序梗短于叶柄 ………… 1. 红马蹄草 *H. nepalensis*
1. 花序单生，稀双生，花序梗长于、近等长于或短于叶柄，或无梗。
    2. 叶片长0.5~3.5cm，宽0.5~4cm；花序梗近无或短于叶柄 ………… 2. 天胡荽 *H. sibthorpioides*
    2. 叶片长1~7cm，宽1~8cm；花序梗长于或近等长于叶柄 ………… 3. 肾叶天胡荽 *H. wilfordii*

1. 红马蹄草

Hydrocotyle nepalensis Hook.

多年生草本，高5~45cm。茎匍匐，分枝斜展，节上生根。叶片圆形或肾形，长2~6cm，宽2.5~8cm，常5~9浅裂，有钝锯齿，基部心形，掌状脉7~9，两面疏生短硬毛；叶柄具短硬毛；托叶膜质，近圆形。单伞形花序数个簇生于茎端和叶腋，花序梗短于叶柄，密被柔毛；花多数，常密集成球形；花瓣白色或乳白色，卵形。果实近球形，基部心形，两侧压扁状，光滑或有紫色斑点，成熟后常呈黄褐色或紫黑色，中棱和背棱明显，丝状，侧棱藏于合生面。花果期5—11月。

见于炉岙、凤阳湖、双溪、龙案等地。生于海拔700~1500m的山坡路旁阴湿处和溪沟边。分布于东亚、东南亚、南亚也有。

全草可入药，能消肿解毒、活血止血。

2. 天胡荽

Hydrocotyle sibthorpioides Lam.

多年生草本。茎细长，节上生根，匍匐成片。叶片膜质，圆形或肾圆形，长0.5~3.5cm，宽0.5~4cm，基部心形，不裂或5~7浅裂，两面无毛或疏生短硬毛；叶柄长0.7~9cm。单伞形花序与叶对生，单生于节上，花序梗纤细，长0.5~2.5cm，短于叶柄；小总苞片卵形至卵状披针形，有黄色透明腺点；花序具5~18花；花瓣绿白色，卵形，有腺点。果实略呈心形，长1~1.4mm，宽1.2~2mm，两侧压扁状，中棱在果成熟时极为隆起，成熟时有紫色斑点，无毛。花果期4—9月。

见于官埔垟、均益及保护区外围屏南百步。生于海拔430~800m田边、溪沟边、山坡潮湿处及路边杂木林中。分布于东亚、东南亚、南亚。

全草可入药，能清热利湿、化痰止咳。

3. 肾叶天胡荽

Hydrocotyle wilfordii Maxim.

多年生草本，高12~45cm。茎直立或匍匐。叶片圆形或肾圆形，长1~7cm，宽1~8cm，基部心形，7~9浅裂，两面光滑或下面脉上疏被短硬毛；叶柄长3~20cm，上部被柔毛；托叶膜质，圆形。单伞形花序生于分枝上部，与叶对生，花序梗纤细，长于或近等长于叶柄；小总苞片具紫色斑点；花瓣卵形，白色至淡绿色；花柱基隆起，花柱初时内弯，后外弯。果实卵球形，长1.0~1.8mm，两侧压扁状，幼时呈草绿色，成熟时呈紫褐色或黄褐色，有紫红色斑点。花果期5—9月。

见于凤阳湖。生于海拔1500m的山谷、田野、沟边阴湿处。分布于东亚。

2 积雪草属 *Centella* L.

多年生草本。茎细弱，匍匐。单叶；叶片肾形或近圆形，有钝齿，基部心形；叶柄长，有叶鞘。单伞形花序，花序梗极短，单生或2~4个聚生于叶腋；总苞片2，膜质；伞形花序具3或4花；花小，近无柄；萼齿细小；花瓣卵圆形；花柱与花丝等长，基部膨大。果实近球形，两侧压扁状，合生面收缩；背棱和侧棱凸出，棱间有网状横纹；油管不明显。

约20种，分布于全球热带与亚热带地区，主产于南非。本区有1种。

积雪草 半钱草 老鸦碗

Centella asiatica（L.）Urb.

多年生草本。茎匍匐，细长，节上生根。叶片膜质至纸质，圆形、肾形或马蹄形，长1.5~4cm，宽1.5~5cm，有钝锯齿，基部宽心形，两面无毛，掌状脉5~7；叶柄长2~15cm，常无毛，叶鞘透明，膜质。伞形花序2~4个聚生于叶腋；苞片常2，卵形，膜质；小伞形花序具3或4花，聚集成头状，几无柄；萼齿细小；花瓣紫红色或乳白色，卵圆形，膜质，长1.2~1.5mm，宽1.1~1.2mm；花柱长约0.6mm；花丝短于花瓣，与花柱等长。果实近球形，两侧压扁状，长2.5~3mm，宽2.5~

3.5mm；分生果表面有毛或平滑，背棱和侧棱凸出，棱间有明显的网状横纹。花果期4—11月。

见于官埔垟、凤阳庙。生于海拔680~1500m山坡、旷野、路边、水沟边、溪边等较阴湿处。分布于全球热带及亚热带地区。

全草可入药，能清热利湿、消肿解毒。

3 变豆菜属 *Sanicula* L.

草本。茎直立，有时退化。单叶；叶片近圆形或心状五角形，常掌状分裂，或三出式分裂，裂片边缘有缺刻及锯齿；具膜质叶鞘。复伞形花序；小伞形花序中有两性花和雄花；雄花有梗，两性花无梗或有短梗；萼齿明显，宿存；花瓣白色、黄绿色、淡蓝色或淡紫红色。果实椭圆球形或近球形，无心皮柄，表面密生鳞片、小瘤或皮刺；果棱不明显或稍隆起；油管的大小及排列不规则，通常在合生面有油管2；胚乳腹面平或凹。

约41种，主要分布于全球热带和亚热带地区。本区有3种。

分种检索表

1. 植株高8~45cm；小伞形花序中央两性花1；果实具鳞片或小瘤状凸起，或具短直皮刺，基部连成薄片或呈鸡冠状凸起。
   2. 茎生叶退化，3裂至不分裂；总苞片细小，长1.5~3mm；果实皮刺极短，基部连成薄片或呈鸡冠状凸起…………………………………………………………………………………………………… 1. 薄片变豆菜 *S. lamelligera*
   2. 茎生叶较基生叶略小，掌状3全裂；总苞片长约2cm；果实皮刺短而直，有时基部连成薄片…………………………………………………………………………………………………… 2. 直刺变豆菜 *S. orthacantha*
1. 植株高0.5~1m；小伞形花序中央两性花2或3；果实具顶端钩针状的皮刺 ………… 3. 变豆菜 *S. chinensis*

1. 薄片变豆菜　犬脚只

Sanicula lamelligera Hance

多年生草本，高13~30cm。根状茎短；茎细弱，上部有少数分枝。基生叶掌状3全裂，中间裂片楔状倒卵形或菱形，3浅裂，侧裂片斜卵形，常2裂，裂片表面绿色或略带紫红色，叶缘具刺芒状锯齿；茎生叶退化，3裂至不分裂，裂片条状披针形或倒卵状披针形。花序二歧分枝；总苞片细小，条状披针形，长1.5~3mm；伞辐3~7；小总苞片4或5，细条形；小伞形花序具5或6花，中央两性花1，无梗，周围雄花具细梗；萼齿条形；花瓣白色或淡紫红色；花柱长约1.5mm。果实长卵球形或卵球形，长2.5mm，表面皮刺极短，顶端直，基部连成纵向的薄片或呈鸡冠状凸起；油管5。花果期4—11月。

见于官埔垟、大田坪、龙案及保护区外围屏南。生于海拔400~1200m山坡林下、沟谷及溪边石缝中。分布于东亚。

全草入药，能散寒止咳、通经络、治乳痛，内服有毒。

2. 直刺变豆菜

Sanicula orthacantha S. Moore

多年生草本，高8~40cm。茎上部稍有分枝。基生叶掌状3全裂，中间裂片楔状倒卵形或菱形，侧裂片斜倒卵形，常2深裂至基部，具刺芒状锯齿；茎生叶略小，有柄，掌状3全裂，基部略呈鞘状。花序二出或三出；总苞片3~5，大小不等，长约2cm；伞辐4~7；小总苞片5，细条形或钻形；小伞形花序具5~8花，中央两性花1，无梗，雄花5或6，有花梗；萼齿条形或刺毛状；花瓣白色、淡蓝色或淡紫红色。果实卵球形，长2.5~3mm，宽2~2.5mm，皮刺直而短，有时基部连成薄片；分生果侧扁，横切面略呈圆形；油管不明显。花果期4—9月。

见于炉岙、凤阳庙。生于海拔700~1500m沟谷溪边或林下潮湿处。我国特有，分布于华东、华中、华南、西南。

全草可入药，能清热解毒、活血散瘀。

3. 变豆菜

Sanicula chinensis Bunge

多年生草本，高0.5~1m。根状茎粗短；茎有纵沟纹，上部叉状分枝。基生叶掌状3~5深裂，中间裂片倒卵形，侧裂片各1深裂，边缘具不规则重锯齿，有长柄；茎生叶向上渐小，近无柄，常3裂。伞形花序二出或三出，叉状分枝；总苞片叶状，3深裂；小总苞片8~10，条形；小伞形花序具6~10花，雄花3~7，早落，两性花2或3，无梗；萼齿窄条形；花瓣白色，倒卵形，先端内折；花柱与萼齿等长。果实卵球形，长4~5mm，宿存萼齿喙状凸出，皮刺直立，基部膨大，顶端钩针状；分生果横切面近圆形；油管5，不明显，合生面油管2，大而明显。花果期4—10月。

见于官埔垟、乌狮窟等地。生于海拔450~1500m山坡、山沟溪边、路边杂木林下及疏林下阴湿草丛中。分布于东亚。

全草可入药，能散寒止咳、活血通络。

4 窃衣属 *Torilis* Adans.

草本。全体被刺毛、粗毛或柔毛。根细长。茎直立，分枝非二歧状。羽状复叶；叶片1~2回羽状分裂或多裂。复伞形花序；总苞片数枚或无，不分裂；小总苞片2~8，条形或钻形，不分裂；萼齿三角形或三角状披针形；花瓣白色或紫红色，倒卵形，背部中间至基部有粗伏毛；花柱基圆锥形，花柱短。果实卵球形或椭圆球形，顶端圆钝，具心皮柄；主棱线形，次棱及槽间具基部小瘤状的皮刺。

约20种，分布于欧洲、亚洲、南美洲、北美洲、非洲热带地区及新西兰。本区有1种。

小窃衣 破子草

Torilis japonica（Houtt.）DC.

一年生或多年生草本。茎表面有细槽及刺毛。基部和茎下部叶三角状卵形至卵状披针形，1~2回羽状分裂，羽片卵状披针形，两面疏生贴伏的粗毛。复伞形花序，花序梗有倒生刺毛；总苞片3~6，条形或钻形；小总苞片7或8，条形或钻形；小伞形花序具4~12花；花梗长1~5mm，短于小总苞片；萼齿细小，三角状披针形；花瓣白色或紫红色；花柱基圆锥形，花柱幼时直立，果成熟时向外反曲。果实卵球形，成熟时呈黑紫色，长1.5~4mm，宽1.5~2.5mm，常有内弯或呈钩状的皮刺，皮刺基部扩展，粗糙；每一棱槽内具油管1；胚乳腹面凹陷。花果期4—10月。

见于炉岙、均益、南溪口。生于海拔550~900m山坡向阳路边、林缘、河沟、溪边草丛中。分布于亚洲、欧洲、北非。

果和根可药用，能驱虫、消炎。

5 胡萝卜属 *Daucus* L.

草本，被白色粗毛。茎直立。羽状复叶；叶片薄膜质，2~3回羽状分裂；具叶鞘。复伞形花序；总苞片、小总苞片多数，总苞片羽状分裂；伞辐少至多数；萼齿小；花白色或黄色；花瓣倒卵形；花柱基短圆锥形。果实椭圆球形至卵球形，顶端圆钝，背腹压扁状；分生果主棱5，线状，不明显，具2列刚毛，次棱4，具狭翅，翅上有1行短钩刺；每一棱槽内具棱油管1，合生面油管2；心皮柄不分裂或顶端2裂。

约20种，分布于亚洲、欧洲、非洲、美洲。本区栽培1种。

胡萝卜

Daucus carota L. var. **sativa** Hoffm.

草本，高0.5~1.5m。全体有白色粗硬毛。根肥厚肉质，粗大，倒圆锥形或纺锤形，直径2~5cm，淡黄色、黄色或橙红色。茎单生，直立，具纵棱，少分枝。基生叶薄膜质，长圆形，2~3回羽状全裂，末回裂片条形或披针形，长2~15mm，宽0.8~4mm，先端尖，叶柄长2~12cm；茎生叶的末回裂片小或细长，近无柄，有叶鞘。复伞形花序，花序梗长10~55cm；总苞片多数，呈叶状，羽状分裂，具缘毛，裂片条形；伞辐多数，果时外缘的伞辐向内弯曲；小总苞片5~7，条形，边缘膜质，具缘毛；花瓣白色，倒卵形。果实卵球形，长3~4mm，宽2mm；分生果主棱5，具白色刚毛，次棱4，具翅，翅上有1行短钩刺。花果期4—7月。

区内常见栽培。原产于欧洲、亚洲、北非。

根可食用，为常见蔬菜；也可入药，能利尿、健胃。

6 鸭儿芹属 *Cryptotaenia* DC.

草本。茎直立，有分枝。复叶；叶片膜质，1回三出式分裂，裂片宽大，有齿，羽状脉。圆锥状复伞形花序；总苞片和小总苞片有或无；伞辐少数，极不等长；萼齿无或细小；花瓣白色，倒卵形，基部不呈囊状；花柱基圆锥形，花柱短，直立或向外叉开。果实柱状椭圆球形，横切面近圆形，侧面稍压扁状，光滑，无刺或刚毛；果棱5，各棱近相等，细线状，圆钝，无翅；每一棱槽内具棱油管1~3，合生面油管2~4；胚乳腹面平直。

5或6种，分布于东亚和欧洲、非洲、北美洲。本区有1种。

鸭儿芹 鸭脚菜

Cryptotaenia japonica Hassk.

多年生草本。全体无毛。茎略带淡紫色。基部和茎下部叶三角形至宽卵形，中间裂片菱状倒卵形或心形，先端短尖，基部楔形，侧裂片斜倒卵形至长卵形，与中间裂片近等大，所有裂片边缘有重锯齿，叶柄长5~20cm，叶鞘边缘膜质；茎中上部叶的叶柄渐短，基部呈狭鞘状或全部呈鞘状；最上部叶的叶柄全部呈鞘状，裂片披针形。复伞形花序呈圆锥状，花序梗不等长；总苞片和小总苞片各1~3，条形，早落；伞辐2，不等长；小伞形花序具2或3花；花梗极不等长；萼齿细小；花瓣白色。果实柱状椭圆球形，长4~6mm，宽2~2.5mm，主棱5。花期4—5月，果期6—10月。

见于官埔垟及保护区外围屏南。生于海拔670m的林下、路边阴湿处。分布于东亚。

嫩茎、叶可作野菜；全草可入药，能活血祛瘀、镇痛止痒。

7 囊瓣芹属 *Pternopetalum* Franch.

草本。茎直立。羽状复叶；叶片1~3回三出式分裂或三出式羽状分裂，裂片狭小，全缘，脉不清晰。复伞形花序；常无总苞，有时有叶状假总苞；伞辐不等长或近等长；萼齿小；花瓣白色或带浅紫色，基部内弯成囊状；花柱基圆锥形，花柱常直立。果实狭长椭圆球形，两侧压扁状，无刺或刚毛；果棱5，无翅；每一棱槽内具棱油管1~3，合生面油管2~6；胚乳腹面平直；心皮柄2裂。

约25种，分布于东亚和喜马拉雅地区。本区有1种。

假苞囊瓣芹

Pternopetalum tanakae（Franch. et Sav.）Hand.-Mazz. var. **fulcratum** Y. H. Zhang

多年生草本，高10~30cm。根状茎纺锤形，具瘤状小节。茎常单生，不分枝，光滑。基生叶卵状三角形，近三出式2回羽状分裂，末回裂片狭倒披针形，叶柄长2~10cm，基部有宽卵形膜质叶鞘；茎生叶1或2，叶片1~2回三出分裂，末回裂片条形，长1~3cm，宽约2mm，极稀三出式羽状分裂，无柄或有短柄。复伞形花序，具1或2枚1~2回三出分裂的假总苞片；末回裂片条形，长1~2.5cm，宽1~2mm；伞辐5~25，长1.5~3cm；小总苞片1~3，披针形，长约1mm；小伞形花序具2或3花。果实狭长椭圆球形，长1.5~2.5mm，宽约1mm，横切面近圆形；果棱不明显；每一棱槽内具油管1。花果期4—5月。

产于炉岙、黄茅尖。生于海拔1200~1600m的林下阴湿处，常与苔藓混生。我国特有，分布于华东。

《凤阳山志》记录为东亚囊瓣芹 *Pternopetalum tanakae*（Franch. et Sav.）Hand.-Mazz.，可能是假苞囊瓣芹的误定。

8 茴芹属 *Pimpinella* L.

草本。茎通常直立。羽状复叶；叶片三出式分裂、三出式羽状分裂或羽状分裂，有时不分裂，裂片有齿，羽状脉。复伞形花序；总苞片及小总苞片不发达，小而早落，不反折，或无；萼齿不明显或明显；花瓣白色，稀淡紫色，卵形或倒卵形。果实卵球形，两侧压扁状，外果皮薄而柔软，无毛或有柔毛；分生果具5果棱，丝状，无翅；每一棱槽内具棱油管1~4，合生面油管2~6；胚乳腹面平直或略凹陷；心皮柄2裂。

约150种，产于欧洲、亚洲、非洲，少数产于美洲。本区有1种。

异叶茴芹 苦爹菜 八月白

Pimpinella diversifolia DC.

多年生草本，高0.5~1.2m。茎单生，被白色柔毛，上部分枝。叶二型；基生叶常为单叶，卵形，不裂或3裂，有长柄；茎中部和下部叶三出式分裂或羽状分裂；茎上部叶较小，羽状分裂或3全裂，裂片有锯齿。复伞形花序；总苞片缺，稀2~4，披针形；伞辐6~15，长短不等；小总苞片1~8，条形；小伞形花序具10~15花；萼无齿；花瓣白色，倒卵形，先端凹陷，有内折小舌片，背面有毛。果实心状卵球形，有柔毛；果棱线形；每一棱槽内具棱油管2或3，合生面油管4~6；胚乳腹面平直。花果期7—11月。

见于官埔垟。生于海拔420~670m山坡林下、林缘阴湿处。分布于东亚。

全草可入药，能祛风活血、解毒消肿。

9 白苞芹属 *Nothosmyrnium* Miq.

多年生草本。茎直立。羽状复叶，基生叶与茎生叶同形；叶片2~3回羽状分裂，末回裂片卵形、长圆状卵形或披针状长圆形，边缘有锯齿，羽状脉。复伞形花序；总苞片和小总苞片发达，边缘膜质，大而宿存，反折；萼齿不明显；小伞形花序中央的花和边缘的花的花瓣一型，白色。果实卵球形，外果皮薄而柔软，无刺或刚毛，两侧压扁状，合生面收缩；分生果背棱与中棱线形，侧棱常不明显，无翅；每一棱槽内具棱油管数条，合生面油管2；胚乳腹面略凹陷。

2种，分布于东亚。本区有1种。

白苞芹 紫茎芹

Nothosmyrnium japonicum Miq.

多年生草本，高达1.5m。全体疏生细柔毛。茎直立，粗壮，青紫色。基生叶和茎下部叶卵状长圆形，2回羽状分裂，1回羽片有柄，2回羽片有柄或无，卵形至卵状长圆形，先端急尖，基生叶叶柄长达22cm，基部有鞘；茎上部叶渐小；顶生小叶片不裂或3裂，边缘有重锯齿，叶柄长3~12cm。复伞形花序，花序梗长10~15cm；总苞片1~4，披针形或卵形，长约1.5cm，顶端长尖，边缘膜质；伞辐7~12，弧形开展；小总苞片3~6，卵形或披针形，顶端锐尖，边缘膜质；花瓣白色。果实卵球形，长2~3mm，无毛，两侧压扁状，横切面近圆形，略呈五角形；果棱线形。花期8—9月，果期10月。

见于炉岙等地。生于海拔850m的溪流边阴湿草丛中。分布于华东、华中、西南及广西、甘肃。

根可药用，能镇痉止痛；全草可提取芳香油。

10 旱芹属 *Apium* L.

草本。茎直立,无毛。羽状复叶;叶片膜质,1~2回羽状分裂至三出式羽状分裂,边缘有锯齿,羽状脉。复伞形花序或单伞形花序;总苞片和小总苞片无或显著;伞辐开展;萼齿小,大小近相等,或无;花瓣一型,常白色,先端有内折小舌片;花柱基短圆锥形,花柱短,反曲。果实球形或椭圆球形,两侧压扁状,外果皮柔软,无刺或刚毛;果棱尖锐,无翅;每一棱槽内具棱油管1,合生面油管2;胚乳腹面平直;心皮柄常不分裂。

约20种,分布于全球温带地区。本区栽培1种。

旱芹 芹菜

Apium graveolens L.

草本,高达1.5m。全株无毛,有浓香味。茎直立,有棱角。基生叶长圆形至倒卵形,长7~18cm,3裂达中部或3全裂,裂片卵形或近圆形,边缘有锯齿,叶柄长,基部扩大成膜质叶鞘;茎生叶与基生叶相似,有短柄,基部呈狭鞘状抱茎,向上逐渐简化。复伞形花序,花序梗长短不等;总苞片和小总苞片无;伞辐4~15;小伞形花序具10~30花;萼齿小;花瓣白色或黄绿色,卵圆形,先端有内折小舌片。果实球形或椭圆球形,横切面圆五角形;果棱丝状,尖锐;每一棱槽内具油管1,合生面略收缩,具棱油管2;胚乳腹面平直。花果期4—7月。

区内均有栽培。原产于欧亚大陆,现世界各地广泛栽培。

茎、叶可作蔬菜,亦能降压;果实含芳香油。

11 水芹属 *Oenanthe* L.

二年生至多年生草本。全株无毛。茎直立或匍匐向上伸展,下部节上常生须根。羽状复叶;叶片1~3回羽状分裂,边缘有锯齿,羽状脉,基部具叶鞘。复伞形花序;总苞片无或少数而狭窄;伞辐多数;小总苞片多数,狭窄;萼齿披针形,大小近相等,宿存;花白色,花瓣二型,边缘的花的外围花瓣扩大成辐射瓣。果实卵球形至椭圆球形,两侧略压扁状,外果皮柔软,光滑,无刺或刚毛;果棱钝圆,木栓质,无翅;每一棱槽内具棱油管1,合生面油管2。

约30种,分布于北半球温带至亚热带地区、非洲南部。本区有3种。

分种检索表

1. 花序梗长6~12mm,有时近无;伞辐长4~6mm;小伞形花序具7~13花 ……… 1. 短辐水芹 *O. benghalensis*
1. 花序梗长2~20cm;伞辐长1~3.5cm;小伞形花序具8~30花。
  2. 叶片1~2回羽状分裂 …………………………………………………… 2. 水芹 *O. javanica*
  2. 叶片3~4回羽状分裂,末回裂片为短而钝的细条形 ……………………… 3. 西南水芹 *O. thomsonii*

1. 短辐水芹 少花水芹

Oenanthe benghalensis(DC.)Miq.

多年生草本。茎常直立,有棱,基部多分枝。叶片三角形,1~2回羽状分裂,末回裂片菱状卵形,稀披针形,边缘有钝齿,叶柄长1~5cm,基部有叶鞘;茎上部叶较小,叶柄较短。复伞形花序常与叶对生,花序梗长6~12mm,有时近无;总苞片无;伞辐4~7,长4~6mm;小总苞片披针形,多数;小伞形花序具7~13花;花梗长0.5~2mm;萼齿条状披针形,长约0.4mm;花瓣白色,先端有1枚内折小舌片。果实卵球形,长2~3mm,宽约2mm;分生果的横切面半圆形,侧棱较背棱和中棱隆起,木栓质;每一棱槽内具棱油管1,合生面油管2。花果期4—7月。

见于保护区外围小梅金村至大窑。生于海拔450m左右的水田和水沟边。分布于东亚。

2. 水芹 水芹菜

Oenanthe javanica（Blume）DC.

多年生草本。茎基部常匍匐。基生叶三角形，1~2回羽状分裂，末回裂片卵状披针形、椭圆形或歪卵形，先端渐尖，基部楔形或圆楔形，边缘有锯齿，叶柄长5~10cm；茎生叶向上渐小。复伞形花序，花序梗长2~15cm；总苞片无，稀1；伞辐6~16，长1~3cm；小总苞片5~8，细条形；小伞形花序具10~25花；花梗长2~4mm；萼齿条状披针形；花瓣白色，倒卵形，先端有1枚长而内折的小舌片。果实椭圆球形，长2.5~3mm，宽2mm，横切面近五边状半圆形；果棱肥厚，侧棱较背棱和中棱隆起，木栓质；每一棱槽内具棱油管1，合生面油管2。花果期5—9月。

见于炉岙、龙南上兴、南溪口。生于海拔700~900m的浅水低洼地中、溪边、水沟边。分布于东亚、东南亚。

茎、叶可作蔬菜；全草可入药，能清热解毒、凉血降压。

3. 西南水芹 多裂叶水芹

Oenanthe thomsonii C. B. Clarke

多年生草本，高50~80cm。根状茎短。茎直立或匍匐，下部节上生根，上部有叉状分枝。叶片三角形，3~4回羽状分裂，末回裂片短而钝，细条形，长2~3mm，宽1~2mm；叶柄长2~8cm，基部有较短叶鞘。复伞形花序，花序梗长2.5~10cm；总苞片无；伞辐4~12，长1.5~3.5cm；小总苞片5~7，条形；小伞形花序具15~20花；花梗长3~5mm；萼齿细小，卵形；花瓣白色，倒卵形，先端凹陷，有内折小舌片；花柱细长，直立。果实长圆柱形或近球形，长约2mm，直径约1.5mm；背棱和中棱线状，凸起，侧棱较膨大；每一棱槽内具棱油管1，合生面油管2。

花期6—8月,果期8—10月。

见于炉岙、龙南、大小天堂。生于海拔840~1600m的山地沼泽中。我国特有,分布于华东、华南、西南。

12 藁本属 *Ligusticum* L.

多年生草本。根具浓香。茎直立,基部常有纤维状叶鞘残基。羽状复叶;叶片1~4回羽状全裂,末回裂片卵形、长圆形至条形;茎上部叶简化。复伞形花序;总苞片存在;小总苞片多数;萼齿细小或不明显;花瓣白色或紫色,倒卵形。果实椭圆球形至圆柱形,背腹稍压扁状,无刺或刚毛;果棱狭翅状凸起;每一棱槽内具棱油管1~6,合生面油管6~8。

约60种,主要分布于亚洲、欧洲、北美洲。本区有1种。

藁本

Ligusticum sinense Oliv.

多年生草本,高0.5~1.5m。全株无毛。根状茎和地上茎基部节稍膨大,节间短,具浓香。茎圆柱形,中空。基生叶2回三出式羽状分裂,1回羽片4~6对,末回裂片卵状长圆形,长2~3cm,宽1~2cm,顶生小羽片先端渐尖至尾尖,叶缘浅裂或有不整齐锯齿,具白色骨质齿尖,叶柄长达20cm;茎上部叶渐小,1回羽裂。复伞形花序直径6~8cm;总苞片6~10,条形,全缘;伞辐14~30，长3~5cm；小总苞片10，与总苞片同形；小伞形花序有花约20朵；花梗粗糙；萼齿不明显；花瓣白色，倒卵形，先端微凹，具内折小舌片。果实卵状椭圆球形，背腹压扁状，长约4mm，宽2~2.5mm；背棱凸起，侧棱扩大成翅状；背棱槽内具棱油管1~3，侧棱槽内具棱油管3，合生面油管4~6。花果期8—12月。

见于官埔垟、横溪等地，栽培。我国特有，分布于华东、华中、西南、西北、华北、东北等地。

根及根状茎可入药，能祛风、散寒、止痛。

13 蛇床属 *Cnidium* Cuss.

草本。根不具浓香。茎直立,多分枝,基部无纤维状叶柄残基。羽状复叶;叶片2~3回羽状分裂,末回裂片条形或条状披针形。复伞形花序;总苞片条形至披针形;小总苞片条形、长卵形至倒卵形,常具膜质边缘;萼齿不明显;花白色。果实卵球形至椭圆球形,无刺或刚毛,横切面近五角形;果棱翅状,常木栓化;每一棱槽内具棱油管1,合生面油管2。

6~8种,分布于亚洲、欧洲。本区有1种。

蛇床 野芫荽

Cnidium monnieri（L.）Cuss.

一年生草本,高10~80cm。根细长。茎直立,中空,具棱。叶片2~3回三出式羽状全裂,1回羽片有柄,2回羽片有柄或无柄,末回裂片条形至条状披针形,边缘及脉上粗糙;茎下部叶基部鞘状抱茎,叶鞘边缘膜质,中部及上部叶柄全部呈鞘状。复伞形花序;总苞片5~7,条形至条状披针形,长约6mm,边缘膜质,具细睫毛;伞辐8~20,不等长,棱上粗糙;小总苞片多数,条形,边缘具细睫毛;小伞形花序具15~20花;萼齿无;花瓣白色,倒心形。果实椭圆球状,长2mm,横切面近五角形;主棱5,均扩大成翅;每一棱槽内具棱油管1,合生面油管2。花期4—7月,果期5—10月。

见于大田坪。生于海拔1300m的山谷盆地屋后。分布于东亚、东南亚、欧洲、北美洲。

果实可入药,能强阳益肾、祛风燥湿、杀虫止痒;也可提取芳香油。

14 当归属 *Angelica* L.

多年生草本。根常粗大。茎直立,分枝。羽状复叶;叶片1~3回三出式羽状分裂,具白色软骨质边缘。复伞形花序;总苞片和小总苞片少数至多数;伞辐少数至多数;萼齿小或不明显;花瓣白色、紫色。果实长椭圆球形,背腹压扁状;果皮厚,外果皮细胞多为长方形,成熟后与种子紧贴,无毛或被柔毛,无刺、刚毛或小瘤状凸起;分生果横切面半月形,背棱及中棱常线状,侧棱发达,多呈宽而薄的翅状,成熟后自合生面易于分开;每一棱槽内具棱油管1至多数,合生面油管2至多数,与分生果等长。

约90种,主要分布于北温带地区。本区有2种。

分种检索表

1. 茎上部具囊状叶鞘;花紫色 ………………………………………… 1. 紫花前胡 *A. decursiva*
1. 茎上部具管状叶鞘;花绿白色或黄白色 ……………………………… 2. 福参 *A. morii*

1. 紫花前胡 独活 土当归 野土当归

Angelica decursiva (Miq.) Franch. et Sav.

多年生草本,高1~2m。根圆锥状。茎带暗紫红色,有毛。基生叶和茎下部叶三角形至卵圆形,1~2回三出式羽状分裂,1回羽片3~5,中间裂片和侧裂片基部连合,沿叶轴呈翅状延长,末回裂片卵形或长圆状披针形,有不整齐锯齿,齿端有尖头,叶柄长10~30cm,具宽的叶鞘;茎上部叶简化成囊状叶鞘。复伞形花序,花序梗长3~8cm,有柔毛;总苞片1或2,卵圆形,宽鞘状,宿存,紫色;伞辐8~20,有毛;小总苞片3~8,条状披针形;小伞形花序具多花;花梗有毛;具萼齿;花瓣深紫色,无毛;花药暗紫色。果实长椭圆球形,长4~7mm,背腹压扁状,无毛;背棱线形隆起,尖锐,侧棱狭翅状;每一棱槽内具棱油管1~3,合生面油管4~6。花果期8—11月。

见于乌狮窟、横溪、南溪口。生于海拔700~1200m的山坡林下、林缘阴湿处或路旁阴湿草丛中。分布于东亚、东北亚。

根可入药,能解热、镇咳、祛痰;幼苗可作野菜。

2. 福参

Angelica morii Hayata

多年生草本,高0.3~1m。根圆锥形,棕褐色。茎分枝少,具纵沟纹。基生叶及茎生叶2回三出式羽状分裂,末回裂片卵形至卵状披针形,常3浅裂至3深裂,边缘有缺刻状锯齿,齿端尖,有缘毛,叶柄基部膨大成长管状叶鞘,抱茎,叶轴及羽片的柄不弯曲;茎上部叶简化成管状鞘。复伞形花序;总苞片1或2,或无;伞辐10~20;小总苞片5~8,条状披针形,有短毛;小伞形花序具15~20花;萼齿无;花瓣绿白色或黄白色,边缘有时带紫色,长卵形,无毛,先端内弯,有1明显中脉。果实长卵球形,长4~5mm,宽3~4mm;背棱线形,侧棱翅状,狭于果体;每一棱槽内具棱油管1,合生面油管2~4。花果期4—7月。

见于官埔垟、炉岙、乌狮窟、凤阳庙及保护区外围大赛等地。生于海拔400~1500m的山谷中、溪沟边、石缝内。我国特有,分布于华东。本次调查新发现。

根可入药,能补中益气。

15 山芹属 *Ostericum* Hoffm.

多年生草本。茎直立,中空,具棱。羽状复叶;叶片2~3回三出式羽状全裂,下面淡绿色。复伞形花序;总苞片少数;小总苞片数枚;萼齿大,宿存;外缘的花无辐射瓣,花瓣白色或紫色,先端不分裂。果实卵状椭圆球形,扁平,无刺或刚毛;果皮薄,外果皮有颗粒状凸起,成熟后与中果皮完全脱离;背棱稍隆起或呈狭翅状,侧棱薄,宽翅状,成熟后自合生面易于分开;每一棱槽内具棱油管1~3,合生面油管2~8,长与分生果等长;心皮柄2裂。

约10种,分布于东亚和欧洲。本区有2种。

分种检索表

1. 叶片末回裂片长披针形至长圆状椭圆形,宽5~18mm,边缘具不明显细微锯齿…… 1.隔山香 *O. citriodorum*
1. 叶片末回裂片卵形至菱卵形,宽20~35mm,边缘具圆锯齿 ………………… 2.华东山芹 *O. huadongenses*

1. 隔山香 柠檬当归 九步香

Ostericum citriodorum (Hance) C. Q. Yuan et Shan

多年生草本,高0.2~1m。全株无毛。主根近纺锤形,黄色,茎基部有纤维状叶柄残基。茎单生,上部分枝。叶片长圆状卵形至宽三角形,2回羽状分裂,1回羽片有长柄,末回裂片柄短或近无柄,长披针形至长圆状椭圆形,长3~6cm,宽5~18mm,先端急尖,具小短尖头,边缘具不明显细微锯齿;叶柄长10~30cm。复伞形花序顶生和侧生,花序梗长6~9cm;总苞片6~8,披针形;伞辐5~12;小总苞片少数,条形;小伞形花序具10余花;萼齿明显;花瓣白色,倒卵形,先端呈小舌片状内弯。果实椭圆球形,长3~4mm,宽3~3.5mm,背腹扁平;背棱和中棱线状,尖锐,侧棱翅状;每一棱槽内具棱油管1~3,合生面油管2。花果期5—9月。

见于龙南上兴等地。生于海拔900~1000m的山坡林下、向阳林缘草丛中或溪沟边。我国特有,分布于华东、华南等地。

根可药用,能行气止痛、祛风散寒、消暑解毒。

2. 华东山芹 山芹 小叶芹

Ostericum huadongenses Z. H. Pan et X. H. Li

多年生草本,高0.8~1.5m。茎圆柱形,具纵条棱,无毛。叶有光泽。基生叶、茎中部和下部叶三角形,长20~40cm,宽20~35cm,2~3回三出式全裂,末回裂片卵形至菱状卵形,长2~5cm,宽1.5~3.5cm,先端急尖,基部楔形,无毛,边缘具内曲的圆锯齿,叶柄长10~20cm,锐三棱形,基部膨大成鞘;茎上部叶渐小,无柄,叶鞘状。复伞形花序;总苞片1~4,条形至披针形,先端长芒状,至少有1枚长度超过1cm;伞辐6~12,不等长;小总苞片8~11,条形;萼齿披针形;花瓣白色,倒卵形,先端微凹,有内折小舌片;花药紫色;花柱基短圆锥形,常紫色。果实卵状椭圆球形,基部心形,长5~7mm,宽4~6mm;背棱线状,侧棱翅状;每一棱槽内具棱油管1,合生面油管2。花果期8—10月。

见于官埔垟及保护区外围大赛。生于海拔340~700m的山坡林下、林缘草丛中或溪沟边。我国特有,分布于华东及湖南。

16 前胡属 *Peucedanum* L.

草本。茎直立，具细纵条纹。羽状复叶；叶片1~3回羽状分裂或三出式分裂。复伞形花序；总苞片无或少数；小总苞片多数；萼齿短或不明显；外缘花无辐射瓣，花瓣白色或紫色，先端不分裂；花柱基短圆锥形，花柱初直立，后外弯。果实椭圆球形至长球形，背腹压扁状，光滑或有短毛，无刺、刚毛和小瘤状凸起；中棱和背棱线形，稍凸起，侧棱狭翅状而厚，成熟后自合生面不易分开；每一棱槽内具棱油管1至多数，合生面油管2至多数。

100~200种，广泛分布于亚洲、欧洲和非洲。本区有1种。

白花前胡 前胡

Peucedanum praeruptorum Dunn

多年生草本，高60~120cm。根圆锥形，常分枝。茎粗大，常有短毛，基部有多数叶鞘纤维。基生叶和茎下部叶纸质，近圆形至宽卵形，2~3回三出式羽状分裂，末回裂片菱状倒卵形，长3~4cm，宽1~3cm，不规则羽状分裂，有圆锯齿，叶柄长6~24cm；茎生叶2回羽状分裂，边缘有圆锯齿。复伞形花序顶生和侧生，直径3~6cm，花序梗长2~8cm；总苞片无或1至数枚，条形；伞辐7~18；小总苞片5~7，条状披针形；小伞形花序具15~20花；萼齿不明显；花瓣白色，倒卵形，先端小舌片内曲。果实椭圆球形，背部压扁状，长约4mm，疏被短柔毛；背棱线形，稍凸起，侧棱翅状，稍厚；每一棱槽内具棱油管3或4，合生面油管6或7。花期8—9月，果期10—11月。

见于官埔垟。生于海拔900m以下的向阳山坡林下、林缘或路旁、溪边草丛中。我国特有，分布于华东、华中。

根为常用中药，能散风清热、降气化痰。

一〇五　马钱科 Loganiaceae

木本，稀草本。茎直立、缠绕或攀援。单叶对生，少数互生或轮生；花两性，辐射对称，单生或排列成聚伞花序、圆锥花序，有时近穗状；花4或5基数；花萼4~5裂；花冠合瓣，高脚碟状、漏斗状或辐射状，裂片4~5(~16)；雄蕊与花冠裂片同数而互生或较少；子房上位或很少半下位，中轴胎座，胚珠多数，稀1。蒴果、浆果或核果。种子常具翅。

约29属，500余种，主要分布于热带和亚热带地区。本区有1属，2种。

蓬莱葛 *Gardneria multiflora* Makino　　　　线叶蓬莱葛 *Gardneria nutans* Siebold et Zucc.

蓬莱葛属 *Gardneria* Wall.

木质藤本，常攀援或匍匐。小枝圆柱状，微具4棱。单叶对生，全缘，具叶柄。花单生、簇生或组成二歧或三歧聚伞花序，具长花梗；花4~5数；苞片小；花萼4~5深裂，裂片覆瓦状排列；花冠辐射状，4~5裂，在花蕾时花冠裂片镊合状排列，厚；雄蕊外露，花丝扁平、短，花药彼此连合或分离，基部2深裂，2或4室；子房卵形或圆球形，2室，每室具胚珠1~4，花柱伸长，柱头头状或浅2裂。浆果红色，圆球状；种子椭圆形或圆形，1或多数。

约6种，分布于亚洲东部和东南部。本区有2种。

分种检索表

1. 叶片较宽，椭圆形或椭圆状披针形，宽2~6cm；花5~10朵组成二歧或三歧聚伞花序，花黄色……………………………………………… 1.蓬莱葛 *G. multiflora*

1. 叶片较狭，长圆形、披针形、条状披针形或长圆状披针形，宽1~1.5cm；花1~3朵，白色……………………………………………… 2.线叶蓬莱葛 *G. nutans*

1. 蓬莱葛

Gardneria multiflora Makino

藤本或攀援植物，长达8m。小枝圆柱形，节上有明显的线状托叶痕。叶柄长1~1.5cm；叶片纸质至薄革质，全缘，椭圆形、长椭圆形或卵形，少数披针形，长5~15cm，宽2~6cm，顶端渐尖或短渐尖，基部宽楔形、钝或圆，上面绿色，常有白斑，下面浅绿色；侧脉6~10对。多花组成腋生的三歧聚伞花序，长2~4cm，具5~10花；花序梗基部有2枚三角形苞片；花5基数；萼片近圆形，直径约1.5mm；花冠辐射状，黄色或黄白色，花冠管短，花冠裂片椭圆状披针形至披针形，长5~6mm，宽1~1.5mm，厚肉质；雄蕊着生于花冠管内壁近基部，花丝短，花药彼此分离，长圆形，长2.5mm，4室；子房2室，每室具1胚珠。浆果圆球状，直径6~8mm，果熟时黑色。种子黑色，圆球形。花期3—7月，果期7—11月。

见于官埔垟、炉岙、均益、乌狮窟、坪田及保护区外围屏南等地。生于海拔500~1100m山地密林下或山坡灌木丛中。分布于东亚。

根、叶药用。

2. 线叶蓬莱葛 少花蓬莱葛

Gardneria nutans Siebold et Zucc. ——*G. linifolia* C. Y. Wu et S. Y. Pao——*G. lanceolata* auct., non Rehder et E. H. Wilson

常绿攀援藤本。小枝无毛，茎节上具线状凸起的托叶痕。叶片薄革质，长圆形、披针形或条状披针形，长6~9cm，宽1~1.5cm，先端渐尖，基部楔形，全缘，上面深绿色，有光泽，下面苍白色，叶脉不明显，侧脉5~7对；叶柄长3~7mm。花单生于叶腋，或2~3朵组成花序；花梗长1.5~2.5cm，在花梗基部有钻形苞片1，近中部有钻形小苞片1或2；花萼杯状，5裂，裂片圆形，先端渐尖，具睫毛；花冠白色，辐射状，花冠筒长约1mm，顶端5裂，裂片披针形，长8mm，宽2~3mm，先端急尖；雄蕊5，几无花丝，花药离生，4室；子房球形，柱头2浅裂。浆果球形，成熟时呈红色。花期6月，果期9月。

见于炉岙及保护区外围屏南垟顺等地。生于山坡林下或灌丛中。分布于华东、西南等地。

一〇六　龙胆科 Gentianaceae

一年生或多年生草本。茎直立或斜升，有时缠绕。单叶，对生，全缘，基部合生，筒状抱茎或为一横线所连接；无托叶。花序一般为聚伞花序或复聚伞花序，有时减退至顶生的单花；花两性，极少数为单性，一般4~5数；花萼筒状、钟状或辐射状；花冠筒状、漏斗状或辐射状，基部全缘，裂片在蕾中右向旋转排列，稀镊合状排列；雄蕊着生于花冠筒上，与裂片互生，花药背着或基着，2室；雌蕊由2个心皮组成，子房上位；柱头全缘或2裂；胚珠常多数；腺体或腺窝着生于子房基部或花冠上。蒴果2瓣裂，稀不开裂。种子小，常多数，胚乳丰富。

约80属，约700种，广布于世界各洲，但主要分布在北温带和寒温带。本区有4属，10种。

五岭龙胆 *Gentiana davidii* Franch.
华南龙胆 *Gentiana lourieri*（D. Don）Griseb.
龙胆 *Gentiana scabra* Bunge
笔龙胆 *Gentiana zollingeri* Fawcett
匙叶草 *Latouchea fokiensis* Franch.
獐牙菜 *Swertia bimaculata*（Siebold et Zucc.）Hook. f. et Thomson ex C. B. Clarke
浙江獐牙菜 *Swertia hicknii* Burkill
华双蝴蝶 *Tripterospermum chinense*（Migo）Harry Sm. ex Nilsson
条叶双蝴蝶（变种）var. *linearifolium* X. F. Jin
细茎双蝴蝶 *Tripterospermum filicaule*（Hemsl.）Harry Sm.
香港双蝴蝶 *Tripterospermum nienkui*（Marq.）C. J. Wu

分属检索表

1. 茎缠绕 ………………………………………… 1. 双蝴蝶属 *Tripterospermum*
1. 茎直立，稀斜展或铺散；花药在花后不卷旋；一年生或多年生草本。
  2. 雄蕊着生于花冠裂片间弯缺处 ………………………… 2. 匙叶草属 *Latouchea*
  2. 雄蕊着生于花冠筒上。
    3. 腺体着生于子房基部；花冠漏斗状或钟状，裂片间常具褶 ……………… 3. 龙胆属 *Gentiana*
    3. 腺体着生于花冠裂片基部或中部；花冠辐射状，裂片间无褶 ……………… 4. 獐牙菜属 *Swertia*

1 双蝴蝶属 *Tripterospermum* Blume

多年生缠绕草本。叶对生。聚伞花序或花腋生，花5数；花萼筒钟形，5条脉凸起成翅，稀无翅，花冠钟形或筒状钟形，裂片间有褶；雄蕊着生于花冠筒上，不整齐，顶端向一侧弯曲，花丝线形，通常向下不增宽；子房1室，含多数胚珠，子房柄的基部具环状花盘。浆果或蒴果，2瓣裂或不裂。种子多数、三棱形，无翅，或扁平、具盘状宽翅。

约25种，分布于亚洲东部和南部。本区有3种。

分种检索表

1. 基生叶上面有网纹，无柄而对生，紧贴地面，呈莲座状；蒴果 ························ 1. 华双蝴蝶 *T. chinense*
1. 基生叶上面无网纹，常具短柄，不紧贴地面；浆果。
  2. 子房柄长；浆果全部或大部分伸出花冠外 ························ 2. 细茎双蝴蝶 *T. filicaule*
  2. 子房近无柄；浆果全部包在花冠内 ························ 3. 香港双蝴蝶 *T. nienkui*

1. 华双蝴蝶　华肺形草

Tripterospermum chinense（Migo）Harry Sm. ex Nilsson

多年生缠绕草本。茎近圆形，具细条棱。基生叶通常2对，紧贴地面，密集成莲座状，卵形、倒卵形或椭圆形，近无柄或具极短的叶柄，全缘，上面绿色，有白色或黄绿色斑纹或否，下面淡绿色或紫红色；茎生叶通常卵状披针形，叶脉3条，全缘。具多花，2~4朵呈聚伞花序；花萼钟形，通常短于或等长于花萼筒，弯缺截形；花冠蓝紫色或淡紫色，褶色较淡或呈乳白色，钟形，裂片卵状三角形，褶半圆形，比裂片短约5mm，先端浅波状；雄蕊着生于花冠筒下部，不整齐，花丝线形，花药卵形，长约1.5mm；子房长椭圆形，两端渐狭。蒴果内藏或先端外露，淡褐色，椭圆形，扁平，柄长1~1.5cm，花柱宿存。种子淡褐色，近圆形，直径约2mm，具盘状双翅。花果期10—12月。

区内常见。生于海拔1900m以下的山坡林下、林缘、灌木丛或草丛中。我国特有，分布于华东、华南。

全草可入药，有清肺止咳、利尿、解毒等功效。

1a. 条叶双蝴蝶

var. *linearifolium* X. F. Jin

叶片狭长，呈条形；花单生。

见于大田坪、凤阳庙、凤阳湖等地。生于海拔1650m左右的福建柏、白豆杉林下。我国特有，分布于华东。模式标本采自区内杜鹃谷。

2. 细茎双蝴蝶

Tripterospermum filicaule（Hemsl.）Harry Sm.

多年生缠绕草本。茎圆形，具细条棱。基生叶近簇生，紧密，不呈蝴蝶状贴生地面，卵形，边缘呈细波状，上面绿色，下面常呈紫色或淡绿色，叶柄宽扁，长约1cmm；茎生叶卵形、卵状披针形或披针形，叶脉3~5条，下面3脉明显凸起，基部抱茎。单花腋生，或2~3朵呈聚伞花序；花萼钟形，花萼筒具狭翅，基部向花萼筒下延成翅，弯缺截形；花冠蓝色、紫色、粉红色，狭钟形，裂片卵状三角形，褶半圆形或近三角形，先端微波状；雄蕊着生于花冠筒下部，不整齐，花丝线形；子房矩圆形。浆果紫红色，矩圆形，稍扁，柄长1~3.5cm，果全部或大部伸出花冠之外。种子暗紫色或近黑色，边缘具棱，无翅。花果期8月至次年1月。

见于凤阳庙、大田坪、黄茅尖、横溪等地。生于海拔1800m以下阔叶林、杂木林中及林缘、山谷边的灌丛中。我国特有，分布于华东、华中、华南、西南。

3. 香港双蝴蝶

Tripterospermum nienkui（Marq.）C. J. Wu

多年生缠绕草本。具紫褐色短根状茎。根纤细，线形。基生叶丛生，卵形，下面有时呈紫色；茎生叶卵形或卵状披针形，叶脉3~5条，在下面明显凸起，叶柄扁平，长1~1.5cm，基部抱茎。花单生于叶腋，或2~3朵呈聚伞花序；花梗短，长不超过1cm；花萼钟形，沿脉具翅，裂片披针形，基部下延成翅，弯缺截形；花冠紫色、蓝色或绿色带紫斑，狭钟形，长4~5cm，裂片卵状三角形，褶三角状卵形，先端啮齿状或微波状；雄蕊着生于花冠筒下半部，不整齐，花丝线形，花药矩圆形；子房矩圆形，两端急狭成圆形，近无柄或具长1~2mm的短柄。浆果紫红色，内藏，具长1~3mm的短柄，花柱宿存。种子紫黑色，椭圆形或卵形，扁三棱状、边缘具棱，无翅，表面具网纹。花果期9月至次年1月。

见于炉岙等地。生于海拔约1200m山谷密林中或山坡路旁疏林中。我国特有，分布于华东、华南等地。

可供观赏；全草可入药，有清肺止咳、解毒消肿等功效。

2 匙叶草属 *Latouchea* Franch.

特征同种。

仅1种，特产于我国。本区也有。

匙叶草

Latouchea fokiensis Franch.

全株高15~30cm。基生叶3~5对，呈莲座状；叶片倒卵状匙形，长4~11cm，宽2.5~6cm，先端钝圆，基部楔形下延为具翅叶柄，具微波状细齿。花茎自基生叶中抽出，聚伞花序3~5轮，每轮具3~8花及1对叶状苞片；苞片匙形或条状倒披针形，长1~2cm；花萼4浅裂，裂片卵状三角形；花冠钟形，花冠筒长1cm，顶端4浅裂，蓝色；雄蕊4，生于花冠裂片间弯缺处，花药在花后不旋转；子房不完全2室。蒴果圆锥形，花柱宿存，呈喙状弯曲。种子多数，椭圆球形，表面具纵脊状凸起。花期2—3月，果期4—5月。

产于炉岙、大田坪等地。生于海拔1300~1500m的沟谷林下草丛中。我国特有，分布于华东、华南、西南。

3 龙胆属 *Gentiana* L.

一年生或多年生草本。茎直立，四棱形。叶对生。聚伞花序或花单生；花两性；花萼筒形或钟形，浅裂，常具龙骨状凸起；花冠钟形，常浅裂，裂片间具褶，裂片在蕾中右向旋卷；雄蕊着生于花冠筒上，与裂片互生，花丝基部略增宽并向花冠筒下延成翅，花药背着；子房1室，花柱明显。蒴果2裂。种子多数，细小，表面具致密的细网纹或蜂窝状网隙，有翅或无。

约360种，分布于欧洲、亚洲、美洲、非洲北部、澳大利亚北部及新西兰。本区有4种。

分种检索表

1. 多年生高大草本；花大；种子有翅或蜂窝状纹孔。
  2. 茎直立；茎下部叶鳞片形；种子边缘具翅 …………………… ***龙胆** *G. scabra*
  2. 茎自基部分枝；营养枝上的叶呈莲座状；种子有蜂窝状纹孔 …………………… **1.五岭龙胆** *G. davidii*
1. 一年生或多年生矮小草本；花较小；种子无翅或蜂窝状纹孔。
  3. 茎单一，少分枝；聚伞花序顶生或腋生，花梗几无 …………………… **2.笔龙胆** *G. zollingeri*
  3. 茎丛生，基本分枝；花1或2生于枝端，花梗明显 …………………… **3.华南龙胆** *G. lourieri*

1. 五岭龙胆

Gentiana davidii Franch.

多年生草本，高5~15cm。须根略肉质。主茎粗壮，发达，有多数较长分枝。花枝多数，丛生，紫色或黄绿色，下部光滑，上部多少具乳凸。叶线状披针形或椭圆状披针形，长2~10cm，宽0.4~1.3cm，边缘微外卷，有乳凸，叶脉1~3条；基生叶呈莲座状；茎生叶多对，愈向茎上部叶愈大,柄愈短。花多数,簇生于枝端,呈头状,无花梗;花冠蓝色,稀白色,无斑点和条纹,狭漏斗形,长2.5~4cm,裂片卵状三角形,先端具尾尖,全缘,褶偏斜,截形或三角形;雄蕊着生于花冠筒下部,整齐,花丝线状钻形,花药狭矩圆形;子房线状椭圆形,长10~12cm,两端渐狭,花柱线形,柱头2裂。蒴果内藏或外露,狭椭圆形或卵状椭圆形。种子淡黄色,近圆球形,表面具蜂窝状网隙。花果期8—11月。

区内常见。生于海拔1800m以下山坡草丛、路旁、林缘、林下。我国特有,分布于华东、华中、华南。

全草可入药,有清热解毒、利尿等功效。

2. 笔龙胆

Gentiana zollingeri Fawc.

一年生草本,高5~12cm。茎直立,单一,紫红色,光滑。叶卵圆形或匙形,具小尖头,边缘软骨质,两面光滑,叶脉1~3条。花多数,生于小枝顶端,密集成伞房状,稀单花顶生;花梗极短,紫色,藏于上部叶中;花萼漏斗形,先端有针刺,不反卷;花冠淡蓝色,外面具黄绿色宽条纹,漏斗形,长14~18mm,裂片卵形,先端钝,褶卵形或宽矩圆形,2浅裂或有不整齐细齿;雄蕊着生于花冠筒中部,整齐,花丝丝状钻形,花药矩圆形;子房椭圆形,花柱线形,柱头外翻,2裂。蒴果外露或内藏,倒卵状矩圆形,具翅,果柄长至10mm。种子褐色,椭圆形,表面具细网纹,无翅。花果期3—9月。

见于炉岙、凤阳湖等地。生于海拔1500m以下草丛、灌丛、林下。分布于东亚。

3. 华南龙胆

Gentiana loureiroi（G. Don）Griseb.

多年生草本，高3~8cm。主根略肉质，粗壮。茎少数丛生，紫红色。叶对生；基生叶较大，叶片狭椭圆形，长1.5~3cm，宽3~5mm；茎生叶较小，叶片椭圆形或椭圆状披针形，先端急尖，基部变狭，连合成鞘状，软骨质边缘具短睫毛。花单生于枝端；花梗明显，紫红色；花萼钟形，裂片长2~3mm；花冠漏斗形，外面黄绿色，内面蓝紫色，长1.3~1.8cm，裂片卵状披针形，褶片近卵形；雄蕊生于花冠筒中部，整齐；子房具柄，花柱长约2mm，柱头2裂，反卷。蒴果稍压扁状，倒卵球形，先端圆，有翅。种子多数，狭卵球形或椭圆球形，棕褐色，有网状纹，无翅。花果期4—8月。

见于大小天堂、东山头等地。生于海拔约1800m以下的山坡草丛中及山顶灌草丛中。分布于东亚。

全草可入药，有清热利湿、解毒消痈等功效。

4 獐牙菜属 *Swertia* L.

一年生草本。常有明显的主根。茎粗壮或纤细，稀为花葶。叶对生，稀互生或轮生；在多年生的种类中，营养枝的叶常呈莲座状。聚伞花序；花5数，辐射状；花萼深裂至近基部，花萼筒甚短；花冠深裂至近基部，花冠筒甚短，长至3mm，裂片基部或中部具腺窝或腺斑；雄蕊着生于花冠筒基部，与裂片互生，花丝多为线形，少有下部极度扩大，连合成短筒；子房1室，花柱短，柱头2裂。蒴果常包被于宿存的花被中，由顶端向基部2瓣裂，果瓣近革质。种子多数，细小，表面有凸起或凹点。

约170种，主要分布于亚洲、非洲和北美洲，少数种类分布于欧洲。本区有2种。

分种检索表

1. 多年生草本，较高大；茎粗壮，近圆柱形；茎生叶较宽大 ………………………………… 1.獐牙菜 *S. bimaculata*
1. 一年生草本，较矮小；茎具4棱；茎生叶狭小 ………………………………………………… 2.浙江獐牙菜 *S. hicknii*

1. 獐牙菜

Swertia bimaculata（Siebold et Zucc.）Hook. f. et Thomson ex C. B. Clarke

一年生草本，高0.3~2m。茎直立，圆形，中空。基生叶在花期枯萎；茎生叶无柄或具短柄，叶片椭圆形至卵状披针形，长4~12cm，宽1.5~5cm，叶脉3~5条，最上部叶苞叶状。大型圆锥状复聚伞花序疏松，开展，长达50cm，多花；花梗不等长，长6~40mm；花5数，直径达2.5cm；花萼绿色，裂片狭倒披针形或狭椭圆形，边缘具窄的白色膜质，常外卷；花冠黄色，上部具多数紫色小斑点，裂片中部具2个黄绿色、半圆形的大腺斑；子房无柄，披针形，花柱短，柱头2裂。蒴果无柄，狭卵形。种子褐色，圆形，表面具瘤状凸起。花果期9—12月。

见于炉岙、黄茅尖、凤阳庙、凤阳湖、大田坪等地。生于海拔1900m以下山坡草地、林下、灌丛中、沼泽地。分布于东亚、东南亚、南亚。

2. 浙江獐牙菜

Swertia hicknii Burkill

一年生草本，高15~35cm。茎直立，四棱形，棱上具窄翅，常带紫色，通常在中部以上分枝。叶几无柄，披针形或线状椭圆形至匙形，长2~4cm，宽3~10mm，茎上部及枝上叶小，先端急尖。圆锥状复聚伞花序开展，多花；花梗细，直立；花5数，直径达15mm；花萼绿色，短于花冠，裂片线状披针形，先端锐尖，背面具3脉；花冠白色，稀淡蓝色，裂片卵形至卵状披针形，先端钝，基部具2个腺窝，具长柔毛状流苏；花丝线形；子房无柄，卵形，花柱短而明显。蒴果2瓣开裂。种子近球形，有网状凹点。花期10—11月。

见于黄茅尖等地。生于海拔1800m以下的山顶草丛、林下。我国特有，分布于华东及湖南、广西。

一〇七　夹竹桃科 Apocynaceae

乔木、灌木或木质藤本，稀草本。具乳汁或汁液。单叶对生或轮生，稀互生；叶片全缘，稀具细齿，羽状脉；常无托叶或退化成腺体。花两性，辐射对称；花单生或排成聚伞花序；花萼管状或钟状，常5裂，覆瓦状排列，基部内常有腺体；花冠高脚碟状、漏斗状、坛状或钟状，5裂，裂片旋转状排列，稀镊合状排列，喉部常有副花冠、鳞片或毛状附属物；雄蕊5，着生于花冠筒上或喉部，内藏或伸出，花丝分离，花药长圆形或箭形，分离或互相黏合并贴生于柱头上；花盘环状、杯状或舌状；子房上位，稀半下位，心皮2，花柱1，柱头环状、头状或棍棒状，胚珠1至多数。蓇葖果、浆果、核果或蒴果。种子一端具毛，稀两端有毛或仅有膜翅。

约155属，2000余种，分布于全球热带、亚热带地区。本区有5属，9种。

链珠藤*Alyxia sinensis* Champ. ex Benth.
夹竹桃*Nerium oleander* L.
大花帘子藤*Pottsia grandiflora* Markgr.
毛药藤*Sindechites henryi* Oliv.
细梗络石*Trachelospermum asiaticum*（Siebold et Zucc.）Nakai
紫花络石*Trachelospermum axillare* Hook. f.
乳儿绳*Trachelospermum bodinieri*（H. Lév.）Woodson ex Rehd.
短柱络石*Trachelospermum brevistylum* Hand.-Mazz.
络石*Trachelospermum jasminoides*（Lindl.）Lem.

分属检索表

1. 叶轮生，稀对生。
  2. 木质藤本；核果链珠状 …… **1.链珠藤属 *Alyxia***
  2. 小乔木或灌木；蓇葖果 …… **2.夹竹桃属 *Nerium***
1. 叶对生。
  3. 花药顶端伸出花冠喉部外 …… **3.帘子藤属 *Pottsia***
  3. 花药内藏，顶端不伸出花冠喉部外(络石属有些种例外)。
    4. 花药顶端有长柔毛；蓇葖果条状长圆柱形，1长1短，下垂 …… **4.毛药藤属 *Sindechites***
    4. 花药顶端无毛；蓇葖果等长 …… **5.络石属 *Trachelospermum***

1 链珠藤属 *Alyxia* Banks ex R. Br.

木质藤本。具乳汁。叶3或4枚轮生，稀对生。花小，排列成腋生或近顶生的聚伞花序；具小苞片；花萼5深裂，内无腺体；花冠高脚碟状，裂片5，向左覆盖；雄蕊5，着生于花冠筒中部以上，花药内藏；无花盘；心皮2，离生，花柱丝状，每一心皮具胚珠4~6，2列。核果，常2个以上连接，在种子间收缩成链珠状，平滑。

约70种，分布于亚洲热带地区及澳大利亚、太平洋岛屿。本区有1种。

链珠藤 念珠藤 阿利藤

Alyxia sinensis Champ. ex Benth.

常绿木质藤本。具乳汁。叶对生或3叶轮生；叶片革质，长圆状椭圆形、长圆形、倒卵形或卵圆形，长1~4cm，宽0.5~2cm，先端圆或微凹，基部楔形，边缘反卷；叶柄长1.5~5mm。聚伞花序腋生或近顶生，花序梗长2~4mm；花小，长5~6mm；花5数；花萼裂片卵圆形，钝头；花冠淡红色，后变白色，高脚碟状，花冠筒长2~3mm，近喉部紧缩，裂片斜卵圆形，长1.5mm；雄蕊5，内藏；子房具长柔毛。核果球形或椭圆球形，长约1cm，常2或3个连接成链珠状，成熟时呈黑色。花期4—10月，果期9—12月。

见于乌狮窟及保护区外围屏南瑞垟。生于海拔500~900m的山谷溪边、沟边、岩壁上、阔叶林林下及林缘灌丛中。我国特有，分布于华东、华中、华南等地。

全株可入药，有祛风除湿、活血、理气止痛等功效。

2 夹竹桃属 *Nerium* L.

常绿直立灌木。具汁液。叶常轮生；叶片革质，羽状脉。伞房状聚伞花序顶生；花萼5裂，裂片覆瓦状排列，具腺体；花冠红色、白色或黄色，漏斗状，喉部具5枚撕裂状副花冠，裂片5，花蕾时向右覆盖；雄蕊5，花丝短，花药箭形；心皮2，离生，胚珠多数。蓇葖果2，长圆柱形，平滑无刺。种皮有短毛，种子顶端具种毛。

3种，分布于亚洲热带和亚热带、地中海沿岸。本区有1种。

夹竹桃

Nerium oleander L.——*N. indicum* Mill.

常绿大灌木，高1.5~4m。嫩枝具棱，有微毛，后脱落。叶3或4枚轮生，下部常对生；叶片革质，条状披针形，长8~20cm，宽1.2~2.5cm，先端渐尖，基部楔形，边缘反卷，侧脉密生。聚伞花序顶生，花多数，花序梗长3~10cm；花梗具微毛；花芳香；花萼5深裂，裂片披针形；花冠白色、深红色或粉红色，漏斗状，具副花冠；雄蕊5，内藏，花丝短，有长柔毛，花药箭形；心皮离生，具毛，柱头圆球形。蓇葖果2，离生，无毛，具细纵条纹。种子褐色，种皮被锈色短柔毛，顶端具黄褐色绢质种毛。花期4—12月，夏、秋季最盛；果期常在冬季和次年春季，少结果。

区内常见栽培。原产于印度及地中海。

花大艳丽，花期长，适应性强，可供观赏；全株有大毒，人、畜误食能致死；叶、茎皮可制强心剂。

3 帘子藤属 *Pottsia* Hook. et Arn.

木质藤本。具乳汁。叶对生。花多数，组成三歧至五歧圆锥状聚伞花序，顶生或腋生；花萼5深裂，内有腺体；花冠高脚碟状，裂片5，向右覆盖，无副花冠；雄蕊5，着生于花冠喉部，花药顶端伸出喉部外；花盘环状，5裂；心皮2，离生，胚珠多数。蓇葖果双生，细长，下垂。种子无喙，顶端有1簇白色绢质种毛。

约4种，分布于亚洲东部、东南部。本区有1种。

大花帘子藤

Pottsia grandiflora Markgr.

常绿木质藤本。具乳汁。茎无毛。叶对生；叶片薄革质，卵状椭圆形或椭圆形，长6.5~12.5cm，宽3~7cm；叶柄长1~2.2cm，叶柄间具钻状腺体。圆锥状聚伞花序长达18.5cm，具长花序梗；花梗长1~1.5cm；苞片和小苞片条状披针形；花萼小，裂片5，内具腺体；花冠紫红色或粉红色，开花时裂片向下反折；雄蕊5，着生于花冠筒喉部，花药箭形，伸出喉部外，腹部贴生于柱头上；子房无毛，花柱近基部加厚，柱头圆锥状，顶端2裂。蓇葖果双生，下垂，条状圆柱形。种子顶端具1簇白色种毛。花期5—9月，果期9—12月。

见于官埔垟及保护区外围大赛等地。生于溪谷山脚边及山坡常绿阔叶林林下。分布于东亚、东南亚。

4 毛药藤属 *Sindechites* Oliv.

木质藤本。具乳汁。茎无毛。叶对生。圆锥状聚伞花序顶生或近顶生；花萼小，5裂，裂片覆瓦状排列；花冠高脚碟状，裂片5，向右旋转排列；雄蕊5，着生于花冠筒中部以上，顶端不伸出花冠喉部外，花丝短，离生，花药顶端具长柔毛；心皮2，离生，具肉质花盘，花柱丝状，胚珠多数。蓇葖果双生，条状长圆柱形，1长1短，下垂，无毛。种子顶端具黄白色长绢毛。

约2种，分布于中国、老挝、泰国。本区有1种。

毛药藤

Sindechites henryi Oliv.——*Cleghornia henryi*（Oliv.）P. T. Li

木质藤本。具乳汁。茎无毛。叶对生；叶片薄纸质，长圆状披针形至卵状披针形，长5.5~12.5cm，宽1.5~4cm，先端尾状渐尖；叶柄长4~10mm，柄间及叶腋内有条状腺体。圆锥状聚伞花序顶生或近顶生；花白色；花萼5深裂，内面有腺体；花冠长9mm；雄蕊5，生于花冠筒近喉部，花药（药隔）顶端有丛毛；子房具长柔毛，外围花盘，花盘5短裂，花柱长约4mm，柱头2裂，胚珠多数。蓇葖果双生，1长1短，条状圆柱形。种子条状长圆柱形，扁平，种毛长2.5cm。花期5—7月，果期7—10月。

见于凤阳庙、乌狮窟、金龙、大小天堂等地。生于海拔600~1300m的山地疏林下、山坡路旁灌木丛中、山谷密林中、水沟旁。我国特有，分布于华东、华中、华南、西南等地。

5 络石属 *Trachelospermum* Lem.

木质藤本。具乳汁。叶对生。花序聚伞状,有时聚伞圆锥状,顶生或腋生;花白色或紫色;花萼5裂,内面基部具5~10枚有齿腺体;花冠高脚碟状,顶端5裂,花冠筒圆筒形;雄蕊5,着生于花冠筒膨大处,花药箭形,顶端无毛;花盘环状,5深裂或全裂;心皮2,离生,每一心皮具胚珠多数。蓇葖果双生,细长圆柱形,离生或贴生,等长。种子条状长圆形,具白色绢质种毛。

约15种,1种分布于北美洲,其余分布于亚洲。本区有5种。

分种检索表

1. 雄蕊着生于花冠筒中部、喉部或近喉部;蓇葖果叉生。
  2. 花蕾顶端渐尖;花萼裂片紧贴于花冠筒上;花药顶端伸出花冠喉部外 ········ 1.细梗络石 *T. asiaticum*
  2. 花蕾顶部钝;花萼裂片开展或反卷;花药顶端隐藏在花冠喉部内。
    3. 叶片长椭圆形或倒卵状长圆形;雄蕊着生于花冠筒近喉部;花萼裂片贴生于花冠筒上;蓇葖果长14~22cm ··························· 2.乳儿绳 *T. bodinieri*
    3. 叶片椭圆形、卵状椭圆形或披针形;雄蕊着生于花冠筒中部;花萼裂片反卷;蓇葖果长5~18cm ········ ··························· 3.络石 *T. jasminoides*
1. 雄蕊着生于花冠筒基部或近基部;蓇葖果平行贴生或叉生。
  4. 叶片厚纸质,倒披针形、倒卵形或长椭圆形;花暗紫红色;花萼裂片紧贴于花冠筒上;蓇葖果平行贴生,成熟时略叉开,长10~15cm,直径1~1.5cm ··························· 4.紫花络石 *T. axillare*
  4. 叶片薄纸质,狭椭圆形;花白色;花萼裂片开展;蓇葖果叉生,长9~23cm,直径3~5mm ··················· ··························· 5.短柱络石 *T. brevistylum*

1. 细梗络石　亚洲络石

Trachelospermum asiaticum（Siebold et Zucc.）Nakai——*T. gracilipes* Hook. f.

常绿木质藤本。具白色乳汁。幼茎被黄褐色短柔毛，老时无毛。叶片椭圆形，长4~8.5cm，宽1.5~4cm，先端急尖，基部楔形；叶腋间或叶腋外具腺体。聚伞花序顶生或近顶生；花白色，芳香；花蕾顶端渐尖；花萼裂片5，内有10枚齿状腺体；花冠高脚碟状，喉部膨大；雄蕊着生于花冠喉部，花丝短，被柔毛，花药箭形，顶端伸出花冠喉部外；子房无毛，外围环状花盘，花盘5裂，花柱细，柱头卵圆形，全缘。蓇葖果双生，叉开，条状圆柱形，黄棕色，无毛。种子多数，红褐色，条形，种毛长2.5~3.5cm。花期4—7月，果期8—10月。

见于保护区外围大赛垟栏头等地。生于山地路旁或山谷密林中，攀援于树上或岩石上。分布于东亚。

2. 乳儿绳　贵州络石　温州络石

Trachelospermum bodinieri（H. Lév.）Woodson——*T. cathayanum* C. K. Schneid.——*T. wenchowense* Tsiang

常绿木质藤本。具白色乳汁。除幼花被短柔毛外，其余无毛。叶片长椭圆形或倒卵状长圆形，长5.5~6cm，宽1.7~2cm，先端渐尖，基部急尖；叶腋具腺体；叶柄长4mm。聚伞花序圆锥状，顶生和腋生；花蕾顶部钝；花萼裂片渐尖，贴生于花冠筒上；花冠白色，芳香，花冠筒长4~6mm，近花喉部膨大，花喉顶口缢缩，被短柔毛；雄蕊着生于花冠近喉部，花药顶端不伸出喉部外，花丝短，被短柔毛；花盘环状5裂，围绕子房基部；花柱丝状，柱头卵状。蓇葖果双生，略叉开，无毛。种毛长2.5~3.5cm。花期5—7月，果期8—12月。

见于保护区外围小梅金村至大窑、大赛垟栏头等地。生于山坡林中及溪旁树上。我国特有，分布于华东、华中、西南等地。

幼藤纤维可制绳索，藤可编制家具；花芳香，可提取挥发油；可作绿篱或地被植物。

3. 络石

Trachelospermum jasminoides（Lindl.）Lem.

常绿木质藤本。具白色乳汁。幼枝有黄色柔毛，后脱落。叶片椭圆形、卵状椭圆形或披针形，长2~10cm，宽1~4.5cm；叶柄内和叶腋外具腺体。圆锥状聚伞花序腋生或顶生，与叶等长或较长；花蕾顶部钝；花萼5深裂，裂片反卷，基部具10枚鳞片状腺体；花冠白色，芳香，高脚碟状，花冠筒中部膨大；雄蕊5，着生于花冠筒中部，花药顶端隐藏在花冠喉部内；子房无毛。蓇葖果双生，叉开，披针状圆柱形，有时呈牛角状，无毛。种子多数，褐色，条形，有长1.5~3cm的种毛。花期4—6月，果期7—10月。

区内常见。生于山野、林缘或阔叶林中，常攀援于树上、墙上或岩石上。分布于东亚。

根、茎、叶均可药用，有祛风活络、利关节、止血、止痛消肿、清热解毒等功效；乳汁有毒，对心脏有毒害作用；为纤维植物；花芳香，可提取络石浸膏。

4. 紫花络石

Trachelospermum axillare Hook. f.

常绿木质藤本。具白色乳汁。无毛或幼枝具微毛。叶片厚纸质，倒披针形、倒卵形或长椭圆形，长8~15cm，宽3~4.5cm，先端渐尖成尾状或急尖，基部楔形，侧脉8~15对；叶腋间有腺体。聚伞花序近伞形，腋生或近顶生；花蕾顶端钝；花萼5裂，紧贴于花冠筒上，内有10枚腺体；花冠暗紫红色，基部膨大，高脚碟状；雄蕊着生于花冠筒基部，内藏；花盘裂片与子房等长；子房卵球形，无毛，柱头近头状。蓇葖果2，平行贴生，成熟时略叉开，无毛。种子暗紫色，倒卵状长圆柱形或宽卵球形，种毛长5cm。花期5—7月，果期8—10月。

见于官埔垟、乌狮窟、龙案、龙南大庄及保护区外围屏南、大赛等地。生于山谷及疏林中、水沟边、溪边灌木丛中。分布于东亚、东南亚。

植株可提取树脂及橡胶;茎皮纤维韧性强,可代麻制绳及织麻袋;种毛可作填充料。

5. 短柱络石

Trachelospermum brevistylum Hand.-Mazz.

常绿木质藤本。具白色乳汁。茎、叶无毛。叶片薄纸质,狭椭圆形,长5~10cm,宽3cm,先端渐尖成尾状,基部楔形或宽楔形。聚伞花序顶生或腋生,比叶短;花萼裂片卵状披针形,开展;花冠白色,花冠筒长约4.5mm,下部膨大,向喉部渐细,内具微毛,裂片斜倒卵形;雄蕊5,着生于花冠筒基部,花药箭形,内藏;子房长椭圆球形,无毛,柱头近头状。蓇葖果叉生,条状圆柱形,外果皮黄棕色,无毛。种子长圆柱形,种毛白色,绢质,长2.5~3cm。花期5—7月,果期8—12月。

见于官埔垟、炉岙、乌狮窟、双溪等地。生于海拔600~1000m的山地空旷疏林下及山谷溪边,缠绕于树上或岩石上。我国特有,分布于华东、华中、华南、西南等地。

一〇八　萝藦科 Asclepiadaceae

多年生草本、藤本或灌木，具乳汁，常有块根。单叶，对生或轮生，稀互生；叶片全缘；叶柄顶端常具丛生腺体。聚伞花序常呈伞状，有时呈伞房状或总状；花两性，整齐，5数，稀4数；花萼裂片内面常有腺体；花冠合瓣，顶端5裂；副花冠常存在；雄蕊5，与雌蕊黏合成合蕊柱，每一花药有花粉块2或4；雌蕊1，子房上位，由2离生心皮组成，胚珠多数。蓇葖果双生，有时1个退化。种子多数。

约250属，2000多种，分布于世界热带、亚热带和少数温带地区。本区有5属，10种。

祛风藤 *Biondia microcentrum*（Tsiang）P. T. Li

折冠牛皮消 *Cynanchum boudieri* H. Lév. et Vaniot

毛白前 *Cynanchum mooreanum* Hemsl.

朱砂藤 *Cynanchum officinale*（Hemsl.）Tsiang et H. D. Zhang

徐长卿 *Cynanchum paniculatum*（Bunge）Kitagawa

柳叶白前 *Cynanchum stauntonii*（Decne.）Schltr. ex H. Lév.

黑鳗藤 *Jasminanthes mucronata*（Blano）W. D. Steven et P. T. Li

牛奶菜 *Marsdenia sinensis* Hemsl.

七层楼 *Tylophora floribunda* Miq.

贵州娃儿藤 *Tylophora silvestris* Tsiang

分属检索表

1. 花粉块下垂。
   2. 副花冠缺，或仅有1微型而膜质的副花冠着生于合蕊柱的基部；缠绕植物………… 1. 秦岭藤属 *Biondia*
   2. 有副花冠，明显1轮，稀2轮；茎直立或缠绕 ………………………………… 2. 鹅绒藤属 *Cynanchum*
1. 花粉块直立或平展。
   3. 花冠高脚碟状、钟形或坛形。
      4. 副花冠背部加厚，裂片通常钻形 ………………………………………… 3. 牛奶菜属 *Marsdenia*
      4. 副花冠背部扁平，裂片细小或无 ……………………………………… 4. 黑鳗藤属 *Jasminanthes*
   3. 花冠辐射状 ……………………………………………………………………… 5. 娃儿藤属 *Tylophora*

1 秦岭藤属 *Biondia* Schltr.

多年生草质藤本。茎缠绕。叶对生；叶片线形至披针形。聚伞花序伞状，腋生，着花数朵；花萼5深裂，基部常具5腺体；花冠坛状或近钟状，副花冠缺或膜质而微小，着生于合蕊柱基部，端部5浅裂，稀齿状；花药近四方形，顶端具薄膜片，花丝合生成1短管，花药附属物弯曲，每室具1花粉块，长圆形，下垂；柱头盘状。蓇葖果常单生，狭披针形。种子线形，顶端具白色绢质种毛。

约13种，我国特有，分布于西南部和东部。本区有1种。

祛风藤 浙江乳凸果

Biondia microcentra（Tsiang）P. T. Li——*Adelostemma microcentrum* Tsiang

缠绕藤本，长达2m。茎、侧枝、叶柄和花序梗常被1列下曲细毛。叶片纸质或近纸质，除中脉被短毛外，两面均无毛，狭椭圆形至长圆状披针形，长2~7cm，宽0.5~1.6cm，先端渐尖，基部微圆形或楔形，侧脉4~7对，不明显；叶柄长5~10mm。聚伞花序短于叶片，常单一，具4~9花；花序梗长（1.5~）4~13（~23）mm；花梗长（1.7~）3~4（~12）mm；花萼裂片披针形，长1.6~3mm，宽0.8~1mm，先端锐尖，外被短柔毛，基部具5腺体；花冠黄白色，有玫瑰红色点，近坛状，花冠筒长3.5~6mm，裂片长圆状披针形，长约2mm，内被细毛；副花冠小，环形；花药附属物圆形，膜质，花粉块圆柱形，下垂；子房无毛。蓇葖果单生，披针状长圆形，长8~12cm，直径0.5~0.7cm。种子长圆形，扁平，长约6mm，宽约2mm；白色种毛长约3cm。花期4—7月，果期8—10月。

见于官埔垟、炉岙、大田坪、双溪。生于山坡竹林下、灌木丛中及岩石边阴处。我国特有，分布于华东及西南。

全株药用。

2 鹅绒藤属 *Cynanchum* L.

多年生草本或灌木。茎缠绕、攀援或直立。叶对生,稀轮生;叶片全缘。聚伞花序多呈伞状;花萼5深裂;花冠近辐射状或钟状;副花冠膜质或肉质,5裂,单轮或双轮;每室具1花粉块,常为长圆形,下垂;柱头基部膨大成五角状,顶端全缘或2裂。蓇葖果双生或1个不发育,长圆形或披针形,通常平滑,稀具狭翅或刚毛。种子顶端具种毛。

约200种,分布于热带、亚热带和温带地区。本区有5种。

分种检索表

1. 直立植物,有时近顶端缠绕。
   2. 花序梗长不超过2cm,短于顶端叶片;叶片侧脉不明显或最多6对;副花冠裂片背腹压扁 ……………………………………………………………………………………… 1. 柳叶白前 *C. stauntonii*
   2. 花序梗长2.5~4cm,长于顶端叶片;叶片侧脉约8对;副花冠裂片侧面压扁 …… *徐长卿 *C. paniculatum*
1. 缠绕藤本。
   3. 副花冠内面无附属物,有时具纵向的褶皱或翼 ………………………………… 2. 毛白前 *C. mooreanum*
   3. 副花冠内面有附属物,顶端游离。
      4. 花序伞房状,花序梗比花梗长5~7倍,长达14cm ……………………………… 3. 折冠牛皮消 *C. boudieri*
      4. 花序伞状,花序梗比花梗长3~5倍或与之等长,长达5cm ……………………… 4. 朱砂藤 *C. officinale*

1. 柳叶白前　水杨柳

Cynanchum stauntonii (Decne.) Schltr. ex H. Lév.

直立亚灌木,全株无毛。须根纤细,节上簇生。茎高达1m。叶对生;叶片纸质,狭披针形至线形,长6~13cm,宽0.3~0.9(~1.7)cm,先端渐尖,基部楔形,中脉在下面显著,侧脉约6对;叶柄长约5mm。伞状聚伞花序腋生,纤细,具3~8花;花序梗长可达1.7cm,中部以上小苞片多数;花梗长3~9mm;花萼5深裂,裂片披针形,长约1.5mm;花冠紫红色,辐射状,花冠筒长约1.5mm,裂片线状披针形,长3~5mm,先端稍钝,内面基部具长柔毛;副花冠裂片盾状,隆肿,比花药短;花药每室具1花粉块,长圆形,下垂;柱头微凹,包在花药的薄膜内。蓇葖果单生,披针状长圆柱形,长9~12cm,直径0.3~0.6cm,平滑无毛。种子顶端有白色种毛。花期6—8月,果期9—10月。

区内常见。生于低海拔溪边、沟边、溪滩石砾中及林缘阴湿处。我国特有,分布于华东、华中、华南、西南等地。

根、根状茎、全草入药,干燥根及根状茎称“白前”,干燥全草称“草白前”,单独干燥根状茎称“鹅管白前”。

2. 毛白前

Cynanchum mooreanum Hemsl.

多年生柔弱缠绕藤本。茎、叶、叶柄、花序梗、花梗及花萼外面均密被黄色短柔毛。茎长达2m，下部常带紫色。叶对生；叶片卵形至卵状长圆形，长2~8cm，宽1.5~3cm，先端锐尖，基部心形或近截形，侧脉4~5对；叶柄长1~2cm。伞状聚伞花序腋生，具3~9花；花序梗长0~1.5(~4)cm；花梗长0.5~1.3cm；花萼小，长约2.5mm，裂片披针形；花冠紫红色或黄色，花冠筒长1~2mm，裂片线状披针形或披针形，长7~10mm，宽2~2.5mm；副花冠杯状，裂片卵圆形，短于合蕊柱，先端钝；花药附属物宽卵形，花粉块长圆形，下垂；子房无毛，柱头基部五角形，顶端扁平。蓇葖果单生，披针状圆柱形，长7~9cm，直径约1cm。种子暗褐色，不规则长圆形，长约7mm，宽约3mm；种毛白色，长约3cm。花期6—7月，果期8—10月。

区内常见。生于山坡林中、灌丛中及溪边，海拔可达700m。我国特有，分布于华东、华中、华南等地。

干燥根入药，称“毛白薇”。

3. 折冠牛皮消

Cynanchum boudieri H. Lév. et Vaniot

缠绕亚灌木状草本。块根肥厚。茎被微柔毛。叶对生；叶片膜质，宽卵形或卵状长圆形，长4~18cm，宽4~12cm，先端短渐尖或渐尖，基部深心形，两侧常具耳状下延或内弯；叶柄长1.3~10.5cm。聚伞花序伞房状，花可达30朵；花序梗长5~7.5(~14)cm；花梗长1~1.5cm，均被微毛；花萼裂片卵状长圆形，具缘毛；花冠白色，辐射状，长6~10mm，裂片卵状长圆形，先端圆钝，内面具柔毛，开花后强烈反折；副花冠浅杯状，5深裂，裂片椭圆形或长圆形，肉质；花粉块长圆形，下垂；柱头圆锥状。蓇葖果双生，披针状圆柱形，长8~10.5cm，直径可达1cm。种子卵状椭圆形，长约7mm，基部宽，具波状齿；种毛白色，长约2.5cm。花期6—8月，果期9—11月。

见于黄茅尖、凤阳庙、凤阳湖、大田坪、坪田等地。生于山坡路边灌丛中或林缘，海拔可至1000m。我国特有，分布于华东、华南、西南等地。

块根药用，有小毒。

4. 朱砂藤

Cynanchum officinale (Hemsl.) Tsiang et H. D. Zhang

缠绕亚灌状草本。主根圆柱状，单生或自顶部起2分叉，干后暗褐色。嫩茎具单列毛。叶对生；叶片薄纸质，无毛或背面具微毛，卵形或卵状长圆形，长5~12cm，基部宽3~7.5cm，向端部渐尖，基部耳形；叶柄长2~6cm。伞状聚伞花序腋生，长3~8cm，约具10花；花萼裂片外面具微毛，花萼内面基部具腺体5；花冠淡绿色或白色；副花冠肉质，5深裂，裂片卵形；花药每室具1花粉块，长圆形，下垂；子房无毛，柱头略微隆起。蓇葖果通常仅1个发育，向端部渐尖，基部狭楔形，长达11cm，直径约1cm。种子长圆状卵形，顶端略呈截形；种毛白色、绢质，长2cm。花期5—8月，果期7—10月。

见于凤阳庙、凤阳湖等地。生于林下沟谷边。我国特有，分布于华东、华中、华南、西南等地。

根药用。

3 牛奶菜属 *Marsdenia* R. Br.

木质藤本,稀直立灌木或亚灌木。叶对生。聚伞花序伞状,顶生或腋生;花萼5深裂;花冠钟状、坛状或高脚碟状,顶端5裂,副花冠贴生在花药背面,裂片5,肉质,向上渐狭成钻形;合蕊柱较短,花药每室具1花粉块,直立,长圆形或卵圆形,具花粉块柄;心皮2,离生;柱头扁平、凸起或长喙状。蓇葖果圆柱状披针形或纺锤形,光滑。种子顶端具种毛。

约100种,分布于亚洲、美洲及热带非洲。本区有1种。

牛奶菜

Marsdenia sinensis Hemsl.

粗壮木质藤本,全株密被黄色茸毛。叶片卵心形或卵状椭圆形,长8~13.5cm,宽5~9.5cm,先端渐尖,基部心形,稀圆形,上面被细毛,下面密被黄色茸毛,侧脉5~6对;叶柄长2~3.5cm,被黄色茸毛。聚伞花序伞状,腋生,长1.5~9cm,可达20余花;花序梗长2~5.5cm;花梗长约3.5mm,与花萼均被黄色茸毛;花萼长3~4mm,5深裂,裂片卵圆形,内有10余枚腺体;花冠外面紫红色,里面白色或淡黄色,长约6mm,裂片卵圆形,长约3mm,内面被茸毛,副花冠短,5裂,长仅及雄蕊长的一半,紫红色;花药顶端具卵形膜片,花粉块肾形,直立;柱头基部圆锥状。蓇葖果纺锤形,长10~13cm,直径2~3cm,外被黄色茸毛。种子卵圆形,扁平,长5~13mm,顶端有长2.5~4cm的种毛。花期8—10月,果期11月至次年2月。

见于官埔垟、坪田及保护区外围大赛等地。生于山坡岩石旁、山谷树下及疏林中。我国特有,分布于华东、华中、华南等地。

全株药用。

4 黑鳗藤属 *Jasminanthes* Blume

木质藤本，具乳汁。叶对生。聚伞花序伞状，腋生，花大；花萼5深裂；花冠高脚碟状或近漏斗状，裂片5，副花冠5裂，着生于雄蕊背面，裂片扁平，直立，比花药短或无副花冠；雄蕊5，与雌蕊贴生，每室具1花粉块，直立；心皮2，离生，花柱短，柱头圆锥状或头状。蓇葖果粗厚，钝头或渐尖。种子顶端具白色绢质种毛。

约5种，分布于中国和泰国。本区有1种。

黑鳗藤

Jasminanthes mucronata（Blanco）W. D. Stevens et P. T. Li——*Stephanotis mucronata*（Blanco）Merr.

木质藤本，具乳汁。茎被2列黄褐色短毛。小枝密被短柔毛。叶片纸质，卵状长圆形，长5.8~13cm，宽3~7.5cm，先端尾尖，基部心形，侧脉6~8对；叶柄长1.5~3.5cm，有短柔毛，顶端具丛生腺体。聚伞花序伞形，腋生或腋外生，具2~5花；花萼裂片披针形；花冠白色，破裂时常有紫黑色汁液流出，花冠筒长1.2~1.5cm，内面基部具5行2列柔毛，顶端5裂，裂片镰刀形，副花冠5裂，比花药短，生于雄蕊背面；合蕊柱比花冠筒短，花药顶端膜片长卵形，花粉块卵圆形，直立，花粉块柄横生；子房卵圆形，无毛，花柱短，柱头膨大。蓇葖果长披针状圆柱形，长约12cm，直径约1cm，无毛。种子长圆形，长约1cm；种毛白色，长约2.5cm。花期5—6月，果期9—12月。

见于官埔垟等地。生于海拔500m以下的山坡杂木林中，常攀援于大树上。我国特有，分布于华东、华南、西南等地。

栽培观赏用。

5 娃儿藤属 *Tylophora* R. Br.

缠绕或攀援木质藤本，稀多年生草本或直立小灌木。叶对生；叶片革质或纸质。聚伞花序伞状或短总状，腋生；花序梗常曲折；花萼5裂；花冠5深裂，辐射状或辐射状钟形，副花冠5裂，裂片肉质，膨胀；雄蕊5，生于花冠筒基部，每室具1花粉块，常呈圆球状，开展或稍斜升，稀直立；心皮2，离生，花柱短。蓇葖果双生，稀单生，纤弱，常平滑。种子顶端具白色绢毛。

约60种，分布于亚洲、非洲、大洋洲的热带和亚热带地区。本区有2种。

分种检索表

1. 叶基三出脉 ·································· 贵州娃儿藤 *T. silvestris*
1. 叶羽状脉 ·································· *七层楼 *T. floribunda*

贵州娃儿藤

Tylophora silvestris Tsiang——*Biondia henryi* (Warb. ex Schltr. et Diels) var. *Longipedunculata* M. Cheng et Z. J. Feng

木质藤本。茎常有2列毛。叶对生；叶片近革质，椭圆形或长圆状披针形，长2.5~6cm，宽0.5~2.3cm，先端急尖，基部圆形或截形，基出脉3条，侧脉1~2对，边缘外卷；叶柄长3~7mm，有微毛。聚伞花序伞形，腋生，较叶短，不规则单歧或二歧，具10余花；花序梗长1.3~2.2cm；花梗长3~8mm；花萼5深裂，裂片狭卵形，长约1.5mm，内面基部有5腺体；花冠紫红色或淡紫色，辐射状，长约4mm，花冠筒长约1mm，裂片卵形，长约3mm，副花冠裂片卵形，肉质肿胀；药隔顶端有1圆形白色膜片，花粉块圆球状，平展，花粉块柄上升，着粉腺紫红色，近菱形；子房无毛，柱头盘状五角形。蓇葖果披针状圆柱形，长6~7cm，直径4~5mm。种子具白色绢毛。花期3—5月，果期7—8月。

见于官埔垟、炉岙、大田坪、凤阳湖等地。生于山坡林中。我国特有，分布于华东、华中、西南等地。

根部入药。

一〇九　茄科 Solanaceae

草本或灌木，稀小乔木。直立、匍匐或攀援状，有时具皮刺，稀具棘刺。单叶、裂叶或复叶，通常互生，无托叶。花单生，簇生，或组成各式聚伞花序，稀为总状花序，顶生、侧生、腋生或与叶互生；两性或稀杂性，辐射对称，通常5基数。花萼常5裂，宿存，花后增大或不增大；花冠辐射状、钟状或漏斗状，通常5裂；雄蕊与花冠裂片同数而互生，常着生于花冠筒上，花药分离或黏合，纵裂或孔裂；子房上位，2室，稀1室或不完全3~5室，胚珠多数，中轴胎座；花柱线形，柱头头状，不裂或2浅裂。浆果或蒴果，盖裂或瓣裂。种子多数，圆盘状或肾形，扁平。

约95属，2300多种，广布于温带至热带地区。本区有6属，14种。

辣椒 *Capsicum annuum* L.
江南散血丹 *Leucophysalis heterophylla* (Hemsl.) Averett
番茄 *Lycopersicon esculentum* Mill.
苦蘵 *Physalis angulata* L.
毛苦蘵(变种) var. *villosa* Bonati
毛酸浆 *Physalis philadelphica* Lam.
牛茄子 *Solanum capsicoides* All.
白英 *Solanum lyratum* Thunb.
茄 *Solanum melongena* L.
龙葵 *Solanum nigrum* L.
海桐叶白英 *Solanum pittosporifolium* Hemsl.
珊瑚樱 *Solanum pseudocapsicum* L.
珊瑚豆(变种) var. *diflorum* (Vell.) Bitter
水茄 *Solanum torvum* Sw.
马铃薯 *Solanum tuberosum* L.
龙珠 *Tubocapsicum anomalum* (Franch. et Sav.) Makino

分属检索表

1. 花萼在花后显著增大，完全或不完全包围浆果。
  2. 果萼不呈膀胱状，不完全包围但贴近浆果，无纵肋或肋不显著凸起，亦不具10条棱脊；花1~3朵腋生 …………………………………… 1. 散血丹属 *Physaliastrum*
  2. 果萼膀胱状，完全包围但不贴近浆果，有10条显著棱脊；花单个腋生 ………………… 2. 酸浆属 *Physalis*
1. 花萼在花后不增大或明显增大，不包围果实，而仅宿存于果实的基部。
  3. 花单生或近簇生。
    4. 花萼短，皿状，几乎截形而全缘；花冠宽钟形；果实小型，球状 ………………… 3. 龙珠属 *Tubocapsicum*
    4. 花萼稍长，杯状，具5枚裂片；花冠辐射状；果实大型，形状各异 …………………… 4. 辣椒属 *Capsicum*
  3. 花集生成聚伞花序，顶生、腋生或腋外生，极稀单生。

5. 花药不向顶端渐狭而成1长渐尖头，在顶端先行孔裂而后向下纵向开裂；花萼及花冠裂片5数…………………………………………………………………………………………………… 5. 茄属 *Solanum*

5. 花药向顶端渐狭而成1长渐尖头，自基部向上纵向开裂；花萼及花冠裂片5~7数…………………………………………………………………………………………………… 6. 番茄属 *Lycopersicon*

1 散血丹属 *Physaliastrum* Makino

多年生草本，具根状茎。茎直立，常稀疏二歧分枝。叶互生或2枚聚生而不等大；叶片全缘或波状，具柄。花数朵簇生或单生，具长梗，俯垂；花萼钟形，5裂，果时明显增大，但紧贴浆果而不成膀胱状果，常有刺毛；花冠阔钟状，浅5裂，裂片在蕾中成内向镊合状，花冠筒基部有5簇髯毛，并在每簇髯毛上方各具或不具蜜腺；雄蕊5，着生于花冠筒近基部，花丝有毛或无毛，花药直立，药室近平行，纵裂；子房2室，胚珠多数，花柱丝状，柱头不明显2浅裂。浆果球状或椭圆状，下垂，外有肉质宿萼包围，外面具不规则三角形凸起。种子多数，扁平，肾形。

共7种，分布于亚洲东部。本区有1种。

江南散血丹

Physaliastrum heterophyllum（Hemsl.）Migo

多年生草本，株高30~60cm。茎直立，茎节略膨大，具棱。叶连叶柄长7~19cm，宽2~7cm，阔椭圆形、卵形或椭圆状披针形，顶端短渐尖或急尖，基部歪斜，全缘而略波状。花1~2朵生于叶腋或枝腋，花梗细瘦，有稀柔毛，果时变无毛。花萼短钟状，5中裂，裂片长短略不相等，具柔毛，果后增大成球状，紧密包被并贴近浆果，超出果顶，稍缢缩，具不规则三角形凸起；花冠阔钟状，乳黄色，长1.5~2cm，5浅裂，外面密生细柔毛，内部近基部有5簇髯毛，上方无蜜腺；雄蕊5，花丝具稀疏柔毛，花药纵裂；子房圆锥形。浆果球形，直径约1.5cm，被宿萼所包围。种子近圆盘形。花果期8—9月。

区内常见。生于海拔450~1030m的山坡路旁或山谷林下潮湿地。我国特有，分布于华东、华中等地。

2 酸浆属 *Physalis* L.

一年生至多年生草本。茎直立或铺散，无毛或被柔毛。单叶，互生或2叶聚生；叶片全缘、深波状或具不规则短齿。花单生于叶腋或枝腋；花萼钟状，5浅裂或中裂，果时增大成膀胱状，完全包围浆果，有10纵肋，5棱或10棱形，膜质或革质，顶端闭合，基部常凹陷；花冠白色或黄色，辐射状或钟状，5浅裂；雄蕊5，较花冠短，着生于花冠筒基部，花丝丝状，基部扩大，花药椭圆形，纵裂；子房2室，花柱丝状，柱头不显著2浅裂。浆果球状，多汁。种子多数，扁平，盘形或肾形，具网纹状凹穴。

约120种，主要分布于美洲的热带及温带地区，亚洲、欧洲、大洋洲也有分布。本区有2种。

分种检索表

1. 叶片基部歪斜，楔形或宽楔形；花较小，花冠长4~5mm，直径6~8mm，植株全体近无毛或仅生稀疏柔毛 ………………………………………… 1. 苦蘵 *P. angulata*

1. 叶片基部歪斜心形，具不等大三角形齿；花较大，花冠长8~15mm，直径1~1.5cm；茎、叶密被短柔毛………………………………………… 2. 毛酸浆 *P. philadelphica*

1. 苦蘵

Physalis angulata L.

一年生草本，高30~50cm。全株被疏短柔毛或近无毛。茎多分枝，分枝纤细。叶柄长1~

2cm,叶片卵形至卵状椭圆形,顶端渐尖或急尖,基部宽楔形或楔形,全缘或有不等大的锯齿,两面近无毛,长2~5cm,宽1~2.5cm。花单生于叶腋,花梗长5~12mm,有短柔毛;花萼钟状,密生短柔毛,5中裂,裂片披针形;花冠淡黄色,喉部常有紫色斑纹,钟状,直径5~7mm,5浅裂;雄蕊5,花药紫色,长约2mm。果萼卵球状,具细柔毛,直径1.5~2cm,薄纸质,熟时草绿色或淡黄绿色;浆果球形,直径约1cm。种子圆盘状,淡黄色,直径约1.5mm。花期7—9月,果期9—11月。

见于官埔垟等地。生于山坡林下、林缘、溪边及宅旁。分布于亚洲、大洋洲和美洲。

全草入药,能清热解毒、化痰利尿。

1a. 毛苦蘵

var. **villosa** Bonati

与苦蘵的不同在于:本变种全株密生长柔毛,果时不脱落。

见于保护区外围小梅金村至大窑。生于路边草丛中。分布于东亚。

2. 毛酸浆

Physalis philadelphica Lamarck

一年生草本。茎生柔毛,常多分枝,分枝毛较密。叶宽卵形,长3~8cm,宽2~6cm,顶端急尖,基部歪斜心形,边缘通常有不等大的三角形齿,两面疏生柔毛但脉上较密;叶柄长3~8cm,密生短柔毛。花单独腋生,花梗长3~8mm,密生短柔毛。花萼钟状,密生柔毛,5中裂,裂片披针形,急尖,边缘有缘毛;花冠淡黄色,喉部具紫色斑纹,直径6~10mm;雄蕊短于花冠,花药淡紫色,长1~2mm。果萼卵状,长2~3cm,直径2~2.5cm,具5棱角和10纵肋,顶端萼齿闭合,基部稍凹陷。浆果球状,直径约1.2cm,黄色或有时带紫色。种子近圆盘状,直径约2mm。花果期5—11月。

见于官埔垟等地。多生于草地或田边路旁,归化植物。原产于美洲。

果可食。

3 龙珠属 *Tubocapsicum* Makino.

多年生草本。茎直立，分枝稀疏而开展。叶互生或在枝上端大小不等2叶双生，全缘或浅波状。花2至数朵簇生于叶腋或枝腋；花梗细长，俯垂；花萼皿状，顶端平截而近全缘；花冠黄色，宽钟状，5裂；雄蕊5枚，着生于花冠中部，花丝钻状，花药卵形，花药纵裂；子房2室，花柱细长，柱头头状。浆果，球形，红色。种子多数，近扁圆形。

2种，分布于东亚。本区有1种。

龙珠

Tubocapsicum anomalum（Franch. et Sav.）Makino

多年生草本，全体近无毛，株高可达1.5m。茎直立，二歧分枝，枝稍"之"字形折曲，具细纵棱。叶片薄纸质，卵形、椭圆形或卵状披针形，长4~18cm，宽2~8cm，先端渐尖，基部歪斜楔形，常下延至叶柄，全缘或略呈波状。花单生或2~6朵簇生于叶腋；花梗细弱，俯垂，长5~10mm；花萼直径约5mm，顶端不裂，果时稍增大而宿存；花冠淡黄色，直径6~8mm，5浅裂，裂片卵状三角形，先端尖锐，常向外反曲，有短缘毛；雄蕊5；子房直径约2mm，花柱与雄蕊近等长。浆果球形，直径7~10mm，熟后鲜红色，具光泽，宿萼稍增大。种子淡黄色，扁圆形，直径约1.5mm，具网纹。花期7—9月，果期8—11月。

见于炉岙等地。生于海拔1200m以下的山坡林缘、山谷溪边及灌草丛中。分布于东亚。

茎、叶及果实入药，能清热解毒，除烦热。

4 辣椒属 *Capsicum* L.

一年生或多年生草本、半灌木。茎直立，多分枝。单叶互生，全缘或浅波状。花单生或数朵簇生于枝腋或叶腋；花梗直立或俯垂。花萼小，钟状或杯状，全缘或具5(~7)小齿，果时稍增大宿存；花冠辐射状，5深裂；雄蕊5，花丝丝状，花药分离，纵裂；子房2(3)室。果实俯垂或直立，浆果少汁，果皮肉质或近革质。种子多数，扁圆盘状。

20余种，主要分布于中美洲、南美洲。本区栽培1种。

辣椒

Capsicum annuum L.

一年生草，株高0.4~1m。茎近无毛或微毛，分枝稍呈"之"字形。叶互生，枝顶末节不伸长而成双生或近簇生，矩圆状卵形、卵形或卵状披针形，长2~5cm，宽1~2cm，全缘，顶端短渐尖或急尖，基部狭楔形；叶柄长1~2.5cm。花单生于叶腋或枝腋，俯垂，花梗长1~1.5cm；花萼杯状，长约3.5mm，不显著5齿，疏生柔毛；花冠白色，辐射状，长约1.2cm，裂片卵形；花丝基部贴生于花冠筒上，不伸出花冠筒外，花药紫色；花柱纤细，柱头头状，略高出雄蕊。果梗较粗壮，俯垂；果实长指状，顶端渐尖且常弯曲，未成熟时绿色，成熟后呈红色、橙色或紫红色，味辣。种子扁肾形，长约2mm，淡黄色。花果期5—11月。

区内村庄普遍栽培。原产于墨西哥和南美洲，世界各地均有栽培。

果实为重要的蔬菜和调味品；种子油可食用；果亦有驱虫和发汗之药效。

栽培变种(品种)很多,常见的还有朝天椒var. *conoides*（Mill.）Irish.。其多二歧分枝;果梗及果实均直立,果实较小,圆锥状,长约1.5(~3)cm,成熟后红色或紫色,味极辣。区内村庄普遍栽培。

5 茄属 *Solanum* L.

草本、灌木或藤本,稀小乔木。茎具刺或无刺,常有星状柔毛或腺毛。叶互生或近对生,叶片全缘、波状或分裂,稀为复叶。花排列成聚伞形、伞形或圆锥花序,稀单生、顶生、腋生或腋外生;花萼通5裂,稀4裂,果时明显增大或稍增大;花冠白色、蓝色、紫色或黄色,辐射状或浅钟状,通常5裂;雄蕊5,稀4或6,花丝短,着生于花冠筒喉部,花药黏合,围绕花柱成圆锥体,顶端或近顶端孔裂;子房2室,胚珠多数,花柱圆柱形,柱头钝圆。浆果多为球形或椭圆形,有时有其他形状。种子多数,卵形至肾形,扁平,具网纹状凹穴。

2000余种,分布于全世界热带及亚热带,少数达到温带地区,主产于南美洲热带。本区有8种。

分种检索表

1. 植株有刺;花药长,并在顶端延长,顶孔细小,向外或向上。
  2. 毛被为丝状或纤毛状;茎上的皮刺直而尖锐;聚伞花序短而少花 ……………… 1.牛茄子 *S. capsicoides*
  2. 毛被为星状茸毛;茎上无或具皮刺多种多样;聚伞花序通常多花,有时花序有2种并生,可孕花单生而不孕花较多。
    3. 直立半灌木;茎、枝具基部宽扁的钩刺;果序蝎尾状或聚伞状;果圆形,较小,直径不超过2.5cm;果成熟后黄色 ……………………………………………………………………………… 2.水茄 *S. torvum*
    3. 一年生草本;茎、枝不具基部宽扁的钩刺;果单生,长圆形或圆形,较大,直径在3cm以上;果成熟后白色、红色或紫色 ……………………………………………………………………………… 3.茄 *S. melongena*
1. 植物体无刺;花药较短而厚,顶孔向内或向上。
  4. 地下枝形成块茎;叶为奇数羽状复叶,小叶片具柄,大小相间;伞房状花序初时近顶生,而后侧生……………………………………………………………………………………………… 4.马铃薯 *S. tuberosum*
  4. 无地下块茎;叶不分裂或羽状深裂,裂片近相等;花序顶生、假腋生、腋外生或对叶生。
    5. 草本或亚灌木,直立或攀援状,浆果小,直径不超过1cm。
      6. 一年生直立草本;蝎尾状花序腋外生 …………………………………………… 5.龙葵 *S. nigrum*
      6. 蔓生草本或藤状亚灌木至小灌木;聚伞花序顶生或腋外生。
        7. 蔓生草本,叶片琴形或卵状披针形,基部常3~5深裂,茎、叶均被多节长柔毛…… 6.白英 *S. lyratum*
        7. 藤状小灌木,叶片披针形至卵状披针形,不分裂,全株光滑无毛…… 7.海桐叶白英 *S. pittosporifolium*
    5. 直立灌木;浆果较大,直径1.2~2.5cm ……………………………… 8.珊瑚樱 *S. pseudocapsicum*

1. 牛茄子

Solanum capsicoides All.

直立草本至亚灌木,高30~100cm。全株疏生柔毛和淡黄色细直刺。叶片宽卵形,长5~10.5cm,宽4~12cm,先端急尖至渐尖,基部宽楔形、平截或心形,5~7浅裂或深裂,裂片三角形或卵形,叶脉上有直刺;叶柄粗壮,长2~5cm,微具纤毛及较长大的直刺。聚伞花序腋外生,有花1~4朵,常下垂;花梗纤细,被直刺及纤毛,长不超过2cm;花萼杯状,外面具细直刺及纤毛,先端5裂,裂片卵形;花冠白色,顶端5深裂,裂片披针形;花丝长约1.5mm,花药顶端延长,顶孔向上;子房球形,柱头头状。浆果扁球状,直径约3.2cm,初绿白色,成熟后橙红色,果柄长约1.5cm,具细直刺。种子黄色,圆形,直径约4mm,干后扁而薄,边缘翅状。花期6—9月,果期7—10月。

见于炉岙等地。生于路旁草丛中。分布于亚热带和热带地区。

根、叶入药,能散热止痛,镇咳平喘;果有毒,不可食,但色彩鲜艳,可供观赏。

2. 水茄

Solanum torvum Sw.

直立半灌木,高1~2m。小枝、叶下面、叶柄及花序梗均被尘土色星状毛。小枝疏具基部宽扁的皮刺,皮刺淡黄色,尖端略弯曲。叶单生或双生,卵形至椭圆形,长6~12cm,宽4~9cm,先端尖,基部心形或楔形,两边不相等,边缘半裂或呈波状,裂片通常5~7。叶柄长2~4cm,具1~2枚皮刺或不具。伞房状花序腋外生,二歧或三歧,毛被厚,花序梗长1~1.5cm,具1细直刺或无,花梗长5~10mm,被腺毛及星状毛;花白色;萼杯状,外面被星状毛及腺毛,顶端5裂,裂片卵状长圆形;花冠辐射状,顶端5裂,裂片卵状披针形;花丝长约1mm,花药顶孔向上;子房卵形,光滑,柱头截形。浆果黄色,光滑无毛,圆球形,直径1~1.5cm,宿萼外面被稀疏的星状毛。种子盘状,直径1.5~2mm。全年均开花结果。

双溪等地有栽培。生于村庄路旁、沟谷。原产于美洲。

果实可明目,叶可治疮毒,嫩果煮熟可作蔬菜。

3. 茄

Solanum melongena L.

一年生草本,多分枝,高可达1m。小枝、叶柄、花梗、花萼及花冠均被星状毛,基部稍呈木质化。叶互生;叶片卵形至长圆状卵形,长5~14cm,宽3~6cm,先端钝,基部偏斜,边缘浅波状或深波状圆裂;叶柄长1~4cm。花通常为单生,为长柱花,能结实;有些品种则可数朵成短蝎尾状花序,具长花柱和短花柱2种花,短花柱花常易脱落,不能结实;花萼钟状,直径约2cm,外被星状茸毛及小皮刺,裂片披针形,长约9mm;花冠紫色或白色,直径约3cm,裂片三角形;雄蕊5,着生于花冠筒喉部,花丝长约2.5mm,花药长约7.5mm;子房圆形,花柱长约7mm,柱头浅裂。浆果的形状、大小和颜色因品种不同变异极大,通常在浙江栽培的多为圆柱形,直径远远超过1cm,深紫色或白绿色,有光泽,基部有宿萼。花果期5—9月。

区内村庄普遍栽培。原产于亚洲热带。

果可作蔬菜;根、茎、叶入药,有麻醉、利尿和收敛之效;种子为消肿剂和刺激剂,但容易引起胃弱及便秘。

4. 马铃薯 阳芋 洋芋 土豆

Solanum tuberosum L.

多年生草本,株高30~90cm,无毛或被疏生柔毛。地下茎块状,扁圆形或长圆形,直径3~10cm,外皮白色、淡红色或紫色。羽状复叶,长10~20cm,小叶常大小相间;叶柄长2.5~5cm;小叶6~9对,卵形至长圆形,最大者长可达7cm,宽达5.5cm,最小者长、宽均不及1cm,先端尖,基部稍不相等,全缘,两面均被白色疏柔毛。聚伞花序顶生,后侧生;花白色或蓝紫色;花萼辐射状,直径约1cm,外面被疏柔毛,5浅裂,裂片披针形,先端长渐尖;花冠辐射状,直径1.2~1.7cm,5浅裂,裂片三角形,长约6mm;雄蕊5,花丝极短,仅为花药的1/4;子房卵圆形,无

毛，花柱长约8mm，柱头头状。浆果圆球状，光滑，直径约1.5cm。种子扁平，黄色。花果期9—10月。

区内村庄普遍栽培。原产于南美洲，世界广泛栽培。

块茎富含淀粉，可供食用，也可作工业淀粉原料。刚抽出的芽条及果实中有丰富的龙葵碱，为提取龙葵碱的原料。

5. 龙葵

Solanum nigrum L.

一年生草本，株高0.3~1m，多分枝，有纵棱。叶卵形，长4~9cm，宽2~5cm，先端急尖或渐尖，基部楔形至宽楔形而下延至叶柄，全缘或具波状浅齿；叶柄长1~2.5cm。蝎尾状花序腋外生，由4~10朵花组成；花序梗长1~2.5cm，具短柔毛；花梗长5~10mm，下垂，稀具短柔毛；花萼

小，浅杯状，长约2mm，花后不增大，5裂，裂片卵状三角形；花冠白色，辐射状，5深裂，裂片椭圆形；雄蕊5，不伸出花冠外，花丝极短，花药长圆形，黄色，孔裂，顶孔向内；子房卵形，无毛；柱头小，头状，与雄蕊等长。浆果球形，直径4~6mm，熟时紫黑色，有光泽。种子多数，近卵形，直径约1.5mm，黄色，两侧压扁，具细网纹。花期6—9月，果期7—11月。

见于炉岙、乌狮窟、均益、坪田、南溪口等地。生于海拔800m以下的山坡林缘、溪畔灌草丛中、村庄附近、田边及路旁。分布于亚洲、欧洲及美洲。

全株入药，能清热解毒，平喘，止痒。

6. 白英

Solanum lyratum Thunb.——*S. cathayanum* C. Y. Wu & S. C. Huang——*S. dulcamara* L. var. *chinense* Dunal

多年生草质藤本，长0.5~1m。茎及小枝均密被具节长柔毛。叶互生，叶片琴形或卵状披针形，长2.5~8cm，宽1.5~6cm，基部常3~5深裂，裂片全缘，两面均被白色发亮的长柔毛；叶柄长0.5~3cm，被具节长柔毛。聚伞花序顶生或腋外生，疏花，花序梗长1~2.5cm，被具节的长柔毛；花梗长0.5~1cm，无毛，顶端稍膨大，基部具关节；花萼杯状，长约2mm，无毛，5浅裂，裂片先端钝圆；花冠蓝紫色或白色，长5~8mm，顶端5深裂，裂片椭圆状披针形，自基部向下反折；雄蕊5，花丝极短，花药长圆形，长约3mm，顶孔向上；子房卵形，花柱丝状，长约7mm，柱头小，头状。浆果球形，直径7~8mm，具小宿萼，成熟时红色。种子近盘状，扁平，直径约1.5mm。花期7—8月，果期10—11月。

见于炉岙、乌狮窟、南溪口、均益及保护区外围屏南等地。生于海拔650m以下的山坡林下、溪边草丛或田边、路旁、村旁。分布于东亚、东南亚。

全草含生物碱，可治感冒、发热及小儿惊风等。

7. 海桐叶白英

Solanum pittosporifolium Hemsl.

蔓性小灌木。茎无刺，长达1m，植株光滑无毛，小枝纤细，具棱角。叶互生；叶片披针形至卵圆状披针形，长3~9cm，宽1~3cm，先端渐尖，基部楔形或圆钝，有时稍偏斜，全缘，两面均无毛，侧脉每边6~7条，在两面均较明显；叶柄长1~2cm。聚伞花序腋外生，疏散分叉，花序梗长1~2.5cm，花梗长5~10mm；花萼杯状，直径约3mm，5浅裂，萼齿圆钝；花冠白色，稀淡紫色，直径7~9mm，花冠筒隐于萼内，长约1mm，先端深5裂，裂片长圆状披针形，长4~5mm，具缘毛，开放时向外反折；花丝长约1mm，无毛，花药长约3mm，顶孔向内；子房卵形，花柱丝状，长约6mm，柱头头状。浆果球形，成熟后红色，直径约6mm。种子多数，扁平，直径约1.5mm。花期6—8月，果期9—11月。

见于凤阳庙、炉岙、大田坪等地。生于海拔400~1100m的山坡林下、沟谷及路旁。我国特有，分布于华东、华中、华南、西南。

8. 珊瑚樱

Solanum pseudocapsicum L.

直立小灌木。株高30~60cm，全株光滑无毛，多分枝。叶互生；叶片狭长圆形至披针形，长4.5~6cm，宽1~1.5cm，先端尖或钝，基部狭楔形，下延成叶柄，全缘或波状，两面均无毛，中脉在下面凸出，侧脉6~7对，在下面更明显；叶柄长5~10mm。花多单生，很少成无花序梗的蝎尾状花序，腋外生或对叶生；花梗长约5mm；花小，白色，直径0.8~1cm，花萼绿色，5深裂，裂片长2.5~3mm；花冠幅状，花冠筒隐于萼内，长不及1mm，5深裂，裂片卵形，长约5mm；花丝长不及1mm，花药黄色，长圆形，长约2mm；子房近圆形，直径约1mm，花柱短，长约2mm，柱头截形。浆果橙红色，直径约1.5cm，有宿萼；果梗长约1cm，顶端膨大。种子扁圆形，直径约

3mm。花期初夏,果期秋末。

见于官埔垟、乌狮窟及保护区外围屏南等地。逸生于房前屋后空地及村旁道路两侧。原产于南美洲。

果色鲜艳,常供观赏。全株有毒,不能食用。

8a. 珊瑚豆 冬珊瑚

var. **diflorum** (Vell.) Bitter

与珊瑚樱的主要区别为:本变种幼枝、叶片两面、叶柄、果梗疏生柔毛和星状柔毛;叶在枝上端近双生,大小不相等。

见于双溪及保护区外围屏南百步等地。逸生于房前屋后空地及村旁道路两侧。原产于

南美洲。

果色鲜艳，可供观赏。

6 番茄属 *Lycopersicon* Mill.

一年生或多年生草本，稀亚灌木。全株常具腺毛。茎直立或平卧。羽状复叶或裂叶，互生；小叶极不等大，有锯齿或分裂。聚伞花序腋外生；花萼辐射状，5~7裂，果时不增大或稍增大，开展；花冠辐射状，5~7裂；雄蕊5~7，花丝极短，花药伸长，靠合成长圆锥体，药室平行，纵裂；子房2或多室，花柱单一，柱头细小。浆果多汁，扁球状或近球状。种子多数，扁平圆形。

约6种，原产于南美洲，世界各地广泛栽培。本区栽培1种。

番茄

Lycopersicon esculentum Mill.

一年生草本，全株生黏质腺毛，有强烈气味。茎直立，高1~1.5m，基部木质化，易倒伏。叶为羽状复叶或羽状深裂，长10~40cm；小叶极不规则，大小不等，常5~9枚，卵形或长矩圆形，长5~7cm，边缘有不规则锯齿或裂片。聚伞花序腋外生，花序梗长2~5cm，常5至10朵花；花梗长1~1.5cm，下垂；花萼辐射状，5~7深裂，裂片披针形，长约1.2cm，果时宿存；花冠辐射状，直径1~2cm，黄色，花冠裂片5~7；雄蕊5~7，花药黏合成圆锥状；子房2~6室。浆果扁球状或近球状，肉质而多汁，大小、形状及色泽因品种不同而不同，常为橘黄色、粉红色或鲜红色，光滑。种子黄色，多数。花期4—9月，果期5—10月。

区内村庄普遍栽培。原产于南美洲。

浆果含多种维生素，营养丰富，可作蔬菜和水果；茎、叶含有番茄素，能杀虫，可作土农药。

一一〇　旋花科 Convolvulaceae

草本或灌木，极稀为乔木。常有乳汁。茎缠绕、攀援、匍匐或平卧，稀直立。单叶，互生；叶片全缘或分裂，无托叶。花通常大而美丽，单生或少花至多花组成聚伞花序，有时总状、圆锥状或头状花序；花两性，辐射对称，5数；萼片分离或仅基部连合；花冠漏斗状、钟状、高脚碟状或坛状；雄蕊与花冠裂片同数互生；子房上位，1~4室，每室1~2胚珠。果实通常为蒴果，瓣裂、周裂或不规则开裂，稀为浆果。种子与胚珠同数，或因不育而减少，通常呈三棱形。

约57属，1480种，广布于热带、亚热带和温带地区。本区有2属，4种。

马蹄金 *Dichondra micrantha* Urban
番薯 *Ipomoea batatas*（L.）Lam.
圆叶牵牛 *Ipomoea purpurea*（L.）Roth
槭叶小牵牛 *Ipomoea wrightii* A. Gray

分属检索表

1. 子房2深裂，花柱2，基生于离生心皮间 …………………… 1. 马蹄金属 *Dichondra*
1. 子房不分裂，花柱1，顶生 …………………… 2. 番薯属 *Ipomoea*

1　马蹄金属 *Dichondra* J. R. Forst. et G. Forst.

多年生匍匐小草本。叶小，肾形至圆心形。花小，通常单生于叶腋；苞片小；萼片5，近等大，通常匙形；花冠宽钟形，5深裂；雄蕊5，较花冠短，花丝丝状，花药小，花粉粒无刺；子房2深裂，2室，每室具2胚珠，花柱2，基生，柱头头状。蒴果分离成2果瓣或不分离，不裂或不整齐2裂，各具1~2种子。

约14种，主产于美洲。本区有1种。

马蹄金　黄疸草　荷包草

Dichondra micrantha Urban——*D. repens* auct. non Forst.

多年生匍匐小草本。茎细长，长30~40cm，被细柔毛，节上生根。叶片肾形至近圆心形，直径0.4~2.2cm，先端钝圆或微凹，基部深心形，全缘，上面近无毛，下面疏被毛；叶柄长2~5cm，被细柔毛。花单生于叶腋；花梗较叶柄短；萼片5，倒卵状长椭圆形至匙形，长约2mm，外面及边缘被柔毛；花冠淡黄白色，宽钟状，较短至稍长于花萼，裂片5，长圆状椭圆形，无毛；

雄蕊着生于花冠裂片之间;子房被疏柔毛,花柱2,柱头头状。蒴果近球形,直径约1.5mm,分果状,果皮薄壳质,疏被毛。种子1~2,扁球形,深褐色。花期4—5月,果期7—8月。

区内常见。生于山坡路边石缝间或草地阴湿处。分布于热带和亚热带。

全草药用。

2 番薯属 *Ipomoea* L.

匍匐草本,稀直立或呈灌木状,有时具乳汁。花腋生,单一或多花组成聚伞花序;苞片各式;花通常大而美丽;萼片5,宿存,果期常稍增大;花冠漏斗状或钟状,瓣中带明显;雄蕊5,花粉粒具刺;子房2或4室,具4胚珠,柱头头状或2裂,花盘环状。蒴果球形或卵圆形,4瓣裂或不规则开裂。种子4或较少,无毛或被毛。

约500种,广布于热带至温带地区。本区有3种。

分种检索表

1. 叶片全缘或掌状3~5浅裂。
   2. 外萼片长5~10mm,具突尖,光滑或背面有柔毛,具缘毛;花冠长3.5~4.5cm …………… 1.番薯 *I. batatas*
   2. 外萼片长10~16mm,无突尖,背面有略带紫色的硬刚毛或粗毛,不具缘毛;花冠长5~7cm …………………… 2.圆叶牵牛 *I. purpurea*

2. 叶片掌状5全裂 …………………… 3.槭叶小牵牛 *I. wrightii*

1. 番薯　甘薯

Ipomoea batatas（L.）Lam.

具乳汁蔓生草本。地下具圆球形、椭圆形或纺锤形肉质块根,块根形状、皮色和肉色因品种而异。茎平卧或上升，多分枝，节上易生不定根。叶形多变，通常宽卵形，长5~13cm，宽2.5~10cm，全缘或3~5(~7)掌裂，裂片先端渐尖，基部心形至截形，两面被疏柔毛或无毛；叶柄长6~30cm，被疏柔毛或无毛。聚伞花序腋生，具数花，有时单生；花序梗长4.5~7cm，近无毛；苞片小，钻形，长约2mm，早落；萼片长圆形，不等长，外萼片长7~9mm，内萼片长8~11mm，先端为小芒尖状，近无毛；花冠白色至紫红色，钟状漏斗形，长3.5~4.5cm；雄蕊内藏，花丝基部被毛；子房2~4室，被毛或有时无毛，花柱长，内藏，柱头头状，2裂。蒴果卵形或扁圆形。种子1~4，无毛。花期7—9月，果期10—11月。

区内常见栽培。原产于美洲，热带、亚热带广泛栽培。

块根除食用外，还可酿酒；茎、叶作饲料，亦可药用。

2. 圆叶牵牛 紫牵牛 喇叭花

Ipomoea purpurea (L.) Roth——*Pharbitis purpurea* (L.) Voigt

一年生缠绕草本。茎被倒向短柔毛和长硬毛。叶互生；叶片圆心形或宽卵状心形，长3~10cm，宽2~9cm，先端渐尖或骤尖，基部心形，全缘，两面被刚伏毛或下面仅脉上具毛；叶柄长1~10cm，被倒向柔毛与长硬毛。花序具1~3(~5)花；花序梗长1~3cm，毛被同茎；苞片线形，被长硬毛；花梗长0.5~1.4cm，被倒向短柔毛；萼片近等长，外侧3萼片卵状椭圆形，内侧2萼片线状披针形，长1~1.6cm，均具开展的长硬毛，基部较密；花冠白色、淡红色、蓝色或紫红色，漏斗状，长5~7cm；雄蕊内藏，不等长，花丝基部被柔毛；子房无毛，3室，每室具2胚珠，柱头头状。蒴果近球形，直径6~10mm，3瓣裂。种子卵状三棱形，长约5mm，黑褐色，被极细小的糠秕状毛。花果期7—11月。

凤阳庙、炉岙等地有栽培或逸生。生于荒地或村旁，归化植物。原产于美洲热带。

3. 槭叶小牵牛

Ipomoea wrightii A. Gray

多年生缠绕草本。茎细长，无毛。叶互生；叶片掌状5全裂，裂片披针形或条状披针形，长3~6cm，宽1~3cm，先端短渐尖，基部楔形，全缘，无毛；叶柄长5~8cm。聚伞花序腋生，具花1~3朵，常只有1朵开放；花序梗纤细，长5~15cm，果期螺旋状卷曲；苞片2枚，较小，三角形；花梗长7~10mm，向上略增粗；萼片5，卵形，长5~7mm，顶端圆钝，宿存；花冠淡紫色或紫色，漏斗状，长1.5~2cm，无毛；雄蕊5，白色，不等长；子房近球形，2室，柱头2裂，宿存。蒴果球形，高8~10mm，黄绿色或淡紫红色，4瓣裂。种子褐色，被短柔毛。花期9—10月。

保护区外围大赛梅地有归化。生于海拔约400m的田边灌草丛。原产于美洲。我国浙江、台湾、广东有归化。

一一一 菟丝子科 Cuscutaceae

寄生草本，全体无毛。茎细长，缠绕，黄色或微红色，以吸器固着于寄主。无叶或叶退化成小鳞片状。花小，白色或淡红色，无梗或具短梗，呈穗状、总状或头状花序；苞片小或无；萼片5，基部多少连合；花冠管状、壶状或钟状，在花冠基部雄蕊之下具边缘分裂成流苏状的鳞片；雄蕊5，与花冠裂片互生，着生于花冠喉部或花冠裂片之间，花丝短，花粉粒无刺；子房2室，每室具2胚珠，花柱2，分离或连合。蒴果球形或卵圆形，周裂或不规则破裂。种子1~4。

1属，约170种，广布于全球温暖地带，主产于美洲。本区有1属，2种。

菟丝子 *Cuscuta chinensis* Lam.　　金灯藤 *Cuscuta japonica* Choisy

菟丝子属 *Cuscuta* L.

属特征与分布同科。

分种检索表

1. 茎纤细；常寄生于草本植物；花柱2，显著伸长；花通常簇生成小伞形或小团伞花序 …………………………………………………… 1. 菟丝子 *C. chinensis*
1. 茎较粗壮；通常寄生于木本植物；花柱单一；穗状花序 ………………… 2. 金灯藤 *C. japonica*

1. 菟丝子

Cuscuta chinensis Lam.

一年生寄生草本。茎纤细如丝状，缠绕，黄色，无叶。花于茎侧簇生成球状；花序梗较粗壮；花梗短或无；苞片及小苞片鳞片状；花萼杯状或碗状，5裂至中部，裂片三角形，先端钝；花冠白色，壶形，长约3mm，裂片三角状卵形，向外翻曲；雄蕊着生于花冠裂片之间稍下处，花丝短，花药卵圆形；鳞片长圆形，边缘流苏状；子房近球形，花柱2，柱头头状。蒴果球形，直径约3mm，几全部为宿存花冠所包围，熟时整齐周裂。种子2~4，卵形，长约1mm，淡褐色。花果期7—10月。

区内常见。生于田间、开放山坡、草丛和沙地等，通常寄生于豆科、茄科、菊科和蓼科等草本植物上。分布于亚洲、大洋洲。

种子药用。

2. 金灯藤 日本菟丝子

Cuscuta japonica Choisy

一年生寄生草本。茎缠绕，肉质，较粗壮，直径1~2mm，黄色，常带紫红色瘤状斑点，多分枝，无叶。花序穗状；花无梗或近无梗；苞片及小苞片鳞片状，卵圆形，长约1.5mm；花萼碗状，长约2mm，5深裂，裂片卵圆形，背面常具红紫色小瘤状斑点；花冠白色，钟形，长(3~)4~5mm，顶端5浅裂，裂片卵状三角形；雄蕊着生于花冠喉部裂片间，花药卵圆形；鳞片5，长圆形，边缘流苏状，着生于花冠筒基部；子房球形，平滑，2室，花柱合生，柱头2裂。蒴果卵圆形，长5~7mm，于近基部周裂，花柱宿存。种子1，卵圆形，长2~2.5mm，褐色。花果期8—10月。

区内常见。寄生于草本或灌木上。分布于东亚。

一一二　紫草科 Boraginaceae

草本或亚灌木，稀灌木或乔木，全株通常有糙毛或刺毛。单叶，互生，稀对生或轮生。花两性，辐射对称；聚伞花序呈单歧蝎尾状、二歧伞房状、圆锥状；花萼宿存，与花冠常5裂；花冠蓝色或白色，辐射状、漏斗状或钟状，喉部常有5附属物；雄蕊5，着生于花冠筒上或喉部；花盘常存在；子房上位，2室，每室具2胚珠，常深裂成4室，花柱1，稀2，顶生或基生，柱头头状或2裂。果为4小坚果或呈核果状。

约156属，2500种，分布于温带至热带地区。本区有6属，7种。

柔弱斑种草 *Bothriospermum zeylanicum*（J. Jacq.）Druce
琉璃草 *Cynoglossum furcatum* Wall.
小花琉璃草 *Cynoglossum lanceolatum* Forssk.
厚壳树 *Ehretia acuminata* R. Br.
梓木草 *Lithospermum zollingeri* A. DC.
盾果草 *Thyrocarpus sampsonii* Hance
附地菜 *Trigonotis peduncularis*（Trevir.）Steven ex Palib.

分属检索表

1. 落叶乔木；子房不分裂，花柱自子房顶端生出 …… 1. 厚壳树属 *Ehretia*
1. 草本；子房2(4)裂，花柱自子房裂片间的基部生出。
  2. 花药先端有小尖头；小坚果桃形，平滑而带乳白色 …… 2. 紫草属 *Lithospermum*
  2. 花药先端无小尖头；小坚果非桃形。
    3. 小坚果有锚状刺 …… 3. 琉璃草属 *Cynoglossum*
    3. 小坚果无锚状刺。
      4. 小坚果四面体形或双凸镜状 …… 4. 附地菜属 *Trigonotis*
      4. 小坚果卵形或肾形。
        5. 小坚果的凸起1层，或为2层而外层全缘 …… 5. 斑种草属 *Bothriospermum*
        5. 小坚果的碗状凸起2层，外层凸起的边缘有齿 …… 6. 盾果草属 *Thyrocarpus*

1　厚壳树属 *Ehretia* P. Browne

灌木或乔木。聚伞花序多少二歧分枝成腋生或顶生的伞房状或圆锥状花序；花小，白色；花萼5浅裂；花冠管状或钟状，5裂，裂片开展或外弯；雄蕊5；子房球形，2室，每室有2胚珠，花柱顶生，柱头2深裂，头状或棒状。核果球形，在果期分裂为2个核，各具2枚种子或4

个具1枚种子的分核。种子直立，具薄种皮和少量胚乳。

约50种，主产于亚洲南部和非洲热带地区。本区有1种。

厚壳树

Ehretia acuminata R. Br.——*E. thysiflora*（Siebold et Zucc.）Nakai

落叶乔木，高3~15m。树皮灰黑色，不规则纵裂；小枝有短糙毛或近无毛。叶互生；叶片纸质，倒卵形、倒卵状椭圆形，长7~20cm，宽3~10.5cm，先端短渐尖或急尖，基部楔形或圆形，边缘有细锯齿，上面疏生短糙伏毛，下面仅脉腋有簇毛；叶柄长0.7~3cm。花小，密集成较大的圆锥花序，顶生或腋生，有香气；花序梗及花梗疏生短毛；花萼长1.5~2mm，5浅裂，裂片圆钝，边缘有细缘毛；花冠白色，花冠筒长约1mm，裂片5，长圆形，长2~3mm；雄蕊5，着生在花冠筒上；雌蕊稍短于雄蕊，花柱2裂。核果橘红色，近球形，直径3~4mm。花期6月，果期7—8月。

见于坪田及保护区外围屏南金林等地。生于丘陵山坡或山地林中。分布于亚洲和大洋洲。

木材质地坚硬，可作建筑用材；树皮可作染料。

2 紫草属 *Lithospermum* L.

一年生或多年生草本或亚灌木，有糙伏毛或硬毛。单叶，互生。聚伞花序腋生或顶生；花萼5裂，裂片线形；花白色、黄色或蓝紫色，管状或高脚碟状；雄蕊5，内藏，花丝短，花药椭圆形，顶端钝或有小尖头；子房4裂，胚珠4。小坚果4，直立，卵圆形，平滑或具疣状凸起，着生面居于果的基部。

约50种，分布于美洲、非洲、欧洲和亚洲。本区有1种。

梓木草

Lithospermum zollingeri A. DC.

多年生匍匐草本。匍匐茎长15~30cm，具伸展的糙毛；茎直立，高5~25cm。基生叶倒披针形或匙形，长2.5~9cm，宽0.7~2cm，先端急尖，基部渐狭窄成短柄，全缘，两面均有短硬毛；茎生叶与基生叶相似，但较小，常近无柄。花序长约5cm；苞片披针形，长1.2~2cm，有白色短硬毛；花萼长4~6mm，5裂至近基部，裂片披针状线形；花冠蓝色或蓝紫色，长1.5~1.8cm，花冠筒长0.8~1.1cm，内面上部有5条具短毛的纵褶，外面被白色短硬毛，檐部直径约1cm，5裂，裂片卵圆形或扁圆形，长4~6mm；雄蕊5，生于花冠筒中部之下，内藏，花药顶端有短尖；子房4深裂，柱头2浅裂。小坚果4，椭圆形，长2.5~3mm，白色，光滑。花期4—6月，果期7—8月。

见于官埔垟等地。生于山坡路边、岩石上及林下草丛中。分布于东亚。

全草入药；可作岩石上点缀的观赏植物。

3 琉璃草属 *Cynoglossum* L.

二年生或多年生，稀一年生草本。全株被灰白色短柔毛或硬毛。基生叶具长柄；茎生叶无柄。花生于聚伞花序一侧；花萼5深裂，果时稍膨大；花冠蓝紫色或白色，漏斗状或高脚碟状；雄蕊5，着生于花冠筒中部或中上部，内藏，花药卵形或长圆形；子房4深裂，花柱肉质或丝状，柱头头状。小坚果4，密生锚状刺，着生面在果的顶部。

约75种，分布于温带和亚热带地区。本区有2种。

分种检索表

1. 花冠檐部宽5~7mm，喉部附属物梯形或近方形 ………………………………………… 1.琉璃草 *C. furcatum*
1. 花冠檐部宽2~2.5mm，喉部附属物半月形 ………………………………………… 2.小花琉璃草 *C. lanceolatum*

1. 琉璃草

Cynoglossum furcatum Wall.——*C. zeylanicum* auct. non（Vahl）Brand

二年生直立草本。全株密被黄褐色糙伏毛。茎粗壮，高40~60cm，圆柱形，中空，基部直径达7mm，通常分枝。基生叶和茎下部叶有柄，叶柄长可达15cm，叶片椭圆形，长15~20cm，宽3~5cm；茎中部以上叶无柄，较小，先端急尖，基部圆形。花序分枝常成钝角，稀锐角叉状分开；无苞片；花梗长1~2mm，果期短于萼片；花萼长1.5~2mm，裂片卵形；花冠蓝色，漏斗状，基部宽3.5~4.5mm，檐部宽5~7mm，裂片卵圆形，比花冠筒略长，喉部有5梯形或近方形附属物；雄蕊5，贴生在花冠筒中部以上，内藏；子房4深裂，花柱粗短，下部略膨大，宿存。小坚果4，卵形，长2~3mm，密生锚状刺。花果期5—10月。

区内常见。生于海拔400~1500m的林间草地、向阳山坡及路边。分布于东亚、东南亚。

根、叶入药。

2. 小花琉璃草

Cynoglossum lanceolatum Forssk.

多年生草本。全株密生短硬毛。茎直立,高20~90cm,自下部或中部分枝。基生叶和茎下部叶有柄,叶片长圆状披针形,长8~14cm,宽3cm;茎中部以上叶近无柄,叶片披针形,长6.5cm,宽1.2cm,先端急尖,基部楔形。花序分枝成锐角叉状分开;无苞片;花梗长1~1.5mm,果时几不增长;花萼裂片宽卵形,长1~1.5mm;花冠淡蓝色,长1.5~2.5mm,檐部宽2~2.5mm,裂片与花冠筒近等长,喉部有5横半月形附属物;雄蕊5,内藏;子房4深裂,柱头极短而粗。小坚果4,卵形,长约2mm,密生锚状刺。花果期4—9月。

见于官埔垟、炉岙等地。生于海拔500~1200m的山坡草地、路边及林下。分布于亚洲、非洲。

全草入药。

4 附地菜属 *Trigonotis* Steven

一年生、多年生纤弱或披散草本。茎直立或斜生,多少被短糙伏毛。叶互生;叶片卵形、椭圆形或披针形。单歧聚伞花序顶生,果时伸展成近总状花序;花萼5深裂,裂片在果时稍增长;花冠蓝色或白色,5中裂,喉部有5鳞片;雄蕊5,内藏;子房4深裂,花柱线形,柱头头状。小坚果4,三角状四面体形,具锐棱,着生面位于基部以上。

约58种,分布于亚洲至东欧。本区有1种。

附地菜

Trigonotis peduncularis（Trevir.）Steven ex Palib.

一年生草本。茎细弱，单一或基部常分枝成丛生状，直立或上升，高10~35cm，有短糙伏毛。基生叶密集，有长柄，叶片椭圆状卵形、椭圆形或匙形，长0.8~3cm，宽0.5~1.5cm，先端钝圆，有小尖头，基部近圆形，两面有短糙伏毛；下部茎生叶与基生叶相似，中部以上的叶近无柄。聚伞花序顶生，似总状，在果时可长达25cm；仅在基部有2~3苞片；花梗长2~3mm；花萼长1.5~2mm，5深裂，裂片长圆形或披针形；花冠淡蓝色，长约2mm，5裂，裂片卵圆形，与花冠筒近等长，喉部黄色，有5附属物；雄蕊5，内藏；子房4深裂。小坚果4，三角状四面体形，长约1mm，具锐棱，有疏短毛或无毛。花果期3—6月。

区内常见。生于田边、地边、沟边、湿地上及山坡荒地杂草丛中，海拔可达1400m。分布于亚洲和欧洲东部。

5 斑种草属 *Bothriospermum* Bunge

一年生或二年生小草本，具糙伏毛。茎直立、斜生、伏卧。聚伞花序腋生或顶生；花常有叶状苞片；花萼5深裂，裂片果时不增大；花冠蓝紫色或白色，花冠筒短，喉部有5鳞片；雄蕊5，内藏；子房4深裂，花柱短，基生，柱头头状。小坚果4，肾形，直立，背部密生小疣状凸起，腹面中部凹陷，基部着生于平坦的花托上。

约5种，广布于亚洲热带至温带。本区有1种。

柔弱斑种草 细叠子草

Bothriospermum zeylanicum (J. Jacq.) Druce——*B. tenellum* (Hornem.) Fisch. et C. A. Mey.

一年生草本。茎细弱，丛生，直立或斜生，高15~30cm，多分枝，被贴伏的短糙毛。叶互生；叶片长圆状椭圆形至狭椭圆形，长1~3.5cm，宽0.5~1.5cm，先端急尖，基部楔形，两面疏生紧贴的短糙毛；茎下部叶有柄，上部叶无柄。聚伞花序狭长，可达12cm；下部苞片数枚，椭圆形或狭卵形，长1.5~5mm，向上渐小；花小，淡蓝色；有短花梗，果期不增长或稍增长；花萼5深裂，几达基部，裂片线状披针形，长约1.5mm，被糙伏毛；花冠长1.5~1.8mm，檐部直径2.5~3mm，裂片卵圆形，喉部有5不明显半圆形的鳞片；雄蕊5，生于花冠筒中部以下；子房4深裂，花柱内藏。小坚果4，肾形，长约1mm，腹面呈纵椭圆形凹陷。花期4—5月，果期6—7月。

区内常见。生于山坡路边、田间草丛、山坡草地及溪边阴湿处。分布于东亚、中亚、东南亚、南亚。

6 盾果草属 *Thyrocarpus* Hance

一年生、二年生、多年生草本。茎直立或斜生，有分枝，常有开展粗糙毛。基生叶大，具柄；茎生叶较小，近无柄。聚伞花序总状；花萼5深裂，裂片几相等，果时略增大；花冠紫色或白色，漏斗状，5裂达中部，裂片宽卵形；雄蕊5，着生于花冠筒中部，内藏；子房4深裂，花柱短，柱头2裂，头状。小坚果4，卵形，基部圆形，密生瘤状凸起，上部外面有2层碗状凸起，外层有齿，内层全缘，着生面在果腹面顶部。种子直立。

约3种，分布于中国和越南。本区有1种。

盾果草

Thyrocarpus sampsonii Hance

一年生、二年生草本。全株有开展糙毛。茎直立或斜生，高15~40cm，单一或基部分枝呈丛生状，上部也有分枝。基生叶多数，叶片匙形，长3.5~15cm，宽1~5cm，先端急尖，基部渐狭窄成多少带翼的叶柄，两面有细毛及粗糙毛；茎生叶渐小，叶片狭长圆形或倒披针形，近无柄。花序狭长，长7~20cm；有狭卵形或披针形的叶状苞片；花梗长约2mm，果时略增长；花萼长2.5~3mm，5深裂，裂片狭卵形；花冠紫色或蓝色，5裂，裂片倒卵圆形，长1~1.5mm，花冠筒较裂片稍长，喉部有5附属物；雄蕊5，内藏，花药卵球形，长约0.5mm；花柱短于雄蕊，柱头头状。小坚果4，卵圆形，长1.5~2mm，基部膨大，密生瘤状凸起，上部有2层直立的碗状凸起，外层有齿，顶端不膨大，与全缘的内层紧贴。花果期5—7月。

见于坪田及保护区外围小梅金村、屏南。生于山坡林下、路边或岩石边灌丛中。分布于中国与越南。

根、叶入药。

一一三　马鞭草科 Verbenaceae

灌木或乔木，或为藤本、草本。叶对生；单叶或掌状复叶，无托叶。聚伞花序、穗状花序、总状花序，或由聚伞花序再组成伞房状或圆锥状，常有苞片。花两性，两侧对称或近辐射对称；花萼宿存，杯状、钟状或管状，顶端常具4或5齿；花冠二唇形或为略不相等的4或5裂；雄蕊大多为4，着生于花冠筒上，内向纵裂，或裂缝上宽下窄，呈孔裂状；子房上位，心皮通常为2，全缘、微凹或4裂，2室或因有假隔膜成4~10室，每室具1或2胚珠；花柱顶生，稀下陷于子房裂片中。核果、浆果状核果、蒴果或瘦果。种子通常无胚乳，胚直立。

91属，约2000种，主要分布于热带和亚热带地区，少数延至温带。本区有6属，18种。

紫珠 *Callicarpa bodinieri* H. Lév.
短柄紫珠 *Callicarpa brevipes*（Benth.）Hance
白棠子树 *Callicarpa dichotoma*（Lour.）K. Koch
老鸦糊 *Callicarpa giraldii* Hasse ex Rehder
毛叶老鸦糊（变种）var. *subcarescens* Rehder
全缘叶紫珠 *Callicarpa integerrima* Champ.
藤紫珠（变种）var. *chinensis*（Pei）S. L. Chen
日本紫珠 *Callicarpa japonica* Thunb.
枇杷叶紫珠 *Callicarpa kochiana* Makino
膜叶紫珠 *Callicarpa membranacea* Hung T. Chang
红紫珠 *Callicarpa rubella* Lindl.
钝齿红紫珠（变种）var. *crenata*（Pei）L. X. Ye et B. Y Ding
秃红紫珠 *Callicarpa subglabra*（Pei）L. X. Ye & B. Y. Ding
大青 *Clerodendrum cyrtophyllum* Turcz.
浙江大青 *Clerodendrum kaichianum* P. S. Hsu
尖齿臭茉莉 *Clerodendrum lindleyi* Decne. ex Planch.
海州常山 *Clerodendrum trichotomum* Thunb.
透骨草 *Phryma leptostachya* L. subsp. *asiatica*（H. Hara）Kitam.
豆腐柴 *Premna microphylla* Turcz.
马鞭草 *Verbena officinalis* L.
牡荆 *Vitex negundo* L. var. *cannabifolia*（Siebold et Zucc.）Hand.-Mazz.

分属检索表

1. 花无梗，组成穗状花序，或缩成伞房状或头状花序。
  2. 茎节间下部常膨大；叶片边缘具钝圆锯齿；瘦果下垂 ……………………………… 1. 透骨草属 *Phryma*
  2. 茎节间不膨大；叶片边缘具缺刻状锯齿至羽状分裂；蒴果不下垂 ………………… 2. 马鞭草属 *Verbena*
1. 花有梗，组成聚伞花序或由聚伞花序再组成各式花序。
  3. 花序全部腋生；花近辐射对称，雄蕊近等长 ……………………………………… 3. 紫珠属 *Callicarpa*
  3. 花序顶生或有时顶生兼腋生，花冠二唇形或不等5裂，雄蕊多少二强。

4. 花冠5裂，裂片稍不等长，但不呈二唇形；花萼果时明显增大 ………………… 4. 大青属 *Clerodendrum*

4. 花冠4或5裂，二唇形，花萼果时仅稍增大。

5. 单叶；花冠4或5裂，裂片大小不悬殊 ……………………………………………… 5. 豆腐柴属 *Premna*

5. 掌状复叶，稀单叶；花冠5裂，下唇中央1裂片明显较大 ……………………………… 6. 牡荆属 *Vitex*

1 透骨草属 *Phryma* L.

多年生草本。茎直立，四棱形，节间下部膨大。叶对生，具锯齿，具柄。穗状花序生于茎顶和上部叶腋，纤细；具苞片和小苞片；花小，两性，左右对称，单生于小苞片腋内；花萼筒状，具5棱，二唇形，上唇3个齿裂芒状，下唇2齿裂较短；花冠筒形，檐部二唇形，上唇直立，2浅裂，下唇较大，3浅裂；雄蕊4，二强；子房上位，1室，1胚珠，花柱2裂。果为瘦果，狭椭圆形，包藏于花萼内。种子1枚，无胚乳。

单种属，分布于东亚至北美洲。本区也有。

透骨草

Phryma leptostachya L. subsp. **asiatica**（H. Hara）Kitam.——*P. leptostachya* var. *asiatica* H. Hara——*P. leptostachya* var. *oblongifolia*（Koidz.）Honda

多年生草本。茎直立，高30~80cm，四棱形，节间下部常膨大，有倒生短柔毛。单叶对生；叶片卵形或卵状长圆形，长5~10cm，宽4~7cm，基部渐狭成翅，边缘具钝圆锯齿，两面脉上有短毛；具叶柄。穗状花序顶生或腋生，细长；花疏生，具短柄，蕾时直立，开放时平伸，果时下垂，贴于花序轴上；花萼管状，显著5肋，上唇3齿钻形、细长，顶端具钩，下唇2齿宿存，无芒；花冠筒状，淡红色或白色，长约5mm，檐部二唇形，上唇直立，2浅裂，下唇较大，3浅裂；

雄蕊4,二强;花柱顶生,先端短2裂。瘦果包于萼内,棒状。

见于官埔垟及保护区外围屏南梧桐垟等地。生于海拔800m以下的沟谷阴湿林下或山坡林缘。分布于东亚。

全草入药,有清热解毒之功效。

2 马鞭草属 *Verbena* L.

草本或亚灌木。茎常四方形。叶对生;叶片边缘有齿,或羽状深裂。穗状花序延伸或短缩,顶生或腋生,花生于狭窄的苞片腋内,蓝色或淡红色;花萼管状,有5短齿;花冠筒直或稍弯曲,顶端有开展的5裂片,略二唇形;雄蕊4,着生于花冠筒中部,2上2下,花丝短;子房4室,每室具1胚珠,花柱短。蒴果包藏于宿萼内,成熟后4瓣裂。

约250种,主产于热带美洲。本区有1种。

马鞭草

Verbena officinalis L.

多年生草本,高30~120cm。茎四方形,近基部可为圆形,节和棱上有硬毛。叶片卵圆形至长圆状披针形,长2~8cm,宽1~5cm,基生叶叶片边缘有粗锯齿和缺刻,茎生叶叶片3深裂或羽状深裂,裂片边缘有不整齐的锯齿,两面被硬毛,基部楔形,下延于叶柄上。穗状花序顶生或生于茎上部叶腋,开花时伸长,长10~25cm;花小,初密集,果时疏离;苞片狭三角状披针形,稍短于花萼,与穗轴均具硬毛;花萼长约2mm,具硬毛,顶端有5齿;花冠淡紫红色至蓝色,长4~8mm,裂片5。果实长圆形,长约2mm。花果期4—10月。

区内常见。生于自低海拔到高海拔的山脚地边、路旁或村边荒地。分布于全世界温带至热带地区。

地上部分入药,有凉血、散瘀、通经、止痒、驱虫的功效。

3 紫珠属 *Callicarpa* L.

落叶灌木,稀攀援灌木或乔木。小枝圆柱形或四棱形,通常被毛。单叶,对生;叶片有锯齿或小齿,稀全缘,通常被毛和腺点。聚伞花序腋生;花小,辐射对称;花萼杯状或钟状,稀管状,顶端4裂或几平截,宿存;花冠4裂;雄蕊4,着生于花冠基部,花丝长于花冠或与花冠近等长,花药卵形至长圆形,药室纵裂或顶端裂缝扩大成孔状;子房上位,4室,每室具1胚珠。果实为核果或浆果状核果,成熟时通常紫色或红色,内果皮骨质,形成4个分核。

约140种,主要分布于热带和亚热带亚洲,少数分布于热带美洲和非洲,极少数分布于温带亚洲和北美洲。本区有10种。

本属许多种类供药用;多数种类秋季果实紫红色,可供观赏。

分种检索表

1. 叶片下面和花各部均有暗红色腺点 …………………… 1. 紫珠 *C. bodinieri*
1. 叶片下面和花各部有明显或不明显的黄色腺点。
  2. 植物体密生黄褐色分枝茸毛;花萼管状,裂齿长2mm以上;果实白色,下半部为果萼所包 …………………… 2. 枇杷叶紫珠 *C. kochiana*
  2. 植物体无毛或被单毛、星状毛或星状茸毛;花萼杯状或钟状,裂齿长不到2mm;果实紫红色,大部裸露于花萼之外。
    3. 花序梗远长于叶柄,长1.5cm以上;叶片基部宽楔形、圆形或心形。
      4. 攀援灌木;叶柄长15mm以上;叶片全缘,基部宽楔形或钝圆 ………… 3. 全缘叶紫珠 *C. integerrima*
      4. 直立灌木;叶柄极短,长7mm以下;叶片有锯齿或不规则粗齿,基部心形。
        5. 枝和叶片被星状毛;叶片基部心形两侧呈耳状,叶柄长不及4mm …………… 4. 红紫珠 *C. rubella*
        5. 全株无毛或近无毛;叶片基部浅心形不呈耳状,叶柄长5~6mm ……… 5. 秃红紫珠 *C. subglabra*
    3. 花序梗短于或长于叶柄,但最长绝不到1.5cm;叶片基部楔形,稀钝圆。
      6. 花丝长约为花冠长的2倍,花药椭圆形,长0.8~1.2mm,药室纵裂。
        7. 叶片较大,长6cm以上,边缘近基部开始即有锯齿或细齿,下面及花萼多少被星状毛;小枝圆柱形 …………………… 6. 老鸦糊 *C. giraldii*
        7. 叶片较小,长3~6cm,边缘仅上半部有疏锯齿,下面及花萼均无毛;小枝略呈四棱形 …………………… 7. 白棠子树 *C. dichotoma*
      6. 花丝短于至略长于花冠,但不到花冠长的2倍,花药长圆形,长1.5~2mm,药室孔裂。
        8. 植株全体近无毛;叶片基部楔形至宽楔形;叶柄长5~8mm;花萼长约1.5mm。
          9. 叶片倒卵形、卵形或椭圆形 …………………… 8. 日本紫珠 *C. japonica*
          9. 叶片披针形或长圆状披针形 …………………… 9. 膜叶紫珠 *C. membranacea*
        8. 小枝、叶片下面沿中脉及叶柄被星状毛;叶片基部钝圆;叶柄长2~3mm;花萼长约2mm …………………… 10. 短柄紫珠 *C. brevipes*

1. 紫珠　珍珠枫

Callicarpa bodinieri H. Lév.

灌木,高1~3m。小枝、叶柄和花序均被星状毛。叶片卵状或倒卵状长椭圆形,长7~18cm,宽4~8cm,先端渐尖,基部楔形,边缘有细钝锯齿,上面干后暗棕褐色,有短柔毛,下面密被星状毛,两面都有暗红色细粒状腺点;叶柄长0.5~1cm。聚伞花序4或5次分歧;花序梗长约1cm;花萼有星状毛和红色腺点,萼齿锐三角形;花冠紫红色,长约3mm,疏生星状毛和红色腺点;花丝长约为花冠长的2倍,花药椭圆形,长约1mm,药室纵裂,药隔有红色腺点;子房有毛。果实球形,熟时紫色,直径约2mm。花期6—7月,果期9—11月。

见于官埔垟等地。生于海拔约600m的林缘或灌木丛中。分布于东亚。

叶入药,有清热凉血、止血之功效;花果艳丽,可供观赏。

2. 枇杷叶紫珠　野枇杷

Callicarpa kochiana Makino——*C. loureiri* Hook. et Arn.

灌木,高1~4m。小枝、叶柄和花序密生黄褐色分枝茸毛。叶片厚纸质,长椭圆形、卵状椭圆形,长12~22cm,宽4~9cm,先端渐尖或短渐尖,基部楔形,边缘有细锯齿,上面疏生短毛,下面密生黄褐色星状毛与分枝茸毛,两面被不明显的浅黄色腺点,侧脉10~18对;叶柄长1~3cm。聚伞花序宽3~6cm,3~5次分歧;花序梗长1~2cm;花近无柄,密集于分枝的顶端;花萼管状,被茸毛,4深裂,萼齿三角状披针形,长2~2.5mm;花冠淡红色或淡紫红色,长约3mm,裂片密被茸毛;雄蕊伸出花冠外,花药细小,长近1mm,药室纵裂。果实球形,直径约1.5mm,白色,下半部为果萼所包。花期7—8月,果期10—12月。

见于官埔垟、干上及保护区外围屏南瑞垟等地。生于海拔700m以下的沟谷林中。分布于东亚。

叶和根可入药;叶也可提取芳香油。

3. 全缘叶紫珠

Callicarpa integerrima Champ.

攀援灌木。小枝粗壮,嫩枝、叶柄和花序密生黄褐色星状分枝茸毛。叶片革质,宽卵形、卵圆形或椭圆形,先端急尖或短渐尖,基部宽楔形至浑圆,稀平截或浅心形,全缘,上面浅绿色,近无毛,下面密生灰黄色星状厚茸毛;叶柄长1.5~2.5cm。聚伞花序宽6~11cm,7~9次分歧;花序梗长2.5~4.5cm;花梗与花萼筒均密生星状毛,萼齿不明显;花冠紫色,长约2mm;雄蕊长超过花冠长的2倍,药室纵裂;子房有星状毛。果实近球形,紫色,直径约2.5mm。花期7月,果期9—11月。

见于干上及保护区外围大赛、屏南瑞垟、小梅金村等地。生于海拔700m以下的低山沟谷或山坡林中。我国特有,分布于华东、华南等地。

叶可入药。

区内还有藤紫珠var. *chinensis* (Pei) S. L. Chen,其叶片下面毛被较薄,腺点明显可见,花梗、花萼和子房均无毛。见于保护区外围大赛等地。

4. 红紫珠

Callicarpa rubella Lindl.——*C. rubella* var. *hemslevana* Diels

落叶灌木,高1~3m。小枝被黄褐色星状毛和多节腺毛。叶片薄纸质,倒卵形或倒卵状椭圆形,长10~18cm,宽4~8cm,先端尾尖或渐尖,基部心形,两侧耳垂状,中部常略收缩,边缘具锯齿或不整齐的粗齿,上面被短毛,下面密被灰白色星状毛,有细小颗粒状黄色腺点,侧脉6~10对;叶柄短,长不过4mm。聚伞花序宽2~5cm,被毛与小枝同;花序梗长1.5~3cm;花萼小,长约1mm,密被星状毛和腺毛,萼齿钝三角形或不明显;花冠淡紫红色、淡黄绿色或白色,长约3mm;花药长约1mm,药室纵裂;子房有疏毛。果实球形,直径约2mm,紫红色。花期7—8月初,果期10—11月。

见于官埔垟、乌狮窟、均益、横溪、干上及保护区外围大赛等地。生于海拔500~800m的山坡、沟谷林中和灌丛中。分布于东亚、东南亚。

叶及根可入药,功用与紫珠基本相同。

4a. 钝齿红紫珠

var. **crenata** (Pei) L. X. Ye et B. Y. Ding——*C. rubella* f. *crenata* Pei

与红紫珠区别在于:其叶片较狭,倒卵状披针形至倒披针形,中部以下渐狭,基部略扩展,长8~14cm,宽2~4cm,边缘有细钝锯齿,并有小尖头,小枝、叶片和花序均被多节单毛和腺毛,花梗和花各部疏被毛。花期7—8月,果期10—11月。

见于大田坪、横溪等地。生于海拔600~1100m的沟谷林下及林缘灌丛中。分布于东亚。

5. 秃红紫珠

Callicarpa subglabra (Pei) L. X. Ye & B. Y. Ding——*C. rubella* var. *hemsleyana* Diels f. *subglabra* Pei——*C. rubella* var. *subglabra* (Pei) Hung T. Chang

落叶灌木,高1~2m。枝无毛或近无毛,稍带紫褐色。叶片纸质,倒卵形或倒卵状椭圆形，长8~14cm，宽3~6cm，基部浅心形至圆形，不呈耳垂状，中部常略收缩，边缘具锯齿，两面无毛；叶柄明显，长5~6mm。聚伞花序宽2~5cm，花序梗长1.5~4cm，无毛或近无毛；花萼小，长约1mm，无毛，萼齿钝三角形或不明显；花冠淡紫红色，长约3mm；花药长约1mm，药室纵裂；子房无毛。果实球形，直径约2mm，紫红色。花期6—7月，果期9—11月。

见于干上等地。生于海拔约600m的沟谷林中和灌丛中。我国特有，分布于长江中下游及其以南各地。

6. 老鸦糊

Callicarpa giraldii Hesse ex Rehder——*C. bodinieri* H. Lév. var. *giraldii*（Hesse ex Rehder）Rehder

灌木，高1~5m。小枝灰黄色，被星状毛。叶片纸质，宽椭圆形至长圆状披针形，长6~15cm，宽2~7cm，先端渐尖，基部楔形、宽楔形或下延成狭楔形，边缘有锯齿或小齿，上面近无毛，下面疏生星状毛，密被黄色腺点；叶柄长1~2cm。聚伞花序4或5次分歧，被星状毛；花序梗

长5~10mm;花萼钟形,长约1.3mm,疏生星状毛和黄色腺点,萼齿钝三角形;花冠紫红色,稍被星状毛,长约3mm;雄蕊长5~6mm,花药卵圆形,长0.8~1.2mm,药室纵裂;子房疏生星状毛,后常脱落。果实球形,成熟时紫色,无毛,直径2~3mm。花期5月中旬至6月底,果期10—11月。

见于官埔垟、凤阳湖及保护区外围大赛等地。生于海拔1500m以下的沟谷林下、山坡疏林、灌丛中。我国特有,分布于黄河流域及其以南各地。

叶、根和果入药,具收敛止血、祛风除湿、散瘀解毒的功效。

6a. 毛叶老鸦糊

var. **subcanescens** Rehder——*C. giraldii* var. *lyi*（H. Lév.）C. Y. Wu——*C. bodinieri* H. Lév. var. *lyi*（H. Lév.）Rehder

与老鸦糊的区别在于:其小枝、叶片下面及花各部分均密被灰色星状毛。但存在一些过渡类型,有时两者不易区别。

见于乌狮窟、大田坪、凤阳湖(双折瀑)、均益等地。生于海拔1500m以下的山坡疏林或灌丛中。我国特有,分布于河南及长江以南各地。

7. 白棠子树

Callicarpa dichotoma（Lour.）K. Koch

灌木,高1~3m。小枝细长,略呈四棱形,淡紫红色,嫩梢略有星状毛。叶片纸质,倒卵形,长3~6cm,宽1~2.5cm,先端急尖至渐尖,基部楔形,边缘上半部疏生锯齿,两面近无毛,下面密生下凹的黄色腺点;叶柄长2~5mm。聚伞花序着生于叶腋上方,2或3次分歧;花序梗纤细,长1~1.5cm,略有星状毛;花萼无毛而有腺点,顶端有不明显的齿裂;花冠淡紫红色,长约2mm,无毛;花丝长约为花冠长的2倍,花药卵形,长约1.1mm,药室纵裂;子房无毛而有腺点。果实球形,紫色,直径约2mm。花期6—7月,果期9—11月。

见于官埔垟等地。生于海拔约600m的溪沟边或山脚灌丛中。分布于东亚。

叶、根、果可供药用，有清热、凉血、止血之功效；叶亦可提取芳香油；花淡紫红色，果入秋紫红色、鲜亮，可供观赏。

8. 日本紫珠

Callicarpa japonica Thunb.

灌木，高达3m。除嫩枝和幼叶可略有星状毛外，全体无毛。小枝圆柱形。叶片纸质或薄纸质，倒卵状椭圆形或椭圆形，长7~12cm，宽3~6cm，先端急尖至尾尖，基部楔形，稀宽楔形，边缘上半部有锯齿，下面无腺点或有不明显的黄色腺点；叶柄长5~8mm。聚伞花序2或3次，稀4次分歧，花序梗与叶柄等长或稍短；花萼杯状，长约1.5mm，萼齿钝三角形；花冠淡红色，长3~4mm；花丝与花冠几等长，花药长约1.8mm，药室孔裂。果实球形，直径约4mm，熟时浆果状，易压扁，紫红色。花期6—7月，果期10—11月。

见于双溪等地。生于海拔1000m的沟边林中。分布于东亚。

叶可入药，功用与紫珠基本相同；果较大，熟时紫红色，可供观赏。

9. 膜叶紫珠 窄叶紫珠

Callicarpa membranacea Hung T. Chang——*C. japonica* Thunb. var. *angustata* Rehder

落叶灌木，高约2m。除嫩枝和幼叶略有星状毛外，全体无毛。小枝圆柱形，绿色或略带紫色。叶片纸质，披针形至长圆状披针形，长6~10cm，宽2~3.5cm，两面常无毛，有不明显的腺点，边缘中部以上有锯齿，侧脉6~8对；叶柄长不超过5mm。聚伞花序宽约1.5cm，花序梗长约6mm；花萼杯状，长约1.5mm，萼齿不明显；花冠长约3.5mm；花丝与花冠近等长，花药长圆形，药室孔裂。果实球形，直径约3mm。花期5—6月，果期7—10月。

见于炉岙、大田坪、凤阳庙、凤阳湖、将军岩、小黄山、双溪、龙案等地。生于海拔500~1600m的山坡、沟边林中或林缘灌丛。分布于东亚。

果较大，熟时紫红色，可供观赏。

10. 短柄紫珠

Callicarpa brevipes（Benth.）Hance

灌木，高1~2.5m。小枝圆柱形，被黄褐色星状毛。叶片纸质，长椭圆状披针形或倒卵状披针形，长7~16cm，宽2~3.5cm，先端渐尖或短尾尖，基部楔形至圆钝，边缘中部以上有小齿或锯齿，上面仅中脉有短柔毛，下面有黄色腺点，中脉常被星状毛；叶柄长2~3mm，被星状毛。花序细小，通常2或3次分歧，宽约1.5cm，具花3~10朵；花序梗纤细，长约5mm，疏被星状毛；花梗及花各部均无毛；花萼杯状，长约2mm，萼齿钝三角形；花冠白色或粉红色，长约3.5mm；花丝与花冠近等长，药室孔裂。果实倒卵状球形，直径约3mm。花期6月，果期9—10月。

见于双溪等地。生于海拔800m左右的山坡林下。分布于东亚。

果较大，熟时紫红色，可供观赏。

4 大青属 *Clerodendrum* L.

落叶灌木或小乔木,少攀援灌木或草本。植物体常具腺点、盘状腺体、鳞片状腺体或毛。聚伞花序组成伞房状、圆锥状或短缩成头状花序;花萼钟状或杯状,顶端近平截或有5钝齿至5深裂,花后明显增大;花冠高脚碟状或漏斗状,顶端5裂,裂片略不等大;雄蕊4,花药纵裂;子房4室。果实为浆果状核果,内有4分核。

约400种,主要分布于热带和亚热带,少数分布于温带,主产于东半球。本区有4种。

分种检索表

1. 叶片基部浅心形;聚伞花序紧缩成头状;花萼裂片披针形至线状披针形 ……… 1.尖齿臭茉莉 *C. lindleyi*
1. 叶片基部宽楔形、圆形或近截形;聚伞花序疏展,不呈头状;花萼裂片三角形、卵形或卵状椭圆形。
  2. 花萼小,长3~6mm,裂片三角形至狭三角形。
    3. 小枝髓部无淡黄色薄片状横隔;花序梗不粗壮,有花序主轴 ………………… 2.大青 *C. cyrtophyllum*
    3. 小枝髓部有淡黄色薄片状横隔;花序梗粗壮,无花序主轴 ……………… 3.浙江大青 *C. kaichianum*
  2. 花萼大,长11~15mm,裂片卵形或卵状椭圆形 ……………………………… 4.海州常山 *C. trichotomum*

1. 尖齿臭茉莉

Clerodendrum lindleyi Decne. ex Planch.

灌木,高约1m。幼枝有短柔毛。叶片纸质,宽卵形或卵形,长7~15cm,宽6~12cm,先端急尖,基部浅心形,边缘具不规则锯齿或小齿,两面有短柔毛,脉上较密,基部脉腋有数个盘状腺体;叶柄长4~10cm,被短柔毛。顶生聚伞花序密集成头状;苞片叶状,披针形,长2.5~

4cm，常宿存；花萼钟形，被柔毛和少数盘状腺体，裂片披针形或线状披针形，长4~7cm；花冠紫红色或淡红色，花冠筒长2~3cm，裂片倒卵形，长5~7mm；雄蕊与花柱均伸出花冠外。核果近球形，直径约6mm，熟时蓝黑色。花期6—7月，果期9—11月。

见于双溪、百步村及保护区外围屏南垟顺等地。生于海拔800m以下的山脚路边或村落、房舍旁。我国特有，分布于华东至西南。

叶和根可入药，有清热利湿、祛风解毒、消肿止痛之功效。花色鲜艳，常栽培供观赏。

2. 大青　野靛青

Clerodendrum cyrtophyllum Turcz.

灌木或小乔木，高1~6m。枝黄褐色，被短柔毛，髓白色、充实。叶片纸质，有臭味，长椭圆形、卵状椭圆形或长圆状披针形，长8~20cm，宽3~8cm，先端渐尖或急尖，基部圆形或宽楔形，全缘，两面沿脉疏生短柔毛，侧脉6~10对；叶柄长2~6cm。伞房状聚伞花序生于枝顶或近枝顶叶腋，宽大且疏松开展；苞片线形，长3~5mm；花萼杯状，外面被黄褐色短柔毛，长3~4mm，顶端5裂；花冠白色，花冠筒长约1cm，裂片卵形，长约5mm；雄蕊和花柱均伸出花冠外；柱头2浅裂。果实球形至倒卵形，直径约8mm，熟时蓝紫色。花果期7—12月。

区内各地常见。生于海拔1200m以下的山坡、山脚或溪谷边林下、灌丛。分布于东亚、东南亚。

叶和根入药，具清热、凉血、解毒的功效；嫩叶可作蔬菜。

3. 浙江大青　凯基大青

Clerodendrum kaichianum P. S. Hsu

灌木或小乔木，高2~8m。嫩枝略呈四棱形，与叶柄、花序均密被黄褐色或红褐色短柔毛，髓白色，有淡黄色薄片状横隔。叶片厚纸质，椭圆状卵形、卵形或宽卵形，长8~20cm，宽5~12cm，先端渐尖，基部宽楔形或近截形，全缘，两面疏生短糙毛，下面基部脉腋有数个盘状腺体，侧脉5~6对；叶柄长3~7cm。伞房状聚伞花序4~6枚生于枝顶，无花序主轴；花萼钟形，长约3mm，外面有数个盘状腺体，顶端5裂，裂片三角形，长1mm；花冠乳白色，花冠筒长1~1.5cm，裂片卵圆形或椭圆形，长约6mm；雄蕊与花柱均伸出花冠外。核果倒卵状球形至球形，熟时蓝绿色，直径约1cm，有紫红色的宿萼。花果期6—11月。

见于炉岙、大田坪、黄茅尖、凤阳湖、将军岩、大小天堂、南溪口等地。生于海拔800~1650m的山谷、山坡阔叶林中或溪沟边。我国特有，分布于华东。

4. 海州常山　臭梧桐

Clerodendrum trichotomum Thunb.

灌木，稀小乔木，高1~6m。幼枝、叶柄及花序通常多少被柔毛，髓白色，有淡黄色薄片状横隔。叶片纸质,卵形、卵状椭圆形,稀宽卵形,长6~16cm,宽3~13cm,先端渐尖,基部宽楔形至截形,偶心形,全缘,两面幼时疏生短柔毛,下面脉上较密;叶柄长2~8cm。伞房状聚伞花序生于枝顶及上部叶腋,疏松开展,长6~15cm;苞片叶状,狭椭圆形,早落;花芳香;花萼蕾时绿白色,果时紫红色,长约1.2cm,5深裂,裂片三角状披针形或长卵形,边缘重叠;花冠白色,花冠筒长2cm,裂片长椭圆形,长约8mm;雄蕊与花柱均伸出花冠外。核果近球形,直径6~8mm,成熟时蓝黑色,被宿萼所包。花果期7—11月。

见于官埔垟及保护区外围大赛、屏南瑞垟。生于海拔700m以下的山坡灌丛、农地边。分布于东亚、东南亚。

叶、根或全草可供药用,有祛风湿的功效;花白色,果蓝黑色,果萼紫红色,可供观赏。

5 豆腐柴属 *Premna* L.

乔木或灌木,稀攀援灌木。小枝通常圆柱形。单叶,对生。叶片全缘或有锯齿。聚伞花序组成顶生的伞房状花序、塔状圆锥花序或穗形总状花序;常具苞片;花萼呈杯状或钟状,宿存,果时略增大,顶端2~5裂或几平截,裂片相等或二唇形;花冠顶端常4裂,多少呈二唇形,花冠筒短,其喉部常有1圈白色柔毛;雄蕊4枚,通常2长2短,内藏或外露;子房为完全或不完全4室,每室有1胚珠;花柱丝状,柱头2裂。果实为核果。种子长圆形。

约200种,主要分布在亚洲和非洲热带,少数分布于亚洲亚热带、大洋洲及太平洋中部岛屿。本区有1种。

豆腐柴 腐婢

Premna microphylla Turcz.

落叶灌木。幼枝有上向柔毛,老枝变无毛。叶片纸质,揉之有气味,卵状披针形、椭圆形或卵形,长4~11cm,宽1.5~5cm,先端急尖或渐尖,基部楔形下延,边缘有疏锯齿至全缘,两面无毛至有短柔毛;叶柄长0.2~1.5cm。聚伞花序组成顶生塔状圆锥花序,几无毛;花萼杯状,长1.5mm,果时略增大,5浅裂,裂片边缘有睫毛;花冠淡黄色,长5~8mm,外面有短柔毛和腺点,顶端4浅裂,略呈二唇形;雄蕊内藏。核果倒卵形至近球形,幼时绿色,熟时紫黑色。花期5—6月,果期8—10月。

见于官埔垟、双溪、龙案及保护区外围大赛等地。生于海拔1200m以下的山坡林下、林缘或灌丛。分布于东亚。

叶可制"清凉豆腐",供食用,也可提取果胶以制作果冻;嫩枝和叶可作饲料;根、叶也可入药。

6 牡荆属 *Vitex* L.

常绿或落叶乔木或灌木。小枝四棱形。掌状复叶,稀单叶。圆锥状聚伞花序顶生或腋生;苞片小;花萼钟状,稀管状,顶端近平截或有小齿,有时略二唇形,宿存,果时稍增大;花冠白色至紫蓝色,略长于花萼,二唇形,下唇中间裂片较大;雄蕊4,2长2短或近等长;子房2~4室,每室有胚珠1或2颗;柱头2裂。核果干燥或浆果状,球形或倒卵形,成熟时通常蓝色或黑色。

约250种,主要分布于热带,少数于亚热带、温带分布。本区有1种。

牡荆

Vitex negundo L. var. **cannabifolia** (Siebold et Zucc.) Hand.-Mazz.——*V. cannabifolia* Siebold et Zucc.

落叶灌木，高1~3m。小枝四棱形，密被灰黄色短柔毛。掌状复叶，小叶3~5；小叶片长椭圆状披针形，中间小叶片长6~12cm，宽1.5~4cm，两侧小叶片依次渐小，先端渐尖，基部楔形，边缘具粗锯齿，稀上部小叶近全缘，上面绿色，疏生短柔毛，下面淡绿色，疏被短柔毛；叶柄密被短柔毛。圆锥状聚伞花序顶生，长达20cm，与花梗和花萼均密被灰黄色短柔毛；花萼钟状，长2~3mm，顶端5浅裂；花冠淡紫色，顶端5裂，二唇形，花冠筒略长于花萼；雄蕊与花柱均伸出花冠筒外；子房近无毛。核果干燥，近球形，黑褐色，直径约2mm。花果期6—11月。

见于凤阳湖及保护区外围大赛、小梅金村等地。生于海拔800m以下的山坡、谷地灌丛或林中。我国特有，分布于秦岭—淮河以南各地。

本种的干燥果实名"黄荆子"，可入药；根、茎、叶亦可入药。

一一四　唇形科 Lamiaceae

一年生至多年生草本，稀亚灌木或灌木，通常含芳香油。茎和枝条常为四棱形。单叶或复叶，对生，少轮生；托叶无。花两性，两侧对称，通常在花序的节上由2个相对的聚伞花序构成轮伞花序，常再组成穗状或总状花序；萼宿存，5裂，稀4裂，二唇形，有时辐射对称而具相等的萼齿；花冠合瓣，常二唇形，通常上唇2裂，稀3~4裂，下唇3裂，稀假单唇形；雄蕊4，2长2短，或上面2枚不育；花药2室，平行、叉开或为延长的药隔所分开，纵裂；花盘发达，通常2~4浅裂，稀全缘；子房上位，心皮2，浅裂或常4深裂为4室；花柱常着生于子房裂隙的基部，柱头2裂。果实常有4个小坚果，各含1种子。

220余属，3500余种，全球广布，主要分布于地中海及西亚、南亚。本区有24属，55种。

本科植物以富含多种芳香油著称，其中有不少芳香油成分可供药用或作香料；许多种类花色美丽，可供观赏；还有少数种类可作蔬菜或消暑解渴饮品。

藿香*Agastache rugosa*（Fisch. et C. A. Mey.）Kuntze
金疮小草*Ajuga decumbens* Thunb.
紫背金盘*Ajuga nipponensis* Makino
毛药花*Bostrychanthera deflexa* Benth.
风轮菜*Clinopodium chinense*（Benth.）Kuntze
光风轮*Clinopodium confine*（Hance）Kuntze
细风轮菜*Clinopodium gracile*（Benth.）Kuntze
风车草*Clinopodium urticifolium*（Hance）C. Y. Wu et S. J. Hsuan ex H. W. Li
绵穗苏*Comanthosphace ningpoensis*（Hemsl.）Hand.-Mazz.
水蜡烛*Dysophylla yatabeana* Makino
紫花香薷*Elsholtzia argyi* H. Lév.
香薷*Elsholtzia ciliata*（Thunb.）Hyl.
海州香薷*Elsholtzia splendens* Nakai ex F. Maek.
活血丹*Glechoma longituba*（Nakai）Kupr.
出蕊四轮香*Hanceola exserta* Sun
香茶菜*Isodon amethystoides*（Benth.）H. Hara
内折香茶菜*Isodon inflexus*（Thunb.）Kudô
长管香茶菜*Isodon longitubus*（Miq.）Kudô
线纹香茶菜*Isodon lophanthoides*（Buch.-Ham. ex D. Don）H. Hara
大萼香茶菜*Isodon macrocalyx*（Dunn.）Kudô
歧伞香茶菜*Isodon macrophyllus*（Migo）H. Hara
显脉香茶菜*Isodon nervosus*（Hemsl.）Kudô
假鬃尾草*Leonurus chaituroides* C. Y. Wu et H. W. Li
益母草*Leonurus japonicus* Houtt.
白花益母草(变型) f. *albiflorus*（Migo）Y. C. Zhu
小叶地笋*Lycopus cavaleriei* H. Lév.
硬毛地笋*Lycopus lucidus* Turcz. ex Benth. var. *hirtus* Regel
浙闽龙头草*Meehania zheminensis* A. Takano, Pan Li et G. H. Xia
薄荷*Mentha canadensis* L.
小花荠宁*Mosla cavaleriei* H. Lév.
石香薷*Mosla chinensis* Maxim.

小鱼仙草 *Mosla dianthera* (Buch.-Ham. ex Roxb.) Maxim.
石荠宁 *Mosla scabra* (Thunb.) C. Y. Wu et H. W. Li
苏州荠宁 *Mosla soochowensis* Matsuda
牛至 *Origanum vulgare* L.
山地假糙苏 *Paraphlomis foliata* (Dunn) C. Y. Wu et H. W. Li subsp. *montigena* X. H. Guo et S. B. Zhou
云和假糙苏 *Paraphlomis lancidentata* Sun
紫苏 *Perilla frutescens* (L.) Britton
回回苏(变种) var. *crispa* (Thunb.) H. Deane
野紫苏(变种) var. *purpuraeus* (Hayata) H. W. Li
夏枯草 *Prunella vulgaris* L.
南丹参 *Salvia bowleyana* Dunn
鼠尾草 *Salvia japonica* Thunb.
荔枝草 *Salvia plebeia* R. Br.
祁门鼠尾草 *Salvia qimenensis* S. W. Su et J. Q. He
浙皖丹参 *Salvia sinica* Migo
一串红 *Salvia splendens* Ker Gawl.
半枝莲 *Scutellaria barbata* D. Don
岩藿香 *Scutellaria franchetiana* H. Lév.
裂叶黄芩 *Scutellaria incisa* Sun ex C. H. Hu
韩信草 *Scutellaria indica* L.
缩茎韩信草(变种) var. *subacaulis* (Sun ex C. H. Hu) C. Y. Wu et C. Chen
中间髯药草 *Sinopogonanthera intermedia* (C. Y. Wu et H. W. Li) H. W. Li
蜗儿菜 *Stachys arrecta* L. H. Bailey
地蚕 *Stachys geobombycis* C. Y. Wu
细柄针筒菜 *Stachys oblongifolia* Wall. ex Benth. var. *leptopoda* (Hayata) C. Y. Wu
庐山香科科 *Teucrium pernyi* Franch.
庆元香科科 *Teucrium qingyuanense* D. L. Chen, Y. L. Xu et B. Y. Ding
见血愁 *Teucrium viscidum* Blume

分属检索表

1. 花柱着生于子房中上部;小坚果连合面高于子房的1/2;花冠单唇形或假单唇形(上唇不发达)。
  2. 花冠假单唇形,唇片4裂,上唇极短,全缘或先端微凹,下唇大,3裂 ······ 1. 筋骨草属 *Ajuga*
  2. 花冠单唇形,唇片5裂 ······ 2. 香科科属 *Teucrium*
1. 花柱着生于子房底部;小坚果彼此分离,仅基部的一小点着生于花托上;花冠常为二唇形。
  3. 小坚果核果状,外果皮肥厚肉质;花药具髯毛;聚伞花序腋生 ······ 3. 毛药花属 *Bostrychanthera*
  3. 小坚果外果皮干燥,不呈核果状。
    4. 小坚果及种子多少横生;花萼筒背部有囊状盾片;子房有柄 ······ 4. 黄芩属 *Scutellaria*
    4. 小坚果及种子直立;花萼筒无盾片;子房常无柄。
      5. 雄蕊上升或平展而直伸向前。
        6. 花药卵形、长圆形或线形,药室平行或叉开,顶端不贯通,稀近于贯通,当花粉散出后,药室不扁平开展。
          7. 花冠檐部明显二唇形,具不相似的唇片,上唇外凸,弧状、镰状或盔状。
            8. 雄蕊4,花药卵形或长圆形。
              9. 后对雄蕊长于前对雄蕊。
                10. 2对雄蕊不互相平行,后对雄蕊下倾,前对雄蕊上升 ······ 5. 藿香属 *Agastache*
                10. 2对雄蕊互相平行,皆向花冠上唇下面弧状上升。
                  11. 药室叉开成直角;花冠长不超过3cm ······ 6. 活血丹属 *Glechoma*
                  11. 药室平行;花冠长一般超过3cm ······ 7. 龙头草属 *Meehania*

9. 后对雄蕊短于前对雄蕊。

12. 萼檐二唇形，萼齿极不相等，果期喉部由于下唇2齿向上斜生而闭合…… 8. 夏枯草属 *Prunella*

12. 萼檐不呈或略呈二唇形，萼齿近相等，果期喉部张开。

13. 小坚果多少尖三棱形，顶端平截 …………………………………… 9. 益母草属 *Leonurus*

13. 小坚果卵形，顶端圆钝。

14. 花冠上唇长于下唇；轮伞花序腋生。

15. 花药无髯毛；花丝顶端无附属物 ……………………… 10. 假糙苏属 *Paraphlomis*

15. 花药具髯毛；花丝顶端有附属物 ……………… 11. 髯药草属 *Sinopogonanthera*

14. 花冠上唇短于下唇；轮伞花序顶生或腋生 ……………………… 12. 水苏属 *Stachys*

8. 雄蕊2，后对雄蕊极小或不存在；花药线形而有细长的药室 ……………… 13. 鼠尾草属 *Salvia*

7. 花冠檐部辐射对称或近二唇形，裂片相似或略有分化，上唇如分化，则扁平或外凸。

16. 轮伞花序顶生或顶生兼腋生，通常再组成总状或圆锥花序。

17. 轮伞花序组成顶生圆锥花序；前对雄蕊较长。

18. 叶片边缘有锯齿；花萼二唇形 ………………………………… 14. 风轮菜属 *Clinopodium*

18. 叶片全缘或偶有疏齿；花萼近整齐 ………………………………… 15. 牛至属 *Origanum*

17. 轮伞花序组成顶生总状花序；雄蕊近等长。

19. 花萼二唇形；花冠近整齐；雄蕊均能育 ………………………………… 16. 紫苏属 *Perilla*

19. 花萼整齐或近整齐；花冠二唇形；后对雄蕊能育，前对退化 ……… 17. 石荠宁属 *Mosla*

16. 轮伞花序腋生（薄荷属有时顶生，则再组成头状或穗状花序，凤阳山不产）。

20. 花冠近整齐，具近相等的4裂片；雄蕊均能育 ……………………… 18. 薄荷属 *Mentha*

20. 花冠二唇形，下唇中裂片略大；前对雄蕊能育 …………………………… 19. 地笋属 *Lycopus*

6. 花药球形或卵球形，药室平叉开，在顶端贯通为1室，花粉散出后则扁平开展。

21. 花冠二唇形或近二唇形，上唇略外凸；花丝无毛，稀有毛。

22. 花萼5齿近相等；花盘前裂片指状膨大；植株不被星状毛 …………… 20. 香薷属 *Elsholtzia*

22. 花萼前2齿稍宽大；花盘裂片等大；植株常被星状茸毛 …… 21. 绵穗苏属 *Comanthosphace*

21. 花冠有近相等的4裂片，或前裂片多少向前伸；花丝多有毛………… 22. 水蜡烛属 *Dysophylla*

5. 雄蕊下倾，平卧于花冠下唇上或包于其内。

23. 轮伞花序组成总状花序；花冠上唇2裂，不外翻，下唇3裂 ……………… 23. 四轮香属 *Hanceola*

23. 轮伞花序组成圆锥花序；花冠上唇4裂，外翻，下唇全缘 …………………… 24. 香茶菜属 *Isodon*

1 筋骨草属 *Ajuga* L.

一年生或多年生草本。全株常有多节柔毛。基生叶簇生，茎生叶对生；叶片边缘具圆齿或呈波状。轮伞花序具2至多花，组成顶生的假穗状花序；萼齿5，近相等，常具10脉；花冠筒内面常有毛环，冠檐假单唇形，上唇极短而直立，下唇宽大，伸长，3裂，中裂片最大；雄蕊4，前对较长；子房4裂，花柱着生于子房中上部，顶端2浅裂。小坚果背部具网纹，侧腹面具宽大合生面。

40~50种，广布于亚洲和欧洲，尤以欧洲东南部为多。本区有2种。

分种检索表

1.植株具匍匐茎，除主茎直立外，分枝基部常平卧；植株花时常有基生叶 ········ 1.金疮小草 *A. decumbens*
1.植株不具匍匐茎，主茎和分枝通常均直立；植株花时常不具基生叶 ············ 2.紫背金盘 *A. nipponensis*

1. 金疮小草　白毛夏枯草

Ajuga decumbens Thunb.

一年生或二年生草本。全株被白色长柔毛，具匍匐茎。叶基生和茎生，基生叶花期常存在，较茎生叶长而大，柄具狭翅；叶片薄纸质，匙形或倒卵状披针形，长3~7cm，宽1~3cm，先端钝或圆形，基部渐狭，下延，边缘具不整齐的波状圆齿或近全缘。轮伞花序多花，于茎中上部排列成5~12cm长的间断假穗状花序；花梗短；花萼漏斗状，长约4.5mm，具10脉，萼齿5，近相等；花冠白色，有时略带紫色，长11~14mm，外面被疏柔毛，内面近基部有毛环，冠檐假单唇形，上唇短，直立，顶端微缺，下唇3裂；雄蕊4。小坚果倒卵状三棱形，背部具网状皱纹。花果期3—6月。

全区各地常见。生于沟谷、山坡湿润的疏林下或农地边，海拔可达900m，房前屋后常有栽培。分布于东亚。

全草入药，具清热解毒、止咳祛痰的功效。

2. 紫背金盘

Ajuga nipponensis Makino

一年生或二年生草本，高13~35cm。茎常从基部分枝，与分枝均直立。基生叶在花期枯萎；茎生叶数对，叶片宽椭圆形或卵状椭圆形，长2~7cm，宽1~5cm，先端钝，基部楔形，下延，边缘具不整齐的波状圆齿；叶柄长1~2cm。轮生花序多花，于茎中部以上渐密集成假穗状；花萼长4~5mm，萼齿5，近相等；花冠白色，具深色条纹，长8~11mm，花冠筒基部微膨大，略呈囊状，外面被短柔毛；冠檐假单唇形，上唇短，直立，2裂或微缺，下唇伸长，3裂，中裂片扇形；雄蕊4。小坚果卵状三棱形，背部具网状皱纹。花果期4—7月。

见于保护区外围瑞垟等地。生于农地边或林缘草丛。分布于东亚。

全草可入药,其功效与金疮小草基本相同。

2 香科科属 *Teucrium* L.

草本、亚灌木或灌木。单叶,对生。轮伞花序有2至多花,在茎及短分枝上排成假穗状花序;花萼具10脉,具相等的5萼齿,或呈3/2式二唇形;花冠单唇形,唇片具5裂片,集中于唇片前端,与花冠筒成直角,中裂片极发达,其他裂片小;雄蕊4,伸出花冠外,花药极叉开;花柱着生于子房近顶部,顶端2浅裂。小坚果光滑或具网纹。

约260种,全球广布,地中海地区种类最多。本区有3种。

分种检索表

1. 植株倾斜;轮伞花序大多生于短分枝上;花萼明显二唇形 ………………………… 1. 庐山香科科 *T. pernyi*
1. 植株直立,或至少中、上部直立;轮伞花序生于主茎和分枝上;花萼不明显二唇形。
   2. 花序轴不伸长,花排列紧密;花较小,花萼长约3mm,花冠长不足1cm …………… 2. 血见愁 *T. viscidum*
   2. 花序轴伸长,花排列稀疏;花较大,花萼长超过5mm,花冠长超过1.5cm … 3. 庆元香科科 *T. qingyuanense*

1. 庐山香科科

Teucrium pernyi Franch.——*T. ningpoense* Hemsl.

多年生草本,高30~80cm,通常倾斜。茎密被短柔毛。叶片卵状披针形,长2~5cm,宽1~3cm,分枝上叶小,边缘具粗锯齿,两面被微柔毛。轮伞花序常2花,偶达6花,大多在短分枝上排成直立的假穗状花序;苞片卵圆形至披针形,有短柔毛;花萼钟形,长约5mm,下方基部膨大,外面有微柔毛,内面喉部具毛环,檐部明显二唇形,上唇3齿,中齿极发达,下唇2齿;花冠白色,长约1cm,外面疏生微柔毛,5裂,中裂片极发达;雄蕊超出花冠筒约1倍以上,花药平叉开。小坚果长约1mm，具明显网纹。花期8—10月，果期10—11月。

见于金龙、凤阳庙及保护区外围大赛等地。生于海拔1000m以下的山坡疏林下、山谷林缘及路边灌草丛中。分布于华东、华中、华南等。

2. 血见愁

Teucrium viscidum Blume

多年生直立草本，高20~60cm。茎下部近无毛，上部有腺毛及短柔毛。叶片卵圆形或卵圆状长圆形，长3~8cm，宽1~4cm，先端急尖或短渐尖，基部圆形、阔楔形至楔形，下延，边缘为带重齿的圆齿，两面疏被毛或近无毛；叶柄长1~3cm，近无毛。轮伞花序具2花，于茎及短枝上部组成假穗状花序，花梗及花序轴密被腺毛；花萼小，长约3mm，外面密被具腺长柔毛，不明显二唇形，上唇3齿，下唇2齿；花冠白色、淡红色或淡紫色，长约7mm；雄蕊4，伸出花冠外；花柱顶端2浅裂。小坚果扁球形，黄棕色，长约1mm。花期7—9月，果期9—11月。

区内各地常见。生于海拔1200m以下的农地边、路边荒地草丛或山地林下湿润处。分布于东亚、东南亚和南亚。

全草可入药，具清热解毒、活血、止血之效。

3. 庆元香科科

Teucrium qingyuanense D. L. Chen, Y. L. Xu et B. Y. Ding

多年生草本,高20~50cm,具细长的根状茎。茎直立或基部平卧,密被倒向短柔毛。叶片卵形或卵状披针形,长3~9cm,宽1.8~3.5cm,先端急尖或钝,基部宽楔形,边缘具钝锯齿,上面被微柔毛,下面脉上具短柔毛,两面均有腺点;叶柄长1~3cm。轮伞花序具2花,排列成稀疏的假穗状花序,花序轴、花梗均密被倒向短柔毛;花萼钟形,长6~6.5mm,花萼筒长约4mm,外面被短柔毛和腺点,内面喉部具1圈睫毛状毛环,不明显二唇形,上唇3齿,中齿大,肾圆形,宽约3mm,下唇2齿狭三角形,先端急尖;花冠白色,长1.6~1.7cm,裂片5,中裂片大,宽卵形,先端急尖;雄蕊4,先端上弯;花柱顶端相等2裂。小坚果卵球形,长约1.5mm,具网纹。

见于横溪、乌狮窟等地。生于沟谷林下或山坡疏林下阴湿草丛中。我国特有,仅见于浙江。

本种与香科科 *T. simplex* Vaniot相似，但后者的茎、花序轴和花梗均被开展的长柔毛；花萼下唇2齿钻状锥形，先端尾状渐尖；花冠中裂片卵圆形，先端圆形。

3 毛药花属 *Bostrychanthera* Benth.

多年生草本。茎直立或倾斜。叶近无柄，具锯齿。聚伞花序腋生，二歧式，蝎尾状，具花序梗，具多花，花后下倾；花萼陀螺状钟形，具不明显的10脉，萼齿5，短小，后面的1齿较小；花冠紫色或紫红色，显著长于花萼，中部以上扩展成喉部，冠檐近二唇形，上唇较短，直立，下唇较大，3裂，中裂片较大；雄蕊4，前对较长，花药近球形，2室，顶端贯通开裂，密被毛束。花柱丝状，先端2浅裂。每花仅1枚小坚果成熟，核果状，近球形，黑色。

2种，为我国所特有，分布于华东、华南、华中和西南。本区有1种。

毛药花

Bostrychanthera deflexa Benth.

多年生草本，茎直立或倾斜，高0.5~1.5m。茎四棱形，具深槽，密被倒向短硬毛。叶近无柄；叶片长披针形，纸质，干后通常变黑，长7~22cm，宽2~6cm，先端渐尖或尾状渐尖，基部楔形或近圆形，边缘有粗锯齿或浅齿状，齿端有硬尖，上面疏被短硬毛，下面网脉上疏被短柔毛。聚伞花序腋生，具5~11花，花后下倾；花序梗与花梗均被倒向短硬毛；花萼长约4.5mm；花冠紫色或紫红色，长约3cm，外面被极疏的长硬毛，冠檐近二唇形；雄蕊4，花药近球形，背部囊状，密被毛束。成熟小坚果1枚，核果状，黑色，近圆球形，直径5~7mm，外果皮肉质而厚，干时角质。花期7—9月，果期10—11月。

见于官埔垟、大湾等地。生于沟谷林下湿润处，海拔可达1000m。分布于华东、华中、华南。

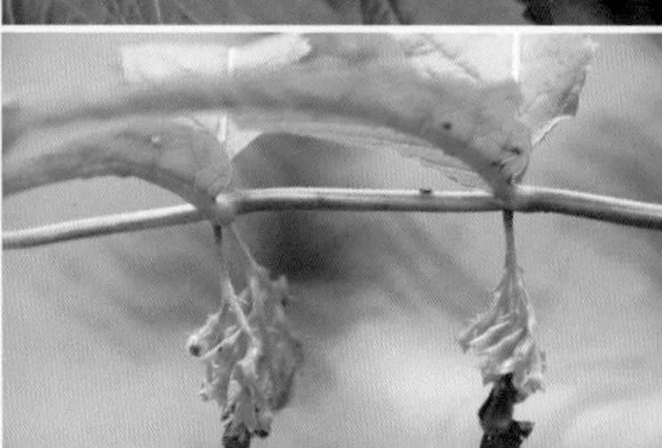

4 黄芩属 *Scutellaria* L.

草本或灌木状草本。叶片常具齿或羽状分裂,有时近全缘。轮伞花序具2花,排列成顶生或腋生的总状花序;花萼钟形,檐部二唇形,果时闭合,后开裂成不等大2裂片,上裂片背部常有1个半圆形盾片,果熟后脱落,下裂片宿存;花冠筒伸出,前方基部膝曲成囊,冠檐二唇形,上唇盔状,全缘或微凹,下唇3裂;雄蕊4,前对较长,花药退化成1室,后对花药2室,药室裂口均具髯毛;花柱先端不等2浅裂。小坚果横生,扁球形或卵球形,具瘤。

约350种,广布于全球,但热带非洲少见。本区有4种。

分种检索表

1. 全株有白色柔毛;叶片卵圆形或肾圆形;花序顶生 ………………………………………… 1. 韩信草 *S. indica*
1. 全株无毛或被短柔毛、微柔毛;叶片卵形、菱形、狭卵形、三角状卵圆形或卵状披针形;花序顶生兼腋生。
  2. 茎实心,无毛;叶片菱形、狭卵形、卵状披针形,边缘具浅牙齿或浅裂。
    3. 花冠较短,长不到1.5cm;叶片基部楔形或近截形,边缘具浅牙齿 ……………… 2. 半枝莲 *S. barbata*
    3. 花冠较长,长1.5cm以上;叶片基部楔形下延,边缘离基部1/3以上具锐锯齿或浅裂 ……………………………………………………………………………………… 3. 裂叶黄芩 *S. incisa*
  2. 茎空心,被向上微柔毛;叶片宽卵形或三角状卵形,边缘仅具少数粗齿……… 4. 岩藿香 *S. franchetiana*

1. 韩信草 印度黄芩

Scutellaria indica L.

多年生草本,高10~40cm。全株有白色柔毛。茎常带暗紫色。叶片卵圆形或肾圆形,长2~4.5cm,宽1.5~3.5cm,先端圆钝,基部浅心形或心形,边缘有整齐圆锯齿,两面被毛,下面常带紫红色;叶柄长0.5~2.5cm。花对生,排列成长3~8cm的顶生总状花序,常偏向一侧;花萼长约2.5mm,果时长可达4mm;花冠蓝紫色、淡紫红色或紫白色,长1.5~2cm,外面疏生微柔毛,花冠筒前方基部膝曲,上唇先端微凹,下唇中裂片具深紫色斑点。小坚果卵形,具小瘤状凸起。花期4—5月,果期5—9月。

见于全区各地。生于山坡疏林下、山脊灌草丛或山路边草丛,海拔可达1500m。分布于东亚、东南亚和南亚。

全草入药,有清热解毒、散瘀止痛之效。

本区还有缩茎韩信草(变种)var. *subacaulis* (Sun ex C. H. Hu) C. Y. Wu et C. Chen,其与韩信草的区别在于:其植株矮小,高不超过10cm,茎节间短缩,叶密生于茎上。见于保护区外围大赛、小梅金村至大窑等地。

2. 半枝莲 并头草

Scutellaria barbata D. Don

多年生草本,高15~30cm。茎无毛。叶片狭卵形或卵状披针形,有时披针形,长1~3cm,宽0.5~1.5cm,先端急尖或稍钝,基部宽楔形或近截形,边缘有浅牙齿,两面沿脉疏被紧贴的小毛或近无毛。花对生,偏向一侧,排列成长4~10cm顶生或腋生总状花序;花梗长1~2mm,有微柔毛;花萼长约2mm,果时长可达4.5mm,外面沿脉有微柔毛;花冠蓝紫色,长1~1.4cm,外被短柔毛,花冠筒基部囊状增大。小坚果褐色,扁球形,直径约1mm,具小疣状凸起。花期4—5月,果期6—8月。

见于官埔垟、东山头及保护区外围大赛、屏南瑞垟等地。生于水田边、溪边或湿润草地上,海拔可达1000m。分布于东亚、东南亚和南亚。

全草药用,具清热解毒、化瘀利尿之效。

3. 裂叶黄芩

Scutellaria incisa Sun ex C. H. Hu

直立草本,高10~30cm。全株光滑无毛。茎具多数分枝。叶片菱状披针形、卵状披针形或披针形,长1.5~5cm,宽0.5~1.5cm,先端尾状渐尖,基部楔状下延,叶缘具尖锐牙齿,有时浅裂,两面无毛或上面被小刚毛。花单生于叶腋,在茎或分枝的上部逐渐过渡成总状花序;花梗紫红色，被细微柔毛至近无毛；花萼长约2mm，无毛，微具腺点；花冠淡紫色，长1.5~2cm，外面略被微柔毛，上唇盔状，内凹，先端微缺，下唇3裂，中裂片三角状卵圆形，全缘，侧裂片小。小坚果具瘤状凸起，长不到1mm。花果期5—11月。

见于官埔垟、金龙、横溪及保护区外围大赛等地。生于海拔600m以下的溪沟边岩石缝或沟谷林下。我国特有，分布于华东。

4. 岩藿香

Scuellaria franchetiana H. Lév.

多年生草本，高0.3~1cm。茎中空，被上曲微柔毛，棱上较密集，下部1/3常无叶，常带紫色。叶片宽卵形或三角状卵形，长1.5~4.5m，宽0.6~2.5cm，先端渐尖，基部宽楔形、近截形至心形，边缘每侧具3~4个大牙齿，上面疏被微柔毛，边缘较密，下面沿脉被微柔毛，余无毛。总状花序于茎中部以上腋生，长2~9cm，下部的最长，向上渐短，花序下部具不育叶；花梗与花序轴被上曲微柔毛，有时被具腺短柔毛；花萼长约2.5mm，果时长可达4mm，被微柔毛及散布腺点，或被具腺短柔毛；花冠紫色，长2~2.5cm，外被具腺短柔毛。小坚果黑色，卵球形，具瘤状凸起。花期5—7月，果期7—8月。

见于保护区外围屏南金林等地。生于海拔650m的山沟岩石旁灌草丛。我国特有，分布于华东、华中、西南、西北。

全草可供药用。

5 藿香属 *Agastache* Clayton ex Gronov.

多年生直立草本,植株具香气。叶片边缘有锯齿。轮伞花序多花,组成顶生而密集的穗状花序;花萼管状倒圆锥形,具5齿;花冠二唇形,上唇直立,先端2裂,下唇开展,3裂,中裂片较大;雄蕊4,伸出花冠外,后对较长,花药卵形,2室,初平行,后多少叉开;花柱着生于子房底,顶端近2等裂。小坚果顶端被毛。

约9种,仅1种产于东亚,其余8种均产于北美洲。本区有1种。

藿香 野藿香

Agastache rugosa(Fisch. et C. A. Mey.)Kuntze

多年生直立草本,高0.4~1.2m。全株有强烈香味。茎被细短毛或近无毛。叶片心状卵形或长圆状披针形,长3~10cm,宽1.5~6cm,先端尾状渐尖,基部心形,边缘具粗齿,上面近无毛,下面脉上有柔毛,密生凹陷腺点;叶柄长0.7~2.5cm。轮伞花序多花,密集成顶生的穗状花序,长3~8cm;花萼长约6mm,被黄色小腺点及具腺微柔毛,有明显15脉,萼齿三角状披针形;花冠淡紫红色或淡红色,偶白色,长约8mm,花冠筒稍伸出花萼外;雄蕊均伸出花冠外。小坚果卵状长圆形,长约2mm,顶端有毛。花期6—9月,果期9—11月。

见于官埔垟、凤阳庙及保护区外围屏南竹蓬后等地。栽培或逸生于房前屋后或农地边。分布于东亚,北美洲有栽培。

地上部分入药,具祛暑解表、化湿和胃之效,以及能杀菌、除口臭、预防传染病;山区农家烧鱼时用其叶调味,兼有防腐作用。

6 活血丹属 *Glechoma* L.

多年生直立或匍匐状草本。叶具长柄。轮伞花序2~6花，腋生；花萼管状或钟状，具15脉，萼齿5，呈不明显的二唇形，上唇3齿，略长，下唇2齿，较短；花冠管状，上部膨大，冠檐二唇形，上唇直立，不呈盔状，顶端微凹或2裂，下唇平展，3裂，中裂片较大；雄蕊4，药室长圆形，平行或略叉开；花柱先端近相等2裂。小坚果光滑或有小凹点。

约8种，广布于欧亚大陆温带、亚热带地区，南、北美洲有栽培。本区有1种。

活血丹　连钱草

Glechoma longituba（Nakai）Kupr.

多年生草本。茎匍匐，长可达1.5m，逐节生根，花枝上升，高10~20cm，幼嫩部分疏被长柔毛，后变无毛。叶片心形或近肾形，长1~3cm，宽1~4cm，两面有毛或近无毛。轮伞花序通常具2花，稀具4~6花；花萼管状，长8~10mm，外面被长柔毛，萼齿5，先端芒状，边缘具缘毛；花冠淡蓝、蓝色至紫色，花冠筒直立，先端膨大成钟形，有长筒和短筒两型，长者达2cm，短者约1.2cm；冠檐二唇形，下唇具深色斑点；雄蕊4，内藏，无毛，花药2室，略叉开。小坚果长圆状卵形，顶端圆，基部略呈三棱形。花期3—5月，果期5—6月。

区内各地常见。生于海拔1200m以下的林缘、疏林下、草地中、田边等阴湿处。分布于亚洲温带、亚热带。

地上部分供药用，具利湿通淋、清热解毒、散瘀消肿之效。

7 龙头草属 *Meehania* Britton

多年生草本，直立或具匍匐茎。叶片心状卵形至披针形，边缘具锯齿。轮伞花序少花，松散，组成顶生稀腋生的假总状花序；花大型，花萼具15脉，萼齿5，上唇具3齿，略高，下唇具2齿，略低；花冠筒管状，基部细，向上至喉部渐扩大，内面无毛环，冠檐二唇形，上唇较短，顶端微凹或2裂，下唇伸长，中裂片较大；雄蕊4，后对较长，花药2室，初时平行，成熟后叉开并贯通成1室；花柱先端相等2浅裂，伸出花冠外。小坚果长圆形或长圆状卵形，有毛。

约8种，7种分布于亚洲东部的温带至亚热带地区，1种分布于北美洲东部。本区有1种。

浙闽龙头草

Meehania zheminensis A. Takano, Pan Li et G. H. Xia

多年生直立草本，高10~40cm。茎略带肉质，基部平卧，不具匍匐茎，幼嫩部分通常被短柔毛。叶片心形至卵状心形，长2.8~4.5cm，宽2~3.5cm，通常生于茎中部的叶较大，先端急尖至短渐尖，基部心形，边缘具圆齿，上面疏被糙伏毛，下面疏被柔毛，叶脉隆起，背面紫色，具下凹腺点。花通常成对着生于茎上部2~3(~7)节叶腋；花萼外面被微柔毛，上唇3裂，下唇2裂；花冠淡红色至紫红色，长约3.8cm，脉上具长柔毛，余疏被短柔毛，冠檐二唇形，上唇直立，2浅裂，下唇增大，前伸，中裂片舌状，具紫红色斑块，顶端2浅裂，侧裂片较小，长圆形，长为中裂片长的1/3。小坚果长椭圆形，黑色，具纵肋，长约3mm。花果期4—6月。

区内各地均产。生于海拔400~1600m的沟谷、山坡竹林和阔叶林林下。我国特有，分布于华东。

本种以往曾被误定为走茎龙头草 *M. urticifolia*（Miq.）Makino var. *angustifolia*（Dunn）Hand.-Mazz. 或高野山龙头草 *M. montis-koyae* Ohwi。

8 夏枯草属 *Prunella* L.

多年生草本。叶片具锯齿或近全缘，有时羽状分裂。轮伞花序6花，密集成顶生假穗状花序；苞片宽大，膜质，覆瓦状排列；萼檐二唇形，上唇扁平，先端宽截形，具短的3齿，下唇2半裂，裂片披针形；花冠筒常伸出花萼外，冠檐二唇形，上唇直立，盔状，下唇3裂，中裂片较大；雄蕊4，前对较长，花丝先端2裂，下裂片具花药，上裂片钻形或呈不明显瘤状，药室2，叉开；花柱先端相等2裂。小坚果光滑或具瘤。

约7种（或15种），广布于欧亚温带地区至热带山地，非洲西北部及北美洲也有。本区有1种。

夏枯草

Prunella vulgaris L.

多年生草木，高15~40cm。茎丛生，常带紫红色，被稀疏的糙毛或近无毛。叶片卵状长圆形或卵形，长1.5~5cm，宽1~2.5cm，先端钝，基部圆形、截形至宽楔形，下延至叶柄成狭翅，边缘具不明显的波状齿或近全缘，上面具短硬毛或近无毛，下面近无毛。轮伞花序密集成顶生长2~4.5cm的假穗状花序，

整体轮廓呈圆筒状，每一轮伞花序下承以苞片；苞片宽心形，先端锐尖或尾尖，背面和边缘有毛；花冠紫色、蓝紫色、红紫色或白色，长1.3~1.8cm。小坚果长圆状卵形，黄褐色，长约1.8mm。花期5—6月，果期6—8月。

区内各地常见。生于荒地、田边草地、溪边及路旁草丛等，海拔可达1500m。分布于亚洲、欧洲、非洲、北美洲。

全草或果穗可供药用，具有清肝泻火、明目、散结消肿之效。

9 益母草属 *Leonurus* L.

直立草本。叶片具粗锯齿、缺刻或掌状分裂。轮伞花序多花、密集，腋生，多数排列成长穗状花序；小苞片钻形或刺状；花萼倒圆锥形或管状钟形，具5脉，萼齿5，先端针刺状；冠檐二唇形，上唇全缘，直伸，下唇3裂；雄蕊4，前对较长，花药2室，药室平行；花柱先端相等2裂。小坚果有3棱，顶端平截，基部楔形。

约20种，分布于亚洲、欧洲，少数种在美洲、非洲逸生。本区有2种。

分种检索表

1. 茎生叶3裂，裂片再分裂；花较大，花冠长1~1.2cm ………………………………… 1.益母草 *L. japonicus*
1. 茎生叶3裂，裂片通常不再分裂；花较小，花冠长7~8mm ………………………… 2.假鬃尾草 *L. chaituroides*

1. 益母草 野芝麻

Leonurus japonicus Houtt.——*L. artemisia* (Lour.) S. Y. Hu

一年生或二年生草本。茎直立，高0.3~1.2cm，有倒向糙伏毛，在节及棱上尤为密集。叶片轮廓变化很大：基生叶圆心形，直径4~9cm，边缘5~9浅裂，每一裂片有2~3钝齿；茎下部叶为卵形，掌状3裂，中裂片呈长圆状菱形至卵形，长2~6cm，宽1~4cm，裂片上再分裂；茎中部叶为菱形，较小，通常分裂成3个长圆状条形的裂片；最上部的苞叶条形或条状披针形，全缘或具稀少牙齿。轮伞花序具8~15花，腋生，多数远离而组成长穗状花序；小苞片刺状；花萼管状钟形，

长6~8mm；花冠粉红色、淡紫红色，长1~1.2cm。小坚果长圆状三棱形，淡褐色，长约2mm。花果期5—10月。

区内各地均产。生于海拔1000m以下的路边荒地、田边、山脚草丛。分布于东亚、南亚、非洲和美洲。

地上部分名“益母草”，具活血调经、利尿消肿之效；基生叶或幼株名“童子益母草”，具活血、祛瘀、调经、消水之效；花冠名“益母花”，具行血补血、消水解毒之效；成熟果实名“茺蔚子”，具活血调经、清肝明目之效。

本区还有变型白花益母草f. *albiflorus*（Migo）Y. C. Zhu，区别在于：其花白色。见于小梅金村。

2. 假鬃尾草

Leonurus chaiturоides C. Y. Wu et H. W. Li

一年生或二年生草本。茎高0.3~1.5m，密被倒向微柔毛。基生叶花期枯萎，茎生叶长圆形至卵圆形，长2.5~6cm，宽1.5~3cm，先端渐尖，基部楔形，掌状3深裂，上面绿色，被微柔毛，下面灰绿色，被微柔毛及腺点；叶柄长不及1cm，被微柔毛。轮伞花序腋生，具2~12花，远离，组成长穗状花序；花萼陀螺状，长约4mm，齿5，前2齿较长；花冠白色或紫红色，长7~8mm，花冠筒近等大，冠檐二唇形，上唇直伸，下唇略开展，3裂，中裂片较大，明显2小裂；雄蕊前对较长，花药2室，药室平行；花柱先端相等2浅裂。小坚果卵圆状三棱形，长约2.5mm，栗褐色。花果期5—10月。

见于官埔垟等地。生于海拔600m以下的山坡灌丛或沟谷林下。我国特有，分布于华东、华中等。

10 假糙苏属 *Paraphlomis* Prain

草本或亚灌木。叶片边缘有锯齿。轮伞花序多花至少花,有时少至每叶腋仅具1花,有时多少明显地由具花序梗或无梗的紧缩聚伞花序组成,在后种情况下常具叶状苞片;花萼具5脉,稀10脉,萼齿5,等大,宽三角形至披针状三角形;冠檐二唇形,上唇扁平而直伸或盔状而内凹,下唇近水平张开,3裂,中裂片较大;雄蕊4,前对较长,花药2室,药室平行或略叉开;花柱先端近相等2浅裂。小坚果倒卵球形至长圆状三棱形。

约24种,分布南亚、东南亚和我国南部。本区有2种。

分种检索表

1.茎和花萼均密被具节长柔毛;叶片卵圆形 ……………………… 1.山地假糙苏 *P. foliata* subsp. *montigena*
1.茎基部无毛,上部和花萼被微柔毛;叶片卵状披针形至披针形 …………… 2.云和假糙苏 *P. lancidentata*

1. 山地假糙苏

Paraphlomis foliata (Dunn) C. Y. Wu et H. W. Li subsp. **montigena** X. H. Guo et S. B. Zhou

多年生草本,高约30cm。根状茎先端具1至数个肉质纺锤形的块茎,呈念珠状。茎直立,密被白色具节长柔毛。叶片卵圆形,长4~9cm,宽3~7.5cm,先端钝或近圆形,基部楔形,两面密被具节长柔毛,下面尚满布淡黄色腺点,边缘有整齐的圆齿;叶柄长1.5~5cm,密被白色具节长柔毛。轮伞花序多花,着生在茎上部各节上;花萼管状,长8~10mm,外面沿脉上被具节长柔毛,余散布浅黄色腺点,萼齿5,近等大,狭三角形;花冠黄色,长约2cm,外面疏被短柔毛,花冠筒伸出,冠檐二唇形;雄蕊4,前对较长,内藏。小坚果长圆状三棱形。花果期6—7月。

见于炉岙等地。生于海拔约1600m的山坡或山沟疏林下。我国特有,分布于华东。

2. 云和假糙苏

Paraphlomis lancidentata Sun

多年生直立草本，高达50cm。茎基部无毛，上部被微柔毛。叶片卵状披针形至披针形，长7~16cm，宽2.5~6cm，先端长渐尖，基部楔形，下延至叶柄中部以上，上面被长硬毛，下面被细小微柔毛，边缘具粗牙齿状锯齿；叶柄长1~4cm。轮伞花序腋生，远离；花萼管状，长8~9.5mm，外被微柔毛，内面无毛，萼齿5，长三角形，先端锐尖；花冠淡黄色，长1.6~1.9cm，外面密被长柔毛，内面近无毛；雄蕊4，内藏。小坚果三棱形，黑褐色，长约2mm。花期6—8月，果期9—10月。

区内各地常见。生于海拔600~1600m的沟谷林下或阴湿的山坡。我国特有，仅见于浙江。

11 髯药草属 *Sinopogonanthera* H. W. Li

多年生直立草本。轮伞花序多花，腋生，无或仅有极短的花序梗和花梗；花萼倒圆锥形，具5齿；花冠筒伸出，内面基部具不完全闭合的毛环，冠檐二唇形，上唇全缘，下唇中裂片先端微凹；雄蕊4，前对较长，花丝扁平，顶端有附属物，花药卵球形，2室极叉开，具髯毛；花柱先端近相等2裂。小坚果长圆状三棱形。

3种，分布于安徽和浙江。本区有1种。

中间髯药草

Sinopogonanthera intermedia（C. Y. Wu et H. W. Li）H. W. Li——*Paraphlomis intermedia* C. Y. Wu et H. W. Li——*Pogonanthera intermedia*（C. Y. Wu et H. W. Li）H. W. Li et X. H. Guo

多年生直立草本，高可达1m。茎被倒向短柔毛，下部无叶，中上部具叶。叶片卵形或卵状披针形，长6~15cm，宽4~7cm，先端锐尖至渐尖，基部楔形下延，边缘有粗圆锯齿，两面疏被短柔毛及腺点；叶柄长1~6cm，被短柔毛。轮伞花序多花；花萼倒圆锥形，长约5mm，外面疏被短柔毛，内面在齿上被短柔毛，余无毛，萼齿5，等大，宽三角形，先端有小尖头；花冠白色，长约1.5cm，外面疏被微柔毛及腺点；雄蕊4，前对稍长，花药具髯毛。小坚果长圆状三棱形，长约2.5mm。花期6—8月，果期9—11月。

区内各地均产。生于海拔1200m以下的山坡、沟谷林下或灌草丛中。我国特有，分布于安徽和浙江。

12 水苏属 *Stachys* L.

一年生或多年生草本，稀为小灌木。叶片全缘或具齿。轮伞花序2至多花，常聚集成顶生穗状花序；花萼5或10脉，萼齿5，等大或后3齿较大；花冠筒内藏或伸出，内面近基部常有毛环，冠檐二唇形，上唇直立或近张开，常微盔状，下唇张开，常比上唇长，3裂；雄蕊4，前对较长，花药2室，药室平行或叉开；花柱先端近相等2裂。小坚果卵球形或长圆形，光滑或具瘤。

约300种，广布于全球温带，少数至热带山区或至较寒冷的北方，澳大利亚及新西兰不见。本区有3种。

分种检索表

1. 植株有横走的根状茎和肥大肉质的块茎；叶片较宽，卵状心形、卵形或长圆状卵形，下面散生长刚毛。
   2. 叶片卵形或长圆状卵形；花萼倒圆锥形，萼齿正三角形，先端急尖 ………………… 1.地蚕 *S. geobombycis*
   2. 叶片卵状心形或卵形；花萼管状钟形，萼齿狭三角形，先端渐尖 …………………… 2.蜗儿菜 *S. arrecta*
1. 植株有横走的根状茎而无块茎；叶片较狭长，宽1~1.5cm，卵状长圆形，下面被灰白色丝状绵毛…………
   ………………………………………………………………… 3.细柄针筒菜 *S. oblongifolia* var. *leptopoda*

1. 地蚕 野麻子

Stachys geobombycis C. Y. Wu

多年生草本,高30~50cm。具根状茎及肥大肉质的块茎。茎直立,在棱及节上疏被倒向柔毛状刚毛。叶片长圆状卵圆形,长4~8cm,宽2~3cm,先端钝或渐尖,基部浅心形或圆形,边缘有整齐的圆齿状锯齿,两面被柔毛状刚毛;叶柄长0.5~4cm,密被柔毛状刚毛。轮伞花序腋生,4~6花,远离,组成长5~18cm的穗状花序;花萼倒圆锥形,连齿长5~6mm,外面密被微柔毛及具腺微柔毛,萼齿5,正三角形,等大,先端急尖;花冠淡红色、淡紫色或紫蓝色,长约1.2cm,花冠筒长约7mm。小坚果卵球形,长约1.5mm。花果期4—7月。

见于保护区外围大赛垟栏头、屏南梧树垟等地。生于海拔800m以下的田野荒地草丛或山脚灌草丛。我国特有,分布于华东、华中、华南等。

肉质根状茎可食用;全草入药,具抗肿瘤的功效。

2. 蜗儿菜

Stachys arrecta L. H. Bailey

多年生草本。具根状茎及肥大肉质的块茎。茎直立,高30~60cm,多分枝,疏生倒向长刚毛,并杂生具腺柔毛。叶片卵状心形或卵形,长3~6.5cm,宽2~4cm,先端急尖、渐尖或稍钝,基部心形或浅心形,边缘具整齐的圆齿状锯齿,两面散生刚毛状长柔毛;叶柄长0.5~2cm。

轮伞花序2~6花，组成长3~5cm的顶生穗状花序；下部苞片叶状，上部的为披针形；花萼管状钟形，长4~5mm，外面密被具腺或无腺柔毛，萼齿近等大，狭三角形，先端渐尖；花冠淡红色或白色，长约1.2cm，花冠筒长约7mm，外面被微柔毛；雄蕊上升至上唇之下，药室平叉开；花柱略超出雄蕊。小坚果卵球形，长约1.5mm，具瘤。花期5—7月，果期6—8月。

见于保护区外围屏南竹蓬后等地。生于海拔700m以下的农地边草丛。我国特有，分布于华东、华中及山西、陕西等地。

肥大的肉质块茎可以食用；全草可入药。

3. 细柄针筒菜

Stachys oblongifolia Wall. ex Benth. var. **leptopoda**（Hayata）C. Y. Wu

多年生草本，高20~40cm。有横走根状茎。茎纤细，在棱及节上被长柔毛。茎生叶卵状长圆形，长2~4cm，宽1~1.5cm，先端钝圆，基部浅心形，边缘有圆齿状锯齿，上面疏被微柔毛及长柔毛，下面被灰白色柔毛状茸毛，沿脉上被长柔毛，叶具短柄。轮伞花序通常6花；花萼倒圆锥状钟形，长3~4mm，外面被具腺柔毛状茸毛，沿肋上疏生长柔毛，内面无毛，齿5，三角状披针形，近等大；花冠粉红色，长5~6mm，花冠筒内藏，冠檐二唇形，上唇长圆形，下唇张开，3裂；雄蕊4，前对较长；花柱先端相等2浅裂，裂片钻形。小坚果卵球状，褐色，光滑。花果期5—7月。

见于保护区外围屏南里洒等地。生于田边草丛。我国特有，分布于华东、华南、西南。

13 鼠尾草属 *Salvia* L.

草本、亚灌木或灌木。单叶，三出复叶或羽状复叶。轮伞花序2至多花，组成总状、圆锥状或穗状花序；花萼筒状或钟状，萼檐二唇形；花冠二唇形；前对雄蕊能育，花丝短，药隔延长成线形，横架于花丝顶端，以关节相联结成“丁”字形，其上臂顶端着生有粉药室，下臂顶端着生有粉或无粉的药室，或无药室，2下臂分离或连合；后对雄蕊退化或不存在；花柱先端2浅裂。小坚果卵状三棱形或长圆状三棱形。

900~1100种，广布于热带至温带。本区有6种。

分种检索表

1. 1~2回羽状复叶，偶茎上部简化为三出复叶，但下部叶均为羽状。
  2. 规则的1回羽状复叶；花大，花萼长8~11mm，花冠长1.8~2.5cm。
    3. 花紫红色或淡紫色；花冠筒内仅具毛环 …………………………………………… 1. 南丹参 *S. bowleyana*
    3. 花黄色，下唇略带紫红色；花冠筒内疏被柔毛，不具毛环 ………………………… 2. 浙皖丹参 *S. sinica*
  2. 不规则的1~2回羽状复叶，偶茎上部叶简化为三出复叶；花小，花萼长4~6mm，花冠长1.1~1.3cm………………………………………………………………………………………… 3. 鼠尾草 *S. japonica*
1. 单叶，或单叶兼有三出复叶。
  4. 草本植物；茎被短柔毛；花较小，花萼长不逾1cm，绿色、灰绿色或带紫色，花冠长不超过1.6cm。
    5. 单叶兼有三出复叶，侧小叶远小于顶小叶；茎、叶略带紫色；花冠长1.3~1.6cm………………………………………………………………………………………… 4. 祁门鼠尾草 *S. qimenensis*
    5. 单叶；茎、叶略带灰绿色；花冠长4~5mm ……………………………………………… 5. 荔枝草 *S. plebeia*
  4. 亚灌木状草本；茎无毛；花较大，花萼长1.5cm以上，花冠长超过3cm，均为红色 … 6. 一串红 *S. splendens*

1. 南丹参　紫丹参

Salvia bowleyana Dunn

多年生草本，高40~90cm。根肥厚，表面红赤色。茎较粗壮，被倒向长柔毛。羽状复叶，小叶5~9，顶生小叶卵状披针形，长4~7cm，宽1.5~3.5cm，先端渐尖或尾状渐尖，基部圆形或浅心形，边缘具圆齿状锯齿，侧生小叶常较小，基部偏斜；叶柄长4~6cm，有长柔毛。轮伞花序多花，组成长14~30cm的顶生总状或圆锥花序；花萼管状，长8~10mm，外面疏生具腺柔毛及短柔毛，内面喉部有白色长刚毛；花冠淡紫色或紫红色，长1.8~2.4cm，外被微柔毛，内面靠近花冠筒基部斜生毛环；能育雄蕊的药隔长约19mm，2下臂顶端连合。小坚果椭圆形，顶端有毛。花期4—6月，果期6—8月。

见于官埔垟(沙田)等地。生于海拔1000m以下的山谷林下、路边灌草丛。我国特有，分布于华东、华中、华南等。

根和根状茎药用，具祛痰止痛、活血通经、清心除烦之效。

2. 浙皖丹参 拟丹参

Salvia sinica Migo——*S. sinica* f. *purpurea* H. W. Li

多年生草本。主根肥大，外皮淡紫色或褐紫色。茎直立，高0.5~1m，被倒向疏柔毛。羽状复叶具5~7小叶，小叶卵圆形，长1.2~5.5cm，宽1~3.5cm，先端渐尖或锐尖，基部圆形或近心形，边缘具规则的圆齿，两面疏被柔毛；叶柄长1~3.5cm，密被柔毛。轮伞花序具4花，疏离，组成顶生总状或总状圆锥花序，花序轴密被具腺柔毛；花萼管状，长1~1.1cm，外疏被具腺柔毛，内面喉部密被白色长硬毛；花冠淡黄色，下唇略带紫红色，长约2.5cm，外面疏被具腺柔毛，内面被柔毛，无明显毛环；能育雄蕊2，药隔长约1.8cm，下臂在顶端连合。小坚果椭圆形，暗褐色。花期5—6月。

见于官埔垟等地。生于海拔约700m的沟谷、阴湿的山坡阔叶林林下或灌草丛中。我国特有，分布于华东。

3. 鼠尾草

Salvia japonica Thunb.——*S. japonica* f. *alatopinnata* (Matsum. et Kudô) Kudô

多年生草本，高30~60cm。茎沿棱疏生长柔毛。茎下部叶常为2回羽状复叶，具长柄，茎上部叶为1回羽状复叶或三出羽状复叶，具短柄，顶生小叶菱形或披针形，长可达9cm，宽可达3.5cm，先端渐尖，基部长楔形，边缘具钝锯齿，侧生小叶较小，基部偏斜近圆形。轮伞花序

2~6花，组成顶生的总状或圆锥花序，花序轴密被具腺和无腺柔毛；花萼管状，长4~6.5mm，外面疏被具腺柔毛或无腺小刚毛，内面喉部有白色毛环；花冠淡红紫色至淡蓝色，稀白色，长约12mm，外面被长柔毛；能育雄蕊外伸，药隔长约6mm，2下臂分离。小坚果椭圆形，无毛。花期6—8月，果期8—10月。

区内各地常见。生于海拔1500m以下的山坡或沟边的林下、灌草丛中。分布于东亚。

地上部分可供药用，具清热解毒、活血止痛之效。

4. 祁门鼠尾草

Salvia qimenensis S. W. Su et J. Q. He

多年生草本。茎高30~75cm，密被下向短柔毛。单叶兼有三出复叶，侧小叶远比顶小叶小；叶片卵圆形、长圆形或长圆状披针形，长5~15cm，宽2.5~5cm，先端急尖或渐尖，基部心形、截形或近圆形，边缘具不整齐圆锯齿，上面略带紫色，下面淡绿色或紫红色，沿脉被短柔毛，侧脉4~7对；叶柄长2~10cm。轮伞花序常6花，组成顶生总状或圆锥花序；花萼管状至管状钟形，长7~8mm，外面被腺毛；花冠淡紫色或白色带紫，长13~16mm，外面上部疏被腺毛；能育雄蕊药隔长约3mm，下臂分离；花柱略伸出，疏被短柔毛。小坚果椭圆形，光滑。花期5—6月，果期7—8月。

见于保护区外围大赛垟栏头等地。生于海拔500m以下的山沟边混交林下或山坡林缘。我国特有，分布于华东。

5. 荔枝草 雪见草

Salvia plebeia R. Br.

二年生草本，高20~70cm。茎被倒向灰白色短柔毛。单叶；基生叶多数，密集成莲座状，叶片卵状椭圆形或长圆形，上面显著皱缩，边缘具钝锯齿；茎生叶长卵形或宽披针形，长2~7cm，宽0.8~3cm，先端钝或急尖，基部圆形，边缘具圆齿，两面有灰白色短柔毛，下面散生黄褐色小腺点；叶柄长0.6~3cm，密被短柔毛。轮伞花序具6花，密集成顶生的长5~15cm的总状或圆锥花序，花序轴与花梗均被短柔毛；花萼钟形，长2.5~3mm，外面有短柔毛及腺点；花冠淡红色至淡紫色，长4~5mm，花冠筒内面有毛环；能育雄蕊略伸出冠外，药隔上、下臂等长，2下臂连合。小坚果倒卵圆形，光滑。花期4—6月，果期6—7月。

见于官埔垟及保护区外围大赛垟栏头、小梅金村至大窑、屏南瑞垟等地。生于海拔1000m以下的田边、开垦的山坡、沟边林地或旷野草地。分布于亚洲和澳大利亚。

地上部分可入药，具清热、解毒、凉血、利尿的功效。

6. 一串红

Salvia splendens Ker Gawl.

亚灌木状草本，高40~80cm。茎无毛。单叶，叶片卵形或卵圆形，长2.5~7cm，宽2~4.5cm，先端渐尖，基部截形或圆形，边缘具锯齿，两面无毛，下面具腺点；叶柄长1~3cm，无毛。轮伞花序2~6花，组成长8~20cm的顶生总状花序；花梗与花序轴密被具腺柔毛；苞片卵圆形，红色，常在花未开时包围花蕾；花萼钟形，红色，长1.5~1.7cm，花后增大，长可达2cm，外面沿脉有红色具腺柔毛；花冠红色，长3~4.5cm，外面有微柔毛；能育雄蕊的药隔长约13mm，上、下臂近等长，2下臂顶端分离。小坚果椭圆形，边缘或棱上具狭翅。花果期6—10月。

本区各地有栽培。我国各地广泛栽培。原产于南美洲，世界各国栽培。

花色鲜艳，是著名的花卉，用于盆栽、花坛或花境配植。在园艺品种中，苞片、花萼及花冠有各种颜色，由大红色至紫色，甚至有白色。

14 风轮菜属 *Clinopodium* L.

多年生草本。茎匍匐或蔓生。叶片常具齿。轮伞花序2花，在主茎及分枝上组成顶生的总状花序；小苞片狭条形或针状；花萼管状，具13脉，基部常一边膨胀，二唇形，上唇3齿，下唇2齿；冠檐二唇形，上唇直伸，先端微缺，下唇3裂，中裂片较大，先端微缺或全缘，侧裂片全缘；雄蕊4，有时后对不育，前对较长，花药2室，水平叉开；花柱着生于子房底，先端极不相等2裂，前裂片扁平，披针形，后裂片常不显著。小坚果极小，卵球形或近球形，无毛。

约20种，分布于亚洲和欧洲。本区有4种。

分种检索表

1.植株纤细，披散状贴近地面；花较小，花萼长4mm以下。

2.轮伞花序通常具苞叶；花萼筒近等宽，外面无毛或仅脉上有极稀的短毛 ………… 1.光风轮 *C. confine*

2.轮伞花序不具苞叶或仅下部者具苞叶；花萼筒不等宽，基部一边略膨大，外面脉上被短硬毛，余被微柔毛…………………………………………………………………………………………… 2.细风轮 *C. gracile*

1.植株较粗壮，直立或匍匐上升；花较大，花萼长4.5mm以上。

3.叶片较宽短，卵形或长卵形；苞片针形，无明显中脉；花较小，花冠长不到1cm … 3.风轮菜 *C. chinense*

3.叶片较狭长，狭卵形或卵状披针形；苞片狭条形，明显具中脉；花较大，花冠长超过1cm…………………………………………………………………………………………………… 4.风车草 *C. urticifolium*

1. 光风轮 邻近风轮菜

Clinopodium confine（Hance）Kuntze——*C. confine* var. *globosum* C. Y. Wu et S. J. Hsuan ex H. W. Li

纤细草本，高7~25cm。茎下部匍匐，先端上升，光滑或有微柔毛。叶片菱形至卵形，长0.8~2cm，宽6~15mm，先端锐尖或钝，基部楔形，边缘有圆锯齿，两面光滑，有柄。花10余朵排成轮伞花序，对生于叶腋或顶生于茎端；苞叶与叶片同形；花萼管状，紫色，外面无毛，稀在脉上具极稀的短毛，5齿裂，下唇齿缘有羽状缘毛；花冠紫红色，二唇形，上唇很短，下唇3裂，稍长；雄蕊4，前对能育，后对不育。小坚果卵球形，淡黄色，光滑。花期4—7月，果期7—10月。

见于炉岙及保护区外围大赛等地。生于路边、山脚下或荒地。分布于东亚。

全草可药用，具清热解毒之效。

2. 细风轮菜 瘦风轮 剪刀草

Clinopodium gracile（Benth.）Kuntze

纤细草本，高8~25cm。茎下部匍匐，先端上升，被倒向的短柔毛。叶片卵形或圆卵形，长1~3cm，边缘有锯齿，上面近无毛，下面脉上疏被短硬毛。轮伞花序分离或密集于茎端成短总状花序，无苞叶或仅下部者具苞叶；花萼管状，花后一边略膨大，外面沿脉上被短硬毛，其余部分被微柔毛，上唇3齿，下唇2齿；花冠紫红色或淡红色，偶白色；雄蕊4，前对能育，后对不育。小坚果卵球形，褐色，光滑，长约0.7mm。花果期4—10月。

全区各地常见。生于农地、园地、绿地、荒地或林缘草丛，海拔可达1200m。分布于东亚和东南亚。

全草入药，具祛风清热、散瘀消肿之效；也是常见农田杂草。

3. 风轮菜 山薄荷

Clinopodium chinense（Benth.）Kuntze

多年生草本。茎基部匍匐，上部上升，密被短柔毛和具腺微柔毛。叶片卵形，长2~4cm，宽1~2.5cm，边缘具圆齿状锯齿，上面密被短硬毛，下面被疏柔毛；叶柄长3~10mm。轮伞花序多花、密集，半球状；苞叶叶状，向上渐小至苞片状，苞片针状，无明显中肋；花萼狭管状，常带紫红色，长约6mm，外面沿脉被柔毛及具腺微柔毛，上唇3齿，下唇2齿；花冠紫红色，长6~9mm，外面被微柔毛，冠檐二唇形，

上唇直伸,先端微凹,下唇3裂,中裂片稍大;雄蕊4,前对稍长。小坚果倒卵形,黄褐色。花期5—10月,果期8—11月。

区内各地常见。生于平地和丘陵山地的草丛、灌草丛、疏林下,海拔可达1500m。分布于东亚、东南亚和南亚。

地上部分可供药用,具收敛止血之效。

4. 风车草 麻叶风轮菜

Clinopodium urticifolium(Hance)C. Y. Wu et S. J. Hsuan ex H. W. Li

多年生草本。茎基部半木质化,匍匐上升,沿棱有下向短硬毛。叶片卵形、长卵形至卵状披针形,长1.5~6cm,宽1~3cm,先端急尖,基部圆形或宽楔形,边缘具锯齿,两面有贴伏硬毛,侧脉4~7对,下面明显隆起;叶柄长约1cm,密被上向毛。轮伞花序多花、密集,半球形,直径可达2.5cm;苞片条形,明显具中脉;花萼狭管状,长7~8mm,脉上有长硬毛,上唇3齿近外翻,下唇2齿直伸,先端具短芒尖;花冠紫红色或淡紫红色,长1~1.2cm,冠檐二唇形,上唇先端微凹,下唇3裂;雄蕊4,前对稍大。小坚果倒卵形,长约1mm。花果期7—11月。

见于大田坪、黄茅尖、凤阳湖、双溪等地。生于海拔900m以上的山坡灌草丛和山顶疏林中。分布于东亚。

15 牛至属 *Origanum* L.

多年生草本或亚灌木。叶片全缘或具疏齿。常为雌花、两性花异株;轮伞花序在茎及分枝顶端密集成小穗状花序,再由小穗状花序组成伞房状圆锥花序;苞片及小苞片叶状;花萼钟形,10~15脉,萼齿5,近三角形,几乎等大,齿缘有稠密的长柔毛;冠檐二唇形,上唇直立,扁平,先端凹陷,下唇张开,3裂,中裂片较大;雄蕊4,内藏或稍伸出冠外,花药卵圆形,2室,药隔三角状楔形;花柱先端不相等2浅裂。小坚果卵圆形,略具棱角,无毛。

15~20种,主要分布于地中海至中亚。本区有1种。

牛至 小叶薄荷

Origanum vulgare L.

多年生芳香性草本，高25~60cm。茎基部木质，具倒向或微卷曲的短柔毛。叶片卵形或卵圆形，长1~3cm，宽0.5~2cm，先端钝或稍钝，基部宽楔形或近圆形，全缘或偶有疏齿，两面被柔毛和腺点。花密集成长圆状的小穗状花序，再由多数小穗状花序组成顶生伞房状圆锥花序；苞片和小苞片长圆状倒卵形或倒披针形，长约5mm；花萼钟状，长约3mm，13脉，外面有细毛和腺点；花冠紫红色、淡红色至白色，长5~6mm，两性花冠筒显著超出花萼，而雌性花冠筒短于花萼；雄蕊4，在两性花中，后对雄蕊短于上唇，在雌性花中，前、后对雄蕊近相等，内藏。小坚果卵圆形，长约0.6mm。花期7—9月，果期9—11月。

见于官埔垟、均溪等地。生于海拔1000m以下较干燥的山坡疏林下或沟边灌草丛中。分布于欧亚大陆和非洲。

全草可供药用，具清暑解表、利水消肿之效；亦可提取芳香油。

16 紫苏属 *Perilla* L.

一年生草本，有香气。茎四棱形，具槽。叶片边缘有锯齿或浅裂。轮伞花序2花，组成偏向一侧的总状花序，每花有苞片1枚；花萼钟状，10脉，萼檐二唇形，上唇宽大，3齿，中齿较小，下唇2齿；花冠筒短，冠檐近二唇形；雄蕊4，近相等或前对稍长，药室2，平行，其后略叉开或极叉开；花柱先端近相等2浅裂。小坚果近球形，有网纹。

1种，分布于东亚、东南亚、南亚。本区也有。

1. 紫苏 青苏 白苏

Perilla frutescens（L.）Britton

一年生直立草本，高0.5~1.5m。茎密被长柔毛。叶片宽卵形或近圆形，长4~20cm，宽3~15cm，先端急尖或尾尖，基部圆形或阔楔形，边缘有粗锯齿，两面绿色或略带紫色，上面疏被柔毛，下面被贴生柔毛；叶柄长2.5~10cm，密被长柔毛。轮伞花序2花，组成长3~15cm、密被长柔毛、偏向一侧的顶生及腋生总状花序；花萼钟形，长约3mm，果时增大，长达1cm，外面被长柔毛，并有黄色腺点；花冠白色至淡紫红色，长3~4mm，外面略被微柔毛；雄蕊4，几乎不伸出，近相等或前对稍长。小坚果近球形，灰褐色，具网纹，直径约1.5mm。花期8—10月，果期9—11月。

区内各地常见。生于田头、路边荒地或低山疏林下，海拔可达1000m。分布于东亚、东南亚和南亚。

全草可供药用，干燥的叶称"紫苏叶"，具解表散热、行气和胃之效；茎和花序称"紫苏梗"，具理气宽中、止痛、安胎之效；小坚果称"紫苏子"，具降气消痰、平喘、润肠之效；根称"紫苏根"，具清肺热、止咳的作用；小坚果可榨油。

1a. 野紫苏 野生紫苏

var. **purpurascens**（Hayata）H. W. Li——*P. frutescens* var. *acuta*（Thunb.）Kudô

与紫苏的区别在于：其茎疏被短柔毛；叶片较小，卵形，长4.5~7.5cm，宽2.8~5cm，绿色带紫或紫色，两面疏被柔毛；果萼小，长4~5.5mm，下部疏被柔毛及腺点；小坚果较小，直径1~1.5mm。

见于大田坪等地。生于地边荒地，或栽培于房舍旁。分布于东亚。

供药用及作香料。

1b. 回回苏

var. **crispa**（Thunb.）H. Deane

与原变种的不同在于：其叶片常为紫色，边缘具狭而深的锯齿或浅裂；花紫色。

区内各地均产，栽培或逸生。生于房前屋后或农地边。分布于东亚。

新鲜的叶可作调味品、香料，也可供药用。

17 石荠宁属 *Mosla*（Benth.）Buch.-Ham. ex Maxim.

一年生草本，揉之有强烈香味。叶片下面有明显凹陷腺点。轮伞花序具2花，在主茎及分枝上组成顶生的总状花序；苞片小或下部的叶状；花萼钟形，具10脉，果时增大，基部一边膨胀，萼齿5，齿近相等或二唇形，内面喉部被毛；花冠筒内面无毛或具毛环，冠檐近二唇形，上唇先端微凹缺，下唇3裂，中裂片较大；雄蕊4，后对能育，前对退化，花药2室，药室叉开；花柱先端近相等2浅裂。小坚果近球形，具疏网纹或深穴状雕纹。

约22种，分布于东亚、东南亚和南亚。本区有5种。

分种检索表

1.苞片宽大，宽卵形或近圆形，宽3~7mm，覆瓦状排列 ……………………………… 1.石香薷 *M. chinensis*

1.苞片狭小，披针形或卵状披针形，如为宽卵形(如苏州荠宁)，则宽不到3mm，均非覆瓦状排列。

 2.叶片条状披针形或披针形，宽1cm以下；苞片宽卵形，先端尾尖 ………… *苏州荠宁 *M. soochowensis*

 2.叶片卵形、倒卵形或卵状披针形，通常宽1cm以上；苞片披针形或卵状披针形，先端渐尖。

  3.植株被具节长柔毛；花小，花冠长约2.5mm ……………………………… 2.小花荠宁 *M. cavaleriei*

  3.植株被短柔毛或近无毛；花较大，花冠长3~5mm。

   4.茎密被短柔毛或微柔毛；花萼上唇具锐齿 ……………………………………… 3.石荠宁 *M. scabra*

   4.茎无毛或仅在节上及棱上有短柔毛；花萼上唇具钝齿 …………………… 4.小鱼仙草 *M. dianthera*

1. 石香薷　华荠宁

Mosla chinensis Maxim.

一年生草本，高10~40cm。茎纤细，被白色短柔毛。叶片条状长圆形至条状披针形，长1.5~3.5cm，宽1.5~4mm，边缘具疏而不明显的浅锯齿，两面均疏被短柔毛及凹陷腺点。总状花序头状，长1~3cm；苞片卵形或卵圆形，长4~8mm，宽3~7mm，先端短尾尖，两面及边缘有毛，外面具凹陷腺点；花梗短，疏被短柔毛；花萼钟形，长约3mm，果时长可达6mm，萼齿5，近相等；花冠紫红、淡红至白色，长约5mm，外面被微柔毛。小坚果球形，灰褐色，具深穴状雕纹，直径约1.2mm。花期7—9月，果期9—11月。

见于大田坪及保护区外围屏南瑞垟等地。生于山坡疏林、山坡裸岩或山顶灌草丛中，海拔可达1200m。分布于东亚、东南亚。

全草可入药，具解表利湿、祛风解毒、散瘀消肿、止血止痛之效。

2. 小花荠宁 小花荠苧

Mosla cavaleriei H. Lév.

一年生草本,高25~100cm。茎被具节长柔毛。叶片卵形或卵状披针形,长2~5cm,宽1~2.5cm,先端急尖或渐尖,基部圆形至阔楔形,边缘具锯齿,两面被具节柔毛,下面散布凹陷小腺点。轮伞花序集成顶生总状花序,果时长可达8cm;苞片极小,卵状披针形,与花梗近等长或略长于花梗,疏被柔毛;花梗细而短,长约1mm,与花序轴被具节柔毛;花萼长约1.3mm,果时花萼增大,可达5mm,外面疏被柔毛,略二唇形,上唇3齿极小、三角形,下唇2齿稍长于上唇,披针形;花冠紫色或粉红色,长约2.5mm,外被短柔毛。小坚果球形,黄褐色,直径约1mm,具疏网纹。花期8—10月,果期10—11月。

区内各地均产。生于茶园、山脚草丛及山坡疏林下,海拔可达1300m。分布于东亚、东南亚。

3. 石荠宁 石荠苧

Mosla scabra(Thunb.)C. Y. Wu et H. W. Li

一年生草本,高20~80cm。茎密被短柔毛。叶片卵形或卵状披针形,长1.5~4cm,宽0.5~2cm,边缘具锯齿,上面被微柔毛,下面近无毛或疏被短柔毛,密布凹陷腺点。顶生总状花序长3~15cm;苞片卵状披针形或卵形,长2.5~3.5mm,先端尾状渐尖,略长于花梗;花梗长约1mm,果时长可达3mm;花萼钟形,长约2.5mm,果时长可达5mm,外面疏被柔毛,萼檐二唇形,上唇3齿卵状披针形,先端尖锐,中齿略小,下唇2齿,披针形,先端渐尖;花冠粉红色,偶白色,长3.5~5mm,外面被微柔毛。小坚果球形,黄褐色,直径约1mm,具深穴状雕纹。花果期6—11月。

区内各地常见。生于海拔1000m以下的地边、路旁荒地、山谷及山坡草丛或灌丛中。分布于东亚。

全草可供药用,具消暑热、祛风湿、消肿解毒之效。

4. 小鱼仙草

Mosla dianthera（Buch.-Ham. ex Roxb.）Maxim.

一年生草本,高25~80cm。茎近无毛或在节上被短柔毛。叶片卵状披针形或菱状披针形,长1~3.5cm,宽0.5~1.8cm,边缘具锐尖的疏齿,两面无毛或近无毛,下面散布凹陷腺点。轮伞花序2花,在主茎及分枝上组成顶生的总状花序;苞片披针形或条状披针形,与花梗等长或略长,至果时则较之短;花梗长1~2mm,果时伸长,可达4mm;花萼钟形,长2~3mm,果时增大,外面脉上被短硬毛,萼檐二唇形,上唇3齿,下唇2齿,与上唇近等长或略长;花冠淡紫色,长4~5mm,外面被微柔毛,冠檐二唇形,上唇微缺,下唇3裂,中裂片较大。小坚果近球形,灰褐色,具疏网纹,直径约1.2mm。花期9—10月,果期10—11月。

见于官埔垟、大田坪等地。生于海拔600~1100m的地边、路旁荒地。分布于东亚、南亚。

18 薄荷属 *Mentha* L.

多年生草本,具芳香。叶具柄或无柄,叶片边缘具齿。轮伞花序具多花,腋生,疏离或密集成顶生的头状、穗状花序;苞叶与叶相似,较小;花萼钟形、漏斗形或管状钟形,10~13脉,萼齿5,相等或近3/2式二唇形,内面喉部无毛或具毛;花冠漏斗形,冠檐4裂,裂片近相等;雄蕊4,花药2室,药室平行;花柱先端相等2浅裂。小坚果无毛或稍具瘤。

约30种,广布于北温带,少数种见于南半球。本区有1种。

薄荷 野薄荷

Mentha canadensis L.——*M. haplocalyx* Briq.

多年生草本,高30~90cm。茎直立或基部平卧,多分枝,上部被倒向微柔毛,下部仅沿棱上被微柔毛。叶片长圆状披针形、卵状披针形或披针形,长3~5cm,宽0.8~3cm,边缘在基部以上疏生粗大牙齿状锯齿，两面疏被微柔毛或背面脉上有毛和腺点。轮伞花序腋生，球形；花萼管状钟形，长约2.5mm，外被微柔毛及腺点，内面无毛，萼齿5；花冠白色、淡红色或青紫色，长约4.5mm，外面略被微柔毛，冠檐4裂，上裂片先端2裂，稍大，其余3裂片近等大，长圆形，先端钝；雄蕊4，前对较长，均伸出花冠外。小坚果卵形，黄褐色，具小腺窝。花果期8—11月。

见于保护区外围大赛等地。生于田边、地边湿地或山脚草丛中，房前屋后常有栽培。分布于亚洲和北美洲。

全草可提取薄荷油和薄荷脑；地上部分亦可入药，具宣散风热、清头目、透疹之效。

19 地笋属 *Lycopus* L.

多年生草本。通常具肥大的根状茎。叶片边缘有锐锯齿或羽状分裂。轮伞花序无花序梗，多花、密集；花小，无梗；花萼钟形，萼齿4~5；花冠钟形，内面在喉部有柔毛，冠檐二唇形，上唇全缘或微凹，下唇3裂，中裂片稍大；雄蕊4，前对雄蕊能育，花药2室，药室平行，后略叉开，后对雄蕊消失或退化成棍棒状；花柱先端近相等2裂。小坚果腹面多少具棱，先端平截，基部楔形。

约10种，广布于东半球亚热带、温带地区及北美洲。本区有2种。

分种检索表

1. 叶片边缘具锐锯齿；轮伞花序较大，直径1.2~1.5cm；花冠长约5mm …… 1. 硬毛地笋 *L. lucidus* var. *hirtus*
1. 叶片边缘在基部以上具浅波状牙齿；轮伞花序较小，直径不超过0.8cm；花冠长不超过3.5mm …… 2. 小叶地笋 *L. cavaleriei*

1. 硬毛地笋

Lycopus lucidus Turcz. ex Benth. var. **hirtus** Regel

多年生直立草本，高0.3~1.2m。具横走的肥大肉质根状茎。茎通常不分枝，棱上被向上小硬毛，节通常带紫红色，密被硬毛。叶片披针形，多少弧弯，长4~10cm，宽1~2.5cm，上面及下面脉上被刚毛状硬毛，下面散生凹陷腺点，边缘具缘毛及锐锯齿。轮伞花序圆球形，花时直径1.2~1.5cm；花萼钟形，长约5mm，两面无毛，外面具腺点，萼齿5；花冠白色，长约5mm，内面在喉部具白色短柔毛，冠檐不明显二唇形，上唇近圆形，下唇3裂，中裂片较大；雄蕊仅前对能育，后对退化，先端棍棒状。小坚果倒卵圆状四边形，褐色，有腺点。花期7—10月，果期9—11月。

见于炉岙、大田坪、凤阳湖及保护区外围小梅金村、大窑等地，野生或栽培。生于沼泽地、水边、沟边等潮湿处。分布于东亚和东北亚。

全草入药，能活血祛瘀、通经行水，为妇科良药；细嫩的根状茎可作蔬菜。

与地笋*Lycopus lucidus* Turcz. ex Benth.的区别在于：后者茎无毛或节上疏生短硬毛，叶两面无毛。

2. 小叶地笋

Lycopus cavaleriei H. Lév.——*L. ramosissimus*（Makino）Makino

多年生直立草本，高20~60cm。具横走根状茎。茎被微柔毛或近无毛，节上多少被柔毛，下部节间伸长，通常长于叶。叶无柄；叶片长圆状卵圆形或菱状卵圆形，长1.5~5cm，宽0.5~2cm，边缘疏生浅波状牙齿，两面近无毛，下面具腺点。轮伞花序为圆球形，直径5~7mm；花萼钟形，连萼齿长2.5~3mm，外被微柔毛，内面无毛，10~15脉，萼齿4~5；花冠白色，钟状，略超出花萼，长3~3.5mm，外面在唇片上具腺点，内面喉部有白色柔毛。小坚果倒卵状四边形，褐色，腹面略隆起而具腺点。花果期8—11月。

见于双溪等地。生于海拔1200m以下的田边水沟或山地沼泽。分布于东亚。

20 香薷属 *Elsholtzia* Willd.

草本,亚灌木或灌木。叶片边缘具锯齿。轮伞花序2花,在主茎及分枝上组成偏向一侧的顶生总状花序;萼齿5;冠檐二唇形,上唇直立,下唇开展,3裂,中裂片常较大;雄蕊4,通常伸出,前对较长,稀前对不发育;花药2室,药室略叉开或极叉开,其后汇合;花柱先端通常具近相等(稀不等)的2浅裂。小坚果卵球形或长圆形,具瘤状凸起或光滑。

约40种,主要分布于东亚,1种至欧洲及北美洲,3种分布于非洲。本区有3种。

分种检索表

1. 苞片边缘和背面均密被柔毛;叶片卵形至宽卵形,基部圆形或宽楔形 ………………… 1. 紫花香薷 *E. argyi*
1. 苞片仅边缘具缘毛,稀背面疏被短柔毛;叶片卵状长圆形至披针形,基部楔形或宽楔形,明显下延。
  2. 叶片卵状长圆形或椭圆状披针形;苞片仅边缘被毛,背面无毛;萼前2齿较长 ……… 2. 香薷 *E. ciliata*
  2. 叶片披针形或长圆状披针形;苞片边缘被毛,有时背面有稀疏短毛;萼齿等长… 3. 海州香薷 *E. splendens*

1. 紫花香薷

Elsholtzia argyi H. Lév.

一年生直立草本,高25~80cm。茎四棱形,具槽,槽内被白色短柔毛。叶片卵形至宽卵形,长2~5.5cm,宽1.5~4cm,先端短渐尖或渐尖,基部宽楔形或圆形,边缘具圆齿状锯齿,上面疏被柔毛,下面沿叶脉被白色短柔毛,满布凹陷的腺点。轮伞花序组成偏向一侧的长1.5~6cm的穗状花序;苞片圆形或倒宽卵形,长3~5mm,宽4~6mm,先端具刺芒状尖头,背面被白色柔毛及黄色腺点;花萼外面被白色柔毛,萼齿钻形,近相等;花冠玫瑰红紫色,稀白色,长6~7mm,外面被白色柔毛,上部具腺点,冠檐二唇形;花柱伸出。小坚果长圆形,深棕色,散生细微疣状凸起。花果期9—11月。

见于区内各地。生于山坡灌丛、林下、溪旁及河边草地,海拔可达1300m。分布于东亚。

2. 香薷 边枝花

Elsholtzia ciliata (Thunb.) Hyl.——*E. ciliata* var. *ramosa* (Nakai) C. Y. Wu et H. W. Li

一年生直立草本,高25~65cm。茎常呈麦秆黄色,老时变紫褐色,无毛或被疏柔毛。叶片卵状披针形或椭圆状披针形,长2~6cm,宽1~3cm,先端渐尖,基部楔状下延成狭翅,边缘具锯齿,上面疏被小硬毛,下面仅沿脉上疏被小硬毛,散布腺点。轮伞花序密集成偏向一侧的长2~5cm的穗状花序;苞片宽卵圆形或扁圆形,先端具芒状突尖,背面近无毛,疏布腺点,边缘具缘毛;花萼外面被疏柔毛,疏生腺点,萼齿三角形,前2齿较长;花冠淡紫色,冠檐二唇

形;花柱内藏。小坚果长圆形,棕黄色,长约1mm,光滑。花果期10—11月。

见于龙案等地。生于山坡灌草丛、林下、路边荒地或河岸草丛,海拔可达1200m。分布于亚洲,欧洲和北美洲有引种。

地上部分入药,具发汗解表、和中利湿之效。

3. 海州香薷

Elsholtzia splendens Nakai ex F. Maek.——*E. lungtangensis* Sun ex C. H. Hu

一年生直立草本,高15~40cm。茎直立,有2列疏柔毛。叶片长圆状披针形或披针形,长1~6cm,宽0.5~1.5cm,上面疏被小纤毛,脉上较密,下面沿脉上被小纤毛,密布凹陷腺点。轮伞花序所组成的顶生穗状花序偏向一侧;苞片近圆形或宽卵圆形,先端具短芒状尖头,边缘被小缘毛,有时背面有稀疏短毛,疏生腺点;花萼外面被白色短硬毛,具腺点,萼齿5,三角形,近相等,先端刺芒状;花冠玫瑰紫色,长6~7mm,外面密被柔毛,内面有毛环,冠檐二唇形;花柱超出雄蕊。小坚果圆形,黑棕色,具小疣点,长约1.5mm。花果期9—11月。

见于凤阳庙等地。生于山坡林下或山冈灌草丛中。分布于东亚。

全草入药,有发表解暑、散湿行水之效。

21 绵穗苏属 *Comanthosphace* S. Moore

多年生草本或亚灌木。茎单一,通常不分枝。叶具柄或近无柄,具齿。轮伞花序6~10花,在茎及侧枝顶端组成长穗状花序;花萼管状钟形,10脉,外面被星状茸毛,内面无毛,萼齿5,前2齿稍宽大;花冠淡红至紫色,内面在花冠筒近中部具1圈不规则的柔毛环,冠檐二唇形,上唇2裂或偶有全缘,下唇3裂,中裂片较大,多少呈浅囊状;雄蕊4,前对略长,伸出花冠外，1室，横向开裂。小坚果三棱状椭圆形，黄褐色，具金黄色腺点。

约6种，分布于我国和日本。本区有1种。

绵穗苏

Comanthosphace ningpoensis（Hemsl.）Hand.-Mazz.

多年生直立草本，高60~100cm。茎基部圆柱形，上部钝四棱形，除茎顶端和花序被白色星状茸毛外，余近无毛。叶片卵圆状长圆形、阔椭圆形或椭圆形，长7~16cm，宽4~7cm，边缘具锯齿，幼时两面疏被星状毛，老时两面近无毛；叶柄长0.4~1cm。穗状花序于主茎及侧枝上顶生，在茎顶常呈三叉状，花序轴、花梗及花的各部被白色星状茸毛；萼齿5，前2齿稍宽大；花冠淡红色至紫色，长约7mm，内面近花冠筒中部有1不规则宽大而密集的毛环。小坚果三棱状椭圆形，黄褐色，具金黄色腺点，长约3mm。花期8—10月，果期9—11月。

见于凤阳庙等地。生于海拔约1200m的山坡草丛及沟谷林下。我国特有，分布于华东、华中、西南等。

22 水蜡烛属 *Dysophylla* Blume

湿生草本。茎具通气组织。叶3~10枚轮生，无柄。轮伞花序多花，在茎或分枝顶端密集成紧密、连续或极少于基部间断的穗状花序；花极小，无梗；花萼钟形，萼齿5，短小；花冠伸出花萼外，冠檐4裂，裂片近相等；雄蕊4，伸出，花丝具髯毛，花药小，近球形，药室贯通为1室；花柱与雄蕊近等长，先端2浅裂。小坚果小，近球形或倒卵形，光滑。

约27种，分布于亚洲，其中有1种延至澳大利亚。本区有1种。

水蜡烛

Dysophylla yatabeana Makino——*D. lythroides* Diels

多年生草本，高30~70cm。茎通常单一、不分枝。叶3~4枚轮生；叶片狭披针形或条形，长2~6cm，宽3~8mm，先端渐狭具钝头，无柄，全缘或于上部具疏而不明显的锯齿，两面无毛。轮伞花序多花，密集成穗状花序，长1~4.5cm，直径8~15mm，有时基部稍有间断；花萼卵状钟形，长1.6~2mm，外面疏被柔毛及锈色腺点，萼齿5；花冠紫红色，长约为花萼长的2倍，冠檐近相等4裂；雄蕊4，显著伸出，花丝密被紫红色髯毛。花果期9—11月。

见于龙案等地。生于海拔约800m的沼泽、浅水池或水稻田中。分布于东亚。

23 四轮香属 *Hanceola* Kudô

一年生或多年生草本。叶片边缘具锯齿。轮伞花序2~6花，集成伸长的顶生总状花序；花萼小，近钟形，具8~10脉，萼齿5，多少呈二唇形，后1齿较大，前2齿较狭，先端均尾尖，果时花萼显著增大，脉显著；花冠筒直或弧曲，向上渐宽，内面无毛环，冠檐二唇形，上唇2裂，下唇3裂，中裂片较大；雄蕊4，近等长或前对较长，内藏或伸出，下倾而平卧在下唇上，花药卵球形，2室，药室极叉开，其后汇合；花柱顶端具相等的2浅裂。小坚果长圆形或卵圆形，褐色，具条纹。

6~8种，我国特有，分布于长江以南各省份。本区有1种。

出蕊四轮香

Hanceola exserta Sun

多年生草本,高30~50cm。具块状根状茎和横走匍匐茎。茎平卧上升,幼时被短细毛,后渐脱落,深紫黑色。叶片卵形至披针形,长2~9cm,宽0.5~3.5cm,先端锐尖或渐尖,中部以下楔状延长成具宽翅的柄,边缘有具胼胝尖的锐锯齿,上面亮绿色,被微柔毛,下面常带青紫色,脉上被微柔毛。聚伞花序1~3花,组成顶生的总状花序,花序梗被微柔毛及腺毛;花萼钟形,长达3mm,外被具腺微柔毛,具不明显10脉;花冠深紫蓝色,长达2.5cm。小坚果卵圆形,黄褐色,长约2mm。花期8—10月,果期10—11月。

见于乌狮窟及保护区外围大赛梅地、屏南垟顺等地。生于海拔800m以下丘陵山地的沟谷边林下或灌草丛中。我国特有,分布于华东、华南。

24 香茶菜属 *Isodon*(Schrad. ex Benth.) Spach

多年生草本、亚灌木或灌木。根状茎常肥大,木质,疙瘩状。叶片有锯齿。聚伞花序有3至多花,组成顶生或腋生的总状、圆锥状花序;花萼钟形,果时多少增大,有时呈管状或管状钟形,萼齿5,近等大或呈3/2式二唇形;花冠筒伸出,基部上方浅囊状或呈短距,冠檐二唇形,上唇外反,先端具4圆裂,下唇全缘,通常较上唇长,常呈舟状;雄蕊4,二强,花丝分离,花药贯通成1室;花柱先端相等2浅裂。小坚果近圆形、卵球形或长圆状三棱形。

约100种,分布于亚洲,非洲亦有少数种。本区有7种。

分种检索表

1. 植株细瘦，无坚硬根状茎，具小块根；全体被长柔毛；叶片背面密布橘红色腺点…… 1.线纹香茶菜 *I. lophanthoides*
1. 植株较粗壮，具坚硬的结节状或疙瘩状根状茎；植株被柔毛或微柔毛；叶片背面具淡黄色腺点或无腺点。
  2. 茎被倒向微柔毛或贴生微细柔毛，不是具节柔毛。
    3. 叶片较狭窄，卵状披针形至狭披针形；花萼具相等的萼齿 …………………… 2.显脉香茶菜 *I. nervosus*
    3. 叶片较宽，卵形至宽卵形；花萼二唇形，具不等长的萼齿。
      4. 花冠长1.4~1.8cm；茎被倒向微柔毛……………………………………………… 3.长管香茶菜 *I. longitubus*
      4. 花冠长7~8mm；茎被贴生微柔毛 ……………………………………………… 4.大萼香茶菜 *I. macrocalyx*
  2. 茎被具节柔毛、卷曲柔毛或茸毛。
    5. 叶片卵形或狭卵形；萼齿近等长，直立；果萼宽钟形 ……………………… 5.香茶菜 *I. amethystoides*
    5. 叶片宽卵形、卵圆形或近圆形；花萼略呈二唇形，齿不等长；果萼钟形或管状。
      6. 叶片宽卵形或三角状宽卵形，先端急尖或稍钝，顶端无披针状顶齿 …… 6.内折香茶菜 *I. inflexus*
      6. 叶片卵圆形或近圆形，先端具1凹陷，凹陷中有1披针状顶齿……… 7.岐伞香茶菜 *I. macrophyllus*

1. 线纹香茶菜

Isodon lophanthoides（Buch.-Ham. ex D. Don）H. Hara——*Rabdosia lophanthoides*（Buch.-Ham. ex D. Don）H. Hara

多年生柔弱草本，高20~80cm。茎直立或上升，被具节的长柔毛和短柔毛。叶片卵形、宽卵形或长圆状卵形，长1.5~5cm，宽0.5~3.5cm，先端钝，基部宽楔形或近圆形，稀浅心形，边缘具圆齿，两面被具节毛，下面密布橘红色腺点；叶柄长0.3~2.2cm。聚伞花序具7~11花，组成长4~15cm的顶生或腋生圆锥花序；花萼钟形，长约2mm，果时可达4mm，外面密布橘红色腺点，萼檐二唇形，萼齿5，后3齿较小，前2齿较大；花冠白色或粉红色，具紫色斑点，长5~7mm，冠檐外面疏被小黄色腺点；雄蕊及花柱均显著伸出。小坚果长圆形，淡褐色，光滑。花期9—10月，果期10—11月。

区内各地常见。生于海拔800m以下丘陵山地的路旁灌草丛、沟边疏林下或农地边潮湿处。分布于东亚、东南亚、南亚。

地上部分入药，具清热利湿、凉血散瘀之效。

2. 显脉香茶菜

Isodon nervosus (Hemsl.) Kudô——*Rabdosia nervosa* (Hemsl.) C. Y. Wu et H. W. Li——*Amethystanthus stenophyllus* Migo

多年生草本,高达40~100cm。根状茎稍增大成结节块状;茎幼时被微柔毛,老时渐脱落,近无毛。叶片披针形至狭披针形,长5~13cm,宽1~3cm,先端长渐尖,基部楔形至狭楔形,边缘具浅锯齿,侧脉4~5对,两面隆起,细脉多少明显,上面沿脉被微柔毛,余近无毛;下部叶柄长0.2~1cm,上部叶无柄。聚伞花序具5~9花,组成疏散的顶生圆锥花序,花梗、花序梗及花序轴均密被微柔毛;花萼钟形,长约2mm,果时略增大成阔钟形,萼齿5,近相等,披针形;花冠淡紫色或蓝色,长6~8mm,外疏被微柔毛;雄蕊与花柱均伸出花冠外。小坚果卵球形,顶部被微柔毛,长1~1.5mm。花期8—10月,果期10—11月。

见于凤阳尖、龙南大庄等地。生于海拔1800m以下山地的溪沟边灌草丛及山谷林下。我国特有,分布于华北、华东、华中、华南等。

3. 长管香茶菜

Isodon longitubus (Miq.) Kudô——*Rabdosia longituba* (Miq.) H. Hara

多年生直立草本,高50~120cm。根状茎常肥大,呈疙瘩状;茎带紫色,连同花序梗、花序轴和花梗均密被倒向细微柔毛。叶片狭卵形至卵圆形,长5~15cm,宽2.5~5.5cm,先端渐尖至尾状渐尖,基部楔形,边缘具锯齿,两面脉上密被微柔毛,下面散布小腺点;叶柄长0.5~2cm。聚伞花序具3~7花,组成长10~20cm的狭圆锥花序;花萼钟形,长达4mm,果时略增大,外面沿脉及边缘被细微柔毛,余具腺点,萼齿5,明显呈3/2式二唇形;花冠紫色,长1.4~1.8cm,花冠筒长约为花冠长的3/4,中部略弯曲;雄蕊内藏。小坚果扁圆球形,深褐色,具小疣点,直径约1.5mm。花期8—9月,果期10—11月。

见于炉岙、凤阳庙、双溪等地。生于海拔1200m以下的山地沟谷林下、溪边及山坡草丛中。分布于东亚。

4. 大萼香茶菜

Isodon macrocalyx (Dunn) Kudô ——*Rabdosia macrocalyx* (Dunn) H. Hara——*Amethystanthus nakai* Migo

多年生直立草本,高40~100cm。根状茎常肥大,呈疙瘩状;茎被微柔毛。叶片卵形或宽卵形,长5~15cm,宽3~8cm,先端长渐尖或急尖,基部宽楔形,骤狭下延,边缘有整齐的圆齿状锯齿,两面脉上被微柔毛,余近无毛,下面散布淡黄色腺点;叶柄长2~5cm,密被贴生微柔毛。聚伞花序具3~5花,组成长4~15cm的总状圆锥花序,花序梗、花梗及花序轴密被贴生微柔毛;花萼宽钟形,长约3mm,果时长可达6mm,外被微柔毛,萼齿5,明显呈3/2式二唇形;花冠淡紫色或紫红色,长约8mm,外面疏被短柔毛及腺点;雄蕊稍伸出花冠外。小坚果卵球形,长约1.5mm。花期8—10月,果期9—11月。

见于双溪、铁炉湾等地。生于海拔1200m以下沟谷林下、山坡路旁及溪边灌草丛。我国特有,分布于华东、华中和华南等。

地上部分或根状茎入药,功效与香茶菜相同。

5. 香茶菜 铁丁角 铁棱角

Isodon amethystoides（Benth.）H. Hara——*Rabdosia amethystoides*（Benth.）H. Hara

多年生直立或倾斜草本，高30~100cm。根状茎常肥大，呈疙瘩状；茎密被倒向具节卷曲柔毛或短柔毛，在叶腋内常有不育的短枝，其上具较小型的叶。叶片卵状椭圆形、卵形至披针形，长3~14cm，宽1~3.5cm，先端渐尖或急尖，基部骤然收缩成楔形、具狭翅的柄，边缘具圆齿，两面被毛或近无毛，下面被淡黄色小腺点；叶柄长0.3~2.5cm。聚伞花序3至多花，分枝纤细而极叉开，组成顶生疏散的圆锥花序；花萼钟形，长约2.5mm，外面密被黄色腺点，萼齿5，近相等；花冠白色或淡蓝紫色，长约7mm；雄蕊及花柱均内藏。小坚果卵形，有腺点，长约2mm。花期8—10月，果期9—11月。

区内各地广布。生于海拔1400m以下的沟谷林下或山坡灌草丛。我国特有，分布于华东、华中和华南等。

地上部分或根状茎入药，具清热解毒、散瘀止痛、抗肿瘤的作用，对治疗胃病有良好效果，是中成药“胃复春”的主要原料。

6. 内折香茶菜

Isodon inflexus（Thunb.）Kudô——*Rabdosia inflexa*（Thunb.）H. Hara

多年生直立草本，高40~100cm。根状茎常肥大，呈疙瘩状；茎略曲折，沿棱密被倒向具节白色柔毛。叶片三角状宽卵形或宽卵形，长3~10cm，宽2.5~7cm，先端急尖或稍钝，基部宽楔形，骤狭下延，边缘具粗大圆齿状锯齿，齿尖具硬尖，两面脉上被具节短柔毛；叶柄长0.5~3.5cm。聚伞花序具3~5花，组成长6~10cm的狭圆锥花序，花序梗、花序轴及花梗密被短柔毛；花萼钟形，长约3mm，果时稍增大，外面被毛，萼齿5，近相等或微呈3/2式二唇形；花冠淡红色至青紫色，稀白色，长约8mm；雄蕊与花柱均内藏。小坚果卵球形，具网纹，直径约1.5mm。花期7—10月，果期9—11月。

见于均溪等地。生于海拔800m以下山地林缘或沟谷疏林中。分布于东亚。

7. 歧伞香茶菜

Isodon macrophyllus（Migo）H. Hara

多年生直立草本。根状茎木质，增粗；茎高60~100cm，密被卷曲短柔毛。叶片近圆形或卵圆形，长6.5~12cm，宽4~8cm，先端具1凹陷，在凹陷中有1长约2cm的顶齿，基部骤狭下延成宽楔形，边缘具粗大圆齿状锯齿，沿脉上密被短柔毛，网脉两面明显可见；叶柄长1~4cm，密被短柔毛。聚伞花序具10~15花，组成长达15cm的顶生圆锥花序，花序梗及花序轴均密被微柔毛；花萼钟形，长2.2~2.4mm，外密被微柔毛，萼齿5，微呈3/2式二唇形；花冠蓝白色或淡紫色，长约6mm，外被短柔毛，基部上方浅囊状，冠檐二唇形；雄蕊略伸出，花丝中部以下具髯毛。小坚果倒卵形，长2.5mm，顶端圆形。花果期9—10月。

见于官埔垟、均溪、老鹰岩、乌狮窟及保护区外围大赛等地。生于海拔900m以下的山谷林下或山脚林缘。我国特有，分布于华东。

一一五 水马齿科 Callitrichaceae

一年生水生或陆生草本。茎细弱。叶对生,水生种类浮于水面上的叶呈莲座状排列;叶片倒卵形、匙形或条形,全缘,无托叶。花细小,单性同株,腋生,单生或偶见雌雄共生于同一叶腋内;苞片2,膜质,早落;无花被;雄花仅具1雄蕊,花药2室;雌花具1雌蕊,子房上位,4室,4浅裂,每室具1胚珠,花柱2,伸长,具小乳凸体。蒴果4裂,边缘具膜质翅。种子细小,具膜质种皮。

1属,约75种,广泛分布于全球各地。本区1属,有2种。

日本水马齿 *Callitriche japonica* Engelm. ex Hegelm. 水马齿 *Callitriche palustris* L.

水马齿属 *Callitriche* L.

属特征和分布与科同。

分种检索表

1.陆生草本;叶一型;苞片缺 ………………………………… 1.日本水马齿 *C. japonica*

1.水生草本;叶二型;苞片2,膜质 ………………………………… 2.水马齿 *C. palustris*

1. 日本水马齿

Callitriche japonica Engelm. ex Hegelm.

陆生草本,高3~10cm。茎细弱,多分枝。叶片一型,匙形或椭圆形,叶片开展,长2~

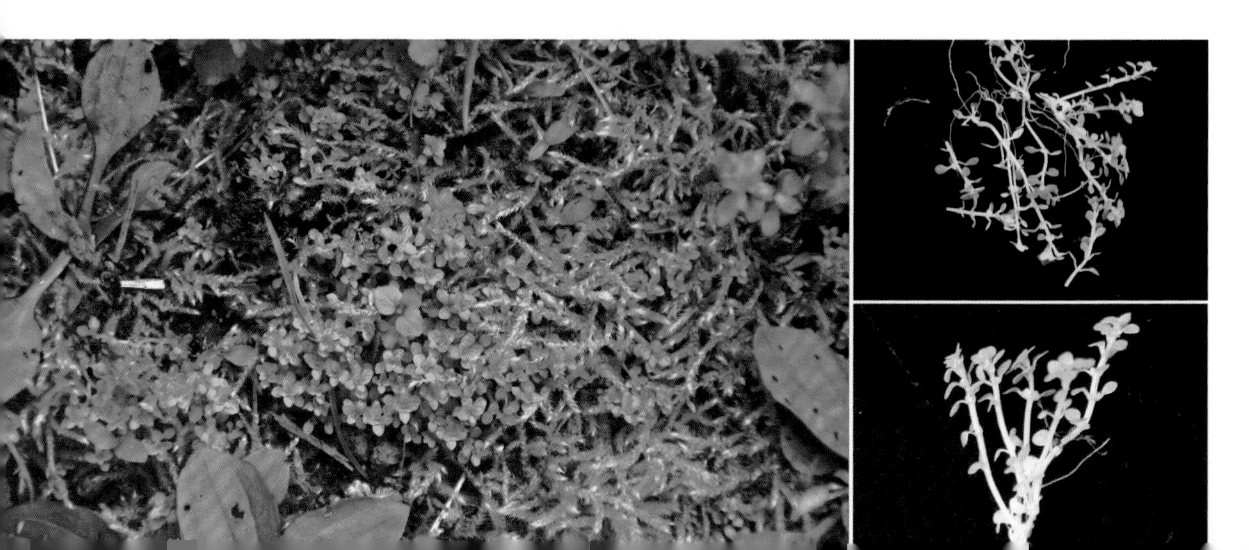

5mm，先端钝圆或短尖，具1主脉和1对支脉，偶见次级支脉上伸出短而小的次级支脉。花单性，雌雄同株，单生于叶腋，苞片缺失；子房倒卵形，先端微凹。蒴果倒卵状椭圆形，长约1mm，成熟时呈褐色至黑色，中、上部边缘具翅，偶见全部具翅，下部翅狭窄。花果期4—6月。

欧善华等人（1981）报道龙泉凤阳山有本种分布（凭证标本：丽水地区生物综考队5722号，具体产地不详）。生于潮湿的溪边草丛中。分布于东亚与南亚。

2. 水马齿 沼生水马齿

Callitriche palustris L.

水生草本。茎纤细，长可达50cm，多分枝。叶二型：浮水叶呈莲座状排列，叶片倒卵形，长4~6mm，先端微凹，基部逐渐成长柄，单脉或离基三出脉，脉在先端联结；沉水叶匙形或线形，长6~12mm。花单性，雌雄同株，单生于叶腋；苞片2，膜质；雄蕊1，花丝细长；子房倒卵形，长约0.5mm，顶端圆形或微凹，花柱2。蒴果倒卵状椭圆形，长1~1.5mm，成熟时呈黑褐色，仅上部边缘具翅，基部具短柄。花果期几为全年。

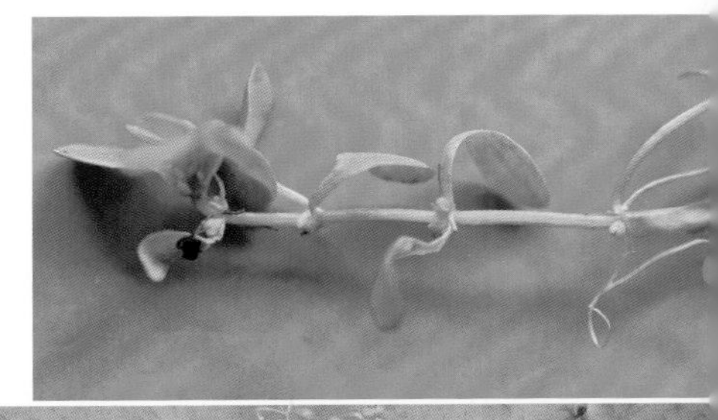

见于炉岙及保护区外围大赛、屏南百步与垟顺等地。生于田边水沟、池塘边、沼泽浅水中。分布于亚洲亚热带和温带、欧洲、北美洲。

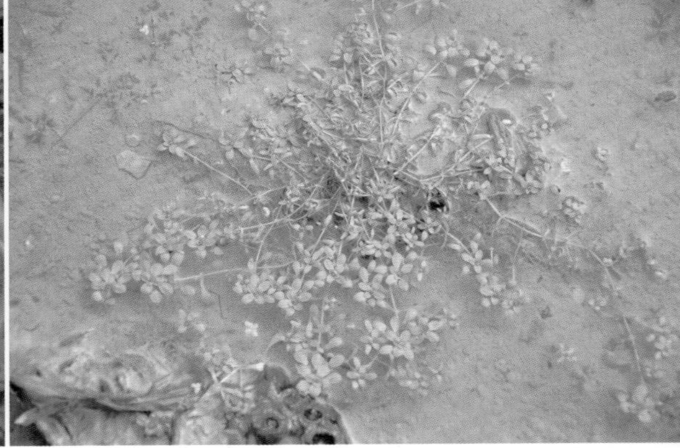

一一六 车前科 Plantaginaceae

一年生或多年生草本。单叶，通常基生，基部常呈鞘状；叶片全缘或具齿缺，叶脉通常近平行。花小，通常两性，辐射对称，组成穗状花序，生于花茎上；具苞片；花萼4浅裂或深裂，裂片覆瓦状排列，宿存；花冠干膜质，合瓣，3~4裂，裂片覆瓦状排列；雄蕊4（稀其中1~2不发育），着生于花冠筒上，并与花冠裂片互生，花丝细长，花药2室，纵裂；子房上位，1~4室，每室有1或多数胚珠，生于中轴胎座上或基底胎座上，花柱单生，有细白毛。蒴果，盖裂。种子小，胚乳通常丰富。

3属，约270种，广泛分布于全球各地。本区有1属，3种。

车前*Plantago asiatica* L.

疏花车前（亚种）subsp. *erosa*（Wall.）Z. Y. Li

大车前*Plantago major* L.

北美车前*Plantago virginica* L.

车前属 *Plantago* L.

一年生至多年生草本。叶基生，叶脉近平行。花小，无柄，两性或杂性，组成顶生的穗状花序，生于花茎上；花萼裂片4，近相等或2片较大；花冠筒圆管状，或在喉部收缩，和花萼等长或稀比花萼长，花冠裂片4，相等，开展而向外反卷；雄蕊4，常伸出花冠外；子房2~4室，中轴胎座，具2~40胚珠。蒴果椭圆球形、圆锥状卵形至近球形，果皮膜质，盖裂。种子有棱，近圆球形或背部呈压扁状，胚直立或弯曲。

约250种，广泛分布于全球各地。本区有3种。

分种检索表

1. 根为须根系；叶片卵形或宽卵形。
  2. 花无梗；苞片宽卵状三角形，宽等于或略超过长；蒴果于中部或稍低处盖裂；种子6~18粒 …… 1. 大车前 *P. major*
  2. 花具短梗；苞片狭卵状三角形或三角状披针形，长超过宽；蒴果于基部上方盖裂；种子4~6粒 …………………… 2. 车前 *P. asiatica*
1. 根为直根系；叶片披针形或倒披针形 …………………… 3. 北美车前 *P. virginica*

1. 大车前

Plantago major L.

多年生草本。叶基生；叶片宽卵形至卵状长圆形，长5~30cm，宽3.5~10cm，先端圆钝，基部渐狭，全缘或有波状浅齿，两面疏被短柔毛；叶柄长3~9cm。花茎1至数条，高15~45cm，有纵条纹，被短柔毛或柔毛；穗状花序长4~40cm，密生花；苞片宽卵状三角形，宽等于或略超过长；花无梗；花萼长1.5~2.5mm，萼片先端圆形，边缘膜质；花冠白色，无毛；雄蕊4，着生于花冠筒近基部，与花柱明显外伸，花药椭圆形。蒴果圆锥形，于中部或稍低处盖裂。种子6~18，卵形、椭圆形或菱形，黄褐色至黑褐色。花期4—5月，果期5—7月。

见于炉岙、凤阳庙、黄茅尖、横溪及保护区外围屏南百步、小梅金村至大窑。生于路旁、沟边潮湿处。分布于亚洲、欧洲。

2. 车前

Plantago asiatica L.

多年生草本。叶基生；叶片卵形至宽卵形，长4~12cm，宽4~9cm，先端钝圆，全缘或有波状浅齿，基部宽楔形，两面疏生短柔毛，叶脉5~7；叶柄长达4cm。花茎数条，高20~60cm；穗状花序长20~30cm；苞片狭卵状三角形或三角状披针形，长过于宽；花具短梗；花萼长2~3mm，萼片先端钝圆或钝尖，龙骨凸不延至顶端；花冠绿白色，裂片狭三角形，长约1.5mm，向外反卷；雄蕊与花柱明显外伸，花药卵状椭圆形，新鲜时呈白色，干后呈淡褐色。蒴果卵状圆锥形，于基部上方盖裂。种子4~6，卵状或椭圆状多角形，黑褐色至黑色。花期4—8月，果期6—9月。

产于炉岙、黄茅尖、凤阳庙、横溪、南溪口及保护区外围小梅金村、屏南百步。生于圃地、荒地或路旁草地。分布于东亚、东南亚、南亚。

全草与种子均可入药，有利尿、清热、止咳等功效。

2a. 疏花车前

Plantago asiatica L. subsp. **erosa**（Wall.）Z. Y. Li

与车前的区别在于：其叶脉3~5；穗状花序通常稀疏、间断；花萼长2~2.5mm，龙骨凸通常延至萼片顶端。花期5—7月，果期8—9月。

产于保护区外围大窑、屏南瑞垟。生于圃地、荒地或路旁。分布于东亚、南亚。

3. 北美车前

Plantago virginica L.

二年生草本。全株被白色长柔毛。直根系，根状茎粗短。叶基生，呈莲座状；叶片披针形或倒披针形，长4~7cm，宽1.5~3cm，先端急尖，基部楔形下延成翅柄，边缘具浅波状齿，两面及叶柄散生白色柔毛，叶脉弧状；翅柄长2~9cm。花茎高10~30cm，有纵条纹；穗状花序细圆柱状，长10~20cm；苞片披针形或狭椭圆形，长2~2.5mm，龙骨凸宽厚，被白色疏柔毛；萼片与苞片等长或比苞片略短，疏被白色短柔毛；花冠白色，无毛，裂片狭卵形。蒴果卵球形，包在宿萼内，于基部上方盖裂。种子2，卵形或长卵形，黄褐色至红褐色，有光泽。花期4—5月，果期5—6月。

产于保护区外围屏南兴合村塘山。生于海拔约800m的路边草丛。原产于北美洲，中美洲、欧洲及亚洲有归化。

一一七 醉鱼草科 Buddlejaceae

乔木、灌木或亚灌木，植株常被星状毛、腺毛或鳞片。单叶对生、轮生，稀互生；托叶着生于两个叶柄基部之间呈叶状或缢缩成一连线。花单生或组成聚伞花序，再排成总状、穗状或圆锥状花序；花辐射状，4数；花冠漏斗状或高脚碟状；雄蕊着生于花冠管内壁，花药2室，稀4室，纵裂；子房上位，2室，稀4室，胚珠多数。蒴果，2瓣裂，稀浆果，不开裂。种子多数，通常有翅。

约7属，150种，分布于热带至温带地区。本区有1属，1种。

醉鱼草 *Buddleja lindleyana* Fortune

醉鱼草属 *Buddleja* L.

直立灌木或小乔木，常被星状毛。叶对生，稀互生；托叶在叶柄间连生或退化成一线痕。聚伞花序排成穗状、圆锥状或头状花序；花萼钟形，4裂，宿存；花冠高脚碟状或漏斗状，4裂；雄蕊4，着生于花冠筒下部、中部或喉部；子房2室，每室具胚珠多数，柱头2裂。蒴果，2瓣裂。种子细小，长圆形或纺锤形，稍扁平，有翅或无翅。

约100种，分布于亚洲、非洲、美洲的热带和亚热带地区。本区有1种。

醉鱼草 野刚子

Buddleja lindleyana Fortune

落叶灌木，高达2m。多分枝，小枝4棱具窄翅，嫩枝、叶及花序均被棕黄色星状毛和鳞片。叶对生；叶片卵形至卵状披针形或椭圆状披针形，长3~13cm，宽1~5cm，先端渐尖，基部宽楔形或圆形，全缘或疏生波状细齿，侧脉7~14对；叶柄长0.5~1cm。聚伞花序穗状，顶生，常偏向一侧，长4~40cm，下垂；小苞片狭线形，着生于花萼基部；花萼4浅裂，裂片三角状卵形，与花冠筒均密被棕黄色细鳞片；花冠紫色，稀白色，花冠筒稍弯曲，长约1.2cm，直径约3mm，内面具柔毛，顶端4裂，裂片半圆形；雄蕊4，花丝极短，着生于花冠筒基部；子房2室，每室具胚珠多数；花柱单一，柱头2裂。蒴果长圆形，长约5mm，外面被鳞片。种子多数，褐色，无翅。花期6—8月，果期10月。

区内常见。生于海拔500~1200m的向阳山坡灌木丛中、溪沟、路旁的石缝间。我国特有，分布于华东、华中、华南、西南等地。

根和全草入药，具化痰止咳、散瘀止痛等功效；叶也有杀蛆及灭孑孓的功效。

一一八　木犀科 Oleaceae

乔木、直立或藤状灌木。单叶、三出复叶或羽状复叶，对生，稀互生或轮生；无托叶。花辐射对称，两性，稀单性或杂性，雌雄同株、异株或杂性异株，常组成顶生或腋生的聚伞、总状、圆锥、伞形花序，或簇生于叶腋，稀花单生；花萼4(~16)裂或近截形，稀无花萼；花冠4(~16)裂，稀无花冠；雄蕊2(~4)，着生于花冠上或花冠裂片基部，花药纵裂，花粉通常具3沟；雌蕊通常2心皮合生，子房上位，2室，每室具胚珠2，稀1或多数，花柱1或无花柱，柱头2裂或头状。翅果、蒴果、核果、浆果。种子具1枚伸直的胚，多数具胚乳。

约28属，400余种，分布于热带至温带地区。本区有5属，11种。

金钟花 *Forsythia viridissima* Lindl.
苦枥木 *Fraxinus insularis* Hemsl.
尖叶白蜡树 *Fraxinus szaboana* Lingelsh.
清香藤 *Jasminum lanceolaria* Roxb.
云南黄素馨 *Jasminum mesnyi* Hance
华素馨 *Jasminum sinense* Hemsl.
蜡子树 *Ligustrum leucanthum* (S. Moore) P. S. Green
小蜡 *Ligustrum sinense* Lour.
木犀 *Osmanthus fragrans* Lour.
长叶木犀 *Osmanthus marginatus* (Champ. ex Benth.) Hemsl. var. *longissimus* (Hung T. Chang) R. L. Lu
牛矢果 *Osmanthus matsumuranus* Hayata

分属检索表

1. 果为翅果或蒴果。
  2. 叶为奇数羽状复叶；果为翅果 …… 1. 梣属 *Fraxinus*
  2. 叶通常为单叶，稀3深裂至三出复叶；果为蒴果 …… 2. 连翘属 *Forsythia*
1. 果为核果或浆果。
  3. 果为核果；花冠裂片花蕾时呈覆瓦状排列；花簇生，稀组成短小的圆锥花序 …… 3. 木犀属 *Osmanthus*
  3. 果为浆果或浆果状核果。
    4. 单叶；花冠裂片4，花蕾时呈镊合状排列；果为浆果状核果，稀为核果状而室背开裂 … 4. 女贞属 *Ligustrum*
    4. 三出复叶，奇数羽状复叶或单叶；花冠裂片4~16，花蕾时呈覆瓦状排列；果为浆果 … 5. 素馨属 *Jasminum*

1 梣属 *Fraxinus* L.

乔木稀灌木，落叶稀常绿。芽多数具芽鳞2~4对，稀为裸芽。奇数羽状复叶，对生，稀在枝梢呈3枚轮生状。圆锥花序顶生或腋生于枝端，或侧生于去年生枝上；花单性、两性或杂性，雌雄同株或异株；花萼钟状或杯状，稀无花萼；花冠白色或淡黄色，4裂至基部，或无花冠；雄蕊2，花期伸出花冠筒外；子房通常2室，柱头2裂或不裂。翅在翅果的顶端伸长。种子通常1，胚乳肉质。

60余种，大多数分布在北半球的温带和亚热带地区，少数伸展至热带林中。本区有2种。

分种检索表

1. 顶芽密被黑褐色茸毛，芽鳞紧闭；小叶柄长(5~)8~15mm；花冠通常白色……………… 苦枥木 *F. insularis*
1. 顶芽密被黄褐色茸毛和白色腺毛，芽鳞张开；小叶柄长2~3mm或近无柄；花无花冠… *尖叶白蜡树 *F. szaboana*

苦枥木

Fraxinus insularis Hemsl.

落叶乔木或小乔木，高5~10m。顶芽狭三角状圆锥形，密被黑褐色茸毛，芽鳞紧闭。小枝无毛。奇数羽状复叶长15~20cm，叶柄长4~6cm；小叶3~5(~7)，硬纸质或革质，长圆形或长圆状披针形，长7~14cm，宽3~4.5cm，先端渐尖至尾尖，基部楔形至钝圆，边缘具钝锯齿或中部以下近全缘，两面无毛(除上面中脉有时具微柔毛外)，下面散生小腺点；侧生小叶柄纤细，长(5~)8~15mm；叶柄、叶轴和小叶柄均无毛。圆锥花序无毛，生于当年生枝端，顶生及侧生于叶腋，于叶后开放；花序梗基部有时具叶状苞片，但早落；花萼钟状，顶端啮齿状或近平截，上方膜质；花冠白色，长3~4mm；雄蕊伸出花冠外；雌蕊柱头2裂。翅果长匙形，长2.5~3cm，宽3~4mm，翅下延至坚果上部，宿萼紧抱果的基部。花期4—6月，果期9—10月。

区内常见。生于海拔300~1500m的山地、沟谷。分布于东亚。

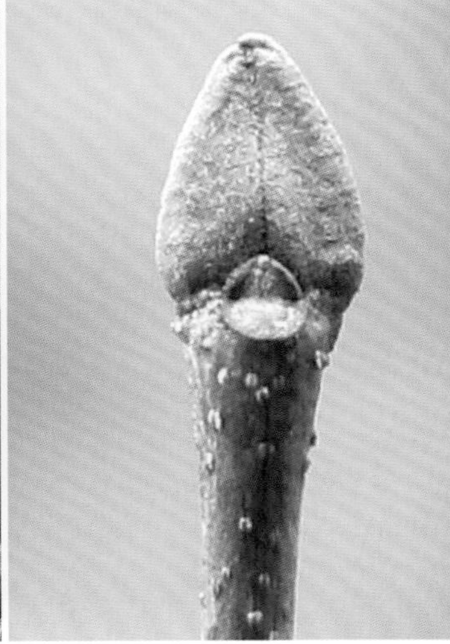

2 连翘属 *Forsythia* Vahl

落叶灌木。枝节间中空或具片状髓。单叶，稀3深裂至三出复叶，对生。花先于叶开放，1至数花簇生于叶腋，两性，花柱异长；花萼4深裂，宿存；花冠黄色，4深裂，花冠筒钟状，花冠裂片长于花冠筒，花蕾时呈覆瓦状排列；雄蕊2，着生于花冠筒基部，花药2室；子房2室，每室具下垂胚珠多数，花柱细长，柱头2裂。蒴果，室间开裂，每室具种子多数。种子一侧具狭翅，无胚乳。

约11种，除1种产于欧洲东南部外，其余均产于亚洲东部。本区有1种。

金钟花

Forsythia viridissima Lindl.

落叶灌木，高可达3m。全株除花萼裂片外均无毛。小枝四棱形，节间具片状髓。单叶，叶片厚纸质，长圆形至披针形，长3~7cm，宽1~2.5cm，先端锐尖，基部楔形，通常上半部具锯齿，中脉和侧脉在上面凹入，下面凸起；叶柄长5~8mm。1~3(4)花簇生于叶腋，先于叶开放或与叶同时开放；花梗长3~7mm；花萼4深裂，边缘具睫毛；花冠黄色，4深裂，花冠筒长4~6mm，内面具橘黄色纵条纹，裂片卵状狭长圆形至长圆形，长1.3~2.1cm；当雄蕊长3.5~5mm时，雌蕊长5.5~7mm；当雄蕊长6~7mm时，雌蕊长约3mm；子房卵形，柱头2浅裂。蒴果卵球形，长1~1.5cm，具皮孔，先端喙状渐尖；果梗长6~7mm。花期3—4月，果期9—10月。

见于官埔垟、龙南等地。生于海拔900~1100m的沟边林缘。分布于华东、华中及云南。欧洲、朝鲜半岛也有。

为重要园林植物，广泛栽培供观赏；根、叶及果壳入药，有清热解毒、祛湿泻火等功效。

3 木犀属 *Osmanthus* Lour.

常绿灌木或乔木。叶对生，单叶，全缘或有锯齿。聚伞花序簇生于叶腋，或再组成腋生、顶生的短小圆锥花序；花两性或单性，雌雄异株或雄花、两性花异株；花萼钟状，4裂；花冠通常白色或淡黄白色，钟状，圆柱形或坛形，裂片4，浅裂或深裂至近基部，花蕾时呈覆瓦状排列；雄蕊2，稀4；子房每室具下垂胚珠2，能育雌蕊的柱头头状或2浅裂。核果，内果皮坚硬或骨质。种子1，有肉质胚乳。

约30种，分布于亚洲东部、东南部和美洲。本区有3种。

分种检索表

1. 聚伞花序组成短小的圆锥花序，腋生，稀顶生；药隔在花药先端不延伸；花冠裂片与花冠筒近等长或比花冠筒略长。
   2. 叶片革质，线状长椭圆形至披针形，全缘；叶柄长2~4cm …… 1. 长叶木犀 *O. marginatus* var. *longissimus*
   2. 叶片薄革质或纸质，多长圆状倒卵形或倒披针形，全缘或上半部有锯齿；叶柄长1~2.5cm………………………………………………………… 2. 牛矢果 *O. matsumuranus*
1. 聚伞花序簇生于叶腋；药隔在花药先端延伸成小尖头状凸起；花冠裂片比花冠筒长2倍以上；小枝、叶柄和叶片上面的中脉通常无毛……………………………… 3. 木犀 *O. fragrans*

1. 长叶木犀

Osmanthus marginatus (Champ. ex Benth.) Hemsl. var. **longissimus** (Hung T. Chang) R. L. Lu——*O. longissimus* Hung T. Chang

常绿灌木或小乔木，高4~7m。小枝灰色，无毛。叶片革质，线状长椭圆形至披针形，长(8~)12~21(~25)cm，宽2~4.5(~5.5)cm，先端渐尖，基部狭楔形至楔形，全缘，两面无毛，上面稍发亮，下面橄榄绿色，中脉在上面常微凹，下面凸起，侧脉10~15对；叶柄长2~4cm，无毛。圆锥花序腋生，长1.5cm，无毛，苞片三角形；花梗长2~3mm，无毛，小苞片披针形，与花梗近等长；花萼浅杯形，长2~2.5mm，4裂，裂片短三角形，边缘具睫毛；花冠淡黄色或淡绿色，长4mm，顶端4裂，花冠筒长1.5~2mm，裂片长圆形，反折，长2~2.5mm，先端钝；雄蕊2，伸出花冠筒；花柱短，柱头2浅裂。核果圆状卵形或椭圆形，长1~1.5cm，直径6~9mm，熟时紫黑色。花期4—5月，果期9—10月。

见于官埔垟、炉岙、龙南、大田坪、双溪和金龙等地。生于海拔650~1270m的沟谷、溪边、山坡的林中。我国特有，分布于华东及湖南、广西、贵州。

2. 牛矢果

Osmanthus matsumuranus Hayata

常绿灌木或小乔木，高3~12m。小枝无毛。叶片薄革质或厚纸质，倒披针形或长圆状倒卵形，有时狭椭圆形或倒卵形，长7~13cm，宽2.3~4.5cm，先端渐尖或短尾状渐尖，基部楔形至狭楔形，下延至叶柄，全缘或上半部有锯齿，两面无毛，侧脉5~10对；叶柄长1~2.5cm，无毛。圆锥花序腋生，长1~1.5cm，花序梗和花序轴无毛，花序排列疏松；苞片宽卵形，无毛或边缘具短睫毛；花梗长2~3mm，无毛或被毛；花萼杯形，4裂，裂片卵形，边缘具纤毛；花冠淡绿色或淡黄绿色，长3~4mm，4裂，花冠筒与裂片近等长，裂片反折，边缘具睫毛；花药长约0.5mm，药隔不延伸；柱头头状，极浅2裂。果椭圆形，长1.1~2cm，直径7~11mm，熟时紫黑色。核长1~1.5cm，直径6~9mm，具5~8条纵棱。花期5—6月，果期10—11月。

见于官埔垟、龙案等地。生于海拔900m以下的山谷、溪沟边的山地林中。分布于华东、华南及西南。越南、老挝、柬埔寨、印度也有。

3. 木犀

Osmanthus fragrans Lour.——*O. asiaticus* Nakai

常绿灌木或乔木，高3~10m。小枝灰色，无毛。叶片椭圆形至长圆状披针形，长6~12cm，宽2~4.5cm，先端渐尖或急尖，基部楔形，全缘或有锯齿，两面无毛，中脉和侧脉在上面凹入，下面凸起；叶柄长0.5~1.5cm，无毛。雄花、两性花异株，聚伞花序簇生于叶腋；苞片宽卵形，无毛；花梗长6~10mm，无毛；花萼长约0.6mm，裂片稍不整齐或呈啮齿状；花冠白色至橘红色，花冠筒长0.5~1mm，裂片长约3.5mm；雄蕊生于花冠筒中部，药隔小尖头不明显；子房卵形，无毛，柱头头状，浅2裂。果椭圆形，长1.5~3.2cm，直径0.9~1.4cm，常歪斜，成熟时紫黑色。核纺锤形，长1.2~3.1cm，常歪斜，具7~11条纵棱和不规则的斜棱。花期8—10月，果期次年3—5月。

见于大田坪、凤阳湖、坪田及保护区外围大赛等地。生于海拔300~1500m的沟谷、溪边或路边山坡林中，也常见栽培。原产于我国西南，现广泛栽培，也有逸出野生于山地。日本和印度也有。

著名园林树种，供观赏；花可用于提取香精；果可榨油供食用；花、根均可入药。

4 女贞属 *Ligustrum* L.

落叶或常绿、半常绿的灌木或乔木。单叶，对生；叶片全缘。聚伞花序常排列成圆锥花序，顶生，稀腋生；花两性；花萼钟状，宿存；花冠白色，近辐射状、漏斗状或高脚碟状，4裂，裂片短于花冠筒或近等长，花蕾时呈镊合状排列；雄蕊2，着生于近花冠筒喉部，花药长圆形；子房每室具下垂胚珠2，柱头常2浅裂。果为浆果状核果，稀为核果状而室背开裂，单生，内果皮膜质或纸质。种子1~4，胚乳肉质。

约45种，分布于亚洲、澳大利亚和欧洲。本区有2种。

分种检索表

1.花冠筒短于裂片；圆锥花序开展，长4~11cm，宽3~8cm；果近球形，直径4~5mm ········ 1.小蜡 *L. sinense*

1.花冠筒长于裂片；圆锥花序短缩，长1.5~5cm，宽1.5~2.5cm；果宽椭圆形或球形，长7~10mm，宽5~8mm ·· 2.蜡子树 *L. leucanthum*

1. 小蜡　亮叶小蜡

Ligustrum sinense Lour.——*L. sinense* var. *nitidum* Rehder

落叶灌木或小乔木，高可达5m。小枝幼时被短柔毛或柔毛，老时近无毛。叶片纸质或薄革质，卵形、长圆形、披针形或近圆形，长2~7cm，宽1~3cm，先端锐尖至渐尖，或钝而微凹，基部宽楔形至楔形，疏被短柔毛或无毛，侧脉5~8对，全缘。叶柄长2~5mm，被短柔毛。圆锥花序通常顶生，长4~11cm，宽3~8cm，花序轴被短柔毛、柔毛或近无毛；花梗短，被短柔毛或无毛；花萼长1~1.5mm，无毛或有短柔毛；花冠长3.5~5.5mm，花冠筒长1.5~2.5mm，裂片长2~3mm；雄蕊伸出花冠筒外，花药长约1mm；雌蕊柱头近头状。果近球形，直径4~5mm，成熟时呈紫黑色，内果皮膜质。种子宽椭圆形或近球形。花期5—6月，果期11—12月。

区内常见。生于海拔300~1500m的沟谷、溪边、向阳山坡的疏林下或灌丛中，也有栽培。分布于华东、华中、华南、西南等地。越南也有。

为重要园林树种，常栽培作绿篱、盆景；树皮和叶可入药，具清热解毒、活血消肿之功效。

2. 蜡子树

Ligustrum leucanthum（S. Moore）P. S. Green——*L. molliculum* Hance

落叶灌木，高1~3m。小枝被硬毛、柔毛或无毛。叶片纸质或近革质，椭圆形至披针形，或椭圆状卵形，长2~11(~13)cm，宽1~4.5(~5)cm，先端锐尖、短渐尖或钝，常具小尖头，基部楔形或近圆形，全缘，上面疏被短柔毛或无毛，或仅沿中脉被短柔毛，下面疏被毛或无毛，常沿中脉被毛，侧脉4~6(~8)对，上面不明显，下面略凸起。叶柄长1~3mm。圆锥花序顶生，长1.5~5cm，宽1.5~2.5cm，花序轴被硬毛、柔毛或无毛；花萼长约1mm；花冠白色，长5.5~9mm，花冠筒长3.5~7mm，裂片长约2mm；花药披针形，长2~3mm；柱头近头状。果宽椭圆形或球形，长7~10mm，宽5~8mm，成熟时呈蓝黑色，内果皮膜质。种子椭圆形，长约7mm，宽约4mm。花期5—6月，果期10—11月。

见于火烧岩等地。生于海拔1830m以下的路边林下或灌丛中。我国特有，分布于华东、华中及四川、陕西、甘肃等地。

种子榨油，供制皂等用。

5 素馨属 *Jasminum* L.

直立或攀援状灌木、小乔木，常绿或落叶。叶对生或互生，稀轮生；单叶，三出复叶或奇数羽状复叶。花排成聚伞花序，聚伞花序再排成圆锥状、总状、伞房状、伞状或头状；花两性，通常花柱异长；花萼具裂片4~16，宿存；花冠通常白色或黄色，高脚碟状或漏斗状，裂片4~16，花蕾时呈覆瓦状排列；雄蕊2，内藏；子房每室具向上胚珠1~2，柱头头状或2裂。浆果双生或仅1个发育而成单生，熟时呈黑色或蓝黑色。种子无胚乳。

200余种，分布于非洲、亚洲、澳大利亚以及太平洋南部诸岛屿，地中海地区有1种。本区有3种。

分种检索表

1. 小枝四棱形；花冠黄色；花萼钟状，裂片叶状，披针形，长5~9mm（栽培）………… 1.云南黄素馨 *J. mesnyi*
1. 小枝圆柱形；花冠白色。
  2. 小叶片革质，有光泽，顶生小叶片与侧生小叶片等大或略大；花萼裂片三角形，长小于1mm或近截形…………………………………………………………………………………… 2.清香藤 *J. lanceolaria*
  2. 小叶片纸质，无光泽，顶生小叶片远较侧生小叶片为大；花萼裂片线形或尖三角形，长2~3mm…………………………………………………………………………………… 3.华素馨 *J. sinense*

1. 云南黄素馨　野迎春

Jasminum mesnyi Hance

常绿蔓性灌木。枝绿色，下垂，小枝四棱形，无毛。叶对生，三出复叶，小枝基部常具单叶；叶柄长0.6~1.5cm，无毛，侧生小叶无柄，顶生小叶近无柄；叶片和小叶片近革质，两面近无毛，叶缘反卷，具睫毛；小叶片长卵形或长卵状披针形，先端钝或圆，具小尖头，基部楔形，顶生小叶片长2.5~6.5cm，宽0.5~2.2cm，侧生小叶片长1.5~4cm，宽0.6~2cm；单叶叶片宽卵形至椭圆形。花常单生于叶腋；花梗长5~10(~14)mm，具叶状苞片，无毛；花萼钟状，顶端通常6~7裂，裂片叶状，披针形，长5~9mm，无毛；花冠黄色，漏斗状，直径3.5~5cm，花冠筒长0.7~1.2cm，裂片6~12，宽倒卵形、倒卵状长圆形或长圆形，长1.1~2.2cm，宽0.7~1.5cm，多呈半重瓣或重瓣；雄蕊2，内藏；雌蕊与花冠筒近等长或略长于花冠筒，子房无毛。花期3—4月。

官埔垟等地有栽培。我国特有，原产于四川西南部、贵州及云南。

2. 清香藤

Jasminum lanceolaria Roxb.

攀援灌木。茎长3~5m。小枝圆柱形，无毛或被短柔毛。叶对生，三出复叶，稀单叶；叶柄长1.5~2.5cm，与顶生小叶柄近等长，无毛或密被柔毛；小叶片革质，椭圆形、长圆形至卵状披针形，长3.5~12.5cm，宽1.5~6.5cm，先端锐尖、渐尖或尾尖，基部圆形或楔形，全缘，上面绿色有光泽，无毛或被短柔毛，下面色较淡，无毛至密被柔毛，顶生小叶片与侧生小叶片近等大或稍大。复聚伞花序顶生或腋生，无毛至密被毛；花梗长0~2mm；花萼筒状，裂片三角形，长小于1mm，或近截形；花冠白色，芳香，花冠筒长2~2.5cm，裂片4~5，长0.7~1cm，先端短突尖；

花柱异长。果球形，直径约1cm，成熟时呈黑色。花期6—7月，果期次年1—3月。

见于官埔垟、坪田及保护区外围大赛等地。生于海拔350~900m的沟谷、溪边、山坡的疏林下或灌丛中。分布于华东、华中、华南、西南及陕西、甘肃等地。越南、泰国、缅甸、印度、不丹也有。

3. 华素馨　华清香藤

Jasminum sinense Hemsl.

缠绕藤本，茎长1~7m。小枝圆柱形，密被锈色长柔毛。叶对生，三出复叶；小叶片纸质，上面无光泽，卵形、卵状椭圆形或卵状披针形，先端钝至渐尖，基部圆形或阔楔形，两面被锈色柔毛，稀两面除脉上有毛外，其余无毛，全缘，背卷，侧脉3~6对；顶生小叶片较大，长2.5~9cm，宽1~4.5cm，侧生小叶片长1~7.5cm，宽0.5~5.4cm。叶柄长1.5~2cm，与顶生小叶柄近等长，侧生小叶柄很短，长1~2mm，有柔毛。聚伞花序顶生或腋生，密被灰黄色柔毛；花梗长0~3mm；花萼筒状，被柔毛，裂片5，线形或尖三角形，长2~3mm，果时稍增大；花冠白色，芳香，花冠筒长1~3cm，裂片5，长约1cm，先端渐尖；花柱异长。果长圆形或近球形，长约0.8cm，熟时黑色。花期9—10月，果期次年3—5月。

见于大田坪和保护区外围大赛等地。生于海拔1270m以下的沟谷、山坡的疏林下或灌丛中。我国特有，分布于华东、华中、华南、西南。

一一九　玄参科 Scrophulariaceae

一年生或多年生草本，稀为灌木或乔木。叶互生、对生或轮生，或基部对生、上部互生，单叶或有时羽状深裂。总状、穗状或聚伞状圆锥花序；花两性，通常两侧对称，稀辐射对称；花萼常宿存，(2~)4或5裂、全裂，各式连合；花冠合瓣，檐部(3)4或5裂，常二唇形；雄蕊4，二强，有时有1或2个退化雄蕊；子房基部常有蜜腺，环状、杯状或退化成腺体，2室，稀顶端1室，胚珠多数，稀每室2颗，花柱单一，柱头头状，2裂。果为蒴果，稀为浆果。种子小，有时具翅，种皮常网状，种脐侧生或位于腹部。

约220属，4500种，全球广布。本区有14属，26种。

黑蒴 *Alectra arvensis* (Benth.) Merr.
泥花草 *Lindernia antipoda* (L.) Alston
母草 *Lindernia crustacea* (L.) F. Muell.
陌上菜 *Lindernia procumbens* (Krock.) Borbás.
刺毛母草 *Lindernia setulosa* (Maxim.) Tuyama ex H. Hara
早落通泉草 *Mazus caducifer* Hance
通泉草 *Mazus pumila* (Burm. f.) Steenis
林地通泉草 *Mazus saltuarius* Hand.-Mazz.
圆苞山萝花 *Melampyrum laxum* Miq.
小果草 *Microcarpaea minima* (J. König ex Retz.) Merr.
鹿茸草 *Monochasma sheareri* (S. Moore) Maxim. ex Franch. et Sav.
白花泡桐 *Paulownia fortunei* (Seem.) Hemsl.
台湾泡桐 *Paulownia kawakamii* T. Itô
江南马先蒿 *Pedicularis henryi* Maxim.
松蒿 *Phtheirospermum japonicum* (Thunb.) Kanitz
玄参 *Scrophularia ningpoensis* Hemsl.
阴行草 *Siphonostegia chinensis* Benth.
腺毛阴行草 *Siphonostegia laeta* S. Moore
长叶蝴蝶草 *Torenia asiatica* L.
紫萼蝴蝶草 *Torenia violacea* (Azaola ex Blanco) Pennell
直立婆婆纳 *Veronica arvensis* L.
多枝婆婆纳 *Veronica javanica* Blume
蚊母草 *Veronica peregrina* L.
阿拉伯婆婆纳 *Veronica persica* Poir.
水苦荬 *Veronica undulata* Wall.
毛叶腹水草 *Veronicastrum villosulum* (Miq.) T. Yamaz.
硬毛腹水草(变种) var. *hirsutum* T. L. Chin et Hong
两头连(变种) var. *parviflorum* T. L. Chin et Hong

分属检索表

1. 乔木 …………………………………………………………………… **1. 泡桐属 *Paulownia***
1. 草本，有时基部木质化。

2. 植株柔弱铺地，分枝极多；叶片极小，长小于5mm；茎上每节具1花 ………… 2. 小果草属 *Microcarpaea*

2. 植株直立或匍匐；叶片较大。

3. 能育雄蕊4，有1位于花冠筒后方的退化雄蕊；聚伞花序再组成顶生圆锥花序… 3. 玄参属 *Scrophularia*

3. 能育雄蕊2、4或5，退化雄蕊如有，则为2，位于花冠筒的前方；总状、穗状花序或单生。

4. 雄蕊2。

5. 叶对生，或在茎上部互生、轮生；花冠筒很短；蒴果顶端微凹 ……………… 4. 婆婆纳属 *Veronica*

5. 叶互生；花冠筒较长；蒴果顶端全缘 ……………………………………… 5. 腹水草属 *Veronicastrum*

4. 雄蕊4，如为2，则在花冠筒前方有2退化雄蕊。

6. 花冠上唇多少向前方弓曲，呈盔状或狭长的倒舟状。

7. 蒴果仅有1~4粒种子；种子大而平滑；苞片具齿，稀全缘；花冠上唇边缘密被硬毛 ……………… …………………………………………………………………………… 6. 山萝花属 *Melampyrum*

7. 蒴果具多粒种子；种子小而有纹饰；苞片常全缘；花冠上唇边缘不密被硬毛。

8. 花萼基部无小苞片。

9. 花萼常在前方深裂。具2~5齿；花冠上唇常延长成喙，边缘不向外翻卷 ……………… ………………………………………………………………………… 7. 马先蒿属 *Pedicularis*

9. 花萼均等5裂；花冠上唇边缘向外翻卷 ……………………… 8. 松蒿属 *Phtheirowpermum*

8. 花萼基部有2小苞片。

10. 花萼5裂；花冠黄色；蒴果线形；叶片羽状分裂 …………………… 9. 阴行草属 *Siphonostegia*

10. 花萼4裂；花冠淡红色；蒴果卵圆形；叶片线状披针形 ……… 10. 鹿茸草属 *Monochasma*

6. 花冠上唇伸直或向后翻卷，不呈盔状或倒舟状。

11. 花梗上或花萼下具1对小苞片；花冠裂片开展，近辐射对称 ……………… 11. 黑蒴属 *Alectra*

11. 花梗上或花萼下无小苞片；花冠裂片明显二唇形。

12. 花萼明显有5翅，浅裂成萼齿 ……………………………………… 12. 蝴蝶草属 *Torenia*

12. 花萼无翅，深裂成明显的裂片。

13. 花萼5深裂，几达基部，如浅裂，则蒴果披针状狭长；花丝常有附属物 … 13. 母草属 *Lindernia*

13. 花萼钟状，裂达一半左右；蒴果短；花丝无附属物 ……………… 14. 通泉草属 *Mazus*

1 泡桐属 *Paulownia* Siebod et Zucc.

落叶乔木。树皮老时纵裂；枝对生，常无顶芽；除老枝外，全体均被毛。叶对生；叶片心形或长卵状心形，全缘、波状或3~5浅裂，多毛。花(1~)3~5(~8)组成小聚伞花序，经冬季叶状总苞和苞片脱落而多数小聚伞花序组成大型圆锥形、金字塔形或圆柱形花序。花萼钟形或基部渐狭成倒圆锥形，被毛，萼齿5，稍不等；花冠大，紫色或白色，花冠管基部狭缩，通常在离基部5~6mm处向前弓曲，曲处以上突然膨大，花冠漏斗状钟形，常有深紫色斑点，檐部二唇形，上唇2裂，多少向后翻卷，下唇3裂，伸长；雄蕊4，二强，不伸出，子房2室。蒴果室背开裂。种子小而多，有膜质翅。

7种，我国均产，白花泡桐分布到东亚和东南亚，有些种类已在世界各大洲引种栽培。本区有2种。

分种检索表

1. 小聚伞花序具花序梗,花白色;叶片上面无毛,下面具星状毛及腺毛………………… 1. 白花泡桐 *P. fortunei*
1. 小聚伞花序无花序梗,花浅紫色或蓝紫色;叶片两面具腺毛 …………………… 2. 台湾泡桐 *P. kawakamii*

1. 白花泡桐

Paulownia fortunei(Seem.)Hemsl.

树高达30m,树冠圆锥形,主干通直;幼枝、叶、花序各部和幼果均被黄褐色星状茸毛,叶柄、叶片上面和花梗渐变无毛。叶片长卵状心形,长达20cm,先端长渐尖,下面有星状毛及腺;叶柄长达12cm。花序狭长,呈圆柱形,长约25cm,小聚伞花序有花3~8朵;花萼倒圆锥形,长2~2.5cm,分裂至1/4~1/3处,萼齿卵圆形至三角状卵圆形;花冠管状漏斗形,白色仅背面稍带紫色,长8~12cm,管部自基部向上逐渐扩大,稍稍向前弓曲,外面有星状毛,腹部无明显纵褶,内部密布紫色细斑块;雄蕊有疏腺;子房有腺,有时具星状毛。蒴果长圆形或长圆状椭圆形,顶端具喙,宿萼开展或漏斗状。种子连翅长6~10mm。花期3—4月,果期7—8月。

见于官埔垟及保护区外围大赛等地。生于山麓、山谷、路边,野生或栽培。分布于东亚、东南亚。

本种树干直,生长快,适应性较强,适宜栽培供观赏。

2. 台湾泡桐 华东泡桐

Paulownia kawakamii T. Itô

树高达12m,树冠伞形,主干矮。小枝褐灰色,有明显皮孔。叶片心形,大者长达48cm,先端锐尖,全缘或3~5裂,两面有腺毛,具黏液;叶柄较长,幼时具长腺毛。花序为宽大圆锥形,长可达1m;小聚伞花序无花序梗或位于下部者具短花序梗,被黄褐色茸毛,常具3花;花萼有茸毛,具明显的凸脊,深裂达一半以上,萼齿狭卵圆形,锐尖,边缘绿色；花冠近钟形，浅紫色或蓝紫色，长3~5cm，外面有腺毛，管基部细缩，向上扩大，檐部二唇形；子房有腺，花柱长约1.4cm。蒴果卵圆形，顶端有短喙，果皮薄，宿萼辐射状，常强烈反卷。种子连翅长3~4mm。花期4—5月，果期8—9月。

见于官埔垟等地。生于山坡灌丛、疏林或荒地，野生或栽培。分布于华东、华中、华南等地。

2 小果草属 *Microcarpaea* R. Br.

一年生纤细小草本，极多分枝而呈垫状，全体无毛。叶对生，半抱茎，叶脉不显。花单生于叶腋，无梗；花萼管状钟形，5棱，具5齿，萼齿狭三角状卵形，疏生睫毛；花冠粉红色，近钟状，与花萼近等长，檐部4裂。蒴果卵圆形，略扁，有2条沟槽，室背开裂。种子少数，棕黄色，纺锤状卵圆形，近平滑。

单种属，分布于亚洲东部、东南部、南部及大洋洲。本区也有。

小果草

Microcarpaea minima (J. König ex Retz.) Merr.

一年生纤细小草本，极多分枝而呈垫状，全体无毛。叶无柄，半抱茎，宽线形或窄长圆形，长3~4mm，全缘，稍厚，叶脉不显。花单生于叶腋，有时每节1朵而为互生，无梗；花萼管状钟形，长约2.5mm，5棱，具5齿，萼齿窄三角状卵形，疏生睫毛；花冠粉红色，近钟状，与萼近等长，檐部4裂。蒴果比萼短，卵圆形，略扁，有2条沟槽，室背开裂。种子少数，棕黄色，纺锤状卵圆形，近平滑，长约0.3mm。花果期9—11月。

见于保护区外围大赛梅地。生于海拔400左右的稻田或沼泽地。分布于亚洲东部、东南部、南部及大洋洲。

3 玄参属 *Scrophularia* L.

多年生草本或亚灌木状，稀一年生草本。叶对生或很少上部的互生。花先组成聚伞花序(有时退化至仅存1花)，单生于上部叶腋或再组成顶生聚伞状圆锥、穗状或近头状花序。花萼4裂；花冠上唇常较长而2裂，下唇3裂，除中裂片向外反卷外，其余裂片均近直立；能育雄蕊4，多少呈二强，内藏或伸出花冠，花丝基部贴生于花冠筒上，花药汇合成1室；子房周围有花盘，2室，中轴胎座，胚珠多数，花柱与子房近等长，柱头通常很小。蒴果室间开裂。种子多数。

200种以上，分布于欧亚大陆的温带，地中海地区尤多，在北美洲只有少数种类。本区有1种。

玄参 浙玄参

Scrophularia ningpoensis Hemsl.

多年生草本，高逾1m。根纺锤形或胡萝卜状膨大。茎四棱形，有浅槽。叶在茎下部对生而具长柄，上部的有时互生而具极短柄；叶片通常卵形，有时上部为卵状披针形或披针形，基部楔形、圆形或近心形，边缘具细锯齿，长8~30cm，宽5~15cm。花序由顶生和腋生的聚伞状圆锥花序合成大型圆锥花序，长可达50cm；花梗长0.3~3cm，有腺毛；花萼长2~3mm，裂片圆形；花冠褐紫色，长8~9mm，上唇长于下唇，裂片圆形，边缘相互重叠；雄蕊短于下唇，花丝肥厚；花柱长约3mm。蒴果卵圆形，连同短喙长8~9mm。花期6—10月，果期9—11月。

见于炉岙至双溪村途中。生于竹林、溪旁、阔叶林林下或高草丛中，常有栽培。我国特有，分布于华东、华中、华南、西北等地。

根入药，“浙八味”之一，有滋阴降火、消肿解毒等功效。

4 婆婆纳属 *Veronica* L.

一年生或二年生草本。叶通常对生,稀轮生或上部互生。总状花序顶生或侧生,有些种花密集成穗状,有时很短而呈头状。花萼深裂,裂片4或5;花冠具很短的筒,近辐射状,裂片4,常开展,不等宽,后方1枚最宽,前方1枚最窄,有时稍二唇形;能育雄蕊2,花丝下部贴生于花冠筒后方,药室叉开或并行,顶端汇合;花柱宿存,柱头头状。蒴果形状多样,稍侧扁或明显侧扁,两面各有1条沟槽,顶端微凹或明显凹缺,室背2裂。种子每室具1至多颗,圆形、瓜子形或卵圆形,扁平而两面稍肿胀或舟状。

约250种,广布于全球,主产于欧亚大陆。本区有5种。

分种检索表

1. 总状花序顶生,因有时苞片叶状而如同花单朵生于每个叶腋。
  2. 种子扁平,光滑;花梗极短,远短于苞片。
    3. 茎无毛或疏生柔毛;叶片倒披针形;花通常白色 ································· 1. 蚊母草 *V. peregrina*
    3. 茎密生长柔毛;叶片卵圆形;花通常紫色或蓝色 ································· 2. 直立婆婆纳 *V. arvensis*
  2. 种子舟状,多皱纹;花梗细长,长于苞片 ··· 3. 阿拉伯婆婆纳 *V. persica*
1. 总状花序往往成对侧生于叶腋,有时因茎顶端停止发育而呈假顶生状态。
  4. 水生或沼生;植株粗壮,茎中空;叶无柄或近无柄,叶片长圆状披针形或披针形;蒴果圆形或卵圆形 ·· 4. 水苦荬 *V. undulata*
  4. 陆生;植株柔弱,茎实心;叶具柄,叶片卵形至卵状三角形;蒴果倒心形 ······ 5. 多枝婆婆纳 *V. javanica*

1. 蚊母草

Veronica peregrina L.

一年生或二年生草本。植株高10~25cm,通常自基部多分枝,主茎直立,侧枝披散,全体无毛或疏生柔毛。叶无柄,下部的倒披针形,上部的长矩圆形,长1~2cm,宽2~6mm,全缘或中、上部有三角状锯齿。总状花序长,果期达20cm;苞片与叶同形而略小;花梗极短;花萼裂片长矩圆形至宽条形,长3~4mm;花冠通常白色,裂片长矩圆形至卵形;雄蕊短于花冠。蒴果倒心形,明显侧扁,长3~4mm,宽略过之,边缘生短腺毛,宿存的花柱不超出凹口。种子矩圆形。花果期4—7月。

见于双溪及保护区外围小梅金村至大窑、屏南瑞垟等地。生于潮湿的荒地、路边、水田边。分布于亚洲、南美洲、北美洲。

带虫瘿的全草入药,可治跌打损伤、瘀积肿痛及骨折等;嫩苗味苦,水煮去苦味,可食。

2. 直立婆婆纳

Veronica arvensis L.

一年生或二年生草本。茎直立或上升，不分枝或铺散分枝，密被白色长柔毛。叶常3~5对，下部的有短柄，中、上部的无柄，叶片卵圆形，长0.5~1.5cm，宽0.4~1cm，具3~5脉，边缘具圆或钝齿，两面被硬毛。总状花序顶生，长而多花，长可达20cm，各部被白色腺毛；下部的苞片长卵形而疏具圆齿，上部的苞片长椭圆形而全缘；花梗极短；花萼长3~4mm，裂片线状椭圆形，前方2枚长于后方2枚；花冠蓝紫色或蓝色，裂片圆形或狭长圆形；雄蕊短于花冠。蒴果倒心形，明显侧扁，宽稍长于长，边缘有腺毛，凹口很深。种子长圆形。花果期4—5月。

见于双溪等地。生于路边荒草地。原产于欧洲，我国华中、华东有归化。

3. 阿拉伯婆婆纳 波斯婆婆纳

Veronica persica Poir.

一年生或二年生草本。茎铺散斜生，多分枝，密生2列柔毛。叶2~4对，叶片卵圆形或圆形，长0.6~2cm，宽0.5~1.8cm，基部浅心形，平截或浑圆，边缘具钝齿，两面疏生柔毛；叶柄短。总状花序很长；苞片互生，与叶同形近等大。花梗长于苞片，有的超过1倍；花萼长3~5mm，果期增大，裂片卵状披针形，有睫毛；花冠蓝色、紫色或蓝紫色，长4~6mm，裂片卵形或圆形，喉部疏被毛；雄蕊短于花冠。蒴果肾形，长约5mm，宽大于长，初被腺毛，后近无毛。种子背面具深横纹。花果期3—5月。

区内常见。生于路边荒草地、菜地边。原产于欧洲西南部，我国已广泛归化。

4. 水苦荬

Veronica undulata Wall.

一年生或二年生水生或沼生草本。茎、花序轴、花梗、花萼和蒴果疏生腺毛。茎直立，高20~100cm，圆柱形，中空。叶对生，无柄；叶片长圆状披针形或披针形，长3~10cm，宽0.5~1.5cm，先端急尖，基部圆形或心形而呈耳状抱茎，边缘通常有锯齿。总状花序成对侧生于叶腋，有时因茎顶端停止发育而呈假顶生状态，明显长于叶；苞片宽线形；花萼4深裂，裂片狭长圆形；花冠白色，直径4~5mm。蒴果近球形。花果期4—6月。

见于保护区外围屏南百步、小梅金村等地。生于浅水沟中、农田、湿地中。分布于东亚、南亚。

带虫瘿的全草入药，有和血止痛、通经止血的功效。

5. 多枝婆婆纳

Veronica javanica Blume

一年生或二年生草本。全株多少被柔毛，无根状茎，植株高达30cm。茎自基部多分枝，侧枝常倾卧上升。叶片卵形或卵状三角形，长1~4cm，先端钝，基部浅心形或平截，边缘具钝齿；叶柄长1~7mm。总状花序侧生于叶腋，有的很短，几乎集成伞房状，有的较长，果期可达10cm；苞片线形或倒披针形，长4~6mm；花梗远比苞片短；花萼裂片线状长椭圆形，长2~5mm；花冠白色、粉色或紫红色，长约2mm。蒴果倒心形，长2~3mm，顶端凹口深达果长的1/3，有睫毛，宿存花柱极短。花果期4—6月。

见于官埔垟及保护区外围大赛、屏南梧树垟等地。生于山坡草丛、路边、荒地。分布于亚洲、非洲。

5 腹水草属 *Veronicastrum* Heist. ex Farbc.

多年生草本。根幼嫩时常密被黄色茸毛。茎直立或弓曲，顶端着地生根。叶互生、对生或轮生。穗状花序顶生或腋生，花通常极为密集。花萼深裂，裂片5，后方1枚稍小；花冠4裂，管状，伸直或稍弓曲，内面常密生1圈柔毛，稀近无毛，檐部辐射对称或多少二唇形，裂片不等宽，后方1枚最宽，前方1枚最窄；能育雄蕊2，着生于花冠筒后方，伸出花冠，花丝下部常被柔毛，稀无毛，药室不汇合；柱头小。蒴果卵圆形，稍侧扁，有两条沟纹，4裂。种子多数，椭圆形或长圆形，具网纹。

约20种，产于亚洲东部和北美洲。本区有1种。

毛叶腹水草

Veronicastrum villosulum（Miq.）T. Yamaz.

根状茎极短。茎圆柱形，有时上部有窄棱，弓状弯曲，顶端着地生根，密被棕色直长腺毛。叶互生；叶片常卵状菱形，长7~12cm，基部常宽楔形，稀浑圆，先端急尖或渐尖，边缘具锯齿，两面密被棕色长腺毛。花序头状，腋生，长1~1.5cm；苞片披针形，与花冠近等长，密生棕色长腺毛和睫毛；花萼裂片钻形，短于苞片，并被同样毛；花冠紫色或蓝紫色，长6~7mm，裂片短，长仅1mm，正三角形；雄蕊明显伸出。蒴果卵圆形，长2.5mm。种子黑色，球状，直径约0.3mm。花果期7—10月。

见于官埔垟、炉岙、乌狮窟、双溪、金龙及保护区外围屏南百步等地。生于路边林下、溪边岩石旁。分布于东亚。

全草入药，有利尿消肿、消炎解毒的功效。

a. 硬毛腹水草

var. **hirsutum** T. L. Chin et Hong

与毛叶腹水草的区别在于：其茎被棕黄色卷毛，叶片被短刚毛。

见于官埔垟、炉岙、金龙及保护区外围屏南百步等地。生于林下、溪沟边。我国特有，分布于华东。

b. 两头连

var. **parviflorum** T. L. Chin et Hong

与毛叶腹水草的区别在于：其茎、叶片两面脉上被短曲毛，花冠白色。

见于官埔垟、炉岙、乌狮窟及保护区外围大赛等地。生于林下、林缘草丛中。我国特有，分布于华东。

6 山萝花属 *Melampyrum* L.

一年生半寄生草本。叶对生，全缘。苞叶与叶同形，常有尖齿或刺毛状齿，稀全缘。花具短梗，单生于苞叶腋中，集成总状花序或穗状花序，无小苞片。花萼钟状，萼齿4，后面两枚较大；花冠筒管状，向上渐变粗，檐部扩大，二唇形，上唇盔状，侧扁，顶端钝，边缘窄而翻卷，下唇稍长，开展，基部有2条皱褶，顶端3裂；雄蕊4，二强，花药靠拢，伸至盔下，药室等大，基部有锥状突尖，药室开裂后沿裂缝有须毛；子房每室有胚珠2；柱头头状，全缘。蒴果卵状，略扁，顶端钝或渐尖，室背开裂，有种子1~4颗。种子圆柱形，平滑。

约20种，分布于北半球。本区有1种。

圆苞山萝花

Melampyrum laxum Miq.

植株直立，高25~35cm。茎多分枝，有2列多细胞柔毛。叶片卵形，长2~4cm，宽0.8~1.5cm，基部近圆钝至宽楔形，顶端稍钝，两面被鳞片状短毛；苞叶心形至卵圆形，顶端圆钝，下部的苞叶边缘仅基部有1~3对粗齿，上部的苞叶边缘有多个短芒状齿；花疏生至多少密集；萼齿披针形至卵形，顶端锐尖，脉上疏生柔毛；花冠黄白色，长1.6~1.8cm，筒部长为檐部的3~4倍，上唇内面密被须毛。蒴果卵状渐尖，稍偏斜，长约1cm，疏被鳞片状短毛。花果期6—9月。

见于凤阳庙、黄茅尖、凤阳湖、龙案等地。生于路边、林下、灌草丛中。分布于东亚。

7 马先蒿属 *Pedicularis* L.

一年生、二年生、多年生草本，常半寄生或半腐生。叶互生、对生或轮生，常羽状分裂或1~2回羽状全裂，下部叶具长柄，上部叶近无柄。总状或穗状花序，常顶生；苞片常叶状；花萼筒状或钟状，常二唇形，前方常分裂，萼齿2~5；花冠紫色、红色、黄色或白色，二唇形，上唇盔状，下唇3裂，常开展；雄蕊4，二强，柱头头状。蒴果近卵圆形，两侧扁，常具喙，室背开裂。种子多数，有网状或蜂窝状孔纹。

约600种，分布于北半球。本区有1种。

江南马先蒿

Pedicularis henryi Maxim.

多年生草本。茎丛生，高16~35cm，密被锈褐色污毛。叶互生；叶片纸质，长圆状披针形至线状长圆形，长15~40mm，宽5~8mm，两面均被短毛，羽状全裂，裂片6~8对，基生叶多达24对，边缘具白色胼胝齿而常反卷。总状花序，生于茎中部以上枝叶腋中；花梗纤细，密被短毛；花萼多少圆筒形，萼齿5，偶见3，深裂，有毛；花冠浅紫红色，长18~25mm，上唇中部向前上方弓曲，前端缩窄为向下的短喙，顶端2浅裂，下唇下部锐角开展，无缘毛；花丝均密被长柔毛；花柱略伸出。蒴果斜披针状卵形。种子卵形而尖，形如桃，褐色。花期5—9月，果期8—11月。

见于大小天堂等地。生于近山顶坡面灌草丛中。我国特有，分布于长江以南各地。

可供观赏。

8 松蒿属 *Phtheirospermum* Bunge

一年生或多年生草本,全体密被黏质腺毛。茎单出或成丛。叶对生,有柄或无柄,如有柄,则叶片基部常下延成狭翅;叶片1~3回羽状分裂;小叶片卵形、矩圆形或条形。花具短梗,生于上部叶腋,成疏总状花序,无小苞片;花萼钟状,5裂;萼齿全缘至羽状深裂;花冠黄色至红色,管状,具2褶皱,上部扩大,5裂,裂片二唇形;上唇较短,直立,2裂,裂片外卷;下唇较长而平展,3裂;雄蕊4,二强,前方1对较长;花药无毛;药室2,相等,分离,并行,而有1短尖头;子房长卵形,花柱顶部匙状扩大,浅2裂。蒴果压扁,具喙,室背开裂;裂片全缘。种子具网纹。

3种,分布于亚洲东部。本区有1种。

松蒿

Phtheirospermum japonicum(Thunb.)Kanitz

一年生草本,植株被多细胞腺毛。茎直立或弯曲后上升,通常多分枝。叶具长5~12mm、边缘有狭翅之柄,叶片长三角状卵形,长1.5~5.5cm,宽0.8~3cm,近基部的羽状全裂,向上则为羽状深裂;小裂片长卵形或卵圆形,多少歪斜,边缘具重锯齿或深裂。花梗长2~7mm,花萼长4~10mm,萼齿5,披针形,长2~6mm,宽1~3mm,羽状浅裂至深裂,裂齿先端锐尖;花冠紫红色至淡紫红色,长8~25mm,外面被柔毛,上唇裂片三角状卵形,下唇裂片先端圆钝;花丝基部疏被长柔毛。蒴果卵球形,长6~10mm。种子卵圆形,扁平,长约1.2mm。花果期6—10月。

见于保护区外围大赛。生于山坡灌草丛中。分布于东亚。

9 阴行草属 *Siphonostegia* Benth.

一年生草本。全株密被短毛或腺毛。茎上部多分枝。叶对生或上部的为假对生。总状花序顶生;花对生,稀疏;苞片不裂或叶状,花梗短,具2线状披针形小苞片;花萼管状钟形,脉间有褶皱,萼齿5,近相等;花冠二唇形,花冠管细,上唇略镰状,前下方有2短齿,下唇与上唇近等长,3裂,裂片近相等,有褶皱;雄蕊4,二强;花药2室,背着;子房2室,胚珠多数,柱头头状。蒴果卵状长椭圆形,包于宿存花萼筒内;种子多数。

4种,分布于亚洲。本区有2种。

分种检索表

1. 全株密被锈色短毛,非腺毛;花萼的脉粗壮;种子黑色 ······································ 1.阴行草 *S. chinensis*
1. 全株密被腺毛;花萼的脉细而微凸;种子黄褐色 ··· 2.腺毛阴行草 *S. laeta*

1. 阴行草

Siphonostegia chinensis Benth.

一年生草本,高可达80cm。全株密被锈色毛。茎单一,基部常有少数膜质鳞片。叶对生,无柄或有短柄;叶片厚纸质,宽卵形,长0.8~5.5cm,宽0.4~6cm,1回羽状全裂,裂片约

3对，小裂片1~3，线形。花对生于茎、枝上部，苞片叶状；花梗短，有2小苞片；花萼筒长1~1.5cm，主脉10条，凸起，脉间凹入成沟，萼齿5，长为花萼筒长的1/4~1/3；花冠长2.2~2.5cm，上唇红紫色，下唇黄色，上唇背部被长纤毛；花丝基部被毛。蒴果长约1.5cm，黑褐色。种子黑色。花期6—8月，果期9—10月。

见于保护区外围屏南瑞垟。生于山坡路边或荒草地。分布于东亚。

2. 腺毛阴行草

Siphonostegia laeta S. Moore

一年生草本。全株密被腺毛。茎常单一；枝3~5对，细长柔弱。叶对生，叶柄长0.6~1cm；叶片三角状长卵形，长1.5~2.5cm，宽0.8~1.5cm，掌状3深裂，裂片不等，中裂片较大，羽状浅裂。花对生，稀疏；苞片叶状；花无梗或具短梗；小苞片2；花萼筒长1~1.5cm，萼齿5，长为花萼筒长的1/2~2/3；花冠黄色，长2.3~2.7cm，花冠筒伸直，细长，二唇形；花丝密被毛；子房

长卵圆形,柱头头状。蒴果卵状长圆形,黑褐色,长1.2~1.3cm,顶端稍有短突尖。种子多数,长卵圆形,黄褐色。花期7—9月,果期9—10月。

见于炉岙、大田坪、双溪、金龙等地。生于海拔500~1300m的草丛或灌木林较阴湿处。我国特有,分布于华东、华中、华南。

10 鹿茸草属 *Monochasma* Maxim. ex Franch. et Sav.

多年生草本。茎多数,丛生,多基部倾卧上升,被毛。叶对生,无柄,叶片披针形或线形,全缘,下部叶鳞片状。花序总状或单花顶生,具2小苞片。花萼筒状,主肋9条,凸起,萼齿4~5;花冠白色、淡紫色或粉红色,唇形,上唇稍反卷或略呈盔状,下唇3裂,有缘毛,中裂较侧裂长:雄蕊4,二强,花药2室,背着,下端有小尖头:子房不完全2室,花柱线形,顶部前弯。蒴果具4沟,为宿萼所包。种子多数,种皮常有微刺毛,

2种,分布于东亚。本区有1种。

鹿茸草

Monochasma sheareri(S. Moore)Maxim. ex Franch. et Sav.

多年生草本。茎丛生,细而硬,高15~30cm;植株稍呈绿色,疏被绵毛、上部被短毛或近无毛。叶交互对生,无柄;叶片线形或线状披针形,全缘,茎下部叶鳞片状,长约2mm,宽1mm,贴茎,呈覆瓦状。总状花序顶生,花稀疏;花梗长2~9mm;小苞片2;花萼筒长4~5mm,具9条凸肋,萼齿4,线状披针形,长0.8~1cm,花后花萼筒膨大,中肋呈窄翅状,齿长于花冠;花冠淡紫色,二唇形,外面疏被白色柔毛,上唇2浅裂,下唇伸展,3深裂至基部;子房长卵形。蒴果卵形,长6~8mm,室背开裂。种

子扁椭圆形，长1.5mm，被毛。花果期4—5月。

见于炉岙、凤阳湖、金龙及保护区外围小梅金村、屏南百步、屏南瑞垟等地。生于山坡林缘、岩石旁、草丛中。我国特有，分布于华东、华中。

11 黑蒴属 *Alectra* Thunb.

草本，直立、坚挺。叶对生或上部互生，无柄，基出3脉。花单生于苞腋，组成顶生穗状或总状花序，基部常间断。小苞片2对生；花萼钟状，萼齿5，镊合状排列；花冠近钟形，花冠筒较花萼短或稍伸出，裂片5，宽而开展，覆瓦状排列，稍左右对称，花芽时下面裂片在外；雄蕊4，二强，药室并排，分离，具短突尖；花柱长，弯曲，柱头舌状。蒴果近球形，包于宿存花萼内，室背开裂。种子极多数而小。

约30种，分布于非洲热带、美洲和亚洲。本区有1种。

黑蒴

Alectra arvensis（Benth.）Merr.——*Melasma arvense*（Benth.）Hand.-Mazz.

一年生草本。全株被毛，干后变成黑色，高可达50cm；有时上部分枝，基部木质化。叶片宽卵形或卵状披针形，长2~3cm，先端钝圆或渐尖，基部楔形，中部疏生锯齿，两面密被短毛，有时老叶上面被刺毛；近无柄。总状花序顶生；苞片叶状；花梗极短，小苞片丝状；花萼长5~6mm，被髯毛，萼齿三角形，先端长渐尖；花冠黄色，长6~8mm，花冠筒宽钟形，包在花萼内，裂片5，前方1片稍大，余近圆形；雄蕊着生于花冠筒中部以下，后方1对花丝被长腺毛；柱头舌状，被茸毛状腺毛。蒴果球形，无毛。种子圆柱形，包于杯状网膜内。花果期8—11月。

见于均溪等地。生于坑边、山坡草地或疏林中。分布于东亚、东南亚。以往记载分布于均溪，未见标本，本次调查亦未发现。

12 蝴蝶草属 *Torenia* L.

草本，无毛或被柔毛，稀被硬毛。叶对生，通常具柄。花序总状或腋生伞形花序成簇，稀退化为叉生的2朵顶生花，或仅1朵花。无小苞片；具花梗；花萼具棱或翅，通常二唇形，萼齿5；花冠二唇形，上唇直立，先端微凹或2裂，下唇3裂，裂片近相等；雄蕊4，均发育，后方2枚内藏，花丝丝状，前方2枚着生于喉部，花丝长而弓曲，基部各具1枚齿状、丝状或棍棒状附属物，稀不具附属物，花药成对靠合，药室顶部常汇合；子房上部被短粗毛，花柱先端2裂，胚珠多数。蒴果长圆形，为宿萼所包藏，室间开裂。种子多数，具蜂窝状皱纹。

约50种，主要分布于亚洲、非洲热带地区。本区有2种。

分种检索表

1. 叶片两面无毛，近三角形；花萼具狭翅；花丝基部具附属物 ………………………… 1. 长叶蝴蝶草 *T. asiatica*
1. 叶片两面疏被柔毛，卵形或长卵形；花萼具宽翅；花丝无附属物 ………………… 2. 紫萼蝴蝶草 *T. violacea*

1. 长叶蝴蝶草 光叶蝴蝶草

Torenia asiatica L.——*T. glabra* Osbeck

一年生草本，匍匐或近直立，节上生根。茎多分枝。叶片三角状卵形、狭卵形或卵状圆形，长1.5~3.2cm，先端渐尖，稀急尖，基部楔形或宽楔形，边缘具圆齿或锯齿，两面无毛；叶柄长2~8mm。单花腋生或顶生，或几朵排成伞形花序；花梗长0.5~2cm；花萼长0.8~1.5cm，二唇形，具5翅，翅宽超过1mm，多少下延，萼齿狭三角形，先端渐尖，果期裂成5小尖齿；花冠二唇形，紫红色或蓝紫色，长1.5~2.5cm；前方1对雄蕊花丝近基部有丝状附属物。蒴果包藏于宿萼内，长1~1.3cm。花果期5月至次年1月。

见于炉岙、金龙、南溪等地。生于山坡、路旁或沟边湿润处。我国特有，分布于华东、华中、华南、西南。

2. 紫萼蝴蝶草

Torenia violacea（Azaola ex Blanco）Pennell

一年生草本。茎直立或多少外倾，高可达35cm，自近基部起分枝。叶片卵形或长卵形，先端渐尖，基部楔形或多少平截，长2~4cm，宽1~2cm，向上逐渐变小，边缘具稍带短尖的锯齿，两面疏被柔毛；叶柄长0.5~2cm。伞形花序顶生或单花腋生，稀总状排列；花梗长约1.5cm；花萼长圆状纺锤形，具5翅，翅宽达2.5mm而稍带紫红色，长1.3~1.7cm，基部圆，先端裂成5小齿；花冠淡黄色或白色，长1.5~2.2cm，其超出萼齿部分仅长2~7mm，二唇形，上唇多少直立，近圆形，下唇3裂，裂片近相等，各有1枚蓝紫色斑块，中裂片中央有1枚黄色斑块；花丝不具附属物。花果期7—9月。

区内常见。生于山坡灌草丛、疏林下、菜地边。我国特有，分布于华东、华中、华南、西南。

13 母草属 *Lindernia* All.

草本,直立、倾卧或匍匐。叶对生,有柄或无;叶片形状多变,常有齿,稀全缘,脉羽状或掌状。花常对生,稀单生,生于叶腋或在茎、枝顶端形成稀疏的总状花序,有时短缩成假伞形花序,稀为大型圆锥花序。常具花梗,无小苞片;花萼具齿,齿相等,深裂、半裂;花冠紫色、蓝色或白色,二唇形,上唇直立,微2裂,下唇较大而伸展,3裂;雄蕊4,全育,稀前方1对退化,花丝常有齿状、丝状或棍棒状附属物,花药互相贴合或下方药室顶端有刺状或距;花柱顶端常膨大,多为2裂。蒴果室间开裂。种子小,多数。

约70种,主要分布于亚洲的热带和亚热带,大洋洲、美洲和欧洲也有少数种类。本区有4种。

分种检索表

1.植株通常直立,稀基部稍倾卧即上升;叶片具3~5基出脉或平行脉 …………… 1.陌上草 *L. procumbens*

1.植株通常铺散或长蔓状,稀近直立;叶片具羽状脉。

 2.花萼大部分连合,裂片三角形 …………… 2.母草 *L. crustacea*

 2.花萼深裂,仅基部稍连合,裂片线形。

  3.果短,与花萼近等长;植株被刺毛 …………… 3.刺毛母草 *L. setulosa*

  3.果长,远长于花萼;植株无毛 …………… 4.泥花草 *L. antipoda*

1. 陌上菜

Lindernia procumbens(Krock.)Borbás

一年生直立草本。根细密成丛。茎高可达20cm,基部多分枝,无毛。叶无柄;叶片椭圆形或长圆形,多少带菱形,长1~2.5cm,宽0.6~1.2cm,先端钝圆,全缘或有不明显钝齿,两面无毛,叶脉并行,自叶基发出3~5条。花单生于叶腋;花梗长1.2~2cm,无毛;花萼仅基部连合,萼齿5,线状披针形,长约4mm,外面微被短柔毛;花冠粉红色或紫色,长5~7mm,花冠筒向上渐扩大,上唇长约1mm,2浅裂,下唇长约3mm,3裂;雄蕊4,全育,前方2枚的附属物腺体状而短小;柱头2裂。蒴果球形或卵球形,与萼近等长或稍长,室间2裂。花果期7—10月。

见于官埔垟、龙案及保护区外围小梅金村古道等地。生于田埂上、潮湿地头、水沟边。分布于亚洲、欧洲。

2. 母草

Lindernia crustacea（L.）F. Muell.

一年生草本。茎高10~20cm，常铺散成丛，多分枝，枝弯曲上升，无毛。叶柄长1~8mm；叶片三角状卵形或宽卵形，长10~20mm，宽5~11mm，先端钝，基部宽楔形，边缘有浅钝锯齿，上面近于无毛，下面沿叶脉有疏柔毛。花单生于叶腋或在茎顶成极短的总状花序；花梗细弱，长5~22mm，有沟纹，近于无毛；花萼坛状，长3~5mm，具腹面分裂较深、侧背分裂较浅的5齿，齿三角状卵形，中肋明显，外面有疏粗毛；花冠紫色，长5~8mm，上唇直立，卵形，钝头，有时2浅裂，下唇3裂，稍长于上唇；雄蕊4，二强。蒴果椭圆形。种子近球形，有明显的蜂窝状瘤凸。花果期7—10月。

区内常见。生于田边、草地、路边等低湿处。分布于亚洲热带、亚热带地区。

全草入药，有清热解毒、利湿的功效。

3. 刺毛母草

Lindernia setulosa（Maxim.）Tuyama ex H. Hara

一年生草本。茎多分枝，多少方形，棱具翅棱，疏被刺毛或近无毛，大部倾卧，多少蔓生。叶有柄，柄长不及3mm；叶片宽卵形，先端微尖，基部宽楔形，边缘有4~6对齿，上面被平伏粗毛，下面较少或沿叶脉和近缘处有毛，叶脉羽状。花单生于叶腋，常占茎、枝的大部而形成疏总状，在茎、枝顶端有时叶近全缘而呈苞片状。花梗长1~2cm；花萼仅基部连合，萼齿5，线形，肋上及边缘有硬毛；花冠白色或淡紫色，长约7mm，稍长于花萼，上唇短，下唇较长；雄蕊4，全育。蒴果纺锤状卵圆形，比宿萼短。花果期6—8月。

见于官埔垟、炉岙、乌狮窟、大田坪及保护区外围大赛等地。生于山谷、道旁、林下、草地等较湿润处。分布于东亚。

4. 泥花草

Lindernia antipoda（L.）Alston

一年生小草本。茎高可达30cm，茎、枝无毛，基部匍匐，下部节上生根。叶片长圆形、长圆状披针形，长0.8~4cm，宽0.6~1.2cm，先端急尖或圆钝，基部楔形下延，有宽短叶柄，近于抱茎，边缘有少数不明显锯齿至有明显锐锯齿或近全缘，两面无毛，叶脉羽状。花多在茎、枝顶端呈总状，花序长达15cm；苞片钻形；花梗长达1.5cm；花萼基部连合，萼齿5，线状披针形；花冠淡红色，长达1cm，上唇2裂，下唇3裂，上、下唇近等长；后方1对雄蕊能育，前方1对退化，花丝顶端钩曲、有腺；花柱细，柱头扁平。蒴果圆柱形，顶端渐尖，长约为宿萼长的2倍或较多。花果期8—10月。

区内农田附近常见。生于路边、地头、田边等潮湿处。分布于亚洲至大洋洲热带、亚热带地区。

14 通泉草属 *Mazus* Lour.

一年生或二年生矮小草本。直立或倾斜，着地部分节上常生不定根。叶多基生，呈莲座状，茎上部叶多互生，叶柄有翅，边缘有锯齿，稀全缘或羽裂。总状花序顶生，稍偏向一侧；苞片小；花萼漏斗状或钟状，萼齿5；花冠二唇形，紫白色，花冠筒短，上部稍扩大，上唇直立，2裂，下唇较大，开展，3裂，有2褶皱从喉部达上、下唇裂口；雄蕊4，二强，着生于花冠筒上，药室叉开；柱头2裂。蒴果球形，包于宿存花萼内，室背开裂。种子小，极多数。

约35种，分布于北半球及大洋洲。本区有3种。

分种检索表

1. 子房被毛；茎老时至少下部木质化，无长蔓；花萼裂片披针形，先端急尖 …… 1.早落通泉草 *M. caducifer*
1. 子房无毛；茎草质，直立或倾卧而节上生根，或有长蔓；花萼裂片卵形，先端钝或急尖。
   2. 茎生叶少数，与基生叶近等大；叶片倒卵状匙形至倒卵状披针形；茎分枝多而披散，常在近基部即生花 ………………………………………………………… 2.通泉草 *M. pumila*
   2. 茎生叶多数，仅为基生叶的一半或更小；叶片倒卵圆形至近圆形；茎不分枝或少分枝，基部无花 ………………………………………………………… 3.林地通泉草 *M. saltuarius*

1. 早落通泉草

Mazus caducifer Hance

多年生草本，高可达50cm、粗壮。全株被白色长柔毛。茎直立或上升，基部木质化。基生叶倒卵状匙形，呈莲座状，常早枯萎；茎生叶对生，卵状匙形，长3.5~8(~10)cm，基部渐狭成带翅柄，具粗锯齿，有时浅裂。总状花序顶生，长可达35cm；花梗较花萼长；苞片小，早枯；花萼漏斗状，萼齿与花萼筒近等长；花冠淡蓝紫色，较花萼长2倍，上唇裂片尖，下唇中裂片凸出，较侧裂片小；子房被毛。蒴果球形。种子棕褐色，多而小。花果期4—8月。

见于官埔垟、均益、乌狮窟、双溪及保护区外围大赛等地。生于阴湿山谷、林下或草丛中。我国特有，分布于华东。

2. 通泉草

Mazus pumila（Burm. f.）Steenis——*M. japonicus*（Thunb.）Kuntze

一年生草本，高3~30cm。全株无毛或疏生短柔毛。茎直立、上升或倾卧上升，着地部分节上常生不定根，分枝多而披散。基生叶少至多数，有时莲座状或早落，倒卵状匙形至倒卵状披针形，长2~6cm，先端全缘或有不明显的疏齿，基部楔形，下延成带翅柄，边缘具不规则的粗齿或基部有1~2浅羽裂；茎生叶对生或互生，与基生叶相似而几乎等大。总状花序生于茎、枝顶端，常在近基部即生花，花稀疏；花萼钟状，花萼裂片与花萼筒近等长；花冠白色、紫色或蓝色，上唇裂片卵状三角形，下唇中裂片较小，稍凸出，倒卵圆形；子房无毛。蒴果球形。种子小而多数，黄色。花果期4—10月。

区内常见。生于山坡路边、林缘、荒草地。分布于东亚、东南亚。

3. 林地通泉草

Mazus saltuarius Hand.-Mazz.

多年生草本，高6~35cm。全株被多细胞白色长柔毛。茎1~5支，短距离匍匐上升，不分枝。基生叶常多数，莲座状，倒卵状匙形，连柄长1.5~6(~9)cm，基部渐狭成明显有翅的柄，边缘具波状齿或不整齐的浅圆齿；茎生叶稀疏，2~4对，远较基生叶小，倒卵圆形至近圆形，有粗锯齿，具短柄。总状花序顶生，有花3~12朵，稀疏；苞片卵状披针形；花梗长不超过10mm，下部的较长；花萼漏斗状，长6~7mm，萼齿与花萼筒近等长，卵状矩圆形，先端钝或有短突尖；花冠蓝紫色，长10~16mm，上唇裂片卵形至矩圆形，下唇裂片圆形，中裂较小；子房卵圆形，无毛。花果期3—9月。

见于官埔垟、黄茅尖、双溪及保护区外围大赛等地。生于疏林下、林缘及路旁草丛中。我国特有，分布于华东、华中。

一二〇　列当科 Orobanchaceae

寄生草本。不含或几乎不含叶绿素。茎常不分枝。叶鳞片状，螺旋状排列，或在茎的基部密集排列成近覆瓦状。总状或穗状花序，或花单生于茎端；苞片1枚，常与叶同形。花两性，雌蕊先熟，常昆虫传粉。花萼筒状、杯状或钟状，顶端4~5浅裂或深裂，或花萼佛焰苞状。花冠左右对称，常弯曲，二唇形。雄蕊4，二强，着生于花冠筒中部或中部以下，与花冠裂片互生，花丝纤细，花药通常2室。雌蕊子房上位，侧膜胎座，子房不完全2室，胚珠2~4或多数，倒生，花柱细长，柱头膨大。果实为蒴果，室背开裂，常2瓣裂。种子细小，种皮具网状纹饰，胚乳肉质。

15属，150多种，主要分布于北温带，少数种分布到非洲、大洋洲等。本区有2属，2种。

野菰 *Aeginetia indica* L.　　　　齿鳞草 *Lathraea japonica* Miq.

分属检索表

1. 花萼佛焰苞状，边缘常全缘；花药1室发育，另1室退化成距或距状物 ……………… 1. 野菰属 *Aeginetia*
1. 花萼有4齿；花药2室全部发育 …………………………………………………… 2. 齿鳞草属 *Lathraea*

1 野菰属 *Aeginetia* L.

寄生草本。叶退化成鳞片状，生于茎的近基部。花大，单生于茎端；无小苞片；花梗长，直立。花萼佛焰苞状，一侧开裂至近基部，顶端急尖或钝圆。花冠筒状或钟状，稍弯曲，不明显二唇形，上唇2裂，下唇3裂，全部裂片近圆形；雄蕊4枚，二强，内藏，花丝着生于花冠筒的近基部，花药成对黏合，仅1室发育，下方1对雄蕊的药隔基部延长成距或距状物；雌蕊由2合生心皮组成，子房通常1室，侧膜胎座2或4。蒴果2瓣开裂。种子多数，种皮网状。

共4种，分布于亚洲东部、南部和东南部。本区有1种。

野菰

Aeginetia indica L.

一年生寄生草本，高15~40cm。茎黄褐色或紫红色，不分枝或自近基部处有分枝。叶肉红色，卵状披针形或披针形，长5~10mm，宽3~4mm。花常单生于茎端，稍俯垂。花梗粗壮，直立，无毛，常具紫红色的条纹；花萼一侧裂开至近基部，紫红色或黄白色，具紫红色条纹，两面无毛；花冠带黏液，下部白色，上部带紫色，长4~6cm，不明显的二唇形，全缘；雄蕊4枚，内藏，花丝紫色，无毛，花药黄色，有黏液，成对黏合，仅1室发育，下方1对雄蕊的药隔基部延长成距；子房1室，侧膜胎座4个，花柱无毛，柱头膨大，盾状。蒴果圆锥状或长卵球形，长2~3cm，2瓣开裂。种子多数，细小，黄色，种皮网状。花期4—8月，果期8—10月。

见于官埔垟、黄茅尖、大田坪及保护区外围大赛等地。生于海拔500~1800m的土层深厚处，常寄生于禾草类植物根上。分布于东亚、东南亚。

根和花可供药用，有清热解毒、消肿的功效，还可用于妇科调经。

2 齿鳞草属 *Lathraea* L.

特征同种。

仅1种，分布于东亚。本区也有。

齿鳞草

Lathraea japonica Miq.

植株高20~30cm。全株密被黄褐色的腺毛。茎常从基部分枝。叶小，白色，生于茎基部，菱形、宽卵形或半圆形，上部的渐变狭披针形，两面近无毛。花序总状，狭圆柱形；苞片1枚，着生于花梗基部，连同花梗、花萼及花冠密被腺毛；花萼钟状，长7~9mm，顶端不整齐4裂，裂片三角形；花冠紫色或蓝紫色，长1.5~1.7cm，筒部白色，上唇盔状全缘或顶端微凹，下唇短于上唇，3裂，裂片半圆形，全缘，波状，稀有齿；雄蕊4枚，伸出花冠之外，花丝着生于花冠筒基部，被柔毛，花药2室，密被白色长柔毛；子房近倒卵形，1室，柱头盘状，2浅裂。蒴果倒卵形,顶端具短喙。种子4枚,种皮具沟状纹饰。花期3—5月,果期5—7月。

见于凤阳山,具体产地不详。生于路旁及林下阴湿处。分布于东亚。

一二一　苦苣苔科 Gesneriaceae

多年生草本或小灌木。单叶，无托叶。花序通常为聚伞花序；苞片2；花两性，左右对称；花萼4~5裂，通常辐射对称，二唇形；花冠辐射状或钟状，檐部多少二唇形，上唇2裂，下唇3裂；雄蕊4~5，常有1枚或3枚退化，花药分生，2室；雌蕊由2心皮构成，1室，子房2室，胚珠多数，倒生。蒴果，室背开裂或室间开裂。种子小而多数，有或无附属物。

约133属，3000余种，分布于亚洲东部和南部、非洲、欧洲南部、大洋洲、南美洲及墨西哥的热带至温带地区。本区有5属，6种。

浙皖粗筒苣苔 *Briggsia chienii* Chun
苦苣苔 *Conandron ramondioides* Siebold et Zucc.
降龙草 *Hemiboea subcapitata* C. B. Clarke
吊石苣苔 *Lysionotus pauciflorus* Maxim.
长瓣马铃苣苔 *Oreocharis auricula* (S. Moore) C. B. Clarke
大花石上莲 *Oreocharis maximowiczii* C. B. Clarke

分属检索表

1. 草本；种子无毛。
  2. 能育雄蕊4~5。
    3. 能育雄蕊5 ………… 1. 苦苣苔属 *Conandron*
    3. 能育雄蕊4。
      4. 花药合生，药室平行，开裂时不汇合 ………… 2. 马铃苣苔属 *Oreocharis*
      4. 花药成对连着或全部连着，药室基部叉开，开裂缝在顶端汇合 ………… 3. 粗筒苣苔属 *Briggsia*
  2. 能育雄蕊2 ………… 4. 半蒴苣苔属 *Hemiboea*
1. 附生攀援状灌木；种子顶端有1条长毛 ………… 5. 吊石苣苔属 *Lysionotus*

1 苦苣苔属 *Conandron* Siebold et Zucc.

多年生草本。具短根状茎。叶基生，椭圆状卵形，具羽状脉。聚伞花序腋生，2~3回分枝，有少数或多数花和2苞片；花辐射对称；花萼宽钟状，5裂达基部，裂片狭披针形，宿存；花冠紫色，辐射状，筒短，檐部5深裂，裂片狭卵形；雄蕊5，与花冠裂片互生，着生于花冠近基部处，花丝短，分生，花药底着，围绕雌蕊合生成筒，长圆形，2室平行，不汇合；雌蕊稍伸出花药筒之外,子房狭卵球形,1室,侧膜胎座2,有多数胚珠,花柱细长,宿存,柱头扁球形。蒴果室背开裂成2瓣。种子小,纺锤形,表面光滑。

1种,分布于我国东部及日本。本区也有。

苦苣苔

Conandron ramondioides Siebold et Zucc.

多年生草本。具短根状茎,芽密被黄褐色长柔毛。叶1~2(3),有柄;叶片草质或薄纸质,椭圆形或椭圆状卵形,长18~24cm,宽3~14.5cm,边缘具齿或不明显浅裂,两面无毛,侧脉每侧8~11条;叶柄除下部外两侧有翅,翅边缘有小齿。聚伞花序1条,2~3回分枝,有6~23花;苞片对生,线形;花萼5全裂,裂片狭披针形或披针状线形,外面被疏柔毛,内面无毛;花冠紫色,直径1~1.8cm,无毛,裂片5,三角状狭卵形,顶端钝。雄蕊5,无毛,花丝着生于花冠基部,花药药隔凸起,膜质。子房与花柱散生小腺体。蒴果狭卵球形或长椭圆球形,花柱宿存。种子淡褐色。花期6—8月,果期8—10月。

见于龙南等地。生于海拔600~1000m山谷溪边石上、山坡林中石壁上阴湿处。分布于我国东部及日本。

全草药用,与秋海棠、夏枯草等合用,外敷可治毒蛇咬伤。

2 马铃苣苔属 *Oreocharis* Benth.

多年生草本。根状茎短而粗。叶全部基生，具柄，稀近无柄。聚伞花序腋生，有1至数花；苞片2，对生；花萼钟状，5裂至近基部；花冠钟状，钟状筒形，喉部不缢缩或缢缩，檐部二唇形，上唇2裂，下唇3裂，裂片近圆形、长圆形至长圆状披针形，雄蕊4，分生，通常内藏，稀伸出花冠外，花丝着生于花冠基部至中部，花药宽长圆形，药室2，平行，顶端不汇合，药室1，横裂，退化雄蕊1枚；雌蕊无毛，子房长圆形，花柱比子房短。蒴果。种子卵圆形，两端无附属物。

28种，分布于东亚、东南亚。本区有2种。

分种检索表

1. 叶片两面被淡褐色绢状绵毛；花冠喉部缢缩；花序梗与花梗被绢状绵毛…… 1. 长瓣马铃苣苔 *O. auricula*
1. 叶片上面被贴伏短柔毛；花冠喉部不缢缩；花序梗与花梗被腺状短柔毛 … 2. 大花石上莲 *O. maximowiczii*

1. 长瓣马铃苣苔

Oreocharis auricula（S. Moore）C. B. Clarke

多年生草本。叶全部基生，具柄；叶片长圆状椭圆形，长2~8.5cm，宽1~5cm，两面被淡褐

色绢状绵毛至近无毛，侧脉每边7~9条；叶柄长2~4cm，密被褐色绢状绵毛。聚伞花序2次分枝，2~6条，每一花序具4~6朵花；苞片2，长圆状披针形，密被褐色绢状绵毛；花梗长约1cm，微被绢状绵毛；花萼5裂至近基部，外面被绢状绵毛，内面近无毛；花冠细筒状，蓝紫色，长2~2.5cm，外面被短柔毛，喉部缢缩，近基部稍膨大，檐部二唇形，上唇2裂，下唇3裂，5裂片近相等；雄蕊分生，花丝无毛，退化雄蕊小；花盘环状；雌蕊无毛，子房线状长圆形，柱头盘状。蒴果。花期6—8月，果期9—10月。

见于保护区外围屏南等地。生于海拔400~1600m山谷、沟边及林下潮湿岩石上。我国特有，分布于华东、华中、华南。

2. 大花石上莲

Oreocharis maximowiczii C. B. Clarke

多年生无茎草本。根状茎短而粗。叶全部基生，有柄；叶片狭椭圆形，长3~10cm，宽1.7~4.5cm，边缘具不规则的细锯齿，上面密被贴伏短柔毛，下面密被褐色绢状绵毛，侧脉每边6~7条；叶柄密被褐色绢状绵毛。聚伞花序2次分枝，2~6条，每一花序具(1~)5至10余花；花序梗与花梗被绢状绵毛和腺状短柔毛；苞片2，长圆形，密被褐色绢状绵毛；花萼5裂至近基部，裂片长圆形，外面被绢状绵毛；花冠钟状粗筒形，长2~2.5cm，粉红色、淡紫色，外面近无毛，筒长为檐部长的3倍，喉部不缢缩，檐部稍二唇形，上唇2裂，下唇3裂；雄蕊分生，无毛，花药药室2，平行，顶端不汇合，退化雄蕊小；花盘环状；雌蕊无毛，略伸出花冠外，子房线形，柱头1，盘状。蒴果倒披针形。花期4月。

见于保护区外围大赛等地。生于海拔800m以下山坡路旁及林下岩石上。我国特有，分布于华东。

3 粗筒苣苔属 *Briggsia* Craib

多年生草本。根状茎短而粗。叶基生,似莲座状。聚伞花序1~2次分枝,腋生;苞片2,有时具小苞片;花梗具柔毛或腺状柔毛;花中等大;花萼钟状,5裂至近基部,稀裂至中部,裂片近相等;花冠粗筒状,下方肿胀,蓝紫色、淡紫色、黄色或白色,无斑纹或有紫色、紫红色斑纹,筒长为檐部长的2~3倍,檐部二唇形,上唇2裂,下唇3裂,裂片近相等;能育雄蕊4,二强,内藏,花丝扁平,多着生于花冠筒基部,退化雄蕊1,位于上(后)方中央;花盘环状;雌蕊无毛,子房长圆形,线形,柱头2。蒴果披针状长圆形或倒披针形,褐黄色。种子小,多数,两端无附属物。

约22种,分布于我国、缅甸、不丹、印度、越南。本区有1种。

浙皖粗筒苣苔

Briggsia chienii Chun

多年生草本。叶全部基生,有柄;叶片椭圆状长圆形或狭椭圆形,长3.5~12cm,宽1.8~5.2cm,边缘有锯齿,上面密被灰白色贴伏短柔毛,下面沿叶脉密被锈色绵毛,其余部分疏生灰白色贴伏短柔毛;叶柄被锈色绵毛。聚伞花序2次分枝,1~2(~6)条,每一花序具1~5花;花序梗长11~17cm,疏生锈色绵毛;苞片2,顶端锐尖;萼片5裂至基部或中部,外面密被锈色绵毛,内面近无毛;花冠紫红色,长3.5~4.2cm,外面疏生短柔毛,内面具紫色斑点,下方肿胀,上唇2深裂,下唇3裂至中部;上雄蕊着生于距花冠基部4mm处,下雄蕊着生于距花冠基部6mm处,花丝线形,花药肾形,顶端不汇合;花盘环状;子房狭线形,无毛,花柱短,被微柔毛,柱头2。蒴果顶端具短尖头。花果期9—10月。

见于炉岙、凤阳湖、凤阳庙、大田坪、龙案及保护区外围大赛等地。生于海拔500~1000m潮湿岩石上及草丛中。我国特有,分布于华东。

4 半蒴苣苔属 *Hemiboea* C. B. Clarke

多年生草本。茎上升，基部具匍匐枝。叶对生，具柄。花序假顶生或腋生，二歧聚伞状；总苞球形，顶端具小尖头，开放后呈船形；花萼5裂，裂片具3脉；花冠漏斗状筒形，白色、淡黄色或粉红色，内面常具紫斑，檐部二唇形，比花冠筒短，上唇2裂，下唇3裂，花冠筒内具1毛环；能育雄蕊2，药室平行，顶端不汇合，1对花药以顶端或腹面连着，退化雄蕊3；花盘环状；子房上位，线形，2室，1室发育，另1室退化成小的空腔，2室平行，并于子房上端汇合成1室。蒴果长椭圆状披针形至线形，室背开裂。种子细小、多数，长椭圆形或狭卵形，具6条纵棱及多数网状凸起，无毛。

23种，我国均产，亦见于越南和日本。本区有1种。

降龙草 半蒴苣苔

Hemiboea subcapitata C. B. Clarke

多年生草本。茎高10~40cm，肉质，不分枝，具4~7节。叶对生，椭圆形、卵状披针形或倒卵状披针形，长3~22cm，宽1.4~11.5cm，全缘或中部以上具浅钝齿，上面散生短柔毛或近无毛，深绿色，背面无毛，淡绿色或紫红色；皮下散生蠕虫状石细胞；侧脉每侧5~6条。聚伞花序腋生或假顶生，具3至10余朵花；总苞球形，开裂后呈船形；花梗粗壮；萼片5，无毛，干时膜质；花冠白色，具紫斑，花冠筒外面疏生腺状短柔毛，内面有1毛环；花丝无毛，花药顶端连着，退化雄蕊3；花盘环状；子房无毛。蒴果线状披针形，多少弯曲，无毛。花期8—10月，果期9—12月。

见于保护区外围屏南等地。生于海拔1800m以下的山谷林下石上或沟边阴湿处。我国特有，分布于华东、华中、华南、西南等地。

全草药用，有清热解毒、利尿、止咳、生津等功效；可作猪饲料。

5 吊石苣苔属 *Lysionotus* D. Don

小灌木,通常附生。叶对生或轮生,通常有短柄。聚伞花序;苞片对生,线形或卵形,常较小;花萼5裂达或接近基部;花冠筒细漏斗状,檐部二唇形,比筒短,上唇2裂,下唇3裂;雄蕊下(前)方2枚能育,内藏,花丝着生于花冠筒近中部处或基部之上,线形,常扭曲,花药连着,2室近平行,退化雄蕊位于上(后)方,2~3枚,小;花盘环状;雌蕊内藏,子房线形,侧膜胎座2,花柱常较短,柱头盘形或扁球形。蒴果线形,室背开裂成2瓣,以后每瓣又纵裂为2瓣。种子纺锤形,每端各有1枚附属物。

约25种,自印度北部、尼泊尔向东经我国、泰国、越南北部到日本南部。本区有1种。

吊石苣苔

Lysionotus pauciflorus Maxim.

小灌木。茎长7~30cm。叶3枚轮生,具短柄或近无柄;叶片革质,线形、线状倒披针形、狭长圆形或倒卵状长圆形,长1.5~6.8cm,宽0.4~1.5(~2)cm,边缘在中部以上或上部有少数牙齿或小齿,两面无毛,侧脉每侧3~5条,不明显。花序有1~2(~5)花;花序梗纤细,无毛;苞片披针状线形,疏被短毛或近无毛;花萼5裂达或近基部;花冠白色带淡紫色条纹或淡紫色,长3.5~4.8cm,无毛,花冠筒细漏斗状;雄蕊无毛,花药药隔背面凸起,退化雄蕊3;花盘杯状,有尖齿;雌蕊无毛。蒴果线形,无毛。种子纺锤形。花果期7—10月。

见于官埔垟、乌狮窟、横溪等地。生于海拔1800m以下山地林中、阴处石崖上或树上。分布于东亚、东南亚。

全草可供药用,有益肾强筋、散瘀镇痛、舒筋活络等功效。

一二二　爵床科 Acanthaceae

草本、灌木或藤本，稀为小乔木。叶对生，稀互生，无托叶，极少数羽裂，叶片、小枝和花萼上常有条形或针形的钟乳体。花两性，左右对称，无梗或有梗，通常组成总状花序、穗状花序、聚伞花序，伸长或头状，有时单生或簇生而不组成花序；苞片通常大，有时有鲜艳色彩，小苞片2枚或有时退化；花萼通常4~5裂；花冠合瓣，具长或短的冠管，直或不同程度扭弯，冠管逐渐扩大至喉部，或在不同高度骤然扩大，冠檐通常5裂，整齐或二唇形；能育雄蕊4或2，通常为二强，后对雄蕊等长或不等长，前对雄蕊较短或消失，着生于冠管或喉部，花丝分离或基部成对连合，花药背着，稀基着，2室或退化为1室，有时基部有附属物，药隔多样，花粉粒具多种类型，具不育雄蕊1~3或无；子房上位，其下常有花盘，2室，中轴胎座。蒴果室背开裂为2果爿，或中轴连同果爿基部一同弹起；每室有1~2至多粒胚珠，通常借助珠柄钩将种子弹出。种子扁或透镜形，光滑无毛或被毛。

约220属，4000余种，分布于热带和亚热带地区。本区有5属，6种。

水蓑衣*Hygrophila ringens*（L.）R. Br. ex Sprenge.
爵床*Justicia procumbens* L.
杜根藤*Justicia quadrifaria*（Nees）T. Anderson
九头狮子草*Peristrophe japonica*（Thunb.）Bremek.
密花孩儿草*Rungia densiflora* H. S. Lo
少花马蓝*Strobilanthes oligantha* Miq.

分属检索表

1. 花冠显著二唇形；雄蕊2(水蓑衣属雄蕊4)。
  2. 蒴果有种子多粒 ……………………………… **1. 水蓑衣属** ***Hygrophila***
  2. 蒴果有种子2~4粒。
    3. 聚伞花序下有2枚总状苞片；药室基部无附属物 ……………… **2. 观音草属** ***Peristrophe***
    3. 花序下无总苞状苞片；药室基部有附属物。
      4. 蒴果开裂时，胎座自蒴果底弹起 ……………………… **3. 孩儿草属** ***Rungia***
      4. 蒴果开裂时，胎座不自蒴果底弹起 ……………………… **4. 爵床属** ***Justicia***
1. 花冠裂片近相等或略呈二唇形；雄蕊4 ……………………… **5. 马蓝属** ***Strobilanthes***

1 水蓑衣属 *Hygrophila* R. Br.

草本。叶对生。花无梗，多朵簇生于叶腋；花萼圆筒状，萼管中部5深裂，裂片等大或近等大；冠管筒状，喉部常一侧膨大，冠檐二唇形，上唇直立，2浅裂，下唇近直立或略伸展，有喉凸，浅3裂，裂片旋转状排列；雄蕊4，2长2短，花丝基部常有下沿的膜相连，花药2室等大，平行；子房每室有4至多数胚珠，花柱线状，柱头2裂，后裂片常消失。蒴果圆筒状或长圆形。种子宽卵形或近圆形，两侧压扁，被紧贴长白毛，遇水胀起，有弹性。

约100种，广布于热带和亚热带的水湿或沼泽地区。本区有1种。

水蓑衣

Hygrophila ringens（L.）R. Br. ex Sprenge.

草本，高80cmm。茎四棱形，幼枝被白色长柔毛，不久脱落至近无毛或无毛。叶近无柄，纸质，长椭圆形、披针形、线形，长3~13cm，宽0.5~2.2cm，两端渐尖，先端钝，两面被白色长硬毛，背面脉上较密，侧脉不明显。花簇生于叶腋，无梗；苞片披针形，小苞片细小，线形；花萼圆筒状，长6~8mm，被短糙毛，5深裂至中部，裂片稍不等大，渐尖，被通常皱曲的长柔毛；花冠淡紫色或粉红色，长1~1.2cm，被柔毛，上唇卵状三角形，下唇长圆形，喉凸上有疏而长的柔毛，花冠管稍长于裂片；后雄蕊的花药比前雄蕊的小一半。蒴果，无毛。花果期秋季。

见于官埔垟等地。生于溪沟边或洼地等潮湿处。分布于东亚、东南亚。

全草入药，有健胃消食、清热消肿的功效。

2 观音草属 *Peristrophe* Nees

草本或灌木。叶通常全缘或稍具齿。由2至数个头状花序组成的聚伞或伞形花序顶生或腋生，头状花序具花序梗，花序梗单生或有时簇生；总苞片2枚，对生，通常比花萼大，内有花数朵，仅1朵发育，其余的退化，仅存花萼和小苞片；花萼小，线形或披针形；花冠红色或紫色，扭转，冠檐二唇形，上唇常伸展，下唇常直立；雄蕊2枚，着生于花冠喉部两侧，通常比冠檐短，花药线形，2室，药室1上1下，通常下方的1室较小，无距；子房每室有胚珠2粒。蒴果开裂时胎座不弹起。种子每室2粒，阔卵形或近圆形，两侧呈压扁状，表面有多数小凸点。

约40种，主产于亚洲、非洲的热带和亚热带地区。本区有1种。

九头狮子草

Peristrophe japonica（Thunb.）Bremek.

草本，高20~50cm。茎有棱或纵沟，被倒生伏毛。叶卵状矩圆形，长2.5~13cm，宽1~5cm。花序顶生或腋生于上部叶腋，由2~8(~10)聚伞花序组成，每个聚伞花序下托以2枚总苞状苞片，1大1小，卵形，顶端急尖，全缘，近无毛，羽脉明显，内有1至少数花；花萼裂片5，钻形；花冠粉红色至微紫色，长2.5~3cm，二唇形；雄蕊2，花丝细长，伸出，花药被长硬毛，2室叠生，1上1下，线形纵裂。蒴果，疏生短柔毛，开裂时胎座不弹起，上部具4粒种子，下部实心。种子有小疣状凸起。

见于乌狮窟、龙南。生于低海拔的路边、草地或林下。分布于东亚。

入药有解表发汗、清热解毒、活血消肿的功效。

3 孩儿草属 *Rungia* Nees

直立或披散草本。叶全缘。花无梗，组成顶生或腋生、通常密花的穗状花序；苞片常4列，全部或仅有花的苞片有膜质边缘；小苞片与苞片近同形，等大或较小；花萼深5裂；花冠筒短直，冠檐二唇形，上唇直立，下唇伸展，3裂，裂片覆瓦状排列；雄蕊2枚，着生于花冠喉部，较上唇短，花药2室，药室近等大，叠生，下方的1室基部常有距；子房每室有胚珠2粒，柱头全缘或不明显2裂。蒴果卵形或长圆形，开裂时胎座连同珠柄钩自基部弹起，将种子散出。种子每室2粒，近圆形，两侧压扁，表面有小凸点。

约50种，产于全球热带和亚热带地区。本区有1种。

密花孩儿草

Rungia densiflora H. S. Lo

草本。茎稍粗壮，被2列倒生柔毛，节间长3~7cm；小枝被白色皱曲柔毛。叶纸质，椭圆状卵形，卵形披针状卵形，长2~8.5cm，宽1~3cm，两面无毛或疏生短硬毛，侧脉6~8对；叶柄被柔毛。穗状花序顶生和腋生，长达3cm，密花，花序梗短；苞片4列，全都能育(有花)，无干膜质边缘，缘毛硬，上部稍密；小苞片2，有干膜质边缘和缘毛；萼长深5裂，几达基部，裂片线状披针形；花冠天蓝色，长11~17mm，上唇直立，长三角形，顶端2短裂，下唇长圆形，顶端3裂；雄蕊2，花丝无毛，下方药室有白色的矩。蒴果长约6mm。花期8—10月，果期9—11月。

见于龙南上兴、龙案等地。生于海拔400~800m潮湿的沟谷林下。我国特有，分布于华东及广东。

4 爵床属 *Justicia* L.

草本。叶对生；全缘，表面散生粗大、通常横列的钟乳体。穗状花序顶生或腋生，花序梗极短或无；花小，无梗；苞片交互对生，每一苞片中具1花；小苞片、花萼裂片与苞片相似，均被缘毛；花萼4裂；花冠二唇形；雄蕊2，外露，花药2室，药室1上1下，下室基部有尾状附属物；花盘坛状；子房被丛毛，柱头2裂。蒴果，卵形或长圆形。种子每室2枚，常有瘤状褶皱。

约700种，主要分布于热带和亚热带地区。本区有2种。

分种检索表

1. 叶片椭圆形或椭圆状长圆形；花萼4等裂 ………… 1.爵床 *J. procumbens*
1. 叶片长圆形或披针形；花萼5等裂 ………… 2.杜根藤 *J. quadrifaria*

1. 爵床

Justicia procumbens L.

草本。茎基部匍匐，通常有短硬毛，高20~50cm。叶椭圆形至椭圆状长圆形，长1.5~3.5cm，宽1.3~2cm，两面常被短硬毛；叶柄短。穗状花序顶生或生于上部叶腋，长1~3cm，宽6~12mm；苞片1，小苞片2，均披针形，有缘毛；花萼裂片4，条形，有膜质边缘和缘毛；花冠粉红色至粉紫色，长7mm，二唇形，下唇3浅裂；雄蕊2，下方1药室有距。蒴果，上部具4粒种子，下部实心。种子表面有瘤状皱纹。

见于大田坪等地。生于海拔850m以下山坡林间草丛中，为习见野草。分布于亚洲东部、南部至澳大利亚。

全草入药，有清热解毒、利尿消肿的功效。

2. 杜根藤

Justicia quadrifaria（Nees）T. Anderson

草本。茎基部匍匐，下部节上生根，后直立，近四棱形。叶片长2.5~13cm，宽1~4cm，矩圆形或披针形，边缘常具有间距的小齿；具柄。花序腋生；苞片卵形至倒卵圆形，长8mm，宽5mm，具短柄，羽脉，两面疏被短柔毛；小苞片条形，无毛；花萼5裂，裂片条状披针形，被微柔毛；花冠白色，具红色斑点，被疏柔毛，上唇直立，2浅裂，下唇开展，3深裂；雄蕊2，花药2室，上下叠生，下方药室具距。蒴果。种子被小瘤。

见于龙案等地。生于海拔850~1600m沟谷林缘、林下、灌丛及草丛。分布于东亚至东南亚。

5 马蓝属 *Strobilanthes* Blume

多年生草本。叶具柄及线形钟乳体。花序顶生或腋生，头状、穗状或聚伞状；苞片形状和宿存与否变异极大，小苞片有或无；花萼5等裂至基部，或部分连合，或二唇形。花冠筒圆柱形，于喉部扩大成较短的漏斗状，支持花柱的毛排成2列，冠檐5裂，裂片近相等；能育雄蕊4，二强，外方的伸出，花丝全部光滑无毛或基部被硬毛，较内方的稍长，花药直立或“丁”字形着生，退化雄蕊小或不明显，花粉粒圆球形或长球形，有多种变化；子房光滑无毛或具簇毛，两侧具2子房室。蒴果，开裂时胎座通常不弹起。种子光滑无毛或被毛。

约400种，分布于亚洲热带和亚热带地区。本区有1种。

少花马蓝 紫云菜

Strobilanthes oligantha Miq.

草本,高30~60cm。茎基部节膨大,四棱形,具沟槽,疏被白色,有时具倒向毛。叶具柄;叶片宽卵形至椭圆形,长4~11cm,宽2~6cm,边缘具疏锯齿,侧脉每边4~6条,上面白色钟乳体密而明显。花数朵,集生成头状的穗状花序;苞片叶状,外面的长约1.5cm,里面的较小;小苞片条状匙形,苞片与小苞片均被多节白色柔毛;花萼5裂,裂片条形,花冠筒圆柱形,向上扩大成钟形,冠檐外面疏生短柔毛,里面有2列短柔毛,冠檐裂片5;雄蕊4,二强,花丝基部有膜相连,花药直立。蒴果,近顶端有短柔毛。种子4粒,有微毛。

见于双溪等地。生于林下、路边、阴湿草地及溪边。分布于东亚。

全草可供药用,有清热解毒的功效。

一二三　紫葳科 Bignoniaceae

落叶或常绿乔木、灌木、木质藤本，稀为草本。常具各式卷须及气生根。叶对生，稀轮生；单叶或羽状复叶；无托叶。花两性，两侧对称，组成顶生或腋生的聚伞花序、总状花序或圆锥花序；花萼钟状或筒状，先端平截或具2~5齿；花冠合瓣，钟状或漏斗状，5裂，常偏斜，或呈二唇形，上唇2裂，下唇3裂，裂片常呈覆瓦状排列，有时呈镊合状排列；雄蕊与花冠裂片同数，互生，能育雄蕊4，有时2或5，着生于花冠筒上，花丝基部稍增粗，被毛，花药2室，纵裂，成对靠合或叉开；花盘垫状、环状或杯状；子房上位，2室，稀1室，或因具隔膜发达成4室，中轴胎座或侧膜胎座，胚珠多数，花柱细长，柱头2裂。蒴果，室背或室间开裂。种子多数，扁平，通常具翅或两端有束毛，无胚乳。

约120属，650多种，广泛分布于热带、亚热带地区，少数延伸到温带地区。本区栽培1种。

凌霄 *Campsis grandiflora*（Thunb.）K. Schum.

凌霄属 *Campsis* Lour.

落叶攀援木质藤本。茎灰白色，常具气生根。叶对生；奇数羽状复叶；小叶具短柄和锯齿。聚伞或圆锥花序顶生；花大；花萼钟形，革质，不等5裂，有时深达中部；花冠钟状漏斗形，在萼之上肿大，稍呈二唇形，橙色或橙红色，裂片5，大而开展，花蕾时呈覆瓦状排列；能育雄蕊4，二强，内藏；子房2室，基部具花盘。蒴果，成熟时室背开裂。种子多数，扁平，具膜质翅。

2种，1种分布于北美洲，1种分布于我国和日本。本区栽培1种。

凌霄

Campsis grandiflora（Thunb.）K. Schum.

落叶攀援藤本。茎表皮脱落，枯褐色，具气生根或无。叶对生；奇数羽状复叶，叶轴长4~13cm；小叶7~9，小叶柄长5~10mm，小叶片卵形至卵状披针形，长3~7cm，宽1.5~3cm，先端长渐尖，基部宽楔形，两侧不等大，边缘具粗锯齿，侧脉6或7对，两面无毛，2枚小叶叶柄间具淡黄色柔毛。圆锥花序顶生，具疏散的花；花序轴长15~20cm；花萼钟状，长约3cm，5裂至中部，裂片披针形；花冠钟状漏斗形，长约5cm，直径约7cm，内面鲜红色，外面橙黄色，5裂，裂片近等大，半圆形，扁平而直立；雄蕊着生于花冠筒近基部，花丝细长，花药"丁"字形着生；花柱细长条形，柱头扁平，2裂。蒴果长如豆荚，顶端钝。种子多数。花期5—8月，果期10—11月。

本区村庄边时有栽培。分布于华北、华东、华南，全国各地均有栽培。

一二四　狸藻科 Lentibulariaceae

一年生或多年生食虫草本，陆生、附生或水生。茎及分枝常变态成根状茎、匍匐枝、叶器和假根。有捕虫囊。花单生或排成总状花序；花序梗直立，稀缠绕；花两性，虫媒或闭花受精；花萼2、4或5裂，裂片镊合状或覆瓦状排列，宿存并常于花后增大；花冠合生，左右对称，檐部二唇形，筒部粗短，基部下延成囊状、圆柱状、狭圆锥状或钻形的距；雄蕊2，着生于花冠筒下（前）方的基部，花丝线形，常弯曲，花药背着，2药室极叉开，于顶端汇合或近分离；雌蕊1，由2心皮构成，子房上位，1室，特立中央胎座或基底胎座，胚珠2至多数，倒生。蒴果，稀不裂。种子细小；无胚乳；种皮具网状凸起、疣凸、棘刺或倒刺毛，稀平滑或具扁平的糙毛。

3属，290余种，广泛分布于全球，以热带居多。本区有1属，3种。

挖耳草 *Utricularia bifida* L.

钩突挖耳草 *Utricularia warburgii* K. I. Geogel

圆叶挖耳草 *Utricularia striatula* Sm.

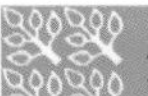 狸藻属 *Utricularia* L.

属的特征基本与科同。其花萼2深裂，花冠喉凸常隆起成浅囊状，喉部多少闭合，特立中央胎座。

约220种，全球广泛分布，但以热带地区居多。本区有3种。

分种检索表

1.苞片基部着生；花冠黄色 ………………………………………… 1.挖耳草 *U. bifida*

1.苞片中部着生；花冠蓝紫色、淡紫色或白色。

　2.叶器条形至狭卵状匙形，具1脉；鳞片多数；花萼裂片近相等 ……………… 2.钩突挖耳草 *U. warburgii*

　2.叶器圆形或倒卵形，脉分枝；鳞片少数；花萼上唇远大于下唇 ……………… 3.圆叶挖耳草 *U. striatula*

1. 挖耳草

Utricularia bifida L.

陆生小草本。假根少数，丝状，具多数乳头状分枝。匍匐枝少数，丝状，具分枝。叶器生于匍匐枝上，狭线形或线状倒披针形，长7~30mm，宽1~4mm，膜质，无毛，具1脉。捕虫囊生于叶器及匍匐枝上，球形，侧扁，具柄；口基生，上唇具2条钻形附属物，下唇钝形，无附属物。

花序直立，中部以上具3~8朵疏离的花；花序梗圆柱状，上部光滑，下部具细小腺体，1~5鳞片；苞片与鳞片相似，基部着生；小苞片线状披针形；花梗丝状，具翅；花萼2裂达基部；花冠黄色，上唇狭长圆形或长卵形，下唇近圆形，喉凸隆起成浅囊状，距钻形，与下唇成锐角或钝角叉开；花丝线形，药室于顶端汇合；雌蕊无毛，子房卵球形，花柱短而显著。蒴果，果皮膜质，室背开裂。种子多数，具网状凸起。花果期8—10月。

见于干上、大小天堂等地。生于海拔1300m以下路边、沟边湿地、石上。分布于东亚、东南亚至大洋洲。

2. 钩突挖耳草

Utricularia warburgii K. I. Geobel——*U. caerulea* auct. non L.

一年生陆生纤细草本。假根少数至多数，丝状，分枝或不分枝。匍匐枝丝状，具分枝。叶器基生而呈莲座状和散生于匍匐枝上，常开花前凋萎，狭倒卵状匙形，先端圆，无毛。捕虫囊散生于匍匐枝及侧生于叶器上，卵球形，侧扁，具柄。总状花序直立，长5~40cm，中部以上具1至10余朵疏离或密集花；花序梗具1~12鳞片；苞片与鳞片同形，中部着生；花梗长0.2~1mm，花时直立，果时开展或反折；花萼2裂达近基部，裂片不等，无毛；花冠蓝紫色，喉部常具黄斑，长4~10mm，二唇形，上唇狭卵状长圆形，具钩状凸起，下唇较大，近圆形，全缘，喉凸隆起；距狭圆锥形；花丝伸直，药室汇合；子房球形，花柱短，柱头二唇形，上唇极小，近三角形。蒴果球形或椭球形，长2~3mm，室背开裂。种子多数，种皮无毛，具散生的乳头状凸起和稍凸起的网纹。花果期4—9月。

见于凤阳湖、黄茅尖、南溪口及保护区外围屏南瑞垟等地。生于海拔1900m以下草地或滴水岩壁上。分布于亚洲、非洲及大洋洲。

3. 圆叶挖耳草

Utricularia striatula J. Smith

陆生小草本。假根少数，丝状，不分枝。匍匐枝丝状，具分枝。叶器多数，于花期宿存，簇生成莲座状和散生于匍匐枝上，倒卵形、圆形或肾形，具细长的假叶柄，膜质，无毛。捕虫囊多数，散生于匍匐枝上，斜卵球形，侧扁，具柄；口侧生。花序直立，上部具1~10朵疏离的花，无毛；花序梗丝状，具少数鳞片；苞片、小苞片与鳞片相似，中部着生；花梗丝状；花萼2裂达基部，裂片极不相等，密生乳头状凸起，无毛；花冠白色、粉红色或淡紫色，喉部具黄斑，上唇细小，半圆形，顶端具2牙齿，远较上方萼片短，下唇圆形或横椭圆形，喉凸稍隆起，距钻形或筒状；雄蕊无毛，花丝线形，上部膨大，2个药室近分离；雌蕊无毛，花柱短而明显。蒴果斜倒卵球形，室背开裂。种子少数，种脐凸出，种皮具纵向延长的网褶和倒钩毛。花果期7—10月。

见于官埔垟、炉岙、大田坪、凤阳湖等地。生于海拔1900m以下潮湿的岩石上、树干上或苔藓丛中。分布于亚洲、非洲及印度洋岛屿。

一二五　桔梗科 Campanulaceae

一年生或多年生草本，稀为灌木，直立或蔓性、缠绕、呈攀援状，常有乳汁。叶互生或对生，稀为轮生；叶片全缘或具锯齿，稀有分裂；无托叶。花两性，辐射对称或两侧对称，腋生或顶生，常排成聚伞花序，或有时由聚伞花序演变为假总状花序，或集成圆锥花序，有时单生；无苞片；花萼4~6裂，在花蕾中镊合状排列；花冠筒状、钟状、辐射状或二唇状，4~6裂，裂片在花蕾中镊合状排列；雄蕊5，与花冠裂片互生，通常着生于花盘的边缘，稀着生于花冠筒上，花药分离或结合，纵裂；子房下位或半下位，稀上位，2~5室，每室具多数胚珠，中轴胎座，花柱圆柱状，柱头2~5裂。果常为蒴果，顶端瓣裂或在侧面孔裂，少为浆果。种子多数，具胚乳，扁平或三角状，有时具翅。

68属，2300种以上，世界广布，温带和亚热带种类较多。本区有8属，11种。

华东杏叶沙参 *Adenophora petiolata* Pax et K. Hoffm. subsp. *huadungensis*（Hong）Hong et S. Ge

轮叶沙参 *Adenophora tetraphylla*（Thunb.）Fisch.

浙南沙参（变种）var. *austrozhejiangensis* W. Y. Sun et Y. F. Lu

小花金钱豹 *Campanumoea javanica* Blume subsp. *japonica*（Makino）Hong

羊乳 *Codonopsis lanceolata*（Siebold et Zucc.）Trautv.

长叶轮钟花 *Cyclocodon lancifolius*（Roxb.）Kurz

半边莲 *Lobelia chinensis* Lour.

江南山梗菜 *Lobelia davidii* Franch.

袋果草 *Peracarpa carnosa*（Wall.）Hook. f. et Thomson

卵叶异檐花 *Triodanis biflora*（Ruiz et Pav.）Greene

穿叶异檐花 *Triodanis perfoliata*（L.）Nieuwl.

兰花参 *Wahlenbergia marginata*（Thunb.）A. DC.

分属检索表

1. 花冠整齐，辐射对称；雄蕊分离。
  2. 果为浆果；子房和果实顶端近平截。
    3. 缠绕草本；花萼裂片全缘 ………………………… 1. 金钱豹属 *Campanumoea*
    3. 直立或蔓性草本；花萼裂片边缘具齿，稀全缘 ………………………… 2. 轮钟花属 *Cyclocodon*
  2. 果为蒴果；子房和果实顶端圆锥状。
    4. 蒴果顶端开裂。
      5. 茎细长，为缠绕或直立草本；柱头裂片卵形至椭圆形 ………………………… 3. 党参属 *Codonopsis*
      5. 茎短，为直立或匍匐状草本；柱头裂片狭，条形 ………………………… 4. 兰花参属 *Wahlenbergia*
    4. 蒴果不裂，或由基部不规则开裂，或孔裂。

6. 花柱基部为杯状至圆筒状的花盘包围；花冠5浅裂 …………………………… 5. 沙参属 *Adenophora*

6. 花柱基部无花盘；花冠5浅裂或中裂。

7. 匍匐或披散状小草本；蒴果不开裂或基部不规则撕裂，呈袋形，薄膜质 … 6. 袋果草属 *Peracarpa*

7. 直立草本；蒴果近圆柱形或棍棒状，上端侧面2或3孔裂 …………………… 7. 异檐花属 *Triodanis*

1. 花冠不整齐，两侧对称；雄蕊的花药彼此连合，或部分连合 …………………………… 8. 半边莲属 *Lobelia*

1 金钱豹属 *Campanumoea* Blume

多年生草本。根粗壮，胡萝卜状。茎缠绕。叶对生或互生。花单生于叶腋或顶生，或与叶对生，或3朵在枝顶集成聚伞花序；花具花梗；花萼筒短，4~7裂，宿存；花冠宽钟形，5裂，稀6裂；雄蕊5，着生于花冠筒基部，花丝有毛或无毛；子房下位或半下位，3~6室，胚珠多数，花柱圆柱状，有毛或无毛，柱头3~6裂。果为浆果，球状，先端平。种子多数，小。

2种，分布于东亚和东南亚。本区有1种。

小花金钱豹

Campanumoea javanica Blume subsp. **japonica**（Makino）Hong

多年生缠绕草本。根胡萝卜状。茎细长，圆柱形，具乳汁。叶对生或互生；叶片卵状心形，长3~8cm，宽2.5~6cm，先端急尖，基部心形，边缘有浅钝锯齿，无毛；具长叶柄。花大，单生于叶腋；花梗长1.5~4cm；花萼无毛，5深裂，裂片三角状披针形，长8~18mm；花冠钟形，长10~13mm，黄色或淡黄绿色，5裂至中部，裂片卵状三角形；雄蕊5，花丝细条形，基部变宽；子房下位，花柱无毛，柱头球状，4裂。浆果近球形，直径1~1.2cm，黑紫色。种子多数，卵球形。花果期8—9月。

见于官埔垟、南溪口及保护区外围大赛、小梅金村等地。生于海拔600m以下的林下路边、山坡杂草丛中或阴湿处。分布于东亚。

根入药，有补虚益气、润肺生津之功效，可代党参用。

2 轮钟花属 *Cyclocodon* Griff. ex Hook. f. et Thomson

一年生或多年生草本，直立或蔓性。茎多分枝。叶对生，稀轮生。花单生，顶生或腋生，或与叶对生，或排列成二岐聚伞花序；小苞片丝状或叶状，或无小苞片；花萼部分合生，或几完全分离，4~6裂，裂片近全缘或边缘具分枝状的细长齿；花冠管状，4~6裂；雄蕊4~6，着生于花冠筒基部，基部变宽，呈片状，花丝有毛或无毛；子房下位或半下位，3~6室，胚珠极多，柱头4~6裂。果为浆果，近球形，先端平。种子多数。

3种，分布于东亚及菲律宾至巴布亚新几内亚。本区有1种。

长叶轮钟草

Cyclocodon lancifolius（Roxb.）Kurz——*Campanula lancifolia* Roxb.——*Campanumoea lancifolia*（Roxb.）Merr.

多年生草本。茎直立或蔓性，高可达1m，无毛，分枝多而长，平展或下垂。叶对生，稀3叶轮生；叶片卵形至披针形，长5~13cm，宽1~5cm，先端渐尖，基部圆形至楔形，边缘具细尖齿、锯齿或圆齿，两面无毛；具短柄。花通常单朵顶生兼腋生，有时3朵排列成聚伞花序；花梗或花序梗长1~10cm，花梗中、上部或在花基部具1对丝状小苞片；花萼仅贴生至子房下部，5或6裂，裂片丝状或细条形，边缘有分枝状细长齿；花冠白色或淡红色，宽钟形，长约1cm，5或6裂，裂片卵形至卵状三角形；雄蕊5或6，花丝与花药近等长，花丝基部宽而呈片状，边缘具长柔毛；花柱有毛或无毛，柱头5或6裂。浆果近球状，5或6室，成熟时紫黑色，直径5~10mm。种子多数，椭圆球形。花果期7—10月。

产于干上及保护区外围屏南等地。生于海拔500m左右的路边山坡林下。分布于东亚、东南亚。

根入药，有益气补虚、祛瘀止痛之功效。

3 党参属 *Codonopsis* Wall.

多年生草本，具乳汁。根常肥大，肉质或木质。茎直立或缠绕。叶互生、对生、簇生或假轮生。花单生于叶腋或顶生，或与叶对生；花萼5裂，筒部与子房贴生，常具10条明显脉；花冠宽钟状或辐射状，常有明显花脉或晕斑，5裂，裂片在花蕾中镊合状排列；雄蕊5，花丝基部常扩大，无毛或多少被毛，花药基着；子房下位或近下位，通常3室，中轴胎座，肉质，每室具多数胚珠，花柱无毛或有毛，柱头膨大，通常3裂。蒴果圆锥状，成熟后通常顶端室背3瓣裂。种子多数，稍扁，光滑。

42种，分布于东亚、南亚和中亚。本区有1种。

羊乳

Codonopsis lanceolata (Siebold et Zucc.) Trautv.

多年生缠绕植物。根倒卵状纺锤形。茎光滑，稀疏被柔毛。叶在主茎上互生，叶片披针形或菱状狭卵形，长0.8~1.4cm，宽3~7mm；在小枝顶端通常2~4叶簇生，近对生或轮生状，叶片菱状卵形、狭卵形或椭圆形，长3~10cm，宽1.5~4cm，先端急尖或钝，基部渐狭，两面常无毛；叶柄长1~5mm。花单生，或成对生于小枝的顶端；花梗长1~9cm；花萼贴生至子房中部，筒部半球形，裂片卵状三角形，全缘；花冠宽钟状，黄绿色或乳白色，内有紫色斑，5浅裂，裂片三角形，反卷；花盘肉质，无毛，深绿色；子房半下位，柱头3裂。蒴果下部半球状，具宿存花萼，上部3瓣裂。种子多数，卵球形，棕色，具翅。花果期9—10月。

见于官埔垟、炉岙、大田坪等地。生于海拔1400m以下的山坡路边、林下沟边、林缘灌丛、荒地或草丛中。分布于东亚。

根入药，有催乳、益气之功效。

4 兰花参属 *Wahlenbergia* Schrad. ex Roth

一年生或多年生草本，稀为亚灌木或灌木。茎直立或匍匐状。叶互生或对生，叶片全缘或有锯齿，常无柄。花顶生或与叶对生，单一，或排列成圆锥状，或簇生；花萼贴生于子房顶端，花萼筒钟形或倒圆锥状，5裂；花冠钟状，有时近辐射状，5裂；雄蕊5，花丝近基部扩大，花药长椭圆形，分离；子房下位，2~5室，胚珠多数，花柱细长，柱头2~5裂。蒴果在顶端室背开裂，成2~5瓣，裂瓣与花萼裂片互生。种子多数，细小。

约260种，主要分布于南半球。本区有1种。

兰花参

Wahlenbergia marginata（Thunb.）A. DC.

多年生草本。根细长，白色，胡萝卜状。茎自基部多分枝，直立或上升，无毛或下部疏生长硬毛，具白色乳汁。叶互生；叶片倒披针形至条状披针形，长1~3cm，宽2~4mm，先端短尖，基部楔形至圆形，全缘或呈波状或具疏锯齿，无毛或疏生长硬毛；无叶柄。花顶生或腋生，具长花梗，单生或几朵排列成圆锥状；花萼筒部倒卵状圆锥形，5深裂，裂片条状披针形，直立；花冠钟形，蓝色，稀为白色，5深裂，裂片椭圆状长圆形；雄蕊5，花丝基部3裂，有缘毛。蒴果倒圆锥状，具10条不明显的纵肋，基部变狭成果颈。种子长圆球状，光滑，黄棕色。花果期2—5月。

见于保护区外围大赛、屏南百步、屏南瑞垟、小梅金村至大窑等地。生于海拔550m以下的路边草丛、山坡林下、荒地、溪沟边。分布于东亚、东南亚、南亚至太平洋岛屿。

根入药，有治小儿疳积、支气管炎之功效。

5 沙参属 *Adenophora* Fisch.

多年生草本,具白色乳汁。根胡萝卜状。茎直立。叶互生,少有轮生或对生;叶片全缘或具齿,有毛或无毛;具柄或无柄。花通常大,下垂,多数排列成顶生、疏松的假总状花序或圆锥状花序;花萼钟状,与子房结合,5裂,裂片披针状细条形或钻形,全缘或齿裂;花冠钟状,蓝色、蓝紫色或白色,5浅裂,裂片先端尖;雄蕊5,与花冠离生,花丝基部扩大成片状,具软毛,彼此近相连,围成筒状,包着花盘;花盘通常筒状或杯状,围于花柱基部;子房下位,3室,花柱比花冠短或长,具短柔毛,柱头3裂,裂片狭长而反卷。蒴果由基部3瓣裂。种子多数,扁平,具1狭棱或带翅的棱。

62种,主要分布于东亚。本区有2种。

分种检索表

1. 花柱远超出花冠 ………………………………………… 1. 轮叶沙参 *A. tetraphylla*
1. 花柱与花冠近等长,或稍长于花冠 …………………… 2. 华东杏叶沙参 *A. petiolata* subsp. *huadongensis*

1. 轮叶沙参

Adenophora tetraphylla(Thunb.)Fisch.

多年生草本。根圆锥形,有横纹。茎直立,不分枝,无毛或近无毛。茎生叶3~6枚轮生,叶片卵圆形至条状披针形,长2~14cm,宽达2.5cm,先端短尖,基部狭窄,边缘有锯齿,两面疏生短柔毛;无柄或有不明显叶柄。花序狭圆锥状,长可达35cm,分枝轮生;花下垂;花萼无毛,筒部倒圆锥状,5裂,裂片钻状,全缘;花冠筒状钟形,口部稍缢缩,蓝色或蓝紫色,无毛,5浅裂,裂片短,三角形;雄蕊5,稍伸出,花丝基部变宽,边缘具密柔毛;花柱伸出花冠外。蒴果球状圆锥形或卵圆状圆锥

形。种子黄棕色，长圆状圆锥形，稍扁，具1棱，并由棱扩展成1条白带。花果期7—10月。

见于凤阳庙、黄茅尖、凤阳湖等地。生于海拔300~1600m的山坡路边、沟边草丛、灌丛或荒草地。分布于东亚。

根入药，有清热养阴、润肺止咳之功效。

1a. 浙南沙参

var. **austrozhejiangensis** W. Y. Sun et Y. F. Lu

与轮叶沙参的主要区别在于：本变种叶常互生，叶片更狭，宽3~12mm，条状披针形、条形或披针形，花序分枝亦常互生。花果期8—10月。

见于凤阳庙、大田坪、黄茅尖、凤阳湖等地。生于海拔950~1900m的林下灌丛、山坡草丛或林缘路边。我国特有，仅产于浙江。模式标本采自凤阳山。

2. 华东杏叶沙参

Adenophora petiolata Pax et K. Hoffm. subsp. **huadungensis**（Hong）Hong et S. Ge ——*A. hunanensis* Nannf. subsp. *huadungensis* Hong

多年生草本。根圆柱形。茎直立，不分枝，无毛或有白色短硬毛。茎生叶叶片卵圆形、卵形至卵状披针形，长3~10cm，宽2~4cm，先端急尖至渐尖，基部常楔状渐狭，沿叶柄下延，边缘具疏齿，两面被或疏或密的短硬毛、柔毛；近无柄或仅茎下部的叶具很短的柄。花序分枝长，组成大而疏散的圆锥花序；花萼常被白色短毛或无毛，筒部倒圆锥状，5裂，裂片三角状卵形，裂片狭长，基部通常彼此重叠；花冠钟状，蓝色、紫色或蓝紫色，5裂；花盘短筒状，大多无毛；花柱与花冠近等长。蒴果球状椭圆球形，或近卵球状。种子椭圆球形，具1棱。花果期9—10月。

区内常见。生于海拔500~1300m的林下灌草丛、山坡路旁或水沟边。我国特有，分布于华东。

6 袋果草属 *Peracarpa* Hook. f. et Thomson

多年生匍匐纤细小草本。植物体多分枝，稍带肉质，有细长根状茎，根状茎上具鳞片和芽，末端具块根。叶互生；叶片三角形至宽卵形，边缘具齿；具叶柄。花单生或簇生于茎顶端叶腋，具细长的花枝；花萼筒与子房贴生，5裂，裂片条状披针形或三角形；花冠漏斗状钟形，5裂至中部；雄蕊5，与花冠分离，花丝有缘毛，基部稍扩大成狭三角形，花药狭长；子房下位，3室，每室具多数胚珠，花柱上部有细毛，柱头3裂，裂片狭长而反卷。果为蒴果，卵圆球形，形如袋，果皮膜质，顶端有宿存的萼裂片，不裂或有时基部不规则撕裂。种子多数，纺锤状椭圆球形，平滑。

1种，分布于东亚、东南亚至太平洋岛屿。本区也有。

袋果草

Peracarpa carnosa (Wall.) Hook. f. et Thomson

多年生纤细小草本。茎肉质，基部匍匐状，多分枝，无毛。叶互生；叶片膜质或薄纸质，三角形至宽卵形，长8~20mm，宽6~15mm，先端圆钝或急尖，基部浅心形或宽楔形，边缘波状或有钝齿，齿端有突尖，两面无毛或上面疏生贴伏的短硬毛；叶柄长5~15mm。花单生，花梗长0.5~2cm；花萼无毛，筒部倒卵状圆锥形，5裂，裂片三角形至条状披针形；花冠漏斗状钟形，白色或紫蓝色，5裂，裂片宽披针形；雄蕊5，分离，花丝条状披针形；柱头3裂。果倒卵球形，顶端稍收缩，袋状。种子棕褐色，长约1.7mm。花期4—5月，果期4—11月。

见于大田坪、双溪等地。生于海拔1500m以下的路边草丛、山谷林下、溪沟边岩石上。分布于东亚、东南亚至太平洋岛屿。

7 异檐花属 *Triodanis* Raf.

一年生草本，具乳汁。根纤维状。茎直立，具纵棱。叶互生；叶片卵圆形、卵形、椭圆形、披针形或条形，全缘或具齿；无叶柄。花1~3朵或更多排列成腋生小聚伞花序；无梗或近无梗；闭花受精花生于茎下部叶腋，花萼3或4(~6)裂；开花受精花生于茎中部至上部叶腋，花萼5或6裂；花冠辐射状，蓝紫色或浅蓝色，稀白色，5或6深裂几达基部；雄蕊5或6，分离，花丝下部扩大，花药长于花丝；子房下位，2或3室，柱头2或3裂，密被微毛。蒴果近圆柱状或棍棒状，上端侧面2或3孔裂。种子多数，宽椭圆球形，略侧扁。

6种，分布于美洲。本区有2种，均为归化植物。

分种检索表

1. 叶片卵圆形至宽卵形，基部深心形而半抱茎，边缘具圆齿或锯齿 …………… 1. 穿叶异檐花 *T. perfoliata*
1. 叶片卵形至椭圆形，基部圆形，边缘具少数圆齿或近全缘………………………… 2. 卵叶异檐花 *T. biflora*

1. 穿叶异檐花

Triodanis perfoliata（L.）Nieuwl.——*Campanula perfoliata* L.

一年生草本。根细小，纤维状。茎直立或基部向上斜展，不分枝或分枝，具细纵棱，棱上被开展的不等长刚毛。叶互生；叶片卵圆形至宽卵形，长10~14mm，宽8~12mm，先端急尖或圆钝，基部深心形而半抱茎，边缘具圆齿或锯齿，沿脉和边缘具短硬毛；无柄。花1~3朵成簇，腋生；无梗；花萼筒圆柱形，3~5裂，裂片三角状披针形，渐尖；花冠蓝紫色或白色，5裂达基部，裂片长圆状披针形；雄蕊5，花丝基部扩大；子房下位，2室，花柱常短于花冠。蒴果近圆柱形，直径1.5~2mm，具细纵棱，上端侧面2孔裂。种子多数，淡褐色或褐色，光滑。花果期4—6月。

见于官埔垟及保护区外围大赛、屏南等地。生于路边或荒地上。原产于北美洲。

2. 卵叶异檐花

Triodanis biflora（Ruiz et Pav.）Greene

一年生草本。根纤维状。茎通常直立，不分枝或分枝，具细纵棱，棱上疏生短柔毛。叶互生；叶片卵形至椭圆形，长8~18mm，宽5~12mm，先端急尖，基部圆形，边缘具少数圆齿或近全缘，上面无毛，下面沿叶脉疏生短毛；无柄。花1~3朵成簇，腋生及顶生；近无梗；花萼筒圆柱形，3~6裂，裂片条状披针形；花冠蓝色或蓝紫色，5或6裂达基部，裂片长圆状披针形；雄蕊5或6，花丝基部扩大；子房下位，2室，花柱通常短于花冠。蒴果近圆柱形，具细纵棱，棱上疏生短柔毛，上端侧面2孔裂。种子多数，卵状椭圆球形，稍扁，棕褐色。花果期4—7月。

见于保护区外围大赛、屏南百步、小梅金村等地。生于田边荒地、旱作地或路边草丛中。原产于北美洲。

8 半边莲属 *Lobelia* L.

多年生草本。茎直立、基部上升或匍匐。叶互生；叶片全缘或有锯齿。花单生于叶腋，或多数排列成顶生的总状花序或圆锥花序；具小苞片或缺；花萼贴生于子房，花萼筒卵形、半球形或浅钟状，5裂，裂片全缘或有小齿，宿存；花冠钟状，二唇形，5裂，上唇2裂较深，下唇3裂浅；雄蕊5，花丝基部分离，花药彼此连合，围抱柱头，下方2花药的顶端具髯毛；子房下位或半下位，2室，中轴胎座，胚珠多数，柱头头状或2裂。果为蒴果，成熟后顶端2瓣裂。种子细小，多数，扁椭圆球形，表面平滑或有蜂窝状网纹、条纹、瘤状凸起。

400余种，分布于各大陆的热带和亚热带，以热带非洲和美洲居多。本区有2种。

分种检索表

1. 植株平卧，节上生根；叶片长不及2cm；花冠长1~1.5cm ………………………… 1. 半边莲 *L. chinensis*

1. 植株茎直立；叶片长6~17cm；花冠长1.8~2.5cm ………………………………… 2. 江南山梗菜 *L. davidiii*

1. 半边莲

Lobelia chinensis Lour.

多年生矮小草本。茎细弱，常匍匐，节上常生根，分枝直立无毛。叶互生；叶片长圆状披针形或条形，长8~20mm，宽3~7mm，先端急尖，基部圆形至宽楔形，全缘或顶部有波状小齿，无毛。花单生于叶腋；花梗细，常超出叶外，基部通常具2小苞片；花萼筒倒长锥状，基部渐狭成柄，无毛，5裂，裂片披针形，约与花萼筒等长，全缘或下部有1对小齿；花冠粉红色或白色，5裂，裂片近相等；雄蕊5，花丝中部以上连合，花丝筒无毛，未连合部分的花丝侧面生柔毛，背部无毛或疏生柔毛。蒴果倒圆锥状。种子椭圆球形，稍扁压，近肉质。花果期4—5月。

见于龙案等地。生于低海拔的湿地、水田、田埂边或路旁潮湿处。分布于东亚、东南亚。

全草可入药，有清热解毒、利尿消肿之功效。

2. 江南山梗菜

Lobelia davidii Franch.

多年生草本。主根粗壮。茎直立，高可达1.5m。茎生叶叶片卵状椭圆形至卵状披针形，长6~17cm，宽达2~7cm，先端渐尖，基部渐狭成柄，边缘具不规则重锯齿，或波状而具细齿；

叶柄长2~4cm，两侧有翅。总状花序顶生；苞片卵状披针形至披针形，较花长；花梗长3~5mm，具1或2小苞片；花萼筒倒卵球状，被极短的柔毛，5裂，裂片条状披针形，长5~12mm，宽1~1.5mm，边缘具小齿；花冠紫红或红紫色，长1.8~2.5cm，上唇裂片条形，下唇裂片椭圆形或披针状椭圆形，中肋明显，无毛或有微毛，喉部以下被柔毛；雄蕊5，花丝在基部以上连合成筒，下方2花药顶端具髯毛。蒴果近球形。花果期9—10月。

见于官埔垟、龙南上兴、南溪口及保护区外围大赛、小梅金村至大窑、屏南瑞垟等地。生于海拔500~800m的山坡路边、田边草丛或溪边林缘。分布于华东、华中及西南等地。

根入药，有治痈肿疮毒、胃寒痛之功效。

一二六　茜草科 Rubiaceae

草本、灌木或乔木，有时攀援状。叶对生或轮生；单叶；叶片常全缘；托叶各式，多生于叶柄间，较少生于叶柄内，分离或不同程度合生，宿存或脱落，有时与正常叶同形。花两性，稀单性，辐射对称，有时稍两侧对称，组成各式花序，或为单花；花萼筒与子房合生，萼檐平截、齿裂或分裂，有时扩大成花瓣状；花冠常4~6裂，稀更多；雄蕊与花冠裂片同数且互生，少有2枚；子房下位，1至多室，常为2室，每室具1至多数胚珠。果为蒴果、浆果或核果。种子各式，具翅或无翅，常有胚乳。

约660属，11000余种，全球均有分布，主要分布于热带和亚热带地区。本区有25属，43种。

水团花 *Adina pilulifera*（Lam.）Franch. ex Drake
茜树 *Aidia cochinchinensis* Lour.
风箱树 *Cephalanthus tetrandrus*（Roxb.）Ridsdale et Bakh. f.
盾子木 *Coptosapelta diffusa*（Champ. ex Benth.）Steenis
短刺虎刺 *Damnacanthus giganteus*（Makino）Nakai
虎刺 *Damnacanthus indicus* Gaertn. f.
浙皖虎刺 *Damnacanthus macrophyllus* Siebold ex Miq.
狗骨柴 *Diplospora dubia*（Lindl.）Masam.
香果树 *Emmenopterys henryi* Oliv.
四叶葎 *Galium bungei* Steud.
狭叶四叶葎(变种) var. *angustifolium*（Loes.）Cufod.
阔叶四叶葎(变种) var. *trachyspermum*（A. Gray）Cufod.
林猪殃殃 *Galium paradoxum* Maxim.
猪殃殃 *Galium spurium* L.
小叶猪殃殃 *Galium trifidum* L.
栀子 *Gardenia jasminoides* J. Ellis
剑叶耳草 *Hedyotis caudatifolia* Merr. et F. P. Metcalf
金毛耳草 *Hedyotis chrysotricha*（Palib.）Merr.
白花蛇舌草 *Hedyotis diffusa* Willd.
纤花耳草 *Hedyotis tenelliflora* Blume
日本粗叶木 *Lasianthus japonicus* Miq.
上思粗叶木 *Lasianthus sikkimensis* Hook. f.
波状蔓虎刺 *Mitchella undulata* Siebold et Zucc.
印度羊角藤 *Morinda umbellata* L.
玉叶金花 *Mussaenda pubescens* Dryand.
大叶白纸扇 *Mussaenda shikokiana* Makino
卷毛新耳草 *Neanotis boerhavioides*（Hance）W. H. Lewis
薄叶新耳草 *Neanotis hirsute*（L. f.）W. H. Lewis
臭味新耳草 *Neanotis ingrata*（Wall. ex Hook. f.）W. H. Lewis
中华蛇根草 *Ophiorrhiza chinensis* H. S. Lo
日本蛇根草 *Ophiorrhiza japonica* Blume
长序鸡屎藤 *Paederia cavaleriei* H. Lév.
毛鸡屎藤 *Paederia foetida* var. *tomentosa*（Blume）Hand.-Mazz.
疏花鸡屎藤 *Paederia laxiflora* Merr. ex Li
鸡屎藤 *Paederia scandens*（Lour.）Merr.
海南槽裂木 *Pertusadina metcalfii*（Merr. ex H. L. Li）Y. F. Deng et C. M. Hu
肿节假盖果草 *Pseudopyxis heterophylla*（Miq.）Maxim. subsp. *monilirhizoma*（Tao Chen）L. X. Ye, C. Z. Zheng et X. F. Jin

金剑草*Rubia alata* Wall.
东南茜草*Rubia argyi*（H. Lév. et Vaniot）H. Hara ex Lauener et D. K. Ferguson
卵叶茜草*Rubia ovatifolia* Z. Ying Zhang
白马骨*Serissa serissoides*（DC.）Druce
阔叶丰花草*Spermacoce alata* Aubl.
鸡仔木*Sinoadina racemose*（Siebold et Zucc.）Ridsdale
尖萼乌口树*Tarenna acutisepala* F. C. How ex W. C. Chen
白花苦灯笼*Tarenna mollissima*（Hook. et Arn.）Robins.
钩藤*Uncaria rhynchophylla*（Miq.）Miq. ex Havil.

分属检索表

1.花极多数，组成密生花而圆球形的头状花序；花序梗顶端膨大成球形。
  2.子房每室具多数胚珠；果为开裂蒴果；种子不具海绵质假种皮。
    3.攀援灌木，常具由花序梗变态而成的弯钩状刺；花无小苞片 ………………………… 1.钩藤属 *Uncaria*
    3.乔木或直立灌木，植株无钩状刺；花常具小苞片。
      4.顶芽小而不显著，由托叶疏松包裹；托叶2深裂，达1/2~2/3处 …………………… 2.水团花属 *Adina*
      4.顶芽明显或缺；托叶全缘或2浅裂，早落。
        5.萼檐裂片三角形至椭圆形；花冠常无毛；托叶常全缘而不裂 …………… 3.槽裂木属 *Pertusadina*
        5.萼檐裂片短而钝；花冠密被短柔毛；托叶2浅裂 ……………………………… 4.鸡仔木属 *Sinoadina*
  2.子房每室具1胚珠；果不开裂；种子具海绵质假种皮 ………………………… 5.风箱树属 *Cephalanthus*
1.花少数至多数，绝不呈圆球形头状花序；花序梗顶端不膨大。
  6.中间花的花萼裂片相等，但周边花的花萼裂片其中1枚明显扩大成具柄的叶片状或花瓣状。
    7.乔木；花冠裂片覆瓦状排列；果为大型近纺锤形蒴果………………………… 6.香果树属 *Emmenopterys*
    7.直立、攀援状灌木或缠绕藤本；花冠裂片镊合状排列；果为球形浆果 …… 7.玉叶金花属 *Mussaenda*
  6.全部花的花萼裂片等大，全部正常，均不呈叶片状，稀不等大。
    8.木本植物，直立、攀附、攀援，或为近木质缠绕藤本。
      9.子房每室具2至多数胚珠，稀为1胚珠。
        10.柱头纺锤状或棒状，不裂或2浅裂；花序顶生或腋生，或为单花。
          11.子房2室，稀为3或4室，胚珠着生于中轴胎座上；果无纵棱。
            12.花序通常腋生；胚珠和种子沉没于肉质胎座中 ……………………………… 8.茜树属 *Aidia*
            12.花序顶生；胚珠和种子沉没或半沉没于胎座中 ……………………… 9.乌口树属 *Tarenna*
          11.子房1室，胚珠着生于2~6个侧膜胎座上；果常具纵棱 ………………… 10.栀子属 *Gardenia*
        10.柱头2裂；花序腋生 ………………………………………………………… 11.狗骨柴属 *Diplospora*
      9.子房每室仅具1胚珠(但盾子木属*Coptosapelta*子房每室具多数胚珠)。
        13.直立灌木或小乔木。
          14.子房4~9室；果成熟时呈蓝色或蓝黑色 ………………………………… 12.粗叶木属 *Lasianthus*
          14.子房2室，稀不完全4室；果成熟时绝不呈蓝色或蓝黑色。
            15.植株顶芽不育，常具针状刺；萼檐裂片短于花萼筒；托叶先端齿裂 … 13.虎刺属 *Damnacanthus*
            15.植株顶芽发育，无刺；萼檐裂片长于花萼筒；托叶分裂成刺毛状 …… 14.白马骨属 *Serissa*

13. 攀援灌木或缠绕藤本，不具气生根。
16. 花单生于叶腋；子房每室具多数胚珠；蒴果规则开裂；种子具翅 … **15.盾子木属** ***Coptosapelta***
16. 花多朵排成顶生兼腋生的花序；子房每室具1胚珠；核果，不开裂或不规则开裂；种子无翅。
17. 花多朵聚生成小头状花序，各花的花萼筒彼此连合，小头状花序常再排成伞形花序式；果为由浆果状核果聚生成的聚花果；托叶鞘状 ………………………… **16.巴戟天属** ***Morinda***
17. 花单独分生，多数排成聚伞花序或圆锥花序；果单独发育成核果；托叶三角形 ………………………………………………………………………………………… **17.鸡屎藤属** ***Paederia***
8. 草本植物，或因下部木质化而呈亚灌木，直立、攀援、蔓生或匍匐状。
18. 叶对生。
19. 子房每室常具2至多数胚珠；蒴果。
20. 果扁化，倒心形或为具2裂的菱形，近中部为花萼筒包围 ………… **18.蛇根草属** ***Ophiorrhiza***
20. 果近球形、卵球形或长圆球形。
21. 种子具棱 ………………………………………………………………… **19.耳草属** ***Hedyotis***
21. 种子盾形、舟状或平凸状，无棱 ……………………………………… **20.新耳草属** ***Neanotis***
19. 子房每室仅具1胚珠；蒴果或核果。
22. 植株匍匐；花孪生且2朵花的花萼筒彼此合生；果为肉质核果 ……… **21.蔓虎刺属** ***Mitchella***
22. 植株直立或平卧；花单独分生；果为蒴果。
23. 花4数，子房2室；托叶与叶柄合生成1短鞘 ……………………… **22.丰花草属** ***Spermacoce***
23. 花5数，子房4~5室；托叶与叶柄分离 ………………………… **23.假盖果草属** ***Pseudopyxis***
18. 托叶扩大成叶状，呈4至多叶轮生，有时3叶轮生或2叶互生。
24. 叶片具长柄；果肉质；花4或5数 ……………………………………………… **24.茜草属** ***Rubia***
24. 叶片常无柄；果干燥；花4数，有时更少 ………………………………… **25.拉拉藤属** ***Galium***

1 钩藤属 *Uncaria* Schreb.

攀援灌木。叶对生；托叶生于叶柄间，全缘或2裂。头状花序球状，腋生或顶生，无小苞片，常单生，有时排成总状；不孕花序的花序梗常弯转成钩状刺，用以攀附他物；花萼筒纺锤形，萼檐钟状或管状，顶端5裂；花冠管状漏斗形，花冠筒延长，顶端5裂，花蕾时呈覆瓦状排列；雄蕊5，着生于花冠喉部，花丝短，花药背着；花盘不明显；子房下位，2室，每室具多数胚珠，花柱条形，常凸出，柱头头状或棒状。蒴果形状各式，聚合成1球体，室间开裂为2分果瓣。种子多数，两端具长翅。

约34种，多数分布于亚洲热带地区及澳大利亚，少数产于非洲和美洲。本区有1种。

钩藤

Uncaria rhynchophylla（Miq.）Miq. ex Havil.

常绿攀援灌木。小枝四棱形，光滑无毛。叶片椭圆形、宽椭圆形或宽卵形，长6~12cm，宽3~6cm，纸质或厚纸质，先端渐尖，基部圆形或宽楔形，全缘，脉腋内有簇毛；叶柄长5~15mm；托叶2深裂，早落。头状花序单个腋生或几个排成顶生的总状花序；不孕花序的花序梗在叶腋上方弯转成钩状刺，可孕花序的花序梗长2~4cm，上部1/3处着生数枚苞片，脱落后留痕；花萼筒密被柔毛，萼檐裂片长不及1mm；花冠黄色，裂片舌形，边缘具柔毛。蒴果倒圆锥形，被疏柔毛。种子长2~3mm。花期6—7月，果期8—10月。

见于官埔垟、横溪、龙南及保护区外围大赛、屏南瑞垟等地。生于海拔500~800m的向阳沟谷、林下灌丛中或溪边岩石上。分布于东亚。

小枝和钩状刺可入药，有清热平肝、息风定惊、降压等功效。

2 水团花属 *Adina* Salisb.

灌木或小乔木。不育小枝的顶芽小而不显著，由托叶疏松包裹。叶对生；托叶生于叶柄间，2深裂达1/2~2/3处，裂片先端锐尖。头状花序单生或排成总状，顶生或腋生；小苞片条形；花萼筒短，具棱，萼檐5裂，稀4裂；花冠漏斗状，筒部延长，顶端5裂，有时4裂，裂片花蕾时呈镊合状排列；雄蕊4或5，着生于花冠喉部，花药背着；花盘杯状；子房下位，2室，每室具多数胚珠，着生于倒垂胎座上，花柱条形，常凸出，柱头球形。蒴果室间开裂为2分果瓣，分果瓣再两面开裂，留置于不脱落的中轴上，顶端具宿萼裂片。种子两端具翅。

4种，分布于东亚和东南亚。本区有1种。

水团花

Adina pilulifera（Lam.）Franch. ex Drake

常绿灌木至小乔木。小枝无毛或仅幼枝被粉尘状微毛。叶片倒卵状长椭圆形、倒卵状披针形或长椭圆形，长4~10cm，宽1~3cm，纸质或坚纸质，先端渐尖至长渐尖而略钝，基部楔形，全缘，两面无毛，有时下面脉腋内有束毛；叶柄长3~9mm，无毛或被微毛；托叶2深裂。头状花序单生于叶腋，稀顶生；花序梗纤细，长2.5~4.5cm，被微柔毛，下半部具5枚轮生小苞片；

花萼筒基部被毛，萼檐5裂，裂片近匙形；花冠白色，顶端5裂，裂片宽卵形；雄蕊5。蒴果楔形，具纵棱。种子长约2mm。花期6—8月，果期9—11月。

见于官埔垟、大田坪、均益等地。生于海拔500m左右的山坡灌丛、林下沟谷中或溪边。分布于东亚。

根、枝、叶可入药，有清热解毒、散瘀止痛等功效。

3 槽裂木属 *Pertusadina* Ridsdale

乔木，树干常具纵沟槽或裂缝，少为灌木。顶芽圆锥形。叶对生；托叶狭三角形、长圆形至钻形，全缘或顶端条状2裂，早落。头状花序腋生，稀顶生，单生或3个簇生，有时排成单二歧聚伞状或单聚伞式圆锥状；花萼筒短，萼檐5裂，裂片三角形至长椭圆形，先端钝，宿存；花冠高脚碟状至狭漏斗状，5裂；雄蕊5，着生于花冠筒上部；子房下位，2室，每室具10胚珠，悬垂，花柱常凸出，柱头球形至倒卵球形。蒴果具硬内果皮，自基部至顶部室背、室间4裂。种子略具翅。

4种，分布于我国、巴布亚新几内亚、菲律宾、马来半岛。本区有1种。

海南槽裂木

Pertusadina metcalfii（Merr. ex H. L. Li）Y. F. Deng et C. M. Hu——*P. hainanensis*（How）Ridsdale

灌木或小乔木。叶片椭圆形至长椭圆形，稀倒卵状椭圆形，长6~12(~15)cm，宽2~4.5cm，坚纸质，先端渐，基部楔形，全缘或微波状，上面无毛，下面被短茸毛，沿脉被短柔毛，后渐脱落，脉腋内具簇毛；叶柄长5~15mm，被短毛，后渐脱落；托叶条状长圆形至钻形。花序直径(不含花柱)6~8mm,单一,有时组成单二歧聚伞状;花序梗中部以下着生3~5小苞片;花萼筒内、外均有稀疏的毛,萼檐裂片长椭圆形;花冠高脚碟状,无毛,裂片三角形;柱头倒卵球形。蒴果,被稀疏短柔毛。种子长1~2mm。花期5—6月,果期7—10月。

见于金龙等地。生于海拔500~780m的山坡路边、林缘溪边。分布于东亚、东南亚。

4 鸡仔木属 *Sinoadina* Ridsdale

小乔木至中乔木。不育小枝的顶芽缺失或不久脱落,侧芽埋藏于周围肿胀的皮层内,仅露出顶端。叶对生;托叶狭三角形,2浅裂,裂片先端圆钝,早落。头状花序通常7~11,排成单总状式聚伞圆锥状,顶生;小苞片条形至条状棍棒形;花萼筒短,萼檐5裂,裂片短而钝,宿存;花冠高脚碟状或狭漏斗状,5裂,裂片花蕾时呈镊合状排列;雄蕊与花冠裂片同数,着生于花冠筒上部,花丝短,花药基着;子房下位,2室,每室具4~12胚珠,花柱常凸出,柱头倒卵圆形。蒴果,内果皮硬,自基部至顶部室背、室间4裂,残存花萼留置于中轴上,中轴暂存,后与花柱分离。种子两端具翅。

1种,分布于东亚、东南亚。本区也有。

鸡仔木 水冬瓜

Sinoadina racemose（Siebold et Zucc.）Ridsdale——*Nauclea racemosa* Siebold et Zucc. ——*Adina racemose*（Siebold et Zucc.）Miq.

落叶乔木，高达10m。小枝红褐色，具皮孔。叶片宽卵形或卵状宽椭圆形，长6~15cm，宽4~9cm，坚纸质或亚革质，先端渐尖至短渐尖，基部圆形、宽楔形或浅心形，有时偏斜，边缘多少浅波状，上面无毛或有时被极稀疏柔毛，下面脉腋内具簇毛，有时沿脉疏被柔毛，侧脉7或8对，网脉明显；叶柄长1.5~4cm，被短柔毛，后渐脱落；托叶浅2裂，裂片通常近圆形。头状花序直径（不连花柱）1~1.4cm；花序梗密被短柔毛，后渐脱落；花萼筒密被柔毛；花冠淡黄色，长约5mm，密被短柔毛，裂片三角状卵形。蒴果倒卵状楔形，长4~5mm，被稀疏柔毛。种子长2.5~3.5mm，顶端常2裂。花期6—7月，果期8—10月。

见于均益、金龙、龙案等地。生于溪边林下或林缘山坡上。分布于东亚、东南亚。

5 风箱树属 *Cephalanthus* L.

灌木或小乔木。叶对生，有时3或4叶轮生；具柄；托叶生于叶柄内。头状花序顶生或腋生，有时头状花序再排成圆锥状或总状；花萼筒长杯状，萼檐4或5齿裂，裂片不相等；花冠管状漏斗形，喉部无毛，顶端4裂；雄蕊4，着生于花冠喉部，花丝短，花药背着，药隔常伸出；花盘不明显；子房下位，2室，每室具1胚珠，花柱条形。果为圆球状聚花果。种子倒垂，有海绵质假种皮，种皮膜质，有时具翅。

6种，分布于亚洲亚热带和热带地区、非洲、美洲。本区有1种。

风箱树

Cephalanthus tetrandrus（Roxb.）Ridsdale et Bakh. f.

落叶灌木或小乔木。叶对生或3叶轮生；叶片椭圆形、长圆形至椭圆状披针形，长7~15cm，宽2~7cm，先端急尖至渐尖，基部圆形或宽楔形，全缘，上面无毛或沿中脉稍被柔毛，下面疏被柔毛，脉上较密，后变为无毛，中脉在上面凹陷，在下面凸起，侧脉10~12对；叶柄长0.5~1.5cm；托叶常三角形，先端常具1黑色腺体。头状花序球形，再排成总状，顶生或生于上部叶腋；花序梗长2.5~6cm；小苞片刚毛状或条状匙形，被柔毛；花萼筒长1~1.5mm，萼檐略扩大，裂片外面及边缘均被短柔毛，裂片间常具1黑色腺体；花冠白色，内面被毛，裂片外面有白色短柔毛，裂口处具1黑色腺体；柱头棒槌状。坚果稍扁，顶端具宿萼。种子具翅。花期6—8月，果期8—10月。

见于横溪及保护区外围屏南等地。生于海拔400~550m的溪谷中、田埂边。分布于东亚、东南亚、南亚。

根、叶可入药，有清热化湿、散瘀消肿等功效。

6 香果树属 *Emmenopterys* Oliv.

落叶乔木。叶对生；具柄；托叶三角状卵形，早落。聚伞花序排成顶生的圆锥状；花萼筒近陀螺形，5裂，裂片呈覆瓦状排列，有些花的其中1枚花萼裂片扩大成叶状，白色且宿存；花冠漏斗状，有茸毛，顶端5裂，裂片花蕾时呈覆瓦状排列；雄蕊5，与花冠裂片互生；花盘环状；子房下位，2室，每室具多数胚珠，花柱条形，柱头全缘或2裂。蒴果稍木质，成熟后裂成2瓣。种子极多，细小，周围具不规则膜质网状翅。

仅1种，我国特有。本区也有。

香果树

Emmenopterys henryi Oliv.

乔,高可达30m。叶片宽椭圆形至宽卵形,革质或薄革质,长10~20cm,宽7~13cm,先端急尖或短渐尖,基部圆形或楔形,全缘,上面无毛,下面被柔毛或沿脉及脉腋内有淡褐色柔毛;叶柄长2~5cm,具柔毛。聚伞花序排成顶生的大型圆锥状;花大,具短梗;花萼筒近陀螺形,裂片宽卵形,具缘毛,叶状花萼裂片白色而明显,结实后仍宿存;花冠漏斗状,长2~2.5cm,白色,内外两面均被茸毛,裂片长约为花冠的1/3;雄蕊着生于花冠喉部稍下,花丝纤细,花药背着,内藏。蒴果近纺锤形,具纵棱,成熟时呈红色。种子多数,小而具阔翅。花期8月,果期9—11月。

见于官埔垟、炉岙、大田坪、凤阳湖、龙案、金龙等地。生于海拔600~1500m的山坡谷地中及溪边、路旁林中阴湿处。分布于长江流域及西南各地。

国家二级重点保护野生植物。木材可供建筑用;为庭院观赏树种。

7 玉叶金花属 *Mussaenda* L.

缠绕、攀援状或直立灌木。叶对生或偶3叶轮生;托叶生于叶柄间,单生或对生,常脱落。各式聚伞花序顶生;花萼筒长椭圆形或陀螺形,萼檐5裂,有些花的其中1枚花萼裂片扩大成花瓣状,具柄;花冠漏斗状,花冠筒长,外面常被毛,喉部有长柔毛,顶端5裂,裂片花蕾时呈镊合状排列;雄蕊5,着生于花冠筒喉部,花丝极短,花药背着,内藏;花盘环状或肿胀;子房下位,2室,每室具胚珠极多,着生于肉质、盾形胎座上,花柱丝状。浆果近球形或近椭圆球形,顶端具环纹或冠以宿萼裂片。种子多数,极小,种皮有小窝孔。

约120种,分布于亚洲亚热带和热带地区、非洲、大洋洲。本区有2种。

分种检索表

1. 藤本植物；叶片卵状长圆形，较小；花序花稠密 ……………………………… 1. 玉叶金花 *M. pubescens*
1. 直立或攀援灌木；叶片宽卵形，较大；花疏散 ……………………………… 2. 大叶白纸扇 *M. shikokiana*

1. 玉叶金花　白纸扇

Mussaenda pubescens Dryand.

落叶缠绕藤本。叶对生，有时近轮生；叶片卵状长圆形，稀卵状披针形，长5~9cm，宽2~3cm，先端渐尖，基部楔形，全缘，上面疏被柔毛，沿脉较密，下面密被短柔毛；叶柄长3~8mm，密被灰褐色柔毛；托叶三角形，2深裂。伞房状聚伞花序稠密；花序梗无或极短；花无梗或具短梗；花萼筒陀螺形，外面被柔毛，萼檐裂片狭披针形，长约为花萼筒长的2倍，基部稍被密毛，向上渐稀疏，花瓣状的花萼裂片宽椭圆形，长、宽2.5~4cm，有时缺失；花冠黄色，花冠筒长约2cm，外面密被平伏短柔毛，裂片长圆状披针形，长3~4mm，里面有金黄色粉末状小凸点。浆果近椭圆球形，被疏柔毛，顶端具环纹。花期6—7月，果期8—11月。

见于均益、龙案、干上等地。生于海拔500~600m的山坡路边、林缘。分布于东亚。

枝、叶可入药，有清热解暑、利湿解毒等功效。

2. 大叶白纸扇

Mussaenda shikokiana Makino

落叶直立或攀援灌木。叶对生；叶片宽卵形或宽椭圆形，长8~18cm，宽5~11cm，先端渐尖至短渐尖，基部长楔形，全缘，两面疏被柔毛，沿脉较密；叶柄长1~3.5cm，被短柔毛；托叶卵状披针形，先端通常2裂。伞房状聚伞花序疏散，密被柔毛；具短花梗；花萼筒陀螺形，萼檐裂片披针形，外面密被柔毛，花瓣状的花萼裂片白色，倒卵形，长3~4cm，宽1.5~2cm；花冠黄色，长1.4cm，外面密被平伏长柔毛，裂片卵形，内面有金黄色茸毛。浆果近球形，被疏柔毛，顶端具环纹。花期6—7月，果期8—10月。

见于官埔垟、炉岙、横溪等地。生于海拔500~750m的溪边林下、山坡上或溪边灌丛中。分布于东亚。

8 茜树属 *Aidia* Lour.

灌木或乔木，稀藤本。叶对生；具柄；托叶生于叶柄间。聚伞花序腋生、与叶对生或生于无叶的节上，稀顶生；具苞片和小苞片；花无梗或具梗；花萼筒杯形或钟形，萼檐稍扩大，顶端5裂，稀4裂；花冠高脚碟状，外面常无毛，喉部有毛，花冠筒圆柱形，裂片5，稀4，短于或长于花冠筒，呈旋转状排列，开放时常外翻；雄蕊5，稀4，着生于花冠喉部，与花冠裂片互生，花丝极短，花药背着，伸出；子房2室，每室具多数胚珠，胚珠沉没于肉质中轴胎座上，花柱细长，柱头棒形或纺锤形，2浅裂。浆果球形，通常较小，平滑或具纵棱。种子形状多样，常具角，并与果肉胶结。

约50种，主要分布于亚洲和非洲热带地区。本区有1种。

茜树 山黄皮

Aidia cochinchinensis Lour.——*Randia cochinchinensis*（Lour.）Merr.

常绿灌木或小乔木。叶对生；叶片长椭圆形或椭圆形，长6~15cm，宽2~5cm，革质，先端渐尖至急尖，基部楔形或宽楔形，全缘，上面具光泽，下面脉腋内具簇毛；叶柄长4~8mm；托叶披针形，早落。聚伞花序与叶对生，或生于无叶的节上；花序梗粗壮，各级花序轴略具柔毛；花萼长约4mm，花萼筒杯形，萼檐4裂；花冠黄白色，长约10mm，内面喉部具白色柔毛，4裂，裂片长圆形；花药全部露出；花柱长，柱头2浅裂。浆果近球形，紫黑色。种子多数。花期4—5月，果期10—11月。

见于凤阳湖及保护区外围大赛梅地、屏南瑞垟、小梅金村等地。生于海拔500~700m的溪边、山坡路边、林中。分布于亚洲至大洋洲热带地区。

9 乌口树属 *Tarenna* Gaertn.

乔木或灌木。叶对生；具柄；托叶生于叶柄间，卵状三角形，基部常合生，脱落。伞房状聚伞花序顶生；花萼筒形状各式，萼檐不明显，顶端5裂，裂片小；花冠漏斗状或高脚碟状，顶端5裂，稀4裂，裂片花蕾时呈旋转状排列；雄蕊与花冠裂片同数，着生于花冠喉部，花丝短或缺，花药背着；花盘环状；子房下位，2室，每室具1至多数胚珠，胚珠沉没或半沉没于肉质中轴胎座上，花柱延伸，常凸出，柱头纺锤形，具槽纹。浆果革质或肉质。种子平凸或凹陷，稀具棱，种皮膜质或脆壳质。

约370种，分布于亚洲、非洲热带与亚热带地区、太平洋岛屿。本区有2种。

分种检索表

1. 叶片侧脉8~11对；花梗长3~6mm；花冠裂片较花冠筒长 ……………………… 1. 白花苦灯笼 *T. mollissima*
1. 叶片侧脉5~7对；花梗长2~3mm；花冠裂片较花冠筒短 ……………………… 2. 尖萼乌口树 *T. acutisepala*

1. 白花苦灯笼 毛乌口树

Tarenna mollissima (Hook. et Arn.) B. L. Rob.——*Cupia mollissima* Hook. et Arn.——*T. incana* Diels

落叶灌木或小乔木。小枝近四棱形,密被灰褐色柔毛。叶片卵形或长卵状披针形,长8~16cm,宽2~5.5cm,先端长渐尖或渐尖,基部楔形至宽楔形或略呈近圆形,全缘,上面密被短毡毛,下面密被柔毛;叶柄长5~15mm,密被短柔毛;托叶长5~8mm,密被紧贴柔毛。伞房状聚伞花序顶生,密被短柔毛;苞片和小苞片条形;花梗长3~6mm;花萼筒近钟形;花冠白色,顶端4或5裂,裂片长圆形;花药条形。浆果球形,被短柔毛。花期7—8月,果期9—11月。

见于官埔垟、均益等地。生于海拔500~550m的山谷林下、溪边灌丛中。分布于东亚。

根、叶可入药,有清热解毒、消肿止痛等功效。

2. 尖萼乌口树

Tarenna acutisepala F. C. How ex W. C. Chen

灌木。叶片长圆形或披针形,长4~19.5cm,宽1.5~5.6cm,顶端渐尖或短尖,基部楔形,上面无毛或沿中脉被疏短柔毛,下面被短柔毛或乳凸状毛,有时无毛;叶柄长5~22mm,被短硬毛;托叶三角形,锐尖。伞房状聚伞花序顶生,紧密;花序梗短,被短柔毛;小苞片披针形,被短柔毛;花梗长2~3mm,被短柔毛;花萼外面有短柔毛,花萼筒卵形,裂片三角状披针形,顶端尖;花冠淡黄绿色,长约1.4cm,外面无毛,花冠筒内面上部和喉部有柔毛,裂片椭圆形;花柱中部以上有柔毛,柱头伸出。浆果近球形,有短柔毛或无毛,顶部常有宿萼裂片。花期4—9月,果期5—11月。

见于保护区外围小梅金村至大窑古道、屏南瑞垟等地。生于海拔700~900m的路边林下。我国特有,分布于华东、华中、华南等地。

10 栀子属 *Gardenia* J. Ellis

灌木或小乔木。叶对生或3叶轮生；托叶生于叶柄内侧，基部合生。花较大，腋生或顶生，单生或有时排成伞房状花序；花萼筒卵形或倒圆锥形，具纵棱，裂片5~12，宿存；花冠高脚碟状、钟状或漏斗状，裂片5~12，扩展，花蕾时呈旋转状排列；雄蕊5~12，着生于花冠喉部，花药背着；子房下位，1室，每室具多数胚珠，花柱粗厚，柱头棒状或纺锤状。浆果革质或肉质，卵形或圆柱形，平滑或具纵棱，不规则开裂，顶端有宿萼裂片。种子多数，常与肉质胎座胶结成1球状体，种皮膜质或革质。

约250种，分布于热带和亚热带地区。本区有1种。

栀子 山栀子

Gardenia jasminoides J. Ellis——*G. radicans* Thunb. Makino——*G. grandiflora* Lour.

常绿直立灌木。叶对生或3叶轮生；叶片倒卵状椭圆形至倒卵状长椭圆形，长4~14cm，宽1~4cm，革质，先端渐尖至急尖，有时略钝，基部楔形，全缘，两面无毛；叶柄近无或长达4mm；托叶鞘状。花单生于小枝顶端，稀生于叶腋，芳香；花萼长2~3.5cm，顶端5~7裂，花萼筒倒圆锥形，裂片条状披针形，长1.5~2.5cm；花冠高脚碟状，白色，直径4~6cm，花冠筒长3~4cm，顶端5至多裂，裂片倒卵形或倒卵状椭圆形；花丝短，花药条形；花柱粗厚，柱头扁宽。浆果橙黄色至橙红色，具5~8纵棱。花期5—7月，果期8—11月。

见于龙南大庄及保护区外围屏南顺合等地。生于海拔900m以下的山谷溪边、路旁林下、灌丛中或岩石上。分布于亚洲、美洲北部。

果实可入药，有清热解毒、凉血止血等功效；果实也可制黄色染料；为园林观赏植物。

11 狗骨柴属 *Diplospora* DC.

灌木或乔木。叶对生；托叶生于叶柄内，基部合生。花小，杂性，通常数朵簇生或排成短聚伞花序，腋生；苞片与小苞片基部合生；花萼筒短，陀螺形或半球形，萼檐顶端平截、4或5齿裂或近佛焰苞状；花冠管状漏斗形，花冠筒短，内面被毛，顶端4~8裂，裂片先端钝，花蕾时呈旋转状排列；雄蕊4~8，着生于花冠喉部，花药背着；花盘环状；子房下位，2室，每室具2至多数胚珠，胚珠着生于肉质胎座上，柱头2裂。核果球形，革质。种子数粒，有不明显的棱，种皮半纤维质。

约20种，分布于亚洲热带和亚热带地区。本区有1种。

狗骨柴

Diplospora dubia（Lindl.）Masam.——*Tricalysia dubia*（Lindl.）Ohwi

常绿灌木或小乔木。一年生枝灰黄色，光滑无毛。叶片卵状长圆形至长椭圆形，长6~13cm，宽2~5.5cm，先端急尖至短渐尖，基部楔形，全缘，两面无毛；叶柄长5~8mm；托叶上部三角形，内面密被灰黄色茸毛。花簇生或排成伞房状聚伞花序，腋生；花序梗极短，被短柔毛；苞片及小苞片被柔毛；花萼筒陀螺形，萼檐顶端不明显4浅裂，基部被短柔毛；花冠绿白色，4裂，花冠筒内面基部被柔毛；雄蕊4，着生于花冠喉部；柱头2裂。核果近球形，成熟时呈橙红色，干后变为黑色，顶部有萼檐残迹。种子近卵形，暗红色。花期5—6月，果期7—10月。

见于保护区外围屏南竹蓬后、小梅金村至大窑等地。生于海拔800m以下的山坡谷地、溪边路旁或林下灌丛中。分布于东亚。

根可入药，有消肿散结、解毒排脓等功效。

12 粗叶木属 *Lasianthus* Jack

灌木，常具臭味。叶对生；叶片常具明显横脉；托叶生于叶柄间。花腋生，单生，有时2至数朵簇生或排成聚伞花序、头状花序；花序梗有或无；萼檐顶端3~6裂，裂片宿存；花冠漏斗状或高脚碟状，喉部被长柔毛，顶端4~6裂，裂片花蕾时呈镊合状排列；雄蕊4~6，着生于花冠喉部，花丝短，花药背着，药隔常具细尖头；花盘肿胀；子房下位，4~9室，每室具1胚珠，花柱短或近延长，顶端4~9裂。核果，内具4~9分核。种子条状长圆形，微弯。

约184种，分布于亚洲亚热带和热带地区、非洲、美洲热带地区、大洋洲。本区有2种。

分种检索表

1. 苞片明显，长5~10mm；中脉在上面凹陷；核果蓝黑色 ………………………… 1. 上思粗叶木 *L. sikkimensis*
1. 苞片不明显，长不及2mm；中脉在上面凸起；核果蓝色 ………………………… 2. 日本粗叶木 *L. japonicas*

1. 上思粗叶木　锡金粗叶木

Lasianthus sikkimensis Hook. f.——*L. tsangii* Merr. ex H. L. Li

直立灌木。小枝圆柱形，密被黄褐色柔毛。叶片长圆状披针形，长8~12.5cm，宽2~4cm，近革质，先端长渐尖或渐尖，基部楔形或近圆状楔形，浅波状全缘，干后略反卷，上面橄榄绿色，中脉在上面凹陷，在下面连同侧脉凸起；叶柄长0.5~1cm，密被柔毛。花数朵生于叶腋；具短花序梗；苞片披针形，长5~10mm，密被柔毛；花几无梗；花萼筒长3~5mm，外面被柔毛，萼檐5裂；花冠白色，顶端5裂，裂片内面被茸毛。核果近卵球形，蓝黑色，无毛。花期5—6月，果期9—11月。

见于乌狮窟、大田坪等地。生于海拔900~1300m的山沟旁林下。分布于东亚、东南亚。

2. 日本粗叶木

Lasianthus japonicus Miq.——*L. hartii* Franch.——*L. lancilimbus* Merr.

常绿灌木。小枝光滑无毛或多少具伸展柔毛。叶片长圆状披针形，长9~16cm，宽2~4cm，革质或纸质，先端长尾状渐尖或渐尖，基部楔形或略钝，边缘浅波状全缘或呈浅齿状，中脉、侧脉在两面凸起；叶柄长0.5~1cm，密被淡黄褐色柔毛。花数朵簇生于叶腋；几无花序梗；苞片小，三角状卵形，长不达2mm；几无花梗；花萼短，外面被柔毛，萼檐5裂，裂片齿状；花冠漏斗状，白色而常微带红色，内面被茸毛。核果球形，蓝色。花期5—6月，果期10—11月。

见于凤阳庙、大田坪、凤阳湖、将军岩、金龙、南溪口、干上等地。生于海拔500~1500m的山坡路边、溪边林下或灌丛中。分布于东亚、东南亚。

13 虎刺属 *Damnacanthus* C. F. Gaertn.

灌木。叶对生；叶柄间通常具针状刺；托叶细小，生于叶柄间，先端具齿裂。花小，单生或2~3朵簇生，腋生；花萼筒倒卵形，4或5裂；花冠漏斗状，喉部有毛，4或5裂，裂片花蕾时呈镊合状排列；雄蕊与花冠裂片同数，着生于花冠喉部，花丝短，花药具宽药隔；子房下位，2~4室，每室具1悬垂的横生胚珠，花柱丝状，柱头2~4裂。核果球形，具1~4分核。种子平凸状，盾形。

约13种，分布于亚洲东部。本区有3种。

分种检索表

1. 针刺发达，长10~20mm，通常不脱落；叶片具光泽，长不及2.5cm ………………………… 1.虎刺 *D. indicus*
1. 针刺不发达，长不及5mm，常脱落而仅顶叶具残存退化短刺；叶片无光泽，长可达12cm。
   2. 叶片宽卵形、卵形至卵状椭圆形；针刺长2~8mm……………………………… 2.浙皖虎刺 *D. macrophyllus*
   2. 叶片披针形、椭圆状披针形至椭圆形；针刺长1~3(~4)mm …………………… 3.短刺虎刺 *D. giganteus*

1. 虎刺　绣花针

Damnacanthus indicus C. F. Gaertn.

常绿小灌木。根通常粗壮，有时缢缩成念珠状。茎多分枝，小枝被糙硬毛，逐节生针状刺，刺长1~2cm，对生于叶柄间。叶片卵形至宽卵形，长1~2.5cm，宽0.8~1.5cm，具光泽，先端急尖，基部圆形，全缘，干后反卷，中脉在上面多少凸起，侧脉2或3对，不显著；叶柄短，密被柔毛。花单生或成对生于叶腋；花梗短；花萼筒长1~1.5mm，萼檐4或5裂，渐尖；花冠白色，顶端4或5裂，裂片三角状卵形。核果成熟时呈红色，近球形。花期4—5月，果期7月至次年1月。

见于保护区外围大赛、小梅大窑等地。生于海拔300~780m的林下、溪边草丛中或山坡路边。分布于东亚。

根可入药，有清热利湿、舒筋活血、祛风止痛等功效。

2. 浙皖虎刺　串珠虎刺

Damnacanthus macrophyllus Siebold ex Miq.——*D. shanii* K. Yao et M. B. Deng

小灌木，高可达1.5m。根通常肥厚而有时呈念珠状。小枝被开展短粗毛，上部常内弯，针状刺对生于叶柄间，长2~8mm。叶片卵形、宽卵形至卵状椭圆形，长2.5~6cm，宽1.3~2.5cm，薄革质，先端急尖至短渐尖，基部圆形或宽楔形，全缘，干后略反卷，两面均无毛，中脉在上面略凸起，侧脉3~5对；叶柄短，被短粗毛。花梗长约2mm；花萼裂片三角形；花冠长约10mm，檐部4裂，裂片卵状三角形；雄蕊4；花柱内藏。果1~3枚腋生，成熟时呈红色，直径3~5mm，分核(1)2或3。花果期6—11月。

见于保护区外围小梅金村。生于海拔500~650m的林中、山坡路边。分布于东亚。

根可入药，功效基本同虎刺。

3. 短刺虎刺　大叶虎刺

Damnacanthus giganteus (Makino) Nakai——*D. subspinosus* Hand.-Mazz.——*D. subspinosus* var. *salicifolius* M. B. Deng et K. Yao

常绿小灌木。根肉质而常呈念珠状缢缩。小枝被稀疏糙硬毛，后渐脱落；针状刺对生于叶柄间，或仅生于小枝顶端，长1~3(~4)mm。叶片椭圆状披针形至椭圆形，长4~12cm，宽1.5~4cm，薄革质，先端渐尖至长渐尖，基部楔形或近圆形，全缘，中脉下部在上面凹陷，侧脉5~8对；叶柄长2~4mm，被稀疏短糙毛。花2或3朵簇生于叶腋；花梗长约1mm，被短毛；花萼筒长1~1.5mm，外面被短毛，萼檐4裂；花冠白色，顶端4裂，裂片卵形。核果近球形，成熟时呈红色。种子近球形，角质。花期4—5月，果期8—11月。

见于横溪等地。生于海拔500m左右的山坡溪边、林下灌丛中。分布于东亚。

根可入药，有补养气血、收敛止血等功效。

14 白马骨属 *Serissa* Comm. ex Juss.

小灌木，揉碎有臭味。叶小，对生；近无柄；托叶生于叶柄间，分裂，裂片刺毛状，宿存。花腋生或顶生，单生或簇生；花萼筒倒圆锥形，萼檐4~6裂，宿存；花冠漏斗状，花冠筒内部和喉部均被毛，顶端4~6裂，裂片花蕾时呈镊合状排列；雄蕊4~6，着生于花冠筒上，花丝稍与花冠筒连合，花药近基部背着；花盘大；子房下位，2室，每室具1胚珠，花柱较雄蕊短，柱头2裂。核果球形，干燥，蒴果状。

2种，分布于东亚。本区有1种。

白马骨　山地六月雪

Serissa serissoides（DC.）Druce

小灌木，多分枝。小枝灰白色，幼枝被短柔毛。叶片通常卵形或长圆状卵形，长1~3cm，宽0.5~1.2cm，纸质或坚纸质，先端急尖，具短尖头，基部楔形至长楔形，全缘，有时略具缘毛，上面中脉被短柔毛，下面沿脉疏被柔毛，叶脉在两面均凸起；叶柄极短；托叶膜质，基部宽，先端分裂成刺毛状。花数朵簇生；无梗；萼檐4~6裂，裂片钻状披针形，边缘有缘毛；花冠白色，漏斗状，顶端4~6裂。核果小，干燥。花期7—8月，果期10月。

见于保护区外围大赛等地。生于海拔约500m的山谷中、田埂上、林下路边。分布于东亚。

全株可入药，有平肝利湿、健脾止泻等功效。

15 盾子木属 *Coptosapelta* Korth.

攀援状灌木或缠绕藤本。叶对生；托叶生于叶柄间，脱落。花单生于叶腋内；花梗具2小苞片；花萼筒球形或陀螺形，萼檐短，4或5裂，宿存；花冠高脚碟状，白色，顶端4或5裂，裂片花蕾时呈覆瓦状排列；雄蕊4或5，着生于花冠喉部，花丝短，花药细长，基着；花盘杯状；子房下位，2室，每室具多数胚珠。蒴果近球形，室背开裂。种子球形，周围具流苏状翅。

约16种，分布于亚洲东南部至东部。本区有1种。

盾子木 流苏子

Coptosapelta diffusa（Champ. ex Benth.）Steenis

常绿缠绕藤本。小枝多数密被柔毛，节明显。叶片长卵形或卵状宽披针形，长3~7cm，宽1~2.5cm，近革质，先端渐尖至长渐尖，基部圆形，全缘，略具柔毛，干后略反卷，上面略具光泽；叶柄长2~5mm，密被柔毛；托叶条状披针形，被柔毛。花单生于叶腋；花梗纤细，长5~

7mm，近中部具关节和1对小苞片；花萼筒球形，萼檐4或5裂；花冠长约1.5cm，密被绢毛，顶端4或5裂，内面基部有柔毛；花药条形，伸出。蒴果稍扁球形，淡黄色。种子多数，近圆形，薄而扁，棕黑色，边缘流苏状。花期6—7月，果期8—11月。

见于官埔垟、南溪口及保护区外围大赛、屏南瑞垟等地。生于海拔500~800m的山坡林下、溪边岩石上、灌丛中或荒地上。分布于东亚。

16 巴戟天属 *Morinda* L.

直立、攀援灌木或小乔木。叶对生，稀3叶轮生；托叶合生成鞘。花腋生或顶生，单生或由数个小头状花序排成伞形；花萼筒彼此多少连合，萼檐短，顶端平截或具齿裂，宿存；花冠漏斗状或高脚碟状，顶端4~7裂，裂片花蕾时呈镊合状排列；雄蕊与花冠裂片同数，着生于花冠喉部；花盘环状；子房下位，2室或不完全4室，每室具1胚珠。果为聚花果。种子倒卵形或肾形，种皮膜质，胚乳肉质或骨质。

80~100种，广泛分布于热带和亚热带地区。本区有1种。

印度羊角藤　羊角藤

Morinda umbellata L.——*M. umbellata* subsp. *obovata* Y. Z. Ruan——*M. nanlingensis* Y. Z. Ruan var. *pauciflora* Y. Z. Ruan

常绿攀援灌木。叶对生；叶片形状变异较大，倒卵状长圆形、长圆形、长圆状披针形、长椭圆形至椭圆形，长(4~)5~9(~12)cm，宽(1.5~)2~3.5(~4)cm，薄革质或纸质，先端急尖或短渐尖，基部楔形或宽楔形，全缘，两面除中脉被短柔毛外，其余被极稀短柔毛或近无毛，下面

脉腋内具簇毛；叶柄长(2~)4~8(~10)mm，被短柔毛或近无毛；托叶干膜质。花序顶生，通常由4~10个小头状花序排成伞形，小头状花序具6~12花；花序梗纤细，被微毛；花萼筒半球形，萼檐顶端平截或具不明显齿裂；花冠白色，深裂几达基部，裂片狭长圆形，内面喉部有柔毛。聚花果扁球形或近肾形，成熟时呈红色。花期6—7月，果期7—10月。

区内常见。生于海拔600~1000m的山坡路边、溪边、灌丛中。分布于东亚、东南亚。

根及根皮可入药，有治风湿痹痛、肾虚腰痛等功效。

17 鸡屎藤属 *Paederia* L.

柔弱缠绕藤本，揉碎有臭味。叶对生；托叶生于叶柄间，通常三角形，脱落。花单独分生，或组成腋生、顶生的圆锥花序或圆锥花序式的聚伞花序；花萼筒陀螺形或卵形，萼檐4或5齿裂，裂片宿存；花冠管状或漏斗状，顶端4或5裂；雄蕊与花冠裂片同数，着生于花冠喉部，花丝极短，花药背着或基着，内藏；花盘肿胀；子房下位，柱头2，纤毛状，常旋卷。果球形或压扁，果皮膜质，脆而光亮。

30种，分布于非洲热带与亚热带地区、亚洲、美洲。本区有3种。

分种检索表

1. 叶两面密被锈色短粗毛或粗柔毛；腋生花序明显长于叶片 …………………… 1. 长序鸡屎藤 *P. cavaleriei*
1. 叶两面无毛或被粗毛；腋生花序短于叶片，有时稍长。
  2. 叶片卵形、长卵形至卵状披针形，下面多少被柔毛，基部心形至圆形，稀平截；花序被疏或密的柔毛……………………………………………………………………………… 2. 鸡屎藤 *P. foetida*
  2. 叶片披针形、椭圆状披针形至椭圆形，两面无毛，基部楔形；花序无毛 ……… 3. 疏花鸡屎藤 *P. laxiflora*

1. 长序鸡屎藤 耳叶鸡屎藤

Paederia cavaleriei H. Lév.

柔弱半木质缠绕藤本。茎或枝密被黄褐色或污褐色柔毛。叶片通常卵状椭圆形或长卵状椭圆形，长6~12(~14)cm，宽2~6(~7)cm，纸质，先端短渐尖至渐尖，基部圆形至浅心形，稀楔形，边缘常啮齿状，上面被短粗毛，下面密被粗柔毛；叶柄密被柔毛；托叶长4~8mm，内面被柔毛。圆锥状聚伞花序腋生或顶生，总状花序轴伸长，密被与茎或枝相同的柔毛；花萼筒卵形，萼檐5裂；花冠浅紫色，钟状，内外均被柔毛，顶端5裂。果球形，成熟时呈蜡黄色，光滑，顶端具宿萼和花盘。花期6—7月，果期8—10月。

见于龙南、金龙等地。生于海拔500m左右的路边灌丛中、山坡上、溪边。分布于东亚、东南亚。

2. 鸡屎藤

Paederia foetida L.——*P. scandens*（Lour.）Merr.

柔弱半木质缠绕藤本。茎灰褐色，幼时被柔毛。叶片通常卵形、长卵形至卵状披针形，长5~11(~16)cm，宽3~7(~10)cm，纸质，先端急尖至短渐尖，基部心形至圆形，稀平截，全缘，下面沿脉被柔毛，脉腋内有簇毛，后渐脱落；叶柄被柔毛，后渐脱落；托叶长3~5mm，初时被缘毛。圆锥状聚伞花序腋生或顶生，扩展，被疏柔毛；花萼筒陀螺形，萼檐5裂；花冠钟状，浅紫色，外面被灰白色细茸毛，内面被茸毛，顶端5裂。果球形，成熟时呈蜡黄色，平滑，具光泽，顶端具宿萼檐和花盘。花期7—8月，果期9—11月。

区内常见。生于海拔500~1500m的山坡谷地中、溪边、路旁林下灌丛中。分布于东亚、东南亚。

全草可入药，有活血镇痛、祛风燥湿、解毒杀虫等功效；茎皮可用于造纸和作人造棉原料。

区内还有毛鸡屎藤*Paederia foetida* var. *tomentosa*（Blume）Hand.-Mazz，与鸡屎藤的区别在于：其茎被灰白色柔毛；叶片上面散被粗毛，下面密被柔毛，沿脉尤密；花序密被柔毛。见于官埔垟、炉岙、凤阳庙及保护区外围大赛、屏南百步等地；生于海拔约420m的山谷溪边、水沟边、山坡林中；分布于我国长江流域及其以南各地。功用基本同鸡屎藤。

3. 疏花鸡屎藤

Paederia laxiflora Merr. ex H. L. Li

草质或亚灌木状藤本。茎平滑、无毛。叶片披针形、椭圆状披针形至椭圆形，长15~19cm，宽1.5~3cm，纸质或近膜质，顶端微渐尖，基部楔形，两面无毛，下面苍白色；叶柄长1.2~2cm。疏松圆锥花序腋生和顶生；花序梗长3~7cm，无毛或在分枝末梢被柔毛；花无梗或梗极短；花萼筒长约1mm，干后变为黑色，无毛，萼檐裂片极短；花冠白色带紫色，外面密被稍短柔毛。花期5—6月，果期冬季。

见于炉岙、大田坪、凤阳庙、黄茅尖及保护区外围屏南兴合等地。生于海拔300~1500m的山坡路边、灌丛中。我国特有，分布于华东、华中及广西、云南。

18 蛇根草属 *Ophiorrhiza* L.

多年生草本，稀为亚灌木。叶对生；具柄；托叶短小。花排成二歧或多歧分枝的聚伞花序，顶生或腋生，常偏生于花序分枝一侧；花萼筒短，陀螺形或近球形，萼檐5裂，裂片小，宿存；花冠漏斗状或近管状，顶端5裂，裂片短，花蕾时呈镊合状排列；雄蕊5，着生于花冠喉部以下，花药背着，基部2裂；花盘大，肉质，环形或圆柱形；子房下位，2室，每室具多数胚珠，花柱条形，柱头2。蒴果扁，革质，宽倒心形或具2裂的菱形，中部为花萼筒所包围，顶端宽2瓣裂。种子小，具棱，种皮脆壳质。

200种以上，分布于亚洲热带和亚热带地区至澳大利亚、太平洋岛屿。本区有2种。

分种检索表

1.小苞片较大，果期宿存；花冠筒较短，长1~1.3cm ………………………… 1.日本蛇根草 *O. japonica*

1.小苞片无或小，早落；花冠筒较长，长1.8~2cm ………………………… 2.中华蛇根草 *O. chinensis*

1. 日本蛇根草　蛇根草

Ophiorrhiza japonica Blume

多年生草本。茎密被锈色曲柔毛。叶片卵形、卵状椭圆形或椭圆形，长2.5~8cm，宽1.5~3cm，先端急尖或稍钝，基部楔形、宽楔形至圆形，全缘，上面疏被短粗毛，下面红褐色，沿脉被短柔毛；叶柄密被曲柔毛，或无毛；托叶早落。聚伞花序顶生，二歧分枝，密被短柔毛；小苞片条形，疏被柔毛；花萼筒宽陀螺状球形，外面密被短柔毛，萼檐裂片三角形，先端尖；花冠漏斗状，白色，长1~1.5cm，裂片三角状卵形，内面密被短柔毛；雄蕊5，着生于花冠管中、下部，内藏。蒴果菱形。花期11月至次年5月，果期4—6月。

区内常见。生于海拔500~1300m的山坡溪边、林下路边、岩石上。分布于东亚。

2. 中华蛇根草

Ophiorrhiza chinensis H. S. Lo

草本。茎无毛。叶片纸质,卵状披针形至卵形,长3.5~12cm,顶端渐尖,基部楔尖至圆钝,全缘,两面无毛或近无毛,干时多少变淡红色;叶柄长1~4cm;托叶早落。聚伞花序顶生,花序梗密被极短柔毛;小苞片无或极小,早落,萼管近陀螺形,被粉状微柔毛,裂片5片,近三角形;花冠白色或淡紫红色,管状漏斗形,长(1.6)1.8~2cm,里面被疏柔毛,裂片5片,三角状卵形;雄蕊5枚,生于冠管中部稍下。果序粗壮近无毛。种子小,多数,具棱角。花期3—4月,果期5月。

见于官埔垟、双溪、均益等地。生于林下。我国特有,分布于长江以南各地。

19 耳草属 *Hedyotis* L.

草本、亚灌木或灌木。叶对生,稀轮生;托叶分离或基部连合,有时合生成1鞘。花小,排成顶生或腋生的聚伞花序,稀排成其他花序或单生;花萼筒形状各式,萼檐顶端通常4或5裂,稀2、3裂或平截,宿存;花冠管状、漏斗状、高脚碟状,顶端4或5裂,稀2或3裂;雄蕊与花冠裂片同数,花药背着;花盘通常小,常4浅裂;子房下位,2室,每室具多数胚珠,稀具1胚珠。蒴果小,不开裂、室背开裂或室间开裂,内具2至多数种子,稀具1枚。种子具棱,种皮平滑或具窝孔。

约500种,广泛分布于热带和亚热带地区。本区有4种。

分种检索表

1. 叶片条形或条状披针形，宽1~4mm；花腋生。
   2. 花无花梗，2或3朵簇生于叶腋 ………………………………………………… 1.纤花耳草 *H. tenelliflora*
   2. 花具花梗，单生或成对生于叶腋 ………………………………………………… 2.白花蛇舌草 *H. diffusa*
1. 叶片宽4mm以上；花序顶生或腋生。
   3. 匍匐草本；植株密被金黄色柔毛；花1~3朵生于叶腋 ……………………… 3.金毛耳草 *H. chrysotricha*
   3. 直立草本；植株近无毛；聚伞花序顶生及生于上部叶腋 …………………… 4.剑叶耳草 *H. caudatifolia*

1. 纤花耳草

Hedyotis tenelliflora Blume

一年生柔弱草本。茎直立。叶片条形或条状披针形，长1.5~3.5cm，宽1~3mm，先端急尖至短渐尖，基部圆形，干后边缘反卷，上面密被圆形小疣体，下面光滑，中脉在上面凹陷，在下面凸起；无叶柄；托叶长3~6mm，基部合生，顶端分裂成数条刺状刚毛。花2或3朵簇生于叶腋；无花梗；花萼筒倒卵球形，萼檐4裂；花冠漏斗状，白色，顶端4裂；雄蕊着生于花冠喉部，花药凸出；花柱顶端膨大。蒴果卵球形，成熟时顶端开裂。花期6—7月，果期8—10月。

见于老鹰岩等地。生于海拔500~600m的田边、溪边、山坡岩石上。分布于东亚、东南亚至太平洋岛屿。

全草可入药，有清热解毒、消肿止痛等功效。

2. 白花蛇舌草

Hedyotis diffusa Willd.

一年生纤细草本。叶片膜质，老时草质，条形，长1~4cm，宽1~3mm，先端急尖至渐尖，基部楔形，干后边缘略反卷，有时稍被柔毛，上面无毛，下面有时粗糙，中脉在上面凹陷或略平，在下面凸起；无叶柄；托叶长1~2mm，基部合生，顶端齿裂。花单生或成对生于叶腋；花梗长2~5mm，较粗壮，有时可长达10mm；花萼筒近球形，萼檐4裂；花冠管状，白色，顶端4裂；雄蕊着生于花冠喉部，花药凸出；花柱顶端2裂。蒴果扁球形，具宿萼裂片，成熟时室背开裂。花期6—7月，果期8—10月。

见于凤阳湖及保护区外围大赛、屏南百步等地。生于海拔500m以下的山坡草丛中或田边。分布于东亚、东南亚、南亚。

全草可入药，有清热解毒、利水等功效。

3. 金毛耳草 铺地蜈蚣

Hedyotis chrysotricha（Palib.）Merr.

多年生匍匐草本。茎被金黄色柔毛。叶片椭圆形、卵状椭圆形或卵形，长1~2.4(~2.8)cm，宽0.6~1.5cm，先端急尖，基部圆形，具缘毛，上面被疏生短粗毛或无毛，下面黄绿色，被金黄色柔毛，在脉上较密；叶柄长1~3mm；托叶合生，顶端齿裂，裂片不等长。花1~3朵生于叶腋；

花梗长约2mm,被毛;花萼筒钟形,密被长柔毛,萼檐4裂,裂片披针形;花冠漏斗状,淡紫色或白色,4裂,裂片长圆形,与花冠筒等长或稍短;雄蕊着生于花冠喉部,花药内藏;花柱丝状,柱头棒状,2裂。蒴果近球形,被长柔毛,成熟时不开裂。花期6—8月,果期7—9月。

区内常见。生于海拔1600m以下的山坡路边、荒地上、田边草丛中或疏林下。分布于东亚、东南亚、南亚。

全草可入药,有清热利湿的功效。

4. 剑叶耳草

Hedyotis caudatifolia Merr. et F. P. Metcalf

多年生草本,基部呈亚灌木状。茎四棱形,有分枝,无毛。叶片卵状披针形或披针形,长3~7cm,宽1~2cm,先端渐尖至长渐尖,基部楔形,干后边缘略反卷并疏被缘毛,上面沿中脉被柔毛,下面无毛;叶柄近无或至长达4mm;托叶卵状三角形。聚伞花序圆锥状,顶生及生于上部叶腋;花着生于中央的无花梗,两侧的具短梗;花萼筒陀螺状,萼檐4裂,裂片卵状三角形;花冠漏斗状,白色或淡紫色,4裂,裂片披针形;花柱无毛,柱头2裂。蒴果椭圆球形,具宿萼裂片,成熟时开裂为2分果瓣。花期6—7月,果期8—9月。

见于双溪、均益、干上等地。生于山坡路边的草丛中。我国特有,分布于华东、华南。

20 新耳草属 *Neanotis* W. H. Lewis

直立、披散状或匍匐草本，稀为亚灌木。叶对生；叶片卵形至披针形，通常全缘；托叶生于叶柄间，基部合生，顶端分裂成刚毛状。花排成疏散的聚伞花序或近头状花序，腋生或顶生；花萼筒压扁，顶端4裂，裂片直立或反卷；花冠漏斗状或管状，4裂，裂片花蕾时呈镊合状排列，通常短于花冠管，喉部无毛或疏被长毛；雄蕊4，生于花冠管喉部，花丝短或延长，内藏或伸出；花盘不明显；子房下位，2室，稀为3或4室，每室具多数胚珠，柱头常2裂。蒴果双生，侧扁，顶部具宿萼裂片，成熟时室背开裂。种子盾形、舟状或平凸状，极少具翅，种皮具小窝点。

约30种，主要分布于亚洲热带地区及澳大利亚。本区有3种。

分种检索表

1. 直立草本，不分枝或极少分枝，全株具臭味；叶片较大，长6~11cm；花多数排成顶生、开展的聚伞花序…………………………………… 1. 臭味新耳草 *N. ingrate*

1. 披散状草本，多分枝；叶片长2~4cm；花通常数朵排成顶生或腋生的近头状花序、疏散的聚伞花序，有时单生。
   2. 茎、叶片上面、托叶及花序均无毛；花排成近头状花序 ………… 2. 薄叶新耳草 *N. hirsute*
   2. 茎、叶片两面、托叶及花序均被卷曲柔毛；花排成疏散的聚伞花序 …… 3. 卷毛新耳草 *N. boerhavioides*

1. 臭味新耳草　新耳草　假耳草

Neanotis ingrata（Wall. ex Hook. f.）W. H. Lewis

多年生直立草本，全株具臭味。茎直立，无毛或节上、嫩枝上稍被柔毛。叶片椭圆形至卵状披针形，长6~11cm，宽2~4.5cm，先端渐尖，基部楔形，边缘具缘毛，两面均被疏柔毛，干后常变为黑色；叶柄长3~10mm；托叶下部近三角形，上部分裂成刚毛状，被柔毛。聚伞花序顶生；花萼长3~5mm，裂片长于花萼筒2倍以上，边缘具柔毛；花冠白色，长4~5mm，裂片长圆形，顶端钝；雄蕊和花柱均伸出花冠管外。蒴果球形或扁球形。种子平凸状，具小窝点。花期6—7月，果期8—9月。

见于大田坪、双溪、龙案等地。生于海拔700~1500m的山坡溪谷或溪沟边的草丛中。分布于东亚。

2. 薄叶新耳草 薄叶假耳草

Neanotis hirsuta（L. f.）W. H. Lewis

多年生披散状草本。茎无毛，基部节上常生不定根。叶片卵形或卵状椭圆形，长2~4cm，宽1~2cm，先端急尖或渐尖，基部楔形或宽楔形，下延，边缘具短柔毛，上面无毛，下面无毛或疏被短柔毛；叶柄长2~7mm，无毛；托叶下部合生，上部分裂成刺毛状。花序腋生或顶生，花数朵集生成近头状，有时单生；花萼钟形，长约4mm，裂片披针形；花冠白色，长4~5mm，裂片宽披针形，顶端短尖；雄蕊和花柱稍伸出花冠管外。蒴果近球形。种子平凸状，具小窝点。花期7—9月，果期10月。

见于炉岙、大田坪、均益等地。生于海拔500~1300m的山谷溪边或路旁草丛中。分布于东亚、东南亚。

3. 卷毛新耳草 黄细心状假耳草

Neanotis boerhavioides（Hance）W. H. Lewis

披散状草本。茎多分枝，下部常匍匐，密被卷曲柔毛。叶片三角状卵形至卵状椭圆形，长1.5~3.5cm，宽0.7~1.5cm，先端短渐尖或短尖，基部宽楔形或楔形，下延，全缘，两面均被柔毛；叶柄长2~4mm，被柔毛；托叶下部合生，上部分裂成刺毛状，被柔毛。聚伞花序腋生或顶生，具7~10花，疏散；花萼长约2mm，被柔毛，裂片较花萼筒短；花冠白色，长3~4mm，裂片扩展。蒴果扁球形，被毛。种子多数，干后变为黑褐色。花期8—9月，果期10—11月。

见于均益等地。生于海拔600~950m的山坡湿地或溪沟边。我国特有，分布于华东、华南。

21 蔓虎刺属 *Mitchella* L.

匍匐草本。叶对生；叶片小；具叶柄；托叶生于叶柄间。花小，成对腋生或顶生；苞片缺；2个花萼筒基部合生，花萼短，萼檐4裂，裂片齿状，宿存；花冠狭漏斗状，喉部具毛，顶端4裂，裂片花蕾时呈镊合状排列；雄蕊4，着生于花冠喉部；子房下位，4室，每室具1胚珠；花柱细长，顶端4裂。浆果状核果，成对孪生，顶端具2组花萼裂片，内具4小核；小核扁平，宽椭圆形，骨质，内具1种子。

2种，东亚与北美洲各有1种。本区有1种。

波状蔓虎刺

Mitchella undulata Siebold et Zucc.

多年生匍匐草本。全株近无毛。叶片厚，有大型和小型之分；大型叶叶片三角状卵形、

宽卵形或卵形，长0.8~1.5cm，宽0.4~1.2cm，先端急尖或稍钝，基部圆形或微心形，边缘全缘或多少波状；小型叶叶片卵形或近圆形，长2~3mm；叶柄长2~5mm；托叶生于叶柄间，三角形。花有长花柱短雄蕊型和短花柱长雄蕊型之分，每2朵成对顶生，花序梗长5mm；萼檐顶端4裂；花冠白色，筒部细长，顶端4裂，裂片卵形，内面密被茸毛。果成对孪生，球形，成熟时呈红色。花期5月，果期8—9月。

见于大田坪、凤阳湖等地。生于海拔700~1600m的溪边林下、湿润岩石上。分布于东亚。

22 丰花草属 *Spermacoce* L.

草本，有时为矮小亚灌木。小枝通常四棱形。托叶与叶柄或叶片基部合生成鞘，顶端分裂成刚毛状。花成束生于叶腋，或多朵排成顶生的聚伞花序；花萼筒倒卵球形或倒圆锥形，萼檐2~4裂，裂片间通常具齿；花冠漏斗状或高脚碟状，顶端4裂，裂片扩展，花蕾时呈镊合状排列；雄蕊4，着生于花冠筒上或喉部，花药背着；花盘膨大或不明显；子房下位，2室，每室具1胚珠。蒴果，成熟时2瓣裂或仅顶端开裂。种子腹面有沟。

250种以上，分布于热带至温带温暖地区。本区有1种。

阔叶丰花草

Spermacoce alata Aubl.——*S. latifolia* Aubl.

多年生披散草本。茎直立，多分枝，茎及分枝四棱形，棱上具狭翅，被粗毛。叶片纸质，椭圆形或卵状长圆形，长2~7.5cm，宽1~4cm，先端锐尖或钝，基部宽楔形，下延，边缘略呈波

状;叶柄长4~10mm;托叶膜质,被粗毛,顶端有数条刺毛。花数朵簇生于托叶鞘内;无花梗;小苞片略长于花萼;花萼筒被粗毛,萼檐4裂;花冠漏斗形,淡紫色或白色,内面疏被柔毛,基部具1毛环,先端4裂;柱头2裂。蒴果椭圆球形,被柔毛,成熟时纵向开裂。种子近椭圆球形,无光泽。花果期5—7月。

见于官埔垟等地,归化植物。原产于美洲,非洲、东亚、东南亚及澳大利亚均有归化。

23 假盖果草属 *Pseudopyxis* Miq.

多年生草本。全株被紧贴短柔毛或疏生多节柔毛。根状茎匍匐;地上茎直立,圆柱形或四棱形。叶对生;具叶柄;托叶三角形,膜质,生于叶柄间,宿存。聚伞花序腋生或顶生;苞片具短柄,宿存;花萼筒短,萼檐顶端5全裂,宿存,果时增大;花冠狭漏斗形或细管状漏斗形,5裂,裂片开展,花蕾时内向而呈镊合状排列;雄蕊5,着生于花冠筒基部,花丝极短,花药背着,内藏或伸出;花盘肉质;子房下位,4或5室,每室具1倒生胚珠,花柱细长,柱头4或5裂。果小型,顶端冠以星状开展的萼裂,成熟后顶部似盖果状裂开。种子倒卵球形至卵球形,有纵沟或无。

2种,分布于中国和日本。本区有1种。

肿节假盖果草

Pseudopyxis heterophylla (Miq.) Maxim. subsp. **monilirhizoma** (Tao Chen) L. X. Ye, C. Z. Zheng et X. F. Jin——*P. monilirhizoma* Tao Chen

多年生草本。根状茎细,木质化,具串珠状结节。地上茎四棱形,被2列短柔毛。叶4~6对,下部退化成鳞片状,向上部渐次增大;叶片卵圆形、宽卵形或菱状卵形,长1.5~6cm,宽1~2.5cm,先端急尖或钝,基部楔形或圆形,下延,边缘有缘毛,两面散生短柔毛;叶柄长0.7~2cm;托叶三角形,3裂,宿存。花1~3朵生于茎端叶腋;花梗短;花萼钟形,裂片卵形,先端急尖;花冠管状漏斗形,粉红色或白色;雄蕊与花柱均伸出花冠筒外;柱头4或5裂。蒴果近圆球形。种子宽椭圆球形,具微细隆起的线纹。花果期7—10月。

见于凤阳湖、将军岩等地。生于海拔1450~1600m的林下阴湿的岩石缝间或溪沟旁。我国特有,仅见于本区。模式标本采自龙泉(凤阳山)。

24 茜草属 *Rubia* L.

多年生草本，直立、蔓生或攀援。茎四棱形，稀为圆柱形。叶4~8枚轮生，稀对生。花小，排成顶生或腋生的聚伞花序；花梗与花萼连接处具关节；花萼筒卵球形或球形，萼檐不明显或缺；花冠辐射对称，稍呈钟状，顶端4或5裂，裂片花蕾时呈镊合状排列；雄蕊与花冠裂片同数，着生于花冠筒上，花丝短；花盘极小或肿胀；子房下位，2室，每室具1胚珠，花柱2，离生或稍连合，柱头头状。果肉质浆果状，2裂。种子与果皮粘连，种皮膜质。

约80种，分布于亚洲、美洲、欧洲、非洲的温带与热带地区。本区有3种。

分种检索表

1.花冠裂片明显反折 …… 1.卵叶茜草 *R. ovatifoli*

1.花冠裂片向外伸展，但不反折。

  2.叶片长圆状披针形、披针形至条状披针形，长为宽的5~10倍，基出脉常3 …… 2.金剑草 *R. alata*

  2.叶片卵状心形或圆心形，长不足宽的3倍，基出脉5~7 …… 3.东南茜草 *R. argyi*

1. 卵叶茜草　茜草

Rubia ovatifolia Z. Ying Zhang

多年生攀援草本。茎、枝细长，具4棱，无毛，常具皮刺。叶通常4枚轮生；叶片薄纸质，卵状心形或圆心形，稀为卵形，长3~8cm，宽2~5cm，先端尾状渐尖，基部心形或深心形，稀为圆形，边缘倒生小刺，上面粗糙，下面脉上倒生小刺，基出脉5~7，在下面稍凸起；叶柄长2.5~6(~10)cm。圆锥状聚伞花序腋生或顶生；花萼筒短，扁球形，近无毛；花冠黄绿色，5裂，裂片

卵形,先端长尾尖,反折;雄蕊着生于花冠喉部;花柱上部2裂。果近球形,直径成熟时呈黑色。花果期9—12月。

见于官埔垟、双溪等地。生于海拔500~1100m的山坡上、溪边林中或灌草丛中。我国特有,分布于华东、华中、西南及陕西、甘肃。

2. 金剑草

Rubia alata Wall.

多年生攀援草本。茎、枝细长,具4棱,无毛,常倒生皮刺。叶通常4枚轮生;叶片薄革质,长圆状披针形、披针形至条状披针形,长3~9cm,宽0.5~2cm,先端渐尖,基部圆形或浅心形,边缘和下面脉上倒生小刺,两面粗糙,基出脉常3;叶柄长3~8cm。圆锥状聚伞花序腋生或顶生;花萼筒短,近球形,无毛;花冠白色或淡黄色,花冠5裂,裂片三角形或披针形,先端长尾尖,斜展;雄蕊着生于花冠喉部;花柱顶端2裂。果近球形或双球形,成熟时呈黑色。花果期7—11月。

见于南溪口及保护区外围小梅金村至大窑、大赛、屏南瑞垟等地。生于海拔500~900m的山坡溪边、路边荒地上。我国特有,分布于华东、华中、华南等地。

3. 东南茜草

Rubia argyi（H. Lév. et Vaniot）H. Hara——*R. akane* Nakai——*R. chekiangensis* Deb

多年生攀援草本。茎具4棱，棱上倒生小刺。叶通常4枚轮生；叶片纸质，卵状心形至圆心形，长1~5cm，宽1~4.5cm，先端急尖或短尖，基部心形，极少浅心形至圆形，边缘倒生小刺，上面粗糙，具短刺毛，下面脉上倒生小刺；叶柄长0.5~5cm。圆锥状聚伞花序腋生或顶生；花萼筒短，近球形，无毛；花冠白色，花冠管长0.5~0.7mm，裂片卵形至披针形，斜展或近平展；雄蕊着生于花冠喉部；花柱上部2裂。果近球形，成熟时呈黑色。花期7—9月，果期9—11月。

区内常见。生于海拔1450m以下的山坡路边、溪边潮湿处、林下灌丛中。分布于东亚。

根可入药，有凉血止血、活血祛瘀等功效。

25 拉拉藤属 *Galium* L.

一年生或多年生草本，直立、攀援或匍匐。茎通常具4棱，无毛，有时被毛或具小皮刺。叶3至多枚轮生，稀2枚对生。花通常两性，组成顶生或腋生的聚伞花序，常再排成圆锥状，稀单生；花梗与花萼连接处具关节；花萼筒卵球形或球形，萼檐齿裂或全缘；花冠辐射对称，通常3或4深裂，裂片呈镊合状排列；雄蕊互生，花丝短，花药双生；花盘环状；子房下位，2室，花柱短，2裂，柱头头状。小坚果不裂，通常由2个孪生状的分果组成，平滑，有时具小瘤体或钩毛。种子平凸状，腹面有槽，种皮膜质。

600多种，广泛分布于全球，尤以温带地区为多。本区有4种。

分种检索表

1. 叶片基部具明显叶柄；同一节上4叶轮生，叶片明显不等大 ……………………… 1. 林猪殃殃 *G. paradoxum*
1. 叶柄极短或近无；同一节上4~10叶轮生，叶片近等大。
  2. 果无毛，具鳞片状或疏瘤状凸起。
    3. 叶先端圆钝；花冠白色，3裂；果无毛或疏瘤状凸起 ………………………… 2. 小叶猪殃殃 *G. trifidum*
    3. 叶先端急尖；花冠淡黄绿色，4裂；果具鳞片状凸起 ……………………………… 3. 四叶葎 *G. bungei*
  2. 果被钩毛 ………………………………………………………………………………… 4. 猪殃殃 *G. spurium*

1. 林猪殃殃

Galium paradoxum Maxim.

多年生草本。茎直立，柔弱，高5~25cm，通常不分枝，具4棱，无毛或具粉状微柔毛。茎上部叶通常4枚轮生，1大1小成对对生，下部叶对生；叶片宽卵形、卵形或三角状卵形，长1~2.5cm，宽0.8~1.8cm，先端急尖或略圆钝而具短尖头，基部圆形或平截，略下延，边缘具短毛，两面均散生白色短毛；叶柄长3~10mm，无毛。聚伞花序顶生或生于上部叶腋，具少数花；具花序梗；花小；花萼筒外面密被钩毛，萼檐不明显；花冠白色，4深裂，裂片卵形。果由2椭圆球形分果组成，密被长钩毛。花期5—6月，果期6—7月。

见于炉岙。生于海拔1200~1500m的山谷林下阴湿地。分布于东亚。

2. 小叶猪殃殃　细叶猪殃殃

Galium trifidum L.

多年生草本。茎纤细而多分枝，丛生，具4棱，棱上具倒生小刺毛。叶4或5枚轮生；叶片长椭圆状倒披针形，长5~8mm，宽约2mm，先端常圆钝，基部渐狭，边缘具倒生小刺毛，上面无毛，下面中脉上具倒生小刺毛；近无柄。聚伞花序腋生或顶生，具3~4花；花梗纤细；花萼筒长约0.5mm，萼檐平截；花冠白色，3裂，稀4裂，裂片卵形；雄蕊通常3。果由2个近球形的分果组成，无毛，具疏瘤状凸起。花期4—5月，果期5—6月。

见于保护区外围屏南兴合、小梅金村至大窑古道等地。生于海拔500m以下的山坡路旁草丛、田埂。分布于亚洲、欧洲、北美洲。

3. 四叶葎　细四叶葎　四叶草

Galium bungei Steud.

多年生草本。茎纤细，丛生，高可达50cm，具4棱，通常无毛。叶4枚轮生；茎中部以上叶叶片条状椭圆形或条状披针形，长0.6~1.2cm，宽2~3mm，先端急尖，基部楔形，边缘、上下两面、中脉上及近边缘处均有短刺毛，后渐脱落；无柄或近无柄。聚伞花序顶生和腋生，具3至10余朵花，稠密或稍疏散；花序梗纤细；花小；萼檐不明显；花冠淡黄绿色，无毛，4裂，裂片卵形或长圆形。果由2个半球形的分果组成，直径1~2mm，具鳞片状凸起。花期4—5月，果期5—6月。

见于官埔垟、炉岙、南溪口及保护区外围屏南百步、大赛等地。生于海拔1200m以下的山坡路边、溪边或草丛中。分布于东亚。

3a. 狭叶四叶葎

var. **angustifolium**（Loes.）Cufod.

与四叶葎的主要区别在于：其叶片条状披针形或狭披针形，长1~3cm；果常具密疣状凸起。花果期5—7月。

见于炉岙、大田坪、凤阳湖、黄茅尖、均溪、龙案及保护区外围大赛、屏南百步等地。生于海拔500~1900m的林下路边、草丛中或岩壁下。分布于华东、华中及河北、山西、广西、四川、贵州、陕西、甘肃。

3b. 阔叶四叶葎

var. **trachyspermum**（A. Gray）Cufod.——*G. trachyspermum* A. Gray

与四叶葎的主要区别在于：其叶片卵状长椭圆形、椭圆形至长卵形，宽3~8mm。花果期4—6月。

见于保护区外围屏南兴合。生于海拔700~900m的山谷路边、溪边。分布于东亚。

4. 猪殃殃　拉拉藤

Galium spurium L.——*G. aparine* L. var. *echinospermum*（Wallr.）T. Durand

蔓生或攀援状草本。茎多分枝，具4棱，棱上倒生小刺毛。叶6~8枚轮生；叶片条状倒披针形，长1~3cm，宽2~4mm，先端急尖，具短芒，基部渐狭，边缘具小刺毛，上面及中脉倒生小刺毛，下面无毛或倒生稀疏小刺毛；无柄。聚伞花序顶生或腋生，单生或2~3朵簇生；花小；花萼筒具钩毛，萼檐近平截；花冠黄绿色，4深裂，裂片长圆形；雄蕊伸出。果由2分果组成，分果近球形，密生钩毛。花期4—5月，果期5—6月。

区内常见。生于海拔1200m以下的山坡路边、荒地、田边或草丛中。分布于东亚、东南亚、非洲、欧洲、北美洲。

全草可入药，有清热解毒、消肿止痛等功效。

一二七 忍冬科 Caprifoliaceae

灌木或木质藤本，稀小乔木或多年生草本。叶对生，稀轮生；单叶或奇数羽状复叶，全缘、具齿、羽状或掌状分裂，具羽状脉、三出脉、掌状脉；叶柄短；通常无托叶。聚伞花序或轮伞花序，或由此再集成各种花序；花两性，辐射对称或两侧对称；花萼贴生于子房，萼檐(2~)4或5裂，裂片齿状至条形；花冠合瓣，辐射状、钟状、筒状、高脚碟状或漏斗状，(3)4或5裂，常覆瓦状排列；雄蕊4或5，着生于花冠筒，并与花冠裂片互生，花药背着，2室，纵裂；子房下位，2~5(~10)室，中轴胎座，每室具1至多数胚珠，花柱单一。果实为浆果、核果或蒴果，具1至多数种子。种子具骨质外种皮，胚乳丰富。

15属，约500种，主要分布于北温带至热带高海拔山地，东亚和北美洲东部种最丰富。本区有4属，24种。

淡红忍冬 *Lonicera acuminata* Wall.
异毛忍冬 *Lonicera guillonii* H. Lév. et Vaniot
灰毡毛忍冬(变种) var. *macranthoides* (Hand.-Mazz.) Z. H. Chen et X. F. Jin
菰腺忍冬 *Lonicera hypoglauca* Miq.
忍冬 *Lonicera japonica* Thunb.
庐山忍冬 *Lonicera modesta* Rehder var. *Lushanensis* Rehder
无毛忍冬 *Lonicera omissa* P. L. Chiu, Z. H. Chen et Y. L. Xu
短柄忍冬 *Lonicera pampaininii* H. Lév.
华大花忍冬 *Lonicera sinomacrantha* Z. H. Chen, L. X. Ye et X. F. Jin
接骨草 *Sambucus javanica* Reinw. ex Blume subsp. *chinensis* (Lindl.) Fukuoka
接骨木 *Sambucus williamsii* Hance
金腺荚蒾 *Viburnum chunii* P. S. Hsu
荚蒾 *Viburnum dilatatum* Thunb.
宜昌荚蒾 *Viburnum erosum* Thunb.
凤阳山荚蒾 *Viburnum fengyangshanense* Z. H. Chen, P. L. Chiu et L. X. Ye
南方荚蒾 *Viburnum fordiae* Hance
光萼台中荚蒾 *Viburnum formosanum* (Hance) Hayata subsp. *leiogynum* P. S. Hsu
巴东荚蒾 *Viburnum henryi* Hemsl.
长叶荚蒾 *Viburnum lancifolium* P. S. Hsu
球核荚蒾 *Viburnum propinquum* Hemsl.
具毛常绿荚蒾 *Viburnum sempervirens* K. Koch var. *trichophorum* Hand.-Mazz.
饭汤子 *Viburnum setigerum* Hance
合轴荚蒾 *Viburnum sympodiale* Graebn.
壶花荚蒾 *Viburnum urceolatum* Siebold et Zucc.
水马桑 *Weigela japonica* Thunb. var. *sinica* (Rehder) L. H. Bailey

分属检索表

1.奇数羽状复叶;花药外向 …… 1.接骨木属 *Sambucus*
1.单叶;花药内向。
  2.花冠整齐,辐射状,如为钟状、筒状或高脚碟状,则花柱极短;果实为浆果状核果 … 2.荚蒾属 *Viburnum*
  2.花冠多少不整齐或唇形,若整齐,则花柱细长;果实为蒴果或浆果。
    3.果实为开裂的蒴果 …… 3.锦带花属 *Weigela*
    3.果实为浆果 …… 4.忍冬属 *Lonicera*

1 接骨木属 *Sambucus* L.

落叶灌木或小乔木,稀多年生高大草本。小枝粗壮,有皮孔,髓部发达;冬芽具数对外鳞片。奇数羽状复叶对生,揉碎有臭味;小叶片具锯齿;托叶叶状或退化成腺体。聚伞花序集成复伞状或圆锥状,顶生;花小,白色或黄白色,整齐;花萼筒短,萼齿5,细小;花冠辐射状,5裂;雄蕊5,花丝短,花药外向;子房3~5室,花柱短或几无,柱头2或3(~5)裂。浆果状核果,红色、橙黄色或紫黑色,具2或3(~5)核;分核三棱锥形或椭圆球形,淡褐色,略有皱纹。

约20种,广布于温带、亚热带地区和热带山地。本区有2种。

分种检索表

1.高大草本或亚灌木;茎有纵棱;花间杂有不孕花变成的黄色杯状腺体 … 1.接骨草 *S. javanica* subsp. *chinensis*
1.小乔木或大型灌木;茎无棱或幼枝具纵条纹;花间无腺体 …… 2.接骨木 *S. williamsii*

1. 接骨草 蒴藋 陆英

Sambucus javanica Reinw. ex Blume subsp. **chinensis** (Lindl.) Fukuoka——*S. chinensis* Lindl.

多年生草本或亚灌木。茎具纵棱,髓部白色。奇数羽状复叶,有小叶3~9;顶生小叶卵形或倒卵形,基部楔形,有时与第1对小叶相连,侧生小叶披针形或椭圆状披针形,长5~17cm,宽2.5~6cm,先端渐尖,基部偏斜或宽楔形,边缘具细密的锐锯齿,小叶柄短或近无;托叶叶状,早落或退化成腺体。复伞状花序大而疏散,分枝三至五出,基部总苞片叶状;不孕花变成黄色杯状腺体,不脱落,可孕花小,花冠白色。果实橙黄色或红色,近球形,直径3~4mm。分核2或3,卵球形,表面有瘤状凸起。花期6—8月,果期8—10月。

见于官埔垟、乌狮窟、横溪及保护区外围大赛梅地、屏南兴合等地。生于山坡、林下、沟边、村宅旁草丛中,庭院也有栽培。分布于东亚、东南亚。

全草入药,根能祛风消肿、舒筋活络,茎、叶有发汗、利尿、通经活血之功效,全草煎水洗治风湿瘙痒。

2. 接骨木　木蒴藋　续骨草

Sambucus williamsii Hance

落叶大灌木或小乔木。树皮纵裂；小枝无棱，无毛；二年生小枝浅黄色，皮孔粗大，髓部淡黄褐色。羽状复叶有小叶3~7（~11）；顶生小叶卵形或倒卵形，具长达2cm的柄，侧生小叶狭椭圆形、卵圆形至长圆状披针形，长3.5~15cm，宽1.5~4cm，先端渐尖至尾尖，基部圆形或宽楔形，稀心形或偏斜，边缘具细锐锯齿，中、下部具腺齿，上面几无毛，小叶柄短；托叶小，条形或腺体状。花、叶同放，圆锥状聚伞

花序长5~11cm，宽4~14cm，仅初时疏被短柔毛；花小而密，白色或带淡黄色。果实卵球形或近球形，直径3~5mm，熟时红色，萼片宿存。分核2或3，卵球形至椭圆球形，略有皱纹。花期4—5月，果期6—7(—9)月。

见于乌狮窟、均益等地。生于海拔1000m以下的沟谷、山坡林中、灌丛中，村宅旁也习见栽培。我国特有，分布于东北、华北、华东、华中、西南及广西、陕西等地。

全株供药用，有活血消肿、接骨止痛、祛风利湿之功效，外用治创伤出血。

2 荚蒾属 *Viburnum* L.

灌木或小乔木。植株常被星状毛；小枝常具皮孔。冬芽裸露或有鳞片。单叶对生，稀轮生；托叶有或无。聚伞花序集成顶生或侧生的复伞状、圆锥状或近伞房圆锥状的混合花序；花两性，或有时周围或全部(园艺品种)具大型不孕花；苞片和小苞片通常微小而早落；萼齿5；花冠整齐，辐射状，或钟状、漏斗状、高脚碟状而花柱极短，5裂；雄蕊5，花药内向；子房1室，柱头头状或浅(2)3裂。浆果状核果，萼齿与花柱宿存，具1核；核多扁平，稀球形、卵球形或椭圆球形，骨质，有背腹沟或无沟。

约200种，主要分布于亚洲和南美洲的温带、亚热带地区。本区有13种。

分种检索表

1. 一年生小枝基部无芽鳞痕(冬芽为裸芽)。
  2. 小枝无长、短枝之分；花序有花序梗 ………… 1. 壶花荚蒾 *V. urceolatum*
  2. 小枝有长、短枝之分；花序着生于短枝上，无花序梗 ………… 2. 合轴荚蒾 *V. sympodiale*
1. 一年生小枝基部具芽鳞痕(冬芽或至少侧芽为鳞芽，芽鳞1~2对)。
  3. 常绿植物。
    4. 果成熟时蓝色、蓝黑色 ………… 3. 球核荚蒾 *V. propinquum*
    4. 果成熟时红色，稀黄色，或凋落前可变黑色或紫黑色。
      5. 圆锥花序或伞房状圆锥花序；果核通常浑圆，具1条上宽下窄的深腹沟 …… 4. 巴东荚蒾 *V. henryi*
      5. 复伞状花序；果核不如上述。
        6. 嫩枝、叶柄无毛或几无毛 ………… 5. 金腺荚蒾 *V. chunii*
        6. 嫩枝、叶柄明显被毛。
          7. 叶片革质或厚革质，椭圆形至椭圆状卵形，先端钝尖至短渐尖，侧脉4~5对，近先端常具浅钝齿或全缘 ………… 6. 具毛常绿荚蒾 *V. sempervirens* var. *trichophorum*
          7. 叶片薄革质，长圆状披针形或长条状披针形，先端渐尖至长渐尖，侧脉7~10对，边缘自基部1/3以上具疏齿 ………… 7. 长叶荚蒾 *V. lancifolium*
  3. 落叶植物。
    8. 果序梗向下弯垂；芽、叶片干后变黑色、黑褐色 ………… 8. 饭汤子 *V. setigerum*
    8. 果序梗通常不向下弯垂；芽、叶片干后不变黑色、黑褐色。
      9. 叶片下面通常无腺点，或稀可散生零星而不规则的红色腺点。

10. 叶柄无托叶。

11. 一年生小枝、冬芽、叶柄、花萼明显或多少被星状毛；花冠外面通常被毛 … 9. 南方荚蒾 *V. fordiae*

11. 一年生小枝、冬芽无毛；叶柄无毛或初时伏生少量长柔毛；花萼及花冠外面无毛 ………………………………………………………… 10. 光萼台中荚蒾 *V. formosanum* subsp. *leiogynum*

10. 叶柄具2条状钻形托叶 ……………………………………………… 11. 宜昌荚蒾 *V. erosum*

9. 叶片下面全面散生均匀而规则的金黄色、淡黄色、淡紫红色透亮腺点或几无色腺点。

12. 叶柄无托叶 ……………………………………………………… 12. 荚蒾 *V. dilatatum*

12. 叶柄具狭条形、钻形或点凸状托叶，稀无托叶 …………… 13. 凤阳山荚蒾 *V. fengyangshanense*

1. 壶花荚蒾

Viburnum urceolatum Siebold et Zucc.——*V. taiwanianum* Hayata

落叶灌木。一年生小枝稍有棱，灰白色或灰褐色，基部无芽鳞痕；冬芽裸露，具柄，连同幼枝、冬芽、叶柄和花序均被星状微毛。叶片纸质，卵状披针形或卵状长圆形，长7~15(~18)cm，宽4~6(~8)cm，先端渐尖至长渐尖，基部楔形、圆形至微心形，边缘具细钝齿或不整齐锯齿，两面仅脉上被星状细弯毛，侧脉4~6对，近叶缘前网结，连同中脉在上面凹陷；叶柄长1~4cm。聚伞花序直径约5cm，第1级辐射枝四至五出，花序梗长3~8.5cm，具棱，连同花序分枝均带紫色；花萼筒无毛；花冠筒状钟形，红色或紫红色，无毛，裂片长为筒长的1/5~1/4。果实椭圆球形，长6~8mm，直径5~6mm，熟时由红色转黑色；核扁，有2条背沟和3条腹沟。花期6—7月，果期10—11月。

见于炉岙、凤阳庙、大田坪、凤阳湖等地。生于海拔600~1400m的沟谷溪边、山坡林中阴湿处。分布于东亚。

2. 合轴荚蒾

Viburnum sympodiale Graebn.

落叶灌木或小乔木。枝有长枝与短枝；一年生小枝基部无芽鳞痕；冬芽裸露，初时连同小枝、叶片下面脉上、叶柄、花序及萼齿均被灰黄褐色糠秕状星状毛。叶片厚纸质，卵形、椭圆状卵形、卵圆形至近圆形，长6~13(~15)cm，宽3~9(~11)cm，先端渐尖或急尖，基部圆形或微心形，边缘有不规则小锯齿，侧脉6~8对，直达齿端；叶柄长1.5~3(~4.3)cm；通常有托叶，有时不明显或无。聚伞花序着生于短枝上，直径5~9cm，第1级辐射枝常五出，无花序梗；花芳香；不孕花位于周边，大型，花冠白色或微带红色，直径2.5~3cm；可孕花小，花冠白色或微带红色。果实卵球形，长8~9mm，熟时由红色转紫黑色；核稍扁，有1条浅背沟和1条深腹沟。花期4—5月，果期8—9月。

见于乌狮窟、凤阳庙、黄茅尖、凤阳湖等地。生于海拔800~1700m的山坡林下、林缘。我国特有，分布于长江流域及陕西、甘肃。

3. 球核荚蒾 兴山荚蒾

Viburnum propinquum Hemsl.

常绿灌木。一年生小枝基部具芽鳞痕，无毛。叶片革质，卵形至卵状披针形，或椭圆形至椭圆状长圆形，长4~11cm，宽2.5~5cm，先端渐尖，基部楔形或宽楔形，稀近圆形，两侧稍不对称，两面无毛，边缘近基部的全缘部分两侧各有1~2枚腺体，向上则为稀疏的小齿，具离基三出脉，侧脉不达齿端；叶柄长1~2cm。聚伞花序直径4~5cm，果时可达7cm，无毛，第1级辐射枝通常七出，连同花序梗、花梗均绿色，花序梗长1.4~4.5cm；花冠淡绿白色，辐射状，内面基部被长毛，裂片约与筒部等长。果实近球形或卵球形，直径4~5mm，熟时蓝色至蓝黑色，光亮；核球形，无沟或几无沟。花期4月，果期9—10月。

见于大田坪、龙案、横溪、南溪口及保护区外围大赛、屏南瑞垟等地。生于海拔500~1400m的沟谷、山坡林中或灌丛中。分布于东亚、东南亚。

4. 巴东荚蒾

Viburnum henryi Hemsl.

常绿灌木或小乔木。一年生小枝常带红褐色，基部具1对芽鳞痕；冬芽鳞片外被黄色星状毛。叶片革质，倒卵状长圆形、长圆形或狭长圆形，长6~10(~12)cm，宽2.5~4cm，先端渐尖或急渐尖，基部楔形至圆形，边缘除中部或中部以下全缘外，具浅锯齿或稀疏小凸齿，两面无毛或下面脉上散生少数星状毛，侧脉5~7(8)对，至少部分直达齿端，脉腋有趾蹼状小孔和少数集聚簇状毛；叶柄长1~2cm。圆锥花序长4~9cm，花序梗长2~4cm；花芳香，花萼、花冠无毛；花冠辐射状，白色，筒长约1mm，裂片长约2mm。果实椭圆球形，熟时由红色转紫黑色；核浑圆，稍扁，有1条上宽下窄的深腹沟。花期6月，果期8—10月。

见于炉岙、大田坪、龙案等地。生于海拔1100~1600m的沟谷密林中。我国特有，分布于华东、华中、西南等地。

5. 金腺荚蒾

Viburnum chunii P. S. Hsu——*V. chunii* subsp. *chengii* P. S. Hsu

常绿灌木。一年生小枝四方形，无毛，基部具环状芽鳞痕。叶片薄革质，卵状菱形、菱形或狭长椭圆形，长5~7cm，宽2~3.2cm，先端渐尖、骤尖至尾状渐尖，基部楔形，每侧边缘在中部以上通常有3~5个疏齿，上面光亮，无毛或仅中脉具疏短毛，中脉隆起，下面全面散生金黄色及暗褐色2种腺点，最下方1对侧脉以下区域内有腺体，无毛或脉腋具簇聚毛，侧脉3~5对，最下1对常呈离基三出脉状；叶柄长4~8mm，无毛或几无毛。复伞形花序直径1.5~2cm，贴生黄褐色粗毛，第1级辐射枝五出，花序梗长0.5~1.5cm；花冠粉红色。果实球形，直径(7~)8~9(~10)mm，红色；核扁，卵球形，背腹沟不明显。花期6—7月，果期10—11月。

见于双溪、龙案、横溪等地。生于海拔140~580m的沟谷密林中、疏林下荫蔽处及灌丛中。我国特有，分布于华东、华中、华南及贵州。

6. 具毛常绿荚蒾　毛枝常绿荚蒾

Viburnum sempervirens K. Koch var. **trichophorum** Hand.-Mazz.

常绿灌木。一年生小枝具4棱，连同叶柄、花序均密被短星状毛，基部具环状芽鳞痕。叶片革质或厚革质，干后变黑色，椭圆形至椭圆状卵形，长4~12cm，宽3~5cm，先端钝尖或短渐尖，基部渐狭至钝形，近先端常具少数浅齿，或全缘，两面无毛，下面全被细小的褐色腺点，侧脉4~5对，直达齿端或在全缘时网结，最下方1对常呈离基三出脉状，其下方区域内有腺体，中脉、侧脉在上面深下陷；叶柄长5~15mm。复伞形花序直径3~5cm，第1级辐射枝五出(稀四出)，花序梗长0~4.5cm；花冠白色，辐射状。果实近球形或卵球形，长约8mm，红色，稀黄色；核直径约6mm，背面略凸起，腹面近扁平，两端略弯拱。花期5—6月，果熟期10—12月。

见于保护区外围屏南瑞垟等地。生于海拔100~900m的沟谷溪边灌丛中、山坡林下、路边林缘。我国特有，分布于华东、华南。

7. 长叶荚蒾 披针叶荚蒾

Viburnum lancifolium P. S. Hsu

常绿灌木。一年生小枝具4棱，基部具环状芽鳞痕，连同叶片脉上、叶柄、花序、花萼筒及萼裂片边缘均被黄褐色星状毛，或混生叉状毛，或单毛。叶片薄革质，长圆状披针形至长条状披针形，长9~19cm，宽(1~)2~4(~6)cm，先端渐尖或长渐尖，基部圆钝，边缘自基部1/3(稀1/5或1/2)以上具疏齿，下面全面散生暗褐色腺点或有时腺点不明显，侧脉7~10对，最下方1对有时呈三出脉状，其下方区域内有腺体，连同中脉在上面凹陷；叶柄长8~15(~25)mm。复伞形花序直径约4cm，第1级辐射枝五出，花序梗长1.3~6.5cm；花冠白色，辐射状，无毛或几无毛。果实球形或近球形，直径7~8mm，红色；核扁，背面凸起，腹面凹陷，有2宽浅沟，形近勺状。花期5月，果期10—11月。

见于金龙及保护区外围大赛等地。生于海拔200~600m的山坡疏林中、林缘及灌丛中。我国特有，分布于华东。

民间用根治无名肿毒，并有发表散寒之功效。

8. 饭汤子 茶荚蒾

Viburnum setigerum Hance

落叶灌木。芽及叶片干后变黑色或黑褐色；一年生小枝多少有棱，无毛，基部具环状芽鳞痕；冬芽无毛或仅顶端有毛。叶片纸质，卵状长圆形、卵状披针形或狭椭圆形，形状多变，长7~12cm，宽2~2.5(~7)cm，先端长渐尖，基部楔形至圆形，边缘至少近先端有锐锯齿，上面仅初时沿中脉被长伏毛，中脉下陷，下面沿中脉及侧脉疏被贴生长毛，最下方1对侧脉以下区域有腺体，侧脉约8对，直达齿端；叶柄长(0.5~)1~1.5(~2.5)cm，疏被长伏毛或近无毛。复伞形花序直径2.5~4(~5)cm，第1级辐射枝五出，花序梗长0.3~4cm；花芳香；花萼筒无毛；花冠白色，辐射状，无毛。果序梗向下弯垂；果实卵球形或卵状椭圆球形，长9~11mm，红色；核甚扁，背腹沟不明显而凹凸不平。花期4—5月，果期9—10月。

产于区内各地。生于海拔1720m以下的山坡、沟谷溪边林中、林缘或灌丛中。我国特有，分布于华东、华中、华南、西南等地。

根及果实药用，根有破血、通经及止血之功效，果有健脾之功效；果实可鲜食或榨汁酿酒；叶可代茶；花序洁白，果实红艳，经久不凋，可供观赏。

9. 南方荚蒾　东南荚蒾

Viburnum fordiae Hance

落叶灌木。一年生小枝基部具环状芽鳞痕，连同芽、叶柄、花序和花萼、花冠外面均密被宿存的星状茸毛。叶片纸质，干后不变黑色，宽卵形或菱状卵形，长4~7(~9)cm，宽2.5~5cm，先端钝尖至急短渐尖，基部圆形、截形或宽楔形，边缘通常有小尖齿，两面无毛、无腺点，或脉上被毛，上面中脉凹陷，最下方1对侧脉以下区域内有腺体，侧脉5~7(~9)对，直达齿端；叶柄长7~15mm，有时更短；无托叶。复伞形花序直径3~8cm，第1级辐射枝五出，花序梗长1~3cm；花冠白色，辐射状；雄蕊长不及花冠长的2倍。果序梗不下弯；果实卵球形，长6~7mm，红色；核扁，直径4~5mm，有1条背沟和2条腹沟。花期4—5月，果期10—12月。

见于官埔垟及保护区外围大赛等地。生于海拔50~800m沟谷溪边疏林中、山坡林缘或灌丛中。我国特有，分布于华东、华中、华南及云南、贵州。

10. 光萼台中荚蒾　光萼荚蒾

Viburnum formosanum Hayata subsp. **leiogynum** P. S. Hsu

落叶灌木。一年生小枝具棱，无毛，基部具环状芽鳞痕；冬芽无毛，连同叶片干后不变黑色。叶片坚纸质，卵形或椭圆状卵形，长4~10cm，宽2~5cm，先端骤尾尖，基部圆形或微心形，边缘具锐齿，上面深绿色、光亮，下面脉上疏被伏毛，无腺点，近基部的脉腋常具簇聚毛，最下方1对侧脉以下区域有腺体，侧脉7~9对，直达齿端；叶柄长6~14mm，无毛或初时伏生少量长柔毛；无托叶。复伞形花序直径3~4cm，仅初时被星状短毛，第1级辐射枝五出，花序梗长0~3cm；花萼筒、萼裂片均无毛；花冠白色，辐射状，无毛；雄蕊长不及花冠长的2倍。果序梗不下弯；果实近球形，长约8mm，红色；核扁，长卵形，有2条浅背沟和3条浅腹沟。花期4—5月，果期9—10月。

见于大田坪等地。生于海拔650~1100m的山坡林中、林缘、山冈灌丛中。我国特有，分布于华东及广西、四川。

11. 宜昌荚蒾　蚀齿荚蒾

Viburnum erosum Thunb.——*V. ichangense* Rehder——*V. erosum* subsp. *ichangense* (Hemsl.) P. S. Hsu

落叶灌木。一年生小枝基部具环状芽鳞痕，连同芽、叶柄、花序和花萼均密被星状毛、长柔毛。叶片纸质，干后不变黑色，形状变化大，卵形、卵状椭圆形或倒卵形，长3~7(~10)cm，宽1.5~4(~5)cm，先端急尖或渐尖，基部微心形至宽楔形，边缘具尖牙齿，上面多少被叉状或星状毛，下面密被星状茸毛，无腺点，最下方1对侧脉以下区域有腺体，侧脉7~12对，直达齿端；叶柄长3~5mm；托叶2，条状钻形，宿存。复伞形花序直径2~4cm，第1级辐射枝五出，花序梗长0~2.5cm；花冠白色，辐射状；雄蕊长不及花冠长的2倍。果序梗不下弯；果实卵球形至球形，长6~7(~9)mm，红色；核扁，具2条浅背沟和3条浅腹沟。花期4—5月，果熟期8—11月。

见于炉岙、双溪、横溪及保护区外围大赛、屏南瑞垟等地。生于海拔1400m以下的山坡林下、林缘或灌丛中。分布于东亚。

根、叶、果药用，具清热、祛风、除湿、止痒之功效；果可鲜食或酿酒；种子油供工业用；观果树种。

12. 荚蒾

Viburnum dilatatum Thunb.

落叶灌木。一年生小枝基部具环状芽鳞痕，连同芽、叶柄、花序均被开展的小刚毛状糙毛和星状毛，老时毛基呈小瘤状凸起。叶片纸质，干后不变黑色，宽倒卵形、宽椭圆形或宽卵形，长3~13cm，宽2~7cm，先端急尖或短渐尖，基部微心形至楔形，边缘具锐牙齿，两面多少被毛，下面脉腋有簇聚毛，全面被金黄色至淡黄色或几无色的透亮腺点，最下方1对侧脉以下区域有腺体，侧脉6~8对，直达齿端；叶柄长1~1.5(~3.5)mm；无托叶。复伞形花序直径4~10cm，第1级辐射枝五出，花序梗长0.3~3.5cm；花萼外面被毛和微腺点；花冠白色，辐射状，外面通常被簇状糙毛；雄蕊长不及花冠长的2倍。果序梗不下弯；果实卵球形或近球形，长7~8mm，红色；核扁，有2条浅背沟和3条浅腹沟。花期5—6月，果期9—11月。

见于官埔垟、乌狮窟、龙案及保护区外围大赛等地。生于海拔50~1050m丘陵山地的山坡、沟谷疏林下、林缘及山麓灌丛中。分布于东亚。

枝、叶有清热解毒、疏风解表之功效；果可鲜食或酿酒；花、果俱美，是优良的园林观赏植物。

13. 凤阳山荚蒾

Viburnum fengyangshanense Z. H. Chen, P. L. Chiu et L. X. Ye

落叶灌木。当年生小枝基部具环状芽鳞痕，连同叶柄、托叶、花序均被长伏毛、星状毛、紫红色腺；冬芽长9~11mm，芽鳞2对。叶片纸质，干后不变黑色，卵形或卵状椭圆形，稀椭圆形，长(5.5~)8~11cm，宽(2.5~)3.5~5cm，先端长渐尖，基部近圆形，边缘具疏尖齿，下面全面被淡紫红色细小腺点，侧脉5~7对，直达齿端，最下方1对侧脉以下区域内有腺体；叶柄紫红色，长6~10mm；托叶2，狭条形，基部1/3与叶柄合生，分离部分长6~10mm，宿存。复伞形花序直径4~6cm，花序梗长2~2.5cm，第1级辐射枝五出；花萼筒被毛和紫红色腺；花冠白色，辐射状；雄蕊长不及花冠的2倍。果序梗不下弯；果实卵球形，长9~10mm，红色；核甚扁，凹凸不平，背腹沟不明显。花期5月，果期10月。

见于凤阳庙、大田坪、凤阳湖、龙案等地。生于海拔1400~1570m山坡、沟谷林缘、林中。我国特有，分布于浙江。模式标本采自凤阳湖。

浙江特有种。花絮洁白，果序红艳，可供园林绿化观赏。

3 锦带花属 *Weigela* Thunb.

落叶灌木。嫩枝稍呈四方形；小枝髓部坚实；冬芽具数枚鳞片。单叶对生；叶片具羽状脉，边缘有锯齿，具柄，稀无柄；无托叶。花单生或由2~6花组成聚伞花序生于侧生短枝上部叶腋或枝顶；花萼筒长圆柱形，与子房愈合，萼檐裂片5，贴生于花冠筒，基部连合或完全分离，花后凋落；花冠钟状漏斗形，5裂，两侧对称或近辐射对称，花冠筒长于裂片；雄蕊5，着生于花冠筒中部，内藏，花药内向；子房2室，胚珠多数，花柱细长，柱头头状。蒴果圆柱形，革质或稍木质，先端有喙状物，2瓣裂，中轴与花柱基部残留；种子小而多，有棱角或狭翅。

约10种，主要分布于亚洲东北部。本区有1种。

水马桑 半边月 杨栌

Weigela japonica Thunb. var. **sinica**（Rehder）L. H. Bailey

落叶灌木。幼枝通常贴生柔毛，稀几无毛。叶片长卵形至卵状椭圆形，稀倒卵形，长5~15cm，宽3~8cm，先端渐尖，基部宽楔形至圆形，边缘具细锯齿，上面疏被短伏毛，脉上毛较密，下面密被贴伏的短柔毛；叶柄长5~12mm，被柔毛。聚伞花序具1~3花，生于侧枝叶腋或顶端；花萼筒长1~1.2cm，贴伏短毛，萼檐裂片完全分离，条状披针形，长5~10mm，被柔毛；花冠白色或淡红色，后变红色，漏斗状钟形，长2.5~3.5cm，外面疏被微毛，中部以下急收缩成狭筒形；花柱伸出花冠筒外。蒴果狭长，长1~2cm，疏生柔毛或近光滑。花期4—5月，果期8—9月。

见于横溪等地。生于海拔200~1200m的沟谷溪边、山坡林下、山顶灌丛中。我国特有，分布于华东、华中、华南及贵州、四川。

4 忍冬属 *Lonicera* L.

灌木、小乔木或木质藤本。老枝树皮常片层状剥落；小枝髓部实心或中空；冬芽有1至数对芽鳞。单叶对生，稀轮生；叶片具羽状脉，通常全缘；无托叶。花常成对腋生，或单生而轮状在枝顶集成头状；每对花下面有苞片2，小苞片4，分离或连生，有时缺；相邻2花的花萼筒分离至全部连合，萼檐5裂；花两侧对称或近辐射对称；花冠唇形而上唇4裂，或钟状、筒状或漏斗状而整齐5裂；雄蕊5，花药"丁"字形着生，内向；子房2~3(~5)室，胚珠多数，花柱纤细，柱头头状。浆果，内具多粒种子；种子卵球形，光滑或粗糙。

约200种，产于北美洲、欧洲、亚洲，以及非洲北部的温带、亚热带地区。本区有8种。

本属有不少植物具有药用和观赏价值。

分种检索表

1. 灌木；叶片菱状椭圆形至菱状卵形，先端钝圆或突尖，有时微凹 … 1. 庐山忍冬 *L. modesta* var. *lushanensis*
1. 木质藤本；叶形不如上述。
  2. 叶片下面无毛，或被疏或密的糙毛，毛之间有空隙，可见底，网脉不强度隆起。
    3. 苞片大，叶状，卵形至椭圆形，长可达3cm；幼枝密被糙毛；花序梗明显 …………… 2. 忍冬 *L. japonica*
    3. 苞片小，非叶状，如为叶状，则花序梗极短或无。
      4. 叶片下面无橘红色蘑菇状腺；花冠长不及3cm。
        5. 植物体几无毛，或仅叶柄被毛；叶片基部近圆形或截形 …………… 3. 无毛忍冬 *L. huadongensis*

5. 枝、叶片两面中脉、叶柄显著被毛；叶片基部通常浅心形（淡红忍冬有时近圆形）。
  6. 花序梗通常明显；花冠通常淡紫红色，花柱被毛 ························ 4. 淡红忍冬 *L. acuminata*
  6. 花序梗极短或几无；花冠通常白色，花柱无毛 ························ 5. 短柄忍冬 *L. pampaninii*
4. 叶片下面被橙黄色至橘红色蘑菇状腺。
  7. 小枝、叶片两面、叶柄、花序梗均被先端弯曲的短柔毛（萌发枝有时具长糙毛）；叶片卵形至卵状长圆形，下面具短柔毛或短糙毛；花冠长3.5~4.5cm ························ 6. 菰腺忍冬 *L. hypoglauca*
  7. 小枝、叶片两面、叶柄、花序梗具长糙毛，二年生枝、叶及三年生枝亦然；叶片长圆状披针形至狭披针形，两面疏生近贴伏的长糙毛，脉上兼有短糙毛；花冠长7~9cm ··· 7. 华大花忍冬 *L. sinomacrantha*
2. 叶片下面密被毡毛，成叶尤为显著，毛之间无空隙，不可见底，网脉显著隆起，呈蜂窝状 ························ 8. 异毛忍冬 *L. guillonii*

1. 庐山忍冬

Lonicera modesta Rehder var. **lushanensis** Rehder

落叶灌木。幼枝、叶柄和花序梗密被短柔毛；小枝髓部白色而实心；冬芽具4棱角，外鳞片数对，内芽鳞在幼枝生长时不明显增大。叶片纸质，菱形、菱状椭圆形、菱状卵形或宽卵形，长2~8cm，宽1.5~5cm，先端钝圆、突尖或微凹，基部楔形至圆形，上面光亮，两面无毛或仅下面脉上散生短柔毛；叶柄长2~4mm。花成对腋生，花序梗长1~2.5mm；苞片钻形，具缘毛；杯状小苞片长约为花萼筒长的1/3；相邻两花萼筒合生至1/2以上，萼齿狭披针形；花芳香；花

冠白色而基部微红，稀淡紫色，长1~1.2cm，唇形，花冠筒外面有短柔毛，基部具浅囊，内面有密毛；雄蕊长短不等；花柱全有毛。相邻2个果实圆球形，几全部合生，直径7~8mm，鲜红色，半透明状。花期4—5月，果期9—10月。

见于大田坪、凤阳湖等地。生于海拔700~1450m的山坡灌丛或林缘路边。我国特有，分布于华东及湖南。

花芳香，果红艳，可供观赏。

2. 忍冬　金银花　银藤　子风藤

Lonicera japonica Thunb.——*L. japonica* f. *macrantha* Matsuda

半常绿木质藤本。幼枝密被黄褐色开展糙毛及腺毛。叶片纸质，卵形至长圆状卵形，萌发枝之叶偶有钝缺刻，长3~5(~9.5)cm，宽1.5~3.5(~5.5)cm，先端短尖至渐尖，稀圆钝或微凹，基部圆或近心形，两面均密被短柔毛，枝下部者常无毛；叶柄长4~8mm，被毛。花成对腋生于枝端，花序梗与叶柄等长或稍较短，下方者长可达4cm，密被短柔毛和腺毛；苞片叶状，卵形至椭圆形，长2~3cm，常被毛；小苞片长为花萼筒长的1/2~4/5；花萼筒无毛，萼齿被毛；花冠白色，后变黄色，长3~4.5(~6)cm，唇形，外面被倒生糙毛和腺毛；雄蕊和花柱均伸出花冠。果实球形，直径6~7mm，熟时蓝黑色。花期4—6月，果期10—11月。

见于炉岙、大田坪、南溪口及保护区外围屏南百步等地。多生于海拔500m以下的山坡灌丛、疏林中、乱石堆、山麓路旁及村庄墙垣上，海拔可达1500m；也常见栽培。分布于东亚。

花、茎、叶入药，是常用中药，具有清热解毒、消炎退肿之功效；花可提取芳香油；枝叶繁茂，花清香，适作垂直绿化。

3. 无毛忍冬

Lonicera huadongensis P. L. Chiu, Z. H. Chen et Y. L. Xu——*L. acuminata* Wall. var. *depilate* auct., non P. S. Hsu et H. J. Wang

半常绿木质藤本。小枝、叶片、花序梗、苞片、小苞片、花萼筒、萼齿和花冠外面均无毛。叶片薄革质，卵状长圆形、狭椭圆形或卵形，长3.5~7.5cm，宽1.5~3.5cm，先端急尖至短渐尖，基部近圆形或截形，上面光亮，下面常粉绿色；叶柄长3~6mm，无毛或上面边缘疏被糙毛。花成对腋生，花序梗长0~5(~20)mm；苞片钻形；小苞片长为花萼筒长的1/3~2/5；萼齿长为花萼筒长的2/5；花冠淡黄色转橙黄色，长1.5~2cm，唇形，上唇裂片外翻，花冠筒长0.8~1.2cm，内面有糙毛，下侧中部有囊；雄蕊与花冠几等高，花丝下部疏被糙毛，花药长为花丝长的1/5~1/4；花柱中部以下疏被开展的糙毛，中部以上的糙毛贴伏，柱头无毛。果实卵球形，长6~7mm，直径约5mm，蓝黑色。花期5月，果期10—11月。

见于炉岙、凤阳庙、大田坪、黄茅尖及保护区外围大赛等地。生于海拔900~1000m的山坡林缘、沟谷溪边乱石堆中或山顶灌丛中。我国特有，分布于华东及广东。

4. 淡红忍冬　巴东忍冬

Lonicera acuminata Wall.

落叶或半常绿木质藤本。幼枝红褐色，连同叶柄和花序梗均被棕黄色卷曲糙毛，或兼有腺毛。叶片薄革质至革质，长圆形或卵状长圆形，长4~12cm，宽1.5~3cm，先端渐尖，基部浅心形至近圆形，两面至少上面中脉有棕黄色短糙伏毛，边缘具缘毛；叶柄长3~7mm。花成对腋生于枝端，花序梗长0.5~2.5cm；苞片钻形；小苞片长为花萼筒长的1/3~2/5；花萼筒无毛，萼齿长为花萼筒长的1/4~2/5，无毛；花冠淡紫红色，长1.5~2.4cm，唇形，上唇瓣直立，下唇瓣反曲，外面无毛，囊部密生腺；雄蕊略高出花冠，花丝基部有短糙毛，花药长约为花丝长的1/2；花柱中、下部有糙毛，上部和柱头无毛。果实卵球形，直径6~7mm，蓝黑色。花期6—7月，果期10—11月。

见于凤阳庙、大田坪、黄茅尖、龙案、烧香岩、大小天堂等地。生于海拔500~1700m的山顶、山坡沟谷溪边林间空旷地和岩石上，以及灌丛中。分布于东亚、东南亚、南亚。

花、叶入药，有清热解毒之功效。

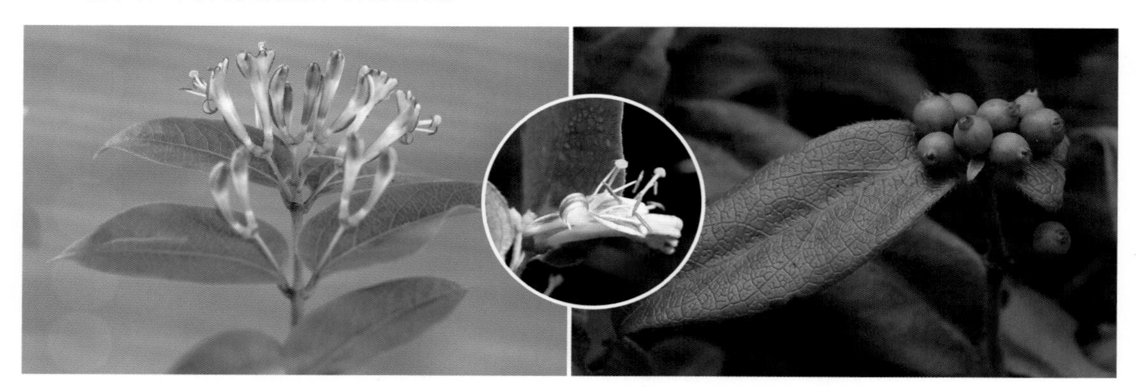

5. 短柄忍冬　贵州忍冬

Lonicera pampaninii H. Lév.

落叶或半常绿木质藤本。幼枝和叶柄密被土黄色卷曲的短糙毛。叶片薄革质，长圆状披针形、狭椭圆形至卵状披针形，长3~10cm，宽1.5~2.8cm，先端渐尖或短渐尖，基部浅心形，两面中脉有短糙毛，下面幼时常疏生短糙毛，边缘具疏缘毛；叶柄长2~5mm。花成对腋生于枝端或上部叶腋，花序梗极短或几无；苞片狭披针形至卵状披针形，有时呈叶状，长0.5~1.5cm，被短糙毛；小苞片卵圆形，被短糙毛；花萼筒长不及2mm，萼齿被短糙毛；花芳香；花冠白色，后变黄色，长1.5~2cm，唇形，上、下唇瓣均反曲，外面密被倒生小糙毛和腺毛，花冠筒内面被柔毛；雄蕊和花柱略伸出花冠，花丝基部有柔毛；花柱无毛。果实圆球形，蓝黑色或黑色，直径5~6mm。花期5—6月，果期10—11月。

见于龙案等地。生于海拔50~1200m的山坡、沟谷溪边、林缘灌丛中或石隙间。我国特有，分布于华东、华中、华南及贵州、四川。

花供药用。

6. 菰腺忍冬 红腺忍冬

Lonicera hypoglauca Miq.

落叶木质藤本。幼枝、叶柄、叶下面和上面中脉、花序梗均密被上端弯曲的淡黄褐色短柔毛。叶片厚纸质，卵形至卵状长圆形，长6~10cm，宽3~5cm，先端渐尖，基部圆形或近心形，下面粉绿色，常斑驳状，有无柄或具极短柄的橙黄色至橘红色蘑菇状腺；叶柄长5~12mm。

花成对腋生，于枝端较密集排成伞房状花序，花序梗比叶柄短或有时较长；苞片条状披针形；小苞片圆卵形，长为花萼筒长的1/3；花萼筒几无毛，萼齿三角状卵形或披针形；花略具香气；花冠白色，后变黄色，长3.5~4.5cm，唇形，花冠筒比唇瓣稍长，外面疏生微伏毛和腺毛，稀无毛；雄蕊与花柱稍伸出花冠，无毛。果实近圆球形，直径7~8mm，黑色，稀具白粉。花期4—5月，果期10—11月。

见于官埔垟、大田坪、横溪、南溪口及保护区外围大赛、屏南塘山等地。生于海拔50~700m的山坡、沟谷林缘、灌丛或疏林中。分布于东亚。

花蕾入药，名“金银花”。

7. 华大花忍冬

Lonicera sinomacrantha Z. H. Chen, L. X. Ye et X. F. Jin

半常绿木质藤本。一年生至三年生枝、叶柄、花序梗均被开展的灰色长糙毛和弯曲的短糙毛。叶片厚纸质，长圆状披针形至狭披针形，长8~13cm，宽2~3cm，顶端长渐尖，基部近圆形或微心形，两面疏生近贴伏的长糙毛，脉上兼有短糙毛，下面淡绿色，散生无柄的橘红色或淡黄色腺体；叶柄长3~7mm。花成对腋生，于枝端较密集排成伞房状花序；花序梗长0.5~5mm；

苞片条状披针形;小苞片卵形或三角状卵形;花萼筒无毛,萼齿长超过宽,连同苞片、小苞片均被糙毛;花浓香;花冠白色,后变黄色,长7~9cm,外面被开展腺毛,唇形,花冠筒长为唇瓣长的2~2.7倍,纤细,内面密被柔毛;雄蕊和花柱均超出花冠,花丝与花冠筒分离部分无毛,花柱中段疏被斜上展柔毛。果实黑色,近球形,直径约5mm。花期6—7月,果期9—12月。

见于黄茅尖及保护区外围大赛等地。生于海拔1000m以上的沟谷、山坡林缘、林中,攀援于灌木丛中。我国特有,分布于华东。模式标本采自本区上圩桥至凤阳尖。

8. 异毛忍冬

Lonicera guillonii H. Lév. et Vaniot——*L. macrantha* var. *heterotricha* P. S. Hsu et H. J. Wang——*L. macrantha* auct., non (D. Don) Spreng.

半常绿木质藤本。幼枝被开展长糙毛和疏腺毛,后可几脱净。叶片薄革质或厚纸质,卵状长圆形或长圆形,长5~13cm,宽(2~)3~6cm,先端渐尖,基部圆或微心形,上面光亮,下面密被毡毛,成叶尤为显著,毛之间无空隙而不可见底,疏生腺体,脉上疏具长糙毛,网脉显著隆起,呈蜂窝状;叶柄长3~10mm,被开展长糙毛。双花于枝端密集排成伞房状花序,花序梗长1~5(~8)mm;苞片、小苞片、萼齿均具糙毛和腺毛;花微香;花冠白色,后变黄色,长4.5~7cm,

唇形,外面具倒向短糙毛和疏短腺毛,内面密被柔毛;雄蕊和花柱均伸出花冠,无毛。果实圆球形或椭圆球形,长8~12mm,黑色。花期4—5(—7)月,果期7—8月。

见于官埔垟、炉岙、黄茅尖、龙案及保护区外围大赛等地。生于海拔400~1200m的山坡路旁林缘、沟谷溪边灌丛中。分布于东亚至南亚。

8a. 灰毡毛忍冬 拟大花忍冬

var. **macranthoides** (Hand.-Mazz.) Z. H. Chen et X. F. Jin——*L. macranthoides* Hand.-Mazz.

与异毛忍冬的主要不同在于:其幼枝、叶柄、花序梗被薄茸毛,连同叶片背面脉上通常均无长糙毛;叶片较狭长,叶缘强度反卷。

见于炉岙、横溪等地。生于山坡、山麓、沟谷溪边林缘或灌丛中。我国特有,分布于华东、华中、华南及贵州、四川。

花蕾入药,功效同忍冬。

一二八　败酱科 Valerianaceae

多年生草本。根和根状茎常有强烈气味。叶对生，有时基生；叶片羽状分裂或不裂；无托叶。聚伞花序排列成伞房状或圆锥状，稀为头状；花小，常两性；苞片无或细小；花萼合生，裂片常不显著；花冠钟状或筒状，稍两侧对称，3~5裂，裂片花蕾时呈覆瓦状排列，基部一侧囊状或有距；雄蕊3或4，有时退化为1或2，着生于花冠筒基部；雌蕊由3心皮构成，子房下位，3室，仅1室发育，具1胚珠，倒垂于室顶。果为瘦果，有时顶端具冠毛状宿萼或有苞片增大成翅果状。种子1。

12属，约300种，几乎全球广泛分布。本区有1属，3种。

异叶败酱 *Patrinia heterophylla* Bunge
白花败酱 *Patrinia villosa*（Thunb.）Dufr.
败酱 *Patrinia scabiosifolia* Link.

败酱属 *Patrinia* Juss.

多年生直立草本。根状茎横生，具臭味。叶对生，少为基生；叶片常1~2回羽状分裂、全裂或不分裂，边缘常具粗锯齿或牙齿，稀全缘。聚伞花序排列成圆锥状或伞房状，具叶状总苞片；小苞片狭，离生；花两性；花萼5齿裂，宿存，稀果时增大；花冠钟状，黄色或白色，5裂，稍不等形，有时基部一侧膨大成囊状，内生蜜腺；雄蕊4，稀1~3；子房下位，3室，仅1室发育，具1胚珠。瘦果，基部与增大的膜质翅状苞片相连，或无翅状苞片。种子1，胚直立，无胚乳。

约20种，分布于亚洲东部、中部和欧洲。本区有3种。

分种检索表

1.瘦果无翅状苞片；茎、枝、花序梗仅上方一侧被开展白色粗糙毛；花冠黄色 ……… 1.败酱 *P. scabiosifolia*
1.瘦果具增大的翅状苞片；茎、枝、花序梗均被毛或仅两侧具毛；花冠淡黄色或白色。
　2.花序梗被微糙毛或短糙毛；茎中部叶常羽状全裂 ……………………………… *异叶败酱 *P. heterophylla*
　2.花序梗被粗毛；茎中部叶常不裂，有时具1或2对侧裂片 …………………………… 2.白花败酱 *P. villosa*

1. 败酱　黄花败酱　黄花龙芽

Patrinia scabiosifolia Link.

多年生草本。茎直立,仅一侧被倒生粗毛或近无毛。基生叶丛生,花时枯萎,叶片卵形或长卵形,不分裂或羽状分裂,先端钝,基部楔形,边缘具粗锯齿,两面被粗伏毛或无毛,叶柄长3~12cm;茎生叶对生,叶片披针形或宽卵形,长5~15cm,常羽状深裂或全裂,先端渐尖,具粗锯齿,叶柄短或近无柄;茎上部叶渐狭小,无柄。伞房状聚伞花序大型,顶生;花序梗上方仅一侧具开展白色粗糙毛;总苞条形,甚小;花小,花萼萼齿不明显;花冠钟形,黄色;雄蕊4,稍超出或几不超出花冠,花丝不等长;子房长椭圆球形,柱头盾状或截头状。瘦果长椭圆球形,无翅状苞片。种子扁平。花期7—9月,果期9—11月。

区内常见。生于山坡林下、路边草丛。分布于东亚及欧洲。

全草可入药,有清热解毒、消肿排脓、活血祛瘀等功效。

2. 白花败酱　攀倒甑　苦叶菜

Patrinia villosa（Thunb.）Dufr.

多年生草本。茎直立,密被倒生白色粗毛,或仅沿两侧各有1列倒生短粗伏毛,上部稍有分枝。基生叶丛生,叶片宽卵形或近圆形,先端渐尖,基部楔形下延,边缘具粗齿,叶柄较叶片稍长;茎中、下部叶卵形或狭椭圆形,长4~11cm,宽2~5cm,先端渐尖,基部楔形下延,边缘羽状分裂或不裂,两面疏生粗毛,叶柄长1~3cm;茎上部叶近无柄。聚伞花序多分枝,排列成伞房状圆锥花序;花序梗上密生粗毛或仅具2列粗毛,花序分枝基部有1对总苞片,较狭;花萼细小,5齿裂;花冠钟状,白色;雄蕊4,伸出;子房能育室边缘及表面有毛,花柱较雄蕊短。瘦果倒卵球形,基部贴生在增大的圆翅状膜质苞片上。花期8—10月,果期10—12月。

区内常见。生于海拔1500m以下的山坡上、路边、林下、草丛中。分布于东亚。

全草可入药,功效同败酱;亦可作野菜。

一二九　菊科 Asteraceae

草本、亚灌木或灌木，稀为乔木或藤本。植物体具乳汁管或树脂道，或两者均无。叶常互生，有时对生，稀轮生；单叶或复叶；叶片全缘或具齿，或分裂；无托叶，或有时叶柄基部扩大而呈托叶状。花（在本科中常称“小花”）两性或单性，极少单性异株，辐射对称或两侧对称，5基数，通常少数至多数密集成头状花序，外为1层至数层总苞片组成的总苞所包围；头状花序单生，或少数至多数排列成总状、伞房状、聚伞状或圆锥状；头状花序边缘（缘花）为舌状花，中央（盘花）为管状花，或全为管状花，或全为舌状花；头状花序托平坦或凸起，无毛或有毛，具托片或否；萼片不发育，常形成鳞片状、刺毛状或毛状的冠毛，有时完全退化；辐射对称花的花冠管状，两侧对称花的花冠舌状或二唇形、漏斗形，管状花顶端常4或5裂，舌状花顶端2~5裂；雄蕊5，稀4，着生于花冠管上，花药内向，合生成筒，称“聚药雄蕊”，基部钝、锐尖、戟形或尾状；子房下位，2心皮合生，1室，具1倒生胚珠；花柱上端2裂，分枝上端有附器或无。果为下位的连萼瘦果，有喙或无喙，被毛或无毛。种子无胚乳。

约1700属，25000~35000种，世界广布。本区有60属，103种。

下田菊 *Adenostemma lavenia*（L.）Kuntze
藿香蓟 *Ageratum conyzoides* L.
杏香兔儿风 *Ainsliaea fragrans* Champ.
铁灯兔儿风 *Ainsliaea kawakamii* Hayata
长圆叶兔儿风（变种）var. *oblonga*（Koidz.）Y. L. Xu
奇蒿 *Artemisia anomala* S. Moore
艾蒿 *Artemisia argyi* H. Lév. et Vaniot
五月艾 *Artemisia indica* Willd.
牡蒿 *Artemisia japonica* Thunb.
白苞蒿 *Artemisia lactiflora* Wall. ex DC.
矮蒿 *Artemisia lancea* Vaniot
野艾 *Artemisia lavandulifolia* DC.
蒙古蒿 *Artemisia mongolica*（Fisch. ex Bess.）Nakai
红足蒿 *Artemisia rubripes* Nakai
三脉叶紫菀 *Aster ageratoides* Turcz.
光叶三脉紫菀（变种）var. *leiophyllus*（Franch. et Sav.）Ling
白舌紫菀 *Aster baccharoides*（Benth.）Steetz.
九龙山紫菀 *Aster jiulongshanensis* Z. H. Chen, X. Y. Ye et C. C. Pan
陀螺紫菀 *Aster turbinatus* S. Moore
大花鬼针草 *Bidens alba*（L.）DC.
金盏银盘 *Bidens biternata*（Lour.）Merr. et Sherff
大狼杷草 *Bidens frondosa* L.
柔毛艾纳香 *Blumea axillaris*（Lam.）DC
台湾艾纳香 *Blumea formosana* Kitamura
拟毛毡草 *Blumea sericans*（Kurz）Hook. f.
天名精 *Carpesium abrotanoides* L.
金挖耳 *Carpesium divaricatum* Siebold et Zucc.
石胡荽 *Centipeda minima*（L.）A. Braun et Asch.
野菊 *Chrysanthemum indicum* L.
甘菊 *Chrysanthemum lavandulifolium*（Fische. ex Trautv.）Makino
菊花 *Chrysanthemum morifolium* Ramat.

大蓟 *Cirsium japonicum* DC.
大花金鸡菊 *Coreopsis grandiflora* Hogg ex Sweet
剑叶金鸡菊 *Coreopsis lanceolata* L.
两色金鸡菊 *Coreopsis tinctoria* Nutt.
秋英 *Cosmos bipinnatus* Cav.
野茼蒿 *Crassocephalum crepidioides*（Benth.）S. Moore
黄瓜假还阳参 *Crepidiastrum denticulatum*（Houtt.）Pak et Kawano
大丽菊 *Dahlia pinnata* Cav.
鱼眼草 *Dichrocephala integrifolia*（L. f.）Kuntze
东风菜 *Doellingeria scabra*（Thunb.）Nees
羊耳菊 *Duhaldea cappa*（Buch.-Ham. ex D. Don）Pruski et Anderb.
醴肠 *Eclipta prostrata* L.
小一点红 *Emilia prenanthoidea* DC.
一点红 *Emilia sonchifolia*（L.）DC.
梁子菜 *Erechtites hieraciifolius*（L.）Raf. ex DC.
一年蓬 *Erigeron annuus*（L.）Pers.
香丝草 *Erigeron bonariensis* L.
小蓬草 *Erigeron canadensis* L.
春飞蓬 *Erigeron philadelphicus* L.
苏门白酒草 *Erigeron sumatrensis* Retz.
白酒草 *Eschenbachia japonica*（Thunb.）J. Kost.
华泽兰 *Eupatorium chinensis* L.
泽兰 *Eupatorium japonicum* Thunb.
裂叶泽兰(变种)var. *tripartitum* Makino
睫毛牛膝菊 *Galinsoga parviflora* Cav.
匙叶合冠鼠麹草 *Gamochaeta pensylvanicum*（Willd.）Cabrera
细叶鼠麹草 *Gnaphalium japonicum* Thunb.
红凤菜 *Gynura bicolor*（Roxb. ex Willd.）DC.
白子菜 *Gynura divarcata*（L.）DC.
菊芋 *Helianthus tuberosus* L.
泥胡菜 *Hemisteptia lyrata* (Bunge) Fisch. et C. A. Mey.
山柳菊 *Hieracium umbellatum* L.
狭叶小苦荬 *Ixeridium beauverdianum*（H. Lév.）Spring.
小苦荬 *Ixeridium dentatum*（Thunb.）Tzvel.
褐冠小苦荬 *Ixeridium laevigatum*（Blume）Pak et Kawano
苦荬菜 *Ixeris polycephala* Cass.
马兰 *Kalimeris indica*（L.）Sch. Bip.
毡毛马兰 *Kalimeris shimadai*（Kitam.）Kitam.
翅果菊 *Lactuca indica* L.
毛脉翅果菊 *Lactuca raddeana* Maxim.
莴苣 *Lactuca sativa* L.
稻槎菜 *Lapsanastrum apogonoides*（Maxim.）Pak et K. Bremer
大头橐吾 *Ligularia japonica*（Thunb.）Less.
窄叶裸菀 *Miyamayomena angustifolia*（Hand.-Mazz.）Y. L. Chen
黑花紫菊 *Notoseris melanantha*（Franch.）Shih
林生假福王草 *Paraprenanthes diversifolia*（Vaniot）N. Kilian
假福王草 *Paraprenanthes sororia*（Miq.）Shih
兔儿风蟹甲草 *Parasenecio ainsliaeiflorus*（Franch.）Y. L. Chen
锈毛帚菊 *Pertya ferruginea* Cai F. Zhang
蜂斗菜 *Petasites japonica*（Siebold et Zucc.）Maxim.
兔儿一枝箭 *Piloselloides hirsuta*（Forssk.）C. Jeffrey ex Cufod.
宽叶拟鼠麹草 *Pseudognaphalium adnatum*（DC.）Y. S. Chen
拟鼠麹草 *Pseudognaphalium affine*（D. Don）Anderb.
秋拟鼠麹草 *Pseudognaphalium hypoleucum*（DC.）Hilliard et B. L. Burtt
华漏芦 *Rhaponticum chinense*（S. Moore）L. Martins et Hidaldo
庐山风毛菊 *Saussurea bullockii* Dunn
三角叶风毛菊 *Saussurea deltoidea*（DC.）Sch. Bip.
千里光 *Senecio scandens* Buch.-Ham. ex D. Don
毛梗豨莶 *Sigesbeckia glabrescens*（Makino）Makino
豨莶 *Sigesbeckia orientalis* L.
无腺腺梗豨莶 *Sigesbeckia pubescens*（Makino）Makino f. *eglandulosa* Ling et X. L. Hwang
蒲儿根 *Sinosenecio oldhamianus*（Maxim.）B. Nord.
加拿大一枝黄花 *Solidago canadensis* L.
一枝黄花 *Solidago decurrens* Lour.
裸柱菊 *Soliva anthemifolia*（Juss.）R. Br.
续断菊 *Sonchus asper*（L.）Hill
苦苣菜 *Sonchus oleraceus* L.

苣荬菜*Sonchus wightianus* DC.
钻形紫菀*Symphyotrichum subulatum*（Michx）G. L. Nesom
南方兔儿伞*Syneilesis australis* Ling
蒲公英*Taraxacum officinale* F. H. Wigg.
夜香牛*Vernonia cinerea*（L.）Less.
苍耳*Xanthium strumarium* L.
异叶黄鹌菜*Youngia heterophylla*（Hemsl.）Babc. et Stebbins
黄鹌菜*Youngia japonica*（L.）DC.
长花黄鹌菜（亚种）subsp. *longiflora* Babc. et Stebbins

分属检索表

1. 植物体无乳汁；头状花序具同形小花（全为管状花）或异形小花（缘花舌状，盘花管状）。
  2. 花药基部通常钝，稀为短箭形；花柱分枝大多非钻形；叶对生或互生。
    3. 花柱分枝圆柱形，顶端具棒槌状或稍扁而钝的附器，或花柱分枝常一面平一面凸，顶端常具尖或三角形附器。
      4. 头状花序辐射状，具异形小花（少数属、种因缘花无舌片而似具同形小花）；叶互生或对生；花柱分枝上端非棍棒状，或稍扁而钝，具附器或无附器。
        5. 头状花序的缘花为显著开展的舌状雌花，通常明显异形。
          6. 舌状花黄色；冠毛多数为毛状 ………… 1. 一枝黄花属 *Solidago*
          6. 舌状花白色、红色、紫红色或紫色；冠毛无，或为刺毛状、鳞片状、膜片状或糙毛状。
            7. 冠毛无或极短，膜片状或呈狭环状。
              8. 果顶端呈狭环状的边缘，无冠毛 ………… 2. 裸菀属 *Miyamayomena*
              8. 果顶端具糙毛状或膜片状的极短冠毛 ………… 3. 马兰属 *Kalimeris*
            7. 冠毛长，毛状，外层具膜片或无膜片。
              9. 总苞片通常多层或2层，不等长；缘花舌状，通常1层。
                10. 叶片宽大，宽卵状至卵状椭圆形，具长叶柄；果除边缘的肋以外，每面还有2条细肋 ………… 4. 东风菜属 *Doellingeria*
                10. 叶片较窄，基部下延，具不明显的柄；果仅具边肋。
                  11. 冠毛1或2层，外层的短膜片状 ………… 5. 紫菀属 *Aster*
                  11. 冠毛多层 ………… 6. 联毛紫菀属 *Symphyotrichum*
              9. 总苞片2或3层，近等长；缘花2或3层，舌状，稀为细管状 ………… 7. 飞蓬属 *Erigeron*
        5. 头状花序的缘花无舌片或舌片极短小，雌花呈细管状，外形似具同形小花。
          12. 头状花序球形；冠毛无 ………… 8. 鱼眼草属 *Dichrocephala*
          12. 头状花序先端扁，非球形；冠毛绵毛状 ………… 9. 白酒草属 *Eschenbachia*
      4. 头状花序盘状，具同形的管状花；叶通常对生；花柱分枝圆柱形，上端具棍棒状或略扁的附器。
        13. 总苞片彼此分离；花药顶端截形或微凹，无附片或具极小的附片 ………… 10. 下田菊属 *Adenostemma*
        13. 总苞片覆瓦状排列，或为1层时亦不分离；花药顶端尖，具明显的附片。
          14. 冠毛膜片状或鳞片状；果长被毛而无腺点 ………… 11. 藿香蓟属 *Ageratum*
          14. 冠毛刚毛状或糙毛状；果具腺点 ………… 12. 泽兰属 *Eupatorium*
    3. 花柱分枝通常扁平，顶端截形且无附器，或尖，或具三角形、钻形附器。

15. 果具冠毛，冠毛毛状；叶互生。
16. 两性花不结实；花柱不分枝……………………………………………………… 13. 蜂斗菜属 *Petasites*
16. 两性花结实；花柱分枝，顶端截形，或尖，或具附器。
17. 头状花序具同形小花，全为管状花。
18. 花柱顶端具长钻形或短锥形的附器。
19. 总苞外具小的外苞叶；花柱顶端具细长钻形附器 ……………… 14. 菊三七属 *Gynura*
19. 总苞外无小苞叶；花柱顶端具短锥形附器 ………………………… 15. 一点红属 *Emilia*
18. 花柱顶端截形，无附器，具乳头状毛或呈画笔状。
20. 一年生草本；叶片长明显大于宽；花药基部钝。
21. 果具棱，但细肋不明显，被毛；缘花冠管状……………… 16. 野茼蒿属 *Crassocephalum*
21. 果具10条细肋；缘花冠细丝状 …………………………………… 17. 菊芹属 *Erechtites*
20. 多年生草本；叶片长、宽近相等；花药基部钝或短箭形。
22. 基生叶叶片幼时呈伞形下垂；子叶1；茎生叶掌状深裂至全裂，裂片再次分裂…………
……………………………………………………………………………… 18. 兔儿伞属 *Syneilesis*
22. 基生叶叶片幼时不下垂；子叶2；茎生叶不裂或掌状浅裂 … 19. 蟹甲草属 *Parasenecio*
17. 头状花序具异形小花，缘花舌状，盘花管状。
23. 基生叶和茎下部叶的叶柄非鞘状。
24. 植物体常被蛛丝状毛 ……………………………………………… 20. 蒲儿根属 *Sinosenecio*
24. 植物体无毛或被短柔毛，非蛛丝状毛 …………………………… 21. 千里光属 *Senecio*
23. 基生叶和茎下部叶的叶柄鞘状 ………………………………………… 22. 橐吾属 *Ligularia*
15. 果无冠毛，或具冠毛时为鳞片状、芒状、冠状；叶对生或互生。
25. 总苞片叶质；头状花序通常辐射状。
26. 头状花序单性，具同形小花，雌雄同株；雌头状花序的总苞片结合成囊状，具喙及钩刺，或瘤
……………………………………………………………………………………… 23. 苍耳属 *Xanthium*
26. 头状花序具异形小花，雌性或两性，雌花冠常为舌状；总苞片离生。
27. 冠毛膜片状，顶端具芒或钝…………………………………………… 24. 牛膝菊属 *Galinsoga*
27. 冠毛无，或芒状、短冠状，或具倒刺的芒，或小鳞片状。
28. 果背腹压扁。
29. 冠毛无，或为鳞片状、芒状，决无倒刺
30. 舌状花红色或紫色，或花色更多；果边缘无翅；冠毛无 …… 25. 大丽菊属 *Dahlia*
30. 舌状花黄色或黄褐色，稀白色；果边缘具翅，翅缘有睫毛或无毛；冠毛短芒状或无
……………………………………………………………………… 26. 金鸡菊属 *Coreopsis*
29. 冠毛芒状，具尖锐的倒刺。
31. 舌状花红色或紫色；果顶端具喙 ……………………………… 27. 秋英属 *Cosmos*
31. 舌状花黄色、白色，或不存在，短小；果顶端狭窄，无喙 …… 28. 鬼针草属 *Bidens*
28. 果圆柱形，或舌状花的果具3棱，管状花的果两侧压扁。
32. 总苞片2层，外层的5或6枚，常为匙形，具腺毛 …………… 29. 豨莶属 *Sigesbeckia*
32. 总苞片1至数层，外层的不为匙形，无腺毛。
33. 托片平展，狭长；头状花序通常直径1cm以内 ……………… 30. 鳢肠属 *Eclipta*

33. 托片凹或对折，多少包裹小花；头状花序通常较大，如较小时花序托显著凸起…………………………………………………………………………………… 31. 向日葵属 *Helianthus*

25. 总苞片全部或边缘干膜质；头状花序盘状，或辐射状。

34. 头状花序的缘花舌状，盘花管状，明显异形…………………………… 32. 菊属 *Chrysanthemum*

34. 头状花序的缘花管状或细管状，似具同形小花。

35. 边缘雌花1层；植株较高大 ………………………………………… 33. 蒿属 *Artemisia*

35. 边缘雌花多层；植株矮小。

36. 缘花无花冠，或花冠退化成齿状；果压扁状………………………… 34. 裸柱菊属 *Soliva*

36. 缘花冠细管状；果圆柱形，具4棱 ……………………………… 35. 石胡荽属 *Centipeda*

2. 花药基部箭形、锐尖或戟形；花柱分枝，花药基部钝时为钻形；叶常互生。

37. 花序分枝细长，圆柱状钻形，先端渐尖，无附器；头状花序具同形的管状花 … 36. 斑鸠菊属 *Vernonia*

37. 花序分枝非细长钻形；头状花序盘状，无舌状花，或辐射状，边缘为舌状花。

38. 花柱分枝处下部无毛环，分枝上部截形，无附器，或有三角形附器；头状花序具异形小花。

39. 头状花序的管状花冠不规则深裂，或呈二唇形。

40. 两性花的花冠5深裂，裂片等长，或不等长而呈不明显的二唇形；冠毛细糙毛状或羽毛状；灌木或草本。

41. 灌木；叶互生或在老枝上簇生；冠毛细糙毛状 ……………………… 37. 帚菊属 *Pertya*

41. 草本；叶基生或丛生；冠毛羽毛状 …………………………………… 38. 兔儿风属 *Ainsliaea*

40. 两性花的花冠二唇形，上唇1或2裂，下唇3或4裂；冠毛刺毛状；草本……………………………………………………………………………………… 39. 兔耳一支箭属 *Piloselloides*

39. 头状花序的管状花冠浅裂，不为二唇形。

42. 果顶端无冠毛 ………………………………………………………… 40. 天名精属 *Carpesium*

42. 果顶端具冠毛。

43. 头状花序辐射状，缘花舌状 ……………………………………… 41. 羊耳菊属 *Duhaldea*

43. 头状花序盘状，缘花管状。

44. 总苞片叶质，坚硬 ……………………………………………… 42. 艾纳香属 *Blumea*

44. 总苞片干膜质或膜质，透明。

45. 冠毛基部连合成环 ………………………………………… 43. 合冠鼠麹草属 *Gamochaeta*

45. 冠毛基部分离。

46. 总苞片褐色，具不明显的透明狭边 ……………………… 44. 鼠麹草属 *Gnaphalium*

46. 总苞片黄色或黄白色，明显稍带淡红色 …… 45. 拟鼠麹草属 *Pseudognaphalium*

38. 花柱分枝处下部有毛环，毛环以上分枝或不分枝；头状花序具同形小花，为管状花，有时具不结实的舌状花。

47. 果具平整的基底着生面。

48. 总苞片无刺；叶通常无刺或具短刺。

49. 总苞片背面具龙骨状的附片；果具16条纵肋 ………………… 46. 泥胡菜属 *Hemisteptia*

49. 总苞片无龙骨状的附片；果具4棱，无细肋 ………………… 47. 风毛菊属 *Saussurea*

48. 总苞片先端和边缘具刺；叶具刺 ……………………………………… 48. 蓟属 *Cirsium*

47. 果具歪斜的基底着生面，或具侧生着生面 ……………………… 49. 漏芦属 *Rhaponticum*

1. 植物体具乳汁；头状花序仅具同形的舌状花。
 50. 果顶端无冠毛 …………………………………………………………… 50. 稻槎菜属 *Lapsanastrum*
 50. 果具冠毛。
  51. 叶基生，无茎生叶；头状花序单生于花葶上；果具长喙，具瘤状或短刺状凸起 … 51. 蒲公英属 *Taraxacum*
  51. 叶通常基生和茎生；头状花序少数或多数生于茎、枝顶端；果无喙或具喙，无瘤状或短刺状凸起。
   52. 头状花序含多数小花，通常数10枚；冠毛具较粗的直毛和极细的柔毛 … 52. 苦苣菜属 *Sonchus*
   52. 头状花序含少数小花；冠毛具较粗的直毛或糙毛。
    53. 总苞片3或4层，覆瓦状排列，向内渐变长 ……………………………… 53. 山柳菊属 *Hieracium*
    53. 总苞片2或3层，外层的极短，内层的近等长。
     54. 舌状小花黄色，稀为紫红色或淡紫色。
      55. 总苞长卵球形至宽卵球形；果扁或稍扁，顶端局细长的喙或短喙……54. 莴苣属 *Lactuca*
      55. 总苞圆筒形；果圆柱形或稍扁，具喙或无喙。
       56. 果顶端无喙或具极短的喙状物。
        57. 多年生草本或亚灌木；果每面具10~15条纵肋，顶端无缢缩…………………
        ……………………………………………………………… 55. 假还阳参属 *Crepidiastrum*
        57. 一年生、二年生、多年生草本；果每面具不等形纵肋，仅3~5条明显，顶端缢缩………
        ……………………………………………………………………… 56. 黄鹌菜属 *Youngia*
       56. 果顶端具喙，但喙短于果本体。
        58. 果具钝纵肋 ………………………………………………………… 57. 小苦荬属 *Ixeridium*
        58. 果具锐纵肋 …………………………………………………………… 58. 苦荬菜属 *Ixeris*
     54. 舌状小花通常紫红色或淡紫色。
      59. 果每面具6~9条纵肋；头状花序含5~7小花 ……………………… 59. 紫菊属 *Notoseris*
      59. 果每面具4~6条纵肋；头状花序含4至10余朵小花 …… 60. 假福王草属 *Paraprenanthes*

1 一枝黄花属 *Solidago* L.

多年生草本，稀亚灌木。茎横卧至向上斜展或直立。叶互生；叶片卵形至披针形。头状花序小型或中等，多数在茎顶端排列成总状、圆锥状、伞房状或伞房圆锥状；总苞狭钟状或圆筒状；总苞片3~5层，条状披针形、三角形或长圆形，呈覆瓦状排列，近等长；花序托稍凸起，蜂窝状。全部小花结实；缘花舌状，1层，雌性，黄色，无毛，先端具不明显2或3小齿；盘花管状，两性，黄色，后转为褐色，檐部稍扩大或呈狭钟状，顶端5裂，花药基部钝，花柱分枝平凸状，顶端具披针形或箭形的附器。果有时两侧压扁，倒圆锥形至圆柱形，具8~10肋，无毛或被短糙伏毛；冠毛多数，糙毛状，1或2层，稍不等长或外层稍短。

约120种，主要分布于北美洲，少数分布于亚洲、欧洲和南美洲。本区有2种。

分种检索表

1. 头状花序在花序分枝上单面着生，呈蝎尾状；果被毛 ……………………… 1. 加拿大一枝黄花 *S. canadensis*
1. 头状花序在花序分枝上周面着生；果无毛 ……………………………………… 2. 一枝黄花 *S. decurrens*

1. 加拿大一枝黄花

Solidago canadensis L.

多年生草本。具匍匐根状茎。茎直立，高达1.5m，不分枝，上部具短茸毛。叶互生；叶片披针形或条状披针形，长5~12cm，先端渐尖，基部渐狭，边缘具齿，基部有时全缘，上部的具锐锯齿，下面被茸毛，上面被短柔毛。头状花序小，长4~6mm，在花序分枝上单面着生，呈蝎尾状，再排列成开展的圆锥状；总苞狭钟状，长2.5~3mm；总苞片3或4层，条状披针形，先端稍钝。全部小花金黄色，结实；缘花舌状，几乎不超出总苞。果狭倒圆锥形，被毛；内层冠毛刚毛状。花果期8—9月。

区内村庄边有归化。生于路边荒地。原产于北美洲。

2. 一枝黄花

Solidago decurrens Lour.

多年生草本。茎直立或向上斜展，高20~70cm，不分枝或中部以上有分枝。叶互生；叶片椭圆形或卵形椭圆形，长4~10cm，宽1.5~4cm，先端急尖，基部楔形，有具翅的柄，仅中部以上边缘有细齿或全缘，两面有短柔毛或下面无毛。头状花序直径5~9mm，单一或2~4个聚生于腋生短枝上，再排列成总状或圆锥状；总苞狭钟状，长3.5~6mm；总苞片3或4层，披针形或狭披针形，先端急尖或渐尖。缘花舌状，约8朵，黄色；盘花管状，黄色。果圆筒形，长2~3mm，具肋，无毛，极少在顶端被稀疏柔毛；冠毛粗糙，白色。花果期9—11月。

见于炉岙、双溪、龙南、南溪口等地。生于海拔1200m以下的山坡路旁、林下草地或荒地上。分布于东亚、东南亚。

2 裸菀属 *Miyamayomena* Kitam.

多年生草本。茎常分枝。叶互生；叶片全缘或具疏齿。头状花序单生于茎或枝端，或排列成伞房状；总苞半球形或宽钟形；总苞片2至多层，近等长或外层的渐短而疏松，呈覆瓦状排列，外层的草质，内层的边缘宽膜质；花序托圆锥形、蜂窝状，无托片。缘花舌状，雌性，1或2层，舌片蓝紫色或白色，开展，全缘或先端具齿，结实；盘花管状，两性，黄色，檐部钟状，具5裂片，花药基部钝，全缘，花柱分枝有三角形或披针形附器。果扁或近四棱形、倒卵球形，边缘、两面有肋或两面无肋，无毛或上部被疏毛；顶端有狭环状边缘而无冠毛。

9种，主要分布于东亚。本区有1种。

窄叶裸菀

Miyamayomena angustifolia（Hand.-Mazz.）Y. L. Chen——*Aster angustifolius* Chang，not Jacq.（1798）——*A. sinoangustifolius* Brouillet，Semple et Y. L. Chen——*Gymnaster angustifolia*（Hand.-Mazz.）Ling

多年生草本。茎直立或稍弯曲，高30~60cm，有棱状沟纹，无毛，上部有少数分枝或不分枝，分枝伸长，疏生白色短毛。下部叶花时早落，存在的叶片条状披针形，长6~15cm，宽0.8~2.5cm，先端急尖，基部渐狭成翼柄状，边缘微粗糙，自中上部边缘具疏离细锯齿，上面绿色，光滑或微粗糙，下面苍白色，有短贴毛或变光滑；最上部叶条形，全缘。头状花序直径约2.5cm，单生于枝端，具长梗；总苞半球形，直径约1cm；总苞片3或4层，倒卵形至倒披针状矩圆形，绿色，呈覆瓦状排列，背部无毛，有橘黄色细脉纹，先端急尖或钝，边缘干膜质。缘花舌状，1层，淡紫色或淡蓝色，无毛，雌性；盘花管状，黄色，无毛，两性。果长倒卵球形，长约2.8mm，有4或5肋而呈多角形，光滑；无冠毛。花果期7—10月。

见于干上等地。生于海拔500~1500m的山谷溪边、石滩地及林缘草丛中。我国特有，分布于华东。

3 马兰属 *Kalimeris*（Cass.）Cass.

多年生草本。叶互生；叶片全缘或具齿，或羽状分裂。头状花序较小，单生于枝端或排列成疏散伞房状；总苞半球形；总苞片2或3层，近等长或外层的较短而呈覆瓦状排列，草质，有时边缘膜质或革质；花序托凸起或圆锥状、蜂窝状。缘花舌状，雌性，1或2层，舌片白色或紫色，结实；盘花钟状，黄色，两性，结实，花药基部钝，全缘，花柱分枝附器三角形或披针形。

果稍扁,倒卵球形,边缘有肋;冠毛极短或膜片状,分离或基部结合成杯状。

约20种,分布于亚洲南部和东部,喜马拉雅地区及西伯利亚东部也有。本区有2种。

分种检索表

1. 叶形多变异,质地薄,被微毛或近无毛;果长1.5~2mm ………………………………… 1.马兰 *K. indica*
1. 叶有1或2对齿,有时近全缘,质地厚,密被毡状短毛;果长2.5~2.7mm ………… 2.毡毛马兰 *K. shimadai*

1. 马兰

Kalimeris indica（L.）Sch. Bip.——*Aster indicus* L.

多年生草本。茎直立,高30~70cm,上部有短毛,上部或自下部分枝。茎生叶叶片倒披针形或倒卵状矩圆形,长3~7cm,质地薄,先端钝或尖,基部渐狭成具翅长柄,边缘从中部以上具有小尖头钝齿或尖齿,有时具羽状裂片,两面或上面有疏微毛或近无毛,边缘及下面沿脉有短粗毛;上部叶小,全缘,基部急狭至无柄。头状花序单生于枝端且排列成疏伞房状,直径2~3cm;总苞半球形;总苞片2或3层,外层的倒披针形,内层的倒披针状矩圆形。缘花舌状,1层,舌片浅紫色;盘花管状,被短密毛。果极扁,倒卵状矩圆球形,长1.5~2mm,褐色,边缘浅色而有厚肋,上部被腺及短柔毛;冠毛短毛状,易脱落。花期5—10月。

区内常见。生于山坡沟边、路边草丛或湿地中。分布于亚洲东部、南部。

2. 毡毛马兰

Kalimeris shimadai（Kitam.）Kitam.

多年生草本。茎直立,高30~120cm,被密的短粗毛,多分枝。中部叶叶片倒卵形、倒披针形或椭圆形,长2.5~4cm,宽1.2~2cm,质地厚,基部渐狭,近无柄,从中部以上具1或2对浅齿,有时全缘,两面被毡状密毛,下面沿脉及边缘被密糙毛;上部叶渐小,叶片倒披针形或条形。头状花序直径2~2.5cm,单生于枝端且排列成疏散伞房状;总苞半球形;总苞片3层,外层的狭矩圆形,上部草质,内层的倒披针状矩圆形,草质。缘花舌状,1层,舌片浅紫色;盘花管状,有毛。果极扁,倒卵球形,长2.5~2.7mm,灰褐色,边缘有肋,被短贴毛;冠毛膜片状,锈褐色,不脱落,近等长。花果期7—8月。

见于官埔垟、双溪等地。生于田埂上、路旁草丛中及林缘。我国特有,分布于华东、华中。

4 东风菜属 *Doellingeria* Nees

多年生草本。茎直立。叶互生；叶片宽卵形至卵状椭圆形，具锯齿，稀近全缘。头状花序稍小，排列成伞房状；总苞半球状或宽钟状；总苞片2或3层，条状披针形，近覆瓦状排列或近等长，草质或上部草质，边缘常干膜质；花序托稍凸起，窝孔全缘或稍撕裂。缘花舌状，1层，雌性，舌片常白色，矩圆状披针形，先端具微齿；盘花管状，两性，黄色，裂片5，结实，花药基部钝，近全缘，花柱分枝附器三角形或披针形。果两端稍狭或稍扁，椭圆球形或倒卵球形，具肋；冠毛同形，污白色，与管状花冠等长或短。

约7种，分布于亚洲东部。本区有1种。

东风菜

Doellingeria scaber（Thunb.）Nees

多年生草本。根状茎粗壮。茎直立，高20~100cm，上部有向上斜展的分枝，被微毛。全部叶两面被微糙毛，基出脉3或5；基生叶花时凋落，叶片心形，长9~15cm，宽6~15cm，先端尖，边缘有具小尖的齿，基部急狭成长10~15cm的被微毛的柄；中部叶较小，叶片卵状三角形，基部圆形或稍截形，有具翅短柄；上部叶小，叶片矩圆披针形或条形。头状花序排列成圆锥伞房状，直径1.8~2.4cm；总苞半球形，直径4~5mm；总苞片约3层，无毛具微毛。缘花舌状，舌片白色；盘花管状。果倒卵球形或椭圆球形，具5或6肋，无毛；冠毛糙毛状，污白色，与花冠近等长。花果期6—10月。

见于大田坪、南溪口等地。生于海拔1500m左右的以下的林缘草丛中、溪边林下、山坡灌丛中。分布于东亚。

5 紫菀属 *Aster* L.

多年生草本、亚灌木或灌木，稀一年生草本。茎直立。叶互生；叶片具齿或全缘。头状花序排列成伞房状或圆锥伞房状，或单生；总苞半球状、钟状或倒锥状；总苞片2至多层，草质或革质，边缘常膜质；花序托蜂窝状。缘花雌性，1或2层，舌状，白色、浅红色、紫色或蓝色，结实；盘花两性，管状，通常黄色，通常具5等形裂片，结实；花药基部钝，通常全缘；花柱分枝附器披针形或三角形。果扁或两面稍凸起，长圆球形或倒卵球形，有2边肋，通常被毛或有腺；冠毛宿存，细糙毛状，1或2层，或另有1外层极短的毛或膜片。

约250种，主要分布于北温带地区。本区有4种。

分种检索表

1. 总苞倒锥形或钟形；总苞片3层或3层以上。
   2. 中部叶基部抱茎；头状花序常单生于叶腋 ························ 1.陀螺紫菀 *A. turbinatus*
   2. 中部叶基部渐狭，不抱茎；头状花序在茎顶排成圆锥状或伞房状。
      3. 多年生草本；总苞片3或4层 ························ 2.九龙山紫菀 *A. jiulongshanensis*
      3. 亚灌木；总苞片4~7层 ························ 3.白舌紫菀 *A. baccharoides*
1. 总苞半球形、近球形或倒锥形；总苞片2或3层 ························ 4.三脉紫菀 *A. ageratoides*

1. 陀螺紫菀

Aster turbinatus S. Moore

多年生草本。茎直立，高60~100cm。下部叶花时常凋落，叶片卵圆形或卵圆状披针形，长4~10cm，宽3~7cm，先端尖，基部截形或圆形，渐狭成长4~8(~12)cm的具宽翅的柄，具疏齿；中部叶长圆状或椭圆状披针形，基部有抱茎圆形小耳，无柄；上部叶渐小，叶片卵圆形或披针形，全部叶质地厚，两面被短糙毛，下面沿脉有长糙毛，离基三出脉。头状花序直径2~4cm，单生，有时2或3个簇生于上部叶腋，有密集而渐变为总苞片的苞叶；总苞倒锥状；总苞片约5层，呈覆瓦状排列，厚干膜质，背面近无毛，边缘膜质。缘花舌状，舌片蓝紫色；盘花管状，黄色。果倒卵状长圆球形，两面有肋，被密粗毛；冠毛糙毛状，白色。花果期8—11月。

区内常见。生于海拔1500m以下的山坡草丛、沟谷灌丛中、溪边。我国特有，分布于华东。

2. 九龙山紫菀

Aster jiulongshanensis Z. H. Chen, X. Y. Ye et C. C. Pan

多年生草本。茎直立或向上斜展，高50~130cm，中部以上多分枝，被卷曲糙毛或下部近光滑。基生叶莲座状，花时枯萎，叶片长卵形至长卵状披针形，长4~13cm，宽2~9cm，先端渐尖或急尖，基部楔形，下延成长4~8(~16)cm的柄，基部扩大，半抱茎；茎中部叶叶片卵状披针形；茎上部叶渐小，叶片倒披针形，全部叶厚纸质，上面被糙毛，下面无毛或沿脉具疏毛，边缘密被开展糙毛，具疏锯齿。头状花序多数，直径约1.5cm，在茎和枝端排列成圆锥状；苞叶长圆状披针形，全缘；总苞狭倒锥形，

直径5~6mm；总苞片3或4层，条形至条状披针形，背部绿色，草质，边缘膜质，先端渐尖。缘花舌状，1层，舌片白色；盘花管状，黄色。果稍扁，狭长圆球形，褐色，两面各具1中肋，被短糙毛；冠毛糙毛状，白色或污白色。花果期9—11月。

见于双溪及保护区外围屏南顺合等地。生于海拔1000m左右的林缘、林下、路边山坡上。我国特有，分布于华东。

3. 白舌紫菀

Aster baccharoides（Benth.）Steetz

亚灌木。茎直立，高50~100cm，多分枝。老枝灰褐色，具棱，脱毛。全部叶上面被短糙毛，下面被短毛或具腺点，或仅沿脉有粗毛；下部叶凋落，叶片匙状长圆形，长达10cm，宽达1.8cm，上部具疏齿；中部叶叶片长圆形或长圆状披针形，长2~5.5cm，宽0.5~1.5cm，先端尖，基部渐狭或急狭，无柄或有短柄，全缘或上部有小尖头状疏锯齿；上部叶渐小，叶片近全缘。头状花序直径1.5~2cm，在枝顶端排列成圆锥伞房状；苞叶极小，在梗顶端密集且渐变为总苞片；总苞倒锥状，直径达7mm；总苞片4~7层，呈覆瓦状排列。缘花舌状，舌片白色；盘花管状，有微毛。果稍扁，狭长圆球形，有时两面有肋，被密短毛；冠毛白色，1层。花果期7—10月。

见于大田坪、龙案及保护区外围大赛、小梅金村等地。生于海拔500~1000m的山坡疏林下、灌丛、灌草丛中、岩石上。我国特有，分布于华东及湖南、广东、广西。

4. 三脉紫菀

Aster ageratoides Turcz.——*A. ageratoides* var. *scaberulus*（Miq.）Ling

多年生草本。茎直立，高40~80cm，具棱及沟，被柔毛或粗毛，上部分枝。叶片纸质或厚纸质，上面被短糙毛，下面浅色，被短柔毛，常具腺点，离基三出脉；下部叶花时凋落，叶片宽卵圆形，基部急狭成长柄；中部叶叶片椭圆形或长圆状披针形，长5~15cm，宽1~5cm，先端渐尖，中部以上急狭成楔形、具宽翅的柄，边缘具3~7对锯齿；上部叶渐小，叶片具浅齿或全缘。头状花序多数，直径1.5~2cm，排列成伞房状或圆锥伞房状；总苞倒锥状或半球状，直径4~10mm；总苞片3层，呈覆瓦状排列。缘花雌性，舌状，紫色、浅红色或白色；盘花管状，黄色。果倒卵状长圆球形，灰褐色，有边肋，一面常有肋，被短粗毛；冠毛浅红褐色或污白色。花果期7—10月。

区内常见。生于林下、林缘或路边。分布于东亚、东南亚。

4a. 光叶三脉紫菀

var. **leiophyllus**（Franch. et Sav.）Ling

叶长圆披针形，长渐尖，中部以下急隘缩，无柄或有短柄，有稍密的尖锯齿，上面多少被糙毛，下面色浅，沿脉有短粗毛，头状花序小，有细花序梗，总苞干后倒锥状，长4mm，直径5~6mm；总苞片顶端钝，顶端绿褐色，舌状花白色；冠毛近白色或红褐色。

见于凤阳湖、黄茅尖等地。生于海拔500~1900m的山坡、路边草丛。分布于东亚。

6 联毛紫菀属 *Symphyotrichum* Nees

一年生或多年生草本。茎直立或向上斜展，有时上部有分枝，稀下部分枝。叶互生。头状花序多数，常排列成圆锥状，有时总状、近伞状或单生；总苞圆筒形或钟形，有时半球形；总苞片3~9层，不等长或近等长，外层的常叶状；花序托平至稍凸起，蜂窝状。缘花舌状，雌性，少数至多数，1至多层，舌片白色、粉色、蓝色或紫色；盘花管状，两性，黄色，稀白色，5裂，花药基部钝，顶端附器披针形，花柱分枝先端披针形。果压扁或不压扁，倒卵球形或倒圆锥形；冠毛4层，白色至褐色，宿存，近等长，具倒刺毛。

约90种，分布于亚洲、欧洲和美洲。本区有1种。

钻形紫菀 钻叶紫菀

Symphyotrichum subulatum（Michx.）G. L. Nesom——*Aster subulatus* Michx.

一年生或二年生草本。茎直立，高25~150cm，无毛，上部稍有分枝。基生叶花时凋落，叶片披针形至卵形；中部叶叶片条状披针形，长6~10cm，宽1~10mm，先端尖或钝，全缘，无毛，无叶柄；上部叶叶片渐狭至条形。头状花序直径5~6mm，排列成圆锥状；总苞钟形；总苞片3~5层，披针形至条状披针形，外层的较短，内层的较长，无毛。缘花舌状，1层，舌片红色；盘花管状，黄色，后转为粉色，花冠裂片三角形。果披针形，2~6脉，略有毛；冠毛白色，长于管状花的花冠。花果期9—11月。

见于官埔垟、炉岙等地。生于田边草丛中、沟边、路旁荒地上等。我国各地均有归化。原产于非洲和美洲。

7 飞蓬属 *Erigeron* L.

多年生草本，稀一年生或二年生草本，或为亚灌木。叶互生；叶片全缘、具锯齿或浅裂。头状花序单个或多数排列成总状、伞房状、圆锥状；总苞半球状、钟状、倒圆锥状至圆柱状；总苞片2~5层，近等长，或外层的短于内层的，条状披针形至条形；花序托具窝孔，无托片。缘花舌状或细管状，稀缺失，1~5层或更多，雌性，舌片紫色、蓝色、粉色或白色，稀黄色或橙色，结实；盘花管状，两性，黄色或白色，檐部圆筒状或狭漏斗状，稀钟状，裂片4，稀5，三角形；花药基部钝，顶端附器卵状披针形，花柱分枝顶端三角形，钝或拱形。果扁平；冠毛宿存或早落，分离或基部连合，1或2层，外层的短刚毛状或鳞片状，内层的具倒刺毛，有时冠毛仅存于缘花或盘花的果上，稀缺失。

约400种，主要分布于亚洲、欧洲和北美洲，少数分布至非洲及澳大利亚。本区有5种，均为归化种。

分种检索表

1. 缘花1~3层，舌片条形，常开展。
  2. 缘花冠毛鳞片状，无刚毛；茎生叶基部不抱茎 ………………………………… 1. 一年蓬 *E. annuus*
  2. 缘花冠毛外层刚毛状，内层糙毛状；茎生叶基部抱茎 ………………………… 2. 春飞蓬 *E. philadelphicus*
1. 缘花4或5层，或更多，有时无舌片或丝状，直立。
  3. 植株全体呈绿色；叶片边缘有睫毛；冠毛污白色 ……………………………… 3. 小蓬草 *E. canadensis*
  3. 植株全体呈灰绿色；叶片边缘无睫毛；冠毛淡褐色至黄褐色。
    4. 头状花序直径8~10mm，排列成总状或圆锥状，梗长10~15mm；缘花无舌片 … 4. 香丝草 *E. bonariensis*
    4. 头状花序直径5~8mm，排列成大型圆锥状，梗长3~5mm；缘花舌片短，丝状 … 5. 苏门白酒草 *E. sumatrensis*

1. 一年蓬

Erigeron annuus (L.) Pers.——*Aster annuus* L.

一年生或二年生草本。茎直立，高30~100cm，上部有分枝，下部被开展长硬毛，上部被较密而上弯的短硬毛。全部叶边缘被短硬毛，两面被疏短硬毛，有时近无毛；基生叶花时凋落，叶片长圆形或宽卵形，长4~17cm，宽1.5~4cm，先端尖或钝，基部狭成具翅长柄，边缘具粗齿；下部叶与基生叶同形，但叶柄较短；中部叶和上部叶较小，叶片长圆状披针形或披针形。头状花序多数，直径1~1.5cm，排列成疏圆锥状；总苞半球形；总苞片3层，披针形。缘花舌状，2层，白色，稀淡蓝色；盘花管状，黄色。果压扁，被稀疏贴伏柔毛；冠毛异形，缘花的冠毛极短，膜片状连成小冠，盘花的冠毛2层，外层的鳞片状，内层的粗毛状。花期5—10月。

区内常见。生于路边草丛、旷野中、山坡荒地上等。原产于北美洲东部。我国各地均有归化。

2. 春飞蓬　费城飞蓬

Erigeron philadelphicus L.

一年生、二年生或多年生草本。茎直立，高40~80cm，不分枝，下部被长柔毛，上部疏生糙伏毛，具小腺点。叶互生；基生叶宿存或花时凋落，叶片倒披针形至倒卵形，长3~11cm，宽

1~2.5cm，先端急尖，基部抱茎，边缘具浅圆齿至粗锯齿或羽状浅裂，两面疏被长硬毛至长柔毛；茎生叶叶片长圆状倒披针形至披针形，向上逐渐变小。头状花序多数，排列成伞房状，稀单生；总苞半球形，直径6~15mm；总苞片2或3层。缘花舌状，2层，舌片条形，白色，有时粉色；盘花管状，两性，黄色。果压扁，长0.6~1.1mm，具2脉，被稀疏糙硬毛；冠毛2层，外层的刚毛状，内层的糙毛状。花期3—5月。

见于官埔垟等地。生于路边荒地。原产于北美洲，亚热带和温带地区广泛归化。华东广泛归化。

3. 小蓬草　加拿大蓬　小飞蓬

Erigeron canadensis L.——*Conyza canadensis*（L.）Cronquist——*E. canadensis* var. *glabratus* A. Gray

一年生草本。茎直立，高50~100cm，上部多分枝，被脱落性疏长硬毛。叶密集；基生叶花时常枯萎；下部叶叶片倒披针形，长6~10cm，宽1~1.5cm，先端尖或渐尖，基部渐狭成柄，边缘具疏锯齿或全缘；中部叶和上部叶较小，叶片条状披针形，边缘具睫毛，全缘或少具1或2齿，两面或仅上面被疏短毛。头状花序多数，小，直径3~4mm，排列成圆锥状或伞房圆锥状；总苞半球形，长2.5~4mm；总苞片2或3层。缘花舌状，白色，舌片小，稍超出花盘；盘花管状，淡黄色。果稍压扁，长1.2~1.5mm，被贴伏微毛；冠毛污白色，1层，糙毛状。花期5—9月。

区内常见。生于旷野中、田边荒地上、路边草丛中，为极常见的杂草。原产于北美洲。全国各地广泛归化。

4. 香丝草 野塘蒿

Erigeron bonariensis L.——*Conyza bonariensis*（L.）Cronquist

一年生或二年生草本。茎直立，高20~60cm，中部以上常分枝，全体灰绿色，密被贴伏短毛，杂有开展疏长毛。叶密集；基生叶花时常枯萎；下部叶叶片倒披针形或长圆状披针形，长3~5cm，宽0.3~1cm，先端尖或稍钝，基部渐狭成长柄，通常具粗齿或羽状浅裂；中部叶和上部叶叶片狭披针形，具短柄或无柄，两面均密被贴伏糙毛。头状花序多数，直径8~10mm，在茎端排列成总状或圆锥状；总苞椭圆状卵形，直径约8mm；总苞片2或3层，条形。缘花细管状，雌性，多层，白色；盘花管状，两性，淡黄色。果压扁，长约1.5mm，被疏短毛；冠毛1层，淡红褐色。花期5—10月。

区内常见。生于旷野、路边草丛中、荒地上等。原产于南美洲，热带和亚热带地区广泛归化。除东北及内蒙古、新疆外，全国各地广泛归化。

5. 苏门白酒草

Erigeron sumatrensis Retz.——*Conyza sumatrensis*（Retz.）E. Walker

一年生或二年生草本。茎粗壮，直立，高80~150cm，中部或中部以上有长分枝，被较密灰白色上弯的糙短毛，杂有开展疏柔毛。叶密集，基生叶花时凋落；下部叶叶片倒披针形或披针形，长6~10cm，宽1~3cm，先端尖或渐尖，基部渐狭成柄，边缘上部每边常具4~8粗齿，基部全缘；中部叶和上部叶渐小，叶片狭披针形，两面特别是下面被密糙短毛。头状花序多数，直径5~8mm，在茎、枝顶端排列成大而长的圆锥状；总苞卵状短圆柱形；总苞片3层，条状披针形或条形。缘花细管状，多层，结实；盘花管状，淡黄色，6~11朵，两性，结实。果压扁，长1.2~1.5mm，被贴伏微毛；冠毛1层，黄褐色。花期5—10月。

见于官埔垟等地。生于山坡上、开阔地、路边草丛中等。原产于南美洲，热带和亚热带地区广泛归化。华东、华南、西南及湖南、甘肃等地常见。

8 鱼眼草属 *Dichrocephala* L'Hér. ex DC.

一年生草本。叶互生；叶片全缘、琴状或大头羽状分裂。头状花序小，球状或长圆状，在枝端排列成小圆锥花序或总状，少单生；总苞小；总苞片近2层；花序托凸起，球形或倒圆锥形，顶端平或尖，无托片。全部小花管状，结实；缘花多层，雌性，顶端具2~4齿裂；中央两性花紫色或淡紫色，檐部狭钟状，顶端4或5齿裂，花药顶端有附器，基部钝，有尾，花柱分枝短，扁，上部有披针形附器。果压扁，边缘脉状加厚；无冠毛，或两性花的果顶端具1或2短硬毛。

4种，主要分布于亚洲和非洲热带地区。本区有1种。

鱼眼草　鱼眼菊　山胡椒菊

Dichrocephala integrifolia（L. f.）Kuntze——*D. auriculata*（Thunb.）Druce

一年生草本。茎直立或铺散，高12~50cm，被白色长或短茸毛，果时脱毛或近无毛。基生叶通常不裂；茎中部叶叶片卵形、椭圆形或披针形，长4~8cm，宽2~5cm，大头羽裂，顶裂片宽大，两面被稀疏短柔毛，基部渐狭成具翅的长1~3.5cm的柄。头状花序多数，球形，直径3~5mm，在枝、茎顶端排列成疏松或紧密的伞房状、圆锥状；总苞片1或2层，长圆形或长圆状披针形，膜质，稍不等长，先端急尖，微锯齿状撕裂。缘花多层，紫色，花冠条形，顶端通常2齿；中央两性花黄绿色，管部短，狭细。果倒披针形；无冠毛，或两性花果顶端具1或2枚短硬毛。花果期4—8月。

见于官埔垟、南溪口及保护区外围大赛、小梅金村等地。生于海拔500~800m的溪沟边、路边草丛中、田埂边、山地上。分布于亚洲、非洲热带和亚热带地区，以及澳大利亚、太平洋岛屿。

9 白酒草属 *Eschenbachia* Moench

一年生、二年生或多年生草本。茎直立，被长柔毛或糙伏毛。叶互生；叶片全缘，有时具细锯齿至粗锯齿、羽状深裂或浅裂。头状花序少数至多数排列成伞房状，有时排列成圆锥状或密集成球状，稀伞状或单生；总苞钟形至半球状钟形；总苞片3或4层，覆瓦状排列；花序托扁半球形至圆锥状、蜂窝状，窝孔流苏状。缘花细管状，雌性，白色，多数，长约为花柱长的一半；盘花管状，两性，黄色，檐部漏斗状，裂片5，花药基部钝，花柱分枝短。果压扁，长圆球形或披针形，无毛或有糙伏毛，有时有腺点，边缘具2肋；冠毛1层，白色至黄白色或淡黄褐色至红色，有时基部合生成环，脱落，近等长，具小倒刺毛。

10余种，主要分布于非洲和亚洲南部。本区有1种。

白酒草 假蓬

Eschenbachia japonica（Thunb.）J. Kost.——*Conyza japonica*（Thunb.）Less.

一年生或二年生草本。茎直立，高10~45cm，分枝，全株被白色长柔毛或短糙毛。叶互生；基生叶叶片倒卵形或匙形，长6~7cm，先端圆形，基部长渐狭，较下部叶有长柄；茎下部叶叶片长圆形、长椭圆形或倒披针形，先端圆形，基部楔形，常下延成具宽翅的柄，边缘具圆齿或粗锯齿，两面被白色长柔毛；茎中部叶疏生，叶片倒披针状长圆形或长圆状披针形，先端钝，基部宽而半抱茎，边缘具小尖齿，无柄。头状花序直径约11mm，在茎及枝端密集成球状或伞房状；总苞半球形；总苞片3或4层，呈覆瓦状排列。缘花细管状，雌性，黄色，结实；盘花管状，两性，黄色，结实。果压扁，长圆球形，黄色，有微毛；冠毛污白色或稍红色，糙毛状，近等长。花果期5—9月。

见于官埔垟、炉岙、南溪口及保护区外围小梅金村至大窑等地。生于海拔120~1100m的山坡路边、崖边、林缘草丛中、山谷溪边。分布于东亚、东南亚、南亚。

10 下田菊属 *Adenostemma* J. R. Forst. et G. Forst.

一年生草本。全株被腺毛或光滑无毛。叶对生或上部的叶互生；叶片常基出脉3，边缘具锯齿。头状花序多数或少数在叶腋或顶端排列成疏松伞房状；总苞半球形；总苞片2层，近等长，草质，外层的基部合生成环，非覆瓦状排列；花序托扁平，无托毛，蜂窝状。全部小花管状，两性，白色，檐部钟状，顶端5齿裂，结实；花药顶端截形，无附器，不增粗，基部钝，近截形；花柱分枝细长，扁平，顶端钝，无附器。果钝三角状球形，顶端圆钝，通常有3~5肋，具腺点或乳凸；冠毛3~5，坚硬，棒槌状，果时分叉，基部结合成短环状。

约26种，分布于亚热带和热带地区。本区有1种。

下田菊

Adenostemma lavenia (L.) Kuntze——*A. lavenia* var. *latifolium* (D. Don) Hand.-Mazz.

一年生草本。茎直立，高30~100cm，单生，上部被白短柔毛，中部以下光滑无毛。基生叶花时宿存或凋萎；茎中部叶较大，叶片卵形、宽卵形或卵状椭圆形，长4~13.5cm，宽2~8cm，先端急尖或钝，基部圆、心形或楔形，叶柄具狭翼，边缘具圆锯齿，两面有稀疏短柔毛或脱落。头状花序小，直径7~10mm，排列成疏散伞房状或伞房圆锥状；总苞半球形，直径6~8mm，果时变大，可达10mm；总苞片2层，近等长，狭长椭圆形。全部小花管状，两性，白色，外被腺体，顶端5齿裂，结实。果倒披针形，被多数乳头状凸起及腺点；冠毛4，棒槌状，基部结合成环状，顶端有棕黄色黏质腺体。花果期7—10月。

见于官埔垟、乌狮窟、炉岙、大田坪及保护区外围大赛等地。生于海拔1500m以下的山坡路边、溪边、林下草丛中。分布于东亚、东南亚至澳大利亚。

全草入药，有清热解毒、祛风消肿之效。

11 藿香蓟属 *Ageratum* L.

一年生或多年生草本、灌木。茎直立，分枝，被毛。叶对生或上部叶互生。头状花序小，通常在茎、枝顶端排列成紧密伞房状；总苞钟状；总苞片2或3层，条形，不等长，草质；花序托平或稍凸起，无托片或有脱落性尾状托片。全部小花管状，两性，蓝色、紫色、白色，顶端5齿裂，结实；花药基部钝，顶端有附器；花柱分枝伸长，顶端钝。果具5纵肋；冠毛5或6，膜片状或鳞片状，急尖或长芒状渐尖，分离或连合成短冠状，或冠毛鳞片10~20，狭窄，不等长。

约40种，分布于中美洲至南美洲。本区归化1种。

藿香蓟

Ageratum conyzoides L.

一年生草本。茎直立，高30~60cm，通常不分枝，被白色短柔毛或上部被稠密开展长茸毛。叶对生，有时上部互生；叶片卵形或菱状卵形，长3~8cm，宽2~5cm，先端急尖，基部钝或宽楔形，边缘具圆锯齿，两面被白色稀疏短柔毛且有黄色腺点；叶柄长1~4cm。头状花序在茎顶排列成紧密伞房状；总苞半球形，直径约5mm；总苞片2层，长圆形或披针状长圆形，外面无毛，边缘撕裂状。全部小花管状，两性，淡紫色，5裂，外面无毛或顶端有尘状微柔毛。果黑褐色，具5棱，有白色稀疏细柔毛；冠毛膜片状，5或6枚，长圆形，顶端急渐狭成短芒状。花果期6—11月。

区内常见。生于路边、荒地。原产于美洲热带地区。长江流域以南各地常见栽培或归化。

12 泽兰属 *Eupatorium* L.

一年生或多年生草本。叶对生或轮生,上部叶近对生或互生;叶片具锯齿至近全缘。头状花序排列成伞房状或圆锥状;总苞半球形、钟形或圆筒形;总苞片2~5层,具明显的中肋,呈覆瓦状排列,有时内部苞片脱落;花序托平或微凸起。全部小花管状,两性,结实;花冠基部收缩成狭漏斗状,檐部钟状,白色至紫色或粉色,顶端5裂;花药基部钝,顶端有附器;花柱分枝伸长,条状半圆柱形,顶端钝或微钝。果棱柱状,5肋,顶端截形,无果柄;冠毛1层,多数,具倒刺毛,宿存。

44种,分布于亚洲、欧洲和北美洲。本区有2种。

分种检索表

1. 叶无柄或具长2~4mm的短柄;叶片基部圆形 ………………………………………… 1.华泽兰 *E. chinense*
1. 叶柄长1~2cm;叶片基部楔形 ……………………………………………………… 2.泽兰 *E. japonicum*

1. 华泽兰　多须公

Eupatorium chinense L.

多年生草本。茎直立,高70~100(~250)cm,多分枝,被污白色短柔毛,后脱落。叶对生;具柄或无柄;叶片卵形、宽卵形,少卵状披针形,长4.5~10cm,宽3~5cm,先端渐尖或钝,基部圆形,边缘具规则圆锯齿,两面粗糙,被白色短柔毛及黄色腺点。头状花序多数,在茎、枝顶端排列成大型疏散的复伞房状;总苞钟状,长约5mm;总苞片3层,呈覆瓦状排列,卵形或披针状卵形,外面被短柔毛及稀疏腺点。全部小花管状,两性,白色、粉色或红色,外面被稀疏黄色腺点。果椭圆球形,淡黑褐色,有5肋,散布黄色腺点;冠毛白色。花果期6—11月。

区内常见。生于海拔1700m以下的林下路边、灌草丛中、山坡溪沟边、岩石缝间。我国特有,分布于华东、华南、西南。

2. 泽兰

Eupatorium japonicum Thunb.

多年生草本。茎直立,高1~1.5m,多分枝,被污白色短柔毛。叶对生;具柄或无柄;叶片长椭圆形或披针形,长7~16cm,宽2~8cm,先端渐尖,基部宽楔形,边缘具大小不等的裂齿,两面被白色短柔毛及黄色腺点。头状花序多数,在茎、枝顶端排列成大型疏散的复伞房状;

总苞钟状;总苞片3层,呈覆瓦状排列,长椭圆形。全部小花管状,两性,白色、粉色或红色,外面被稀疏黄色腺点。果椭圆球形,淡黑褐色,有5肋,散布黄色腺点;冠毛白色。花果期8—10月。

区内常见。生于山坡、林下或灌木丛中。分布于东亚。

本区还有变种裂叶泽兰var. *tripartitum* Makino,与原种的区别在于:其叶片3全裂,中裂片大,椭圆形或椭圆状披针形。见于官埔垟、南溪口、大田坪及保护区外围小梅金村、屏南瑞垟等地;生于山坡草丛中、路边。

13 蜂斗菜属 *Petasites* Mill.

多年生草本。基生叶叶片肾状心形,具长柄;茎生叶叶片苞片状,互生,无柄,半抱茎。头状花序多数;花雌雄异株;总苞钟形;花序托平,无毛。雌花细管状,顶端平截或多少延伸成1短舌,结实;雄花或两性花管状,顶端5裂,不结实,花药基部全缘或为短箭状,花柱顶端棒状或锥状,2浅裂。果圆柱形;冠毛白色,糙毛状。

19种,分布于欧洲、亚洲和北美洲。本区有1种。

蜂斗菜

Petasites japonicus (Siebold et Zucc.) Maxim.——*Nardosmia japonica* Siebold et Zucc.

多年生草本。基生叶具长柄,叶片圆形或肾状圆形,长和宽均为15~30cm,基部深心形,边缘具细齿,上面幼时被卷柔毛,下面被蛛丝状毛,后脱落;苞叶长圆形或卵状长圆形,长3~8cm,平行脉。雌雄异株。雄株花茎先叶抽出,花茎花后高10~30cm,不分枝,被密或疏的褐色短毛;头状花序多数,在顶端排列成密伞房状,有同形小花;总苞筒状,基部有披针形苞片;总苞片2层,近等长,狭长圆形,先端圆钝,无毛;两性花管状,白色,不结实。雌株花茎高15~20cm,有密苞片,花后伸长达70cm;头状花序排列成密伞房状,花后呈总状。头状花序具异形小花;雌花细管状,多数,白色,顶端斜截形;雄花或两性花

管状，黄白色，顶端5裂。果圆柱形，无毛；冠毛白色，细糙毛状。花果期4—6月。

见于官埔垟、炉岙、双溪、龙案及保护区外围大赛、小梅金村至大窑等地。生于山脚沟谷阴湿处。分布于东亚。

幼嫩叶柄可作蔬菜；亦可作草坪植物。

14 菊三七属 *Gynura* Cass.

多年生草本，稀亚灌木。叶互生；叶片边缘具齿或羽状分裂，稀全缘。头状花序单生，有时数个至多数排列成顶生伞房状；总苞钟形或圆柱形，基部有数枚小外苞片；总苞片1层，披针形，等长；花序托平，具窝孔或呈短流苏状。小花管状，黄色、橙黄色或橙红色，檐部5裂，两性；花药基部圆钝；花柱分枝细，顶端具钻形附器。果圆柱形，具10肋；冠毛绢毛状，白色。

约40种，分布于亚洲、非洲和大洋洲。本区有2种。

分种检索表

1. 全部叶柄或至少中、下部叶柄具假托叶；叶片下面绿色 ……………………………… 1. 白子菜 *G. divaricata*
1. 叶柄不具假托叶；叶片下面紫色 ……………………………………………………………… 2. 红凤菜 *G. bicolor*

1. 白子菜　白背三七草

Gynura divaricata (L.) DC.

多年生草本。茎直立，高30~60cm，被白色短柔毛，通常带紫色。叶片宽卵形或宽椭圆形，长3~5cm，宽2~3.5cm，先端圆钝或钝尖，基部宽楔形或狭楔形，边缘具波状齿刻，下面绿色，侧脉3~5对，网脉常结成平行的长圆形细网；叶柄长1~3cm，基部有卵形或半月形具齿的假托叶。头状花序多数，在茎端排列成伞房圆锥状；花序梗长1~15cm，密被短柔毛，具1~3条形苞片；总苞钟状，基部有数枚条形小外苞片；总苞片1层，条状披针形，被疏短毛或近无毛。小花管状，橙黄色，顶端5裂，裂片披针形。果圆柱形，褐色，具10肋，被毛；冠毛白色，绢毛状。花果期8—10月。

保护区外围小梅金村等地有栽培或逸生。生于村边荒地。原产于越南北部。我国广东、海南、四川、云南有分布。

2. 红凤菜 两色三七草

Gynura bicolor（Roxb. ex Willd.）DC.

多年生草本。茎直立，高达90cm，无毛，基部稍木质。叶片倒卵形或倒披针形，稀长椭圆形，长5~15cm，宽3~6cm，先端尖，基部渐狭下延至叶柄，边缘具不规则粗锯齿，稀近基部羽状浅裂，下面常紫色，近无柄而扩大，但不形成假托叶。头状花序多数，在茎、枝顶端排列成伞房状；花序梗细长，长3~4cm，有1或2丝状苞片；总苞狭钟状，基部有7~9丝状小外苞片；总苞片1层，约13，条形或条状披针形，无毛。缘花橙黄色，盘花橙红色；小花管状，裂片卵状三角形。果圆柱形，淡褐色，具10~15肋，无毛；冠毛丰富，白色，绢毛状。花果期5—10月。

龙案等地有栽培或逸生。生于村边空旷地。原产于我国华南、西南及福建，泰国、缅甸广为栽培。

15 一点红属 *Emilia* Cass.

一年生或多年生草本。茎直立，具乳汁。叶互生；叶片全缘，有时具锯齿或琴状分裂。头状花序单生或少数排列成疏伞房状；具长梗；总苞筒状，基部无外苞片；总苞片1层，等长；花序托平，无毛。全部小花管状，红色、紫红色或金黄色；花冠顶端5裂，两性，结实；花药基部钝；花柱分枝上端具短锥形附器。果近圆柱形，有5纵肋或棱，两端平截；冠毛白色，绢毛状。

约100种，主要分布于亚洲、非洲亚热带和热带地区，少数分布于美洲、大洋洲。本区有2种。

分种检索表

1.下部叶大头状羽裂，上部叶极小而全缘；总苞片与花冠近等长；果被微毛 ……… 1.一点红 *E. sonchifolia*

1.下部叶卵形，上部叶条状长圆形；总苞片短于花冠；果无毛 ………………… 2.小一点红 *E. prenanthoidea*

1. 一点红

Emilia sonchifolia DC.

一年生草本。茎直立或向上斜展，高10~40cm，无毛或被疏柔毛。下部叶密集，叶片质地较厚，大头状羽裂，长5~10cm，宽2.5~6.5cm，顶裂片大，宽卵状三角形，上面绿色，下面常变为紫色，两面被短柔毛，边缘具波状齿；上部叶较小，叶片卵状披针形，无柄，抱茎。头状花序2~5，在茎端排列成疏伞房状；花序梗细，长2.5~5cm，无苞片；总苞圆筒状；总苞片8或9，1层，长圆状条形或条形，与小花近等长，绿色，背面无毛。小花管状，紫红色，顶端5深裂。果圆柱形，具5棱，肋间被微毛；冠毛白色，细软。花果期7—11月

见于保护区外围小梅金村、大赛梅地等地。生于林缘、山坡上、路边。分布于非洲、亚洲热带和亚热带地区。

2. 小一点红　细红背叶

Emilia prenanthoidea DC.

一年生柔弱草本。茎直立或向上斜展，高20~50cm，无毛。基生叶叶片小，倒卵形或倒卵状长圆形，先端钝，基部渐狭成长柄；茎中上部叶叶片长圆形或条状长圆形，长2.5~7cm，宽1~2cm，上面绿色，下面紫红色，两面无毛或近无毛，先端钝或尖，基部箭形或具宽耳，无柄，抱茎，边缘具波状齿。头状花序在茎端排列成疏伞房状；花序梗细长，长3~10cm；总苞圆筒

状；总苞片10，1层，等长，短于小花，边缘膜质，背面无毛。小花管状，紫红色，顶端5裂；花柱分枝顶端增粗。果圆柱形，具5肋，无毛；冠毛白色，细软。花果期5—10月。

见于金龙及保护区外国屏南百步等地。生于海拔500~1200m的路边草丛中。分布于东亚、东南亚至新几内亚岛。

16 野茼蒿属 *Crassocephalum* Moench

一年生或多年生草本。叶互生。头状花序盘状或辐射状，花时常下垂；总苞圆筒状，基部具数枚外苞片；总苞片1层，近等长，条状披针形，花时直立，后开展而反折；花序托平，无毛，具蜂窝状小孔。小花管状，多数，两性，结实；花药全缘或基部具小耳；花柱分枝细长，被乳头状毛。果狭圆柱形，具棱，顶端和基部具灰白色环带；冠毛白色，绢毛状。

约21种，主要分布于非洲热带地区。本区有1种。

野茼蒿

Crassocephalum crepidioides（Benth.）S. Moore——*Gynura crepidioides* Benth.

一年生草本。茎直立，高20~120cm，具纵条棱，无毛或被稀疏短柔毛。叶互生；叶片椭圆形或长椭圆形，长5~15cm，宽3~9cm，先端渐尖，基部楔形，边缘具不规则锯齿或重锯齿，有时基部羽状分裂，两面无毛或近无毛；叶柄长1~3cm。头状花序数个在茎端排列成伞房状；总苞钟形，基部平截，有数枚不等长的条形外苞片；总苞片1层，条状披针形，等长，具狭膜质边缘，外面被短柔毛。小花管状，两性，花冠橙红色，檐部5齿裂；花柱基部呈小球状，分枝，顶端尖，被乳头状毛。果狭圆柱形，赤红色，具肋，被毛；冠毛极多数，白色，绢毛状。花果期7—12月。

区内常见。生于路边草丛中、林缘荒地上。原产于非洲，东亚、东南亚、南亚、大洋洲、中美洲至南美洲及太平洋岛屿有归化。我国华东、华中、华南、西南及陕西有归化。

全草可入药，有健脾、消肿等功效；嫩叶可作蔬菜。

17 菊芹属 *Erechtites* Raf.

一年生或多年生草本。茎直立，有分枝。叶互生；叶片近全缘，有时具锯齿或羽状分裂。头状花序在茎端排列成圆锥伞房状，基部具少数外苞片；总苞圆柱形；总苞片1层，条形或披针形，等长，边缘膜质；花序托平或微凹。全部小花管状，结实；外围2层小花雌性，花冠丝状，中央小花细漏斗状；花药基部钝；花柱分枝伸长，顶端钝，被微毛。果近圆柱形，具10肋；冠毛细毛状。

约5种，主要分布于美洲。本区有1种。

梁子菜

Erechtites hieraciifolius（L.）Raf. ex DC.——*Senecio hieraciifolius* L.

一年生草本。茎直立，高40~100cm，具条纹，被疏柔毛。叶片披针形至长圆形，长7~16cm，宽3~4cm，先端急尖或短渐尖，基部渐狭或半抱茎，边缘具不规则粗齿，羽状脉，两面无毛或下面沿脉被短柔毛；无柄。头状花序多数，在茎端排列成伞房状；总苞筒状，基部有数枚条形小外苞片；总苞片1层，条形或条状披针形，外面无毛或疏被短刚毛，先端稍钝，边缘狭膜质。小花多数，管状，淡绿色或带红色；外围小花1或2层，雌性，花冠丝状，顶端4或5齿裂；中央小花两性，花冠细管状，顶端5裂。果圆柱形，长2.5~3mm，具明显的肋；冠毛丰富，白色，长7~8mm。花果期6—10月。

见于官埔垟、龙案及保护区外围大赛等地。生于山坡林缘、路边草丛中。原产于美洲热带地区，东亚、东南亚有归化。我国福建、台湾、四川、贵州、云南常见归化。

18 兔儿伞属 *Syneilesis* Maxim.

多年生草本。基生叶盾状着生，掌状分裂，具长叶柄；茎生叶互生，少数，基部抱茎。头状花序在茎端排列成复伞房状；总苞圆柱状，基部具2或3枚条形小外苞片；总苞片5，不等长；花序托平，无毛。全部小花管状，白色至淡红色，两性，结实；花药基部戟形；花柱分枝伸长，顶端钝，被毛。果圆柱形，具纵棱；冠毛多数，细刚毛状。

7种，分布于东亚。本区有1种。

南方兔儿伞

Syneilesis australis Ling

多年生草本。茎直立，高达1m，基部疏被长柔毛，后变为无毛。基生叶1，具长叶柄，幼时伞状下垂，花时枯萎；茎生叶2，下部叶圆盾形，直径30~40cm，基部宽盾形，7~9掌状深裂，裂片宽2~3cm，通常再2~3叉分裂，边缘具粗锯齿，上面绿色，无毛，下面灰白色，被短柔毛，后变为无毛，叶柄长3~8cm，基部半抱茎，上部叶较小，通常4或5深裂，叶柄较短。头状花序多数，在茎端排列成复伞房状，分枝开展，疏被短柔毛；花序梗长达6mm，具3或4条状披针形小苞片；总苞圆柱形；总苞片5，长圆状披针形，质厚，边缘膜质。小花10，管状，两性，结实。果圆柱形，具纵棱，无毛；冠毛白色或变为红色。花果期6—10月。

见于炉岙、双溪等地。生于山坡林下、荒地草丛中、路边林缘。我国特有，分布于华东。

19 蟹甲草属 *Parasenecio* W. W. Sm. et J. Small

多年生草本。茎直立，无毛或被白色蛛丝状毛。叶互生。头状花序在茎端排列成圆锥状；具梗或无梗，下部常有小苞片；总苞圆柱形或狭钟形；总苞片1层，离生；花序托平，无托片或有托毛。小花管状，两性，少数至多数；花冠顶端5裂，结实；花药基部箭形或具尾；花柱分枝顶端截形，具粗硬毛。果圆柱形，具纵肋，光滑；冠毛刚毛状。

约60余种，分布于东亚和东南亚。本区有1种。

兔儿风蟹甲草

Parasenecio ainsliaeiflorus（Franch.）Y. L. Chen——*Senecio ainsliaeiflorus* Franch.

多年生草本。茎单生，直立，高60~100cm，具纵条棱，被黄褐色多节毛。中部叶叶片卵圆状心形，长、宽各12~26cm，先端急尖，基部深心形，3~5浅裂，边缘具不规则锯齿，基出脉5，上面疏被短糙毛，下面被糙毛或无毛，叶柄长6~24cm；上部叶与中部叶同形，较小，叶柄短。头状花序多数，排列成圆锥状；花序梗短，长1~4mm，具1~3条形或条状钻形小苞片；花序轴密被黄褐色多节毛及蛛丝状毛；总苞圆柱形，长11~13mm，直径约3mm；总苞片5，草质，条形或条状披针形，外面无毛，先端钝，被微毛，边缘膜质。小花4~7，白色，两性，结实。果圆柱形，长6~7mm，无毛，具肋；冠毛长7~8mm，白色。花果期10—11月。

见于炉岙。生于海拔1450m的山谷林下。我国特有，分布于华东、华中、西南。

20 蒲儿根属 *Sinosenecio* B. Nord.

二年生或多年生草本。茎直立，幼时常被长柔毛或茸毛。叶基生或茎生；叶片圆形至卵形，基部心形至截形，浅或中度掌状裂，具齿。头状花序在茎端排列成伞房状或复伞房状；总苞钟形至半球形。缘花舌状，黄色，雌性，结实；盘花管状，黄色，两性，结实。果圆柱形，具肋；果有或无冠毛，冠毛白色。

41种，我国均产，主要分布于华中、西南，仅2种延伸至缅甸、泰国、越南。本区有1种。

蒲儿根

Sinosenecio oldhamianus（Maxim.）B. Nord.——*Senecio oldhamianus* Maxim.

二年生或多年生草本。茎直立，高30~80cm，不分枝，被白色蛛丝状毛。基生叶花时凋落，具长柄；茎下部叶叶片卵状圆形，长3~5cm，宽3~6cm，先端尖，基部心形，边缘具不规则牙齿，上面被蛛丝状毛或近无毛，下面被白色蛛丝状毛，掌状5脉，叶柄长3~6cm；茎上部叶渐小，具短柄。头状花序多数，排列成顶生复伞房状；花序梗细，长1.5~3cm，疏被柔毛；总苞宽钟形，直径3~5mm；总苞片1层，长圆状披针形，外面微被毛。缘花舌状，黄色，顶端钝，具3细齿，两性，结实；盘花管状，黄色，两性，结实。果圆柱形，舌状花的果无毛，管状花的果被短柔毛;舌状花的果的冠毛缺,管状花的果的冠毛白色。花果期4—12月。

区内常见。生于山坡路边、荒地上、山沟或林下草丛中。分布于中国、缅甸、泰国、越南。

21 千里光属 *Senecio* L.

多年生草本,稀一年生或二年生草本。茎直立,稀具匍匐枝。叶基生或互生;叶片全缘或分裂。头状花序几个至多数,排列成顶生伞房状或圆锥状,稀单生于叶腋;总苞半球形、钟形或圆柱形,基部具外苞片,花序托平;总苞片离生或近基部合生,边缘膜质。缘花舌状,无或1~17,黄色,雌性,结实;盘花管状,3至多数,黄色,两性,结实,花药基部钝,少具短耳,花柱分枝顶端稍扩大,被短毛。果圆柱形,具肋;冠毛毛状,少数或多数,白色,或冠毛缺。

1200种以上,除南极洲外,全球均有分布。本区有1种。

千里光

Senecio scandens Buch.-Ham. ex D. Don

多年生草本。茎通常蔓生,长达2m,多分枝,疏被短柔毛。叶互生;叶片卵状披针形,长2.5~12cm,宽2~4.5cm,先端渐尖,基部楔形或截形,边缘具浅或深齿,有时羽裂,稀全缘,两面被短柔毛或无毛,叶柄长0.3~1cm;上部叶渐小。头状花序多数,在枝端排列成开展复聚伞圆锥状;花序梗长1~2cm,具数枚钻形小苞片;总苞钟形,直径3~6mm,基部具数枚披针形外苞片；总苞片约12，披针形，先端渐尖，背部被短柔毛。缘花舌状，黄色，雌性，结实；盘花管状，黄色，顶端5裂，两性，结实。果圆柱形，被短毛；冠毛白色。花果期8月至次年4月。

区内常见。生于田边、溪沟边、山坡荒地上、林缘灌丛中。分布于东亚、东南亚。

22 橐吾属 *Ligularia* Cass.

多年生草本。茎直立。叶互生或丛生；叶片肾形、心形或掌状分裂，具长柄，基部常膨大成鞘。头状花序在茎端排列成总状或伞房状；总苞筒形、钟形或半球形，基部具外苞片；总苞片2层，分离，或1层，合生；花序托平，浅蜂窝状。缘花舌状或管状，雌性；盘花管状，两性，顶端5裂，花药基部钝，无尾，花柱分枝细，顶端圆钝。果光滑、无毛，具肋；冠毛2或3层，糙毛状。

约140种，主要分布于亚洲，仅2种分布于欧洲。本区有1种。

大头橐吾

Ligularia japonica（Thunb.）Less.——*Arnica japonica* Thunb.

多年生草本。茎直立，高达100cm，被蛛丝状毛或光滑。基生叶与茎下部叶具长柄，基部鞘状抱茎；叶片肾形，直径达40cm，掌状3~5全裂，裂片再掌状浅裂，小裂片羽状浅裂或具齿，稀全缘，两面被脱落性柔毛；茎中、上部叶较小，具短柄，鞘状抱茎。头状花序2~8，排列成伞房状；花序梗长达20cm，密被短柔毛；总苞半球形，长1~2.5cm，直径1.5~2.4cm；总苞片9~12，2层，排列紧密，背部隆起，两侧有脊，背部被白色柔毛，内层的具宽膜质边缘，先端三角形，具尖头。缘花舌状，黄色，1层，雌性，结实；盘花管状，多数，两性，结实。果圆柱形，具纵肋，光滑；冠毛红褐色，与花冠管部等长。花果期6—8月。

见于大田坪、大小天堂、烧香岩等地。生于海拔1500m以上的山坡草丛、灌丛中、沟谷林下。分布于东亚。

23 苍耳属 *Xanthium* L.

一年生草本。茎直立，粗壮，多分枝。叶互生；叶片全缘或多少分裂；具叶柄。头状花序单性，雌雄同株，排列成顶生或腋生花束，有时短总状。雄头状花序着生于茎、枝上部，球形，多花；总苞半球形；总苞片1或2层，椭圆状披针形；花序托圆柱形，托片披针形，包围管状花；管状花顶端5齿裂；花药离生，基部钝，顶端急尖。雌头状花序单生于叶腋或密集于茎、枝下部，卵圆球形；总苞卵球形，囊状；总苞片2层，外层的小，椭圆状披针形，分离，内层的结合成囊状，内2室，每室具1小花，表面具钩状刺，顶端具2喙，有时基部具数枚分离苞鳞；雌花无花冠，花柱分枝纤细，伸出总苞的喙外。果2，倒卵球形，肥厚，包藏于具钩刺的总苞中；冠毛无。

2或3种，原产于美洲，全球各地均有归化。本区有1种。

苍耳

Xanthium strumarium L.——*X. sibiricum* Patrin ex Widder

一年生草本。茎直立，高30~60cm，被灰白色粗伏毛。叶片三角状卵形或心形，长4~

9cm，宽5~10cm，先端钝或略尖，基部两耳间楔形，稍延入叶柄，全缘或具不明显3~5浅裂，边缘具不规则粗锯齿，基出脉3，下面苍白色，被糙伏毛；叶柄长达10cm。雄头状花序球形，直径4~6mm；总苞片长圆状披针形，被短柔毛，先端尖，具多数雄花；雄花管状钟形，顶端5裂。雌头状花序椭圆形；总苞片2层，外层的披针形，小，被短柔毛，内层的结合成囊状，宽卵形，淡黄绿色，外面疏生具钩的刺，刺长1.5~2.5mm，喙坚硬，锥形，上端呈镰刀状，常不等长，少有结合。果2，倒卵球形。花果期7—9月。

见于大田坪及保护区外围大赛。生于路边荒地、竹林下。原产于美洲。我国各地均有归化。

24 牛膝菊属 *Galinsoga* Ruiz et Pav.

一年生草本。茎直立，分枝。叶对生；叶片全缘或具锯齿，基出脉3。头状花序小，多数，具长梗，在茎、枝顶端排列成疏散的伞房状；总苞宽钟状或半球形；总苞片1或2层，卵形或卵圆形，或外层的较短而薄，草质；花序托圆锥状或伸长，托片质薄，顶端分裂或不裂。缘花舌状，白色，舌片顶端全缘，有时具2或3齿裂，雌性，结实；盘花管状，黄色，顶端具5齿裂，两性，结实，花药基部箭形，有小耳，花柱分枝微尖或顶端短急尖。果压扁，具棱，倒卵状三角形，被微毛；冠毛膜片状，长圆形，顶端具芒或无芒，边缘流苏状，或舌状花的冠毛为毛状。

约30种，分布于美洲热带地区。本区有1种。

睫毛牛膝菊

Galinsoga parviflora Cav.

一年生草本。茎直立，高10~30cm，常自基部分枝，有时中部以上分枝，分枝向上斜展，全部茎、枝及花序梗被开展疏散短柔毛和腺毛，上部更密。叶对生；叶片卵形或长椭圆状卵形，长2~6cm，宽1~3cm，先端渐尖，基部圆形或宽楔形，边缘具浅钝锯齿或波状浅锯齿，基出3脉或不明显5脉，两面粗糙，疏被白色短柔毛，沿脉上毛较密；叶柄长1~2cm，具短柔毛。头状花序半球形或宽钟形，直径约6mm；总苞半球形；总苞片1或2层，长2~3mm，先端圆钝，膜质；托片倒披针形，边缘撕裂。缘花4或5，舌状，舌片白色，顶端3齿裂；盘花管状，黄色，长约1mm。果常压扁，3棱，有时4或5棱，黑色或黑褐色，被白色微毛；舌状花和管状花的冠毛均为膜片状，白色，边缘流苏状，生于冠毛环上，宿存。花果期7—11月。

官埔垟、炉岙、大田坪、龙案、横溪、龙南等地有归化。生于路边、山坡荒地。原产于南美洲。我国各地均有归化。

25 大丽菊属 *Dahlia* Cav.

多年生草本。茎直立，粗壮。叶对生或互生；叶片1~3回羽状分裂，或不分裂。头状花序大，具长梗；总苞半球形；总苞片2层，外层的草质，开展，内层的椭圆形，基部稍合生，近等长;花序托平坦,托片宽大,膜质。缘花舌状,舌片顶端具3齿或全缘,雌性;盘花管状,顶端5齿裂,两性(或在栽培种中盘花缺而全部为舌状花),花药基部钝,花柱分枝顶端有条形或长披针形的具硬毛的长附器。果背面压扁,长圆球形或披针形,顶端圆形,具不明显2齿;冠毛无。

约15种,分布于南美洲、中美洲及墨西哥,全球广泛栽培。本区栽培1种。

大丽菊

Dahlia pinnata Cav.

多年生草本。块根棒状。茎直立,高达2m,粗壮,具纵棱,多分枝。叶对生;叶片1~3回羽状分裂,上部叶有时不分裂,裂片卵形或长圆状卵形,下面灰绿色,两面无毛。头状花序大,直径6~12cm,有长梗,常下垂;总苞半球形;总苞片2层,外层的约5枚,卵状椭圆形,草质,内层的椭圆状披针形,膜质。缘花舌状,1层,白色、红色或紫色,常卵形,顶端具不明显3齿或全缘;盘花管状,黄色,或缺而全部为舌状花。果扁平,长圆球形,黑色,顶端具不明显2齿。花果期6—12月。

区内村庄常见栽培。原产于墨西哥,全球广泛栽培。

26 金鸡菊属 *Coreopsis* L.

一年生或多年生草本。茎直立,有时基部俯卧。叶对生或上部叶互生;叶片全缘或1回羽状分裂。头状花序较大,单生或排列成松散的伞房圆锥状,具长梗;总苞半球形;总苞片2层,基部多少连合,外层的狭小,革质,内层的宽大,膜质;花序托稍凸起,托片膜质,条状钻形至条形。缘花舌状,舌片开展,全缘或具齿,雌性,结实;盘花管状,顶端5裂,两性,结实,花药基部钝,花柱分枝顶端截形或钻形。果扁,长圆球形、倒卵球形、纺锤形,边缘具翅或无翅，顶端截形；冠毛尖齿状、鳞片状或芒状。

约35种，分布于北美洲温带地区。本区栽培3种。

分种检索表

1. 盘花上部棕红色而基部黄色，缘花上部黄色而基部紫红色；下部叶2回羽裂；果无翅……………………………………………………………………………… 1.两色金鸡菊 *C. tinctoria*

1. 盘花和缘花均为黄色；下部叶叶片不分裂或羽状全裂；果具宽翅。

 2. 下部叶叶片不分裂，全缘……………………………………… 2.剑叶金鸡菊 *C. lanceolata*

 2. 下部叶叶片羽状全裂，裂片长圆形 ……………………………… 3.大花金鸡菊 *C. grandiflora*

1. 两色金鸡菊 蛇目菊

Coreopsis tinctoria Nutt.

一年生草本。茎直立，高30~90cm，无毛，上部多分枝。叶对生；中下部叶叶片2回羽状全裂，裂片披针形或条状披针形，长5~10cm，宽3~6mm，先端钝，全缘，叶柄长约2.5cm；上部叶裂片条形，稀不裂，具短柄或无柄。头状花序多数，直径约3cm，排列成伞房状或疏散圆锥状；总苞半球形；总苞片2层，外层的短，披针形，内层的卵状长圆形，远较外层的大，先端尖，基部连合；花序托平坦，托片条形。缘花舌状，1层，上部为黄色，基部紫红色，舌片倒卵形，顶端3或4浅裂，雌性；盘花管状，上部棕红色，下部黄色，顶端5齿裂，两性，结实。果扁，长圆球形，黑褐色，稍内弯，两面光滑或具小瘤状凸起，无翅；冠毛缺。花果期5—10月。

区内常见栽培。原产于北美洲。全国各地广泛栽培。

2. 剑叶金鸡菊 线叶金鸡菊

Coreopsis lanceolata L.

多年生草本。茎直立，高30~70cm，无毛或稍被软毛，上部有分枝。基生叶成对簇生，叶片匙形或条状倒披针形，长4~8cm，宽1.5~1.8cm，先端钝，基部楔形下延；茎上部叶少数，全缘或

3~5深裂，裂片长圆形或条状披针形，顶裂片较大，先端钝，基部狭，全缘，两面具短毛；叶柄长3~7cm。头状花序顶生，直径4~5cm，具长达30cm的梗；总苞半球形；总苞片2层，外层的披针形，绿色，内层的长椭圆形，黄绿色，近等长；花序托凸起，托片条形。缘花舌状，1层，黄色，舌片倒卵形或楔形，顶端4浅裂，雌性，结实；盘花管状，黄色，多数，顶端5浅裂。果扁，圆球形或椭圆球形，紫褐色，内弯，边缘具膜质宽翅，内面具少数乳状凸起；冠毛2，短鳞片状。花果期6—10月。

区内常见栽培。原产于北美洲。我国各地广泛栽培。

3. 大花金鸡菊

Coreopsis grandiflora Hogg ex Sweet

多年生草本。茎直立，高可达1m，下部具稀疏糙毛，上部有分枝。叶对生；叶片披针形或匙形，具长叶柄；下部叶叶片羽状全裂，裂片长圆形；中部叶及上部叶叶片3~5深裂，裂片条形或披针形，中裂片较大，两面及边缘有细毛。头状花序单生于枝端，直径4~5cm，具长

梗；总苞半球形；总苞片2层，外层的较短，披针形，先端尖，具缘毛，内层的较长，卵形或卵状披针形；托片条状钻形。缘花6~10，舌状，黄色，舌片宽大，雌性，结实；盘花管状，两性，结实。果宽椭圆球形或近球形，边缘具膜质宽翅；冠毛2，鳞片状。花果期5—9月。

区内常见栽培。原产于北美洲。我国各地广泛栽培。

27 秋英属 *Cosmos* Cav.

一年生或多年生草本。茎直立。叶对生；叶片全缘或羽状分裂。头状花序较大，单生或排列成伞房状；总苞近半球形；总苞片2层，基部结合；花序托平坦或稍凸起，托片膜质，上端伸长成条形。缘花舌状，舌片大，全缘或近顶端齿裂；盘花管状，顶端5齿裂，两性，结实，花药基部钝，花柱分枝细，顶端膨大，具短毛或伸出短尖的附器。果背面稍平，狭长，具4或5棱，具长喙；冠毛2~4，芒刺状，具倒刺。

约26种，主要分布于美洲热带和亚热带地区，全球各地均有引种。本区栽培1种。

秋英 大波斯菊

Cosmos bipinnatus Cav.

一年生或多年生草本。茎直立，高达1.5m，无毛或稍被柔毛。叶片2回羽状深裂，裂片条形或丝状。头状花序单生，直径3~6cm，具长梗；总苞半球形；总苞片2层，外层的披针形或条状披针形，近革质，淡绿色，具深紫色条纹，先端长渐尖，较内层的长或等长，内层的椭圆状

卵形，膜质；托片平展，顶端呈丝状，与果近等长。缘花舌状，紫红色、粉红色或白色，舌片椭圆状倒卵形，顶端具3~5钝齿；盘花管状，黄色，顶端有披针状裂片。果黑紫色，无毛，顶端具长喙，具2或3尖刺。花果期6—10月。

区内常见栽培。原产于墨西哥。我国栽培时间长，地域广，四川、云南等地有逸生。

28 鬼针草属 *Bidens* L.

一年生或多年生草本。茎直立或匍匐。叶对生，有时在茎上部互生，稀轮生；叶片边缘全缘或具锯齿、缺刻，或分裂。头状花序单生于茎、枝顶端，或排列成不规则伞房状；总苞钟形或近半球形；总苞片通常1或2层，基部常合生；花序托具干膜质托片。缘花舌状，白色或黄色，1层，舌片全缘或具齿，中性，稀雌性或缺；盘花管状，黄色，顶端4或5裂，两性，结实，花药基部钝或近箭形，花柱分枝扁，顶端具附器，被细硬毛。果扁平或具4棱，顶端有2~4具倒刺毛的芒刺。

150~250种，全球广泛分布，以美洲温暖地带种类最为丰富。本区有3种。

分种检索表

1. 果条形，顶端渐狭，常具3或4芒刺。
  2. 叶片3全裂；总苞片外层的条状匙形，先端增宽；缘花舌片白色 ……………… 1. 大花鬼针草 *B. alba*
  2. 叶片2回羽状分裂，边缘具稍整齐锯齿；总苞片外层的条形，先端不增宽；缘花黄色 …………………………………………………………………………………………………… 2. 金盏银盘 *B. biternata*
1. 果楔形或倒卵状楔形，顶端平截，具2芒刺 ………………………………… 3. 大狼杷草 *B. frondosa*

1. 大花鬼针草 白花鬼针草

Bidens alba (L.) DC.——*B. pilosa* var. *radiata* (Sch. Bip.) J. A. Schmidt

一年生草本。茎直立，高35~100cm，钝四棱形，上部分枝，无毛或被极稀疏柔毛。茎下部叶较小，叶片3裂或不分裂，通常花时枯萎；茎中部叶叶片3全裂，稀5裂，两侧裂片椭圆形或卵状椭圆形，长2.5~5cm，宽1.5~3cm，先端急尖，基部近圆形或宽楔形，有时偏斜，边缘具锯齿，顶裂片较大，长椭圆形或卵状长圆形，先端渐尖，基部渐狭，边缘具锯齿，具柄。头状花序较大，具长梗；总苞基部被短柔毛；总苞片7或8，条状匙形；外层托片披针形，干膜质。缘花5~7，舌状，白色，顶端常有凹缺；盘花管状，黄褐色，顶端5齿裂，两性，结实。果黑色，具棱，上部具稀疏瘤状凸起及刚毛，顶端渐狭，芒刺3或4，具倒刺毛。花果期8—10月。

见于龙案及保护区外围小梅金村、屏南瑞垟等地。生于海拔500m左右的路边荒地。原产于美洲热带地区。我国华南及安徽、江西、福建、四川、贵州均有归化。

2. 金盏银盘

Bidens biternata（Lour.）Merr. et Sherff

一年生草本。茎直立，高达1m，略具4棱，无毛或被稀疏卷曲短柔毛。叶片1回羽状全裂，顶裂片卵形至卵状披针形，长2~7cm，宽1~2.5cm，两面被柔毛，先端渐尖，基部楔形，边缘具锯齿，有时一侧深裂为1小裂片，侧裂片1或2对，卵形或卵状长圆形，下部的1对约与顶裂片相等，具明显的柄，三出复叶状分裂或仅一侧具1裂片；叶柄长达5cm。头状花序直径7~10mm，具梗；总苞基部有短柔毛；总苞片8~10，外层的条形，内层的长椭圆形；托片狭披针形。缘花3~5，舌状，淡黄色，舌片顶端3齿裂，不结实，有时无舌状花；盘花管状，黄色，顶端5齿裂，两性，结实。果黑色，具3或4棱，两端稍狭，顶端渐狭，具3或4芒刺，具倒刺毛。花果期9—11月。

见于龙南下庄等地。生于海拔500~1000m的路边、林下或杂草丛中。分布于东亚、东南亚至大洋洲、非洲。

3. 大狼杷草　大狼把草

Bidens frondosa L.

一年生草本。茎直立,高可达1m,分枝,常带紫色,被疏短毛或无毛。叶对生;叶片1回羽状全裂,裂片3~5,披针形,长3~10cm,宽1~3cm,先端渐尖,基部楔形,边缘具粗锯齿,通常下面被稀疏短柔毛,顶裂片具柄;具叶柄。头状花序直径1.5~2.5cm,单生于茎端或枝端;总苞钟形或半球形;总苞片2层,外层的通常8枚,披针形或匙状倒披针形,叶状,具缘毛,内层的长圆形,膜质。缘花舌状,花不发育,极不明显或无舌状花;盘花管状,顶端5裂,两性,结实。果扁平,顶端平截,近无毛或具糙伏毛,顶端通常具2被倒刺毛的芒刺。花果期8—10月。

见于横溪、龙南下庄及保护区外围大赛、屏南百步等地。生于路边、山坡荒地。原产于北美洲。我国南方地区常见归化。

全草可入药,有清热解毒的功效。

29 豨莶属 *Sigesbeckia* L.

一年生草本。茎直立，具双叉状分枝，常被柔毛，多少杂被腺毛。叶对生；叶片边缘具锯齿。头状花序排列成疏散圆锥状；总苞钟状或半球形；总苞片2层，有腺毛，外层的条状匙形，具腺毛，开展，内层的倒卵形或长圆形，包围果实一半；花序托小，托片直立。缘花舌状，1层，黄色或白色，舌片顶端通常2或3齿裂，雌性，结实；盘花管状，黄色，两性，结实或内部的不结实，花药基部钝；花柱分枝短，扁平，顶端尖或稍钝。果倒卵状椭圆球形，通常向内弯曲，具4或5棱；冠毛无。

约4种，分布于热带、亚热带和温带地区。本区有3种。

分种检索表

1. 茎及分枝、花序轴等均被平贴短柔毛；头状花序直径1~1.2cm …………………… 1.毛梗豨莶 *S. glabrescens*
1. 茎及分枝、花序轴等均被开展柔毛，有时杂有腺毛；头状花序直径1.5cm以上。
  2. 叶片边缘具大小不规则钝齿或浅裂，背面沿脉无长柔毛；花序复二歧分枝………… 2.豨莶 *S. orientalis*
  2. 叶片边缘具不规则尖齿，背面沿脉被长柔毛；花序分枝不为二歧状 …… 3.无腺腺梗豨莶 *S. pubescens* f. *eglandulosa*

1. 毛梗豨莶

Sigesbeckia glabrescens（Makino）Makino

一年生草本。茎直立，高30~80cm，较细弱，上部分枝，被平贴短柔毛，有时上部毛较密。基生叶花时枯萎；茎中部叶叶片卵圆形至卵状披针形，长2.5~10cm，宽1.5~6cm，先端渐尖，基部宽楔形或圆形，有时下延成翼柄，边缘具规则的齿；茎上部叶叶片渐小，卵状披针形，两面被柔毛，下面有腺点，基出3脉，边缘具疏齿或全缘。头状花序直径1~1.2cm，多数在枝端

排列成疏散圆锥状；花序梗纤细，疏生平伏短柔毛；总苞钟状；总苞片2层，草质，外面密被紫褐色头状有柄的腺毛。缘花舌状，雌性，结实；盘花管状，两性，结实。果倒卵球形，具4棱，有灰褐色环状凸起；冠毛无。花果期8—11月。

见于官埔垟、乌狮窟及保护区外围大赛等地。生于路边草丛中、林下山坡上、田边、荒地上、林缘灌丛中。分布于东亚。

2. 豨莶

Sigesbeckia orientalis L.

一年生草本。茎直立，高可达1.5m，上部分枝呈复二歧状，全部分枝被灰白色开展柔毛。叶片三角状宽卵形、菱状卵形至披针形，长4~15cm，宽4~10cm，纸质，两面被毛，基出3脉，先端急尖或钝，基部通常宽楔形或近平截，边缘具不规则钝齿至浅裂；叶柄长达3cm或更长。头状花序直径1.6~2.1cm，通常排列成二歧分枝式具叶的伞房状，被长柔毛；总苞宽钟形；总苞片2层，外层匙形，内层的长圆形或倒卵状长圆形，具腺毛。缘花5，舌状，黄色，雌性，结实；盘花管状，两性，结实。果倒卵球形，具4或5棱，顶端圆，光滑，黑色，通常弯曲；冠毛无。花果期夏、秋季。

见于炉岙及保护区外围大窑、大赛等地。生于路边草丛中、村边荒地或山坡上。分布于热带、亚热带和温带地区。

地上部分可入药，有治高血压、风湿痹痛、虫蛇咬伤等功效。

3. 无腺腺梗豨莶

Sigesbeckia pubescens（Makino）Makino f. **eglandulosa** Ling et X. L. Hwang

一年生草本。茎直立，高30~100cm，粗壮，上部多分枝，被开展灰白色长柔毛和糙毛。叶对生；基生叶叶片卵状披针形，花时枯萎；茎中部叶叶片宽卵形或宽卵状三角形，长7~20cm，宽5~8cm，先端渐尖，基部宽楔形，下延成具翼的柄，边缘具大小不等的尖齿，基出3脉，两面被平贴短柔毛，沿脉具长柔毛。头状花序直径2~3cm，多数，于枝顶排列成伞房状；

花序梗较长，密生长柔毛；总苞宽钟状；总苞片2层，草质，外面密生紫褐色头状具柄的腺毛。缘花舌状，雌性，结实；盘花管状，两性，结实。果倒卵球形，具4棱，顶端有灰褐色环状凸起；冠毛无。花果期8—11月。

见于官埔垟等地。生于林下路边、溪边、荒地上或草丛中。分布于全国各地。

全草可入药，功效同豨莶。

30 鳢肠属 *Eclipta* L.

一年生草本。茎直立或匍匐状，被硬糙毛。叶对生；叶片边缘全缘或稍具齿缺。头状花序小，顶生或腋生，具梗；总苞宽钟状；总苞片约2层，草质，外层的较宽；花序托平坦，具条状托片。缘花舌状，约2层，白色，少为黄色，舌片小，全缘或具2齿，雌性，结实或不结实；盘花管状，白色，顶端4或5裂，两性，结实，花药基部钝，花柱分枝扁平，顶端具短的三角形附器。缘花的果狭，具3棱；盘花的果较粗壮，压扁，顶部全缘，具齿或有2芒刺；冠毛无。

约5种，分布于美洲温暖地带。本区有1种。

鳢肠 墨旱莲

Eclipta prostrata（L.）L.

一年生草本。茎匍匐状或近直立，高达50cm，通常自基部分枝，被糙硬毛，全株干后常变为黑色。叶对生；叶片长圆状披针形或条状披针形，长3~10cm，宽5~15mm，先端渐尖，基部楔形，全缘或具细齿，两面密被硬糙毛，基出脉3；无叶柄。头状花序1或2，腋生或顶生，卵球形，直径5~8mm，具梗；总苞球状钟形；总苞片2层，5或6枚，卵形或长圆形，外被紧贴硬糙毛，先端钝或急尖。缘花舌状，2层，白色，顶端2浅裂或全缘，雌性，结实；盘花管状，白色，顶端4齿裂，两性，结实。缘花的果三棱形，盘花的果扁四棱形，顶端截形，具1~3细齿，基部稍缩小，边缘具白色的肋，表面具小瘤状凸起，无毛；冠毛退化成2或3小鳞片。花果期6—10月。

官埔垟及保护区外围大赛等地有归化。生于路边潮湿地、溪边草丛中、田埂边。亚洲有归化。

全草可入药，有收敛、止血、补肝肾等功效。

31 向日葵属 *Helianthus* L.

一年生或多年生草本。植株通常高大，被短糙毛或白色硬毛。叶对生，有时上部叶或全部叶互生；叶片常有离基三出脉；具柄。头状花序大或较大，单生或排列成伞房状；总苞盘形或半球形；总苞片2至多层，膜质或草质；花序托平坦或凸起，托片干膜质，折叠，包围两性花。缘花舌状，1层，黄色，舌瓣开展，雌性，不结实；盘花管状，黄色，顶端5裂，两性，结实，花药基部钝，花柱分枝，顶端截形，具三角形附器。果稍压扁，长圆球形或倒卵球形；冠毛2，膜片状，或为2~4枚较短的芒刺，早落。

50余种，分布于北美洲。本区有1种。

菊芋

Helianthus tuberosus L.

多年生草本。地下茎块状。茎直立,高1~2m,有分枝,被糙毛及刚毛。茎下部叶通常对生,上部的互生;茎下部叶叶片卵圆形或卵状椭圆形,长10~16cm,宽3~6cm,先端渐尖,基部宽楔形或圆形,稀微心形,边缘具粗锯齿,具离基三出脉,上面有短粗毛,下面被柔毛,具腺,有长柄;茎上部叶叶片长椭圆形至宽披针形,先端渐尖,基部渐狭,下延成具狭翅的短柄。头状花序直径5~9cm,少数或多数,单生于枝端,直立;总苞片多层,披针形,外面被短伏毛;托片长圆形,先端不等3浅裂;缘花舌状,黄色,舌片长椭圆形,开展;盘花管状,黄色。果长圆球形,上端有2~4锥状扁芒。花果期7—10月。

官埔垟、大田坪、凤阳湖、横溪、龙南、上兴及保护区外围大赛等地有栽培或逸生。原产于北美洲。我国各地普遍栽培。

块茎常制成酱菜。

32 菊属 *Chrysanthemum* L.

多年生草本,或为亚灌木。茎直立或基部俯卧,分枝或不分枝。叶互生;叶片不分裂,有时1~2回掌状或羽状分裂。头状花序单生于茎顶,或少数至多数排列成伞房状、复伞房状,具异形花;总苞碟形,或钟形;总苞片4或5层,边缘白色、褐色、黑褐色或黑色,膜质,或中层和外层的草质,边缘有时羽状浅裂或深裂;花序托凸起,无托毛。缘花舌状,雌性,1层(在栽培品种中多层);盘花管状,两性,顶端5齿裂,花药基部钝,顶端附器披针状卵形或长椭圆形,花柱分枝条形,顶端截形。果圆形,近圆柱状而下部收窄,有5~8纵肋;冠毛无。

近40种,分布于亚洲亚热带、温带地区。本区有3种。

分种检索表

1. 舌状花常多层,或全为舌状花;头状花序通常大,直径可大于15cm(栽培)………… 1.菊花 *C. morifolium*

1. 舌状花1层;头状花序较小,直径7cm以下(野生)。

  2. 叶片常1回浅裂,稀深裂,叶背疏被柔毛或无毛,常具紫黑色腺体;茎上无毛或疏被毛;头状花序直径1.5~2.5cm ………………………………………………………………………… 2.野菊 *C. indicum*

2. 叶片1回深裂至2回浅裂，叶背被柔毛或密柔毛，无腺体；茎上密被长柔毛；头状花序直径1~2cm………………………………………………………………………………………… 3. 甘菊 *C. lavandulifolium*

1. 菊花

Chrysanthemum morifolium Ramat.——*Dendranthema morifolium*（Ramat.）Tzvelev

多年生草本。茎直立或基部俯卧，木质化，高60~150cm，上部多分枝，被灰色柔毛或茸毛。基生叶花时脱落；茎中部叶叶片卵圆形至宽披针形，长5~15cm，宽2~8cm，先端急尖，基部楔形或圆形，边缘具粗大锯齿或羽状深裂达叶片的1/3~1/2，裂片再分裂，裂齿宽钝或急尖，下面具白色柔毛，具短柄。头状花序大小因品种不同变异很大，直径3~15cm或更大，有根，卷常数个聚生；总苞形状多种；总苞片具宽而透明的膜质边缘，外层的条形。缘花舌状，颜色和形态极多，有的品种全为舌状花；盘花管状，黄色，有的品种较显著。果不发育。花期9—11月。

区内村庄常见栽培。

著名的观赏花卉。

2. 野菊

Chrysanthemum indicum L.——*Dendranthema indicum*（L.）Des Moul.

多年生草本。茎直立或铺散，高可达1m，分枝，或仅在茎顶有花序分枝，被稀疏的毛或无毛。基生叶和茎下部叶花时脱落；茎中部叶叶片卵形、长卵形或椭圆状卵形，长3~9cm，宽1.5~3cm，1回羽状浅裂，稀深裂，或分裂不明显而边缘具浅锯齿，基部截形、稍心形或宽楔形，上面深绿色，疏被毛及腺体，下面灰绿色，疏被毛或无毛，常具紫黑色腺体，叶柄长1~2cm，假托叶具锯齿，或无假托叶。头状花序直径1.5~2.5cm，多数在茎、枝顶端排列成疏松圆锥状或不规则伞房状；总苞半球形；总苞片4或5层，边缘宽膜质，外层的卵形或卵状三角形，中层的卵形，内层的长椭圆形。缘花舌状，黄色，舌片顶端全缘，有时具2或3齿裂，雌性；盘花管状，两性。果稍压扁，倒卵球形，黑色，无毛，有光泽，具数条细肋；冠毛无。花果期8—11月。

见于官埔垟、大田坪、龙案及保护区外围屏南百步、大赛等地。生于林缘灌草丛中、林下山坡上。分布于东亚。

全草可入药，有清热解毒、平肝明目等功效。

3. 甘菊

Chrysanthemum lavandulifolium (Fisch. ex Trautv.) Makino——*Dendranthema lavandulifolium* (Fisch. ex Trautv.) Ling et C. Shih

多年生草本。茎直立，高30~120cm，自中部以上多分枝，密被长柔毛。基生叶和茎下部叶花时脱落；茎中部叶叶片卵形、宽卵形或椭圆状卵形，长2~5cm，宽1.5~4.5cm，2回羽状分裂，第1回全裂或近全裂，第2回半裂或浅裂，两面同色，上面被疏柔毛，下面被疏至密柔毛，叶柄长达1cm，具分裂的假托叶或无；茎上部叶叶片羽裂、3裂或不裂。头状花序直径1~2cm，通常多数在茎、枝顶端排列成疏松或稍紧密的复伞房状；总苞碟形，直径5~7mm；总苞片约5层，边缘白色或浅褐色膜质，外层的条形，无毛或有稀柔毛，中层和内层的卵形、长椭圆形至倒披针形。缘花舌状，黄色，舌片顶端全缘，有时具2或3不明显齿裂，雌性；盘花管状，两性。果倒椭圆球形，无毛。花果期5—11月。

见于官埔垟、炉岙、南溪口及保护区外围大赛等地。生于山坡上、路边、林缘、荒地上等。我国特有，分布于东北、华北、华东、华中、西北等地。

33 蒿属 *Artemisia* L.

一年生、二年生或多年生草本，少数为亚灌木，常具浓烈的挥发性香气，全体常被蛛丝状绵毛、柔毛、黏质腺毛，或无毛。茎直立，具明显纵棱。叶互生；叶片1~3回羽状分裂，稀4回羽状分裂、近掌状分裂，或不分裂，全缘至具锯齿或齿裂；叶柄长或短，或无柄，常有假托叶。头状花序小，盘状，少数或多数在茎或分枝上排列成疏松或密集的穗状、总状、圆锥状；总苞半球形、球形、卵球形、椭圆球形；总苞片(2)3或4层，呈覆瓦状排列；花序托半球形或凹，具托毛或无。花异形；缘花雌性，1层，结实；盘花两性，数层，花冠管状，结实或不育，花药顶端尖锐，基部圆钝或具短尖头，花柱分枝钝，毛刷状。果卵球形至长圆状倒卵球形，小，具2棱；无冠毛。

约380种，主要分布于北半球，非洲、大洋洲、中美洲至南美洲也有。本区有9种。

分种检索表

1. 全部茎生叶叶片绝不分裂 ··· 1. 奇蒿 *A. anomala*

1. 茎生叶叶片通常羽状分裂或掌状分裂，有时茎中部叶兼有不裂者。

  2. 头状花序仅缘花结实，盘花两性但不孕，开花时花柱不伸长，不结实 ··············· 2. 牡蒿 *A. japonica*

  2. 头状花序的缘花和盘花均结实。

    3. 叶片两面无毛；总苞片边缘带白色 ··· 3. 白苞蒿 *A. lactiflora*

3. 叶片上面有毛或无毛，下面被灰白色绵毛、茸毛或蛛丝状毛；总苞片边缘非白色。
4. 头状花序总苞直径约1mm，无毛；小花紫色 ………………………………………… 4.矮蒿 *A. lancea*
4. 头状花序总苞直径1mm以上，被茸毛或蛛丝状毛；小花黄色、红褐色或紫色。
5. 叶片上面具白色细小腺点。
6. 叶片3~5深裂或羽状深裂，裂片椭圆形至披针形，上面兼有绵毛 ……………… 5.艾蒿 *A. argyi*
6. 叶片1~2回羽状深裂，裂片条状披针形，上面兼有短柔毛或近无毛…………………………………………………………………………………… 6.野艾蒿 *A. lavandulifolia*
5. 叶片上面无白色细小腺点。
7. 头状花序总苞直径约1.5mm；茎中部叶1~2回羽状深裂，侧裂片3裂或不裂…………………………………………………………………………………… 7.红足蒿 *A. rubripes*
7. 头状花序总苞直径2~3mm；茎中部叶1回羽状深裂或全裂，侧裂片不分裂或浅裂。
8. 总苞卵球形，直径约3mm；总苞片外被茸毛，后变为无毛 ………………… 8.五月艾 *A. indica*
8. 总苞长卵球形、椭圆球形或长圆球形，直径2~2.5mm ………………… 9.蒙古蒿 *A. mongolica*

1. 奇蒿　刘寄奴　六月霜

Artemisia anomala S. Moore——*A. anomala* var. *tomentella* Hand.-Mazz.

多年生草本。茎直立，高60~120cm，中部以上常分枝，被短柔毛。茎中、下部叶叶片长圆形或卵状披针形，长7~11cm，宽3~4cm，不裂，先端渐尖，基部渐狭成短柄，边缘具尖锯齿，上面被微糙毛，下面色淡，近无毛，或被稀疏至密的短柔毛；茎上部叶渐变小。头状花序多数，密集生于花枝上，在茎顶和上部叶腋排列成圆锥状；总苞圆筒形或卵状钟形，直径2~2.5mm，无毛；总苞片3或4层，外层的卵圆形，中层的椭圆形，内层的狭长椭圆形，淡黄色，边缘宽膜质。小花管状，白色，均结实；缘花，雌性；盘花多数，两性。果长圆球形，光滑；冠毛无。花果期6—10月。

见于官埔垟、黄茅尖、大田坪、凤阳湖、横溪、金龙及保护区外围小梅金村至大窑等地。生于路边草丛、山坡林缘、林下灌草丛中。我国特有，分布于华东、华中及台湾、广东、广西、贵州。

全草可入药，称"刘寄奴"，有清热利湿、活血化瘀等功效；植株上部花序晒干可泡茶，夏季饮用可消暑。

2. 牡蒿

Artemisia japonica Thunb.

多年生草本。茎直立，高30~120cm，基部木质化，被蛛丝状毛或近无毛。基生叶叶片长匙形，长4~5cm，宽2~3cm，3~5深裂，两面被微柔毛，裂片先端圆钝，具不规则牙齿，基部楔形，具长柄和假托叶；茎中部叶叶片楔状椭圆形，先端具齿或近掌状分裂，无叶柄，具1或2假托叶；茎上部叶3裂或不裂，卵圆形，基部具假托叶。头状花序多数，排列成圆锥状，梗纤细，具细条形苞叶；总苞卵球形，直径1~2mm；总苞片4层，外层的卵状三角形，小，内层的长圆形，边缘宽膜质，无毛。小花管状，黄色；缘花雌性，结实；盘花两性，不结实。果长圆球形，黑褐色，无毛；冠毛无。花果期8—11月。

见于保护区外围屏南百步等地。生于海拔230~1750m的山坡上、路边草丛中、溪边林下。分布于东亚、东南亚。

全草可入药，有清热解毒、祛风除湿等功效。

3. 白苞蒿　四季菜

Artemisia lactiflora Wall. ex DC.

多年生草本。茎直立，高70~150cm，具纵棱，无毛，多分枝。基生叶和茎下部叶花时枯

萎；茎中部叶叶片倒卵形，长9~15cm，宽5~8cm，1~2回羽状深裂，顶裂片披针形，边缘具不规则锯齿，先端尾尖或急尖，基部楔形，两面无毛，叶脉不明显，具叶柄及假托叶；茎上部叶叶片3裂或不裂，边缘具细锯齿，无柄。头状花序多数，排列成圆锥状；总苞钟形或卵球形，直径约2mm；总苞片白色，3或4层，外层的较短，卵形，内层的椭圆形，棕色，边缘膜质。小花管状，白色或黄白色，均结实。果圆柱形，褐色，具细条纹，无毛；冠毛无。花果期8—12月。

区内常见。生于山坡路边、林下、溪沟边或林缘。分布于东亚、东南亚。

4. 矮蒿

Artemisia lancea Vaniot

多年生草本。茎直立，高达1m，具纵棱，中上部多分枝，密被微柔毛。茎下部叶花时枯

萎；茎中部叶叶片长3~5cm，宽2~3cm，羽状深裂，裂片1~3对，披针形，先端渐尖，基部下延，上面绿色，无毛或被疏毛，下面被灰色短茸毛，全缘，稍反卷；茎上部叶小，披针形，基部具1对小裂片。头状花序多数，具短梗及细条形苞叶，排列成尖塔形圆锥状；总苞长圆球形，直径约1mm；总苞片4层，近无毛，外层的卵形，短，中层和内层的近圆形至长椭圆形，边缘宽膜质。小花管状，紫色，均结实。果长椭圆球形，无毛；冠毛无。花果期9—11月。

见于官埔垟、炉岙、均益、乌狮窟及保护区外围大赛、屏南百步等地。生于海拔900m以下的山坡路旁草丛中、林下或荒地上。我国特有，分布于东北、华北、华东、西南和西北各地。

5. 艾蒿 艾

Artemisia argyi H. Lév. et Vaniot

多年生草本。茎直立，高可达1m，粗壮，被白色绵毛，上部多分枝。基生叶花时枯萎；茎中下部叶叶片长4~5cm，宽2~4cm，3~5羽状浅裂或深裂，裂片椭圆形或披针形，先端渐尖，基部下延，边缘具不规则牙齿，上面散生白色小腺点和绵毛，下面密被灰白色茸毛，叶柄长约2cm，基部具假托叶；茎上部叶叶片卵状披针形，3深裂至全裂，顶端花序下的叶常全缘，近无柄。头状花序多数，在茎、枝顶端排列成总状或圆锥状；总苞卵球形，直径约2mm；总苞片4或5层，被白色茸毛，外层的披针形，内层的长椭圆状披针形，边缘膜质。小花管状，带紫色，均结实。果椭圆球形，褐色，无毛；冠毛无。花果期8—11月。

官埔垟、龙南及保护区外围大赛、小梅金村等地有栽培。生于海拔1000m以下的村宅旁或路边草丛中。分布于东亚。

叶可入药，有散寒止痛、温经止血等功效；也可碾压成艾绒，作针灸燃烧料；全株晒干可熏蚊、杀虫。

6. 野艾蒿

Artemisia lavandulifolia DC.

多年生草本。茎直立，高30~90cm，具纵棱，多分枝，密被短柔毛，后脱落至近无毛。基生叶花时枯萎；茎中部叶叶片长椭圆形，长5~8cm，宽3.5~5cm，2回羽状深裂，裂片1~3对，条状披针形，先端渐尖，基部下延，边缘反卷，上面被短柔毛及白色细腺点，下面密被灰白色绵毛;上部叶小,叶片披针形,全缘。头状花序多数,下垂,具短梗及细条形苞叶,在茎、枝顶端排列成圆锥状;总苞长圆球形,直径约3mm,被蛛丝状毛;总苞片4层,外层的卵圆形,较短,内层的椭圆形,边缘膜质。小花管状,红褐色,均结实。果椭圆球形,无毛;冠毛无。花果期7—10月。

见于官埔垟等地。生于路边草丛中、林下山坡、荒地上等。分布于东亚。

7. 红足蒿

Artemisia rubripes Nakai

多年生草本。茎直立,高30~110cm,被微柔毛。茎中部叶叶片长6~15cm,宽4~9cm,常2回羽状深裂,偶1回羽状分裂,侧裂片2或3对,狭披针形,先端渐尖,又常3裂或不裂,边缘无齿,稍反卷,上面近无毛,下面密被灰白色蛛丝状毛,具短叶柄及假托叶;茎上部叶叶片3裂或不裂,条形。头状花序多数,具短梗及细条形苞叶,排列成塔状圆锥形;总苞圆筒形或钟形,直径约1.5mm;总苞片3层,稍被蛛丝状毛,外层的卵形,较短,边缘膜质,内层的卵状长圆形,边缘膜质。小花管状,黄色,均结实;缘花约9朵,雌性;盘花10余朵,两性。果狭卵球形,无毛;冠毛无。花果期8—10月。

见于官埔垟等地。生于海拔500~1000m的林下草丛或灌丛中。分布于东亚。

8. 五月艾 印度蒿 五月蒿

Artemisia indica Willd.

多年生草本。茎直立，高40~100cm，圆柱形，具纵向棱纹，基部木质化。茎下部叶叶片1回羽状分裂；茎中部叶叶片椭圆形，长3~8cm，宽2~7cm，3~7裂，裂片椭圆形，长约2cm，宽约1cm，先端尖，基部楔形，两面均被灰白色或淡灰色茸毛；茎上部叶叶片卵状披针形，羽状分裂。头状花序多数，在茎端排列成总状或圆锥状；总苞卵球形，直径约3mm；总苞片3层，初时稍被茸毛，后变为无毛，外层的卵状三角形，草质，先端尖，内层的卵形，膜质，先端钝。小花管状，黄色，均结实；缘花4或5，雌性；盘花6~8，两性。果圆柱形，褐色；冠毛无。花果期9—10月。

见于炉岙、双溪及保护区外围大赛等地。生于山坡路旁或灌草丛中。分布于东亚、东南亚、南亚。

嫩叶可食用。

9. 蒙古蒿

Artemisia mongolica（Fisch. ex Besser）Nakai——*A. vulgaris* L. var. *mongolica* Fisch. ex Besser

多年生草本。根状茎木质化。茎直立，高40~120cm，具纵棱，被蛛丝状毛，后渐脱落。茎下部叶花时枯萎；茎中部叶叶片卵状椭圆形，羽状深裂，侧裂片2对，常羽状浅裂或不裂，顶裂片常3裂，裂片条形或披针形，宽3~5mm，基部渐狭成柄，边缘反卷，上面绿色，无毛或稍被蛛丝状毛，下面密被灰白色蛛丝状毛，有假托叶；茎上部叶叶片3裂或不裂，披针形，全缘。头状花序多数，密集，排列成圆锥状；总苞长圆球形，直径约2mm，被蛛丝状毛；总苞片3或4层，外层的宽卵形，较短，内层的卵状椭圆形，边缘宽膜质。小花管状，黄色，均结实。果长圆状倒卵球形，无毛；冠毛无。花果期9—11月。

见于官埔垟等地。生于路边草丛中或山坡上。分布于东亚。

34 裸柱菊属 *Soliva* Ruiz et Pav.

一年生矮小草本。基部披散。叶互生；叶片通常羽状全裂，裂片极细。头状花序无梗，聚生于缩短的茎上，具异形花；总苞半球形；总苞片2层，近等长，边缘膜质；花序托平坦，无托毛。缘花无花冠，数层，雌性，能育；盘花管状，顶端4齿裂，稀2或3齿裂，两性，通常不育，花药基部钝，顶端具附器，花柱2裂或微凹，截形。缘花的果扁平，边缘有翅，顶端有宿存花柱；冠毛无。

8种，分布于美洲、大洋洲。本区有1种。

裸柱菊

Soliva anthemifolia（Juss.）R. Br.

一年生矮小草本。茎极短，平卧。叶互生；叶片长5~10cm，2~3回羽状分裂，裂片细条形，全缘或3裂，被长柔毛或近无毛；具叶柄。头状花序近球形，无梗，聚生于茎基部，直径6~12mm；总苞片2层，长圆形或披针形，边缘干膜质。缘花无花冠，多数，雌性，结实；盘花管状，少数，顶端3齿裂，基部渐狭，两性，常不结实。果扁平，倒披针形，有厚翅，长约2mm，顶端圆形，具长柔毛，花柱宿存，下部翅上有横皱纹。花果期全年。

保护区外围小梅金村、屏南百步、大赛梅地等地有归化。生于路边草丛、花坛中、荒地上等。原产于南美洲，我国南方各地均有归化。

35 石胡荽属 *Centipeda* Lour.

一年生、二年生匍匐状小草本。全体微被蛛丝状毛或无毛。叶互生；叶片全缘或具锯齿。头状花序小，单生于叶腋，无梗或有短梗，具异形花；总苞半球形；总苞片2层，平展，长圆形，近等长，具透明的狭边；花序托平坦，无托毛。缘花细管状，多层，顶端2或3齿裂，雌性，结实；盘花管状，少数，顶端4浅裂，两性，结实，花药基部钝，顶端无附器，花柱分枝短，顶端钝或截形。果具4棱，边缘有长毛；冠毛无。

10种，主要分布于大洋洲，少数种类分布于南美洲、亚洲至太平洋岛屿。本区有1种。

石胡荽　鹅不食草

Centipeda minima（L.）A. Braun et Asch.

一年生小草本。茎多分枝，高5~20cm，匍匐状，微被蛛丝状毛或无毛。叶互生；叶片楔状倒披针形，长7~20mm，宽3~5mm，先端钝，基部楔形，边缘具数锯齿，无毛或下面微被蛛丝状毛及腺点。头状花序小，直径3~4mm，扁球形，单生于叶腋，无梗或具极短的梗；总苞半球形；总苞片2层，外层的较大，椭圆状披针形，绿色，边缘透明膜质。缘花细管状，多层，顶端2或3微裂，雌性；盘花管状，淡紫红色，顶端4深裂，两性，结实。果圆柱形，具4棱，棱上有长毛；冠毛鳞片状，或缺。花果期6—11月。

见于炉岙、金龙及保护区外围大赛、屏南瑞垟等地。生于海拔500~1200m的路边或花坛杂草丛中、田边、溪沟边。分布于东亚、东南亚至大洋洲。

全草可入药，为中药“鹅不食草”，有通窍散寒、祛风利湿、散瘀消肿等功效。

36 斑鸠菊属 *Vernonia* Schreb.

草本、灌木或乔木，稀攀援状。叶互生，稀对生；叶片全缘或具齿，羽状脉，稀近基出脉3，两面或下面常具腺；具柄或无柄。头状花序排列成疏散圆锥状、伞房状或总状，有时数个密集成圆球状，稀单生；总苞钟形、圆柱形、卵形或近球形；总苞片数层；花序托平。全部小花管状，顶端5裂，两性；花药基部钝或箭形，具小耳；花柱分枝钻形，被微毛。果圆柱形或陀螺形，具棱；冠毛通常2层。

约1000种，分布于美洲、亚洲、非洲的热带至温带地区。本区有1种。

夜香牛

Vernonia cinerea（L.）Less.

一年生或多年生草本。茎直立，上部分枝，具条纹，贴生灰色短柔毛，具腺点。茎下部叶和中部叶叶片菱状卵形、菱状长圆形或卵形，长3~6.5cm，宽1.5~3cm，先端急尖或稍钝，基部楔形，渐狭成具翅的柄，边缘具疏锯齿或波状齿，上面被疏短毛，下面被灰白色或淡黄色短柔毛，两面均具腺点，叶柄长1~2.5cm；上部叶叶片渐小，长圆状披针形或条形。头状花序多数，在枝端排列成伞房圆锥状；花序梗长5~15mm，密被短柔毛；总苞钟形；总苞片4层，条形至披针形，先端渐尖，密被短柔毛及腺；花序托平，具边缘有细齿的窝孔。全部小花管状，淡红紫色，外面被短柔毛及腺，两性，结实。果圆柱形，密被短毛及腺点；冠毛白色，糙毛状。花果期7—10月。

见于官埔垟等地。生于山坡荒地上、林缘路边。分布于东亚、东南亚、非洲及澳大利亚、太平洋岛屿。

全草可入药，有疏风散热、拔毒消肿、安神镇静、消积化滞等功效。

37 帚菊属 *Pertya* Sch. Bip.

多年生草本或灌木。通常有长枝和短枝之分。长枝上的叶互生，短枝上的叶数枚簇生；具柄。头状花序顶生、腋生或生于簇生叶丛中；总苞钟形、狭钟形或圆筒形；总苞片少层至多层，先端圆钝、短尖或刺尖；花序托平坦或蜂窝状，无毛。小花管状，檐部稍扩大，5深裂，裂片狭长，两性，结实。果圆柱形，具纵棱，被绢毛；冠毛糙毛状，白色至褐色。

约25种，分布于我国、日本、泰国、阿富汗。本区有1种。

锈毛帚菊

Pertya ferruginea Cai F. Zhang

亚灌木。茎直立，高0.5~1.5m，中、上部多分枝，密被锈色糙毛。叶在长枝上互生，在去年枝的短枝上2~3片簇生；叶片厚纸质，上面幼时密被短柔毛和腺体，后脱落至近无，下面几无毛，疏被腺体。长枝中、上部叶卵形，长4~6cm，宽3~4.5cm，基部浅心形或圆形，顶端尾尖，叶缘具2~3个点状齿，基3脉；叶柄长1~4mm。短枝上的叶卵圆形至近椭圆形，长3~3.5cm，宽1.7~2cm，基部圆形，顶部尖，叶缘每边具3~5个点状齿；叶柄长0.6~1cm。头状花序在茎顶叶腋处2~3个聚生成伞房花序状，具小花9~11个；花序梗长0~12mm，密被锈色糙毛。总苞钟状，长约10mm，宽5mm；总苞片5~6层，顶端圆钝，背面密被短腺毛，具缘毛；花序托无毛。小花两性。瘦果纺锤形，具10棱，密被短绢毛，具明显的短腺毛；冠毛粗糙，2层，浅棕色。

见于凤阳湖等地。生于海拔1500~1600m的山谷林缘石壁上。我国特有，分布于华东。模式标本采自凤阳山(杜鹃谷)。

38 兔儿风属 *Ainsliaea* DC.

多年生草本。茎直立，单生，稀分枝。叶互生，莲座状或密集于茎中部，稀散生于茎上；叶片全缘或具锯齿。头状花序单个或多个成束排列成穗状、总状或圆锥状；总苞狭筒状；总苞片多层，由外向内渐长；花序托无毛。小花管状，顶端5裂，裂片不等长，两性，结实；花药基部箭形，有长尾；花柱分枝短，顶端钝。果圆柱状；冠毛1层，羽毛状。

约50种，分布于东亚、南亚、东南亚。本区有2种。

分种检索表

1.叶基生；茎、叶被棕色长毛，具缘毛 ………………………………………… 1.杏香兔儿风 *A. fragrans*

1.叶聚生于茎中下部；无缘毛 ………………………………………………… 2.灯台兔儿风 *A. kawakamii*

1. 杏香兔儿风

Ainsliaea fragrans Champ. ex Benth.——*A. ningpoensis* Matsuda

多年生草本。茎直立，高25~60cm，被棕色长柔毛或脱落。叶聚生于茎基部，莲座状；叶片卵状长圆形，长3~10cm，宽2~6cm，先端圆钝，基部心形，全缘或具疏离的芒状齿，有向上

弯拱的缘毛，上面无毛或被疏毛，下面有时紫红色，被较密长柔毛；叶柄长，密被长柔毛。头状花序具3小花，在茎上部排列成长穗状，具短梗；总苞狭筒状，直径3~3.5mm；总苞片约5层，外层的短，卵形，内层的狭长圆形，背部具纵纹，无毛。全部小花管状，白色，两性，结实。果棒状圆柱形，具8棱，密被硬毛；冠毛多层，淡褐色，羽毛状。花果期11—12月。

见于官埔垟、龙案、南溪口及保护区外围大赛等地。生于山坡林下、路边草丛中。分布于东亚。

全草可入药，有清热解毒、利尿、散结等功效。

2. 灯台兔儿风 铁灯兔儿风

Ainsliaea kawakamii Hayata——*A. macroclinidioides* acut. non Hayata

多年生草本。茎直立，高25~65cm，密被褐色长柔毛或脱落。叶聚生于茎中部；叶片宽卵形至卵状披针形，稀椭圆形，长3~8cm，宽2~4cm，先端急尖，基部圆形或浅心形，边缘近全缘或具芒状齿，上面近无毛，下面疏被长柔毛；叶柄长3~8cm，被毛或脱落。头状花序具3小花，在茎上部排列成长穗状，近无梗；总苞圆筒状，直径3~4mm；总苞片约6层，外层的短，卵形，内层的狭长圆形，背部有纵纹，无毛。全部小花管状，白色，两性，结实。果近圆柱形，具纵棱，密被硬毛；冠毛1层，污白色，羽毛状。花果期8—11月。

区内常见。生于山坡林下、路边草丛中。我国特有，分布于华东、华中、华南。

2a. 长圆叶兔儿风

var. **oblonga** (Koidz.) Y. L. Xu et Y. F. Lu——*A. macroclinidioides* Hayata var. *oblonga* (Koidz.) Hatus.

与灯台兔儿风的区别在于：其叶片长圆形至披针形，长5~8cm，宽1.5~2.5(~3)cm，基部狭楔形，下延，叶柄长1.5~3.5cm。

见于凤阳湖、黄茅尖、大田坪等地。生于低海拔山坡林下、山沟岩缝间。我国特有，分布于华东。

39 兔耳一枝箭属 *Piloselloides* (Less.) C. Jeffrey ex Cufod.

多年生草本。叶基生；叶片倒卵形至长圆形，全缘。花葶1至数个，直立，无苞片。头状花序顶生；总苞盘状；总苞片2层；花序托扁平。缘花2层，外层的具明显舌片，内层的管状二唇形，雌性，结实；盘花管状二唇形，两性，上唇3裂，下唇2裂，结实，花药基部长尾状。果纺锤形，喙细长，具肋；冠毛细刚毛状。

2种，分布于非洲、亚洲、大洋洲。本区有1种。

兔耳一枝箭 毛大丁草

Piloselloides hirsuta (Forssk.) C. Jeffrey ex Cufod.——*Arnica hirsuta* Forssk.——*Gerbera piloselloides* (L.) Cass.

多年生草本。全株被茸毛。叶基生，莲座状；叶片倒卵形或长圆形，稀卵形，长5~10cm，宽2.5~5cm,先端圆,基部渐狭或钝,全缘,上面疏被粗毛,老时脱毛,下面密被茸毛,边缘有灰锈色睫毛;叶柄短。花葶单生,有时数个丛生,高15~30cm,顶端呈棒状增粗,无苞片。头状花序顶生;总苞盘状;总苞片2层,条形或条状披针形,被锈色茸毛。缘花2层,外层的舌状,内层的管状二唇形,雌性,结实;盘花管状二唇形,两性,结实,花药基部长尾状,花柱分枝略扁,顶端钝。果纺锤形,具肋,被白色细刚毛,顶端具长喙;冠毛橙红色,微粗糙。花果期4—5月。

见于保护区外围大赛等地。生于林缘、草丛中或旷野荒地上。分布于亚洲、非洲及澳大利亚。

全草可入药,有清火消炎的功效。

40 天名精属 *Carpesium* L.

多年生草本。茎直立,多分枝。叶互生。头状花序顶生或腋生,通常下垂;总苞盘状、钟状或半球形;总苞片3或4层,干膜质,或外层的草质;花序托平,无托毛。全部小花管状,黄色;缘花雌性,1至多层,圆筒状;盘花两性,上部扩大成漏斗状,花药基部箭形,尾细长,花柱2深裂。果细长,有纵条纹,顶端收缩成喙状,喙顶具软骨质环状物;无冠毛。

约20种,分布于亚洲、欧洲。本区有2种。

分种检索表

1. 头状花序单生于茎端及叶腋,近无梗,排列成穗状 ································ 1. 天名精 *C. abrotanoides*
1. 头状花序单生于茎、枝顶端,有梗,排列成总状 ·· 2. 金挖耳 *C. divaricatum*

1. 天名精

Carpesium abrotanoides L.

多年生草本。茎直立,高30~90cm,多分枝。茎下部叶叶片宽椭圆形或长椭圆形,长8~16cm,宽4~7cm,先端锐尖或钝,基部楔形,边缘具不规则钝齿,两面密被短柔毛,具细小腺点,叶柄长5~15mm,密被短柔毛;茎上部叶叶片椭圆状披针形,先端尖,基部宽楔形,无柄或具短柄。头状花序多数,单生于茎端或沿茎、枝一侧着生于叶腋,排列成穗状,近无梗;总苞钟形或半球形;总苞片3层,外层的较短,卵圆形,先端钝或短渐尖,膜质或顶端草质,具缘毛,背面被短柔毛,内层的长圆形。缘花狭筒状,雌性,结实;盘花筒状,两性。果细长圆柱形,顶端有短喙。花果期6—10月。

见于南溪口等地。生于山坡荒地上、路边草丛中、溪边、林缘。分布于亚洲、欧洲。

2. 金挖耳

Carpesium divaricatum Siebold et Zucc.

多年生草本。茎直立,高20~70cm,中部以上分枝。下部叶叶片卵状长圆形,长5~12cm,宽3~7cm,先端急尖或钝,基部圆形或稍呈心形,有时呈宽楔形,边缘具不规则粗齿,上面被基部球状膨大的柔毛,下面被白色柔毛,叶柄较叶片短或近等长;中上部叶渐小,叶片长椭圆形,先端渐尖,基部楔形,叶柄短。头状花序单生于茎、枝顶端,具梗,排列成总状,基部有2~4苞叶,披针形或椭圆形,其中2枚较大;总苞卵球形,直径6~10mm;总苞片4层,外层的短,宽卵形,干膜质或先端草质,背面被柔毛,中层的狭长圆形,干膜质,先端钝,内层的条形。缘花管状,雌性;盘花筒状,两性。果细长圆柱形,顶端具短喙。花果期7—8月。

区内常见。生于路边及山坡草丛。分布于东亚。

41 羊耳菊属 *Duhaldea* DC.

灌木或多年生草本。叶互生。头状花序单生、几个或多数密集成顶生聚伞状；总苞近钟状。缘花舌状，黄色至白色，1层，舌瓣长短不一，有时近无舌片，顶端3或4裂，雌性；盘花管状，黄色至白色，两性，结实，花药基部附器截形。果椭圆球形，被毛；冠毛糙毛状，污白色。

约15种，分布于亚洲中部、东部、东南部。本区有1种。

羊耳菊

Duhaldea cappa（Buch.-Ham. ex D. Don）Pruski et Anderb.——*Inula cappa*（Buch.-Ham. ex D. Don）DC.

亚灌木。茎直立，高40~150cm，粗壮，多分枝，被污白色、浅褐色的绢状或绵状密茸毛。叶片长圆形或长圆状披针形，长10~16cm，先端钝或急尖，基部圆形或近楔形，边缘有小尖头状细齿，上面被密糙毛，下面被白色或污白色绢状厚茸毛，网脉明显，叶柄长约0.5cm。头状花序多数，倒卵圆形，直径5~8mm，于茎、枝顶端排列成聚伞圆锥状，被绢状密茸毛，苞叶条形；总苞近钟形；总苞片约5层，条状披针形，外层的较短，先端稍尖，外面被污白色或带褐色绢状茸毛。缘花舌状，1层；盘花管状，两性，结实。果长圆柱形，被白色长绢毛；冠毛污白色。花果期6—11月。

见于龙南大庄等地。生于低山丘陵地、荒地上及灌木丛中。分布于东亚、东南亚。全草或根可入药，有祛痰定喘、活血调经等功效，还可治跌打损伤。

42 艾纳香属 *Blumea* DC.

一年生或多年生草本、亚灌木或藤本。茎直立，被毛。叶互生；叶片边缘具锯齿或稀羽状分裂。头状花序排列成圆锥状，稀密集成球状或穗状；总苞半球形、圆柱形或钟形；总苞片多层，背面被柔毛；花序托平。缘花细管状，雌性，顶端2~4齿裂；盘花管状，上部稍扩大，少数，两性，檐部5浅裂，花药5，基部戟形，具尾，花柱分枝条形，具乳头状凸起。果圆柱形，通常有棱；冠毛1层，糙毛状。

约50种，分布于亚洲、非洲热带地区及澳大利亚、太平洋岛屿。本区有3种。

分种检索表

1. 花冠紫红色；果近有角至表面圆滑；叶片倒卵形 …………………………………… 1. 柔毛艾纳香 *B. axillaris*
1. 花冠黄色；果具明显纵棱。
   2. 叶片较大，长12~20cm，宽4~6.5cm；叶脉9~11对；叶缘具疏细齿或小尖头 … 2. 台湾艾纳香 *B. formosana*
   2. 叶片较小，长6~12cm，宽2~4cm；叶脉5~6对；叶缘具密齿 ……………………… 3. 拟毛毡草 *B. sericans*

1. 柔毛艾纳香

Blumea axillaris（Lam.）DC.——*B. mollis*（D. Don）Merr.

多年生草本。茎直立，高15~60cm，被开展的长柔毛，并杂有腺毛。茎下部叶叶片倒卵形，长4~9cm，宽2~4cm，先端圆钝，基部渐狭，边缘具不规则密细齿，两面被绢状长柔毛，侧脉5~7对，叶柄长1~2cm；茎中部叶叶片倒卵形至卵状长圆形，较小，具短柄；茎上部叶渐小，近无柄。头状花序多数，直径3~5mm，通常3~5个密集成聚伞状，再排列成圆锥状；无梗或具短梗；总苞圆柱形；总苞片近4层，草质，紫红色，外层的条形，先端渐尖，背面被密柔毛，杂有腺体；花序托扁平，无毛。全部小花管状，花冠紫红色；缘花多数，雌性；盘花少数，两性，顶端5浅裂，具乳头状凸起及短柔毛。果圆柱形，被短柔毛；冠毛1层，糙毛状，白色。花果期几乎全年。

见于保护区外围大赛等地。生于田野、路边草丛中。分布于亚洲、非洲及澳大利亚、太平洋岛屿。

2. 台湾艾纳香

Blumea formosana Kitam.

多年生草本。茎直立，高40~100cm，被白色长柔毛。茎中部叶叶片倒卵状长圆形，长12~20cm，宽4~6.5cm，先端急尖或钝，基部长渐狭，边缘疏生点状细齿或小尖头，上面被短柔毛，下面被紧贴的白色茸毛，并杂有腺体，侧脉9~11对，近无柄；上部叶渐小，叶片长圆形或长圆状披针形。头状花序少至多数，排列成顶生圆锥状；梗长5~10mm；总苞球状钟形；总苞片4层，外层的条状披针形，背面密被柔毛并杂有腺体，中层的条状长圆形，内层的条形，先端尾尖;花序托平,无毛。缘花细管状,雌性,黄色,顶端3齿裂,无毛;盘花管状,两性,黄色,顶端5浅裂,裂片有密腺点。果圆柱形,具10棱,被白色腺状粗毛;冠毛1层,糙毛状,白色。花果期8—11月。

见于龙南、官埔垟、双溪、横溪及保护区外围大赛等地。生于路边草丛中、林缘、山坡旷野中、山谷林下。我国特有,分布于华东、华中、华南。

3. 拟毛毡草 丝毛艾纳香

Blumea sericans(Kurz)Hook. f.

多年生草本。茎直立,高40~80cm,被白色密绢毛状茸毛。叶主要基生,近莲座状;基生叶叶片倒卵状匙形或倒披针形,长6~12cm,宽2~4cm,先端钝,基部长渐狭,下延成具长翅的柄,边缘具不规则密齿,上面被白色茸毛,后渐脱落,下面被绢毛状茸毛,侧脉5~6对,明显;茎生叶疏生,向上渐小,匙状长圆形。头状花序多数,2~7个簇生,再排列成狭圆锥状;总苞圆柱形或钟形;总苞片约4层,外层的条状长圆形,先端急尖或渐尖,背面被白色密茸毛;花序托稍凸起,无毛。全部小花管状,黄色;缘花多数,雌性,顶端3或4裂,无毛;盘花少数,两性,顶端5裂,被疏毛,杂有乳头状腺点。果圆柱形,具10棱,被疏毛;冠毛糙毛状,白色。花果期4—8月。

见于保护区外围屏南百步等地。生于路边草丛中、田边、荒地上。分布于东亚、东南亚。

43 合冠鼠麹草属 *Gamochaeta* Wedd.

一年生或多年生草本。茎直立或向上斜展，被白色绵毛或茸毛。叶互生。头状花序小，簇生成团伞状，再排列成穗状或圆锥状；总苞半球形或钟形；总苞片2~4层，褐色；花序托平，无毛。缘花细管状，紫色，雌性；盘花管状，紫色，两性，花药基部箭形，花柱分枝圆柱形，有多数乳头状凸起。果椭圆球形；冠毛1层，白色或污白色，基部连合成环。

约53种，分布于美洲，有些种类分布于亚洲、大洋洲、欧洲等地。本区有1种。

匙叶合冠鼠麹草 匙叶鼠麹草

Gamochaeta pensylvanica（Willd.）Cabrera——*Gnaphalium pensylvanicum* Willd.

一年生草本。茎直立或向上斜展，高20~40cm，被白色绵毛。茎下部叶叶片倒披针形或匙形，长2~7cm，宽1~1.5cm，先端圆钝，基部长渐狭，下延，全缘或微波状，上面被疏毛，下面密被灰白色绵毛，侧脉2或3对，细弱，无柄；茎中部叶叶片倒卵状长圆形或匙状长圆形，长2.5~3.5cm，先端圆钝，基部渐狭，下延；茎上部叶渐小。头状花序多数，成束簇生，再排列成紧密的穗状；总苞卵形；总苞片2层，污黄色或麦秆黄色，膜质，外层的卵状长圆形，内层的条形；花序托干时除边缘外完全凹陷，无毛。缘花细管状，多数，雌性；盘花管状，少数，无毛，两性。果长圆柱形，有乳头状凸起；冠毛绢毛状，污白色，基部连合成环。花果期12月至次年5月。

见于保护区外围小梅金村、屏南百步、大赛等地。生于路边、山坡荒地、林缘草丛。分布于亚洲、非洲、欧洲、中美洲至南美洲及澳大利亚。

44 鼠麴草属 *Gnaphalium* L.

一年生或多年生草本。茎直立或向上斜展，被白色绵毛或茸毛。叶互生。头状花序小，1个或几个簇生；总苞半球形或钟形；总苞片2~4层，褐色；花序托平，无毛。缘花细管状，紫色，雌性；盘花管状，紫色，两性，花药基部箭形，花柱分枝圆柱形，有多数乳头状凸起。果椭圆球形；冠毛1层，基部分离，白色或污白色。

约80种，广泛分布于全球。本区有1种。

细叶鼠麹草 天青地白

Gnaphalium japonicum Thunb.

多年生草本。茎直立，不分枝或自基部发出数条匍匐的小枝，花时高8~25cm，密被白色绵毛。基生叶花时宿存，莲座状，叶片条状披针形或条状倒披针形，长3~10cm，宽0.3~0.7cm，先端具短尖，基部渐狭下延，边缘多少反卷，上面绿色，疏被绵毛，下面厚被白色绵毛，叶脉1条；茎生叶向上渐小，叶片条形。头状花序少数，在枝端密集成球状，无梗；总苞近钟形，直径2~3mm；总苞片3层，外层的宽椭圆形，干膜质，红褐色，先端钝，背面被疏毛，中层的倒卵状长圆形，上部带红褐色，内层的条形，红褐色。缘花丝状，多数，雌性；盘花管状，少数，两性。果椭圆球形，密被棒状腺体；冠毛粗糙，白色。花果期4—7月。

见于龙案、南溪口及保护区外围大赛等地。生于路边、荒地上、林缘。分布于东亚及澳大利亚、新西兰。

45 拟鼠麹草属 *Pseudognaphalium* Kirp.

茎直立或向上斜展，被白色绵毛或茸毛。叶互生。头状花序小，簇生，排列成伞房状；总苞半球形或钟形；总苞片2~4层，金黄色、白色、粉色、黄褐色或褐色；花序托平，无毛。缘花细管状，黄色，雌性；盘花管状，黄色，两性，花药基部箭形，花柱分枝圆柱形，有多数乳头状凸起。果椭圆球形；冠毛1层，分离，白色或污白色。

约90种，全球广泛分布。本区有3种。

分种检索表

1. 总苞片通常淡白色而带有不显著的淡黄色或黄白色；粗壮草本；叶片具明显3脉……………………………………………………………………………………………… 1. 宽叶拟鼠麹草 *P. adnatum*

1. 总苞片金黄色或柠檬黄色。
   2. 矮小草本；茎自基部分枝；叶片匙形或匙状倒披针形；冠毛基部连合成2束 ……… 2. 拟鼠麹草 *P. affine*
   2. 粗壮草本；基部不分枝，上部斜直出分枝；叶片条形或宽条形；冠毛基部分离 … 3. 秋拟鼠麹草 *P. hypoleucum*

1. 宽叶拟鼠麹草　宽叶鼠麹草

Pseudognaphalium adnatum（DC.）Y. S. Chen——*Gnaphalium adnata*（DC.）Kitam.

多年生草本。茎直立，粗壮，高30~50cm，密被紧贴的白色绵毛。基生叶花前凋落；茎中部叶及下部叶叶片倒披针状长圆形或倒卵状长圆形，长4~9cm，宽1~2.5cm，先端急尖，基部长渐狭，下延抱茎，全缘，两面密被白色绵毛，具3脉，无柄；茎上部花序枝的叶小，叶片条形，两面密被白色绵毛。头状花序少数，直径5~6mm，在枝端密集成头状，再排列成大型伞房状；总苞近球形；总苞片3或4层，干膜质，淡黄色或黄白色，外层的倒卵形或倒披针形，先端圆钝，内层的长圆形或狭长圆形。缘花细管状，具腺点，雌性；盘花管状，具腺点，两性。果圆柱形，具乳头状凸起；冠毛白色。花果期7—10月。

见于炉岙、双溪等地。生于山坡路边、林缘。分布于东亚、东南亚。

2. 拟鼠麹草

Pseudognaphalium affine（D. Don）Anderb.——*Gnaphalium affine* D. Don

二年生草本。茎直立，通常自基部分枝，高10~40cm，全体密被白色绵毛。茎下部叶和中部叶叶片匙状倒披针形或倒卵状匙形，长2~6cm，宽0.3~1cm，先端圆形，具小短尖，基部下延，全缘，两面被白色绵毛；无柄。头状花序较多，在枝顶密集成伞房状，近无梗；总苞钟形，直径2~3mm；总苞片2或3层，金黄色或柠檬黄色，膜质，有光泽，外层的倒卵形或匙状倒卵形，背面基部被绵毛，先端圆，基部渐狭，内层的长匙形，背面通常无毛，先端钝；花序托中央稍凹陷，无托毛。缘花细管状，多数，雌性；盘花管状，较少，无毛，两性。果倒卵球形或倒卵状圆柱形，有乳头状凸起；冠毛粗糙，污白色，基部连合成2束。花期3—11月。

区内常见。生于田埂边、荒地上、林缘、路边。分布于东亚、西亚、南亚至澳大利亚。

茎、叶可入药，有镇咳、祛痰、降血压等功效；嫩茎、叶可作蔬菜。

3. 秋拟鼠麹草

Pseudognaphalium hypoleucum（DC.）Hilliard et B. L. Burtt——*Gnaphalium hypoleucum* DC.

一年生草本。茎直立，高30~70cm，基部通常木质，上部多分枝，密被白色茸毛或老时较疏。茎下部叶叶片条形或宽条形，长4~8cm，宽0.3~0.7cm，先端渐尖，基部狭，稍抱茎，全缘，上面绿色，有稀疏短柔毛，下面密被白色茸毛；茎中、上部叶较小。头状花序多数，在茎、枝顶端密集成伞房状;无梗或有短梗;总苞球形,直径4mm;总苞片4或5,金黄色,有光泽,膜质或上半部膜质,外层的卵形,被茸毛,内层的倒卵形至条形,无毛。细管状,多数,雌性;盘花管状,较少,裂片卵形,无毛,两性。果长圆球形,顶端平截,有细点,无毛;冠毛绢毛状,基部分离,污黄色,易脱落。花果期8—12月。

见于龙南下庄、横溪等地。生于路边草丛中、山坡荒地上、林缘。分布于东亚、东南亚。

46 泥胡菜属 *Hemisteptia* Bunge ex Fisch. et C. A. Mey.

一年生草本。茎单生,直立,上部分枝。叶互生;叶片羽状分裂,两面异色;具柄或无柄。头状花序同形,常数个在茎、枝顶端排列成疏散的伞房状;总苞宽钟状或半球形;总苞片多层,呈覆瓦状排列,外面近顶端具小鸡冠状凸起;花序托平坦,被稠密的托毛。全部小花管状,两性,结实,先端4或5深裂,但多少粘连成二唇形;花药基部箭形,附器尾状,稍撕裂;花柱分枝呈短棍棒状,分枝下部有毛环。果压扁,楔状或偏斜楔形,具13~16粗细不等的尖细纵肋,无毛,顶端斜截形,基底着生面平整;冠毛2层,异形,外层冠毛羽毛状,基部连合成环,整体脱落,内层冠毛鳞片状,极短,着生于一侧,宿存。

1种,分布于亚洲、大洋洲。本区也有。

泥胡菜

Hemisteptia lyrata（Bunge）Fisch. et C. A. Mey.——*Cirsium lyratum* Bunge

一年生草本。茎直立，高25~70cm，有纵棱纹，疏被蛛丝状毛，上部常分枝。茎中下部叶叶片长椭圆形或倒披针形，长7~20cm，宽2~5cm，羽状深裂或琴状分裂，裂片长椭圆状披针形，上面绿色、无毛，下面密被白色蛛丝状毛，具短柄；上部叶小，叶片披针形至条形，不裂或浅裂，无柄。头状花序在茎、枝顶端排列成疏松伞房状；具长梗；总苞宽钟状或半球形；总苞片多层，呈覆瓦状排列，外层的卵形，先端具小鸡冠状凸起，内层的条形，较长，具小鸡冠状凸起或无。小花紫红色，花冠长约1.4cm，5深裂，裂片条形。果压扁，深褐色，具13~16粗细不等的纵肋；冠毛二型，白色，2层，外层冠毛羽毛状，基部连合成环，整体脱落，内层冠毛极短，鳞片状，宿存。花果期5—8月。

见于炉岙、双溪及保护区外围大赛、屏南百步等地。生于路边、草丛或旷野中。分布于亚洲、大洋洲。

常作饲料。

47 风毛菊属 *Saussurea* DC.

一年生、二年生或多年生草本，有时为亚灌木状。茎矮小至高大，有时退化，有茎者被绵毛或多节柔毛，或无毛。叶互生；叶片全缘或羽状分裂。头状花序多数或少数于茎、枝顶端排列成伞房状、圆锥状或总状，或集生于茎端，极少单生；总苞球形、钟形、卵球形、陀螺形或圆柱形；总苞片多层，呈覆瓦状排列，紧贴，直立、开展或先端反折，先端具附器或无；花序托平坦或凸起，常密被刚毛状托片。小花两性，同形，结实；花冠管部细丝状，檐部5裂至中部；花药基部箭形，尾部撕裂；花柱顶部2分枝，分枝长，顶端钝或稍钝，分枝下部具毛环。果圆柱形、椭圆球形或棍棒形，平滑或具横皱纹，顶端截形，有具齿小冠或无小冠；冠毛常2层，外层冠毛短，刚毛状或短羽毛状，易脱落，内层冠毛长，羽毛状，基部连合成环，整体脱落。

400余种，分布于亚洲与欧洲的温带地区。本区有2种。

分种检索表

1. 果黑色，具横皱纹，顶端有具齿小冠；头状花序直径1.5~4cm；总苞先端篦齿状 …………………………………… 1. 三角叶风毛菊 *S. deltoidea*

1. 果淡黄色至紫褐色，无横皱纹，顶端无小冠；头状花序直径0.7~1.5cm；总苞先端具芒刺尖 …………………………………… 2. 庐山风毛菊 *S. bullockii*

1. 三角叶风毛菊

Saussurea deltoidea（DC.）Sch. Bip.——*Aplotaxis deltoidea* DC.

多年生草本。茎直立，高40~200cm，具纵棱纹，被白色蛛丝状绵毛，上部更密。茎中下部叶叶片长圆形、卵状心形或三角状心形，长10~25cm，宽3~7.5cm，先端渐尖，基部心形或楔

形下延，边缘具不规则波状齿，上面被微柔毛，下面密被灰白色绵毛，叶柄有翅；茎上部叶叶片小，披针形或卵状披针形，先端渐尖，基部楔形。头状花序直径1.5~4cm，单生于茎、枝顶端；总苞半球形或宽钟形；总苞片5~7层，外层的卵形或长卵形，先端开展或反折，篦齿状，中层和内层的披针形或条形，先端开展，篦齿状。小花管状，多数，白色。果短圆柱形，近四棱状，表面黑色，具横皱纹，先端有具齿小冠；冠毛白色。花果期8—11月。

见于官埔垟、炉岙、乌狮窟、凤阳湖、龙南、南溪口、龙案及保护区外围大赛、屏南瑞垟等地。生于海拔800~1500m的路边、山坡草丛中、溪边。分布于东亚、东南亚。

2. 庐山风毛菊

Saussurea bullockii Dunn

多年生草本。茎直立，高50~200cm，具纵棱纹，被灰白色蛛丝状绵毛和短柔毛，下部的常脱落。基生叶和中下部叶叶片卵形、三角状卵形或宽卵形，长8~18cm，宽6~15cm，先端渐尖，基部心形，两侧呈圆耳状，边缘具波状锐齿，上面被短硬毛，下面除中脉疏被绵毛外无毛，叶柄长8~20cm，基部扩大，半抱茎；上部叶渐小，叶片卵形或卵状三角形，先端渐尖，基部心形或圆形，具短柄。头状花序多数，直径10~15mm，在茎、枝顶端排列成圆锥状；总苞倒圆锥形或钟形，被脱落性绵毛；总苞片5或6层，外层的宽卵形或卵圆形，上部及边缘带紫色，先端具芒刺尖，中层和内层的椭圆形至长圆状披针形，先端直立，具芒刺尖。小花管状，多数，淡紫色。果圆柱形，淡褐色，无毛；冠毛2层，污白色。花果期7—10月。

见于大田坪、黄茅尖、凤阳湖、龙案等地。生于海拔780~1700m的路边草丛中、山坡草地上、林下灌丛中。我国特有，分布于华东、华中及广东、陕西。

48 蓟属 *Cirsium* Mill.

一年生、二年生或多年生植物，无茎或为高大草本。茎分枝或不分枝。叶互生；叶片通常羽状分裂或具锯齿，边缘有针刺，无柄或具柄。头状花序全部为两性花或全部为雌花，直立、下垂或下倾，在茎、枝顶端排列成伞房状、圆锥状、总状或近头状，少有单生；总苞钟形至球形，无毛或被蛛丝状毛，或被多细胞的长节毛；总苞片多层，呈覆瓦状排列，边缘全缘，无针刺或有缘毛状针刺；花序托密被长托毛。小花红色、红紫色，极少为黄色或白色；花药基部耳状，附器撕裂；花柱分枝基部有毛环。果稍压扁，光滑，通常有纵条纹，顶端截形或斜截形，基底着生面平整；冠毛多层，向内层渐长，羽毛状，基部连合成环，整体脱落。

300余种，主要分布于北温带，以我国和日本种类为多。本区有1种。

蓟　大蓟　日本蓟

Cirsium japonicum DC.

多年生草本。茎直立，高30~60cm，分枝或上部分枝，密被多节毛。基生叶花时存在，叶片卵形至长椭圆形，长8~20cm，宽2.5~10cm，羽状深裂至全裂，边缘具不等锯齿，齿端具针刺，基部下延成翼柄；茎中部叶叶片长圆形，羽状深裂，齿端具针刺，基部抱茎；茎上部叶渐小。头状花序少数至多数排列成伞房状，顶生或腋生，直立；总苞钟形，直径约3cm；总苞片

多层，外层向内层渐长，先端渐尖，顶端具针刺。小花两性，结实；花冠紫红色或紫色，少有白色，管状，先端不等5裂。果稍压扁，倒长卵球形，顶端斜截；冠毛浅褐色，羽毛状，基部连合成环，整体脱落。花果期5—8月。

区内常见。生于路边草丛中、田边荒地上。分布于东亚。

49 漏芦属 *Rhaponticum* Vaill.

多年生草本。茎直立，分枝或不分枝。叶互生；叶片羽状分裂，稀不分裂，全缘或边缘有锯齿。头状花序单生或数个生于茎、枝顶端；总苞球形至钟形；总苞片多层，呈覆瓦状排列，向内层渐长，具膜质边缘，先端具膜质附器；花序托平坦，密被托毛。小花两性，结实；花冠管状，粉红色至紫色，5裂；花药基部附器箭形，分离；花柱分枝细长，稀不分枝，分枝处下部具毛环。果形状多样，有细条纹或细纹不明显，顶端截形，具侧生着生面；冠毛多层，刚毛状，不等长，基部不连合成环。

约26种，分布于亚洲、欧洲、非洲、大洋洲。本区有1种。

华漏芦　华麻花头

Rhaponticum chinense (S. Moore) L. Martins et Hidaldo——*Serratula chinensis* S. Moore

多年生草本。茎直立，高40~100cm，具细棱，被柔毛，上部分枝。基生叶叶片宽卵形至长圆状披针形，长4~13cm，宽1.5~7cm，先端急尖或渐尖，基部楔形，边缘具细锯齿，齿端有胼胝体，两面被微糙毛及黄色小腺点；具长柄。头状花序1~4生于茎、枝顶端，排列成不明显伞房状；花序梗稍膨大；总苞宽钟形，直径1~3cm；总苞片6或7层，外层的小，卵形至长椭圆形，外被柔毛，中层的长圆形，内层的条形，先端圆钝，无毛，具干膜质的边缘。小花两性；花冠紫色，5裂。果长圆球形，黑褐色；冠毛多层，刚毛状，褐色或带紫色，不等长，基部不连合成环，脱落。花果期6—10月。

见于龙案、横溪、南溪口等地。生于海拔500~900m的林下、路边、竹林下、溪沟边。我国特有，分布于华东、华中及广东、广西、四川、陕西、甘肃。

根可入药，有透疹、解毒等功效。

50 稻槎菜属 *Lapsanastrum* Pak et K. Bremer

一年生、二年生、多年生草本，具乳汁。茎直立或铺散，多分枝。叶片边缘有锯齿，或羽状深裂、全裂。头状花序同形，小，具长梗，在茎、枝顶裂排列成疏松的伞房状或圆锥状；总苞圆柱状钟形或钟形；总苞片2层，外层的小，3~5，卵形，内层的长，条形或条状披针形；花序托平坦，无托毛。全部小花舌状，黄色，两性，顶端平截，具5齿；花药基部箭形；花柱分枝纤细。果长椭圆球形、长椭圆状披针形或长圆球形，稍压扁，具多条细小纵肋，顶端钝圆或平截；无冠毛。

4种，分布于中国、日本、朝鲜半岛。本区有1种。

稻槎菜

Lapsanastrum apogonoides（Maxim.）Pak et K. Bremer——*Lapsana apogonoides* Maxim.

一年生或二年生矮小草本。茎纤细，高10~20cm，自基部发出数条簇生的分枝及莲座状叶丛，疏被细毛。基生叶叶片长4~10cm，宽1~3cm，大头羽状全裂，顶裂片卵圆形，先端圆钝或急尖，裂片向下渐变小，两面无毛，叶柄长1~2cm；茎生叶少数，具短柄或近无柄。头状花序小，具梗，果期下垂或歪斜，在茎、枝顶端排列成疏松的伞房状；总苞圆筒状钟形；总苞片2层，外层卵形，内层条状披针形，无毛。全部小花舌状，黄色，多数，两性。果稍压扁，长椭圆球形，淡黄色，每侧各有5~7条细肋，肋上有微粗毛，顶端两侧各有1下垂的长钩刺；无冠毛。花果期4—5月。

见于均益及保护区外围小梅金村、屏南百步等地。生于田埂或荒地。分布于东亚。

51 蒲公英属 *Taraxacum* F. H. Wigg.

多年生草本，无茎，具乳汁。叶基生，呈莲座状；叶片匙形、倒披针形或披针形，羽状深裂、浅裂或具波状齿，稀全缘，具叶柄或无。头状花序单生于花葶顶端，花葶直立，自基部抽出，1至数个，无叶，通常在上部被蛛丝状长柔毛；总苞钟形或长圆球形；总苞片数层，外层的较短，先端通常外折，最内层的直立而狭，近相等；花序托平坦，无托毛。全部小花舌状，常为黄色，舌片顶端平截，具5齿，两性，结实；花药基部箭形；花柱分枝细长，具微毛。果稍扁，长圆球形，有棱，无毛，具小瘤状凸起或小刺，先端具细长的喙；冠毛多数，刚毛状，白色。

2500种，主要分布于北半球高纬度地带。本区逸生1种。

蒲公英 药用蒲公英 西洋蒲公英

Taraxacum officinale F. H. Wigg.

多年生草本。叶基生；叶片狭倒卵形或长椭圆形，稀为倒披针形，长4~15cm，宽1~3cm，先端钝或急尖，基部渐狭，大头羽状深裂或羽状浅裂，稀不裂而具波状齿，顶裂片三角形或长三角形，全缘或具齿，侧裂片较小，不间断，三角形至三角状条形，先端急尖或渐尖，全缘或具齿，无毛或沿主脉疏被蛛丝状短毛；叶柄具翅。花葶多数，长于叶，密被白色蛛丝状毛。头状花序直径2.5~4cm；总苞宽钟形；总苞片2或3层，草质，外层的宽披针形或披针形，反卷，先端背部渐尖而无角，无或具极狭膜质白边，内层的条状披针形，先端无角。全部小花舌状，多数，鲜黄色。果倒长椭圆球形，浅黄褐色，有纵棱与小横瘤，中部以上横瘤有刺状凸起，喙长7~10mm；冠毛刚毛状，白色。花果期6—7月。

官埔垟、炉岙、凤阳庙等地有逸生。生于路边草丛。原产于欧洲。各地均有分布。

52 苦苣菜属 *Sonchus* L.

一年生或多年生草本，具乳汁。茎直立，不分枝或分枝。叶片边缘有齿缺或羽状分裂，裂片常具尖齿，基部常耳状抱茎。头状花序排列成疏松的伞房状或圆锥状，稀单生；总苞圆筒状或钟状；总苞片2~4层，覆瓦状排列，外层的较内层的短，最内层的边缘膜质；花序托平坦或有小凹点，无托毛。全部小花舌状，黄色，顶端平截，具5齿，两性，结实。果稍扁，卵球形或椭圆球形，顶端无喙，具数条至20条纵肋，平滑或有多数小钝齿；冠毛多数，二型，其一为较粗的直毛，另一为极细的柔毛。

约90种，分布于亚洲、欧洲、非洲、大洋洲及太平洋岛屿。本区有3种。

分种检索表

1. 多年生草本，具根状茎；果稍压扁，每面具3~5纵肋 ……………………………… 1.苣荬菜 *S. wightianus*
1. 一年生、二年生草本，无根状茎；果压扁，每面具3肋。
  2. 茎中部叶叶片羽状深裂，基部扩大成急尖的耳状抱茎；果的纵肋间具横皱纹 … 2.苦苣菜 *S. oleraceus*
  2. 茎中部叶叶片不分裂或羽状浅裂，基部扩大成圆耳状抱茎；果的纵肋间无横皱纹 … 3.续断菊 *S. asper*

1. 苣荬菜 南苦苣菜

Sonchus wightianus DC.——*S. lingianus* Shih

多年生草本。根有分枝，多少具根状茎或具匍匐根状茎。茎直立，高30~150cm，不分枝或上部分枝，无毛或密被腺毛。基生叶多数，簇生；茎下部叶长圆状倒披针形，长8~20cm，宽2~6cm，先端钝圆或渐尖，基部渐狭，叶柄具狭翅；茎中部叶边缘通常有稀疏的缺刻或羽状浅裂，裂片三角形，少不裂，边缘有不规则波状或刺状尖齿，基部呈圆形耳状抱茎；茎上部叶小，条形。头状花序直径2~4.5cm，排列成伞房状，具梗，梗上具腺毛或无毛；总苞钟状，被腺毛或无毛；总苞片3或4层。全部小花舌状，被长

柔毛。果稍扁，长椭圆球形，具3~5纵肋，肋间具横皱纹；冠毛白色，易脱落。花果期8—10月。

见于凤阳庙及保护区外围大赛、屏南等地。生于山坡、路边、荒地、草丛、旷野。几乎遍布全球。

2. 苦苣菜

Sonchus oleraceus L.

一年生或二年生草本。根圆锥状，须根纤维状。茎直立，中空，高50~90cm，不分枝或上部分枝，中上部及顶端疏被短柔毛及褐色腺毛。茎下部叶长圆形至倒披针形，长15~20cm，宽3~8cm，羽状深裂，裂片对称，狭三角形或卵形，边缘有不规则的尖齿，顶端裂片大，宽心形、卵形或三角形，侧生裂片狭三角形或卵形，不对称，先端渐尖，基部具急尖的耳状苞茎；茎上部叶渐狭，边缘具不规则锯齿。头状花序直径约2cm，具长梗，梗被腺毛，排列成伞房状；总苞钟形或圆筒形；总苞片2或3层。全部小花舌状，多数，黄色。果压扁，倒卵状椭圆球形，两面各具3条纵肋，肋间具粗糙细横纹；冠毛白色。花果期3—11月。

见于官埔垟及保护区外围屏南瑞垟、大赛垟栏头等地。生于山坡路边、荒地、草丛中。原产于欧洲、地中海地区。全国各地均有归化。

3. 续断菊　花叶滇苦菜

Sonchus asper（L.）Hill——*S. oleraceus* L. var. *asper* L.

一年生草本。根纺锤形或圆锥形，褐色。茎直立，高30~50cm，分枝或不分枝，无毛或上部被腺毛。茎下部叶长椭圆形或倒卵形，长5~13cm，宽1~5cm，先端渐尖，基部下延成翅柄，边缘不规则羽状分裂，或具密而不等长的刺状齿；茎中、上部叶无柄，基部具扩大圆耳抱茎。头状花序数个，具梗，在茎端密集排列成伞房状；总苞钟状，直径8~11mm；总苞片2或3层，草质，绿色或暗绿色，外层的披针形，内层的条状披针形，先端钝，边缘膜质。全部小花舌状，多数，黄色。果压扁，倒长卵球形，淡褐色，两面各具3纵肋，肋间无横皱纹；冠毛白色。花果期3—10月。

见于保护区外围屏南兴合。生于海拔700m左右的路边、荒地上或林缘草丛中。原产于欧洲、地中海地区。我国浙江、山东、江苏、湖北、广西、台湾、四川、西藏、新疆均有归化。

53 山柳菊属 *Hieracium* L.

多年生草本，具乳汁。茎单生或少数茎簇生，分枝或不分枝，通常被粗毛，稀无毛。叶互生；叶片不分裂，边缘有各式锯齿或全缘，稀羽状分裂；有柄或无柄。头状花序同形，少数或多数在茎、枝顶端排列成伞房状或圆锥状，有时单生于茎端，含多数舌状小花；总苞钟状或圆筒状；总苞片3或4层，覆瓦状排列，向内层渐长；花序托平坦，通常无托毛。全部小花舌状，多数，黄色，极少淡红色或淡白色，舌片顶端截形，5齿裂；花药基部箭形；花柱分枝细，圆柱形。果稍扁，圆柱形或长圆球形，具10~15条等形的纵肋，顶端截形，无喙；冠毛1或2层，糙毛状，淡黄色或白色，易折断。

约800种，分布于欧洲、亚洲、美洲与非洲山地。本区有1种。

山柳菊 伞花山柳菊

Hieracium umbellatum L.

多年生草本。茎直立，高30~100cm，上部分枝或不分枝，基部常淡红紫色，被柔毛或近无毛。基生叶及茎下部叶花期枯萎；茎中上部叶互生，无柄，叶片披针形至狭条形，长3~10cm，宽0.5~1.5cm，先端急尖，基部楔形，边缘具锯齿或全缘，下面沿脉及边缘被短毛。头状花序具梗，在茎、枝顶端排列成伞房状，极少单生；总苞钟状，黑绿色；总苞片3或4层，外层向内层渐长，外层的披针形，先端钝，上面被短毛，内层的条状长椭圆形。全部小花舌状，黄色，顶端5齿裂。果圆柱形，黑紫色，基部渐狭，具10条细肋，顶端截形，无毛；冠毛1层，淡黄色，糙毛状。花果期7—10月。

见于大田坪、凤阳庙。生于海拔1100~1300m的山坡路边。分布于东亚、欧洲。

54 莴苣属 *Lactuca* L.

一年生、二年生、多年生草本，具乳汁。茎直立，常肉质，不分枝或上部分枝。叶片分裂或不分裂。头状花序同形，在茎、枝顶端排成伞房状或圆锥状；总苞果期长卵球形至宽卵球形；总苞片3~5层，覆瓦状排列，外层的较内层的短；花序托平坦，无托毛。全部小花舌状，黄色，7~25朵，舌片顶端截形，5齿裂；花药基部箭形，耳尖锐；花柱分枝细。果背腹压扁，倒卵球形、椭圆球形或长椭圆球形，淡褐色至黑褐色，两侧有1~10细肋，顶端收缩成细丝状的长喙，有时边缘宽扁成翅状，则喙短而粗；冠毛2层，白色，微粗糙。

50余种，主要分布于东亚至中亚、欧洲和北美洲。本区有3种。

分种检索表

1. 果每面具1~3条纵肋，边缘具宽翅。
  2. 茎中部叶叶片卵形或卵状三角形；内层总苞片5或6 ………………………… 1. 毛脉翅果菊 *L. raddeana*
  2. 茎中部叶叶片条形、条状披针形至长圆形；内层总苞片8 ………………………… 2. 翅果菊 *L. indica*
1. 果每面具5~8条纵肋，边缘无翅 ………………………………………………… 3. 莴苣 *L. sativa*

1. 毛脉翅果菊 高大翅果菊

Lactuca raddeana Maxim.——*Pterocypsela elata* (Hemsl.) Shih

一年生或二年生草本。茎直立，高60~100cm，不分枝，常有多节长糙毛，或脱落至无毛。叶片纸质，卵形或卵状三角形，有时上部的为菱状披针形或狭倒卵形，长5~12cm，宽2~6cm，先端急尖，基部近截形，常下延成长翼柄而稍抱茎，边缘齿裂，上面绿色，下面粉绿色，沿脉有长糙毛，或无毛。头状花序多数，排列成狭圆锥状；总苞圆柱形；总苞片4层，外层的卵形，内

层的条状披针形，先端钝。全部小花舌状，黄色，顶端5齿裂。果扁平，倒卵状长圆球形，棕褐色，每面具3纵肋，边缘有宽翅，先端具极短的喙；冠毛白色。花果期4—9月。

见于官埔垟、炉岙、凤阳湖、龙案及保护区外围大赛梅地等地。生于海拔1500m以下的溪边、路边草丛中、山坡林下。分布于东亚。

2. 翅果菊　山莴苣

Lactuca indica L.——*Pterocypsela indica*（L.）Shih——*P. laciniata*（Houtt.）Shih

一年生或二年生草本。茎直立，高可达1.5m，无毛。叶互生，多变异，下部者早落；中部叶条形、条状披针形或长圆形，长10~30cm，宽1~5.5cm，先端渐尖，基部抱茎，不分裂至羽状分裂，稀2回羽裂，叶片或裂片具微波状齿，下面常被白粉，无毛或下面中脉上稍有毛，无叶柄；上部叶逐渐变小，条形或条状披针形，不分裂或羽状分裂。头状花序多数，直径约2cm，具梗，排列成圆锥状；总苞钟状；总苞片3或4层，无毛。全部小花舌状，淡黄色或白色。果压扁，椭圆球形或宽卵球形，边缘具宽翅，每面各有1条纵肋，顶端喙粗短，长约1mm；冠毛白色。花果期8—11月。

见于官埔垟、炉岙、乌狮窟、大田坪及保护区外围大赛梅地、屏南等地。生于路边草丛、村边荒地、田埂、溪边。分布于东亚、东南亚。

3. 莴苣

Lactuca sativa L.

一年生或二年生草本，含白色乳汁。茎高达1m，粗壮，上部花序多分枝，无毛，灰白色。基生叶丛生，叶片长圆形、倒卵圆形或椭圆状倒披针形，长10~30cm，宽2.5~5cm，先端圆钝或急尖，不分裂或分裂，平滑或有皱纹，无叶柄；中部叶长圆形或三角状卵形，长3~6cm，先端急尖，基部心形，耳状抱茎。头状花序多数，直径4~8mm，具梗，在茎、枝顶端排列成伞房状；总苞卵球形；总苞片多层，外层3枚，卵形或披针形，内层10~12枚，披针形至长圆状条形，边缘膜质。全部小花舌状，黄色，舌片顶端5齿裂。果微压扁，纺锤形或长圆状倒卵球形，灰褐色，每面具5~7条纵肋，上部有开展的柔毛，喙细长，与果等长或稍短；冠毛白色。花果期6—10月。

区内村庄常见栽培。可能原产于地中海地区至中亚。我国各地广泛栽培。

作蔬菜。

55 假还阳参属 *Crepidiastrum* Nakai

一年生、二年生、多年生草本，或为亚灌木，具乳汁。茎具叶，直立或斜升，多分枝或不分枝。叶有时集中于枝端或互生，基生叶呈莲座状；叶片不分裂或羽状浅裂；具叶柄。头状花序同形，多数排列成伞房状，含多数舌状小花；总苞圆柱状；总苞片2或3层，不呈覆瓦状排列，外层极短，内层最长，长5~8mm；花序托平坦，无托毛。全部小花舌状，黄色或白色，舌片顶端截形，5齿裂；花药基部箭形；花柱分枝细长。果圆柱形或纺锤形，微扁，具10~15条纵肋，顶端截形，无喙或具短喙；冠毛1层，白色，糙毛状。

约15种，主要分布于东亚和中亚。本区有1种。

黄瓜假还阳参　黄瓜菜

Crepidiastrum denticulatum（Houtt.）Pak et Kawano——*Ixeris denticulata*（Houtt.）Nakai ex Stebbins

一年生或二年生草本。茎直立，高30~80cm，无毛，多分枝。基生叶花期枯萎，叶片卵形、长圆形或披针形，长5~10cm，宽2~4cm，先端急尖，基部渐狭成柄，边缘波状齿裂或羽状分裂，裂片具细锯齿；茎生叶叶片长卵形或倒长卵形，长3~9cm，宽1.5~4cm，两面无毛，先端急尖，基部微抱茎。头状花序多数，直径1.3~1.5cm，具梗，在茎、枝顶端排列成伞房状；总苞圆筒形；总苞片2层。全部小花舌状，黄色，顶端5齿裂。果压扁，纺锤形，具11~14条钝肋，具短喙，喙长0.2~0.5mm；冠毛白色，糙毛状。花果期9—11月。

区内常见。生于路边荒地、田野、山坡。分布于东亚。

56 黄鹌菜属 *Youngia* Cass.

一年生、二年生、多年生草本，具乳汁。茎直立，基部或上部分枝，被柔毛或无毛。基生叶丛生，平铺于地面，叶片通常倒披针形、琴状或羽状分裂，全缘或具深波状齿或细齿，无毛或具疏柔毛；茎中部叶少，互生，多退化，具柄或无柄。头状花序排列成总状、疏散圆锥状、伞房状或聚伞状；总苞圆筒状；总苞片2层，基部外层的小，无毛或被疏柔毛，内层的长；花序托平坦，无托毛。全部小花舌状，黄色或有时外侧稍带红色，舌片顶端5齿裂，两性，结实；花药通常绿色，基部箭形；花柱分枝细，黄色。果稍扁平，纺锤形或长圆球形，顶端通常无明显的喙，具10~15条不等形的纵肋，其中3~5条较明显，被小刺毛或无；冠毛1或2层，白色或淡黄色，不易脱落。

约30种，分布于东亚、东南亚。本区有2种。

分种检索表

1. 茎中部叶常退化或不发育 ························ 1. 黄鹌菜 *Y. japonica*
1. 茎中部叶数枚，发育良好，羽状深裂至羽状全裂 ························ 2. 异叶黄鹌菜 *Y. heterophylla*

1. 黄鹌菜

Youngia japonica（L.）DC.

一年生草本。茎直立，高20~60cm，近上部分枝，被细柔毛或无毛。基生叶叶片长圆形、倒卵形或倒披针形，长8.5~1cm，宽0.5~2cm，大头羽裂或羽状浅裂至深裂，顶端裂片较侧生裂片大，椭圆形，先端渐尖，基部楔形，侧生裂片向下渐小，边缘深波状齿裂，无毛或具疏短柔毛。头状花序小，具细梗，多数排列成聚伞圆锥状；总苞圆筒形，长4~5mm；总苞片2层。全部小花舌状，黄色，舌片长4.5~7.5mm，顶端平截，5齿裂。果稍扁平，纺锤形，棕红色或褐色，具11~13条纵肋，其中有2~4条较粗，具细刺；冠毛白色。花果期4—9月。

区内常见。生于山坡路边、林缘、林下、荒地。分布于东亚、东南亚。

1a. 长花黄鹌菜

subsp. **longiflora** Babc. et Stebbins——*Y. longiflora*（Babc. et Stebbins）Shih

与黄鹌菜的区别在于：本亚种总苞长6~8mm，内层总苞片内面无毛；舌片较长；果长2~2.5mm。

花果期5—6月。

见于官埔垟、炉岙等地。生于路边草丛。我国特有，分布于华东、华中、华南及贵州、四川。

2. 异叶黄鹌菜

Youngia heterophylla（Hemsl.）Babc. et Stebbins

一年生或二年生草本。茎直立，高30~100cm，上部分枝，疏被多细胞节毛。基生叶椭圆

形或倒披针状长椭圆形，大头羽状深裂或几全裂，稀不分裂，长12~25cm，宽6~7cm，具长柄；茎中下部叶与基生叶同形；茎上部叶通常大头羽状3全裂至狭披针形，不裂。头状花序含11~25朵小花，多数在茎、枝顶端排列成伞房状；总苞圆柱状，长6~7mm；总苞片2层，外面无毛。全部小花舌状，黄色，花冠管外面有稀疏的短柔毛。果纺锤形，向顶端渐窄，顶端无喙，具14或15条粗细不等纵肋，肋上有小刺毛；冠毛白色。花果期4—8月。

见于官埔垟、炉岙、双溪、金龙、龙南及保护区外围大赛等地。生于海拔200~800m的山坡路边或草丛中。我国特有，分布于华东、华中、华南、西南及陕西、甘肃。

57 小苦荬属 *Ixeridium* (A. Gray) Tzvelev

多年生草本。有时有根状茎或匍匐茎，具乳汁。茎直立或斜升，上部分枝或有时自基部分枝。叶互生；叶片羽状分裂或不分裂，基生叶花期生存，少有枯萎脱落。头状花序多数或少数，在茎、枝顶端排列成伞房状或圆锥状，同形；总苞圆柱状；总苞片2~4层，外层的短小，内层的5~8枚，较长；花序托平坦，无托毛。全部小花舌状，5至20余朵，黄色，极少白色或紫红色；花药基部箭形；花柱分枝细。果压扁或几压扁，近纺锤形，褐色，稀黑色，具10条纵肋，上部通常有上指的小硬毛，顶端急尖成细丝状的喙；冠毛1层，白色或褐色，不等长，糙毛状。

约15种，主要分布于东亚至东南亚。本区有3种。

分种检索表

1. 内层总苞片5；头状花序具5~7小花。
   2. 总苞长5~6.5mm；果顶端渐狭成长约1mm的喙；基生叶不分裂，茎生叶叶片基部稍抱茎…………………………………………………………………………………… 1. 狭叶小苦荬 *I. beauverdianum*
   2. 总苞长6~9mm；果顶端渐狭成长约0.5mm的喙；基生叶具钻状锯齿或羽状分裂，稀不分裂 …………………………………………………………………………………… 2. 小苦荬 *I. dentatum*
1. 内层总苞片8；头状花序具7~11小花 ……………………………………………… 3. 褐冠小苦荬 *I. laevigatum*

1. 狭叶小苦荬 细叶苦荬菜

Ixeridium beauverdianum (H. Lév.) Spring.——*I. gracile* auct. non, (DC.) Pak et Kawano

多年生草本，全株无毛。根状茎极短。茎直立，高30~40cm。基生叶长椭圆形至条状披针形，长6~13cm，宽7~10mm，先端渐尖，基部楔形下延，不分裂，具长柄；茎中部叶2~4，狭披针形至条形，长5~10mm，宽3~7mm，先端渐尖或尾尖，基部稍抱茎，全缘或基部边缘有缘毛。头状花序多数，具细梗，在茎、枝顶端排列成伞房状或圆锥状；总苞圆筒状，长5~6.5mm；总苞片2层，内层5。全部小花舌状，5或6朵，黄色，顶端5齿裂。果纺锤形，褐色，具10条细肋，顶端渐成细丝状的喙，喙弯曲，长约1mm；冠毛淡黄色，微糙毛状。花果期6—8月。

见于官埔垟、炉岙、金龙及保护区外围屏南瑞垟、屏南百步等地。生于海拔500~1100m的田边、路边、沟边沙地等。分布于东亚。

2. 小苦荬 齿缘苦荬菜

Ixeridium dentatum（Thunb.）Tzvelev——*Ixeris dentata*（Thunb.）Nakai

多年生草本，全株无毛。根壮茎短缩。茎直立，高20~50cm，上部分枝或自基部分枝。基生叶长倒披针形至椭圆形，长4~13cm，宽0.5~2cm，先端急尖或钝，基部下延成柄，边缘具钻形锯齿或稍羽状分裂，稀全缘；茎生叶披针形或长圆状披针形，不分裂，长3~9cm，宽1~2cm，先端渐尖，基部略呈耳状抱茎，耳缘具缘毛状锯齿。头状花序多数，直径约1.5cm，具梗，在茎、枝顶端排列成伞房状；总苞圆筒形，长6~9mm；总苞片2层，内层5。全部小花舌状，5~7朵，黄色，顶端5齿裂。果稍压扁，纺锤形，褐色，具10条细肋，上部沿脉有微刺毛，顶端渐狭成长约0.5mm的细喙；冠毛淡棕色，微糙毛状。花果期4—6月。

区内常见。生于路边草丛、林缘荒地、林下、山谷。我国特有，分布于东北、华东及广东。

3. 褐冠小苦荬　平滑苦荬菜

Ixeridium laevigatum（Blume）Pak et Kawano ——*Ixeris laevigata*（Blume）Sch. Bip. ex Engl. et Maxim.

多年生草本，全株无毛。茎直立，高30~50cm，上部分枝。基生叶披针形至倒披针形或长圆形，长8~30cm，宽1.5~3.5cm，先端急尖，基部渐狭成长叶柄，边缘具短尖头状细锯齿或全缘，叶

柄常具睫毛；茎生叶少数，叶片披针形或条状披针形，先端急尖或渐尖，基部渐狭成短柄。头状花序多数，具梗，在茎、枝顶端排列成伞房状；总苞圆筒形，长5~6mm；总苞片2层，内层8。全部小花10或11，舌状，黄色，顶端5齿裂。果长圆锥状，褐色，具10钝肋，上部沿肋有微刺毛，上部渐狭成长约2mm的细丝状的喙；冠毛褐色或淡黄色，微粗糙。花果期6—7月。

见于官埔垟、炉岙、黄茅尖、横溪、南溪口及保护区外围大赛、小梅金村至大窑、屏南瑞垟等地。生于海拔150~950m的山坡灌丛、路旁草丛中。分布于东亚、东南亚至太平洋岛屿。

58 苦荬菜属 *Ixeris*（Cass.）Cass.

一年生、二年生、多年生草本，具乳汁。茎近直立，常有白粉，多分枝。叶互生；叶片全缘、具锯齿或羽状分裂；无柄或具柄。头状花序多数或少数，在茎、枝顶端排列成伞房状，同形；总苞圆筒形，无毛；总苞片2~4层，外层的短小，内层常8，较长；花序托平坦，无托毛。小花舌状，12~25朵或更多，黄色，稀白色或淡紫色，舌片5齿裂；花药基部箭形；花柱分枝细。果稍压扁，纺锤形，具10条等形的尖翅肋，顶端渐尖成喙；冠毛1层，白色或黄褐色，不等长，糙毛状。

约8种，分布于东亚、东南亚、南亚。本区有1种。

苦荬菜 多头苦荬菜 多头苪苣

Ixeris polycephala Cass.

一年生或二年生草本，全株无毛。茎直立，高15~60cm，上部分枝或自基部分枝。基生叶花期存在，叶片条状披针形，长6~25cm，宽0.5~1.5cm，先端渐尖，基部楔形下延，不分裂，稀羽状分裂，具短柄；茎生叶宽披针形或披针形，长6~12cm，宽7~13mm，先端渐尖，基部箭形抱茎，不分裂或具疏锯齿，无叶柄。头状花序多数，密集，具梗，在茎、枝顶端排列成伞房状；总苞花期钟形，果期圆筒形，长4~5mm；总苞片3层，外层5，极短小，卵形，先端急尖，内层8，卵状披针形，先端渐尖。全部小花舌状，黄色，10至20余

朵,顶端5齿裂。果压扁,纺锤形,黄褐色,无毛,具10条尖翅肋,顶端收缩成长约1.5mm的细丝状喙;冠毛白色,微糙,不等长。花果期4—7月。

见于金龙及保护区外围大赛、屏南百步等地。生于山坡草丛、路边、江边、溪沟边或田边。分布于东亚、东南亚。

59 紫菊属 *Notoseris* Shih

多年生草本,具乳汁。茎直立,上部分枝。叶片分裂或不分裂;有柄或无柄。头状花序小型,排列成伞房状或圆锥状;总苞狭钟状,直立、下垂或下倾;总苞片3层,或可多达5层,紫红色,中、外层的短而内层的长,全部总苞片先端钝、圆形或急尖;花序托平坦,无托毛。全部小花舌状,紫色或紫红色,舌片顶端5齿裂;花药基部箭形;花柱分枝细。果背腹压扁,长倒披针形,紫色,顶端截形,无喙,每侧有6~9条纵肋,被糙毛;冠毛2层,白色,纤细,微糙毛状,易脆折。

11种,分布于中国及喜马拉雅地区。本区有1种。

黑花紫菊

Notoseris melanantha(Franch.)Shih——*N. macilenta*(Vaniot et H. Lév.)N. Kilian

多年生草本。茎直立,高可达1.5m,不分枝或上部分枝,密被棕褐色多细胞节毛。基生叶花时枯萎;茎中下部叶大头羽状浅裂或深裂,顶裂片三角状戟形,侧裂片2对,两面无毛,边缘具不等锯齿,具柄;茎中上部叶与中下部叶同形并等样分裂,顶裂片三角状戟形或戟形,长8~10cm,宽6~9cm,或不裂者三角状戟形,两面无毛,边缘具不等锯齿,具柄。头状花序小花5,多数,排列成长圆锥状,花序分枝及花序梗密被多细胞节毛;总苞圆筒状,长约1.2cm;总苞片3层,无毛,中、外层的小,披针形或条状披针形,内层的长,披针形或条状披针形,先端急尖或钝。全部小花舌状,紫色。果长倒披针形,紫色,长约5mm,每侧具7条纵肋;冠毛2层,白色。花果期7—10月。

见于炉岙、大田坪、双溪等地。生于海拔1000~1400m的林缘路边。我国特有,分布于华中及浙江、广东、广西、台湾、云南。

在菊苣族中,如莴苣属、苦苣菜属、假福王草属等属,以往同一属中根据叶片是否分裂建立了不同的种。但观察发现,叶片是否分裂并不稳定。光苞紫菊*Notoseris macilenta*(Vaniot et H. Lév)N. Kilian与黑花紫菊的区别主要在于叶片是否完全不分裂,故予以归并。

60 假福王草属 *Paraprenanthes* Chang ex Shih

一年生或多年生草本，具乳汁。茎直立，上部分枝。叶片不分裂或羽状分裂。头状花序小，同形，含4~15朵舌状小花，多数或少数在茎、枝顶端排成圆锥状或伞房状；总苞圆筒状，花后绝不扩大；总苞片3或4层，外面通常淡红紫色，外层的短小，先端急尖或钝，内层的长；花序托平坦，无托毛。全部小花舌状，红色或紫色，舌片顶端截形，5齿裂，喉部有白色短柔毛；花药基部箭形；花柱分枝细。果纺锤状，稍粗厚，黑色，向上渐窄，顶端白色，无喙，每面有4~6条纵肋；冠毛2层，纤细，白色，微糙毛状。

12种，分布于东亚和东南亚。本区有2种。

分种检索表

1. 叶片大头状分裂 ………………………………………… 1. 假福王草 *P. sororia*
1. 叶片不分裂，卵状戟形或卵心形 ………………………… 2. 林生假福王草 *P. diversifolia*

1. 假福王草

Paraprenanthes sororia（Miq.）Shih——*P. pilipes*（Migo）Shih

多年生草本。茎直立，高达1.5m，上部多分枝，无毛或中部以上密被多节毛。基生叶花期枯萎；茎下部叶大头羽状深裂或几全裂，顶裂片大，宽三角状戟形、三角状心形、三角形或宽卵状三角形，侧裂片1或2对，两面无毛，边缘有小尖头状锯齿，具长的具翅叶柄；茎中、上部叶渐小，不分裂或羽状浅裂，两面无毛，具柄。头状花序约含10朵小花，多数，在茎、枝顶端排列成圆锥状；总苞圆筒状，长约1.1cm；总苞片3层，外面无毛，有时淡紫红色。全部小花舌状，粉红色或淡紫红色。果纺锤状，每面具4~6条纵肋；冠毛2层，白色，微糙毛状。花果期6—9月。

区内常见。生于海拔1500m以下的林下路边、溪边、草丛中。分布于东亚。

2. 林生假福王草

Paraprenanthes diversifolia（Vaniot）N. Kilian——*Lactuca diversifolia* Vaniot——*P. sylvicola* Shih

一年生草本。茎直立，高0.5~1.5m，上部分枝，分枝纤细，无毛。基生叶及茎中、下部叶三角状戟形或卵状戟形，两面无毛，先端急尖或渐尖，边缘具波状浅锯齿，基部戟形、心形、截形，叶柄具翅或无；茎上部叶与基生叶、茎中下部叶同形，或三角形、椭圆状披针形，两面无毛，具柄或无柄。头状花序约含11朵小花，多数或少数，在茎、枝顶端排列成总状或狭圆锥状；总苞圆筒状；总苞片2或3层，外面无毛。全部小花舌状，紫红色或蓝紫色。果微压扁，纺锤状，粗厚，向顶端渐狭，顶端白色，每面具5或6细肋；冠毛2层，白色，糙毛状。花果期5—8月。

见于保护区外围屏南垟顺等地。生于海拔900m左右的林下。我国特有，分布于华东、华中及广西、云南、陕西。

中名索引

D

E

F

G

H

J

N

P

Q

R

S

T

W

X

Y

Z

拉丁名索引

M

N

O

P

R

S

凤阳山植物图说

第四卷

Atlas of Vascular Plants in Fengyang Mountain

Volume 4

主　　编　金孝锋　叶立新　陈征海　徐跃良

·杭州·

图书在版编目（CIP）数据

凤阳山植物图说．第三、四卷 / 金孝锋等主编．—
杭州：浙江大学出版社，2023.2
ISBN 978-7-308-21695-1

Ⅰ．①凤… Ⅱ．①金… Ⅲ．①山—植物—龙泉—图谱
Ⅳ．① Q948.525.54-64

中国版本图书馆 CIP 数据核字（2021）第 174885 号

凤阳山植物图说（第三、四卷）
金孝锋　叶立新　陈征海　徐跃良　主编

策划编辑　季　峥
责任编辑　季　峥
责任校对　张凌静
封面设计　十木米
出版发行　浙江大学出版社
（杭州市天目山路 148 号　邮政编码 310007）
（网址：http://www.zjupress.com）
排　　版　杭州晨特广告有限公司
印　　刷　杭州宏雅印刷有限公司
开　　本　787mm × 1092mm　1/16
印　　张　49
字　　数　1100 千
版 印 次　2023 年 2 月第 1 版　2023 年 2 月第 1 次印刷
书　　号　ISBN 978-7-308-21695-1
定　　价　398.00 元

浙江大学出版社市场运营中心联系方式：0571-88925591；http://zjdxcbs.tmall.com

内容简介

本卷记载了钱江源－百山祖国家公园龙泉保护中心（简称保护区）及其邻近区域的野生、归化、逸生及习见栽培的被子植物（单子叶植物：泽泻科至兰科）24 科，153 属，327 种。其中，浙江特有种 3 种，被列入国家或浙江省重点保护野生植物共 11 种。绝大部分植物有中文名、拉丁名、形态、产地、生境、分布及用途介绍。

本书可供农业、林业、园艺、医药、环保、自然保护或生物多样性研究等行业的科技人员、管理人员及广大植物爱好者参考，也可作各类院校植物学、农学、林学、园艺学、中药学、生态学等相关专业的辅助教材。

《凤阳山植物图说》编辑委员会

本卷编著者

卷主编： 金孝锋　季新良

卷副主编： 鲁益飞　王健生　周伟龙

编著者：

泽泻科、水鳖科、眼子菜科、茨藻科

季新良、陈雅妮（钱江源－百山祖国家公园龙泉保护中心）

无叶莲科、百部科　刘玲娟（钱江源－百山祖国家公园龙泉保护中心）

棕榈科、菖蒲科、天南星科、浮萍科、美人蕉科　鲁益飞（浙江农林大学）

鸭跖草科、谷精草科、灯心草科、雨久花科

王健生（金华职业技术学院）、林巍岐（金华千方医药有限公司）

莎草科　金孝锋、鲁益飞（浙江农林大学）

禾本科（竹亚科）　马乃训（中国林科院亚热带林业研究所）、

刘胜龙（钱江源－百山祖国家公园龙泉保护中心）

禾本科（禾亚科）　丁炳扬（浙江省林业科学研究院）

姜科、鸢尾科、薯蓣科　陈伟杰（浙江农林大学）、何　芳（杭州师范大学）

百合科、龙舌兰科　徐跃良（浙江自然博物院）、

周伟龙（钱江源－百山祖国家公园龙泉保护中心）

菝葜科　张方钢（浙江自然博物院）

兰科　王健生（金华职业技术学院）、金孝锋（浙江农林大学）

Authors and division

Volume editors-in-chief

Xiao–Feng JIN and Xin–Liang JI

Volume associate editors-in-chief

Yi–Fei LU, Jian–Sheng WANG and Wei–Long ZHOU

Authors

Alismataceae, Hydrocharitaceae, Potamogetonaceae, Najadaceae

Xin–Liang JI and Ya–Ni CHEN (Longquan Protective Center of Qianjiangyuan–Baishanzu National Park)

Petrosaviaceae, Stemonaceae

Ling–Juan LIU (Longquan Protective Center of Qianjiangyuan–Baishanzu National Park)

Arecaceae, Acoraceae, Araceae, Lemnaceae, Cannaceae

Yi–Fei LU (Zhejiang A&F University)

Commelinaceae, Eriocaulaceae, Juncaceae, Pontederiaceae

Jian–Sheng WANG (Jinhua Ploytechnic)
Wei–Qi LIN (Jinhua Qianfang Pharmaceutical Co.)

Cyperaceae

Xiao–Feng JIN and Yi–Fei LU (Zhejiang A&F University)

Poaceae (Bambusoideae)

Nai–Xun MA (Research Institute of Subtropical Forestry, Chinese Academy of Forestry)
Sheng–Long LIU (Longquan Protective Center of Qianjiangyuan–Baishanzu National Park)

Poaceae (Agrostidoideae)

Bing–Yang DING (Zhejiang Academy of Forestry)

Zingiberaceae, Iridaceae, Dioscoreaceae

Wei–Jie CHEN (Zhejiang A&F University)
Fang HE (Hangzhou Normal University)

Liliaceae, Agavaceae

Yue–Liang XU (Zhejiang Museum of Natural History)
Wei–Long ZHOU (Longquan Protective Center of Qianjiangyuan–Baishanzu National Park)

Smilacaceae

Fang–Gang ZHANG (Zhejiang Museum of Natural History)

Orchidaceae

Jian–Sheng WANG (Jinhua Ploytechnic)
Xiao–Feng JIN (Zhejiang A&F University)

前　言

凤阳山（北纬 27°46′′~27°58′′，东经 119°06′′~119°15′）位于浙江省南部龙泉市南，为武夷山脉向东延伸的洞宫山系的一部分，面积 $15171.4 \times 10^4 m^2$，是浙江凤阳山－百山祖国家级自然保护区的重要组成部分。凤阳山地形复杂，地貌多样，群峰叠翠，峡谷纵深，沟壑交错。主峰黄茅尖海拔 1929m，为浙江省内最高峰，也被誉为“江浙第一峰”。凤阳山处于我国东部典型亚热带季风型气候区，季风交替显著，季节变化明显，四季分明，年温适中，雨量丰沛，空气湿润，垂直气候差异显著。复杂的地形地貌、适宜的气候水文条件，孕育了丰富的生物资源，滋生了众多植物种类，也使之成为中国生物多样性关键地区之一的闽浙赣山地的重要组成部分。1975 年，凤阳山省级自然保护区经浙江省人民政府批准成立；1992 年，经国务院批准，与相邻的百山祖省级自然保护区（1985 年批准成立）合并成立了浙江凤阳山－百山祖国家级自然保护区，主要以珍稀野生动植物及亚热带森林生态系统为保护对象，由浙江凤阳山－百山祖国家级自然保护区下辖的凤阳山管理处管理。

凤阳山丰富的植物资源，吸引了许多专家、学者来此考察研究。新中国成立初期至 20 世纪 70 年代初，先后有中国科学院植物研究所吴鹏程、中国科学院植物研究所华东工作站（现为南京中山植物园）单人骅、上海师范学院欧善华、华东师范大学王金诺、杭州植物园章绍尧、杭州大学（后并入浙江大学）张朝芳和郑朝宗、浙江林业学校王景祥等入山考察和采集，为省级自然保护区的建立提供了第一手资料。1980 年后，调查采集的规模和次数大大增加，其中规模较大的考察有四次：一是 1980 年 3—10 月，杭州大学生物系（浙江省生物资源考察队）与凤阳山管理处合作开展动植物资源调查，采集植物标本 3000 多号。二是 1980 年 4—5 月，丽水地区科学技术委员会组织了保护区综合考察，参加单位有杭州大学、浙江林业学校、杭州植物园、浙江自然博物馆、浙江省林业科学研究所、浙江林学院、上海师范学院、丽水地区林业局及下属林科所等，采集标本 1500 多号，编写了考察报告和植物名录，对保护区植物资源有了比较全面的了解。三是 1983 年 7 月—1984 年 12 月，浙江省林业厅抽调省内各个自然保护区的科技人员组成自然保护区考察组，对保护区木本植物做了考察，编写了相关考察报告。四是 2003 年 7—8 月，凤阳山管理处再次组织了动植物综合考察，参加植物资源调查的有浙江大学、浙江林学院、浙江中医学院、丽水市林业局、浙江自然博物馆等，并出版了《凤阳山自然资源考察与研究》（中国林业出版社 2007 年出版）。

生物多样性编目与分类、生物多样性监测是全球生物多样性研究的两个核心问题。物种编目是了解物种多样性的基础，只有掌握物种分布格局、物种与环境的关系，才能为物种监测和科学管理提供依据。对于保护区内维管植物的物种编目工作，较为系统、全面的有：20 世纪 70 年代，欧善华和王金诺编写《浙南百山祖、凤阳山、昴山种子植物名录》；1980 年，丽水地区科学技术委员会对保护区组织了综合考察，据此编写的《凤阳山自然保护区综合科学考察报告》附有植物名录；1998 年，丁炳扬等收集历年调查结果，编写《凤阳山种子植物名录》，后又进行种子植物区系特征的分析；2003 年，凤阳山管理处再次组织综合考察，丁炳扬等修订的植物名录收载于《凤阳山自然资源考察与研究》。已知保护区有蕨类植物 37 科 74 属 203 种，种子植物 164 科 666 属 1464 种，但以往名录中的植物种类大多仅来自保护区内官埔垟至大田坪、炉岙大湾、大田坪至凤阳庙、凤阳湖、将军岩、乌狮窟和黄茅尖一带的调查，很少涉及保护区外围人为活动频繁的试验区。除此以外，龙泉昴山的植物调查采集历史更悠久，不少种类也编入了名录。

随着钱江源－百山祖国家公园的创建，准确了解作为重要组成部分的龙泉凤阳山的物种组成和变化情况意义重大。自 2018 年始，凤阳山管理处与浙江农林大学、杭州师范大学、浙江自然博物院、浙江省森林资源监测中心、浙江省林业科学研究院等单位合作，进一步开展有针对性的植物资源调查，其中组织规模较大的调查有 2018 年 7 月、9 月，2019 年 4 月、6 月、10 月，2020 年 7 月，共 6 次，遍及保护区核心区、缓冲区、试验区及外围邻近地区。在此基础上，结合以往的调查采集和分类研究成果，进一步修订了维管植物名录，汇编成《凤阳山植物图说》。

在编写过程中，中国科学院植物研究所王文采院士给予热情指导，浙江农林大学植物标本馆、杭州植物园标本馆、浙江自然博物院标本馆、浙江大学植物标本馆和杭州师范大学植物标本馆为标本查阅提供极大便利，凤阳山管理处的领导和工作人员对工作大力支持，编著者不畏艰险、团结合作，都是本次编著工作顺利开展的有力保障。在此表示衷心的感谢！

限于编著者水平，错误疏漏之处难免，敬请各位专家、学者和广大读者批评指正。

《凤阳山植物图说》编辑委员会

2022 年 12 月

编写说明

1.《凤阳山植物图说》（简称《图说》）收录的种类为钱江源－百山祖国家公园龙泉保护中心（简称保护区）及其邻近区域的野生、归化、逸生及习见栽培维管植物。其中，石松类和蕨类植物采用张宪春（2012）的分类系统；裸子植物采用克里斯滕许斯（Christenhusz，2011）的分类系统；被子植物采用克朗奎斯特（Cronquist，1988）的分类系统。

2.《图说》共分四卷：第一卷为概论、石松类和蕨类植物、裸子植物门和被子植物门（木兰科至马齿苋科）；第二卷为被子植物门（石竹科至楝科）；第三卷为被子植物门（芸香科至菊科）；第四卷为被子植物门（泽泻科至兰科）。

3.《图说》所记载的种类主要以区域内历年采集的标本和拍摄的照片为依据；对于以往文献或调查报告记载而无标本或照片的，经作者考证后酌情收录。

4.《图说》在科后附有调查区域的该科植物名录；科内所有属均有记录，属内详细记录的种不少于总种数的2/3，未详细记录的种在分种检索表中给出主要鉴别特征，种名前加"*"而不编号，以方便使用。种下等级（亚种、变种和变型）一般在模式种后作简要介绍。

5. 详细记录的种主要介绍了种名、形态特征、物候期、产地、生境、简要分布区及主要用途，并附有彩色照片。中文名和拉丁名的异名酌情列出。

6. 产地主要指物种在区内的分布情况，除常见者外，尽可能给出具体信息。具体记录的产地信息有官埔垟、炉岙、龙南（上兴）、老鹰岩、乌狮窟、凤阳庙、大田坪、黄茅尖、将军岩、凤阳湖（双折瀑）、双溪、均益、金龙、龙案、西坪、坪田、横溪、烧香岩、大小天堂、南溪口、东山头、干上、南溪。此外，还记录与保护区毗邻的兰巨、大赛等地，以及国家公园建设范围内的小梅金村、大窑、屏南瑞垟等地。描述物种分布区和主要用途时力求精练。保护区如为模式标本产地、物种列入《国家重点保护野生植物名录》（2021）或《浙江省重点保护野生植物名录》的，也相应列出。

7. 本卷彩色图片除由各科作者提供以外，还承叶喜阳、吴棣飞、王金旺、陈征海、谢文远、高亚红、王军峰、张宏伟等提供，谨致谢忱。

目 录

一三〇　泽泻科 Alismataceae

水生或沼生草本，具根状茎、匍匐茎、球茎，或具珠芽。叶常基生；叶片常挺出水面，稀浮水或沉水，叶形变化大，具平行脉、弧状脉及横小脉；叶柄基部扩大成鞘。花单性，雌雄同株或异株，稀两性，常轮状生于花茎上，成总状或圆锥花序，稀成伞形花序；花萼 3，宿存；花瓣 3，覆瓦状排列；雄蕊 6 至多数，稀 3，花丝分离，花药 2 室；心皮多数，稀 6~9，分离或基部连合，常轮状排列于扁平或圆锥状的花托上；子房上位，1 室，具 1 胚珠，胚珠着生于子房基部，花柱宿存。聚合瘦果，稀为蓇葖果或小坚果。种子常褐色或紫色，胚马蹄形，无胚乳。

13 属，约 100 种，世界广布，以北半球温带和热带地区为主。本区有 1 属，3 种。

小叶慈姑 *Sagittaria potamogetifolia* Merr.　　野慈姑 *Sagittaria trifolia* L.
矮慈姑 *Sagittaria pygmaea* Miq.

慈姑属 *Sagittaria* L.

水生或沼生草本，多年生或稀为一年生，具根状茎、球茎或珠芽。叶基生；叶沉水、浮水或挺水；叶片条形、心形至箭形，具长柄，基部扩大成鞘。花单性或两性；常 3 朵轮状排列成总状或圆锥花序，具 3 苞片；雄花生于上部，花梗细长；雌花生于下部，花梗粗短；萼片 3，宿存；花瓣 3，白色；雄花雄蕊 9 至多数；雌花心皮多数，离生，螺旋排列于隆起的花托上。瘦果两侧压扁，常具翅。种子直立，胚马蹄形。

约 30 种，分布于温带至热带地区。本区有 3 种。

分种检索表

1. 叶片条形至条状披针形，无叶柄 …………………………………………………… **1. 矮慈姑 *S. pygmaea***
1. 挺水叶披针形、长圆状披针形至箭形，具叶柄。
  2. 叶片箭形，常分裂成 3 裂片；瘦果斜宽倒卵形，果喙向上直立…………………… **2. 野慈姑 *S. trifolia***
  2. 叶片披针形、长圆状披针形至箭形，不分裂或分裂成箭形；瘦果倒卵形，果喙横向凸出 ……………… ……………………………………………………………………………… **3. 小叶慈姑 *S. potamogetifolia***

1. 矮慈姑

Sagittaria pygmaea Miq.

一年生，偶为多年生水生或沼生草本，具匍匐茎和小球茎。叶基生；叶片条形或条状披针形，长 10~15cm，宽 0.5~0.8cm，先端渐尖或急尖，稍钝头，基部鞘状，全缘，

具多条平行脉，有横脉相连，无叶柄。总状花序；花单性，雌雄同株；雄花 2~5 朵，生于花序上部，花梗长 1~2cm；雌花 1 朵，生于花序最下部；苞片卵形，长约 2mm；萼片倒卵状长圆形，长约 4mm；花瓣倒卵圆形，长 6~8mm。瘦果扁平，宽倒卵形，两侧有薄翅，边缘具鸡冠状齿，长约 3mm。花果期 6—10 月。

见于均益、干上及保护区外围大赛等地。生于海拔 700m 以下的水田或沟渠中。分布于东亚。

2. 野慈姑

Sagittaria trifolia L.——*S. trifolia* f. *longiloba*（Turcz.）Makino

多年生水生或沼生草本。根状茎横走，末端常膨大成球茎。叶基生；沉水叶条形，挺水叶箭形，大小变化大，长 5~30cm，顶裂片卵形至三角状披针形，长 5~20cm，先端渐尖稍钝，侧裂片狭长，披针形，长于顶裂片，先端长渐尖；叶柄长 20~60cm，三棱形。总状花序常组成圆锥花序；花单性，雄花生于上部，雌花生于下部；苞片卵形，长 5~7mm；萼片卵形，长 4~6mm；花瓣白色，倒卵形，长 7~10mm；花丝扁平，长披针形，花药黄色；心皮离生，集成球形。瘦果侧扁，斜宽倒卵形，长 3~4mm，具翅，背部翅上有 1~4 齿，果喙向上直立。花果期 6—10 月。

见于均益、干上、南溪等地。生于海拔 400~800m 的水田中。分布于亚洲、欧洲。

3. 小叶慈姑 小慈姑

Sagittaria potamogetifolia Merr.

多年生水生或沼生草本。茎较细弱，高 15~30cm。沉水叶形，叶柄细弱；挺水叶披针形、长圆状披针形或箭形，长 3~10cm，顶裂片长 1.5~5cm，宽 0.2~1cm，侧裂片长 2~6cm；叶柄长 8~20cm，基部具鞘。花单性，轮生排成总状花序，2~6 轮；雌花 1~3 朵位于花序轴最下 1 轮；心皮多数、离生，两侧压扁；雄花多数，花梗细弱，雄蕊多数。瘦果倒卵形，两侧压扁，周围具膜质翅，果近镰刀状。花果期 8—10 月。

见于大小天堂。生于海拔 800~900m 的沼泽或水田中。我国特有，分布于华东、华中、华南。

一三一　水鳖科 Hydrocharitaceae

一年生或多年生草本，生于淡水或咸水中，浮水或挺水。叶基生或茎生，基生叶多密集，茎生叶对生、互生或轮生；叶形、大小多样；叶柄有或缺，有叶柄者常具鞘。花单性，雌雄异株或同株，稀两性；着生于佛焰苞内或2个对生的苞片内；两性花和雌花单生，雄花常多数，稀单生；花被片离生，1或2轮，每轮3枚；雄蕊3至多数，分离或合成1束，花药底部着生；心皮3至多数，合生；子房下位，1室，侧膜胎座，或不完全的中轴胎座，胚珠多数。果实浆果状，球形至条形，果皮腐烂、开裂。种子多数，形状多样；种皮光滑或有毛，有时具细刺或疣状凸起；胚直立，无胚乳。

17属，约80种，广泛分布于全世界热带、亚热带，少数分布于温带。本区有2属，2种。

水筛 *Blyxa japonica* Maxim. ex Asch. et Gürke　　黑藻 *Hydrilla verticillata*（L. f.）Royle

分属检索表

1. 叶3~6枚轮生，叶片基部无鞘 ………………………… 1. 黑藻属 *Hydrilla*
1. 叶互生或基生，叶片基部具鞘而半抱茎 ………………………… 2. 水筛属 *Blyxa*

1　黑藻属 *Hydrilla* Rich.

沉水草本。茎纤细，圆柱形，多分枝。叶轮生，近基部偶有对生；叶片条形、披针形或长椭圆形，无柄。花单性，腋生，雌雄异株或同株。雄花单生，具柄，生于近球形无梗的雄佛焰苞内；萼片3，卵形或倒卵形；花瓣3，与萼片互生，匙形，通常较萼片狭窄；雄蕊3，与花瓣互生。雌花单生，无柄，生于管状佛焰苞内；佛焰苞先端2裂；花被片与雄花相似，但较狭，开放时花伸出水面；子房下位，1室，圆柱形或狭圆锥形；侧膜胎座；胚珠少数，倒生；花柱3，稀为2。果圆柱形或细圆柱形，平滑或具凸起，具2~6种子。

仅1种，广布于温带、亚热带和热带地区。本区也有。

黑藻

Hydrilla verticillata（L. f.）Royle

多年生沉水草本。茎圆柱形，表面具纵向细棱纹，质较脆，极易折断。休眠芽长卵圆形，苞叶多数，螺旋状紧密排列，狭披针形至披针形。叶 3~6 枚轮生；叶片条形或长条形，长 1~2cm，宽 0.1~0.25cm，先端锐尖，边缘锯齿明显；无叶柄。花单性，雌雄同株或异株。生雄花的佛焰苞近球形，表面具明显的纵棱纹，顶端具刺凸；雄花成熟后自佛焰苞内放出，漂浮于水面开花；萼片 3，稍反卷，长约 2mm；花瓣 3，反折开展，长约 2mm；雄蕊 3。生雌花的佛焰苞管状，苞内雌花 1 朵；雌花被片与雄花相似；子房具延伸的长喙，开花时伸出水面。果圆柱形，表面常有 2~9 个刺状凸起。种子 2~6，茶褐色，两端尖。花果期 5—10 月。

见于官埔垟、上兴、均益、西坪、南溪口、干上及保护区外围小梅金村等地。生于低海拔农田、池塘或水沟中。广布于温带、亚热带和热带地区。

全草作饲料或绿肥。

2 水筛属 *Blyxa* Noronha ex Thouars

一年生或多年生沉水草本。有茎或无茎。叶基生或茎生；叶片披针形或条形，先端渐尖，基部有鞘，边缘具细齿或全缘；无叶柄。花单性或两性；雄花具短梗，1 至数朵生于佛焰苞内；雌花和两性花无梗，单生于佛焰苞内；佛焰苞有梗或无梗，具纵棱，先端 2 裂；萼片 3，条形或披针形，宿存；花瓣 3，较萼片长，白色；雄蕊 3~9；花柱 3；子房下位，先端伸长成喙，胚珠多数。果长圆柱形。种子多数，近纺锤形，平滑或有棘凸，两端有或无尾状附属物。

约 11 种，分布于热带和亚热带地区。本区有 1 种。

水筛

Blyxa japonica Maxim. ex Asch. et Gürke

沉水草本，具明显直立茎，全株无毛。茎高 10~20cm。叶基生兼茎生；叶片条形，长 3~7cm，宽 0.1~0.3cm，先端渐尖，基部具鞘，半抱茎，边缘有细锯齿，中脉明显；无叶柄。佛焰苞腋生，长管状，长 1~3cm，先端 2 裂，无梗或具短梗。花两性，单生于佛焰苞内；

萼片3，条状披针形；花瓣3，白色，长条形，长约1cm；雄蕊3，长1~3mm；子房圆锥形，与佛焰苞近等长，先端伸长成喙。果圆柱形。种子多数，狭椭圆球形，表面光滑。花果期8—10月。

见于南溪口、干上等地。偶见于低海拔农田中。分布于亚洲、欧洲。

一三二　眼子菜科 Potamogetonaceae

多年生水生草本，常具根状茎。茎细弱，分枝。叶互生或对生，常二型；叶片沉没于水中或浮于水面，沉水叶条形或丝状，浮水叶披针形或椭圆形，叶片基部具鞘，叶鞘离生或下部贴生于叶柄；有托叶，膜质或草质。花两性或单性，排列成穗状花序或聚伞花序，稀单生于叶腋，花序梗基部为膜质鞘包围；花被片 4，离生，具短柄，稀合生成杯状，或花被片缺失；雄蕊 1~4，花药外向；心皮 1~4，或多数，离生，每一心皮内具 1 胚珠。果实多为小核果状或小坚果状，顶端具喙，稀为纵裂的蒴果。种子无胚乳。

3 属，约 85 种，广布于全球温暖地区。本区有 1 属，3 种。

菹草 *Potamogeton crispus* L.
眼子菜 *Potamogeton distinctus* A. Benn.
小眼子菜 *Potamogeton pusillus* L.

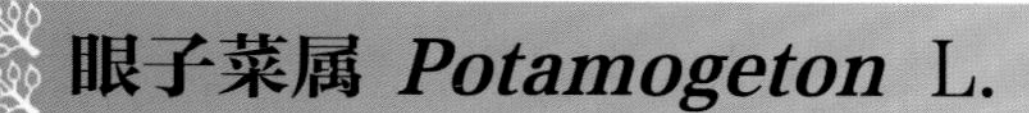

眼子菜属 *Potamogeton* L.

多年生水生草本。茎细弱，圆柱形或压扁。叶互生，有时在花序下面近对生，同型或二型；沉水叶通常条形或丝状；浮水叶披针形或长椭圆形，全缘或具细锯齿；托叶膜质，与叶片离生或贴生于叶片基部而形成叶鞘。穗状花序花期伸出水面，花 2 至多轮，每轮具 3 朵花，或 2 朵花交互对生；花序梗圆柱形或稍扁，与茎等粗或向上逐渐膨大而呈棒状；花两性，无梗或近无梗；花被片 4；雄蕊 4，与花被片对生；心皮 1~4，离生。果实为小核果，具短喙，外果皮松软而略呈海绵质。种子近肾形，无胚乳。

约 75 种，分布全球，尤以北温带分布较多。本区有 3 种。

分种检索表

1. 叶二型，有浮水叶和沉水叶之分，浮水叶宽披针形至长椭圆形，全缘 ……………1. 眼子菜 *P. distinctus*
1. 叶同型，全为沉水叶，叶片宽条形至细条形。
  2. 叶片宽条形，宽 4~10mm；茎稍扁 ……………………………………………… 2. 菹草 *P. crispus*
  2. 叶片细条形，宽 1~1.5mm；茎圆柱形 …………………………………………… * 小眼子菜 *P. pusillus*

1. 眼子菜

Potamogeton distinctus A. Benn.

多年生水生草本。根状茎发达，白色，多分枝。茎圆柱形，直径约1.5mm，通常不分枝。叶二型。浮水叶革质，宽披针形至长椭圆形，长4~10cm，宽1.5~4cm，先端急尖或钝圆，基部钝圆或楔形，全缘；弧状脉多条，顶端连接；叶柄长5~10cm；托叶长2~3cm，基部抱茎。沉水叶披针形至狭披针形，草质，长达11cm，边缘具细锯齿；叶柄长达10cm，常早落；托叶膜质，长2~7cm，呈鞘状抱茎。穗状花序顶生，具花多轮，开花时伸出水面，花后沉没于水中；花序梗稍膨大，粗于茎，长3~8cm；花小，被片4；心皮2（稀为1或3）。果实宽倒卵形，长约3.5mm，背部明显3脊，脊上有凸起。花果期7—11月。

见于凤阳湖、大小天堂。生于海拔1300~1500m的山顶湖中。分布于亚洲及太平洋岛屿。

2. 菹草

Potamogeton crispus L.

多年生沉水草本。茎稍扁，多分枝。叶互生，全部沉水；叶片宽条形，长3~10cm，宽0.4~1cm，先端钝圆，基部略抱茎；叶缘多少呈浅波状，具细锯齿；平行脉3~5条，横脉疏而明显；无叶柄；托叶薄膜质，早落；休眠芽腋生，略似松果，肥厚，坚硬，长

1~3cm，边缘具有细锯齿。穗状花序顶生，具花 2~4 轮，初时每轮 2 朵花对生，穗轴伸长后常稍不对称；花序梗棒状，开花时伸出水面；花小，被片 4。果实卵形，长约 3.5mm，果喙长可达 2mm。花果期 4—8 月。

见于官埔垟、上兴、双溪、均益、龙案、西坪、南溪口、东山头、干上、南溪及保护区外围小梅金村、大窑等地。生于池塘、农田及沟渠中。世界广布。

全草作饲料或绿肥。

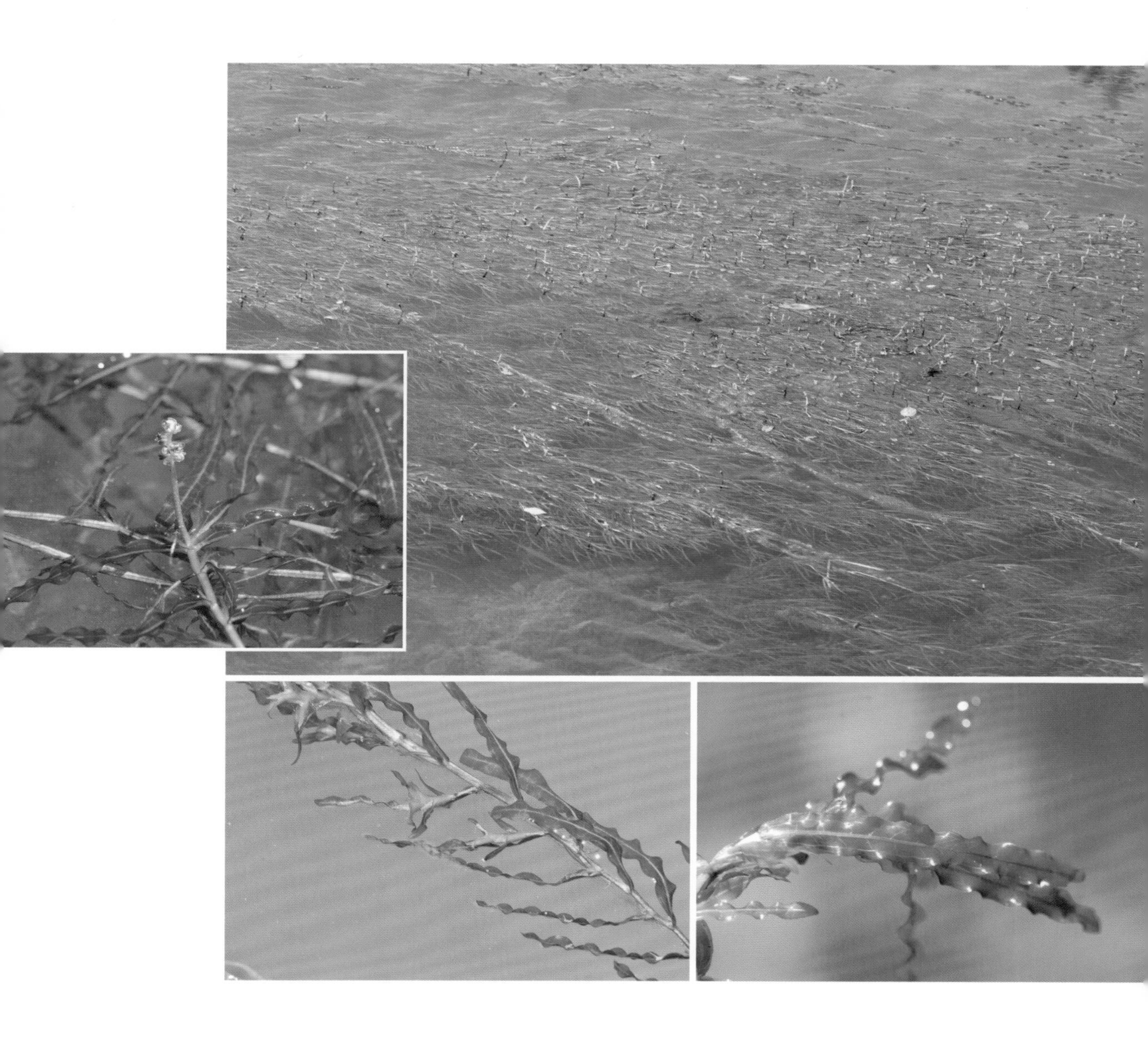

一三三　茨藻科 Najadaceae

一年生或多年生沉水草本。茎细长而柔软，多分枝，光滑或具皮刺，节上多生有不定根。叶对生、轮生或聚生于枝端；叶片条形，叶缘具粗锯齿、刺状细锯齿或全缘，基部扩展成鞘；无叶柄。花单性，雌雄同株或异株，单生或簇生于叶腋。雄花具佛焰苞或缺，佛焰苞膜质，管状，先端2裂；雄蕊1；花药1~4室，纵裂。雌花裸露，无或稀具佛焰苞，心皮1，子房内具1倒生胚珠，柱头2~4裂。果为小坚果，果皮膜质。种子具1种脊，种皮2层，外种皮细胞形状各异，无胚乳。

1属，约40种，全球广布。本区有2种。

纤细茨藻 *Najas gracillima*（A. Br.）Magnus　弯果草茨藻 *Najas graminea* Del. var. *recurvata* J. B. He

茨藻属 *Najas* L.

属特征、分布与科同。

分种检索表

1. 叶鞘两侧半圆形或斜截形；雄花具佛焰苞、雌花无佛焰苞 …………………… **1. 纤细茨藻 *N. gracillima***
1. 叶鞘两侧各具一耳状披针形的裂片；雌、雄花均无佛焰苞 … **2. 弯果草茨藻 *N. graminea* var. *recurvata***

1. 纤细茨藻　日本茨藻

Najas gracillima（A. Br.）Magnus

沉水草本。茎细弱，多分枝，光滑。叶片细条形，长1.5~3.5cm，宽0.5~1mm，先端渐尖，边缘具刺状细锯齿，中脉明显；叶鞘半圆形或斜截形，边缘具数个刺状小齿。花单性，雌雄同株；雄花具佛焰苞，花药1室；雌花无佛焰苞，常2朵生于一节，柱头2。小坚果长椭圆球形，长2~2.5mm。种子与果实同形，外种皮细胞长方形或细条形。花果期7—10月。

见于保护区外围低海拔地带。生于水田中。世界广布。

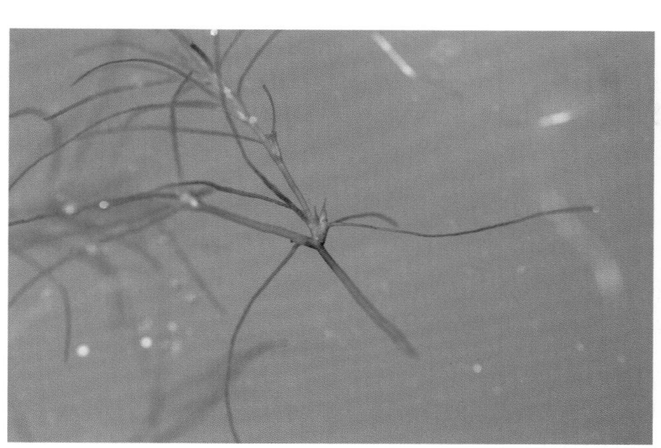

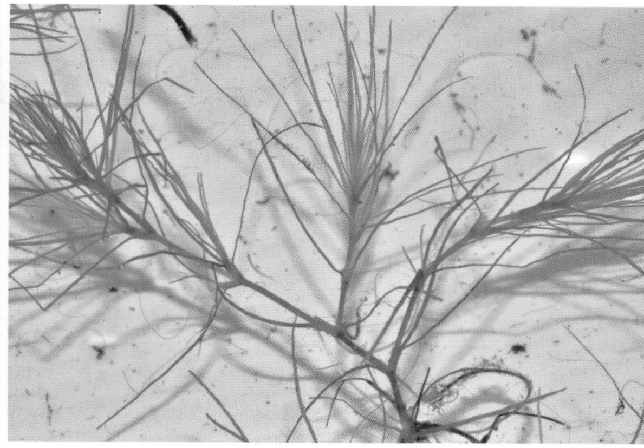

2. 弯果草茨藻

Najas graminea Del. var. **recurvata** J. B. He

沉水草本。茎细弱，多分枝，光滑。叶片丝状，长 1~2cm，宽约 0.5mm，先端尖，边缘具细而密的刺状细锯齿，中脉明显；叶鞘两侧各有 1 耳状披针形裂片。花单性，雌雄同株；雄花无佛焰苞，花药 4 室；雌花无佛焰苞，柱头 2。小坚果长椭圆球形，长 2~3mm，顶端略向背脊弯曲。种子长椭圆球形，外种皮表皮细胞细条形。花果期 8—10 月。

见于保护区外围低海拔地带。生于水田中。我国特有，分布于华东、华中。

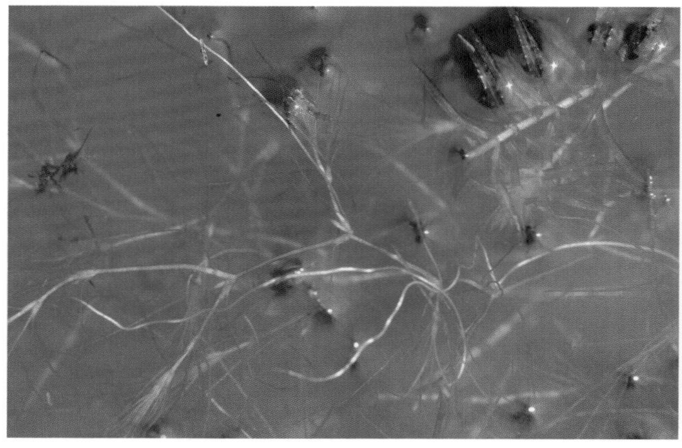

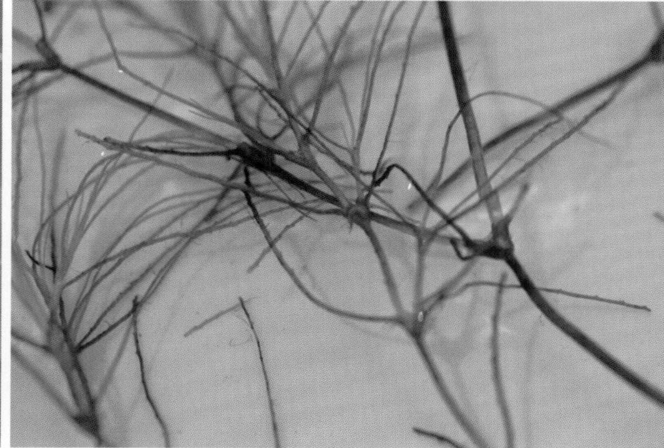

一三四　无叶莲科 Petrosaviaceae

多年生腐生草本，无叶绿素，或具叶绿色而为自养草本，具匍匐根状茎。茎单一，或合轴分枝。叶成 2 列基生，或在茎上互生，条形或披针形，或退化成鳞片状。花小，排成顶生的总状、伞房状或穗状花序，稀单生，苞片有或无；花被片分离或基部合生，宿存，内具蜜腺；雄蕊 6，稀更多，花丝分离或贴生于花被片基部；心皮分离或下部合生，花柱头状，具多数胚珠。蓇葖果或蒴果。种子多数，顶端或两端具长短不一的翅状附属物。

5 属，约 20 种，分布于欧亚大陆和美洲。本区有 1 属，1 种。

疏花无叶莲 *Petrosavia sakuraii*（Makino）J. J. Sm. ex Steenis

无叶莲属 *Petrosavia* Becc.

多年生腐生草本。根状茎为鳞片覆盖；地上茎直立，不分枝。叶互生，退化成鳞片状。花小，两性，排成顶生的总状花序或近伞房状花序；花被下部合生或贴生于子房上，6 裂，裂片 2 轮，外轮 3 片较小；雄蕊 6，着生于花被裂片基部，花丝钻形，花药内向纵裂；子房上位或半下位，心皮 3，下部合生，具多数胚珠。蒴果沿心皮离生部分的腹缝线开裂。种子多数，具膜质翅。

3 种，分布于亚洲热带和亚热带。本区有 1 种。

疏花无叶莲

Petrosavia sakuraii（Makino）J. J. Sm. ex Steenis

腐生小草本，高 8~20cm，无叶绿素。根状茎细长，直生；地上茎纤细，通常单生于根状茎的顶端。叶鳞片状，在茎基部密生，向上渐疏离，上部叶彼此相距 1~2cm。总状花序顶生，长 2~8cm，有花数朵至 10 余朵，花梗长 3~6mm，苞片稍短于花梗；花长 3~3.5mm，花被片下部 1/3 合生，外轮的长约 1mm，内轮的长约 2mm；花药椭圆球形，近基着；心皮基部合生，子房半下位，花柱分离，柱头头状。蒴果黄褐色，直径 2.5~3.5mm。种子椭圆球形，暗褐色，外种皮膜质，向两端延伸成翅状。花期 7—8 月，果期 10 月。

见于老鹰岩、将军岩。生于海拔 1500~1600m 的山坡阔叶林下或玉山竹林下的腐殖质土中。分布于东亚。

一三五　棕榈科 Arecaceae

灌木或乔木，直立，或为藤本而攀援。茎通常不分枝，单生或丛生，有时茎几无。叶互生，在芽时折叠，羽状或掌状分裂；叶柄基部通常扩大成具纤维的鞘。花小，辐射对称，单性或两性，雌雄同株或异株，组成分枝或不分枝的肉穗花序，或外有苞片包裹的佛焰花序；花萼 3；花瓣 3；雄蕊通常 6，2 轮排列；花药 2 室，纵裂；子房 1~3 室，或 3 心皮离生，或仅基部合生，柱头 3，通常无柄；每心皮内具 1 或 2 胚珠。果实为核果或硬浆果，有时覆盖覆瓦状排列的鳞片。种子具丰富的均匀或嚼烂状胚乳。

约 183 属，2450 种，分布于热带、亚热带地区，主产于热带亚洲及美洲，少数产于非洲。本区有 1 属，1 种。

棕榈属 *Trachycarpus* H. Wendl.

常绿乔木。叶片圆扇形，掌状分裂。花雌雄异株，偶为雌雄同株或杂性；花序生于叶间，雌雄花序相似，多次分枝或二次分枝；佛焰苞数个；花通常 2~4 朵成簇着生于小花枝上；雄花萼 3 深裂或几分离，花冠大于花萼，雄蕊 6；雌花萼、花冠与雄花相似，雄蕊不育，箭形，心皮 3，合生或基部合生，有毛，子房 3 室或基部为 3 室。果为核果，阔肾形、长椭圆球形或球形，有脐或在种脊面稍具沟槽。种子形如果实，胚乳均匀。

9 种，分布于印度、中南半岛至中国、日本。本区常见栽培 1 种。

棕榈

Trachycarpus fortunei（Hook.）H. Wendl.

植株高达 10m。树干圆柱形，被不易脱落的老叶柄基部和密集的网状纤维，直径 10~15cm。叶片圆扇形，掌状深裂成 30~50 片，裂片长 60~70cm，宽 2.5~4cm，先端 2 浅裂，硬挺或顶端下垂；叶柄长 50~100cm，两侧具细圆齿，顶端有明显的戟凸。肉穗花序圆锥状；佛焰苞革质，多数，被锈色茸毛；花小，淡黄色，单性，雌雄异株；萼片和花瓣均宽卵形；雄蕊花丝分离；子房 3 室，密被白色柔毛，柱头 3。核果肾状球形，直径约 1cm，成熟时黑色。花期 5—6 月，果期 8—10 月。

区内常见。栽培于村庄附近。分布于东亚和东南亚。

一三六　菖蒲科 Acoraceae

多年生常绿草本。根状茎匍匐，肉质，横走，含芳香油。叶近基生，2 列，嵌列状；叶片狭长，革质，具平行脉，无柄；叶鞘套叠状，边缘膜质。花序生于当年生叶腋，花序梗长，全部贴生于佛焰苞鞘上。佛焰苞叶状，部分与花序梗合生，在肉穗花序着生点之上分离，宿存。肉穗花序指状圆锥形或鼠尾状；花密集，自下而上开放。花两性；花被片 6；雄蕊 6；子房倒圆锥状长圆形，与花被片等长，先端近平截，2 或 3 室，每室具胚珠多数，着生于子房室的顶部；花柱极短。浆果长圆球形，顶端渐狭为近圆锥状的尖头，红色，藏于宿存花被之下。种子长圆形，胚乳肉质，胚具轴。

1 属，2 种，分布于北温带至热带亚洲地区。本区有 1 种。

石菖蒲 *Acorus gramineus* Soland.

菖蒲属 *Acorus* L.

属特征、分布与科同。

石菖蒲

Acorus gramineus Soland.——*A. tatarinowii* Schott

多年生草本。根状茎芳香，粗 2~5mm，外部淡褐色，节间长 3~5mm，上部分枝甚密，植株因而呈丛生状，分枝常被纤维状宿存的叶基。根肉质，具多数须根。叶无柄，叶片薄，基部两侧膜质叶鞘宽可达 5mm，上延几达叶片中部，渐狭，脱落；叶片暗绿色，狭条形或条形，长 10~30（~50）cm，基部对折，中部以上平展，宽 5~13mm，先端渐狭，无中肋，平行脉多数，稍隆起。花序梗腋生，长 4~15cm，三棱形。叶状佛焰苞长 13~25cm，为肉穗花序长的 2~5 倍，或更长，稀近等长；肉穗花序圆柱状，长 2.5~9cm，粗 3~7mm，上部渐尖，直立或稍弯。花白色，或花黄绿色而多少带白色。成熟果序长 7~8cm，粗 1~1.5cm；幼果绿色，成熟时黄绿色或黄白色。花果期 2—8 月。

区内常见。常生于溪沟中岩石上。分布于东亚与东南亚。

一三七　天南星科 Araceae

草本，具块茎或根状茎，稀为攀援灌木状。叶单一或少数，常基生，茎生者互生，2列或螺旋状排列；叶柄基部或中下部鞘状；叶片不分裂，多为箭形、戟形，或掌状、鸟足状、羽状、放射状分裂，具网状脉，稀具平行脉。花小，两性或单性，雌雄同株或异株，排列成肉穗花序，外有佛焰苞包围；花被存在或缺，若存在 2 轮排列，每轮 2 或 3 枚，离生；雄蕊常与花被片同数且对生，分离，但在无被花中，雄蕊数目不等，分离或合生为雄蕊柱，花药 2 室；不育雄蕊常存在；子房上位，1 至多室，胚珠 1 至多数。果为浆果。种子具肉质的外种皮，胚乳丰富。

约 110 属，3500 余种，主要分布于热带和亚热带地区。本区有 4 属，7 种。

东亚魔芋 *Amorphophallus kiusianus*（Makino）Makino
一把伞南星 *Arisaema erubescens*（Wall.）Schott
天南星 *Arisaema heterophyllum* Bl.
灯台莲 *Arisaema bockii* Engl.
野芋 *Colocasia antiquorum* Schott
滴水珠 *Pinellia cordata* N. E. Brown
半夏 *Pinellia ternata*（Thunb.）Makino

分属检索表

1. 叶片羽状、放射状、掌状或鸟足状全裂，裂片 5 枚以上。
　2. 花序与叶不同时存在；叶片羽状分裂，裂片再次深裂……………………… **1. 魔芋属 *Amorphophallus***
　2. 花序与叶同时存在；叶片放射状、鸟足状或掌状分裂，裂片不再分裂 …………**2. 天南星属 *Arisaema***
1. 叶片不分裂，或掌状 3 裂。
　3. 肉穗花序的雌花部分与佛焰苞分离；植株高大（栽培）…………………………… **3. 芋属 *Colocasia***
　3. 肉穗花序的雌花部分与佛焰苞贴生；植株较矮小，高不足 30cm ……………………**4. 半夏属 *Pinellia***

1　魔芋属 *Amorphophallus* Bl. ex Decne.

块茎扁球形，稀为球形或长圆柱形。茎下部具鳞叶。叶 1 枚；叶片常 3 全裂，裂片 1 或 2 回羽状分裂，或二歧分裂后再羽状分裂；叶柄粗壮，光滑或粗糙具疣，常有紫褐色斑块。花序与叶不同时存在，通常具长柄；佛焰苞管部漏斗形或钟形，席卷，内面下部常多疣或具凸起，檐部多少开展；肉穗花序圆柱形，雄花部分位于雌花部分上部；附属物增粗或延长；雄花有雄蕊 1 或 3~6；雌花有心皮 1、3、4，子房近球形或倒卵球形，1~4 室。浆果球形或扁球形。种子 1 至少数。

约 200 种，分布于东亚、东南亚、南亚至大洋洲北部、太平洋岛屿、西非、东非。本区有 1 种。

东亚魔芋 华东魔芋 疏毛魔芋 蛇头草

Amorphophallus kiusianus（Makino）Makino ——*A. sinensis* Belval

块茎扁球形，直径 3~20cm。鳞叶 2，卵形或披针状卵形，有青紫色或淡红色斑块。叶片绿色，3 全裂，裂片长达 50cm，每一裂片二歧分叉后再羽状深裂，小裂片通常 8~30，狭卵形或卵形，长 4~10cm，宽 3~3.5cm；叶柄粗壮，长达 1.5m，绿色，具白色斑块，光滑。花序梗长 25~45cm；佛焰苞长 15~20cm，管部席卷，长 6~8cm，宽 1~2cm，外面绿色，具白色斑纹，内面暗青紫色，基部具疣状凸起，檐部开展为斜漏斗状，长 12~15cm，先端长渐尖，外面淡绿色，内面淡红色，边缘带杂色，两面均有白色圆形斑块；肉穗花序圆柱形；雄花部分长 3~4cm；雌花部分长 2~4cm；附属物长圆锥形，长 7~14cm，约与花序着花部分等长，深青紫色，散生长约 10mm 的紫黑色硬毛；雄蕊 3 或 4，药隔外凸；子房球形，无花柱，柱头盘状。浆果球形或扁球形，红色，熟时呈蓝色。花期 5—6 月，果期 7—8 月。

见于官埔垟、炉岙、上兴、双溪、均益、东山头、干上、南溪等地。生于海拔 500~800m 的林缘、路边或林下山坡，或栽培。分布于东亚。

块茎可加工为魔芋豆腐供食用。

2 天南星属 *Arisaema* Mart.

多年生草本，具块茎。茎下部常有鳞叶。叶片 3 浅裂至全裂，或鸟足状、放射状分裂，裂片全缘或有时啮齿状，无柄或具柄；叶柄具长鞘，常与花序梗具同样的斑纹。佛焰苞管部席卷成圆筒形或喉部开展，檐部多呈拱形盔状，先端常长渐尖；肉穗花序单性或两性；雄花序常疏生花，雌花序常密生花，在两性花序中雄花部分位于雌花部分之上；顶端附属物短，仅达佛焰苞喉部，或多少伸出喉部外；花单性，无花被；雄蕊 2~5；子房 1 室。浆果倒卵球形至倒圆锥形。种子卵圆形，具锥尖。

约 180 种，大多分布于亚洲热带至温带地区，少数分布于非洲东北部、北美洲及墨西哥。本区有 3 种。

分种检索表

1. 叶片放射状分裂；附属器棒形，两端渐尖 ………………………………… 1. 一把伞南星 *A. erubescens*
1. 叶片鸟足状分裂或掌状分裂；附属器鞭形或棒形，先端尖或钝。
  2. 附属器上部鞭形，延长成“之”字形，渐狭；叶裂片 7~19 枚 …………… 2. 天南星 *A. heterophyllum*
  2. 附属器短缩，棒形，直立，先端钝；叶裂片 5，稀 3 枚 ………………………………… 3. 灯台莲 *A. bockii*

1. 一把伞南星

Arisaema erubescens（Wall.）Schott

块茎扁球形，直径 2~6cm。鳞叶有紫褐色斑纹。叶 1 枚，稀 2 枚；叶片放射状分裂，裂片 7~20，披针形、长圆形至椭圆形，长 7~24cm，宽 2~3.5cm，先端长渐尖成丝状，基部狭窄，无柄；叶柄长 40~80cm，绿色，有时具褐色斑块，下部具鞘。花序梗短于叶柄，长约 40cm，具褐色斑纹。佛焰苞绿色，背面有白色条纹，或紫色而无条纹；管部窄圆柱形，长 4~8cm；喉部稍膨大，开展部分外卷；檐部三角状卵形至长卵圆形，长 4~7cm，宽 2~6cm，先端渐窄成长 4~15cm 的丝状尾尖。肉穗花序单性；雄花序长 2~2.5cm，具密花，上部常有少数中性花，雄蕊 2~4；雌花序长约 2cm，下部常具钻形中性花，子房圆形，无花柱，柱头小；附属器棒形，长 3~4cm。浆果红色。种子 1 或 2，球形，淡褐色。花期 5—7 月，果期 8—9 月。

见于官埔垟、炉岙、龙南、凤阳庙、大田坪、黄茅尖、将军岩、凤阳湖、双溪、均益、坪田、横溪、烧香岩、大小天堂、南溪口等地。生于海拔 500~1600m 的沟边、路边或林下。分布于东亚和东南亚。

块茎可入药。

2. 天南星 异叶天南星

Arisaema heterophyllum Blume

块茎扁球形或近球形，直径 1.5~4cm，常具侧生小块茎。鳞叶 4 或 5 枚，膜质。叶单一；叶片鸟足状分裂，裂片 7~19 枚，倒披针形至条状长圆形，先端渐尖，基部楔形，全缘，无柄或具短柄；侧裂片长 7~22cm，宽 2~6cm；中裂片长 3~15cm，宽 0.7~5.8cm；叶柄圆柱形，下部 3/4 鞘状。花序梗常短于叶柄；佛焰苞管部长 3~8cm，宽 1~2.5cm，喉部戟形，边缘稍外卷，檐部卵形或卵状披针形，常下弯成盔状，先端骤狭渐尖；肉穗花序的两性花序中，雄花部分长 1.5~3.2cm，雄花疏生，大部分不育，雌花部分长 1~2.2cm，雌花球形，花柱明显，柱头小；单性雄花序长 3~5cm，直径 3~5mm，雄花具柄；附属器绿白色，长鞭形，无柄，长 10~20cm，伸出佛焰苞外，呈“之”字形。浆果黄红色、红色，圆柱形，长约 5mm。种子黄色，具红色斑点。花期 4—5 月，果期 7—9 月。

见于坪田、大小天堂等地。生于海拔 500~650m 山坡路旁或林下。分布于东亚。

块茎可入药。

3. 灯台莲

Arisaema bockii Engl.

块茎扁球形，直径 2~3cm。鳞叶 2 枚。叶 2 枚；叶片鸟足状分裂，裂片 5，稀 3，卵形、长卵形或长圆形，边缘具不规则的粗锯齿至细锯齿；中裂片长 13~18cm，宽 9~12cm，先端锐尖，基部楔形，具长 0.5~2.5cm 的柄；侧裂片小于中裂片或近相等，具短柄或否；外侧裂片较小，不对称，内侧基部楔形，外侧圆形或耳状，无柄；叶柄长 20~30cm，下部 1/2 具鞘。花序梗略短于叶柄或几与叶柄等长；佛焰苞具淡紫色条纹，管部漏斗状，长 6~10cm，宽 2.5~5.5cm；肉穗花序单性；雄花序圆柱形，长 2~3cm，直径 2mm，花疏生；雌花序近圆锥形，长 2~3cm，下部直径 1cm，花密生，子房卵圆球形，柱头小；附属器棒形，直径 4~5mm，具细柄。浆果黄色，长圆锥状。种子 1~3，卵圆形，光滑，具柄。花期 5 月，果期 6—9 月。

区内常见。生于海拔 1600m 以下的沟边、山坡林下、林缘路边。我国特有，分布于华东、华中、华南。

3 芋属 *Colocasia* Schott

多年生草本，具肉质块茎、根状茎。叶基生；叶片盾状着生，卵状心形或箭状心形；叶柄下延，下部鞘状。花序梗常多数，自叶腋抽出；佛焰苞管部短，席卷，宿存；佛焰苞檐部直立，脱落；肉穗花序短于佛焰苞；雄花部分长圆柱形，位于上部；雌花部分短，位于基部；中间为中性花（不育雄花）部分所分隔；附属物直立；花单性，无花被；雄花有雄蕊 3~6，合生；雌花心皮 3 或 4，子房 1 室，胚珠多数，侧膜胎座。浆果绿色，倒圆锥形或长圆球形。种子多数。

约 20 种，分布于亚洲热带和亚热带地区。本区有 1 种。

野芋

Colocasia antiquorum Schott

湿生草本。块茎球形；匍匐茎常从块茎基部外伸，长或短，具小球茎。叶片薄革质，表面略发亮，盾状卵形，基部心形，长达 50cm，前裂片宽卵形，锐尖，长稍大于宽，一级侧脉 4~8 对，后裂片卵形，钝，长约为前裂片长的 1/2~3/4，甚至完全连合，基部弯缺为宽钝的三角形或圆形，基脉相交成 30°~40° 度的锐角；叶柄肥厚，直立，长可达 1.2m。花序梗比叶柄短许多；佛焰苞淡黄色，长 15~25cm，管部淡绿色，长圆形，为檐部长的 1/5~1/2，檐部狭长的条状披针形，先端渐尖；肉穗花序短于佛焰苞；雌花序与不育雄花序等长，各长 2~4cm；能育雄花序长 4~8cm；附属器长 4~8cm；花柱极短。区内极少见开花。

见于双溪、南溪口、干上、南溪等地。生于海拔 600m 以下的潮湿地带。分布于东亚和东南亚。

块茎供药用，外用。

4 半夏属 *Pinellia* Ten.

多年生草本，具块茎。叶片全缘、3 裂或鸟足状分裂，裂片椭圆形或长卵形；叶柄上部或下部、叶片基部常有珠芽。花序和叶同时抽出；佛焰苞管部席卷，喉部闭合，有横隔膜，檐部长圆形，长约为管部长的 2 倍；肉穗花序两性，雄花部分位于隔膜之上，雌花部分位于隔膜之下；附属物伸长成狭棒形，远超出佛焰苞；花单性，无花被；雄花有雄蕊 2；雌花子房卵圆球形，1 室，胚珠 1。

9 种，分布于东亚。本区有 2 种。

分种检索表

1. 叶片全缘，基部心形；花序梗短于叶柄 ………………………………………………… 1. 滴水珠 *P. cordata*
1. 叶片 3 全裂（幼苗叶片可为全缘）；花序梗长于叶柄 ………………………………………… 2. 半夏 *P. ternata*

1. 滴水珠

Pinellia cordata N. E. Br.

块茎球形、卵球形或长圆球形，长 2~2.8cm，直径 1~1.8cm。叶 1 枚；叶片长圆状卵形、长三角状卵形或心状戟形，长 5~10cm，宽 3~8cm，先端长渐尖或有时呈尾状，基部深心形，常在弯曲处上面有 1 珠芽，上面绿色，下面常带淡紫色，全缘；叶柄长 8~25cm，紫色或绿色，具紫斑，几无鞘，在中部以下生 1 珠芽。花序梗短于叶柄，长 6~18cm；佛焰苞绿色、淡黄紫色或青紫色，长 2~7cm，管部长 1.2~2cm，直径 4~7mm，檐部椭圆形，长 1.8~4.5cm，展平时宽 1.2~3cm；肉穗花序雄花部分长 5~7mm，雌花部分长 1~1.2cm；附属物绿色，长 6~20cm，常弯曲，呈“之”字形上升。花期 3—6 月，果期 7—9 月。

见于官埔垟、大田坪、将军岩、凤阳湖、烧香岩、大小天堂、干上等地。生于海拔 600~1200m 的溪边岩石上。我国特有，分布于华东、华中、华南。

块茎入药。

2. 半夏

Pinellia ternata（Thunb.）Makino

块茎圆球形，直径 1~2cm。叶 2~5，稀 1 枚；幼苗叶片卵心形至戟形，全缘；成年植株叶片 3 全裂，裂片长椭圆形或披针形，中裂片长 3~10cm，宽 1~3cm，侧裂片稍短，两端锐尖，全缘或浅波状；叶柄长 10~25cm，基部具鞘，鞘内、鞘部以上或叶片基部生有珠芽。花序梗长 20~30cm，长于叶柄；佛焰苞绿色，管部狭圆柱形，长 1.5~2cm，檐部长圆形，有时边缘呈青紫色，长 4~5cm，宽 1.5cm，先端钝或锐尖；肉穗花序雄花部分长 5~7mm，雌花部分长约 2cm；附属物绿色带紫色，长 6~10cm。浆果卵圆球形，黄绿色，顶端渐狭。花期 5—7 月，果期 7—8 月。

区内常见。生于荒地、路边或林缘草丛。分布于东亚。

块茎入药。

一三八　浮萍科 Lemnaceae

漂浮或沉水小草本，生于淡水中。植物体退化为小型的叶状体，具根或无根，常以出芽繁殖。花单性，雌雄同株，常生于佛焰苞内，或裸露，1 至多花生于叶状体表面或边缘；无花被；雄花具 1 或 2 雄蕊，花药 1 或 2 室；雌花具单心皮的雌蕊，内有 1~7 胚珠，花柱和柱头单一。果为胞果。

6 属，约 30 种，世界广布。本区有 2 属，2 种。

浮萍 *Lemna minor* L.　　紫萍 *Spirodela polyrhiza*（L.）Schleid.

分属检索表

1. 叶状体具 1 条根 …………………………………………………… 1. 浮萍属 *Lemna*
1. 叶状体具 3 至多条根 ……………………………………………… 2. 紫萍属 *Spirodela*

1　浮萍属 *Lemna* L.

漂浮或沉水微小草本。叶状体扁平，两面绿色，具 1~5 脉，下面具 1 条根，两侧具囊，囊内生营养芽和花。花单性，雌雄同株；佛焰苞膜质，内有 2 雄花和 1 雌花；无花被；雄花具 1 雄蕊，花丝细，花药 2 室；雌花具单心皮雌蕊，内具 1~6 胚珠。胞果卵球形。

约 15 种，全球广布。本区有 1 种。

浮萍

Lemna minor L.

漂浮小草本。叶状体宽倒卵形或椭圆形，长 2~5mm，宽 2~4mm，两侧对称，两面绿色，具不明显的 5 脉，下面中部具 1 条根，根冠端钝。繁殖时以叶状体侧边出芽，形成新个体。花、果均未见。

区内常见。常生于池塘、农田或水沟中。世界广布。

作家禽饲料，或作绿肥。

2 紫萍属 *Spirodela* Schleid.

漂浮微小草本。叶状体扁平，上面绿色，下面常带紫色，具3至多条根，具数脉，两侧具囊，囊内生营养芽和花。花单性，雌雄同株；佛焰苞膜质，内有2雄花和1雌花；无花被；雄花具1或2雄蕊，花丝细，花药2室；雌花具单心皮雌蕊，内具1~6胚珠。胞果卵球形。

约6种，广布于温带至热带地区。本区有1种。

紫萍

Spirodela polyrhiza（L.）Schleid.

漂浮微小草本。叶状体倒卵形或椭圆形，长5~9mm，宽4~7mm，两端圆钝，上面绿色，具5~11脉，下面常带紫红色，中部簇生5~11条根。繁殖时以叶状体两侧出芽，形成新个体。花、果均未见。

区内常见。生于池塘、水田或水沟中。世界广布。

作家禽饲料。

一三九　鸭跖草科 Commelinaceae

一年生或多年生草本。茎具明显的节。叶互生；叶片全缘；叶鞘明显。蝎尾状聚伞花序再排成顶生或腋生的圆锥状，或缩短成伞形花序、头状花序；花序梗上的总苞片叶状、舟状或佛焰苞状；聚伞花序基部的苞片存在或缺如；花两性，稀单性，辐射对称；小苞片极小或早落；萼片3，离生，稀合生；花瓣3，离生或不同程度合生；雄蕊6，全部发育或仅部分发育，花丝有毛或无毛；花药2室，背着；子房上位，3室或退化为2室，每室具1至多数胚珠。蒴果室背开裂，稀为浆果状。种子有棱，种脐条形。

约40属，650种，分布于热带、亚热带地区，少数分布到温带地区。本区有3属，4种。

鸭跖草 *Commelina communis* L.
裸花水竹叶 *Murdannia nudiflora*（L.）Brenan
水竹叶 *Murdannia triquetra*（Wall.ex C. B. Clarke）Brückn.
杜若 *Pollia japonica* Thunb.

分属检索表

1. 花序梗上的总苞片佛焰苞状，包裹花序；能育雄蕊2或3………………………… **1. 鸭跖草属** ***Commelina***
1. 花序梗上的总苞片叶状，不包裹花序；雄蕊6，全部能育，或能育者2或3。
  2. 聚伞花序具1至数朵花；能育雄蕊2，稀3 ………………………………………… **2. 水竹叶属** ***Murdannia***
  2. 聚伞花序花极多；雄蕊6，全部能育 ……………………………………………………… **3. 杜若属** ***Pollia***

1　鸭跖草属 *Commelina* L.

一年生或多年生草本。茎直立或基部匍匐，多分枝。蝎尾状聚伞花序藏于佛焰苞状总苞片内；苞片通常极小或缺失。生于聚伞花序下部分枝的花小，早落；生于上部分枝的花正常发育；花两侧对称；萼片3，内方2枚基部常合生；花瓣3，蓝色，离生，后方2枚较大，基部明显具爪；能育雄蕊2或3，位于一侧，退化雄蕊3或4，顶端4裂，裂片排成蝴蝶状，花丝长而无毛；子房2或3室。蒴果常2瓣裂。种子黑色或褐色，具网纹、皱纹或窝孔，稀光滑。

约170种，主要分布于热带、亚热带地区。本区有1种。

鸭跖草

Commelina communis L.

一年生披散草本。茎匍匐，多分枝，长可达1m。叶片披针形至卵状披针形，长

3~9cm，宽 1.5~2cm，两面无毛；叶鞘无毛，鞘口具长睫毛。聚伞花序单生于主茎或分枝顶端；总苞片佛焰苞状，心状卵形，长 1~2cm，折叠，边缘分离；萼片膜质，白色，狭卵形，长约 5mm；花瓣蓝色，极少白色，卵形，后方 2 枚基部具爪，长 1~1.5cm，前方 1 枚较小，白色，无爪，长 5~7mm；能育雄蕊 2 或 3，位于前方，退化雄蕊位于后方。蒴果椭圆球形，长 5~7mm，2 瓣裂。种子近肾形，长 2~3mm，棕黄色，有不规则窝孔。花果期 7—10 月。

区内常见。生于路边草丛、田边或沟边潮湿地带。分布于亚洲、欧洲、美洲。

全草入药。

2 水竹叶属 *Murdannia* Royle

一年生或多年生草本。茎匍匐、斜升或呈花葶状。叶互生，或在不发育的主茎上呈莲座状；叶片条形至长圆状披针形。蝎尾状聚伞花序单生，或数个组成圆锥花序状，有时缩短为头状，或退化至 1 花；总苞片叶状；苞片小，膜质；花两性；萼片 3，舟状；花瓣 3，圆形或倒卵形；能育雄蕊通常 3，或其中 1 枚败育；退化雄蕊 1~3 或无，顶端戟状而不分裂，或顶端 3 全裂，花丝有毛或无毛；子房 3 室，每室具 2 至多数胚珠。蒴果 3 瓣裂，卵球形、椭圆球形或圆球形。种子具沟纹、窝孔，稀平滑。

约 50 种，分布于热带和亚热带地区。本区有 2 种。

分种检索表

1. 聚伞花序仅具 1 花；茎具 1 列短柔毛；叶鞘边缘密生短柔毛；退化雄蕊顶端戟状 …………………………………… 1. 水竹叶 *M. triquetra*

1. 聚伞花序具数朵花；茎无毛；叶鞘疏被长柔毛；退化雄蕊顶端 3 全裂 …………………………………… 2. 裸花水竹叶 *M. nudiflora*

1. 水竹叶

Murdannia triquetra（Wall. ex C. B. Clarke）Brückn.

一年生草本。茎肉质，下部匍匐，通常多分枝，直径 1~2mm，节间长约 8cm，密生 1 列短柔毛。叶片条状披针形或条状椭圆形，平展或稍折叠，长 2~6cm，宽 5~8mm，顶端渐尖；叶鞘边缘密生短柔毛。聚伞花序通常退化，仅 1 花，顶生兼腋生；花序梗长 1~4cm，顶生者长，腋生者短，中部具 1 条状的苞片，有时苞片腋中生 1 花；萼片绿色，狭长圆形，长 4~6mm；花瓣粉红色、紫红色或蓝紫色，倒卵圆形；能育雄蕊 3，花丝基部具毛，退化雄蕊顶端戟状。蒴果卵圆状三棱形，长 5~7mm，直径 3~4mm，两端稍钝或短急尖。种子具沟纹和窝孔。花期 9—10 月，果期 10—11 月。

区内常见。生于路边草丛、田边或沟边潮湿地带。分布于东亚、东南亚。

全草入药。

2. 裸花水竹叶

Murdannia nudiflora（L.）Brenan

多年生草本。根须状，纤细。茎多条自基部发出，披散，长 10~50cm，无毛。叶片禾叶状或披针形，长 2.5~10cm，宽 0.5~1cm，顶端钝或渐尖，边缘近基部具睫毛，疏生长柔毛。聚伞花序疏生花，数个排成顶生圆锥状，或仅单个；花序梗纤细，长达 4cm；总苞片下部的叶状，上部的很小；苞片早落；萼片椭圆形，长约 3mm；花瓣淡紫色，倒卵圆形；能育雄蕊通常 2，花丝下部有须毛，退化雄蕊顶端 3 全裂。蒴果卵球状三棱形，长 3~4mm，每室具 2 种子。种子黄棕色，有窝孔。花果期 6—10 月。

见于官埔垟、凤阳湖、均益、大小天堂、干上等地。生于田边、沟边或路边潮湿地带。分布于东亚、东南亚及太平洋岛屿。

3 杜若属 *Pollia* Thunb.

多年生草本。茎直立或基部匍匐。叶片椭圆形或长圆形，稀披针形，具柄或无柄。圆锥花序顶生，稀为伞形花序；总苞片叶状；苞片小或无；花两性，具短梗；萼片离生，舟状椭圆形；花瓣白色或紫色，离生，倒卵形、卵圆形或长圆形；雄蕊 6，全部能育，稀其中 1 或 3 退化，花丝无毛；子房 3 室，每室具数颗胚珠。果实浆果状，圆球形或卵球形，成熟时蓝色或黑色。种子多角形。

约 17 种，分布于亚洲、非洲和大洋洲的热带、亚热带地区。本区有 1 种。

杜若

Pollia japonica Thunb.

多年生草本。茎直立或上升，长 30~50cm，直径 3~8mm，被微柔毛。叶片狭椭圆形，两面微粗糙，长 10~30cm，宽 3~7cm，无柄或基部渐狭成柄状；叶鞘无毛。圆锥花序由疏离轮生的聚伞花序组成，远长于末端叶片；花序梗长 15~30cm，和花梗均密被白色钩状毛；总苞片披针形；苞片膜质；花具短梗；萼片白色，椭圆形，长约 5mm，宿存；花瓣白色，稍带淡红色，倒卵状匙形，长约 3mm；雄蕊 6，全育，偶有 1 或 2 退化。果浆果状，圆球形或卵球形，直径约 5mm，成熟时蓝色。种子多角形，直径约 2mm，具皱纹和窝孔。花期 7—9 月，果期 9—10 月。

见于均益、龙案、烧香岩等地。生于海拔 600~800m 的沟边林下草丛中。分布于东亚。

全草入药。

一四〇　谷精草科 Eriocaulaceae

一年生或多年生草本，沼生或水生。叶基生或螺旋状着生于茎上；叶片狭，质薄，半透明，常有横脉。头状花序具总苞，单个或数个丛生于细长的花序梗上；花小，单性，雌雄同序，稀异序或异株（雌雄同株时，雌花位于花序四周，雄花位于中央）；花被片4~6，2轮，每轮2或3，异被；萼片离生或多少合生而呈佛焰苞状；花瓣常有柄，离生或合生，稀缺；雄蕊4或6，稀3，1或2轮，花丝细长，花药小，1或2室，纵裂；子房上位，2或3室，每室具1下垂胚珠，柱头2或3，稀1。蒴果膜质，室脊开裂。种子小，平滑或有纹。

约13属，1200种，广布于全球的热带和亚热带地区，以美洲热带最多。本区有1属，3种。

谷精草 *Eriocaulon buergerianum* Körn

长苞谷精草 *Eriocaulon decemflorum* Maxim.

尼泊尔谷精草 *Eriocaulon nepalense* Prescott ex Bong

谷精草属 *Eriocaulon* L.

一年生或多年生草本，湿生。茎不显著。叶基生；叶片条形。花序梗长于叶片，具鞘；头状花序生于花序梗顶端；总苞片呈覆瓦状排列；花单性，雌雄同序；花被片2轮，每轮3，稀2；雄花萼片基部合生成短管状至全部合生成佛焰苞状，稀2浅裂，花瓣分离或合生，呈高脚杯状或漏斗状，先端具毛或黑色腺体，雄蕊6，稀4，花药黑色，稀黄白色；雌花萼片离生至合生成佛焰苞状，花瓣离生或基部合生，宽条形或棍棒形，先端具毛或黑色腺体，稀退化，子房2或3室，稀1室，柱头2或3，稀1。蒴果室背开裂，每室具1种子。种子常椭圆球形，橙红色或黄色，表面常具横格及T形毛。

约400种，分布于热带和亚热带地区。本区有3种。

分种检索表

1. 头状花序倒圆锥形；萼片、花瓣均为2；雄蕊4；子房2室，仅1室发育 ………………………………………………………… **1. 长苞谷精草 *E. decemflorum***

1. 头状花序球形或半球形；萼片、花瓣均为3；雄蕊6；子房3室。

  2. 雌花萼片基部合生成柄状 ……………… **2. 尼泊尔谷精草 *E. nepalense***

  2. 雌花萼片合生成先端具3圆齿的佛焰苞状 ……………… **3. 谷精草 *E. buergerianum***

1. 长苞谷精草

Eriocaulon decemflorum Maxim.——*E. nipponicum* Maxim.

一年生草本。叶基生；叶片宽条形或条形，长5~11cm，宽1~2mm，半透明，横脉不明显。花葶多数，高6~22cm，有4或5纵沟；头状花序倒圆锥形，直径4~5mm；总苞片长椭圆形，长3.5~6mm，显著长于花，麦秆黄色，先端急尖；苞片倒披针形，先端尖，背面生白短毛；花序托无毛或有毛；雄花萼常2深裂，有时其中1裂片缩小以至成单个裂片，裂片舟形，背面与顶端有短毛；花瓣2，下部合生成管状，裂片近先端有1黑色腺体；雄蕊4，花药黑色；雌花萼片2，离生，披针形，上部有毛；花冠裂片2，倒披针形，上部内侧有黑色腺体；子房2室，有时仅1室发育；花柱分枝2。种子近球形，直径0.8~1mm。花期8—9月，果期9—10月。

区内常见。生于沼泽、农田或路边潮湿地带。分布于亚洲、欧洲。

2. 尼泊尔谷精草　疏毛谷精草

Eriocaulon nepalense Prescott ex Bong

一年生草本。茎常明显延长达2~6cm。叶基生或茎生；叶片条形，长4~11cm，宽3~5mm，半透明，具横脉。花葶5~15个，长12~25cm，具4~7棱；花序熟时近球形，灰黑色至棕黑色，直径约5mm；总苞片倒卵状楔形，禾秆色，有时稍带黑色，稍反折，膜质；苞片倒披针状楔形，顶端、边缘及背上部有毛。雄花萼合生，3浅裂至深裂，顶端及背上部有白短毛；花冠裂片3，中裂片稍大，长圆形，侧裂片较小而少毛，常各有1黑色腺体；雄蕊6，花药黑色。雌花萼片3，舟形，无龙骨状凸起，带黑色，中萼片有时退化缩小以至不能见；花瓣3，倒披针状条形，膜质，顶端有时凹缺，1~3片的顶端有黑色或棕色的腺体；子房3室，花柱分枝3，与花柱近等长或更长。种子长卵形，表面具横纹。花果期4—9月。

见于官埔垟、大田坪、双溪、均益、西坪、坪田、烧香岩、大小天堂、干上等地。生于沼泽、水田边或路边水洼地带。分布于东亚。

3. 谷精草

Eriocaulon buergerianum Körn

一年生草本。叶基生；叶片长披针状条形，长 6~20cm，宽 4~6mm，具横脉。花葶多数，长短不一，高可达 30cm；花序熟时近球形，禾秆色，直径 4~6mm；总苞片倒卵形或近圆形，长 2~2.5mm，麦秆黄色，背面上部被白色棒状毛；苞片倒卵形，先端骤尖，上部密生白色短毛；花序托具长柔毛。雄花萼片 3，合生成先端具 3 圆齿的佛焰苞状，先端具白色柔毛；花瓣 3，合生成上部 3 浅裂的高脚杯状；雄蕊 6，花药黑色。雌花萼片 3，合生成佛焰苞状，先端 3 裂；花瓣 3，离生，棍棒状，近先端有 1 黑色腺体，具细长毛；子房 3 室，花柱分枝 3。种子长椭圆形。花果期 9—10 月。

区内低海拔地区常见。生于水田中。分布于东亚。

一四一　灯心草科 Juncaceae

多年生草本，常具根状茎，稀为一年生草本。茎直立或斜升，簇生，稀单生。叶基生兼有茎生；叶片扁平至圆柱状，披针形或条形，有时退化成刺芒状，或缺；叶鞘开放或闭合；叶舌存在或缺。花序各式，顶生或假侧生，其下具总苞片，分枝基部常具鞘状的枝先出叶；花小，两性，具梗或无梗，其下具 1 干膜质的苞片，有时内侧还具 1 或 2 小苞片状先出叶；花被片 6，2 轮，或内轮 3 枚退化，草质或干膜质；雄蕊 6，2 轮，或内轮 3 枚退化，花丝分离，花药 2 室，基部着生；子房上位，1 或 3 室，每室具 3 至多数胚珠，侧膜胎座、基生胎座或中轴胎座，花柱单一，柱头 3。蒴果 3 瓣裂。种子小，有时具尾状附属物。

约 8 属，400 余种，世界广布，以温带和寒带地区居多，热带山地也有。本区有 2 属，6 种。

翅茎灯心草 *Juncus alatus* Franch. et Sav.
星花灯心草 *Juncus diastrophanthus* Buchenau
灯心草 *Juncus effusus* L.
江南灯心草 *Juncus prismatocarpus* R. Br.
野灯心草 *Juncus setchuensis* Buchenau
羽毛地杨梅 *Luzula plumosa* E. Mey.

分属检索表

1. 叶鞘开放，叶片边缘无毛；子房 3 室，或不完全 3 室；蒴果每室具多数种子 …… **1. 灯心草属 *Juncus***
1. 叶鞘闭合，叶片边缘具长毛；子房 1 室；蒴果具 3 枚种子 ………………………… **2. 地杨梅属 *Luzula***

1　灯心草属 *Juncus* L.

多年生或稀一年生草本。茎直立，常簇生。叶片扁平或圆柱形，条状至毛发状，有时退化成刺芒状，或缺；叶鞘开放；叶舌缺；叶耳存在或缺。花序顶生或假侧生，单花或数朵簇生的小头状花序再排成复聚伞花序，或为单独的头状花序；总苞片叶状或苞片状，或似茎的延伸；先出叶存在或缺；花被片 6；雄蕊 6 或 3；子房 3 室或不完全 3 室，每室具多数胚珠，柱头 3。蒴果 3 瓣裂。种子小，有时两端具白色附属物。

约 240 余种，主要分布于温带和寒带地区。本区有 5 种。

分种检索表

1. 花序假侧生，总苞片似茎的延伸；叶片退化成刺芒状，或缺。
  2. 茎直径 1.5~4mm；叶片大多退化殆尽；子房 3 室 …………………………………… 1. 灯心草 *J. effusus*
  2. 茎直径 1.5mm 以内；叶片大多退化为芒刺状；子房不完全 3 室 ……… 2. 野灯心草 *J. setchuensis*
1. 花序顶生，总苞片叶状或短叶状；叶片发育正常，条形或细长条形。
  3. 叶片圆柱形，单管型，具连贯的竹节状横隔……………………………3. 江南灯心草 *J. prismatocarpus*
  3. 叶片压扁，多管型，具不连贯的横脉状横隔。
    4. 茎两侧常无狭翅；叶耳存在；雄蕊 3 ……………………………… 4. 星花灯心草 *J. diastrophanthus*
    4. 茎两侧具狭翅；叶耳缺；雄蕊 6 ……………………………………………… * 翅茎灯心草 *J. alatus*

1. 灯心草

Juncus effusus L.

多年生草本。根状茎横走。茎簇生，圆柱形，高 40~100cm，直径 1.5~4mm，有多数细纵棱。叶基生或近基生；叶片大多退化殆尽；叶鞘中部以下紫褐色至黑褐色；叶耳缺。复聚伞花序假侧生，通常较密集；总苞片似茎的延伸，直立，长 5~20cm；先出叶宽卵形，长约 0.5mm，膜质；花被片披针形或卵状披针形，外轮的长 2~2.5mm，内轮的有时稍短，边缘膜质；雄蕊 3，稀 6，长约为花被片长的 2/3，花药稍短于花丝；子房 3 室。蒴果三棱状椭圆球形，成熟时稍长于花被片，顶端钝或微凹。种子黄褐色，椭圆球形，长约 0.5mm。花期 3—4 月，果期 4—7 月。

区内常见。生于水沟边、田边或路边草丛中。世界广布。

髓可入药；茎可编织草席等。

2. 野灯心草

Juncus setchuensis Buchenau

多年生草本。根状茎横走。茎簇生，圆柱形，高 30~50cm，直径 0.8~1.5mm，有多数细纵棱。叶基生或近基生；叶片大多退化为刺芒状；叶鞘中部以下紫褐色至黑褐色；叶耳缺。复聚伞花序假侧生，通常较开展；总苞片似茎的延伸，直立，长 5~15cm；先出叶卵状三角形，长 0.5~0.8mm，膜质；花被片卵状披针形，近等长，长 2~2.5mm，边缘膜质；雄蕊 3，长约为花被片长的 2/3，花药稍短于花丝；子房不完全 3 室。蒴果三棱状卵球形，成熟时稍长于花被片，顶端钝。种子黄褐色，倒卵形，长约 0.5mm。花期 3—4 月，果期 4—7 月。

区内常见。生于沟边或路边潮湿处。分布于东亚。

3. 江南灯心草　笄石菖　水茅草

Juncus prismatocarpus R. Br.—— *J. leschenaultii* Gay ex Laharpe

多年生草本。根状茎短。茎少数簇生，圆柱形，或稍扁，高 30~70cm，直径 2~3mm。叶基生兼茎生；叶片细长条形，通常圆柱形，长 10~20cm，直径 1.5~3mm，中空，具连贯的竹节状横隔，绿色；叶耳微小，膜质。复聚伞花序顶生；花 3 至 10 余朵在分枝上排列成小头状花序；总苞片叶状，条状披针形，短于花序；先出叶长卵形，长约 1.5mm，先端尖，膜质；花被片披针形，近等长，长 3~3.5mm，边缘狭膜质；雄蕊 3，长约为花被片长的 1/2，花药短于花丝；子房 3 室。蒴果三棱状长圆球形，远长于花被片，顶端具短喙。种子长卵形，长约 0.8mm，两端稍尖。花期 5—6 月，果期 6—9 月。

见于大小天堂、南溪等地。生于沟边草丛中。分布于东亚。

4. 星花灯心草

Juncus diastrophanthus Buchenau

多年生草本。根状茎极短。茎簇生，微压扁，高 10~30cm，直径 1~2mm，有时上部两侧略具狭翼。叶基生兼茎生；叶片条形，压扁，长 5~10（~15）cm，宽 2~3mm，稍中空，多管型，有不连贯的横脉状横隔；叶耳小，近三角形，膜质。复聚伞花序顶生；花 5 至 10 余朵在分枝上排列成小头状花序；总苞片叶状，短于花序；先出叶卵形，长 1~1.5mm，先端尾尖，膜质；花被片披针形，近等长，长 3~4mm，边缘狭膜质；雄蕊 3，长约为花被片

长的1/2，花药短于花丝；子房3室。蒴果三棱状长圆形，远长于花被片，顶端渐尖，具短喙。种子卵形，长约0.7mm，两端稍尖。花期3—4 月，果期4—6 月。

区内常见。生于水沟边、田边或路边水洼草丛中。分布于东亚。

2 地杨梅属 *Luzula* DC.

多年生草本，稀为一年生草本。茎直立，簇生。叶片扁平或内折，禾叶状，边缘或多或少有白色长柔毛；叶鞘闭合；叶舌和叶耳均缺。花序为单花，或数朵簇生的小头状花序再排成复聚伞花序、圆锥花序或复头状花序；总苞片叶状；先出叶存在；花被片6；雄蕊6，稀3；子房1室，具3胚珠，柱头3。蒴果3瓣裂。种子小，有细网纹，通常有明显的尾状附属物。

约75种，广布于温带和寒带地区，尤以北半球最多。本区有1种。

羽毛地杨梅

Luzula plumosa E. Mey.

多年生草本。具横走的根状茎。茎簇生，高20~35cm。叶片披针形或狭披针形，基生的长5~15cm，宽5~10mm，茎生的较短，边缘有白色长柔毛。花多朵排列成开展的复聚伞花序；总苞片针形，远短于花序；先出叶卵形，长约1.5mm，先端尖，边缘膜质；花被片紫褐色，卵状披针形，外轮的长约3mm，内轮的稍短，先端渐尖，上部边缘狭膜质；雄蕊6，花药稍长于花丝；花柱短，柱头细长。蒴果卵状三棱形。种子暗褐色，卵形，长约1.5mm，具约与种子等长而弯曲的附属物。花果期4—6 月。

见于炉岙、凤阳庙、大田坪、黄茅尖、均益、大小天堂等地。生于海拔900~1700m的山坡林下或路边草丛中。分布于东亚。

一四二　莎草科 Cyperaceae

多年生草本，稀为一年生。常具根状茎，有时具匍匐茎或块茎。秆多实心，三棱形，少有圆柱形。叶基生或秆生，排成 3 列，下部常具闭合的叶鞘，有时仅具叶鞘而无叶片。花序为穗状、总状、圆锥状、头状或聚伞状，由少数至多数小穗组成，有时单生；小穗由 2 至多数花组成，或退化为仅具 1 花；花两性或单性，雌雄同株，稀雌雄异株，生于鳞片腋内；鳞片螺旋状排列，或排成 2 列；花被缺，或退化为下位刚毛或下位鳞片，有时雌花被先出叶形成的果囊包裹；雄蕊 3，稀 1 或 2；子房 1 室，具 1 胚珠，花柱 1，柱头 2 或 3。果为小坚果，三棱状、双凸状、平凸状或圆球状，表面平滑或具各式花纹、细点；胚乳丰富。

100 余属，约 5400 种，世界广布。本区有 16 属，88 种。

球柱草 *Bulbostylis barbata* (Rottb.) C. B. Clarke
丝叶球柱草 *Bulbostylis densa* (Wall.) Hand.-Mazz.
禾状薹草 *Carex alopecuroides* D. Don ex Tilloch et Taylor
阿里山薹草 *Carex arisanensis* Hayata
浙南薹草 *Carex austrozhejiangensis* C. Z. Zheng et X. F. Jin
滨海薹草 *Carex bodinieri* Franch.
青绿薹草 *Carex breviculmis* R. Br.
短尖薹草 *Carex brevicuspis* C. B. Clarke
褐果薹草 *Carex brunnea* Thunb.
陈诗薹草 *Carex cheniana* Tang et F. T. Wang ex S. Yun Liang
中华薹草 *Carex chinensis* Retz.
十字薹草 *Carex cruciata* Wahlenb.
二型鳞薹草 *Carex dimorpholepis* Steud.
长穗薹草 *Carex dolichostachya* Hayata
签草 *Carex doniana* Spreng.
三阳薹草 *Carex duvaliana* Franch. et Sav.
蕨状薹草 *Carex filicina* Nees
福建薹草 *Carex fokienensis* Dunn
穿孔薹草 *Carex foraminata* C. B. Clarke
穹隆薹草 *Carex gibba* Wahlenb.
长梗薹草 *Carex glossostigma* Hand.-Mazz.
大舌薹草 *Carex grandiligulata* Kük.
长囊薹草 *Carex harlandii* Boott
狭穗薹草 *Carex ischnostachya* Steud.
舌叶薹草 *Carex ligulata* Nees ex Wight
斑点果薹草 *Carex maculata* Boott
套鞘薹草 *Carex maubertiana* Boott
柔果薹草 *Carex mollicula* Boott
条穗薹草 *Carex nemostachys* Steud.
斜果薹草 *Carex obliquicarpa* X. F. Jin, C. Z. Zheng et B. Y. Ding
霹雳薹草 *Carex perakensis* C. B. Clarke
镜子薹草 *Carex phacota* Spreng.
凤凰薹草 *Carex phoenicis* Dunn
豌豆型薹草 *Carex pisiformis* Boott
粉被薹草 *Carex pruinosa* Boott
根花薹草 *Carex radiciflora* Dunn
松叶薹草 *Carex rara* Boott
点囊薹草 *Carex rubrobrunnea* C. B. Clarke

横纹薹草 *Carex rugata* Ohwi
花葶薹草 *Carex scaposa* C. B. Clarke
宽叶薹草 *Carex siderosticta* Hance
相仿薹草 *Carex simulans* C. B. Clarke
柄果薹草 *Carex stipitinux* C. B. Clarke
近头状薹草 *Carex subcapitata* X. F. Jin, C. Z. Zheng et B. Y. Ding
武义薹草 *Carex subcernua* Ohwi
似柔果薹草 *Carex submollicula* Tang et F. T. Wang ex L. K. Dai
似横果薹草 *Carex subtransversa* C. B. Clarke
藏薹草 *Carex thibetica* Franch.
天目山薹草 *Carex tianmushanica* Z. C. Zheng et X. F. Jin
三穗薹草 *Carex tristachya* Franch.
合鳞薹草（变种）var. *pocilliformis*（Boott）Kük.
截鳞薹草 *Carex truncatigluma* C. B. Clarke
阿穆尔莎草 *Cyperus amuricus* Maxim.
扁穗莎草 *Cyperus compressus* L.
异型莎草 *Cyperus difformis* L.
畦畔莎草 *Cyperus haspan* L.
碎米莎草 *Cyperus iria* L.
具芒碎米莎草 *Cyperus microiria* Steud.
直穗莎草 *Cyperus orthostachys* Franch. et Sav.
毛轴莎草 *Cyperus pilosus* Vahl
香附子 *Cyperus rotundus* L.
窄穗莎草 *Cyperus tenuispica* Steud.
裂颖茅 *Diplacrum caricinum* R. Br.
透明鳞荸荠 *Eleocharis pellucida* J. Presl et C. Presl
稻田荸荠（变种）var. *japonica*（Miq.）Tang et F. T. Wang
龙师草 *Eleocharis tetraquetra* Nees
牛毛毡 *Eleocharis yokoscensis*（Franch.et Sav.）Tang et F. T. Wang
矮扁鞘飘拂草 *Fimbristylis complanata*（Retz.）Link var. *exalata*（T. Koyama）Y. C. Tang ex S. R. Zhang et T. Koyama
两歧飘拂草 *Fimbristylis dichotoma*（L.）Vahl
面条草 *Fimbristylis diphylloides* Makino
日照飘拂草 *Fimbristylis littoralis* Gaudich.
龙泉飘拂草 *Fimbristylis longquanensis* X. F. Jin, Y. F. Lu et C. Z. Zheng
五棱秆飘拂草 *Fimbristylis quinquangularis*（Vahl）Kunth
弱锈鳞飘拂草 *Fimbristylis sieboldii* Miq.
黑莎草 *Gahnia tristis* Nees
短叶水蜈蚣 *Kyllinga brevifolia* Rottb.
光鳞水蜈蚣（变种）var. *leiolepis*（Franch. et Sav.）Hara
湖瓜草 *Lipocarpha microcephala*（R. Br.）Kunth
砖子苗 *Mariscus umbellatus* Vahl
球穗扁莎 *Pycreus flavidus*（Retz.）T. Koyama
直球穗扁莎（变种）var. *strictus* C. Y. Wu ex Karthik.
红鳞扁莎 *Pycreus sanguinolentus*（Vahl）Nees
细叶刺子莞 *Rhynchospora faberi* C. B. Clarke
刺子莞 *Rhynchospora rubra*（Lour.）Makino
萤蔺 *Schoenoplectus juncoides*（Roxb.）Palla
水毛花 *Schoenoplectus triangulatus*（Roxb.）Sojàk
猪毛草 *Schoenoplectus wallichii*（Nees）T. Koyama
庐山藨草 *Scirpus lushanensis* Ohwi
百球藨草 *Scirpus rosthornii* Diels
黑鳞珍珠茅 *Scleria hookeriana* Boeckeler
毛果珍珠茅 *Scleria levis* Retz.
玉山针蔺 *Trichophorum subcapitatum*（Thwaites et Hook.）D. A. Simpson

分属检索表

1. 花两性或单性，雌花无先出叶；小坚果亦无先出叶所形成的果囊包裹。
  2. 花两性，如为单性花，则具下位刚毛。
    3. 鳞片螺旋状排列；花具下位刚毛，稀完全退化。
      4. 小穗具多数两性花。
        5. 花柱基部不膨大，果时与小坚果连接处界限不分明。
          6. 花序基部的苞片叶状，或似秆的延长，长于或稍稍短于花序；小穗具多数花。
            7. 聚伞花序顶生，或顶生和侧生兼有，复出成圆锥状；苞片叶状，1~5；叶基生和秆生；小坚果长小于 1.5mm …… **1. 藨草属 *Scirpus***
            7. 小穗数个集生成头状，假侧生；苞片似秆的延长，常 1；叶退化成鞘状；小坚果长于 2mm …… **2. 水葱属 *Schoenoplectus***
          6. 花序基部的苞片鳞片状，远短于花序；小穗具 5 至 10 余朵花 …… **3. 针蔺属 *Trichophorum***
        5. 花柱基部膨大，果时与小坚果连接处界限分明。
          8. 叶片退化；小穗单生；下位刚毛 4~8，有时更少 …… **4. 荸荠属 *Eriocharis***
          8. 叶片存在；小穗多数，稀单生；下位刚毛完全退化。
            9. 花柱基宿存；花序苞片小 …… **5. 球柱草属 *Bulbostylis***
            9. 花柱基脱落；花序的苞片显著 …… **6. 飘拂草属 *Fimbristylis***
      4. 小穗仅在上部或中部的鳞片内具少数两性花。
        10. 柱头 2；小坚果双凸状，顶端具明显的喙，具下位刚毛；秆较矮小，三棱形，稀圆柱形 …… **7. 刺子莞属 *Rhynchospora***
        10. 柱头 3；小坚果三棱状，顶端无明显的喙，无下位刚毛；秆高大且粗壮，圆柱形 …… **8. 黑莎草属 *Gahnia***
    3. 鳞片 2 列排列；花无下位刚毛。
      11. 小穗轴连续，基部无关节；鳞片自小穗基部向顶端逐渐脱落。
        12. 柱头 3，稀 2；小坚果三棱状 …… **9. 莎草属 *Cyperus***
        12. 柱头 2；小坚果双凸状或平凸状 …… **10. 扁莎属 *Pycreus***
      11. 小穗基部具关节；鳞片常与小穗轴于关节处一起脱落。
        13. 小穗多数或极多数，聚生成穗状或头状；柱头 3；小坚果三棱状 …… **11. 砖子苗属 *Mariscus***
        13. 小穗 1~3 个聚生成头状或球状；柱头 2；小坚果双凸状 …… **12. 水蜈蚣属 *Kyllinga***
  2. 花单性，稀为两性。
    14. 小穗 2~7 个生于秆顶，或单生，仅具 2 鳞片；小坚果无下位盘 …… **13. 湖瓜草属 *Lipocarpha***
    14. 小穗排成圆锥花序，或聚伞花序缩短成小簇，生于叶腋，具 2 至多数鳞片；小坚果具下位盘。
      15. 聚伞花序缩短成小簇；小坚果被 2 枚对生的鳞片包裹；一年生草本 …… **14. 裂颖茅属 *Diplacrum***
      15. 圆锥花序开展；小坚果不被鳞片包裹；多年生草本 …… **15. 珍珠茅属 *Scleria***
1. 花单性，雌花为先出叶在边缘合生的果囊包裹；小坚果亦被果囊包裹 …… **16. 薹草属 *Carex***

1 藨草属 *Scirpus* L.

多年生草本，具根状茎或无根状茎。秆常三棱形或钝三棱形，具节。叶基生和秆生。苞片叶状，开展；聚伞花序具多数小穗，多次复出成圆锥状，或数个聚伞花序排列成总状；小穗常具多数花；鳞片螺旋状排列，每一鳞片内通常具 1 两性花，或最下 1 至数枚鳞片内无花，极少最上面1枚鳞片内有1雄花；下位刚毛3~6，直立或弯曲，有顺刺，稀近平滑；雄蕊1~3；花柱基部不膨大，柱头2或3。小坚果平凸状、双凸状或三棱状，无柄或近无柄。

约35种，主要分布于北温带地区，以北美洲居多。本区有2种。

分种检索表

1. 鳞片先端圆钝，具3脉；下位刚毛直，稍长于小坚果；柱头2；小坚果双凸状 ………………………… 1. 百球藨草 *S. rosthornii*
1. 鳞片先端急尖或渐尖，具1脉；下位刚毛弯曲，远长于小坚果；柱头3；小坚果三棱状 ………………………… 2. 庐山藨草 *S. lushanensis*

1. 百球藨草

Scirpus rosthornii Diels

根状茎短。秆粗壮，高70~100cm，坚硬，三棱形，具节和秆生叶，节间长。叶较坚挺，上部的叶高出花序，宽6~15mm，叶片边缘和下面中肋上粗糙；叶鞘长3~12cm，具横脉。苞片3~5，叶状，常长于花序；聚伞花序大，顶生，具多次复出的长侧枝，第1次辐射枝6或7，稍粗壮，长可达12cm，各次辐射枝均粗糙，小穗4~10个聚合成头状，着生于辐射枝顶端；小穗卵球形或椭圆球形，顶端的近圆球形，长2~3mm，宽约1.5mm，具多数花，无柄；鳞片宽卵形，具3脉，2侧脉明显隆起，侧脉间黄色，其余为麦秆黄色或棕色，后变为深褐色，长约1mm，先端钝；下位刚毛2或3，较小坚果稍长，直，中部以上有顺刺；柱头2。小坚果椭圆球形或近圆球形，双凸状，黄色，长0.6~0.7mm。花果期5—10月。

区内常见。生于海拔1600m以下的林下阴湿处、路边潮湿草丛。分布于东亚、南亚。

2. 庐山藨草 茸球藨草

Scirpus lushanensis Ohwi —— *S. asiaticus* Beetle

根状茎粗短。秆散生，粗壮，坚硬，高 50~80cm，钝三棱形，有 5~8 节。叶基生和秆生，短于秆；叶片宽 8~10mm；叶鞘常红棕色。苞片 2~4，叶状，常短于花序；聚伞花序顶生，多次复出，小穗极多；小穗常单生或 2~4 个簇生，椭圆球形或近球形，长 3~6mm，密生多数花；鳞片三角状卵形、卵形或长圆状卵形，锈色，长 3~5mm，膜质，先端急尖，背面具淡绿色 1 脉；下位刚毛 6，较小坚果长，下部卷曲，上部疏生顺刺；柱头 3。小坚果倒卵球形，扁三棱状，淡黄色，长约 1mm，顶端具喙。花果期 3—10 月。

见于大田坪、凤阳湖、大小天堂等地。生于溪沟边、林下潮湿处。分布于东亚、东南亚、南亚。

2 水葱属 *Schoenoplectus*（Rchb.）Palla

一年生或多年生草本，有时具长而匍匐的根状茎。秆常三棱形，稀圆柱形，常无节。叶常退化为仅存叶鞘。苞片叶状，常1枚，形似茎的延长；聚伞花序假侧生，具1至数个小穗；小穗常具多数花；鳞片螺旋状排列，每一鳞片内通常具1两性花；下位刚毛3~6，直立或弯曲，有倒刺，或为下位鳞片；雄蕊1~3；花柱基部不膨大，柱头2或3。小坚果平凸状、双凸状或三棱状，无柄或近无柄。

约77种，广布于全世界。本区有3种。

分种检索表

1. 秆锐三棱形；小坚果扁三棱状 ………………………………………………… 1. 水毛花 *S. triangulatus*
1. 秆圆柱形；小坚果平凸状。
  2. 鳞片宽卵形至卵形，淡棕色，长3.5~4mm，先端急尖；小坚果的下位刚毛等于或短于小坚果 ……………………………………………………………………………… 2. 萤蔺 *S. juncoides*
  2. 鳞片长圆状卵形，淡绿色至黄绿色，长4~5.5mm，先端渐尖；小坚果的下位刚毛长为小坚果长的1.5倍 ……………………………………………………………………… 3. 猪毛草 *S. wallichii*

1. 水毛花

Schoenoplectus triangulatus（Roxb.）Sojàk——*Scirpus triangulatus* Roxb.——*Schoenoplectiella triangulata*（Roxb.）J. Jung et H. K. Choi

根状茎粗短。秆丛生，高50~70cm，稍粗壮，锐三棱形，基部具2叶鞘，叶鞘棕色，长10~15cm，顶端呈斜楔形，无叶片。苞片1，为秆的延长，直立或稍开展，长3~7cm；小穗6~8个聚集成头状，假侧生，卵球形或长圆状卵球形，长10~15mm，具多数花；鳞片卵形或长圆状卵形，淡棕色，具红棕色短条纹，长4~4.5mm，近革质，先端具短尖，背面具1脉；下位刚毛6，长为小坚果长的1.5倍或与之近等长，具倒刺；雄蕊3；柱头3。小坚果倒卵球形或宽倒卵球形，扁三棱状，成熟后暗棕色，长2~2.5mm，具光泽，稍有条纹。花果期5—11月。

见于大小天堂。生于沼泽湿地中。分布于东亚、东南亚、南亚及非洲、欧洲南部。

2. 萤蔺

Schoenoplectus juncoides (Roxb.) Palla——*Scirpus juncoides* Roxb.——*Schoenoplectiella juncoides* (Roxb.) Lye

根状茎短。秆丛生，高 30~50cm，圆柱形，有时稍具棱角，基部具 2 或 3 叶鞘，鞘口斜楔形，边缘干膜质，无叶片。苞片 1，为秆的延长，直立，长 5~15cm；小穗 3~5 个聚成头状，假侧生，卵球形或长圆状卵球形，长 10~15mm，具多数花；鳞片宽卵形或卵形，淡棕色，两侧有深棕色条纹，长约 4mm，先端短尖，背面具绿色 1 脉；下位刚毛 5 或 6，与小坚果近等长或短于小坚果，具倒刺；雄蕊 3；柱头 3，稀 2。小坚果宽倒卵球形或倒卵球形，平凸状，成熟后黑褐色，长约 2mm，稍皱缩，具光泽。花果期 5—11 月。

全区常见。生于海拔 1000m 以下的水田中、溪边湿地。分布于东亚、东南亚、南亚、中亚及大洋洲、太平洋岛屿等。

3. 猪毛草

Schoenoplectus wallichii (Nees) T. Koyama——*Scirpus wallichii* Nees——*Schoenoplectiella wallichii* (Nees) Lye

根状茎短。秆丛生，高 10~40cm，细弱，平滑，基部具 2 或 3 叶鞘，鞘近干膜质，长 3~9cm，口部斜截形，无叶片。苞片 1，为秆的延长，直立，顶端急尖，长 4.5~13cm，基部稍扩大；小穗单一，或 2 或 3 个簇生，假侧生，长圆状卵球形，顶端急尖，长 7~17mm，宽 3~6mm，具 10 余朵至多数花；鳞片长圆状卵形，淡绿色至黄绿色，近革质，长 4~5.5mm，先端渐尖，具短尖，背面具绿色 1 脉；下位刚毛 4，长于小坚果，上部生倒刺；雄蕊 3，花药长圆球形；花柱中等长，柱头 2。小坚果宽椭圆球形，平凸状，黑褐色，长约 2mm，有不明显的皱纹，稍具光泽。花果期 7—12 月。

见于干上。生于海拔约 700m 的水田中。分布于东亚、东南亚、南亚。

3 针蔺属 *Trichophorum* Pers.

多年生草本。秆丛生，三棱形或圆柱形，基部具鞘。叶片常退化仅具叶鞘，或上部的呈钻形。苞片 1，鳞片状，先端具短尖或芒；蝎尾状聚伞花序生于秆顶，具数个小穗，有时小穗单生；小穗常具几朵花；鳞片螺旋状排列，每一鳞片内通常具 1 两性花；下位刚毛 6，丝状，花时伸出鳞片外，弯曲，上部疏生顺刺；雄蕊 2 或 3，或 6；花柱基部稍膨大，柱头 3。小坚果长圆球形至倒卵球形，三棱状，无柄，先端具小喙。

约 10 种，分布于热带至温带高山地区。本区有 1 种。

玉山针蔺　类头状花序藨草

Trichophorum subcapitatum（Thwaites et Hook.）D. A. Simpson——*Scirpus subcapitatus* Thwaites et Hook.

根状茎短。秆密丛生，高 30~70cm，细长，近圆柱形，平滑，稀在上部粗糙，无秆生叶，基部具 5 或 6 叶鞘，鞘棕黄色，裂口处薄膜质，棕色，顶端具很短的叶片。叶片钻形，长 1.5cm，边缘粗糙。苞片鳞片状，卵形或长圆形，长 4~6mm，先端具较长的短尖；蝎尾状聚伞花序小，具 2~4 小穗，少有单生者；小穗卵球形或椭圆球状披针形，长 5~10mm，具 5~12 花；鳞片排列疏松，卵形或长圆状卵形，麦秆黄色或棕色，长 3.5~4.5mm，先端急尖或钝，有时具短尖，背面具绿色 1 脉；下位刚毛 6，长约为小坚果长的 2 倍，上部疏生短刺；雄蕊 3；花柱短，柱头 3。小坚果长圆球形或长圆状卵球形，三棱形，黄褐色，长约 2mm。花果期 3—11 月。

全区常见。生于海拔 1700m 以下的溪沟边、岩石上、路边草丛。分布于东亚、东南亚、南亚至太平洋岛屿。

4 荸荠属 *Eleocharis* R. Br.

一年生或多年生草本。具根状茎，有时具地下匍匐茎或膨大成球茎。秆单生或丛生，无节。叶退化为仅具叶鞘，无叶片。苞片无；小穗单一，顶生，直立或斜生，具多数或少数两性花；鳞片螺旋状排列，稀近2列排列，最下部1~3枚鳞片通常中空无花；下位刚毛4~8，通常具倒刺，稀下位刚毛缺或发育不全；雄蕊常3，稀1或2；花柱细，基部膨大成各种形状，宿存于小坚果上，柱头2或3，丝状。小坚果三棱状或双凸状，平滑或具网纹。

约250种，世界广布。本区有3种。

分种检索表

1. 秆细如毛发，矮小；小坚果表面具横线形网纹；小穗具少数花，基部鳞片近2列排列，全部鳞片内有花 ………………………………………………………………………………… 1. 牛毛毡 *E. yokoscensis*
1. 秆细弱但绝不如毛发，较高大；小坚果表面平滑；小穗具多数花，鳞片螺旋状排列，基部1~3枚中空无花。
  2. 秆四棱柱状；小穗常斜生于秆顶端；小坚果成熟时褐色 ……………………… 2. 龙师草 *E. tetraquetra*
  2. 秆圆柱形；小穗直立；小坚果成熟时淡黄色 ………………………………… 3. 透明鳞荸荠 *E. pellucida*

1. 牛毛毡

Eleocharis yokoscensis (Franch. et Sav.) Tang et F. T. Wang——*Scirpus yokoscensis* Franch. et sav.

根状茎缩短，具细长匍匐茎。秆密丛生，纤细，毛发状，绿色，高5~10cm，具沟槽，基部有叶鞘，鞘红褐色。叶片鳞片状。小穗卵球形或长圆球形，长2~4mm，稍扁平，所有鳞片内均有花；鳞片膜质，下部少数鳞片近2列排列，卵形，两侧紫色，边缘具透明的狭边，长1.5~2mm，先端急尖，背部具绿色的龙骨状凸起，具1脉；下位刚毛1~4，褐色，长约为小坚果长的2倍，具粗硬的倒刺；柱头3。小坚果椭圆球形，淡褐色，长约2mm，有细密整齐的横线状网纹；花柱基圆锥形，与果顶连接处收缩。花果期4—11月。

见于大小天堂及保护区外围农田。生于田中或田边阴湿处。分布于东亚、东南亚和南亚。

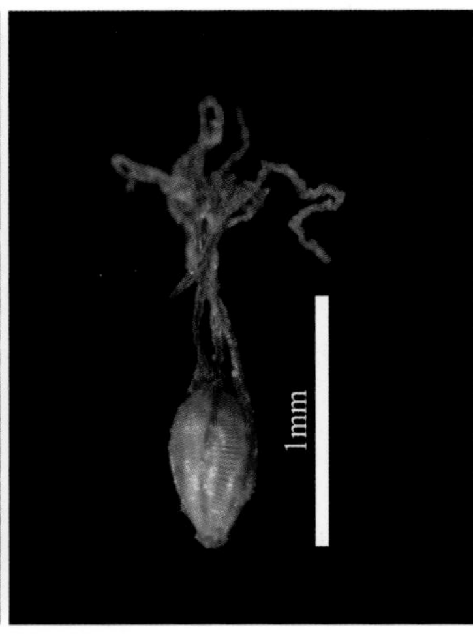

2. 龙师草

Eleocharis tetraquetra Nees

根状茎无，或有时具短的匍匐状根状茎。秆丛生，高30~50cm，锐四棱柱形，直立，无毛，基部叶鞘2或3，鞘口近平截，顶端具三角形的小齿。小穗稍斜生，长圆球形，褐绿色，长8~11mm，顶端钝或急尖，基部渐狭，具多数花，除基部3鳞片内无花外，其余均有花；鳞片椭圆状卵形，背部绿色，两侧锈色，

边缘干膜质，长约 3mm，先端钝，具 1 脉；下位刚毛 6，褐色，与小坚果近等长，具少数粗硬的倒刺；柱头 3。小坚果卵圆球形，扁三棱状，背面明显凸起，淡褐色，长约 1.2mm，有短柄；花柱基圆锥形，顶端渐尖，扁三棱形，有少数乳头状凸起。花果期 5—11 月。

见于保护区外围小梅金村、大窑。生于海拔 400m 以下的山坡路边潮湿处。分布于东亚、东南亚、南亚至大洋洲北部。

3. 透明鳞荸荠

Eleocharis pellucida J. Presl et C. Presl

根状茎缩短。秆丛生或密丛生，细弱，高 5~30cm，圆柱形，具少数肋条和纵槽，基部有 2 叶鞘，鞘口近平截，顶端具三角形小齿，高 1.5~4cm。小穗披针形或长圆状卵球形，稀为卵球形，苍白色或淡红褐色，长 3~8mm，近基部直径 1.5~3mm，密生少数至多数花，时常从小穗基部生小植株；小穗基部的 1 片鳞片中空无花，抱小穗基部 1 周，其余鳞片均有花，长圆形或近长圆形，淡锈色，长约 2mm，先端圆钝，具 1 淡绿色中脉；下位刚毛 6，长为小坚果长的 1.5 倍，不向外开展，有倒刺，刺密而短；柱头 3。小坚果倒卵球形，三棱状，淡黄色或橄榄绿色，长约 1.2mm，各棱具狭边；花柱基金字塔形，顶端近渐尖。花果期 4—11 月。

见于官埔垟、双溪、大小天堂、干上及保护区外围大赛、小梅等地。生于海拔 1000m 以下的溪沟、水田中。分布于东亚、东南亚、南亚。

3a. 稻田荸荠

var. **japonica**（Miq.）Tang et F. T. Wang——*E. japonica* Miq.

本变种与透明鳞荸荠的区别在于：本变种秆较矮，细若毫发；鳞片苍白色；下位刚毛比小坚果稍短；小坚果较短，长 0.8~0.9mm。花果期 4—11 月。

见于官埔垟、干上等地。生于海拔 1100m 以下的路边草丛、田边、溪沟边。分布于东亚、东南亚。

5 球柱草属 *Bulbostylis* Kunth

一年生或多年生草本。秆丛生，纤细。叶丝状，生于秆的基部；叶鞘顶端常有长柔毛。苞片叶状，极细；聚伞花序简单或复出，顶生，开展或紧缩成头状；小穗具多数两性花；鳞片螺旋状排列，最下面1或2鳞片内中空无花；下位刚毛缺；雄蕊1~3；花柱细，基部膨大成小球状或盘状，宿存，与子房连接处通常缢缩，柱头3。小坚果倒卵球形，三棱状。

约100种，分布于热带至温带地区，以热带美洲和热带非洲种类最多。本区有2种。

分种检索表

1. 聚伞花序简单或复出，疏散；有花鳞片先端钝或急尖 ……………………… **1. 丝叶球柱草 *B. densa***
1. 小穗簇生成头状；有花鳞片先端具反曲的短尖 ………………………………**2. 球柱草 *B. barbata***

1. 丝叶球柱草

Bulbostylis densa（Wall.）Hand.-Mazz.

一年生草本。无根状茎。秆纤细，丛生，高10~20cm。叶片宽约0.5mm，先端渐尖，边缘微外卷，背面叶脉间疏被微柔毛；叶鞘膜质，顶端具长柔毛；苞片1或2，毛被同叶片；聚伞花序简单或复出；具1，稀2或3散生小穗；顶生小穗无柄，长圆状卵球形或卵球形，长5~8mm，顶端急尖，具7~14花或更多；鳞片卵形或近宽卵形，褐色，长1.5~2mm，先端钝，稀急尖，下部无花鳞片有时具芒状短尖，背面具龙骨状凸起，具1~3中脉；雄蕊2；柱头3。小坚果倒卵球形，三棱状，成熟后灰紫色，长约0.8mm，表面具有排列整齐的透明小凸起，具盘状花柱基。花果期 5—11 月。

见于官埔垟、大田坪、黄茅尖等地。生于海拔 900~1400m 的路边、田地。分布于东亚、东南亚、南亚及热带非洲、大洋洲、太平洋岛屿。

2. 球柱草

Bulbostylis barbata（Rottb.）C. B. Clarke

一年生草本。无根状茎。秆丛生，纤细，无毛，高 6~25cm。叶片宽 0.4~0.8mm，边缘微外卷，背面叶脉间疏被柔毛；叶鞘薄膜质，边缘具白色长柔毛，顶端者较长。苞片 2 或 3，毛被同叶片；长侧枝聚伞花序头状，密聚的无柄小穗 3 至数个；小穗披针形或卵球状披针形，长 3~6.5mm，基部钝，顶端急尖，具 7~13 花；鳞片膜质，卵形或近宽卵形，棕色或黄绿色，长 1.5~2mm，顶端具反曲的短尖，仅被疏缘毛，有时被疏微柔毛，具龙骨状凸起，常具 1 黄绿色中脉；雄蕊 1，稀为 2，花药长圆形，顶端急尖。小坚果倒卵球形，三棱状，白色或淡黄色，长约 0.8mm，表面细胞呈方形网纹，顶端截形或微凹，具盘状的花柱基。花果期 4—11 月。

见于大小天堂、干上等地。生于沼泽沙地、沟边草丛中。分布于东亚、东南亚、南亚及大洋洲、北非、大西洋岛屿、印度洋岛屿。

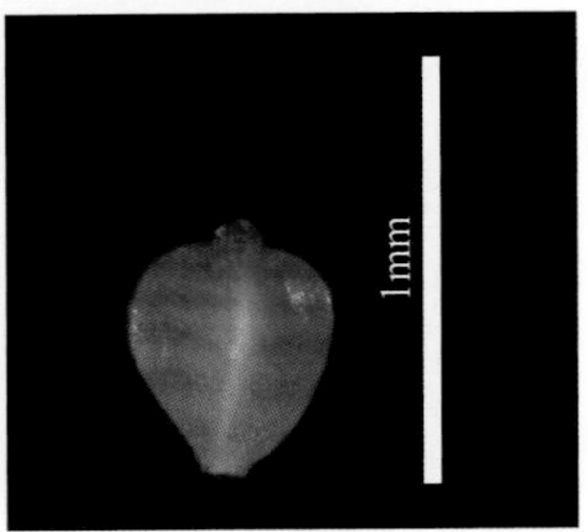

6 飘拂草属 *Fimbristylis* Vahl

一年生或多年生草本。具根状茎或缺，稀具匍匐根状茎。秆丛生或单生，较细。叶通常基生，有时仅有叶鞘而无叶片。花序顶生，为简单、复出或多次复出的长侧枝聚伞花序，少有集合成头状或仅具 1 个小穗。小穗单生或簇生，具几朵至多数两性花；鳞片常为螺旋状排列，或下部鳞片为 2 列或近于 2 列排列，最下面 1 或 2（3）枚鳞片内无花；无下位刚毛；雄蕊 1~3；花柱基部膨大，有时上部被缘毛，柱头 2 或 3，全部脱落。小坚果倒卵球形、宽倒卵球形、长圆球形或椭圆球形，三棱状或双凸状，表面有网纹或疣状凸起，或两者兼有，亦或光滑，具短柄或柄不显著。

200 余种，全球广布，主要分布于东南亚。本区有 7 种。

分种检索表

1. 柱头 3，少有 2；花柱不扁平，不具缘毛。
  2. 秆下部具 1~4 个无叶片的鞘。
    3. 叶片和叶鞘压扁；小穗球形或近球形 ………………………… **1. 日照飘拂草 *F. littoralis***
    3. 叶片和叶鞘不压扁；小穗卵球形或长圆状卵球形。
      4. 聚伞花序多次复出；小穗较小，宽 1.2~1.5mm；秆具 5 棱 …… *** 五棱秆飘拂草 *F. quinquangularis***
      4. 聚伞花序简单或复出；小穗较大，宽 1.5~3mm；秆钝三棱状 …………… **2. 面条草 *F. diphylloides***
  2. 秆下部的鞘具叶片。
    5. 根状茎短或稍长；苞片短于花序；小坚果长约 1.5mm ……………… **3. 矮扁鞘飘拂草 *F. complanata***
    5. 根状茎缺；苞片长于花序或近等长；小坚果长约 0.8mm ………… **4. 龙泉飘拂草 *F. longquanensis***
1. 柱头 2；花柱扁平，上部具缘毛。
  6. 秆下部鞘具叶片；鳞片具 3~5 脉；小坚果表面具网纹 ……………………**5. 两歧飘拂草 *F. dichotoma***
  6. 秆下部具无叶片的鞘；鳞片具 1 脉；小坚果表面平滑 …………………… *** 弱锈鳞飘拂草 *F. sieboldii***

1. 日照飘拂草 水虱草

Fimbristylis littoralis Gaudich.——*F. miliacea*（L.）Vahl

一年生草本。根状茎缺。秆丛生，高 10~40cm，扁四棱形，基部具 1~3 个无叶片的鞘。叶长于或短于秆；叶片宽 1~2mm，长条形，边缘有稀疏的细齿，先端渐成刚毛状；叶鞘侧扁，背面呈锐龙骨状，前面具膜质、锈色的边，鞘口斜裂。苞片 2~4，刚毛状，基部宽，具锈色、膜质的边，短于花序；聚伞花序复出或多次复出，稀简单；小穗单生，球形或近球形，长 1.5~5mm，宽 1.5~2mm；鳞片卵形，栗色，长约 1mm，膜质，先端极钝，具白色狭边，背面具龙骨状凸起，具 3 脉，中脉绿色，沿侧脉处深褐色；雄蕊 2，花药长圆形，顶端钝，长为花丝长的 1/2；花柱三棱状，基部稍膨大，无缘毛，柱头 3。小坚果倒卵球形或宽倒卵球形，三棱状，麦秆黄色，长约 1mm，具疣状凸起和横长圆形网纹。花果期 6—11 月。

见于官埔垟、大田坪、黄茅尖、均益等地。生于海拔 900~1400m 的路边、田地。分布于东亚、东南亚、南亚及非洲、大洋洲、太平洋岛屿。

2. 面条草 拟二叶飘拂草

Fimbristylis diphylloides Makino

一年生草本。根状茎缺或很短。秆丛生，高 15~40cm，由叶腋抽出，扁四棱形，具纵槽，基部具 1 或 2 个无叶片的鞘；鞘口斜截形，基部被纤维状的老叶鞘。叶短于或近等长于秆；叶片宽 1.2~2.2mm，扁平，边缘具疏细齿。苞片 4~6，刚毛状，基部宽，边缘具细齿，短于花序；聚伞花序简单或近于复出，长 1.5~6cm，宽 2~6cm；小穗单生，卵球形或长圆状卵球形，长 2.5~6mm，宽 1.5~2mm，顶端急尖，密生多数花；鳞片宽卵形，褐色或红褐色，长约 2mm，膜质，先端钝，边缘白色，具 3 绿色的脉；雄蕊 1 或 2，花药长圆形，顶端钝；花柱基部稍膨大，无缘毛，柱头 1 或 2，稍长于花柱或与之近等长。小坚果宽倒卵球形，三棱状或不相等的双凸状，淡褐色，长约 1mm，具疏而少的疣状凸起和横长圆形网纹。

花果期 6—10 月。

区内常见。生于海拔 1000m 以下的农田或庄稼地。分布于东亚。

3. 矮扁鞘飘拂草

Fimbristylis complanata （Retz.） Link var. **exalata** （T. Koyama）Y. C. Tang ex S. R. Zhang et T. Koyama ——*F. complanata* f. *exalata* T. Koyama——*F. complanata* var. *kraussiana* C. B. Clarke

多年生草本。根状茎缩短或无。秆丛生，高（10~）20~50cm，扁三棱形或四棱形，具槽，基部具多数叶，在幼苗时期有时具有无叶片的鞘。叶短于秆；叶片宽 3~5mm，平张，厚纸质，上部边缘具细齿，顶端急尖；鞘两侧扁，背部具龙骨状凸起，前面锈色，膜质，鞘口斜裂，

具缘毛；叶舌很短，具缘毛。苞片2~4，短于花序；小苞片刚毛状，基部较宽；长侧枝聚伞花序简单或复出，具3或4个辐射枝；小穗单生，长圆球形，长5~9mm，宽1.2~2mm，顶端急尖，具5~13花；鳞片卵形，褐色，长3mm，顶端急尖，背面具黄绿色龙骨状凸起，具1脉，延伸成短尖；雄蕊3，花药长圆形，顶端急尖；子房三棱状长圆形，花柱三棱状，无毛，基部膨大成圆锥状，柱头3。小坚果倒卵球形或宽倒卵球形，钝三棱状，白色或黄白色，长约1.5mm，疏具疣状凸起。花果期5—11月。

见于官埔垟、均益等地。生于海拔约650m的路边、草丛。分布于东亚。

4. 龙泉飘拂草

Fimbristylis longquanensis X. F. Jin, Y. F. Lu et C. Z. Zheng

一年生草本。根状茎缺。秆丛生，高20~55cm，锐三棱形，平滑，基部具2~4叶。叶短于秆；叶片宽2~2.5mm，平张，顶端急尖，上部边缘内卷，稍粗糙；叶鞘长1~6cm，鞘口斜裂，红棕色；叶舌截形，具短毛。苞片2，叶状，长于或等长于花序；小苞片钻形，长5~15mm；聚伞花序简单至复出，长5~11cm，宽1.3~7cm，具3~6个辐射枝，长1.5~7cm，具多数小穗；小穗单生，长圆状卵球形，长3~6mm，宽1~2mm，先端急尖，具7~18花；鳞片卵形，红棕色，长1.8~2mm，顶端渐尖或具小短尖，边缘具白色狭边，具3脉；雄蕊2，花药长2.2~2.5mm；花柱长约1mm，基部膨大成圆锥状，平滑，柱头3。小坚果宽倒卵球形，三棱状，淡黄色，光滑，长约0.8mm，宽0.4~0.5mm，具不规则的六边形网纹。花果期7—9月。

见于官埔垟，为模式标本产地。生于海拔600~730m的农田边。我国特有，仅分布于浙江。

5. 两歧飘拂草

Fimbristylis dichotoma（L.）Vahl

一年生草本。具须根。秆丛生，高20~50cm，无毛或被柔毛，钝三棱形。叶略短于秆或与秆近等长；叶片宽1~2.5mm，丝状或长条形；叶鞘革质，上端近于截形。苞片3或

4，叶状，无毛或被柔毛，通常有1或2枚长于花序；聚伞花序复出，少简单；小穗卵球形或长圆状卵球形，长4~12mm，宽约2.5mm，具多数花；鳞片卵形或长圆形，褐色，长2~2.5mm，有光泽，先端具短尖，具3或5脉；雄蕊2或3；花柱扁平，上部有缘毛，柱头2。小坚果宽倒卵球形，双凸状，白色至淡褐色，长约1mm，有褐色短柄，表面有7或8条显著纵肋及横长圆形的网纹。花果期6—11月。

全区常见。生于海拔350~900m的田边、路边、溪沟边、湿地。分布于东亚、东南亚、南亚、中亚及非洲、大洋洲、美洲、印度洋岛屿、太平洋岛屿。

7 刺子莞属 *Rhynchospora* Vahl

多年生草本。秆丛生。叶基生或秆生，扁平，具封闭的叶鞘。苞片叶状或鳞片状，具鞘；圆锥花序由少数聚伞花序组成，稀小穗排列为近头状；小穗具少数花；鳞片螺旋状排列，或下部的鳞片多少成2列排列，基部3或4鳞片内中空无花，中部的1~3鳞片内具1两性花，稀为雌花，最上部的1鳞片无花或具1雄花；下位刚毛3~6；雄蕊3，稀1或2；花柱基部膨大，宿存，柱头2，极少1。小坚果双凸状，表面平滑，或具皱纹，或具瘤体，顶端具宿存而膨大的喙状花柱基。

约350种，主要分布于美洲热带和亚热带。本区有2种。

分种检索表

1. 秆纤弱，粗不及1mm；叶秆生；聚伞花序圆锥形；小坚果微具横皱纹；柱头2 ………………………………………… 1. 细叶刺子莞 *R. faberi*

1. 秆稍粗壮；叶基生；小穗多数排列成近头状；小坚果具细点，上部边缘具细缘毛；柱头1或2 ………………………………………… 2. 刺子莞 *R. rubra*

1. 细叶刺子莞

Rhynchospora faberi C. B. Clarke

根状茎极短，具密而细的须根。秆丛生，高 20~40cm，三棱形，基部具无叶片的鞘。叶基生和少数秆生，纤细如毫发，较秆短，宽通常约 0.5mm，顶端尖，三棱形。苞片叶状或刚毛状，具鞘。圆锥花序由顶生的及 3 或 4 个侧生长侧枝聚伞花序组成；长侧枝聚伞花序很小，彼此远离，具少数小穗；小穗直立，卵球状披针形，长 3.5mm，具 5 或 6 鳞片，有 1 或 2 花，最下面的 3 或 4 鳞片中空无花；无花鳞片狭卵形，较有花鳞片短小，有花鳞片 1 或 2，卵形或椭圆状卵形，最上面 1 鳞片内无花或不发育，其下具雌花、雄花各 1，或均为两性花，上面 1 雌花不发育；下位刚毛 6，较小坚果稍长，被倒刺；雄蕊 1；花柱细长，基部膨大，柱头 2。小坚果倒卵状圆球形或宽倒卵球形，双凸状，表面微具横皱纹；宿存花柱基狭圆锥形，顶端急尖。花果期 9—10 月。

见于烧香岩、大小天堂等地。生于沟边湿地或沼泽地中。分布于东亚。

2. 刺子莞

Rhynchospora rubra（Lour.）Makino

根状茎直立或斜生。秆丛生，高 20~65cm，直径 0.8~2mm，圆柱状。叶基生，细长条形，长 10~30cm，宽 1~3.5mm，边缘粗糙。苞片 4~10，叶状，长短不一，长 1~5cm。头状花序顶生，球形，直径 15~17mm，具多数小穗；小穗钻状披针形，长约 8mm；鳞片 6~8，棕色，最下部 3 鳞片内无花，较有花鳞片小，上部 2 或 3 鳞片内各具 1 单性花，其中上面 1 或 2 朵为雄花，下面 1 朵为雌花，最上部 1 鳞片条形，无花；下位刚毛 4~6，长短不一，长不及小坚果的 1/2；雄花 2 或 3；柱头 2，有时 1。小坚果宽或狭倒卵球形，长 1.5~2mm，双凸状，上部被短柔毛，表面具细点；花柱基三角形。花果期 5—12 月。

见于保护区外围兰巨、大赛、小梅金村等地。生于海拔 700m 以下的山坡杂草丛。分布于东亚、东南亚、南亚及非洲、大洋洲、印度洋岛屿、太平洋岛屿。

8 黑莎草属 *Gahnia* J. R. Forst. et G. Forst.

多年生草本，具坚硬的根状茎。秆粗壮，圆柱形，具节。叶基生和秆生，具叶鞘；叶片背腹压扁或因边缘内卷呈圆筒状，具明显中脉。圆锥花序疏散或紧缩成穗状；小穗具1小苞片、数枚鳞片和2花；鳞片螺旋状排列，黑色或暗褐色，下部的3~6或更多鳞片内无花，上部的2或3鳞片内有花，其中下面的1鳞片内有雄花或无花，中间的1鳞片内有两性花，上面的1鳞片无花或不存在；下位刚缺毛；雄蕊3（~6），花丝长，药隔凸出；花柱细长，基部宿存，柱头3，稀为2、4、5。小坚果三棱状或略呈圆筒状，骨质，成熟后有光泽。

约30种，主要分布于东亚、南亚和东南亚。本区有1种。

黑莎草

Gahnia tristis Nees

秆粗壮，高0.5~1.5m，圆柱状，有节。叶具鞘，鞘红棕色，长10~20cm；叶片狭长，极硬，硬纸质或几革质，长40~60cm，宽0.7~1.2cm，从下而上渐狭，顶端呈钻形，边缘通常内卷，边缘及背面具刺状细齿。苞片叶状，具长鞘，向上渐变短；圆锥花序紧缩成穗状，由7~15个卵球形穗状支花序所组成；小苞片鳞片状；小穗排列紧密，纺锤形，具8鳞片，稀10；鳞片螺旋状排列，基部6鳞片中空无花，卵状披针形，具1脉，最上面的2鳞片最小，其中上面1鳞片具两性花，下面1鳞片具雄花或无花；无下位刚毛；雄蕊3，药隔顶端凸出于花药外；花柱细长，柱头3，细长。小坚果倒卵状长圆球形，三棱状，成熟时为黑色，长约4mm，平滑，具光泽，骨质。花果期4—12月。

见于西坪、南溪口、干上及保护区外围大赛、小梅金村等地。生于路边草丛中。分布于东亚、东南亚、南亚。

9 莎草属 *Cyperus* L.

一年生或多年生草本。具须根或短根状茎，稀具匍匐茎。秆丛生或散生，三棱形，粗壮或细弱。叶基生，有时仅有叶鞘而无叶片。苞片叶状；聚伞花序简单或复出，有时缩短成头状；小穗条形或狭长圆形，压扁，2至多数排成近总状、穗状、指状或头状于聚伞花序上，小穗轴宿存，具翅或仅具狭边；鳞片2列排列，稀为螺旋状排列，具1至数脉，最下部1或2鳞片内中空无花，其余鳞片内均具1两性花；雄蕊2或3，稀1；花柱基部不膨大，脱落，柱头3，稀2。小坚果三棱形，面向小穗轴。

500余种，广布于全世界，以热带和亚热带地区种类较多。本区有10种。

分种检索表

1. 花序轴极缩短或缩短，小穗排列成头状或近头状。
  2. 小穗长10~15mm；鳞片先端具芒 ………………………… 1. 扁穗莎草 *C. compressus*
  2. 小穗长3~8mm；鳞片先端圆钝或微凹，具短尖。
    3. 小穗多数，密聚排成头状；鳞片扁圆形，长小于1mm，先端圆钝 …………… 2. 异型莎草 *C. difformis*
    3. 小穗较少，排成疏松开展的近头状；鳞片长圆状卵形，长约1.5mm。
      4. 小穗长4~8mm，具4~8花；鳞片先端具短尖 ………………………… 3. 畦畔莎草 *C. haspan*
      4. 小穗长8~10mm，具10余朵花；鳞片先端钝 ………………………… * 窄穗莎草 *C. tenuispica*
1. 花序轴不缩短，小穗穗状或总状排列。
  5. 鳞片两侧色淡，淡黄色或苍白色；花柱短；聚伞花序复出或多次复出。
    6. 小穗轴近无翅；鳞片先端微凹，具极不显著的短尖 ………………………… 4. 碎米莎草 *C. iria*
    6. 小穗轴具白色的狭边；鳞片先端圆，具明显的短尖 ………………………… 5. 具芒碎米莎草 *C. microiria*
  5. 鳞片两侧黄褐色、褐色、紫红色或暗血红色；花柱中等长；聚伞花序简单，少有复出或多次复出。
    7. 植株具长匍匐的根状茎和块茎；鳞片密覆瓦状排列 ………………………… 6. 香附子 *C. rotundus*
    7. 植物无根状茎或具根状茎，无块茎；鳞片疏松，或较疏松2列排列，或覆瓦状排列。
      8. 多年生草本，具根状茎；花序轴被淡黄色粗硬毛 ………………………… * 毛轴莎草 *C. pilosus*
      8. 一年生草本，具须根；花序轴上无毛或具白色短刺毛。
        9. 花序轴上无毛；鳞片先端具外弯的短尖 ………………………… 7. 阿穆尔莎草 *C. amuricus*
        9. 花序轴上具白色短刺毛；鳞片先端圆钝或微凹，无短尖 …………… * 直穗莎草 *C. orthostachys*

1. **扁穗莎草**

Cyperus compressus L.

一年生草本。具多数须根。秆丛生，高 15~35cm，三棱形，基部具多数叶。叶短于秆；叶片宽 1.5~2mm；叶鞘紫褐色。苞片 3~5，叶状，长于花序；聚伞花序简单；穗状花序缩短成近头状，花序轴很短，具 5~12 小穗；小穗排列紧密，斜展，长条状披针形，长 10~15mm，具 10~18 花，小穗轴具狭翅；鳞片覆瓦状排列，较紧密，宽卵形，背面有龙骨状凸起，两侧苍白色或麦秆黄色，有时有锈色斑点，长约 3mm，先端具稍长的芒，具 7 或 9 脉；雄蕊 3，花药狭长圆球形；花柱长，柱头 3，较短。小坚果倒卵球形，三棱状，侧面凹陷，深棕色，长约 1mm，表面具密的细点。花果期 6—12 月。

区内常见。生于草丛中。分布于东亚、东南亚、南亚及非洲、大洋洲、美洲、印度洋岛屿、太平洋岛屿。

2. **异型莎草**

Cyperus difformis L.

一年生草本。具多数须根。秆丛生，高 10~30cm，扁三棱形，平滑，具纵条纹。叶短于秆；叶片长条形，扁平，宽 2~5mm。苞片 2 或 3，叶状，长于花序；聚伞花序简单；穗状花序排列成近头状，直径 6~8mm，具多数小穗；小穗长圆球形或披针形，长 3~5mm，具 10~15 花，小穗轴无翅；鳞片排列疏松，膜质，扁圆形，中间淡黄色，两侧深红紫色，边缘白色透明，长约 1mm，先端圆钝，背面具 3 条不明显的脉；雄蕊 2，稀 1，花药椭圆球形；花柱短，柱头 3。小坚果倒卵状椭圆球形，三棱状，淡黄色，与鳞片近等长。花果期 6—11 月。

区内常见。生于海拔900m以下的荒地、草丛。分布于东亚、东南亚、南亚、中亚及非洲、大洋洲、欧洲。

3. 畦畔莎草

Cyperus haspan L.

多年生草本。根状茎短缩。秆丛生或散生，高20~75cm，扁三棱形。叶短于秆；叶片宽2~3mm，或有时仅剩叶鞘而无叶片。苞片2，叶状，常较花序短，稀长于花序；长侧枝聚伞花序复出或简单，稀多次复出，具多数细长松散的第1次辐射枝；小穗通常3~6呈指状排列，少数多至10余个，狭披针形，长4~8mm，宽1~1.5mm，具4~8花；小穗轴无翅。鳞片覆瓦状排列，膜质，长圆状卵形，背面具绿色龙骨状凸起，两侧紫红色或苍白色，长约 1.5mm，顶端具短尖，具 3 脉；雄蕊 3，花药狭长圆形，顶端具白色刚毛状附属物；花柱中等长，柱头 3。小坚果宽倒卵球形，三棱形，淡黄色，长约为鳞片长的 1/3，具疣状小凸起。花果期 6—12 月。

区内常见。生于路边草丛、农田边潮湿地带。分布于东亚、东南亚、南亚及非洲、北美洲、大洋洲。

4. 碎米莎草

Cyperus iria L.

一年生草本。具多数须根。秆丛生，高 15~50cm，扁三棱形，下部具多数叶，无毛。叶短于秆；叶片细长条形，扁平，宽 2~3.5mm；叶鞘红棕色或棕紫色。苞片 3~5，叶状，长于花序；聚伞花序复出；穗状花序卵形或长圆状卵形，长 2~4cm，具 5 至多数小穗；小穗排列松散，斜展，长圆球形、披针形或狭披针形，压扁，长 5~8mm，具 8~16 花，小穗轴近无翅；鳞片宽倒卵形，背面具绿色龙骨状凸起，两侧呈黄色或麦秆黄色，长约 1.5mm，先端微凹或钝圆，具不显著的短尖，尖头不凸出于鳞片的顶端，具 3 或 5 脉；雄蕊 3，花药短，椭圆球形；花柱短，柱头 3。小坚果倒卵球形或椭圆球形，三棱状，褐色，与鳞片近等长，具密的微凸细点。花果期 6—11 月。

区内常见。生于海拔 1400m 以下的水沟边、田边。分布于东亚、东南亚、南亚、中亚及热带非洲、大洋洲、印度洋岛屿、太平洋岛屿。

5. 具芒碎米莎草

Cyperus microiria Steud.

一年生草本。具须根。秆丛生，高 15~35cm，锐三棱形，平滑，下部具多数叶。叶片短于秆；叶片宽 2.5~4mm，平展；叶鞘红棕色，表面稍带白色。苞片 3 或 4，叶状，长于花序；聚伞花序复出或多次复出；穗状花序卵形或近三角形，长 2~4cm，宽 1~3cm，具多数小穗；小穗排列稍稀疏，斜展，狭披针形，长 8~13mm，宽约 1.5mm，具 10~20 花，小穗轴直，具白色透明的狭边；鳞片排列疏松，宽倒卵形，麦秆黄色或白色，背面有龙骨状凸起，长约 1.5mm，先端圆，具短尖，具 3 或 5 绿色脉；雄蕊 3，花药长圆球形；花柱短，柱头 3。小坚果倒卵球形，三棱状，深褐色，与鳞片近等长，具密微凸细点。花果期 5—11 月。

区内常见。生于海拔 650m 以下的路边草丛、溪沟边、田边。分布于东亚、东南亚、南亚。

6. 香附子 莎草

Cyperus rotundus L.

多年生草本。根状茎长，匍匐，具椭圆球形块根。秆稍细弱，高 15~50cm，锐三棱形，平滑，下部具多数叶。叶短于秆；叶片扁平，宽 3~4mm；叶鞘棕色，常撕裂成纤维状。

苞片 2~4，叶状，常长于花序；聚伞花序简单或复出，具 3~8 个不等长辐射枝；穗状花序具 4~10 个小穗；小穗开展，长披针形，长 2~3cm，宽 1.5~2mm，压扁，具 15 至 30 余花，小穗轴有白色透明较宽的翅；鳞片密覆瓦状排列，膜质，卵形或长圆状卵形，中间绿色，两侧紫红色或棕红色，长 2~3mm，先端钝，具 5 或 7 脉；雄蕊 3，花药线形，暗红色；花柱细长，柱头 3，伸出鳞片外。小坚果长圆状倒卵球形，淡黄色，三棱状，长约 1mm。花果期 5—11 月。

区内常见。生于路边草丛、田边、荒地。分布于东亚、东南亚、南亚、中亚及非洲、大洋洲、欧洲、美洲、印度洋岛屿、太平洋岛屿。

7. 阿穆尔莎草

Cyperus amuricus Maxim.

一年生草本。具须根。秆丛生，稀单生，纤细，高 20~30cm，扁三棱形，平滑，下部具多数叶。叶短于秆；叶片长条形，扁平，宽 2~3mm，边缘平滑。苞片 3 或 4，叶状，长于花序；聚伞花序简单，具 3~5 个辐射枝；穗状花序宽卵形，长 15~25mm，具 5 至多数小穗；小穗排列疏松，斜展，后期平展，长披针形，长 5~15mm，具 10~16 花，小穗轴具白色透明狭边；鳞片膜质，圆形或宽倒卵形，背部中脉具绿色龙骨状凸起，两侧紫红色或褐色，稍具光泽，长约 1mm，先端有稍长的短尖，具 5 脉；雄蕊 3，花药椭圆球形，药隔凸出，红色；花柱极短，柱头 3。小坚果倒卵球形，三棱状，黑褐色，与鳞片近等长，具密微凸细点，顶端具小短尖。花果期 6—11 月。

见于双溪、龙案、坪田、南溪口、干上及保护区外围小梅金村等地。生于田边或路边草丛中。分布于东亚。

10 扁莎属 *Pycreus* Beauv.

一年生或多年生草本。具根状茎或无。秆多数，丛生，基部具叶。叶片条形。苞片叶状；聚伞花序简单或复出，开展或缩短成头状；小穗具多数花，小穗轴宿存；鳞片 2 列排列，逐渐向顶端脱落，最下部 1 或 2 鳞片内中空无花，其余每一鳞片内均具 1 两性花；雄蕊 1~3；花柱基部不膨大，柱头 2，脱落。小坚果双凸状，两侧压扁，棱向小穗轴着生，表面有网纹和细点。

70 余种，广布于世界各地。本区有 2 种。

分种检索表

1. 小穗条形；鳞片两侧无宽槽；雄蕊 2……………………………………………… 1. 球穗扁莎 *P. flavidus*
1. 小穗长圆形或狭长圆形；鳞片两侧具宽槽；雄蕊 3…………………………… 2. 红鳞扁莎 *P. sanguinolentus*

1. 球穗扁莎

Pycreus flavidus (Retz.) T. Koyama——*Cyperus flavidus* Retz.——*C. globosus* All.——*Pycreus globosus* (All.) Reichb.

多年生草本。根状茎短，具须根。秆丛生，细弱，高 10~60cm，钝三棱形，一面具沟，平滑，下部具少数叶。叶短于至稍长于秆；叶片长条形，宽约 1.5mm，折合或平展；叶鞘长，下部红棕色，有时撕裂成纤维状。苞片 2~4，叶状，细长，长于花序；聚伞花序简单，具 3~5 个辐射枝，辐射枝长短不等，最长达 7cm，有时极短缩成指状或头状，每一辐射枝具 5~17 个小穗；小穗密聚于辐射枝上，呈球形，辐射开展，狭长圆形或条形，压扁，长 8~18mm，具 12 至 30 多朵花；小穗轴近四棱形，两侧具横隔的槽；鳞片膜质，长圆状卵形，背面具绿色龙骨状凸起，两侧黄褐色、红褐色或暗紫红色，具白色透明的狭边，长 1.5~2mm，先端钝，具 3 脉；雄蕊 2，花药短，长圆球形；柱头 2，细长。小坚果倒卵球形，双凸状，稍扁，褐色或暗褐色，长约 2mm，顶端具短尖，具密的细点。花果期 6—12 月。

区内常见。生于海拔 650m 以下的溪沟边、路边草丛。分布于东亚、东南亚、南亚、中亚及非洲西南部、大洋洲、欧洲南部、印度洋岛屿。

1a. 直球穗扁莎

var. **strictus** C. Y. Wu ex Karthik.——*Cyperus strictus* Roxb.——*C. flavidus* Retz. var. *strictus* （Roxb.）X. F. Jin——*C. globosus* var. *strictus* C. B. Clarke——*P. globosus* var. *strictus* C. B. Clarke

与球穗扁莎的区别在于叶常长于秆；小穗长 6~8mm，宽 1.5~2.5mm，含 8~14 朵花，较短。花果期 7—11 月。

见于官埔垟、均益等地。生于溪边草丛、农田等潮湿处。分布于东亚及大洋洲、印度洋岛屿。

2. 红鳞扁莎

Pycreus sanguinolentus（Vahl）Nees

一年生草本。秆密丛生，高 30~35cm，扁三棱形，全体无毛。叶较秆短或与之等长；叶片长条形，宽 2~3mm，上面边缘稍粗糙。苞片 2~5，叶状，下部 2 或 3 苞片较花序长；聚伞花序简单，具 2~5 个辐射枝，辐射枝长短不等，有时短缩成球状；小穗长圆形或狭长圆形，扁平，长 8~12mm，先端钝，小穗轴具狭翅；鳞片宽卵形，背面具黄色的龙骨状凸起，两侧有淡黄色的宽槽，边缘暗褐色或紫红色，长约 2.5mm，先端钝，具 3 或 5 脉；雄蕊 3；花柱细长，柱头 2，伸长。小坚果长圆状倒卵球形，扁双凸状，黑褐色，长约 1.5mm，表面具灰色鱼鳞状小泡。花果期 7—11 月。

见于官埔垟、均益、大小天堂、干上等地。生于海拔 250~700m 的路边草丛、溪沟边。分布于东亚、东南亚、南亚、中亚及非洲、大洋洲、太平洋岛屿。

11 砖子苗属 *Mariscus* Vahl

一年生或多年生草本。具粗壮的根状茎或无。秆丛生，稀散生。叶基生。苞片叶状；聚伞花序简单或复出；小穗多数，密集排列成穗状或头状；小穗轴在空的鳞片以上具关节，脱落后残留 1 结节于总轴上；鳞片 2 列排列，下面 1 或 2 鳞片内中空无花，其余具 1 两性花；下位刚毛缺；雄蕊 2 或 3；柱头 3，稀为 2。小坚果三棱状，面向小穗轴。

约 200 种，分布于热带和亚热带地区。本区有 1 种。

砖子苗

Mariscus umbellatus Vahl

根状茎短。秆疏丛生，高 20~30cm，钝三棱形，基部膨大，具鞘。叶短于秆或与秆近等长；叶片长条形，宽 3~4mm，下部常折合，向上渐成平展；叶鞘褐色或红棕色。苞片 6~8，叶状，通常长于花序，斜展；聚伞花序简单；穗状花序圆柱形，长 10~25mm，宽 7~9mm，具多数密生的小穗；小穗平展或稍下垂，披针形，长 3~5mm，宽约不及 1mm，具 1 或 2 花，小穗轴具宽翅；鳞片膜质，长圆状卵形，淡黄色或绿白色，长约 3mm，先端钝，边缘内卷，背面具多数脉，中间具明显绿色 3 脉；雄蕊 3；花柱短，柱头 3，细长。小坚果狭长圆球形，三棱状，长约为鳞片长的 2/3，表面具微凸细点。花果期 5—11 月。

区内常见。生于溪边沙滩、山坡、路边草丛中。分布于东亚、东南亚、南亚及热带非洲、大洋洲、印度洋岛屿、太平洋岛屿。

12 水蜈蚣属 *Kyllinga* Rottb.

多年生草本，稀为一年生。大多具匍匐的根状茎。秆丛生或散生，纤细，基部具叶。叶基生和秆生。苞片叶状，长于花序；穗状花序 1~3 个聚生成头状或球形，顶生，密生多数小穗；小穗压扁，基部具关节；鳞片 4，2 列排列，最下部 2 鳞片小，中空无花，膜质，常宿存于关节处，中间 1 鳞片内具 1 两性花，最上部 1 鳞片内无花或具 1 雄花；小穗轴脱落于最下部 2 无花鳞片上；下位刚毛或下位鳞片缺如；雄蕊 1~3；花柱基部不增粗，柱头 2。小坚果扁平，近双凸状，棱向小穗轴着生，与小穗轴同时脱落。

约 60 种，分布于热带至温带地区。本区有 1 种。

短叶水蜈蚣 水蜈蚣

Kyllinga brevifolia Rottb.

多年生草本。具匍匐根状茎。秆散生，高 20~30cm，纤细，扁三棱形，下部具叶。叶长于秆或与秆等长；叶片宽 1.5~2mm，先端和背面上部中脉上稍粗糙，最下部 1 或 2 枚无鞘；叶鞘通常淡紫红色，鞘口斜形。苞片 3，叶状，开展；穗状花序单一，近球形或卵状球形，淡绿色，直径 5~7mm，密生多数小穗；小穗基部具关节，长椭圆形或长圆状披针形，长约 3mm，宽约 1mm，先端稍钝，具 1 两性花；鳞片卵形，膜质，在小穗下部的较短，淡绿色，具 5~7 脉，先端由中肋延伸成外弯的突尖，背面龙骨状凸起上具数个白色透明的刺，两侧常具锈色斑点；雄蕊 3；花柱细长，柱头 2。小坚果倒卵球形，褐色，扁双凸状，长约 1mm，表面具微凸起的细点。花果期 5—11 月。

区内常见。生于海拔 1600m 以下的路边草丛、溪沟沼泽。分布于东亚、东南亚、南亚及热带非洲、大洋洲、美洲、大西洋岛屿、印度洋岛屿、太平洋岛屿。

区内还有变种光鳞水蜈蚣 var. *leiolepis*（Franch. et Sav.）Hara，其鳞片背面的龙骨状凸起上无刺，顶端无短尖或具直的短尖；小穗较宽，稍肿胀。产地与生境与短叶水蜈蚣相近。

13 湖瓜草属 *Lipocarpha* R. Br.

一年生或多年生草本。秆基部具叶。叶片细条形。苞片叶状；穗状花序 2~7 簇生成头状，少有单生，具多数小穗；小穗有 2 鳞片，下面 1 鳞片无花，上面 1 鳞片紧包着 1 两性花；鳞片沿小穗轴背腹面排列，互生；雄蕊 2；柱头 3。小坚果三棱状、双凸状或平凸状，表面有皱纹和细点，为下位鳞片所包。

约 35 种，广布于暖温带和亚热带地区。本区有 1 种。

湖瓜草

Lipocarpha microcephala（R. Br.）Kunth

一年生草本。具多数须根。秆丛生，高 10~20cm，扁，纤细，具槽，被微柔毛。叶基生，最下部的叶鞘无叶片，上部的叶鞘具叶片；叶片宽约 1mm，比秆短，先端尾状渐尖，两面无毛，边缘内卷；叶鞘管状，膜质，无毛。苞片 2，叶状，长于花序，无鞘；小苞片刚毛状；穗状花序 1~3，卵球形，长 3~5mm，宽约 3mm，具多数鳞片和小穗；鳞片倒披针形，长 1~1.5mm；小穗具 2 小鳞片和 1 两性花，基部具关节；小鳞片长卵形，长约 1mm，膜质，透明，具 2 或 3 粗脉；雄蕊 2，花

药条形；花柱细长，伸出小鳞片外，柱头3，被微柔毛。小坚果倒椭圆球形，三棱状，麦秆黄色，长约1mm，先端有短尖，表面具细皱纹。花果期7—10月。

见于炉岙、均益等地。生于海拔700m以下的田边、草丛。分布于东亚、东南亚及大洋洲、太平洋岛屿。

14 裂颖茅属 *Diplacrum* R. Br.

一年生细弱草本。具较纤细的须根。叶秆生，长条形，具鞘。聚伞花序短缩成头状，从叶鞘中抽出；小穗单性，小；雌小穗生于分枝的顶端，具2鳞片和1雌花，鳞片对生，等大，先端通常3裂，中裂片较大，具硬尖；雄小穗侧生于雌小穗下面，具3鳞片、1或2雄花，鳞片质薄而狭；雄蕊1~3；柱头3。小坚果小，球形，表面具纵肋或网纹，基部具下位盘，为2对生的鳞片所包裹。

约6种，分布于亚热带、热带地区。本区有1种。

裂颖茅

Diplacrum caricinum R. Br.

根状茎无，具紫色纤细的须根。秆丛生，三棱形，高10~40cm，无毛。叶长条形；叶片顶端急尖或近渐尖，长1~4cm，宽1.5~3cm，柔弱，无毛；叶鞘三棱形，具狭翅，向上部渐宽大，长3~8mm，无毛，鞘口截形，无叶舌。秆的近基部顶端每节有1或2个聚伞花序，短缩成小头状；聚伞花序直径3~5mm，着生于与鞘近等长的花序梗顶端；小苞片叶状至鳞片状；小穗单性，黄绿色；雄小穗生于分枝基部，狭长圆形，有3鳞片和1或2雄花，鳞片狭长圆形或宽披针形，白色，长约1.5mm，具1脉，顶端急尖；雌小穗生于分枝顶部，椭圆球形，有2鳞片和1雌花，鳞片近长圆形，长约1.8mm，具5~12脉，顶端3裂；雄花具1或2雄蕊；雌花子房球形，柱头3，被短柔毛。小坚果包于2鳞片之内，球形，直径约1mm，表面具3条隆起的纵助和粗网纹，顶部具疏柔毛；下位盘碟状，紧贴小坚果基部。花果期10月。

见于凤阳庙至黄茅尖。生于林缘路边草地。分布于东亚、东南亚及大洋洲北部、印度洋岛屿、太平洋岛屿。

15 珍珠茅属 *Scleria* Berg.

一年生或多年生草本。具根状茎或无根状茎。秆常丛生，三棱形，具秆生叶或同时具基生叶。叶片常具 3 条较明显的叶脉，具鞘，在秆中部的叶鞘有翅或无翅。苞片叶状，具鞘；小苞片常为刚毛状；圆锥花序由顶生或侧生的花序组成，有时退化为间断的穗状花序；花单性，有时雌、雄花生于同一小穗上；小穗最下面的 2~4 鳞片中空无花；雄小穗常有数朵雄花；雌小穗仅有 1 雌花；两性小穗则下面 1 朵为雌花，上面数朵为雄花；雄蕊 1~3；花柱基部不膨大，柱头 3。小坚果球形或卵球形，常呈钝三棱形，骨质，白色，平滑或具各种网纹，常具光泽，基部 3 裂或有全缘的下位盘。

约 200 种，泛热带分布，并延伸到温带地区。本区有 2 种。

分种检索表

1. 秆中部叶鞘无翅；鳞片紫黑色；小坚果具不明显网纹和横皱纹 ………… 1. 黑鳞珍珠茅 *S. hookeriana*
1. 秆中部叶鞘具翅；鳞片黄褐色或淡褐色；小坚果具横皱纹 ……………………… 2. 毛果珍珠茅 *S. levis*

1. 黑鳞珍珠茅

Scleria hookeriana Boeckeler

根状茎木质，匍匐，密被紫红色、长圆状卵形的鳞片。秆直立，高 60~90cm，三棱形，有时被稀疏短柔毛，稍粗糙。叶片条形，宽 4~8mm，纸质，无毛或多少被疏柔毛，稍粗糙；叶鞘纸质，长 1~10cm，无翅，有时被疏柔毛；叶舌半圆形，被紫色髯毛。圆锥花序

顶生，稀具1个稍疏远的侧生支圆锥花序；小苞片刚毛状，基部有耳，耳上具髯毛；小穗常2~4个紧密排列，稀单生，长约3mm，多数为单性，极少两性；雄小穗长圆状卵球形，雄花鳞片卵状披针形或长圆状卵形，雄蕊3；雌小穗通常生于分枝的基部，披针形或狭卵球形，具较少鳞片，鳞片宽卵形、三角形或卵状披针形，近紫黑色，子房被长柔毛，柱头3。小坚果卵球形，钝三棱状，白色，直径约2mm，表面有不明显的四角形至六角形网纹，部分横皱纹较明显，通常锈色，被微硬毛；下位盘直径稍小于小坚果，多少3裂，裂片半圆状三角形，先端圆钝，边缘反折，淡黄色。花果期5—8月。

见于均益、干上及保护区外围小梅金村至大窑等地。生于路边草丛中。分布于东亚、东南亚、南亚。

2. 毛果珍珠茅

Scleria levis Retz.——*S. herbecarpa* Nees——*S. pubescens* Steud.

根状茎木质，念珠状，匍匐，外被紫黑色鳞片。秆疏生或散生，粗壮，高60~80cm，直径3~5mm，三棱形，被微柔毛。叶片条形，宽7~10mm，秆近基部的鞘无翅，中部的鞘绿色，有宽1~3mm的翅；叶舌半圆形，被硬毛。圆锥花序顶生，具1或2个侧生支花序；花序轴略被微柔毛；小苞片刚毛状；小穗单性，单生或2个聚生，褐色，无柄，长约3mm；雄小穗长圆球形或披针形，雄花鳞片厚膜质，卵形或卵状披针形，具稀疏缘毛，雄蕊3；雌小穗生于分枝基部，狭长卵球状，雌花鳞片宽卵形或卵状，背面具龙骨状凸起，有锈色短线，长2~3mm，边缘有缘毛，先端有芒或短尖，柱头3。小坚果近球形，白色或淡黄褐色，直径约2mm，先端具小短尖，表面有不明显的横波纹，被微硬毛；下位盘略狭于小坚果，淡黄色，3深裂，裂片披针状三角形，顶端急尖，边缘反折。花果期5—11月。

见于官埔垟、双溪、均益、金龙、干上、南溪及保护区外围小梅金村、大窑等地。生于海拔 800m 以下的田边、路边潮湿处及草丛中。分布于东亚、东南亚及大洋洲东北部、太平洋岛屿。

16 薹草属 *Carex* L.

多年生草本。根状茎伸长或缩短，有时具匍匐茎。秆丛生或单生，三棱形或钝三棱形，基部具老叶鞘。叶通常长条形，少数为狭长圆形至长圆状披针形，或丝状，叶鞘具叶片或无叶片，常分裂成纤维状。苞片叶状、刚毛状或鳞片状，稀呈佛焰苞状，具鞘或无鞘；花单性，无花被，由 1 雌花或 1 雄花组成 1 支小穗，雌性支小穗外包有边缘完全合生、部分合生或分离的先出叶（称“果囊”），基部具 1 鳞片；鳞片螺旋状排列；小穗由多数支小穗组成，单生或组成穗状、总状，稀为圆锥状，单性或两性，两性者雄雌顺序或雌雄顺序，雌雄同株，稀异株，小穗基部具囊状或鞘状的枝先出叶，或无；雄蕊 3，稀 2，花丝分离，极少合生；雌花具 1 雌蕊，子房 1 室，具 1 倒生胚珠，花柱基部不膨大或有时膨大，柱头 2 或 3；果囊平凸状、双凸状或三棱状，先端无喙至具中等长的喙。小坚果平凸状、双凸状或三棱状，具颈或否，有时先端扩大成环盘。

1800~2000 种，世界广布。本区有 49 种。

分种检索表

1. 小穗单一，顶生，两性，雄雌顺序；叶片丝状；柱头 3 ········· 1. 松叶薹草 *C. rara*
1. 小穗 2 至数枚，顶生和侧生，单性或两性；叶片非丝状；柱头 3 或 2。
  2. 小穗多数，全部为两性，无柄而排列成穗状；枝先出叶不发育；果囊边缘具翅；柱头 3 ········· 2. 穹隆薹草 *C. gibba*
  2. 小穗排列成总状或圆锥状，稀可排列成穗状，单性或两性，具柄，或少数近无柄；枝先出叶发育，囊状或鞘状；果囊无翅；柱头 3，稀 2。
    3. 小穗两性，雄雌顺序，排列成圆锥状；小穗基部枝先出叶囊状。
      4. 秆侧生；基生叶狭长圆形至长圆状披针形；秆生叶退化成佛焰苞状；苞片佛焰苞状 ········· 3. 花葶薹草 *C. scaposa*
      4. 秆中生；基生叶长条形；秆生叶亦为长条形；苞片叶状。
        5. 圆锥花序粗壮；雌花鳞片先端具直的短芒；果囊上部疏生短硬毛 ······ 4. 十字薹草 *C. cruciata*
        5. 圆锥花序细弱；雌花鳞片先端渐尖或急尖；果囊无毛 ········· 5. 蕨状薹草 *C. filicina*
    3. 小穗单性，或单性和两性兼有，稀为两性，单个或几个生于同一苞鞘内；小穗基部枝先出叶鞘状。
      6. 果囊三棱形；小坚果三棱状，柱头 3 个。
        7. 小穗多数，在秆顶和苞鞘内均排成圆锥状；花柱具小刺毛 ········· 6. 霹雳薹草 *C. perakensis*
        7. 小穗 2 至数枚，总状排列；花柱无毛。
          8. 果囊具短喙或近无喙，少数种具中等长的喙，喙口斜截、微凹或具 2 小齿。
            9. 果囊密生紫红色乳头状凸起；雌小穗密生多花 ········· 7. 斑点果薹草 *C. maculata*
            9. 果囊无乳头状凸起；雌小穗具疏生或稍密生的花。
              10. 果囊无毛或少数被短柔毛；小穗两性，雄雌顺序，或少数顶生者为雄性；雌花鳞片常具锈色点线。

11. 营养茎的叶片长圆状披针形，宽10mm以上；果囊先端近无喙 ……………………………………………………………… * 宽叶薹草 *C. siderosticta*

11. 营养茎的叶片长条形，宽2~6mm，有时可达2cm；果囊先端具明显的短喙。

12. 小穗条状圆柱形或圆柱形，长1cm以上。

13. 叶片宽1~2cm；小穗雄花部分短于雌花部分；苞叶明显短于苞鞘 ……………………………………………………………… 8. 长梗薹草 *C. glossostigma*

13. 叶片宽2~4mm；小穗雄花部分与雌花部分近等长；苞叶长于苞鞘 ……………………………………………………………… 9. 大舌薹草 *C. grandiligulata*

12. 小穗长圆状卵球形或卵球形，长5~7mm …………10. 近头状薹草 *C. subcapitata*

10. 果囊多少被短毛，少数无毛；小穗常单性，顶生者雄性，侧生者雌性；雌花鳞片无锈色点线。

14. 小坚果顶端具圆柱状的喙，或具小尖；花柱基部不增粗或稍增粗。

15. 小坚果顶端具圆柱形粗壮的喙，棱上不缢缩；果囊长4~5mm ……………………………………………………………… 11. 截鳞薹草 *C. truncatigluma*

15. 小坚果顶端具小尖，棱上缢缩；果囊长2~2.5mm………* 穿孔薹草 *C. foraminata*

14. 小坚果顶端常扩大成环盘；花柱基部扩大成僧帽状。

16. 小坚果的棱上缢缩；侧生小穗长2.5~5.5cm，花稍稀疏 ……………………………………………………………… 12. 天目山薹草 *C. tianmushanica*

16. 小坚果的棱上不缢缩；侧生小穗通常密生花，有时稍稀疏。

17. 雄小穗狭棍棒状圆柱形，其雄花鳞片边缘合拢，在基部或基部以上边缘合生 ……………………………………………………………… 13. 三穗薹草 *C. tristachya*

17. 雄小穗长圆柱形、圆柱形或长圆状圆柱形，雄花鳞片边缘不合生。

18. 叶鞘、叶片、苞片均具长柔毛 ……………………… 14. 三阳薹草 *C. duvaliana*

18. 叶鞘、叶片、苞片均无毛。

19. 小坚果在棱面中部形成一肋状凹陷 ……………… 15. 横纹薹草 *C. rugata*

19. 小坚果在棱面中部无肋状凹陷。

20. 雌花鳞片先端具短尖；植株常具匍匐茎。

21. 雄花鳞片褐色或黄褐色；雌小穗具稍疏生的花 ……………………………………………………………… * 豌豆型薹草 *C. pisiformis*

21. 雄花鳞片淡黄色或黄色；雌小穗密生花 ……………………………………………………………… * 长穗薹草 *C. dolichostachya*

20. 雌花鳞片先端具粗糙长芒；植株无匍匐茎。

22. 果囊长2~2.5mm，先端具短喙；叶片宽2~3（~5）mm ……………………………………………………………… 16. 青绿薹草 *C. breviculmis*

22. 果囊长3~3.5mm，先端具中等长的喙；叶片宽3~7mm ……………………………………………………………… 17. 中华薹草 *C. chinensis*

8. 果囊具长喙或中等长的喙，喙口常具明显的2齿，稀为斜截或2小齿。

23. 果囊常密被白色短硬毛。

24. 秆锐三棱形，其上叶鞘上下不互相套叠；果囊长4~5mm …… 18. 舌叶薹草 *C. ligulata*

24. 秆钝三棱形，其上叶鞘上下互相套叠；果囊长约3mm …… * 套鞘薹草 *C. maubertiana*

23. 果囊无毛，或常在中部以上被短毛。

25. 雌小穗仅具数花，排列稀疏，其下小穗柄丝状，常下垂 ……………………………………………………………… 19. 阿里山薹草 *C. arisanensis*

25. 雌小穗具多数密生的花，少数种花排列较疏，其下小穗柄直立，包藏于苞鞘或伸出。
26. 侧生小穗常1~3个生于同一苞鞘；果囊具光泽；雌花鳞片易落 ……………………………………………………… **20. 福建薹草 *C. fokienensis***
26. 侧生小穗单生于每一苞鞘；果囊大多无光泽，或稍具光泽；雌花鳞片宿存。
27. 小坚果卵球形或倒卵球形，通常长2mm或以下；下部苞片叶状；秆中生。
28. 果囊褐绿色或橄榄色；雌花鳞片大多具长芒。
29. 果囊上部疏被短硬毛；雌花鳞片先端具粗糙长芒 ……………………………………………………… **21. 条穗薹草 *C. nemostachys***
29. 果囊无毛。
30. 雌花鳞片先端平截；果囊斜展；秆侧生 … **22. 斜果薹草 *C. obliquicarpa***
30. 雌花鳞片先端具芒；果囊近直立；秆中生 ……………………………………………………… **23. 狭穗薹草 *C. ischnostachya***
28. 果囊黄绿色或麦秆色；雌花鳞片先端具短尖。
31. 小穗间距短，集生状；雄小穗长1~2cm。
32. 果囊长约4mm，脉不明显；叶片宽4~8mm…… *** 柔果薹草 *C. mollicula***
32. 果囊长约5mm，具稍明显的脉；叶片宽2~5mm ……………………………………………………… **24. 似柔果薹草 *C. submollicula***
31. 小穗间距较长，至少下部者疏远；雄小穗长2~7cm。
33. 叶片宽5~12mm；柱头与果囊近等长，果期不落 … **25. 签草 *C. doniana***
33. 叶片宽2~5mm；柱头果期脱落，稀不落者远比果囊短。
34. 果囊椭圆球状卵球形或卵球形，喙长约为果囊长的1/3；秆高30~50cm ……………………………………………………… **26. 禾状薹草 *C. alopecuroides***
34. 果囊椭圆球形，其喙长约为果囊长的1/2；秆高15~30cm ……………………………………………………… *** 似横果薹草 *C. subtransversa***
27. 小坚果菱状卵球形或倒卵球形，长3~5mm；下部苞片短叶状，秆侧生，稀中生。
35. 小坚果倒卵球形，棱上不缢缩。
36. 叶片宽7~12mm；顶生雄小穗长1.5~2cm ……………………………………………………… **27. 浙南薹草 *C. austrozhejiangensis***
36. 叶片宽2~5mm；顶生雄小穗长3~6cm ………… *** 相仿薹草 *C. simulans***
35. 小坚果菱状卵球形，在棱上缢缩。
37. 小坚果先端具扭转的喙，喙顶端不扩大。
38. 雌花鳞片先端具粗糙的长芒；果囊短于雌花鳞片；叶片具白粉 ……………………………………………………… **28. 陈诗薹草 *C. cheniana***
38. 雌花鳞片先端渐尖或具短芒；果囊长于雌花鳞片；叶片无白粉 ……………………………………………………… **29. 藏薹草 *C. thibetica***
37. 小坚果先端具直或稍弯的喙，喙顶端扩大成环。
39. 秆中生。
40. 果囊无毛；雌花鳞片先端具粗糙的长芒；小坚果的喙直 ……………………………………………………… **30. 凤凰薹草 *C. phoenicis***
40. 果囊疏被短毛；雌花鳞片先端渐尖；小坚果的喙稍弯 ……………………………………………………… *** 短尖薹草 *C. brevicuspis***

39. 秆侧生。

41. 秆长而显露；小穗疏散；果囊无毛 ……… * 长囊薹草 *C. harlandii*

41. 秆短于 20cm；小穗稍集生；果囊疏被短毛 ……………………………… 31. 根花薹草 *C. radiciflora*

6. 果囊平凸状或双凸状；小坚果平凸状或双凸状，柱头 2 个。

42. 苞片无鞘；侧生雌小穗较大，长于 2cm，密生多花；果囊细脉大多不明显，先端大多具极短的喙。

43. 上部小穗无柄；果囊具锈色的树脂状点线；柱头宿存 …… 32. 点囊薹草 *C. rubrobrunnea*

43. 小穗具柄，多少下垂；果囊常密生乳头状凸起；柱头脱落。

44. 雌花鳞片先端渐尖或圆形，具短尖。

45. 雌花鳞片长圆状披针形，先端渐尖 ……………………………33. 粉被薹草 *C. pruinosa*

45. 雌花鳞片长圆形，先端近圆形 …………………………………* 武义薹草 *C. subcernua*

44. 雌花鳞片先端微凹或平截，具粗糙的芒。

46. 顶生小穗雄性；侧生雌小穗宽 3~4mm ………………………… 34. 镜子薹草 *C. phacota*

46. 顶生小穗具雌花；侧生雌小穗宽 5~6mm ………… 35. 二型鳞薹草 *C. dimorpholepis*

42. 苞片具鞘；小穗长不及 2cm，花较疏；果囊具明显的细脉，喙亦明显。

47. 所有小穗雄雌顺序。

48. 小穗 1~4 个出自同一苞鞘；果囊边缘和脉上均被白色短硬毛……………………………………………………………………… 36. 褐果薹草 *C. brunnea*

48. 小穗单生于每一苞鞘；果囊仅边缘被白色短硬毛……………… * 滨海薹草 *C. bodinieri*

47. 顶生小穗雄性，侧生小穗雄雌顺序 ……………………………… 37. 柄果薹草 *C. stipitinux*

1. 松叶薹草

Carex rara Boott——*C. capillacea* Boott

根状茎短。秆丛生，高 20~35cm，纤细，直立，基部具叶鞘。叶短于秆；叶片丝状，宽 1~1.5mm。苞片缺如。小穗单一，顶生，长圆状披针形，长 8~18mm；雄雌顺序；雄花部分披针形，长 5~10mm；雌花部分短圆柱形，长 5~8mm，具 8~16 花。雄花鳞片长椭圆形，中

间黄褐色，两侧锈色，边缘白色，长约 2.5mm，顶端圆钝，具 3 中脉；雌花鳞片卵形，中间淡褐色，两侧锈色，边缘白色，长约 2mm，顶端圆钝，具 3 中脉。果囊水平开展，宽卵球形，略鼓胀，三棱状，淡黄褐色，具锈色点线，长 1.5~2.5mm，无毛，脉不明显，先端渐狭成短喙，喙口微凹。小坚果卵球形，钝三棱状，长 1~2mm；花柱基部不膨大，柱头 3。花果期 4—5 月。

见于乌狮窟、双溪等地。生于海拔 1000~1650m 的路边山坡、田边草丛。分布于东亚、南亚。

2. 穹隆薹草

Carex gibba Wahlenb.

根状茎短，木质。秆丛生，直立，高 30~50cm，三棱形，基部具褐色纤维状分裂的叶鞘。叶长于秆或与之近等长；叶片宽 2~3mm，柔软，平张。苞片叶状，长于花序。小穗 5~9 个，长卵形或长圆形，长 5~10mm，宽 4~5mm，雌雄顺序，花密生。雄花鳞片长卵形，两侧白色，长约 1.5mm，具 3 绿色中脉；雌花鳞片卵圆形，两侧白色，长约 2mm，膜质，具 3 绿色中脉，顶端延伸成芒。果囊宽卵球形，平凸状，淡绿色，长 3~3.5mm，无毛，无脉，边缘具不规则细齿，先端急狭成短喙，喙边缘粗糙，喙口具 2 小齿。小坚果卵球形，淡黄色，长约 2.5mm，顶端近圆形，基部收缩成短柄；花柱基部不增粗；柱头 3。花果期 4—7 月。

区内常见。生于海拔 1200m 以下的田地边、山坡路边、水边。分布于东亚。

3. 花葶薹草

Carex scaposa C. B. Clarke

根状茎匍匐，木质。秆侧生，高 20~80cm，三棱形，幼时多少被短柔毛，基部具无叶的鞘。基生叶丛生，长于或短于秆，下面粗糙，有时具隔节；秆生叶呈佛焰苞状。苞片与秆生叶同形，常短于支花序。圆锥花序具 3 至数个支花序；支花序圆锥状，单生或双生；支花序梗三棱形，密被短柔毛；支花序轴锐三棱形，密被短柔毛和褐色斑点。小苞片鳞片状，披针形。小穗 10 至 20 余个，两性，雄雌顺序，长圆柱形，长 5~14mm；雄花部分短于雌花部分；雌花部分具 2~7 花。雌花鳞片卵形，中间黄绿色，有褐色斑点，两侧褐色，长 2~2.5mm，顶端渐尖，具 3 脉。果囊椭圆球形，钝三棱状，纸质，淡黄绿色，密生褐色斑点，长 3~4mm，腹面具 2 侧脉，无毛，顶端渐缩成中等长的喙，喙口微凹。小坚果椭圆球形，三棱状，成熟时褐色，长 1.5~2.2mm；花柱基部不增粗或微增粗；柱头 3。花果期 4—11 月。

区内常见。生于山坡岩石上。分布于东亚、东南亚。

4. 十字薹草

Carex cruciata Wahlenb.

根状茎粗壮，木质，具匍匐枝。秆丛生，高 40~90cm，三棱形。叶长于秆；叶片宽 4~13mm，下面粗糙，边缘具短刺毛。苞片叶状，长于支花序，基部具长鞘。圆锥花序长 20~40cm；支圆锥花序数个，常单生；支花序梗坚挺，钝三棱形；支花序轴锐三棱形，密生短粗毛。小苞片鳞片状，长约 1.5mm，背面被短粗毛。小穗极多数，两性，雄雌顺序；雄花部分与雌花部分近等长。雌花鳞片卵形，淡褐色，密生褐色斑点和短线，长约 2mm，顶端钝，具短尖，具 3 脉。果囊椭圆球形，肿胀三棱状，淡褐白色，具棕色斑点和短线，长 3.0~3.2mm，平滑或上部疏生短粗毛，有数条细脉，上部渐狭成中等长的喙，喙两侧疏生短刺或无，喙口斜截形。小坚果卵状椭圆球形，三棱状，成熟时暗褐色，长约 1.5mm；花柱基部增粗；柱头 3。花果期 5—11 月。

区内常见。生于海拔 1050m 以下的路边草丛、山坡。分布于东亚、东南亚及热带非洲。

5. 蕨状薹草

Carex filicina Nees

根状茎粗壮，木质。秆丛生，高 40~90cm，锐三棱形，无毛。叶长于秆；叶片宽 5~14mm，下面粗糙，边缘密生短刺毛，基部具宿存叶鞘。苞片叶状，长于支花序，具长鞘。

圆锥花序长 20~50cm；支圆锥花序 4~8 个，单生，稀双生；支花序梗纤细，三棱形，棱上疏被短粗毛；支花序轴锐三棱形，被短粗毛。小苞片鳞片状，顶端具长芒。小穗多数，长圆柱形，两性，雄雌顺序；雄花部分短于雌花部分。雌花鳞片卵形或披针形，有红褐色的斑点和短线，长 1.5~2mm，顶端渐尖或急尖，无毛，具 1 中脉。果囊椭圆球形，三棱状，有红褐色的斑点和短线，长约 3mm，无毛，腹面具 2 侧脉及数条细脉，基部几无柄，上部收缩成稍外弯至微下弯的长喙，喙口斜截形。小坚果椭圆球形，三棱状，成熟时黄褐色，长约 1.5mm；花柱基部不增粗；柱头 3。花果期 4—11 月。

区内常见。生于海拔 1200m 以下的山坡路边林下、草丛。分布于东亚、东南亚。

6. 霹雳薹草　黄穗薹草

Carex perakensis C. B. Clarke

根状茎粗壮，木质。秆中生，高 30~100cm，三棱形，基部具短叶或无叶片的暗紫红色叶鞘。叶基生或秆生；叶片宽 8~12mm；秆生叶具长鞘。苞片叶状，下部的长于花序，向上渐短，具长鞘。圆锥花序长 30~40cm；支花序单生或孪生，具多数小穗。小穗两性，雄雌顺序，狭圆柱形，长 1.5~3cm；雄花部分长占小穗长的 1/3~1/2。雌花鳞片宽卵形，黄褐色，边缘具白色膜质，长 2.2~4.5mm，顶端具短尖。果囊倒卵状椭圆球形或卵状菱形，三棱状，黄绿色，长 4.5~6mm，细脉明显，密被白色短糙毛，或后变无毛，顶端渐狭成中等长的喙，喙口具 2 齿。小坚果椭圆状倒卵球形，三棱状，暗褐色，长 2.5~3mm，棱面凹；花柱直立，基部稍增粗，疏被小刺毛；柱头 3。花果期 4—11 月。

见于大田坪等地。生于海拔 1200m 以下的山坡、路边、林下。分布于东亚、东南亚。

7. 斑点果薹草 斑点薹草

Carex maculata Boott——*C. maculata* f. *viridans* Kük.

根状茎缩短。秆丛生，高 30~50cm，纤细，三棱形，基部具淡褐色老叶鞘。叶与秆近等长；叶片长条形，宽 3~5mm，下面密生粉白色乳头状凸起；叶鞘腹面膜质，具深棕色斑点。苞片叶状，长于花序，具苞鞘。小穗 3 或 4，疏生；顶生者雄性，线形，长 1~2cm，无柄或有极短的柄；侧生者雌性，圆柱形，长 1~3cm；基部小穗柄长 4~6cm，余者较短。雌花鳞片长圆状披针形，两侧膜质，密生锈色斑点，长约 2mm，先端渐尖，具 3 绿色中脉。果囊宽椭圆球形或宽卵球形，红褐色，稍长于鳞片，长约 2.5mm，密生乳头状

凸起，顶端骤尖成短喙，喙口微凹。小坚果宽倒卵球形，长约 1.5mm，三棱状；柱头 3，短。花果期 4—11 月。

见于均益、烧香岩、大小天堂、干上等地。生于海拔 900m 以下的路边草丛、田边等潮湿处。分布于东亚。

8. 长梗薹草

Carex glossostigma Hand.-Mazz.——*C. exerta* Chü

根状茎较粗壮而长，花茎和营养茎有间距。花茎近基部的叶鞘无叶片，营养茎的叶片革质或厚纸质，宽条形，两面无毛，或在两面或下面的脉上被柔毛。花茎高 30~40cm，上部 2/3 各节具小穗；苞鞘上部稍膨大成佛焰苞状，无毛或被短柔毛，苞叶甚短至等长于苞鞘的 1/2。小穗雄雌顺序，1~5 个生于各节，圆柱形，长 2~3cm；雄花部分大多短于雌花部分；雌花部分具 8~15 朵雌花。雌花鳞片卵状椭圆形，淡棕色，具锈点，长约 2.5mm，先端钝，具 3 褐绿色中脉。果囊卵状椭圆球形，三棱状，淡棕色，具锈点，长约 3mm，具多条细脉，先端突狭成向下弯的短喙，喙口近平截。小坚果椭圆球形，三棱状，黄色，长约 2.5mm；花柱基部不膨大；柱头 3。花果期 4—5 月。

见于炉岙及保护区外围小梅金村等地。生于海拔 1200m 以下的山坡林下、路边阴湿处。我国特有，分布于华东、华中、华南。

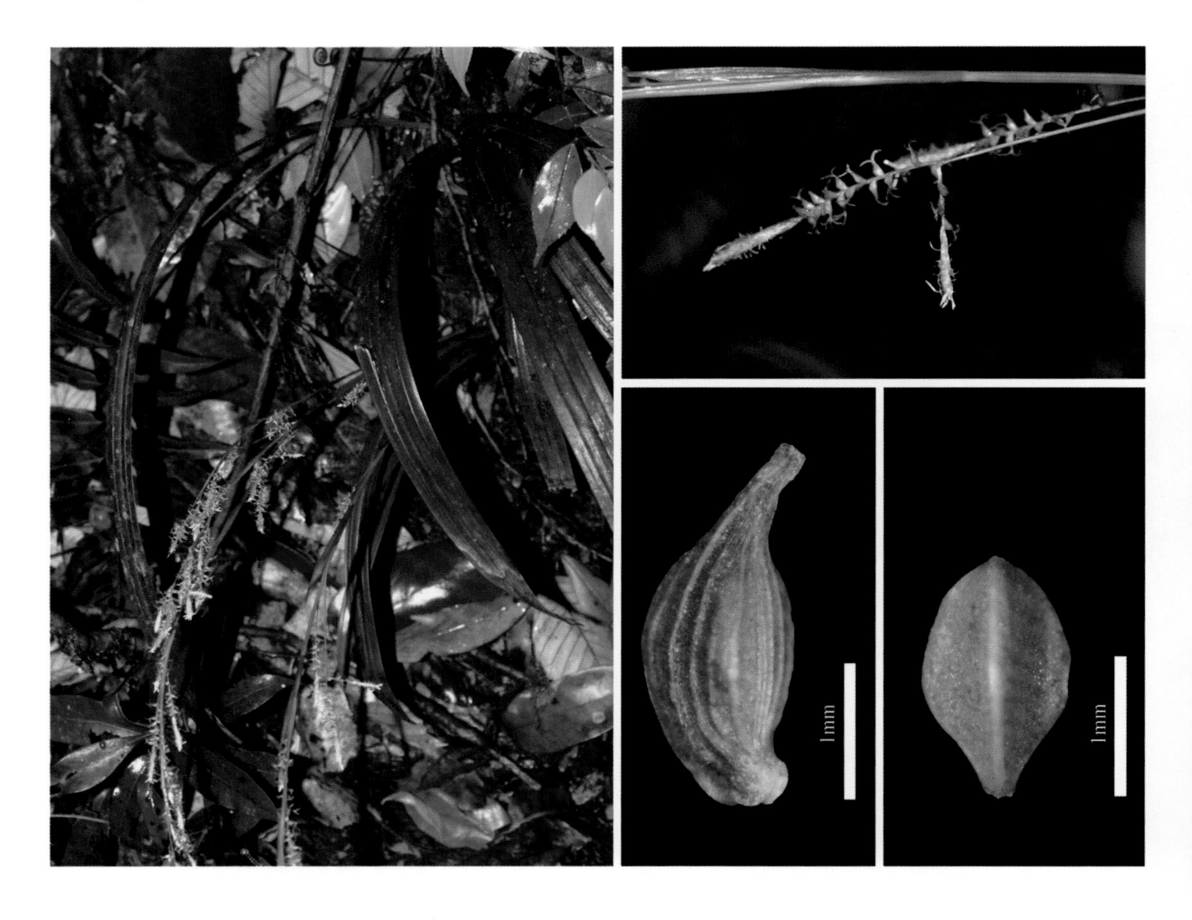

9. 大舌薹草

Carex grandiligulata Kük.

根状茎细长并延伸，花茎和营养茎有间距。花茎近基部的叶鞘具叶片；营养茎的叶片长条形，长 20~40cm，宽 2.5~4mm，中脉和 2 侧脉隆起无毛。花茎高 20~30cm，中部以上各节具小穗，苞鞘上部不显著膨大，苞叶等长至稍长于苞鞘，具长达 2mm 的叶舌，基生苞鞘密生短毛。小穗雄雌顺序，1 或 2 个生于各节，狭圆柱形，长 1~2cm；雄花部分通常近等长于雌花部分，具较密集的雄花；雌花部分具 2 或 3 朵雌花；小穗柄长 1~5cm，稍伸出苞鞘之外。雄花鳞片卵状椭圆形，边缘透明膜质，带淡棕色，长约 3mm，先端钝，具 3 绿色中脉；雌花鳞片卵状长圆形，两侧透明膜质，带淡棕色，并具锈点，长约 4mm，先端钝，具 3 条绿色中脉。果囊椭圆球形，具锈点，长 4~5mm，脉不明显，先端渐狭成短喙，喙长 0.5~1mm，喙口近平截。小坚果椭圆球形，三棱状，淡黄色或黄色，长约 2.5mm；花柱基部不膨大，柱头 3 个。花果期 4—5 月。

见于凤阳湖、黄茅尖等地。生于林下路边的山坡潮湿处。我国特有，分布于华北、华东、西南、西北。

10. 近头状薹草

Carex subcapitata X. F. Jin, C. Z. Zheng et B. Y. Ding

根状茎木质，念珠状。花茎侧生，高 20~30cm，扁三棱形，无毛，从中部至基部具无叶的红褐色叶鞘。叶较花茎长；叶片宽 3~5mm，两面无毛，先端渐尖。苞片短叶状，具长鞘或上部的无鞘，无毛。小穗 5 或 6，雄雌顺序，1 或 2 个生于各节，宽卵球形，长 5~7mm；雄花部分与雌花部分近等长或稍长，具密集的雄花；雌花部分有 4~7 朵雌花，小穗柄伸出苞鞘。雌花鳞片卵形或宽卵形，膜质，红棕色并具锈点，长约 2.5mm，先端圆形，背面具3褐绿色中脉。果囊宽椭圆球形，三棱状，暗褐色，膜质，长约4mm，无毛，具多数细脉，基部渐狭，先端渐狭成长1.5~2mm的直喙，喙口具2齿。小坚果卵球形，三棱状，棱面微凹，浅黄色，长约2mm；花柱无毛，基部略增粗；柱头3。花果期4—5月。

见于炉岙、凤阳湖等地。生于山坡潮湿处。我国特有，仅分布于浙江。

11. 截鳞薹草

Carex truncatigluma C. B. Clarke

根状茎斜升。秆侧生，高10~30cm，三棱形，稍粗糙。叶长于秆，宽6~10mm，草质，两面均粗糙。苞片短叶状，具鞘。小穗4~6；顶生小穗雄性，狭圆柱形；侧生小穗雌性，长圆柱形；花稍疏；最上部的1个雌小穗长于雄小穗，其小穗柄包藏于苞鞘内。雌花鳞片宽倒卵形，深黄色，具宽的白色膜质边缘，顶端截形，具3绿色中脉。果囊纺锤形，钝三棱状，褐绿色，长4~6mm，被短柔毛，具多条细脉，基部渐狭成楔形，具短柄，先端渐狭成喙，喙口具 2 短齿。小坚果纺锤形，三棱状，长 2.5~3.5mm，顶端具 1 个显著粗壮的圆柱状喙，喙长 1~1.5mm，顶面平截或稍凹陷，棱面中部凸出成腰状，上下凹入，基部具柄，柄长 0.5~0.7mm；花柱基部稍膨大而宿存；柱头 3 个。花果期 4—7 月。

见于大田坪、凤阳湖及保护区外围小梅金村等地。生于林下山坡潮湿地带。分布于东亚、东南亚。

12. 天目山薹草

Carex tianmushanica Z. C. Zheng et X. F. Jin

根状茎短。秆丛生，高 30~50cm，钝三棱形，纤细，挺直，基部具暗褐色的宿存叶鞘。叶长于或短于秆；叶片宽 4~7mm，具小横隔，边缘平滑。苞片短叶状，上部的刚毛状，短于小穗，具鞘。小穗 4；顶生小穗雄性，棍棒状圆柱形，长 3~6cm，小穗柄长 3~6cm；侧生小穗雌性，长圆柱形，长 3~5cm，直立，小穗柄长 2~5.5cm，伸出苞鞘。雌花鳞片长圆状卵形，淡褐色，长 3.5~4mm，顶端渐尖，背面具 3 黄褐色中脉。果囊椭圆球形，三棱状，淡黄绿色，长 5~6mm，具多条细脉，疏被微毛或近无毛，基部渐狭，先端收缩成短喙，喙长约 1.5mm，喙口具 2 小齿。小坚果椭圆球形，三棱状，灰褐色，长约 4mm，顶端缩成环盘，棱中部凹陷，基部具短柄；花柱基部增粗，宿存；柱头 3。花果期 3—6 月。

见于凤阳湖、黄茅尖等地。生于海拔1500~1700m的山坡林缘。我国特有，分布于华东、华南。

13. 三穗薹草

Carex tristachya Franch.

根状茎短。秆中生，高15~30cm，纤细，基部具深褐色、纤维状细裂的叶鞘。叶长于或短于秆；叶片宽2~3mm，上部稍粗糙。苞片叶状，近等长于花序，具长苞鞘。小穗3~5，上部的小穗密集生于顶端，帚状排列，无柄，下部的小穗间有间隔，具柄；顶生者雄性，

棒状；侧生者雌性，长圆柱形，长 1~2cm，疏生花，基部的柄长 3~5cm，上部的柄渐短。雌花鳞片宽椭圆形，淡黄色，长约 2.5mm，先端圆形、截形、微凹，具短尖。果囊卵状纺锤形，三棱状，淡褐绿色，长 2.5~3.5mm，有短毛，具多条细脉，顶端渐狭，喙极短，喙口具 2 小齿。小坚果椭圆球形，三棱状，黄色，长约 2mm，顶端有环盘；花柱基部圆锥形；柱头 3。花果期 3—8 月。

区内常见。生于海拔 1700m 以下的路边林下、山坡草丛。分布于东亚。

本区还有变种合鳞薹草 var. *pocilliformis*（Boott）Kük.，其雄花鳞片中上部合生。生境和分布与本种相近。

14. 三阳薹草

Carex duvaliana Franch. et Sav.

根状茎短，具细匍匐茎。秆疏丛生，高 20~35cm，纤细，钝三棱形，被短柔毛。叶稍短于秆；叶片宽 1.5~3mm，平张，淡绿色，被短柔毛，基生叶鞘淡黄色至淡褐色，密被短柔毛。苞片下部的叶状，长于小穗，具长鞘，上部的刚毛状，具短鞘，均被短柔毛。小穗 3~5，远离，有时上部的小穗稍接近；顶生小穗雄性，圆柱形，长 1.5~2.2cm，宽 2~3mm，小穗柄长 1.5~2cm；侧生小穗雌性，圆柱形，长 1~2cm，宽 2~3mm，花疏生，小穗柄包藏于苞鞘内或稍伸出。雌花鳞片倒卵形，黄白色，长约 3mm，背面具 3 绿色中脉，向顶端延伸成短芒。果囊卵球状纺锤形，三棱状，淡绿色，长 3.5~4mm，膜质，具多条细脉，被疏柔毛，基部渐狭成柄，上部急缩成中等长的喙，喙长约 1mm，喙口具 2 小齿。小坚果卵球形，三棱状，黄色，长 1.5~2mm，基部具稍弯的短柄，顶端急缩成环盘；花柱短，基部膨大成圆锥状；柱头 3。花果期 5 月。

见于凤阳湖。生于海拔约 1550m 的山坡路边草丛中。分布于东亚。

15. 横纹薹草

Carex rugata Ohwi

根状茎短，具匍匐茎。秆侧生，高 20~50cm，纤细，钝三棱形，平滑，基生叶鞘稍分裂成纤维状。叶与秆近等长或稍短于秆；叶片宽 2~4mm，平张，边缘粗糙，无毛。苞片叶状，长于小穗，具鞘；鞘长 0.5~2.5cm。小穗 4 或 5，上部的接近，下部的远离；顶生小穗雄性，狭圆柱形，长 1~2cm，宽 1.5~2mm，无柄或具短柄；侧生小穗雌性，长圆柱形，长 1.5~2.8cm，宽 2~2.5mm，花较密，小穗柄包藏于苞鞘内或稍伸出。雌花鳞片长圆形，黄白色，长 2.5~3mm，顶端楔形，具小短尖，背面具 3 绿色中脉。果囊菱状长圆球形，钝三棱状，淡绿色，长约 3mm，薄膜质，无毛，具多条细脉，先端渐狭成 0.5mm 长的喙，喙口具 2 小齿。小坚果长圆球形，三棱状，长约 2mm，基部具短柄，顶端收缩成环盘，棱面上下凹陷，并在中间形成 1 肋，棱上不凹陷；花柱短，基部稍增粗；柱头 3。花果期 5 月。

见于凤阳湖、黄茅尖。生于林下草丛中。分布于东亚。

16. 青绿薹草

Carex breviculmis R. Br.—— *C. leucochlora* Bunge

根状茎短缩，木质化。秆丛生，高 10~30cm，中生，纤细或稍粗壮，三棱形，棱上粗糙，基部有纤维状细裂的褐色叶鞘。叶较秆短；叶片扁平，宽 2~4mm，质硬，边缘粗糙。苞片最下的叶状，较花序长，其余的刚毛状。小穗 2~5，直立；顶生者雄性，苍白色，棍棒状，长 1~2cm；侧生者雌性，短圆柱形，长 1~1.5cm，上部的接近雄小穗，最下方的疏远，具短柄。雌花鳞片长圆形、长圆状倒卵形或卵形，绿白色至黄白色，长 2~2.5mm，先端截形或微凹，具粗糙长芒，背面具 3 绿色中脉。果囊长卵球形，三棱状，黄绿色，长 2~3mm，上部疏被短柔毛，具多条细脉，顶端骤尖成短喙，喙口微凹。小坚果倒卵球形，三棱状，长约 1.7mm，顶端具环盘；花柱基部增粗；柱头 3。花果期 4—6 月。

区内常见。生于海拔 1400m 以下的山坡路边、草丛、林下或空地。分布于东亚、东南亚至太平洋岛屿。

17. 中华薹草

Carex chinensis Retz.

根状茎短缩，斜生，粗大，木质。秆中生，高 30~50cm，钝三棱形，基部具褐棕色呈纤维状细裂的叶鞘。叶长于秆；叶片长条形，宽 3~5mm，质硬，边缘外卷，上面粗糙。苞片叶状，上部者有时短叶状，苞鞘长。小穗 4 或 5；顶生者雄性，圆柱形，长 2~3cm；侧生者雌性，圆柱形，长 2~5cm，密生花，有时基部有少数雄花，基部小穗柄长 3~5cm，向上渐短。雌花鳞片长椭圆形，绿白色，长约 3mm（芒除外），先端截形，有时微 2 裂或渐尖，具粗糙长芒，背面具 3 绿色中脉。果囊倒卵球形，成熟后开展，微向外弯曲，黄绿色，长 3~3.5mm，膜质，具多条细脉，被短柔毛，上部收缩成中等长喙，喙口 2 裂。小坚果菱状卵球形，三棱状，黄褐色或琥珀黄色，长约 2mm，棱面凹，顶端具短喙，有环盘；花柱短，基部呈圆锥状；柱头 3。花果期 3—5 月。

区内常见。生于海拔 1000m 以下的路边、山坡林下、空地、灌丛、岩石上。我国特有，分布于华东、华中、华南、西南和西北。

18. 舌叶薹草

Carex ligulata Nees ex Wight —— *C. hebecarpa* C. A. Mey. var. *ligulata*（Nees ex Wright）Kük.

根状茎短，木质。秆丛生，高 30~60cm，直立，粗壮，三棱形，棱上粗糙，上部生叶，

下部具紫红色无叶的鞘。叶排列较疏松，上部的较花序长；叶片长条形，宽5~11mm，质较软，边缘粗糙；叶鞘不互相重叠，较疏松地包着秆，鞘口有明显的锈色叶舌。苞片叶状，长于花序。小穗5~7；顶生者雄性，长条形，长1~2cm，淡锈色；侧生者雌性，圆柱形，直立，长1.5~4cm，密生多花，有短柄。雌花鳞片卵状三角形，两侧淡锈色，边缘膜质，长约2.5mm，先端钝而具芒尖，背面具3绿色中脉。果囊直立，倒卵状椭圆球形，三棱状，锈褐色，长约4mm，密被灰白色短硬毛，上部急狭成中等长的喙，喙口2齿裂。小坚果椭圆球形，三棱状，褐色，长约2.5mm；花柱基部稍增粗；柱头3。花果期4—11月。

见于区内各地。生于海拔1200m以下的路边林下、路边草丛、荒地。分布于东亚。

19. 阿里山薹草

Carex arisanensis Hayata

根状茎短。秆侧生，高15~40cm，细弱，平滑，基部具淡褐色或紫红色叶鞘。叶短于或长于秆；叶片宽4~8mm，平张，柔软，先端渐尖。苞片短叶状；鞘长2~4cm。小穗3或4；顶生者雄性，披针状长圆形，长5~8mm，与最上的1枚雌小穗极接近，其余小者雌性，短圆柱形，长7~10cm，具2或3花；小穗柄纤细，伸出苞鞘外。雌花鳞片卵状长圆形，苍白色，少有褐色，中脉绿色，长3.5~4.5mm，先端急尖。果囊卵状纺锤形，三棱状，棕绿色，长5.5~6.5mm，草质，无毛，具多条细脉，基部楔形，上部渐狭成长喙，喙口膜质，具2齿。小坚果倒卵状椭圆球形，三棱状，淡褐色，长3mm；花柱基部不膨大；柱头3。花果期4月。

见于大田坪。生于海拔1400m的林缘水沟边。分布于东亚。

20. 福建薹草

Carex fokienensis Dunn——*C. pallideviridis* Chü，nom. nud.

根状茎粗短。秆丛生，高 30~50cm，粗壮，直立，三棱形，无毛，基部具淡褐色的纤维状老叶鞘。叶短于秆；叶片宽 5~7mm，边缘略粗糙。苞片叶状，长于秆，具苞鞘。每一苞片腋内有 2 或 3 小穗；顶生者雄性，棍棒状，长约 2cm，具柄；侧生者雌性，圆柱形，长 3~7cm，基部有时具少数雄花，具长柄。雌花鳞片长圆形或椭圆形，淡绿色或苍绿色，长约 3mm，膜质，先端急尖，背面具 1 中脉。果囊近水平开展，卵球形，淡绿色，长 5mm，具多条细脉，基部圆形或斜形，顶端渐尖成喙，喙口斜 2 裂。小坚果菱状卵球形，三棱状，褐黑色，长 1.5~2mm；花柱细长，基部不增大，弯曲；柱头 3。花果期 4—8 月。

区内常见。生于海拔 900~1440m 的林下、山谷山坡。我国特有，分布于华东、华中、西南。

21. 条穗薹草　线穗薹草

Carex nemostachys Steud.

根状茎粗短，具地下匍匐茎。秆高 40~90cm，三棱形，上部粗糙，基部具黄褐色撕裂成纤维状的老叶鞘。叶长于秆；叶片宽 6~8mm，较坚挺，两侧脉明显，脉和边缘均粗糙。苞片下面的叶状，上面的刚毛状，无鞘。小穗 5~8，常聚生于秆的顶部；顶生者雄性，狭圆柱形，长 5~10cm，近于无柄；侧生者雌性，长圆柱形，长 4~12cm，密生多数花。雌花鳞片狭披针形，苍白色，长 3~4mm，顶端具粗糙的芒，背面具 1~3 细脉。果囊后期向外张开，卵球形或宽卵球形，钝三棱状，褐色，长约 3mm，具少数细脉，疏被短硬毛，基部宽楔形，顶端急缩成长喙，喙向外弯，喙口斜截形。小坚果宽倒卵球形或近椭圆球形，三棱状，淡棕黄色，长约 1.8mm；花柱基部不增粗；柱头 3。花果期 9—12 月。

见于保护区外围大赛、小梅金村等地。生于海拔 750m 以下的溪沟边、湿地。分布于东亚、东南亚、南亚。

22. 斜果薹草

Carex obliquicarpa X. F. Jin, C. Z. Zheng et B. Y. Ding

根状茎木质，粗壮。秆侧生，高 50~70cm，粗壮，三棱形，平滑，下部生叶，基部具紫黑色无叶片的鞘。叶短于秆或与之近等长；叶片宽 0.8~2cm，平张，两面无毛，边缘粗糙。苞片叶状，上部者与花序近等长，下部者具较长的苞鞘，上部的鞘很短。小穗 4 或 5，下

面2枚间距较长，上面的间距短；顶生者雄性，狭圆柱形，长3~4cm，具短柄；侧生者雌性，长圆柱形，长3~6cm，密生多数花，下部的具长柄，上部的缩短，近于无柄。雄花鳞片长椭圆形，两侧紫色，长4~4.5mm，膜质，先端钝，背面具1绿色中脉；雌花鳞片狭倒卵形，两侧红褐色，长2~2.5mm，顶端平截，背面具3绿色中脉。果囊斜展或近直立，倒卵球形，钝三棱状，暗褐绿色，长3.5~4mm，膜质，具多条细脉，基部宽楔形，顶端急缩成长喙，喙口具2微齿。小坚果倒卵球形，三棱状，淡黄色，长约2mm，顶端微凹；花柱基部稍增粗；柱头3。花果期4—5月。

见于炉岙。生于海拔约1200m的林下山坡。分布于华东、华南。

23. 狭穗薹草　珠穗薹草

Carex ischnostachya Steud.

根状茎短，具短匍匐茎。秆丛生，高30~50cm，三棱形，基部具紫褐色或黑褐色无叶的叶鞘。叶长于秆；叶片宽3~5mm，扁平。苞片叶状，长于花序，具长苞鞘。小穗4~5，上部的接近生，基部1~2疏离；顶生者雄性，狭圆柱形，长2~4cm；侧生者雌性，狭圆柱形，长3~6cm，直立，疏生多花。雄花鳞片披针形，淡黄褐色，长约3mm，先端渐尖，背面具1中脉；雌花鳞片宽卵形，淡褐色，长1~2mm，先端钝或急尖。果囊直立，卵状椭圆球形，钝三棱状，绿褐色，长3~5mm，具多数隆起细脉，无毛，顶端渐狭成长喙，喙

口 2 裂。小坚果宽椭圆球形，三棱状，长 1.5~2mm，顶端具弯曲的短喙；花柱基部增大；柱头 3。花果期 4—6 月。

见于炉岙、均益、金龙及保护区外围小梅金村等地。生于路边湿地、山坡草丛、灌丛边。分布于东亚。

24. 似柔果薹草

Carex submollicula Tang et F. T. Wang ex L. K. Dai

根状茎短，具长的地下匍匐茎。秆密丛生，高 15~20cm，锐三棱形，棱上粗糙，基部具无叶片的鞘。叶较秆稍长；叶片宽 2~4mm，上面两侧脉明显，侧脉和边缘粗糙，干时边缘稍内卷，叶鞘膜质部分常开裂。苞片叶状，长于花序，无苞鞘。小穗 3 或 4，常集中生于秆的上端，间距短；顶生者雄性，棍棒状，长 1.5~2cm，具很短的柄；侧生者雌性，短圆柱形，长 1.2~2.5cm，密生多数花，下面的具短柄，上面的近无柄。雌花鳞片卵形，麦秆黄色，有时具锈点，长 2.5~3mm，膜质，先端急尖，具短尖，背面具 1 中脉。果囊斜展，后期水平开展，卵圆球形，鼓胀三棱状，褐黄色，长约 5mm，膜质，无毛，具多条

明显的细脉，基部钝圆，顶端急狭成短喙，喙常外弯，喙口斜截形，有时微凹。小坚果倒卵球形，三棱状，三面稍凹，长约 1.5mm，基部急尖，顶端具小短尖；花柱中等长；柱头 3。花果期 4—7 月。

见于凤阳庙、大田坪、凤阳湖等地。生于海拔 1000~1450m 的路边草丛、林下阴湿处。我国特有，分布于华东、华南。

25. 签草　芒尖薹草

Carex doniana Spreng.

根状茎具细长匍匐枝。秆高 30~50cm，直立，粗壮，扁三棱形，粗糙，基部具淡褐色叶鞘，或有鳞片状的叶。叶稍长或近等长于秆；叶片宽 7~10mm，边缘粗糙，具显著 3 脉，下面密布灰白绿色小点。苞片叶状，无苞鞘，最下部 1 片较花序长，边缘及中脉粗糙。小穗 4~6，近生；顶生者雄性，狭圆柱形，淡褐色，长 3~5.5cm，有短柄；侧生者雌性，圆柱形，长 2~6cm，密生多花，略叉开，靠近雄小穗的近无柄，下部的具短柄。雌花鳞片披针形或椭圆状披针形，背面中肋绿色，两侧苍白色，长约 4mm，先端渐尖，具芒尖，背面具 3 中脉。

果囊斜展或下弯，椭圆球形，三棱状，淡绿色，有褐色斑点，长 3~3.5mm，脉明显，顶端渐狭成喙，喙口 2 齿裂，透明。小坚果菱状卵球形，三棱状，褐色，长约 2mm；花柱基部稍增粗；柱头 3。花果期 4—9 月。

区内常见。生于海拔 1300m 以下的路边、林下草丛、溪沟边。分布于东亚、南亚。

26. 禾状薹草

Carex alopecuroides D. Don ex Tilloch et Taylor

根状茎短，具细长的地下匍匐茎。秆丛生，高 30~60cm，三棱形，上部稍粗糙，基部具少数淡棕色的无叶片的鞘。叶近等长或稍长于秆；叶片宽 2~4mm，平张，稍坚挺，脉上和上端边缘常粗糙，干时边缘稍内卷，具较长的鞘。苞片叶状，下面的长于花序，上面的 1 或 2 等长或短于花序，无鞘。小穗通常 3~5，常集中生于秆的上端；顶生者雄性，有时上部具雌花，近棍棒状，长 2~3cm，具很短的柄或近无柄；侧生者雌性，长圆柱形，长 2~3cm，密生多数花，最下面 1 或 2 枚小穗具短柄，上面的近无柄。雌花鳞片长圆状卵形或披针状卵形，淡麦秆黄色，长 2~3mm，膜质，先端渐尖或有时近钝形，具短尖或无短尖，具 1 中脉。果囊初期斜展，成熟后近水平开展，卵球形，不明显三棱状，稍鼓胀，初期绿色，成熟时麦秆黄色，长约 3mm，膜质，无毛，背面具 5 条细脉，基部急缩成钝形，顶端渐狭成中等长的喙，喙口微凹成 2 短齿。小坚果宽卵球形或近椭圆球形，三棱状，棕色，长约 1.5mm，基部无柄，顶端具小短尖；花柱基部不增粗；柱头 3。花果期 4—7 月。

见于大田坪等地。生于海拔约 1420m 沟边荒坡。分布于东亚、东南亚及太平洋岛屿。

27. 浙南薹草

Carex austrozhejiangensis C. Z. Zheng et X. F. Jin

根状茎短。秆侧生，高 15~40cm，钝三棱形，基部具深褐色的鞘。叶长于秆；叶片宽 7~12mm，扁平，先端尾状渐尖。苞片短叶状，具鞘；鞘长 6~12mm。小穗 3~4，远离；顶生者雄性，圆柱形，长 1~2mm；侧生者雌性，圆柱形，长 2~3.5cm，密生花；小穗柄直立。雌花鳞片宽卵形，红棕色，长 3~3.5mm，先端延伸成粗糙的长约 1mm 的芒，背面具 3 绿色中脉。果囊卵状椭圆球形，三棱状，绿色，长 6.5~7mm，无毛，具多条细脉，顶端渐收缩成长 1.5~2mm 的喙，具不明显 2 齿。小坚果宽倒卵球形，三棱状，长约 5mm，基部具短柄；花柱基部膨大；柱头 3。花果期 4—7 月。

见于凤阳庙、大田坪、凤阳湖等，本区为模式标本产地。生于海拔约 1500m 的林下沟边。我国特有，仅分布于浙江。

28. 陈诗薹草　陈氏薹草

Carex cheniana Tang et F. T. Wang ex S. Yun Liang

根状茎短。秆高 40~57cm，三棱形，平滑。叶长于秆；叶片宽 5~9mm，平张，边缘反卷，上部边缘粗糙，先端渐狭。苞片短叶状，长于或短于花序，具长鞘。小穗 4 或 5；顶生者雄性，棍棒状，长 1~2.7cm；侧生者雌性，顶端有少数的雄花，圆柱形，长 3.5~6cm，宽 5~8mm，花密生。雌花鳞片椭圆状披针形，苍白色，长 6~6.5mm，光亮，无毛，先端延伸成长芒，背面具 3 绿色的脉。果囊斜展，菱状椭圆球形，三棱状，黄褐色，长 7~7.5mm，革质，被疏柔毛，具多条细脉，下部狭窄，上部急缩成长喙，喙扁，长 4mm，喙口具 2 长齿。小坚果卵状椭圆球形，三棱状，长 3mm，中部棱上缢缩，上、下棱面凹陷，基部具弯曲短柄，顶端急缩成极短的喙，喙扭转；花柱基部稍膨大；柱头 3。花果期 4—6 月。

区内常见，模式标本采自龙泉。生于路边草丛或林缘。我国特有，分布于华东、华中。

29. 藏薹草 西藏薹草

Carex thibetica Franch.

根状茎粗短。秆侧生，高 40~60cm，钝三棱形。叶长于秆；叶片宽 8~12mm，平展，边缘粗糙，中脉下陷，有 2 侧脉凸起而粗糙。苞片短叶状，短于花序，具长鞘。小穗

3~6，疏远；顶生者雄性，狭圆柱形，长 3~5cm，具柄；侧生者雄雌顺序，雄、雌小穗近等长，直立，圆柱形，长 4~7cm。雌花鳞片卵状披针形，淡绿色带锈色，长约 4mm，先端渐尖，具芒尖，背面具 3 条绿色的脉。果囊成熟时斜展，倒卵球形或卵球形，肿胀三棱状，褐绿色，长约 6mm，被稀疏的短毛，具多数细脉，上部渐狭成微下弯的长喙，喙圆锥形，喙口 2 深裂。小坚果倒卵球形，三棱状，黑褐色，长约 2.5mm，中部缢缩，基部有弯曲的短柄，顶端具扭曲的短喙；花柱宿存；柱头 3。花果期 4—6 月。

见于炉岙、大田坪等地。生于海拔 1300m 左右的林下、路边。我国特有，分布于华东、华中、华南、西南、西北。

30. 凤凰薹草

Carex phoenicis Dunn —— *C. chaofangii* C. Z. Zheng et X. F. Jin

根状茎粗短。秆中生，高 25~35cm，三棱形。叶长于秆；叶片宽 6~10mm，边缘粗糙。苞片短叶状，短于花序，具鞘。小穗 3；顶生者雄性，圆柱形，长 2~3cm，具柄；侧生雌小穗 2，长 3~3.5cm，宽约 1cm，花密生。雌花鳞片卵状椭圆形，淡绿色，长约 3mm，先端具长 3.5mm 的芒。果囊椭圆球形或倒卵状椭圆球形，三棱状，淡绿色，长 7mm，脉不明显，基部楔形，先端渐狭成长喙，近圆筒形，喙口具 2 短齿。小坚果宽倒卵状椭圆球形，三棱状，长约 6mm，棱中部缢缩，下部棱面凹陷，先端收缩成直喙，喙长约 1mm，顶端稍膨大；花柱基部增粗；柱头 3。花果期 4—7 月。

见于大田坪、凤阳湖等地。生于山坡林下或沟边。我国特有，分布于华东、华南。

31. 根花薹草

Carex radiciflora Dunn

根状茎短，木质，坚硬。秆极短。叶片宽 1.4~2cm，上部边缘微粗糙，基部具分裂成纤维状的紫褐色老叶鞘。苞片鞘状，其下有 3 枚将小穗包裹成束。小穗 3~6，彼此极靠近；顶生 1 枚雄性，棍棒状圆柱形，长 1.8~2cm，其余小穗雌性，圆柱形，长 1.8~3cm，花密生，具小穗柄。雌花鳞片卵形，淡绿褐色，两侧近白色膜质，长约 3mm，顶端钝，具短尖，背面具 3 褐色中脉。果囊斜展，卵球形，膨胀三棱状，褐色，长 6~6.5mm，微被毛，具多条隆起的细脉，基部收缩成短柄，先端渐缩成喙，喙缘有细锯齿，喙口具 2 齿。小坚果椭圆球形，三棱状，深紫黑色，长 3.5mm，中部棱上缢缩，先端急缩成喙，喙顶端膨大如碗状；花柱基部膨大；柱头 3。花果期 4—10 月。

见于均益、金龙。生于山坡路边草丛中。我国特有，分布于华东、华中、华南、西南。

32. 点囊薹草　大理薹草

Carex rubrobrunnea C. B. Clarke——*C. tailiensis* Franch.——*C. rubrobrunnea* var. *taliensis*（Franch.）Kük.

根状茎短缩，具褐色须根。秆高 40~60cm，三棱形，基部具褐色老叶鞘。叶长于秆；叶片宽 3~5mm，边缘粗糙。苞片叶状，长于秆，无苞鞘。小穗 4~6，排列成帚状；顶生者雄性或雌雄顺序，狭圆柱形，长 4~5cm；侧生者雌性，长圆柱形，长 5~10cm；花密生，直立，最下 1 枚具短柄。雌花鳞片狭披针形，两侧紫红色，长 4~5mm，先端渐尖，具芒尖，背面具 1 黄绿色中脉。果囊长圆形，双凸状，淡绿色，长 3~4mm，密生褐色微凸起的点和线，脉不显，顶端骤尖成长喙，喙口具 2 小齿。小坚果卵球形，双凸状，褐色，长约 1.5mm，光滑；花柱短，基部稍增粗；柱头 2，宿存，长约为果囊长的 2 倍。花果期 3—7 月。

见于凤阳湖及保护区外围小梅金村等地。生于海拔 300~1500m 的溪沟边、溪滩石隙。我国特有，分布于华东、华中、华南、西南、西北。

33. 粉被薹草

Carex pruinosa Boott

根状茎短。秆丛生，高 40~55cm，稍坚硬，基部具褐色叶鞘。叶与秆等长；叶片宽 3~5mm，下面密生乳头状凸起，边缘外卷。苞片叶状，长于花序，具苞鞘。小穗 4~6；顶生者雄性，狭圆柱形，长 2.5~3.5cm；侧生者雌性，或上部有时带雄花，长 3~6cm，直径 3~5mm；小穗柄纤细，长 1.5~3cm，下垂。雌花鳞片长圆状披针形，淡黄色，密生锈色点线，长 3~3.5mm，先端渐尖而具短尖，具 3 绿色中脉。果囊长圆状卵球形，双凸状，密生乳头状凸起和红棕色树脂状小凸起，长 2.5~3mm，稍具细脉，顶端具喙，喙口微凹。小坚果宽卵球形，双凸状，黄色，长约 2mm；花柱基部不增粗；柱头 2。花果期 4—8 月。

见于双溪及保护区外围五梅垟等地。生于田边草丛中。分布于东亚、东南亚、南亚。

34. 镜子薹草

Carex phacota Spreng.

根状茎短。秆丛生，高 20~75cm，锐三棱形，基部具淡黄褐色或深黄褐色的叶鞘。

叶与秆近等长，宽 3~5mm，边缘反卷。苞片下部的叶状，无鞘，上部的刚毛状。小穗 3~5，接近；顶端 1 枚雄性，稀顶部有少数雌花，狭圆柱形，具柄；侧生小穗雌性，稀顶部有少数雄花，圆柱形，长 2.5~6.5cm，密生花；小穗柄纤细，最下部的 1 枚长 2~3cm，向上渐短。雌花鳞片长圆形，两侧苍白色，具锈色点线，长约 2mm，顶端截形或凹，具粗糙芒尖，背面具 3 绿色中脉。果囊宽卵球形或椭圆球形，双凸状，暗棕色，长 2.5~3mm，宽约 1.8mm，密生乳头状凸起，无脉，基部宽楔形，顶端急尖成短喙，喙口全缘或微凹。小坚果近圆球形或宽卵球形，双凸状，褐色，长 1.5mm，密生小乳头状凸起；花柱长，基部不增粗；柱头 2。花果期 4—6 月。

见于烧香岩、大小天堂、干上及保护区外围小梅金村至大窑等地。生于溪沟边、田边或路边潮湿地。分布于东亚、东南亚、南亚。

35. 二型鳞薹草　垂穗薹草

Carex dimorpholepis Steud.

根状茎短缩。秆丛生，高 40~60cm，粗壮，锐三棱形，基部具褐色叶鞘。叶短于或等长于秆；叶片扁平，宽 4~7mm，边缘及背面中脉粗糙，黄绿色，具明显 3 脉。苞片下部的叶状，长于花序，上部的刚毛状，无鞘。小穗 4~6，圆柱形，长 2.5~5cm，有长柄而下垂；顶生者雌雄顺序，雄性部分较雌性部分长，常在小穗两端或中部亦有生雄花者；侧生小穗通常为雌性。雌花鳞片长圆形或长圆状披针形，两侧白色，疏生锈色短线，长 2~2.5mm，

膜质，先端截形或凹头，具粗糙长芒，芒长 1.5~3mm，背面具 3 绿色中脉。果囊扁凸状宽卵球形，长 2.5~3.5mm，直立，膜质，有红褐色斑点，无脉，具短柄，顶端急尖成短喙，喙口截形。小坚果宽卵球形，平凸状，长 1.5~2mm，栗色；花柱基部增粗；柱头 2。花果期 4—6 月。

区内常见。生于水田边、沟边或路边潮湿地。分布于东亚、东南亚。

36. 褐果薹草　栗褐薹草

Carex brunnea Thunb.

根状茎缩短。秆丛生，高 35~60cm，纤细，三棱形，上部粗糙，下部生叶，基部具栗褐色呈纤维状的枯叶鞘。叶较秆短或长；叶片长条形，宽 2~3mm，粗糙。下部苞片叶状，具长苞鞘；上部苞片刚毛状。小穗多数，疏离，单生或 2~5 枚并生，雄雌顺序，狭圆柱形，长 2~3cm，密生花；小穗柄细长，下垂。雄花鳞片狭卵形，黄褐色，长约 3mm，先端急尖，背面具 1 脉。雌花鳞片长圆状卵形，两侧锈褐色，长约 2.5mm，先端渐尖或急尖，具 1 绿色中脉。果囊卵圆球形或宽卵球形，平凸状，栗褐色，长 2.5~3mm，具多条细脉，上部被短粗毛，顶端紧缩成中等长的喙，喙口具 2 小齿。小坚果卵圆球形，平凸状，长 1.5~2mm；花柱基部略增粗；柱头 2，稍长。花果期 7—12 月。

区内常见。生于山坡林下或林缘。分布于东亚、东南亚及大洋洲。

37. 柄果薹草　褐绿薹草

Carex stipitinux C. B. Clarke——*C. brunnea* Thunb. var. *stipitinux*（C. B. Clarke）Kük.

根状茎短缩。秆丛生，高 60~80cm，粗壮，三棱形，基部具褐色呈纤维状分裂的叶鞘。叶生于秆的中部或上部；叶片宽 3~4mm，近革质，粗糙。苞片短叶状或刚毛状，具苞鞘。小穗多数，单生或 2~5 枚排列成侧生的总状花序；顶生者雄性，狭圆柱形，长 2.5~3.5cm；

余者雄雌顺序，圆柱形，长 1~3cm；小穗柄纤细，直立。雄花鳞片卵状披针形，黄褐色，长约 4.5mm，先端急尖，背面具 1 脉；雌花鳞片卵形，两侧锈褐色，有狭的白色膜质边缘，长约 2mm，先端钝尖或急尖，具 1 绿色中脉。果囊宽椭圆球形，平凸状，褐绿色，长约 3mm，具多条细脉，顶端具长喙，喙被毛，喙口具 2 小齿。小坚果椭圆球形，平凸状，长约 2mm；花柱基部稍增大；柱头 2。花果期 4—12 月。

区内常见。生于林下溪沟边、公路旁。我国特有，分布于华东、华中、华南、西南、西北。

一四三　禾本科 Poaceae

一年生至多年生草本，或为木本。秆之节间中空，节实心。叶互生，排成 2 列，由叶鞘和叶片组成，或秆生叶（称“秆箨”）的叶片退化变小，叶鞘与叶片之间无柄或具短柄，常具膜质或纤毛状的叶舌；叶片披针形至条形，具平行脉，基部两侧有时具叶耳。花小，两性，稀单性，一至数朵排列成缩短的穗状花序（称“小穗”），再排列成圆锥状、总状、穗状或指状等花序；小穗基部常具 2 枚颖片，每一小花下具 2 枚稃片；花被退化成 2 或 3 枚极小且透明的鳞片（称“浆片”）；雄蕊通常 3 或 6；子房上位，通常由 2 心皮合生成 1 室，有 1 枚倒生胚珠，着生于子房底部，柱头羽毛状。果通常为颖果。种子富含胚乳，胚小。

700 余属，11000 多种，广布于全世界各地。本区有 62 属，108 种。

本科植物与人类的关系非常密切，包括粮食、牧草、地被植物及草坪草、建筑及编织材料、制糖原料、造纸原料、中草药等，在农业、牧业、林业、园林、医药等方面具有非常重要的地位，也可在生态建设和环境保护方面发挥重要作用。

（一）竹亚科 Bambusoideae

木本，呈乔木状、灌木状或藤本状。地下茎和竹秆合轴丛生、单轴散生或复轴混生。主秆上和枝上的叶形态不同，秆生叶称为秆箨或笋壳，其上端具 1 无柄且常无显著中脉的叶片，称为箨片或箨叶；枝生叶一般有短柄，叶片自关节处脱落。竹秆在节上有箨环和秆环 。节上的分枝数在不同的竹属可有 1 至数十枚的变化。小穗具 2 至多数小花，组成圆锥状、总状或穗状等花序，稀具 1 花；花两性或小穗之下部花为雄花或不孕花；鳞被通常 3；雄蕊 3~6；花柱 2 或 3，基部常合并，柱头 2 或 3，稀 1 或 4。果实易与内、外稃分离，为颖果，亦有坚果、胞果或浆果。

70余属（木本），1200余种，分布于亚洲、非洲和美洲的暖温带至热带地区。本区有 6 属，14 种。

黄甜竹 *Acidosasa edulis*（T. H. Wen）T. H. Wen
福建酸竹 *Acidosasa longiligula*（T. H. Wen）C. S. Chao et C. D. Chu
孝顺竹 *Bambusa multiplex*（Lour.）Raeusch. ex Schult. et Schult. f.
阔叶箬竹 *Indocalamus latifolius*（Keng）McClure
箬竹 *Indocalamus tessellatus*（Munro）Keng f.
毛竹 *Phyllostachys edulis*（Carrière）J. Houz.
台湾桂竹 *Phyllostachys makinoi* Hayata
毛环竹 *Phyllostachys meyeri* McClure

毛金竹 *Phyllostachys nigra*（Lodd. ex Lindl.）Munro var. *henonis*（Mitford）Stapf ex Rendle
红边竹 *Phyllostachys rubromarginata* McClure
金竹 *Phyllostachys sulphurea*（Carrière） Riviere et C. Riviere
刚竹（变种） var. *viridis* R. A. Young
早竹 *Phyllostachys violascens*（Carrière）Riviere et C. Riviere
庆元华箬竹 *Sasa qingyuanensis*（C. H. Hu）C. H. Hu
百山祖玉山竹 *Yushania baishanzuensis* Z. P. Wang et G. H. Ye

分属检索表

1. 地下茎合轴型；秆圆筒形，着生枝的一侧无纵沟。
  2. 中型竹，秆直径 1cm 以上，高 2m 以上；竹秆丛生 ………… 1. 簕竹属 *Bamubusa*
  2. 小型竹，秆直径 1cm 以下，高 2m 以下；竹秆散生 ………… 2. 玉山竹属 *Yushania*
1. 地下茎单轴型；秆圆筒形，但着生枝的一侧具纵沟。
  3. 每节分枝 1 或 2 枚。
    4. 每节分枝 1 枚。
      5. 分枝直径与主秆接近；叶片通常为大型 ………… 3. 箬竹属 *Indocalamus*
      5. 分枝直径明显细于主秆；叶片通常为中型 ………… 4. 赤竹属 *Sasa*
    4. 每节分枝 2 枚 ………… 5. 刚竹属 *Phyllostachya*
  3. 每节分枝 3 枚 ………… 6. 酸竹属 *Acidosasa*

1 簕竹属 *Bambusa* Retz. corr. Schreb.

乔木或灌木状。地下茎合轴，秆丛生。秆箨脱落性；箨耳显著或无；箨片直立、外展至下翻。分枝多枚，有些种的小枝或下部枝条短缩为硬刺或软刺。假花序；假小穗基部具苞片，小穗轴节间较长且易逐节折断，小花易逐个脱落；内稃具 2 脊，鳞被 2 或 3；雄蕊 6；柱头（1~）3，羽毛状。颖果内稃一面具腹沟。笋期夏、秋两季。

有 100 多种，分布于亚洲、非洲和大洋洲的热带至亚热带地区。本区有 1 种。

孝顺竹

Bambusa multiplex（Lour.）Raeusch. ex Schult.et Schult. f.——*B. glaucescens*（Will.）Siebold ex Munro——*B. multiplex* var. *lutea* T. H. Wen

秆高 4~6m，直径 2~4cm，节间长 30~50cm，壁较薄；新秆薄被白蜡粉，节间上半部被棕色小刺毛，近节部尤密，老时光滑无毛。箨鞘初被白蜡粉，早落，先端不对称拱形；箨耳很小或不明显，边缘具少量缝毛；箨舌高 1~1.5mm，边缘不规则短齿；箨片直立，易脱落，背面散生暗棕色小刺毛，腹面粗糙，基部宽度与箨鞘顶端近相等。多枝簇生，主枝稍粗长。小枝具叶 5~12；叶耳肾形，边缘具波曲细长缝毛；叶舌高约 0.5mm，边缘微齿裂；叶片长 5~16cm，宽 0.7~1.6cm，下面粉绿色，密被灰白色短柔毛。

见于保护区外围小梅金村。生于村宅溪边。我国特有，分布于华东、华中、华南、西南。为绿化观赏竹，或作田界、堤岸防护林，也可劈篾编织。

2 玉山竹属 *Yushania* Keng f.

生长在高海拔山岳地带的灌木状竹类。合轴型散生竹。秆柄较细长，直径多在1cm以内，前后粗细较均匀，且较竹秆细，在地下横走较远；节间实心或少数种可中空，在横切面上常可见通气道。总状或圆锥花序，生于具叶小枝顶端；小穗柄细长，小穗含2~8（~14）朵小花；鳞被3；雄蕊3；柱头2，稀3，羽毛状。颖果。

70余种，分布在亚洲东部及非洲。本区有1种。

百山祖玉山竹

Yushania baishanzuensis Z. P. Wang et G. H. Ye

秆直立，散生状，秆柄长达25cm，高1.5~2m，直径0.5~0.8cm，节间长达20cm，幼秆多少具白色刺毛而粗糙，节下具厚白粉，秆箨迟落，长为节间长的 1/2~2/3。箨鞘暗紫色，被稀疏或较密白色刺毛，边缘具白色纤毛；箨耳不明显，无或具少数直立之缝毛；箨舌高约 1mm，平截或微凹，常边缘具微纤毛；箨片绿色带紫色，锥形至线形，通常直立。每节分枝初为 3 枚，后可增多，小枝具 3~5 叶。叶鞘初被白粉，叶耳无或不明显，鞘口两肩各具 5~8 条直立长缝毛；叶舌截形或微凹，高约 0.5mm；叶片条状披针形或长椭圆状披针形，长约 14cm，宽约 1.1cm，两面无毛或下表面基部具细毛。笋期 4—5 月。

见于凤阳庙、黄茅尖、凤阳湖等地。生于海拔 1400~1700m 的山坡或沟谷疏林下。我国特有，仅分布于浙江。

为生态保护竹种。

3 箬竹属 *Indocalamus* Nakai

灌木状竹类。地下茎复轴型。秆直立，节间细长，圆筒形，无沟槽。秆箨宿存；箨鞘质厚而脆；箨片披针形至狭三角形，直立或开展。每节分枝 1 枚（秆上部分枝可较多），直径与主秆接近。叶片通常为大型，多呈长椭圆状披针形，小横脉明显。花序一次发生，通常由 4~5（~9）或更多小穗排列成圆锥状，顶生；小穗含少数至多花；外稃具多脉，无毛；内稃短于外稃，具 2 脊；鳞被 3；雄蕊 3；柱头 3，羽毛状。颖果长圆形。

30 多种，分布于中国、菲律宾、马来西亚、印度。本区有 2 种。

分种检索表

1. 箨舌弧形；叶片下面散生直立短细柔毛，沿中脉一边有 1 列毡毛 …………………… 1. 箬竹 *I. tessellatus*
1. 箨舌平截；叶片下面近基部有粗毛，沿中脉两边均无毡毛 …………………… 2. 阔叶箬竹 *I. latifolius*

1. 箬竹 米箬竹

Indocalamus tessellatus（Munro）Keng f.

秆高 0.7~2m，直径 4~7.5mm；节间最长达 32cm，圆筒形，在分枝一侧的基部微扁；节较平坦，秆环较箨环略隆起，节下方有红棕色贴秆的毛环。箨鞘长于节间，上部宽松抱秆，无毛，下部紧密抱秆，密被紫褐色贴伏疣基刺毛，具纵肋；箨耳无；箨舌厚膜质，截形，高 1~2mm，背部有棕色贴伏微毛；箨片大小多变化，狭披针形。小枝具 2~4 叶；叶鞘紧密抱秆，有纵肋，背面无毛或被微毛；无叶耳；叶舌高 1~4mm，截形；叶片在成长植株上稍下弯，宽披针形或长圆状披针形，长 20~46cm，宽 4~10.8cm，下表面灰绿色，密被贴伏的短柔毛或无毛，沿中脉一边有 1 列毡毛，叶缘生有细锯齿。笋期 4—5 月。

见于炉岙、乌狮窟、均益、坪田、金龙及保护区外围屏南瑞垟等地。生于海拔 800m 以下山涧溪沟边及山坡路旁潮湿地。我国特有，分布于华东、华中。

秆可作竹筷；叶片可制作茶篓、衬垫、防雨用品，包粽子。

2. 阔叶箬竹

Indocalamus latifolius（Keng）McClure

秆高可达 2m，直径 5mm；节间被微毛，节平。箨鞘宿存，硬纸质或纸质，背部常具棕色疣基小刺毛或白色的细柔毛，易脱落，边缘具棕色纤毛；箨耳无或稀不明显，疏生粗糙短缝毛；箨舌截形，高 0.5~1mm，先端有长 1~3mm 流苏状缝毛；箨片直立，条形或狭披针形。叶鞘无毛，先端稀具极小微毛，质厚，坚硬，边缘无纤毛；叶舌截形，高 1~3mm，先端无毛或稀具缝毛；叶耳无；叶片长圆状披针形，长 20~34cm，宽 3~9cm，先端急尖，延伸为锐尖头，基部钝圆，收缩为长 5~10mm 的叶柄，下面灰白色或灰白绿色，近基部有粗毛，叶缘生有小刺毛。笋期 4—5 月。

区内常见。生于山谷路旁或山坡林下。我国特有，分布于华东、华中、华南、西南。

4 赤竹属 *Sasa* Makino et Shibata

灌木状竹类。地下茎复轴型。秆多少分离散生，直立中空，无毛或有倒向的毛；节通常肿胀或平。秆箨宿存，通常短于节间，无毛或有毛；箨鞘厚纸质至革质；箨片披针形至狭三角形。每节 1 分枝。叶片中型，多为披针形，小横脉明显。花序一次发生，常由 5~9 枚小穗排列成圆锥状，着生于小枝顶端；小穗含 4~10 花；颖 2；外稃具多脉；内稃具 2 脊；雄蕊 6；子房卵形，花柱短，柱头 3，羽毛状。

约 40 种，分布于中国、朝鲜半岛和日本。本区有 1 种。

庆元华箬竹

Sasa qingyuanensis（C. H. Hu）C. H. Hu

秆高 1~1.5m，直径 0.4~0.6cm，圆筒形，上部分枝处之节间常有不同程度的缩短，幼秆被白粉，节下尤明显。秆箨宿存，等长于节间，枯草色，背部贴生较密的棕色或白色长疣基毛，基部具 1 圈密集的棕色长刺毛，边缘具睫状长疣基毛；无箨耳及缝毛；箨舌高达 5mm。分枝每节 1 枚，枝鞘黄绿色，背部生有直立之长疣基毛，略具白粉；每枝具叶 3 枚。无叶耳及缝毛；叶舌高 5mm，平截或微呈波状；叶片长矩圆形或长卵形，长 18~28cm，宽 4.7~6cm。

见于官埔垟、炉岙、乌狮窟、黄茅尖、凤阳湖、均益及夏边等地。生于海拔 1500m 以上之山地疏林下。我国特有，仅分布于浙江。

5 刚竹属 *Phyllostachys* Siebold et Zucc.

乔木或灌木状竹类。地下茎为单轴型，秆散生，偶可复轴混生。秆的节间在分枝的一侧扁平或具浅纵沟。髓呈薄膜质。秆每节分枝 2 枚，常不等粗。花枝甚短，呈穗状至头状，多单独侧生于无叶或顶端具叶小枝的各节上；假小穗或假小穗丛具早落或迟落的佛焰苞状苞片 2~7 枚；小穗常含 1~6 花，鳞被 3；雄蕊 3 枚；柱头 3，羽毛状。颖果。笋期 3—5 月。

60 余种，我国均产，少数种类分布至日本、印度、韩国等，美洲及欧洲多国有引种。本区有 7 种。

分种检索表

1. 竹秆分枝以下节仅具 1 个箨环。
  2. 大型竹，秆直径通常 7cm 以上，新秆箨环被 1 圈脱落性毛 ……………………………… 1. 毛竹 *P. edulis*
  2. 中型竹，秆直径通常 7cm 以下，箨环不被毛 ………………………………………… 2. 金竹 *P. sulphurea*
1. 竹秆分枝以下节具箨环和秆环 2 个环。
  3. 秆箨密被毛，箨片直立……………………………………………………… 3. 毛金竹 *P. nigra* var. *henonis*
  3. 秆箨不被毛或仅基部具 1 圈细毛，箨片反转。
    4. 秆的中上部秆箨箨舌下延；出笋始于 3 月中、下旬……………………………… 4. 早竹 *P. violascens*
    4. 秆的中上部秆箨箨舌不下延；出笋 4 月以后。
      5. 箨鞘基部连同新秆箨环有 1 圈白色细毛；秆节间无细小晶状小点和猪皮状小凹穴。
        6. 箨鞘具稀疏斑点或近无斑点，边缘红色，新秆近无白粉………… 5. 红边竹 *P. rubromarginata*
        6. 箨鞘具密集斑点或近无斑点，边缘不具红色，新秆白粉明显 ……………… 6. 毛环竹 *P. meyeri*
      5. 箨鞘基部和新秆箨环无 1 圈白色细毛；秆节间具细小晶状小点和猪皮状小凹穴 ……………………
        ……………………………………………………………………………………7. 台湾桂竹 *P. makinoi*

1. 毛竹

Phyllostachys edulis（Carrière）J. Houz.

大型竹。秆高可达 20m 以上，直径 18cm 以上，节间短，壁厚，新秆密被白粉和细柔毛（粗秆节间可无毛或近无毛），节下白粉环明显，分枝以下仅箨环微隆起，秆环不明显，箨环被 1 圈脱落性毛。秆箨密生棕褐色毛及黑褐色斑点，边缘生有密集的棕褐色毛；箨耳小，缝毛发达屈曲；箨舌宽短，高约 2mm，弓形，先端撕裂状，具密集的纤毛，两侧下延；箨叶绿色，平直，长三角形至披针形。小枝具叶 2~6 枚，叶耳不明显，叶舌长 1~3mm；叶片相对较细小而薄，长 4~11cm，宽 0.5~1.2cm，叶片背面基部有毛。笋期 3 月底至 5 月初。

全区海拔 1500m 以下各地常见，常大面积成片分布。我国特有，分布于秦岭以南地区。

我国最主要的笋用与材用竹种。笋冬季称“冬笋”，春季称“毛笋”，既可鲜食，又可加工成笋干、罐头等；竹材供制竹胶板、建筑房屋、脚手架、扁担及各种编织材料、造纸等用。

2. 金竹

Phyllostachys sulphurea（Carrière）Riviere et C. Riviere

秆高 6~10m，直径 5~8cm，分枝以下仅具箨环。秆及枝呈金黄色，有的秆节间（非沟槽处）常具 1 或 2 条甚狭长之纵长绿条纹，箨环下有 1 圈残缺的绿色环。箨鞘呈黄色，并具绿纵纹及不规则的淡棕色斑点，无毛；无箨耳及鞘口缝毛；箨舌显著，先端平截，边缘具粗须毛；箨叶细长，呈带状，其基部宽为箨舌宽之 2/3，反转，下垂，微皱，绿色，边缘肉红色。笋期 5 月上、中旬，持续到 7 — 8 月仍有少量发笋。

见于官埔垟、炉岙等地。生于海拔 1300m 以下山坡疏林下。我国特有，分布于华东。

本区还有变种刚竹 var. *viridis* R. A. Young，与金竹的区别在于其秆全为绿色。见于官埔垟、炉岙及保护区外围大赛等地。生境和用途同金竹。

3. 毛金竹 金毛竹 淡竹

Phyllostachys nigra（Lodd. ex Lindle）Munro var. **henonis**（Bean）Stapf ex Rendle

秆高 4~10m，直径 2~8cm，新竹绿色，密被白粉和柔毛。箨鞘淡红褐色，无斑点，或近先端有极微小紫色斑点，或偶有褐色斑块，密生褐色刚毛，边缘具纤毛；箨耳发达，紫黑色，边缘具红褐色粗长弯曲的缝毛；箨舌高 2~4mm，紫色，弧形，先端具粗长纤毛；箨片绿色，三角形，直立，皱褶。小枝具叶 2 或 3 枚，叶耳不明显或无，鞘口具数根直伸之粗缝毛，叶舌高 1mm，叶片质地薄，长 4~10cm，宽 1~1.3cm，下表面基部有柔毛。笋期 4 月中旬。

见于乌狮窟、凤阳庙、龙案及保护区外围小梅金村、大窑等地。生于路边及林下空地。我国特有，分布于黄河流域及其以南地区。

我国重要的经济竹种之一。秆材坚韧，可供建筑、制农具柄等用，也可劈篾编织各种竹器；竹青经加工后制作“竹沥”和“竹茹”，入药可作清凉剂；笋有辛辣味，鲜食味不佳，经漂煮后方可食用，偶尔制作笋干，但节部呈黑色，品质较差。

4. 早竹　雷竹　早哺鸡竹

Phyllostachys violascens（Carrière）Riviere et C. Riviere

秆高 6~11m，直径 3~8cm，节间短而均匀，长多不及 20cm；新秆节带紫色，密被白粉，节下有白粉环，基部节间常具淡绿黄色的纵条纹。箨鞘褐绿色或淡黑褐色，被白粉，密被褐斑，顶部尤密；箨耳及鞘口缕毛不发育；箨舌先端拱凸，具短须毛，中上部箨的箨舌两侧明显下延；箨叶长矛形至带形，绿色，秆中下部的强烈皱褶，反转。小枝具叶 2~4 枚，叶耳及缕毛较发达，淡紫红色叶舌伸出，叶片长 8~14cm, 宽 1~2cm, 背面被短柔毛。笋期 3 月下旬至 4 月上旬或更早，故谓之早竹。

见于官埔垟、坪田等地。栽培于村宅旁平地。我国特有，分布于华东。

笋味鲜美，是浙沪一带早春主要的时令鲜菜之一。

5. 红边竹

Phyllostachys rubromarginata McClure

秆高 4~8m，直径 2~3cm，节间相对很细长，在粗的竹秆上可长达 40cm, 无白粉，脱箨后逐渐被 1 层薄蜡粉，细秆上无毛，粗秆上稀疏散生倒向小刚毛，节平，节内距离常在 5mm 以上。箨鞘淡绿色带淡紫红色，边缘紫红色，无斑点或在大笋上具稀疏小斑点，基部被 1 圈白色短毛；无箨耳，仅具几根易脱落之缕毛；箨舌短，微凹或平截，紫红色，边缘具细长须毛；箨叶绿色，边缘及顶端紫红色，直立，矛形至长披针形。小枝具叶 1 或 2 枚，叶耳不发达，具放射状缕毛，叶舌紫红色，边缘生纤毛，叶片长 10~17cm，宽 1.2~2.2cm。笋期 4 月下旬。

见于龙案及保护区外围小梅金村、大窑等地。生于村边及林下空地。我国特有，分布于华东、华中、华南。

竹材及篾性柔韧，为优良的篾用竹，用于编织篮、筐等生活用品，亦可制作笛子等乐器；笋可食用。

6. 毛环竹 浙江淡竹 淡竹 淡红竹

Phyllostachys meyeri McClure

秆高6~11m，直径3~7cm，新秆无毛，被中度白粉，刚脱箨时箨环上有1圈细短的白纤毛。箨鞘淡紫红色，薄被蜡粉，具较密的褐色斑点或斑块，上部两侧常呈焦枯状，最基部具1圈极窄的短细毛，箨鞘顶端狭窄；无箨耳及鞘口缝毛；箨舌较弱，先端平截或微凸，边缘具短纤毛；箨片长矛形至带形，反转微皱，淡绿色，边缘为橘黄或橘红色。小枝具叶3~5枚；叶耳和缝毛变化较大，细秆上可发育甚好；叶舌明显伸出；叶片长16cm，宽2.9cm，下面基部密生柔毛。笋期4月下旬至5月上、中旬。

见于保护区外围小梅金村。生于山脚。我国特有，分布于华东、华中、华南。

笋味淡，并稍有涩味，可食；秆易作海船帆蓬的横档和伞骨，也是工艺用“白竹”的重要原材料，篾性甚佳，可编制各种器具。

7. 台湾桂竹

Phyllostachys makinoi Hayata

秆高 8~15m，直径 3~7cm，秆表面具细微的小凹穴而呈猪皮状或有白色微点，新秆被薄层均匀的雾状白粉而呈粉绿色；箨环微隆起，秆环不明显。箨鞘在粗大的秆上背面生有极密集的紫褐色斑块或斑点，先端钝且突然呈截形，截形部分比箨片基部宽 2 倍；无箨耳和鞘口缝毛；箨舌紫红色或深紫色，先端截形或微拱形，具紫红色长纤毛；箨片带状，狭窄，先端长尖，外面有短柔毛。生叶小枝纤细，叶鞘近无毛，一侧开裂，有覆瓦状的纤毛，口部偏斜，密生硬毛；耳缘缝毛长 6mm，粗糙，在口部两侧各着生 5~10 枚；叶片长 10~12cm，宽约 1.7cm，下面基部中脉上有硬毛；叶舌、叶耳及缝毛均带紫色。

见于坪田及保护区外围兰巨、屏南百步等地。生于公路边或疏林地。我国特有，分布于华东、华南。

重要的经济竹种。秆材坚韧密致，供建筑，造纸，制作竹椅、竹帘、伞骨、竹剑、笛箫等；笋味尚可，供鲜食，也是制作笋干的优质原料。

6 酸竹属 *Acidosasa* C. D. Chu et C. S. Chao

乔木状竹类。地下茎单轴散生。秆的节间在分枝的一侧的下部扁平或具浅纵沟，秆中部每节分枝 3 枚。花序一次发生，2~5 枚小穗排列成圆锥状或总状，顶生。小穗具明显的小穗柄，含 7~15 花；颖片 2~4；鳞被 3；雄蕊 6；花柱 1，柱头 3 裂，羽毛状。

10 余种，分布于我国江西、福建、湖南、浙江、广东、广西和云南等地。本区有 2 种。

分种检 索表

1. 箨鞘无斑点；箨舌高 3~4mm，无白粉 …………………………………………………… 1. 黄甜竹 *A. edulis*
1. 箨鞘疏生褐色小斑点；箨舌高达 6mm，有白粉 ……………………………… 2. 福建酸竹 *A. longiligula*

1. 黄甜竹 黄间竹

Acidosasa edulis（T. H. Wen）T. H. Wen

秆高 8~12m，直径达 6cm，节间长 25~40cm，秆绿色无毛，节下具白粉。箨鞘无斑点，初绿色，后转棕色，密被褐色刺毛，边缘具紫色纤毛；箨耳狭镰刀状伸出，表面被棕色茸毛，边缘有少数缝毛呈放射状开展；箨舌高 3~4mm，中部隆起，有尖锋，先端边缘具纤毛；箨叶紫色，狭披针形，反转，两面粗糙。每节分枝 3 枚，近相等，斜升，小枝具 4 或 5 叶；无叶耳与缝毛；叶舌高 2mm；叶片阔披针形至披针形，长 11~18cm，宽 1.7~2.8cm，下表面基部有细毛。笋期 4 月下旬至 5 月。

见于保护区外围大赛、兰巨等地。生于村边及林下空地。我国特有，分布于华东。

笋味鲜美，并可加工笋干，是夏季优良笋用竹种；竹秆可材用。

2. 福建酸竹

Acidosasa longiligula（T. H. Wen）C. S. Chao et C. D. Chu

秆高 3~6m，直径 1.5~2cm，中部节间长 20~25cm，无毛。箨鞘绿色，具紫色脉纹，疏生褐色小斑点，被易落的短刺毛，边缘具纤毛；箨耳小，长圆形，长约 4mm，鞘口缝毛发达，长约 7mm；箨舌显著隆起，高达 6mm，背部有白粉，先端有白色纤毛；箨片绿色，披针形，外翻。秆中部每节具 3 分枝。每小枝具叶 2~5（~8）枚；叶鞘初被柔毛；叶耳和缝毛在幼时发达；叶舌明显隆起，高 4~8mm，山峰状，背部密被细毛；叶片带状披针形，长 11~20（~30）cm，宽 1~2.3（~3）cm，无毛，叶缘的锯齿不明显。笋期 4—5 月。

见于保护区外围屏南百步。生于低山坡疏林下。我国特有，分布于华东。

笋味甜，供食用；秆可作瓜菜架等。

（二）禾亚科 Pooideae

秆草质，稀木质化。基生叶与秆生叶同形；叶片与叶鞘既无柄，也无关节，不易脱落。花序由多数小穗组成，排列成圆锥状、总状、穗状或指状等花序；小穗含 1 至数朵小花，基部常具 2 颖片，稀无颖片；小花下部有 1 外稃和 1 内稃；外稃背面中上部或先端有时延伸成或短或长的芒，芒直或膝曲；鳞被 2，稀 3；雄蕊 3 或 6，稀 1 或 2；心皮 2，稀 1 或 3，合生，子房上位，1 室，具 1 胚珠，柱头 2（3），羽毛状。果通常为颖果，稀为囊果。

约 612 属，9600 多种，广布于世界各地。本区有 56 属，94 种。

剪股颖 *Agrostis clavata* Trin.
巨型剪股颖 *Agrostis gigantea* Roth
看麦娘 *Alopecurus aequalis* Sobol.
日本看麦娘 *Alopecurus japonicus* Steud.
荩草 *Arthraxon hispidus*（Thunb.）Makino
毛节野古草 *Arundinella barbinodes* Keng ex B. S. Sun et Z. H. Hu
野古草 *Arundinella hirta*（Thunb.）Tanaka
野燕麦 *Avena fatua* L.
菵草 *Beckmannia syzigachne*（Steud.）Fern.
毛臂形草 *Brachiaria villosa*（Lam.）A. Camus
日本短颖草 *Brachyelytrum japonicum*（Hack.）Matsum. ex Honda
小颖短柄草 *Brachypodium sylvaticum*（Huds.）P. Beauv. var. *breviglume* Keng
扁穗雀麦 *Bromus catharticus* Vahl
雀麦 *Bromus japonicus* Thunb.
疏花雀麦 *Bromus remotiflorus*（Steud.）Ohwi
拂子茅 *Calamagrostis epigejos*（L.）Roth
硬秆子草 *Capillipedium assimile*（Steud.）A. Camus
细柄草 *Capillipedium parviflorum*（R. Br.）Stapf
薏苡 *Coix lacryma-jobi* L.
狗牙根 *Cynodon dactylon*（L.）Pers.
双花狗牙根（变种）var. *biflorus* Merino
疏花野青茅 *Deyeuxia effusiflora* Rendle
箱根野青茅 *Deyeuxia hakonensis*（Franch. et Sav.）Keng
野青茅 *Deyeuxia pyramidalis*（Host）Veldkamp
升马唐 *Digitaria ciliaris*（Retz.）Koel.
毛马唐（变种）var. *chrysoblephara*（Fig. et De Not.）R. R. Stewart
止血马唐 *Digitaria ischaemum*（Schreb.）Muhl.
紫马唐 *Digitaria violascens* Link
具脊觿茅 *Dimeria ornithopoda* Trin. subsp. *subrobusta*（Hack.）S. L. Chen et G. Y. Sheng
光头稗 *Echinochloa colonum*（L.）Link
稗 *Echinochloa crusgalli*（L.）P. Beauv.
无芒稗（变种）var. *mitis*（Pursh）Peterm.
西来稗（变种）var. *zelayensis*（Kunth）Hitche.
牛筋草 *Eleusine indica*（L.）Gaertn.
秋画眉草 *Eragrostis autumnalis* Keng
知风草 *Eragrostis ferruginea*（Thunb.）P. Beauv.
乱草 *Eragrostis japonica*（Thunb.）Trin.
画眉草 *Eragrostis pilosa*（L.）P. Beauv.
无毛画眉草（变种）var. *imberbis* Franch.
假俭草 *Eremochloa ophiuroides*（Munro）Hack.
野黍 *Eriochloa villosa*（Thunb.）Kunth
小颖羊茅 *Festuca parvigluma* Steud.
甜茅 *Glyceria acutiflora* Torr. subsp. *japonica*（Steud.）T. Koyama et Kawano
大白茅 *Imperata cylindrica*（L.）Raeusch. var. *major*（Nees）C. E. Hubb.
柳叶箬 *Isachne globosa*（Thunb.）Kuntze
浙江柳叶箬 *Isachne hoi* Keng f.
矮小柳叶箬 *Isachne pulchella* Roth
平颖柳叶箬 *Isachne truncata* A. Camus
有芒鸭嘴草 *Ischaemum aristatum* L.
鸭嘴草（变种）var. *glaucum*（Honda）T. Koyama

假稻 *Leersia japonica* (Honda) Honda
蓉草 *Leersia oryzoides* (L.) Sw.
秕壳草 *Leersia sayanuka* Ohwi
千金子 *Leptochloa chinensis* (L.) Nees
多花黑麦草 *Lolium multiflorum* Lam.
黑麦草 *Lolium perenne* L.
淡竹叶 *Lophatherum gracile* Brongn.
日本莠竹 *Microstegium japonicum* (Miq.) Koidz.
竹叶茅 *Microstegium nudum* (Trin.) A. Camus
柔枝莠竹 *Microstegium vimineum* (Trin.) A. Camus
莠竹(变种)var. *imberbe* (Nees) Honda
五节芒 *Miscanthus floridulus* (Labill.) Ward.
芒 *Miscanthus sinensis* Anderss.
沼原草 *Moliniopsis hui* (Pilger) Keng
日本乱子草 *Muhlenbergia japonica* Steud.
多枝乱子草 *Muhlenbergia ramosa* (Hack.) Maki
山类芦 *Neyraudia montana* Keng
类芦 *Neyraudia reynaudiana* (Kunth) Keng ex Hitch.
求米草 *Oplismenus undulatifolius* (Arduino) Roem. et Schult.
狭叶求米草(变种)var. *imbecillis* (R. Br.) Hack.
日本求米草(变种)var. *japonicus* (Steud.) Koidz.
稻 *Oryza sativa* L.
糠稷 *Panicum bisulcatum* Thunb.
长叶雀稗 *Paspalum longifolium* Roxb.
圆果雀稗 *Paspalum scrobiculata* L. var. *orbiculare* (G. Forst.) Hack.
雀稗 *Paspalum thunbergii* Kunth
狼尾草 *Pennisetum alopecuroides* (L.) Spreng
显子草 *Phaenosperma globosum* Munro. ex Oliv.
日本苇 *Phragmites japonicus* Steud.
白顶早熟禾 *Poa acroleuca* Steud.
早熟禾 *Poa annua* L.
硬质早熟禾 *Poa sphondylodes* Trin.
金丝草 *Pogonatherum crinitum* (Thunb.) Kunth
棒头草 *Polypogon fugax* Nees et Steud.
长芒棒头草 *Polypogon monspeliensis* (L.) Desf.
细叶鹅观草 *Roegneria ciliaris* (Trin. ex Bunge) Nevski var. *hackliana* (Honda) L. B. Cai
鹅观草 *Roegneria kamoji* Ohwi
斑茅 *Saccharum arundinaceum* Retz.
囊颖草 *Sacciolepis indica* (L.) A. Chase
大狗尾草 *Setaria faberi* Herrm.
西南莩草 *Setaria forbesiana* (Nees ex Steud.) Hook. f.
棕叶狗尾草 *Setaria palmifolia* (Koen.) Stapf
皱叶狗尾草 *Setaria plicata* (Lamk.) T. Cooke
金色狗尾草 *Setaria pumila* (Poir.) Roem. et Schult.
狗尾草 *Setaria viridis* (L.) P. Beauv.
油芒 *Spodiopogon cotulifer* (Thunb.) Hack.
大油芒 *Spodiopogon sibiricus* Trin.
鼠尾粟 *Sporobolus fertilis* (Steud.) W. D. Clayt.
苞子菅 *Themeda caudata* (Nees) A. Camus
黄背草 *Themeda japonica* (Willd.) C. Tanaka
三毛草 *Trisetum bifidum* (Thunb.) Ohwi
玉米 *Zea mays* L.
结缕草 *Zoysia japonica* Steud.

分属检索表

1. 小穗含1至多数小花，体型两侧扁(某些属可例外)，通常脱节于颖之上，并在各小花之间也逐节断落(亦有例外)，顶生小花不存在或已退化，即其小穗轴延伸至最上方那朵小花的内稃之后形成细柄状或刚毛状(少数因其小穗仅含1朵成熟小花，其小穗轴顶端的那段游离节间业已退化，故不见其延伸，是为例外)。
  2. 颖退化；外稃硬纸质，具5脉；颖果大都包裹在边缘彼此互相紧扣的2稃之内。多为水生或湿生的禾草。
    3. 成熟花之下有2枚不孕花外稃……………………………………………… 1. 稻属 *Oryza*
    3. 成熟花之下无不孕花外稃……………………………………………… 2. 假稻属 *Leersia*

2. 颖通常明显；成熟小花的稃片之边缘并不彼此紧扣，但亦有外稃紧裹其内稃和颖果者。

4. 叶片较宽短，呈广披针形或卵形，具显著的小横脉；不孕外稃顶端具刺状短芒 …………………… 3. 淡竹叶属 *Lophatherum*

4. 叶片通常呈狭长的条形，同时小横脉也不明显；不孕外稃顶端不具刺状短芒。

5. 成熟小花的外稃具 5 脉至多脉（某些属种可少至 3 脉），如小穗仅含 1 朵小花时，可因外稃质地较厚硬而使纵脉不明显；叶舌一般为膜质，不具或稀可具少量硬纤毛。

6. 花序为疏松或紧密的圆锥花序。

7. 小穗含 2 至多数小花。

8. 第 2 颖通常较短于或几等长于第 1 小花；芒大都劲直，稀反曲，但不扭转。

9. 外稃仅具 3-5 脉；叶鞘边缘不闭合。

10. 外稃多少具芒 ……………………………… 4. 羊茅属 *Festuca*

10. 外稃无芒 ……………………………… 5. 早熟禾属 *Poa*

9. 外稃具 5~9 脉，稀可为 3 或多至 11 脉；叶鞘全部或下部闭合。

11. 内稃沿脊无毛或具短柔毛；子房先端常无毛 …………………… 6. 甜茅属 *Glyceria*

11. 内稃沿脊具长或短的硬纤毛；子房先端具糙毛 ……………… 7. 雀麦属 *Bromus*

8. 第 2 颖大都等长或较长于第 1 小花；芒膝曲扭转，大都自外稃背部或 2 裂齿间伸出。

12. 小穗长逾 1cm，子房上部或全部被毛；颖果具腹沟，通常与稃体紧贴着 …………………… 8. 燕麦属 *Avena*

12. 小穗长不及 1cm；子房无毛；颖果无腹沟，与稃体相分离……… 9. 三毛草属 *Trisetum*

7. 小穗常含 1 小花。

13. 圆锥花序开展或紧缩，但不呈圆柱状。

14. 小穗无柄，常呈圆形，覆瓦状排列于穗柄的一侧，而后形成圆锥花序 …………………… 10. 菵草属 *Beckmannia*

14. 小穗多少具柄，长形，排列为开展或紧缩的圆锥花序。

15. 颖不等长，短于小花，第 2 颖仅达外稃的中部或中部以下 …………………… 11. 短颖草属 *Brachyelytrum*

15. 颖等长或几等长，与小花等长或较长，稀可较短。

16. 小穗轴脱节于颖之上。

17. 外稃的基盘无毛或仅有微毛 …………………… 12. 剪股颖属 *Agrostis*

17. 外稃的基盘有较长的柔毛。

18. 小穗轴不延伸于内稃之后，或稀有极短的延伸，常无毛或具疏柔毛；外稃透明膜质，明显短于颖 …………………… 13. 拂子茅属 *Calamagrostis*

18. 小穗轴延伸于内稃之后，常具丝状柔毛；外稃草质或膜质，近等于或短于颖 …………………… 14. 野青茅属 *Deyeuxia*

16. 小穗轴脱节于颖之下 …………………… 15. 棒头草属 *Polypogon*

13. 圆锥花序极紧密，呈圆柱状或矩圆状；柱头细长，开花时自小花顶端伸出 …………………… 16. 看麦娘属 *Alopecurus*

6. 花序穗状或总状。

19. 花序总状，两颖片均存在；若花序近穗状，则第 1 颖除顶生小穗外常不存在。

20. 小穗近无柄；第 1 颖除顶生小穗外常不存在 …………………… 17. 黑麦草属 *Lolium*

20. 小穗通常具短柄；第 1 颖均存在 …………………… 18. 短柄草属 *Brachypodium*

19. 花序穗状；两颖片都存在 …………………… 19. 鹅观草属 *Roegneria*

5. 成熟小花的外稃具 3~5 脉（某些属种的可多至 9 脉），或当小穗仅含 1 或 2 小花时，亦可因外稃质地变厚硬，而使其纵脉不明显；叶舌边缘常具纤毛或完全以毛茸来代替叶舌。

21. 小穗含 2 至数小花，其体型圆或稍作两侧压扁；小穗轴常生短柔毛。

22. 外稃或基盘具有长丝状之软毛，或外稃边缘显著具有柔毛。

23. 外稃无毛；基盘延长，密被丝状柔毛…………………………………………… **20. 芦苇属 *Phragmites***

23. 外稃接近边缘生有睫毛；基盘短柄状，无毛或具短柔毛 ………… **21. 类芦属 *Neyraudia***

22. 外稃无毛，或仅基盘具远短于稃体的柔毛 ………………………………… **22. 麦氏草属 *Molinia***

21. 小穗含 1 至多数小花，通常为两侧压扁，稀可背腹压扁，极罕可体圆而不扁者，若小穗无柄或近于无柄时，则小穗常交互排列于较宽扁的穗轴之一侧面；小穗轴一般无毛；颖大都短小于其外稃。

24. 小穗含 2 至数枚两性小花，虽某些种类仅有 1 枚两性小花，但尚伴有退化小花，小穗不呈卵圆形。

25. 小穗无柄，排列于穗轴之一侧呈穗状花序，数个穗状花序在秆顶排列成指状 ………………………………………………………………………………………………… **23. 䅟属 *Eleusine***

25. 小穗多少有柄，组成总状或圆锥花序。

26. 外稃具 3 脉，无毛或仅下部边缘有微纤毛，背部明显具脊，先端钝或尖至渐尖，通常无齿，基盘无毛……………………………………………………………… **24. 画眉草属 *Eragrostis***

26. 外稃具 3~5 脉，多少被毛，先端多少具齿而有芒，若为具 3 脉而无芒时，则稃体背部较圆而无明显的脊，基盘多少有毛……………………………………… **25. 千金子属 *Leptochloa***

24. 小穗仅有 1 两性小花，若有 2 两性小花时，则小穗为卵圆形。

27. 小穗的两颖片均发育正常，小穗不在花序上簇生。

28. 小穗通常具芒 ………………………………………………………**26. 乱子草属 *Muhlenbergia***

28. 小穗无芒，通常组成紧缩或开展的圆锥花序。

29. 叶舌长 5mm 以下；颖果成熟后不露出稃外。

30. 穗状花序指状排列；颖果 …………………………………………**27. 狗牙根属 *Cynodon***

30. 圆锥花序开展或紧缩；囊果 ……………………………………**28. 鼠尾粟属 *Sporobolus***

29. 叶舌长 5~15（~25）mm；颖果成熟后露出稃外 ………… **29. 显子草属 *Phaenosperma***

27. 小穗的第 1 颖片微小或退化不存在，小穗通常 2~5 枚在花序轴上簇生 …… **30. 结缕草属 *Zoysia***

1. 小穗含 2 朵小花，通常两性或下方 1 朵小花为不孕性（雄性或无性），甚至该小花可退化至仅剩外稃，若小穗为单性时则是雌雄同株或异株的禾草，小穗体圆或背腹扁，脱节于颖之下（野古草属、柳叶箬属等例外），小穗轴从不延伸至上部小花的内稃之后，因此小穗上方小花为真正的顶生花。

31. 小穗两性，若为单性，则成熟小穗与不孕小穗同时混生于穗轴上。

32. 第 2 外稃多少呈软骨质而无芒，质较硬，厚于第 1 外稃及颖片；小穗不成对着生，无柄或具等长的柄。

33. 小穗脱节于颖之下。

34. 花序中无不育小枝，且穗轴亦不延伸出顶生小穗之上。

35. 小穗排列为开展或紧缩的圆锥花序。

36. 圆锥花序通常开展；第 2 颖基部不膨大成囊状 …………………………**31. 黍属 *Panicum***

36. 圆锥花序通常紧缩成穗状；第 2 颖基部膨大成囊状 ………… **32. 囊颖草属 *Sacciolepis***

35. 小穗排列于穗轴之一侧而为穗状或穗形总状花序，此等花序可再作指状排列或排列在一延伸的主轴上。

37. 第 2 外稃在果实成熟时为骨质或革质，多少有些坚硬，通常有狭窄而内卷的边缘，故其内稃露出较多。

38. 颖或第 1 外稃顶端有芒，仅稗属内有些种例外，但其第 2 小花顶端游离。

39. 小穗自颖上生芒，而以第 1 颖的芒最长；叶片披针形，质较软并较薄 ……………………………………………………………………………33. 求米草属 *Oplismenus*

39. 小穗常自第 1 外稃上生芒或芒状小尖头；叶片条形；质较硬；第 2 小花顶端游离 …………………………………………………………………… 34. 稗属 *Echinochloa*

38. 颖及第 1 外稃均无芒；第 2 外稃紧包第 2 内稃，而第 2 小花顶端不游离。

40. 小穗卵形或卵状披针形，先端钝尖；第 2 外稃的背部为离轴性。

41. 第 1 颖存在，不与小穗轴愈合成环形或珠形的基盘……35. 臂形草属 *Brachiaria*

41. 第 1 颖极退化，与小穗轴愈合成环形或珠形的基盘 ………36. 野黍属 *Eriochloa*

40. 小穗椭圆形、卵形、倒卵形或近圆形，先端圆钝；第 2 外稃的背部为向轴性……………………………………………………………………………… 37. 雀稗属 *Paspalum*

37. 第 2 外稃在果实成熟时为膜质或软骨质而有弹性，通常具扁平质薄的边缘以覆盖其内稃，使后者露出较少……………………………………………………………38. 马唐属 *Digitaria*

34. 花序中具有刚毛状不育小枝，或其穗轴延伸出顶生小穗之上而成一尖头或一刚毛。

42. 刚毛不随小穗脱落，常宿存 ………………………………………… 39. 狗尾草属 *Setaria*

42. 刚毛与小穗同时脱落 ………………………………………………40. 狼尾草属 *Pennisetum*

33. 小穗脱节于颖之上 ……………………………………………………… 41. 柳叶箬属 *Isachne*

32. 第 2 外稃透明膜质至坚纸质，有芒或芒尖，若无芒，则第 2 外稃常为透明膜质；小穗成对着生，一具长柄，一具短柄或一具柄，另一无柄。

43. 小穗轴脱节于 2 小花之间，第 1 颖多少短于第 1 小花；第 2 外稃不为透明膜质而较颖质地为厚 …………………………………………………………………… 42. 野古草属 *Arundinella*

43. 小穗轴脱节于颖之下，颖片均为长于稃片而较稃片质地为厚；第 2 外稃透明膜质，均较颖质地为薄，或退化成芒的基部。

44. 小穗两侧压扁，单生于穗轴各节 ……………………………………… 43. 觿茅属 *Dimeria*

44. 小穗背腹压扁，成对或稀 3 个生于穗轴各节。

45. 穗轴节间细弱，线形或呈三棱形或因顶端膨大而呈卵球形；小穗大都有芒；有柄小穗与穗轴不愈合。

46. 成对小穗均可成熟且大都同形同性，如不同形或不同性，则小穗常近两侧压扁。

47. 总状花序以多数圆锥状排列而有延长的主轴。

48. 圆锥花序开展；小穗基盘具柔毛或丝状长柔毛。

49. 花序分枝自基部即着生小穗，具多数小穗对。

50. 穗轴延续不具关节，不逐节断落；小穗自柄上脱落 …44. 芒属 *Miscanthus*

50. 穗轴具关节，易或不易逐节断落；小穗连同穗轴节间一起脱落 …………………………………………………………………45. 甘蔗属 *Saccharum*

49. 花序分枝下部裸露，仅上部具 1 至数小穗对………46. 大油芒属 *Spodiopogon*

48. 圆锥花序紧缩成穗状；小穗基盘具丝状长绵毛 …………… 47. 白茅属 *Imperata*

47. 总状花序单一或数枚作指状或近簇生于一缩短的主轴上。

51. 高大或中型草本；总状花序通常 2 至多数；无柄小穗的第 1 颖无宽广的顶端 ……………………………………………………………………48. 莠竹属 *Microstegium*

51. 矮小草本；总状花序单生；无柄小穗的第 1 颖通常有宽广而稍下凹的顶端 ……………………………………………………………… 49. 金发草属 *Pogonatherum*

46. 成对小穗异形且异性；小穗常背腹压扁。

52. 叶片披针形或卵状披针形，基部心形或圆形；总状花序呈指状排列或簇生于枝顶…………………………………………………………………………………… 50. 荩草属 *Arthraxon*

52. 叶片条形或条状披针形，基部楔状或圆形；总状花序排列成圆锥状或穗状，稀单生。

53. 总状花序常2枚贴生成圆柱状，穗轴节间及小穗柄粗短呈三棱形 ………………………………………………………………………………51. 鸭嘴草属 *Ischaemum*

53. 总状花序不贴生成圆柱状，穗轴节间及小穗柄纤细，不呈三棱形。

54. 无柄小穗的第2外稃薄膜质，条形或长圆形，通常2裂，由裂齿间伸出一芒，罕无芒 ……………………………………………………………………52. 细柄草属 *Capillipedium*

54. 无柄小穗的第2外稃退化成棒状而质厚，由其上延伸成芒 …………53. 菅属 *Themeda*

45. 穗轴节间常粗肥，通常圆筒形；小穗均无芒；有柄小穗的小穗柄与穗轴分离至完全愈合以形成容纳无柄小穗之腔穴 ………………………………………………… 54. 蜈蚣草属 *Eremochloa*

31. 小穗为单性，雌雄小穗分别位于不同的花序上或在同一花序的相异部分。

55. 雄小穗与雌小穗位于同一花序上；通常雄小穗位于总状花序之中上部，雌小穗则位于其下部 ……………………………………………………………………………… 55. 薏苡属 *Coix*

55. 雄小穗与雌小穗分别形成不同的花序；雄小穗组成顶生圆锥花序，雌小穗组成腋生的为鞘状苞片所包藏的雌花序 ………………………………………………………… 56. 玉蜀黍属 *Zea*

1 稻属 *Oryza* L.

一年生或多年生草本。秆直立，丛生。叶片条形，扁平。圆锥花序疏松开展，常下垂；小穗含3小花，顶生1两性小花，侧生2不育小花，退化仅存外稃位于两性花之下；颖退化，仅在小穗柄顶端呈2个半月形的痕迹；两性花外稃硬纸质，具5脉，顶端具长芒或无芒；内稃与外稃同质，具3脉，侧脉接近边缘而为外稃的两边脉所紧握；鳞被2；雄蕊6；柱头2，帚刷状，自小穗两侧伸出。颖果长圆形，平滑。

24种，分布于亚洲、非洲、大洋洲、中美洲和南美洲温暖地区。本区栽培1种。

稻 水稻

Oryza sativa L.—— *O. sativa* var. *glutinosa* Matsum.

一年生草本。秆直立，丛生。叶鞘松弛，无毛；叶舌披针形，长0.8~2.5cm，两侧基部下延与叶鞘边缘结合，具抱茎的叶耳，后脱落；叶片扁平，长30~60cm，宽约1cm，粗糙。圆锥花序疏松开展，分枝多，棱粗糙，成熟期向下弯垂；小穗两侧压扁，长圆形至椭圆形，长0.8~1cm；退化外稃2，锥刺状，长2~4mm；两性花外稃质厚，具5脉，遍布细毛，具芒或无芒；内稃与外稃同质，具3脉；雄蕊6，花药长2~3mm。颖果长5~8.5mm，

宽 2~3mm，厚 1.5~2.2mm。

栽培稻起源于我国长江中下游地区，现全世界亚热带和温带地区广泛栽培。实验区及保护区外围农户有种植。常种植于较低海拔的山谷水田中。

稻主要包括籼稻、粳稻和糯稻 3 类，每类品种极多。稻是人类主要粮食作物，供食用外，还可制淀粉、酿酒等；米糠是价值很高的饲料，也可制糖、榨油等；稻秆可饲养家畜或造纸等；谷芽可供药用。

2 假稻属 *Leersia* Sw.

多年生草本，水生或湿生，通常具匍匐茎或根状茎。叶片扁平，条状披针形。圆锥花序开展；小穗两侧压扁，含 1 小花；小穗轴脱节于小穗柄的顶端；颖退化殆尽；外稃硬纸质，具 5 脉，脊上有硬纤毛，边脉接近边缘，边缘紧抱内稃之边脉；内稃与外稃同质，具 3 脉，脊上亦具硬纤毛；雄蕊 6 或 3，花药线形。颖果长圆形，胚长仅为颖果长的 1/3。

约 20 种，分布于全球热带至暖温带地区。本区有 3 种。

分种检索表

1. 圆锥花序长 8~12cm，花序分枝一般不具小枝；分枝基部着生小穗；雄蕊 6…………1. 假稻 *L. japonica*
1. 圆锥花序长 10~25cm，花序分枝多具小枝，分枝下部常裸露；雄蕊 3。
    2. 秆粗壮劲直；叶鞘密生明显倒刺，常具隐藏花序和小穗，小穗长约 5mm；花药长达 3mm ……………………………… 2. 蓉草 *L. oryzoides*
    2. 秆纤细柔弱；叶鞘具不明显的倒刺，无隐藏花序和小穗，小穗长 6~8mm；花药长 1~2mm ……………………………… 3. 秕壳草 *L. sayanuka*

1. 假稻

Leersia japonica（Honda）Honda

多年生水生草本。秆下部匍匐，节上生多分枝的须根，高可达 80cm，节上密生倒毛。叶鞘通常短于节间，具微小的倒刺；叶舌膜质，长 1~3mm，先端平截，基部两侧与叶鞘愈合；叶片长 10~15mm，宽 4~8mm，粗糙或下面光滑。圆锥花序长 8~12cm，分枝不具小枝，具棱角，直立或斜升；小穗长 4~6mm，草绿色或带紫色；颖退化殆尽；外稃脊具硬纤毛；

内稃脊上亦具硬纤毛；雄蕊 6，花药长约 3mm。花果期 8—11 月。

见于全区各地。生于海拔 800m 以下的田边、沟渠边或低洼地草丛中。分布于东亚。

可作牧草；也是农田杂草。

2. 蓉草

Leersia oryzoides（L.）Sw.

多年生草本，高 1~1.2m。秆丛生，基部平卧，节上生根，上部劲直，甚粗糙。叶鞘密生倒刺；叶舌长 1~2mm，基部两侧下延与叶鞘连合；叶片条状披针形，长 5~15cm，宽 0.6~1.2cm，两面与边缘具小刺状粗糙。圆锥花序长 15~20cm，分枝纤细，下部分枝再分出小枝；小穗长约 5mm，两侧压扁；外稃 5 脉，脊与边缘具硬纤毛，两侧多少具微刺毛；内稃较窄而具 3 脉，脊与边缘具硬纤毛；雄蕊 3 枚，花药长 2~3mm。有时上部叶鞘中具隐藏花序，其小穗多不发育，花药长 0.5mm。花果期 6—9 月。

见于官埔垟。生于海拔约 550m 的山脚路边草丛。分布于亚洲、非洲、欧洲、北美洲。

全草可作牧草。

3. 秕壳草　秕谷草

Leersia sayanuka Ohwi

多年生草本，高 0.4~0.7m。秆丛生，柔弱，斜生，基部倾斜，具鳞芽，节凹陷，被倒生微毛。叶片长条状披针形，长 6~20cm，宽 0.5~1cm；叶鞘无毛或具倒生微刺毛；叶舌长 1~2mm，基部两侧下延，与叶鞘连合。圆锥花序长达 25cm，幼时包藏于叶鞘内，分枝细，粗糙，互生，常再分出小枝和小穗；小穗柄粗糙或被微毛，顶端膨大；小穗长 6~8mm；外稃具 5 脉，压扁，脊与边缘刺毛较长，两侧具微刺毛；雄蕊 2~3，花药长 1~2mm。花果期 9—11 月。

见于官埔垟及保护区外围大赛、龙南下庄等地。生于小溪沟或水渠边。分布于东亚。

全草可作牧草。

3 淡竹叶属 *Lophatherum* Brongn.

多年生草本。须根中下部膨大成纺锤形。秆直立，平滑。叶片披针形，具明显小横脉。圆锥花序由数枚穗状花序所组成；小穗披针形，含数小花，第 1 小花两性，其他均为中性；小穗轴脱节于颖之下；两颖不相等，具 5~7 脉；第 1 外稃硬纸质，具 7~9 脉；内稃较外稃窄小；不育外稃顶端具刺状短芒；内稃小或不存在；雄蕊 2。颖果与稃片分离。

共 2 种，主要分布于亚洲热带和亚热带。本区有 1 种。

淡竹叶

Lophatherum gracile Brongn.

多年生草本。须根中部膨大成纺锤形小块根。秆直立，高 40~80cm，具 5~6 节。叶片披针形，长 6~20cm，宽 1.5~2.5cm，具小横脉。圆锥花序长 12~25cm，分枝长 5~12cm，较稀疏地排列于穗轴之一侧；小穗线状披针形，长 7~12mm，宽 1.5~2mm，开花时常横展；颖顶端钝，具 5 脉，第 1 颖长 3~4.5mm，第 2 颖长 4.5~5mm；第 1 外稃宽约 3mm，具 7 脉，顶端具尖头，内稃较短；不育外稃向上渐狭小，顶端具长约 1.5mm 的刺状短芒。颖果长椭圆形。花果期 7—10 月。

全区各地广布。生于海拔 1200m 以下的山坡、山脊、山谷林下或灌草丛。分布于亚洲、大洋洲及太平洋岛屿。

全草和小块根供药用，具清热泻火、除烦、利尿之功效。

4 羊茅属 *Festuca* L.

多年生草本，稀一年生。秆密丛或疏丛生。叶片扁平、对折或纵卷；叶舌膜质或革质；叶鞘开裂或新生枝叶鞘闭合但不达顶部。圆锥花序开展或紧缩；小穗含 2 至多数小花；小穗脱节于颖之上或诸小花之间；第 1 颖较小，具 1 脉，第 2 颖具 3 脉；外稃背部圆形，草质兼硬纸质，具 5 脉；内稃等长于外稃；雄蕊 3。颖果长圆形或线形，腹面具沟槽或凹陷。

约 450 种，分布全球温带地区，延至热带高山。本区有 1 种。

小颖羊茅

Festuca parvigluma Steud.

多年生草本，有细短根状茎。秆较细弱，高 30~60cm。叶鞘光滑，常短于节间；叶舌长 0.5~1mm；叶片扁平，长 10~30cm，宽 2~5mm，柔软。圆锥花序疏松，长 10~25cm，每节着生 1~2 分枝，分枝柔软下垂；小穗淡绿色，长 7~9mm，含 3~5 小花；颖片卵圆形，背部平滑，边缘膜质，顶端尖或稍钝，第 1 颖长 1~1.5mm，第 2 颖长 2~3mm；第 1 外稃长 6~7mm，先端有细弱之芒，芒长 3~10mm；内稃近等长于外稃，脊平滑，顶端尖；子房顶端具短毛。花果期 4—6 月。

见于官埔垟、炉岙、乌狮窟、南溪口及保护区外围屏南瑞垟、百步等地。生于海拔 1500m 以下的山坡林下或溪边草丛。分布于东亚。

为优良的牧草。

5 早熟禾属 *Poa* L.

一年至多年生草本。秆疏丛或密丛生。叶鞘开放，或下部闭合；叶舌膜质；叶片扁平、对折或内卷。圆锥花序开展或紧缩；小穗含 2~8 小花，上部小花不育或退化；小穗轴脱节于颖之上及诸小花之间；第 1 颖较短窄，具 1 脉或 3 脉，第 2 颖具 3 脉，均短于其外稃；外稃纸质或较厚，先端尖或稍钝，无芒，具 5 脉；雄蕊 3。颖果长圆状纺锤形，与内外稃分离。

共 500 多种，主要分布全球温带、热带和亚热带山地。本区有 3 种。

分种检索表

1. 一年生或二年生草本，植株较柔软而平滑；顶端叶鞘大部位于秆中部以上；第 1 颖具 1 脉。
  2. 植株细长，高 30~50cm；叶鞘闭合几达鞘口；外稃基盘有绵毛……………… 1. 白顶早熟禾 *P. acroleuca*
  2. 植株低矮，高 6~30cm；叶鞘闭合至中部上下；外稃基盘无绵毛 …………………… 2. 早熟禾 *P. annua*
1. 多年生草本，秆较硬直而粗糙；顶端叶鞘常位于秆中部以下；第 1 颖具 3 脉 …… 3. 硬质早熟禾 *P. sphondylodes*

1. 白顶早熟禾

Poa acroleuca Steud.

一年生或二年生草本。秆直立或斜生，高 30~50cm，具 3~4 节。叶鞘闭合，顶生叶鞘短于其叶片；叶舌膜质，长 0.5~1mm，背面被柔毛；叶片质地柔软，长 7~15cm，宽 2~5mm。圆锥花序金字塔形，长 10~20cm；分枝 2~5 枚着生于各节，细弱，开展，基部分枝长 5~11cm，中部以下裸露；小穗卵圆形，含 2~4 小花，长 2.5~3.5mm，灰绿色；颖披针形，质薄，具狭膜质边缘，第 1 颖长 1.5~2mm，具 1 脉，第 2 颖长 2~2.5mm，具 3 脉；外稃长圆形，顶端钝，基盘具绵毛；第 1 外稃长 2~3mm，具膜质边缘，脊和边脉中部以下具长柔毛，内稃较短于外稃，脊具细长柔毛。颖果纺锤形。花果期 3 — 5 月。

全区各地广布。生于海拔 1200m 以下的田边、路边、低山坡草丛或绿化带中。分布于东亚。

全草可作牧草，也是农田杂草。

2. 早熟禾

Poa annua L.

一年生或二年生草本。秆高6~30cm。叶鞘稍压扁，中部以下闭合；叶舌长1~3mm，圆头；叶片扁平或对折，长4~12cm，宽2~4mm，顶端急尖呈船形。圆锥花序宽卵形，长3~7cm；分枝1~3枚着生各节；小穗卵形，长3~6mm，含3~5小花，绿色；颖质薄，具宽膜质边缘，顶端钝；第1颖披针形，长1.5~2mm，具1脉，第2颖长2~3mm，具3脉；外稃卵圆形，顶端与边缘宽膜质，具明显的5脉，基盘无绵毛；第1外稃长3~4mm，内稃与外稃近等长，两脊密生丝状毛。颖果纺锤形，长约2mm。花果期3—6月。

全区各地常见。生于海拔1200m以下田边、路旁草丛中、庄稼地中。世界广布。

可作牧草；也为农田杂草。

3. 硬质早熟禾

Poa sphondylodes Trin.

多年生草本。秆丛生，高40~60cm，具3~4节，顶节位于中部以下，上部长裸露，较粗糙。叶鞘顶生者长4~8cm，长于其叶片；叶舌长约4mm，先端尖；叶片长3~7cm，宽1mm，稍粗糙。圆锥花序紧缩而稠密，长3~10cm，宽约4cm；分枝长1~3cm，4~5枚着生于主轴各节，基部即着生小穗；小穗绿色，熟后草黄色，长5~7mm，含4~6小花；颖具3脉，硬纸质，长2.5~3mm，第1颖稍短于第2颖；外稃坚纸质，具5脉，脊和边脉下部具长柔毛，基盘具中量绵毛，第1外稃长约3mm；内稃等长或稍长于外稃。颖果长约2mm，腹面有凹槽。花果期5—7月。

见于官埔垟等地。生于海拔约600m的水渠边草丛。分布于东亚。

6 甜茅属 *Glyceria* R. Br.

多年生水生或湿生草本，具匍匐根状茎。秆直立或斜升，具全部或部分闭合的叶鞘。圆锥花序开展或紧缩；小穗含少数至多数小花，脱节于颖之上及各小花之间；颖膜质或纸质，常具 1 脉，均短于第 1 小花；外稃卵圆形至披针形，草质或兼革质，具 5~9 脉；内稃等长或稍长于外稃，具 2 脊；雄蕊 2 或 3。颖果倒卵圆形或长圆形，与内外稃分离。

约 40 种，主要分布世界温带地区。本区有 1 种。

甜茅

Glyceria acutiflora Torr. subsp. **japonica**（Steud.）T. Koyama et Kawano

多年生水生草本。秆质地柔软光滑，斜生，基部常横卧，节处生根，高 40~70cm。叶鞘闭合达中部以上；叶舌透明膜质，长 4~7mm；叶片柔软扁平，长 5~15cm，宽 4~5mm，两面及边缘微粗糙。圆锥花序退化，几呈总状，长 15~30cm，每分枝着生 2~3 小穗；小穗线形，长 2~3.5cm，含 5~12 小花；颖质薄，长圆形至披针形，具 1 脉，第 1 颖长 2.5~4mm，第 2 颖长 4~5mm；外稃草质，具 7 脉，第 1 外稃长 7~9mm；内稃较长于外稃，顶端 2 裂，脊具狭翼；雄蕊 3。颖果长圆形，长约 3mm。花期 4—7 月。

见于官埔垟、大田坪、均益及保护区外围屏南百步、瑞垟、小梅金村等地。生于海拔 1100m 以下的农田、小溪及沟边草丛。分布于东亚和北美洲。

可作牧草。

7 雀麦属 *Bromus* L.

一年生或多年生草本。叶鞘通常闭合。叶片扁平。圆锥花序开展或紧缩；小穗含多数小花；小穗轴脱节于颖之上和各小花之间；颖较短或几等长于第 1 小花，先端尖至成芒，第 1 颖具 1~5 脉，第 2 颖具 3~9 脉；外稃背部圆形或具脊，具 5~9 脉，有芒，稀无芒，芒由外稃顶端或稍下处伸出；内稃狭窄，通常短于外稃；雄蕊 3。颖果线状圆柱形。

约 150 种，分布于全世界温带、亚热带，主产于北半球，热带高山也有。本区有 3 种。

分种检索表

1. 多年生草本；叶鞘闭合几达鞘口；小穗熟时仅稍侧扁 ………………………… 1. 疏花雀麦 *B. remotiflorus*
1. 一年生或二年生草本；叶鞘紧密抱茎但不闭合；小穗熟时明显侧扁。
  2. 外稃背面中脉不成脊，具长芒……………………………………………………………… 2. 雀麦 *B. japonicus*
  2. 外稃背面圆，中脉显著成脊，无芒而仅具小尖头………………………… * 扁穗雀麦 *B. catharticus*

1. 疏花雀麦

Bromus remotiflorus（Steud.）Ohwi

多年生草本。秆直立，丛生，高 60~100cm，具 6~7 节，节上具柔毛。叶鞘闭合几达鞘口，通常被倒生柔毛；叶舌较硬，长约 1mm；叶片质薄粗糙，长 20~45cm，上面被柔毛。圆锥花序开展，长 15~30cm，成熟时下垂，每节具 2~4 分枝；小穗长 20~35mm，暗绿色，幼时呈圆筒形，成熟后稍压扁，含 5~10 小花；颖狭披针形，顶端具短尖头，第 1 颖长 4~7mm，具 1 脉，第 2 颖长 8~10mm，具 3 脉；第 1 外稃披针形，具 7 脉，芒细直，生于外稃顶端，长 5~10mm；内稃短于外稃。颖果长 8~10mm，贴生于稃内。花果期 5—8 月。

全区各地常见。生于海拔 1300m 以下的山坡灌草丛或沟谷林缘。分布于东亚。

2. 雀麦

Bromus japonicus Thunb.

一年生或二年生草本。须根细而稠密。秆直立丛生，高 30~100cm。叶鞘紧密抱茎，被白色柔毛；叶舌透明膜质，先端有不规则的裂齿；叶片长 5~30cm，两面具毛或有时下面变无毛。圆锥花序开展，长达 30cm，每节具 3~7 细长下垂的分枝，每分枝近上部着生 1~4 个小穗；小穗幼时圆筒形，成熟后压扁，长 10~35mm，含 7~14 小花；颖披针形，边缘膜质，第 1 颖长 5~8mm，具 3~5 脉，第 2 颖长 7~10mm，具 7~9 脉；第 1 外稃卵圆形，长 8~11mm，具 7~9 脉，具长 5~13mm 的芒；内稃短于外稃。颖果压扁，长约 7mm。花果期 4 — 6 月。

见于保护区外围屏南百步、瑞垟等地。生于海拔 700m 以下的荒地或路边草丛。分布于亚洲、欧洲。

8 燕麦属 *Avena* L.

一年生草本。秆直立或基部稍倾斜，常光滑无毛。叶片扁平。圆锥花序开展；小穗下垂，含 2 至数小花；小穗轴有毛或无毛，脱节于颖之上和诸小花之间，栽培品种则在各小花之间不易段落；颖草质，长于下部小花，具 7~11 脉；外稃草质或近革质，具 5~9 脉，有芒或无芒，芒自稃体中部伸出，膝曲而具扭转之芒柱；雄蕊 3；子房有毛。

约 25 种，主产于马达加斯加和亚洲西南，延至欧洲，世界各地引种。本区有 1 种。

野燕麦

Avena fatua L.

一年生草本。秆直立，高 60~120cm，光滑，具 2~4 节。叶鞘光滑或基部有毛；叶舌透明，膜质，长 1~5mm；叶片扁平，长 10~30cm，宽 5~12mm。圆锥花序开展，长 10~25cm，分枝有棱角，粗糙；小穗长 18~25mm，含 2~3 小花；小穗轴的节间易断落，通常密生硬毛；颖通常具 9 脉，草质；外稃近革质，第 1 外稃长 15~20mm，背面中部以下常有较硬的长毛，基盘密生短刺毛，芒自稃体中部稍下处伸出，膝曲，扭转，长 2~4cm。花果期 3—5 月。

见于保护区外围兰巨等地。生于海拔 500m 以下的农地或路边草丛。分布于亚洲、欧洲。既是优良牧草，也是农田常见杂草。

9 三毛草属 *Trisetum* Pers.

多年生草本。秆丛生或单生。叶片窄狭而扁平。圆锥花序开展或紧缩；小穗两侧压扁，通常含 2~5 小花；小穗轴通常具纤毛，延伸于顶生小花内稃之后，呈刺状或顶端具不育小花；颖草质兼膜质，第 1 颖较短，具 1 脉，第 2 颖较长，具 1~3 脉；外稃披针形，纸质而具膜质边缘，自背部 1/2 以上处生芒，先端常具 2 裂齿，裂齿延伸成芒刺；内稃透明膜质，等长或稍短于外稃，具 2 脊。

约 70 种，分布于世界除非洲以外的温带至热带山地。本区有 1 种。

三毛草

Trisetum bifidum（Thunb.）Ohwi

多年生草本。秆直立或基部膝曲，高 30~80cm，光滑无毛，具 2~4 节。叶鞘松弛，通常短于节间，无毛；叶舌膜质，长 1~2mm；叶片扁平，柔软，长 5~18cm，宽 3~7mm，通常无毛。圆锥花序长圆形，长 10~20cm，分枝细而平滑；小穗长 6~10mm，含 2~3 小花；

小穗轴节间长 1.5mm；颖不等长，第 1 颖长 2~4mm，第 2 颖长 4~7mm，具 3 脉；第 1 外稃长 6~8mm，顶端 2 裂，裂齿延伸成芒刺，自先端以下约 1mm 处伸出芒，芒细弱，常向外反曲，长 7~10mm；内稃长为外稃长的 1/2~2/3，背部拱曲成弧形。花果期 4—7 月。

见于全区各地。生于海拔 1300m 以下的山坡灌草丛、地边草丛或荒地。分布于东亚及新几内亚岛。

可作牧草。

10 菵草属 *Beckmannia* Host

一年生或二年生草本。叶片条形，扁平；叶舌膜质。圆锥花序狭窄，由多数贴生或斜生的短穗状花序组成；小穗近圆形，两侧压扁，几无柄，含 1 小花，稀为 2 花，成 2 行覆瓦状排列于穗轴之一侧；小穗轴脱节于颖之下，不延伸于内稃之后；颖草质，半圆形，等长，具 3 脉；外稃披针形，稍露出颖外，具 5 脉，先端尖或具小尖头；内稃稍短于外稃，有脊；雄蕊 3。颖果圆柱形。

共 2 种，主要分布于北温带。本区有 1 种。

菵草

Beckmannia syzigachne（Steud.）Fernald

一年生或二年生草本。秆直立，高 15~60cm，具 2~4 节。叶鞘多长于节间，无毛；叶舌透明膜质，长 3~8mm；叶片扁平，长 10~20cm，宽 4~8mm，粗糙或下面平滑。圆锥花序长 10~30cm，分枝稀疏，直立或斜升；小穗灰绿色，倒卵圆形，长约 3mm，含 1 小花，成 2 行覆瓦状排列于穗轴之一侧；颖背部灰绿色，有淡绿色横纹；外稃披针形，稍长于颖，具 5 脉，先端具小尖头；内稃稍短于外稃，具脊；雄蕊 3。颖果黄褐色，长圆柱形。花果期 4—6 月。

见于全区各地。生于海拔800m以下的水田、田边水沟或沼泽地中。分布于亚洲、欧洲、北美洲。

全草可作饲料；也是农田常见杂草。

11 短颖草属 *Brachyelytrum* P. Beauv.

多年生草本。叶片狭披针形，扁平。圆锥花序狭窄；小穗线形，背腹压扁，含1小花；小穗轴脱节于颖之上，延伸于内稃之后成一细长的刺毛；颖微小，第1颖常缺如，第2颖狭窄，常渐尖为芒状；外稃质较硬，具5脉，基部有偏斜之基盘，先端延伸成一细直长芒；内稃与外稃等长；雄蕊2。

3种，分布于亚洲东部和北美洲东部。本区有1种。

日本短颖草

Brachyelytrum japonicum（Hack.）Matsum. ex Honda——*B. erectum*（Schreb.）P. Beauv. var. *japonicum* Hack.

多年生草本，具短根状茎。秆疏丛或单生，直立，高50~80cm，具6~7节。叶鞘通常短于节间，有微毛或无毛；叶舌膜质，长3~5mm；叶片条状披针形，长8~15cm，宽5~10mm，边缘有纤毛，幼时两面疏生微毛。圆锥花序长10~15cm，分枝细弱，微粗糙；小穗线形，灰绿色；第1颖微小或缺如，第2颖长1~2.5mm，具1脉或基部微现3脉；外稃质极硬，长8~10mm，基盘被微毛，芒细直，长15~18mm，微粗糙。花果期6—7月。

见于大田坪、乌狮窟等地。生于海拔约1400m的山谷林下或林缘。分布于东亚。

12 剪股颖属 *Agrostis* L.

多年生柔弱草本。叶片扁平或卷折。圆锥花序紧缩或开展；小穗含1小花；小穗轴脱节于颖之上，不延伸于小花之后；颖膜质或纸质，近等长，有时第1颖稍长，具1脉，先端尖或渐尖；外稃质较薄，短于颖，大多具不明显的5脉，基盘无毛或具微毛，先端钝，无芒或背面生芒；内稃多数微小而无脉，或较短于外稃而具2脉；雄蕊3。颖果长圆形。

约200种，分布北半球温带、寒带至热带山地。本区有2种。

分种检索表

1. 圆锥花序狭窄，花时略开展，花后紧缩；内稃微小，长不到外稃长的1/3 ········ **1. 剪股颖 *A. clavata***
1. 圆锥花序疏松开展；内稃显著，长为外稃长的2/3~3/4 ······················· **2. 巨序剪股颖 *A. gigantea***

1. 剪股颖 华北剪股颖

Agrostis clavata Trin.——*A. matsumurae* Hack. ex Honda

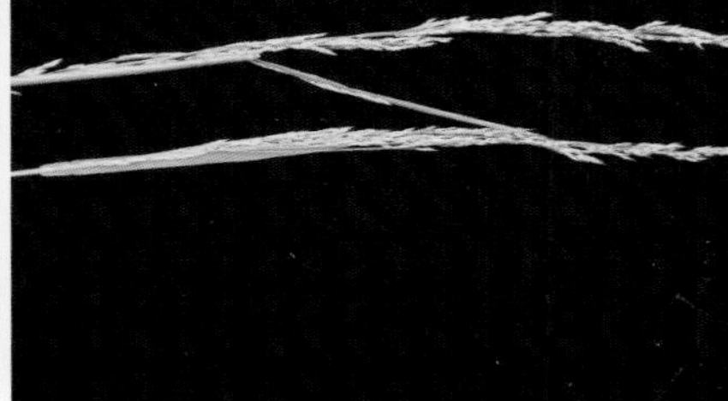

多年生草本，具细的根状茎。秆丛生，柔弱，直立或倾斜，高30~50cm，通常具2~3节。叶鞘疏松抱茎，光滑无毛；叶舌透明膜质，长1~2.5mm，先端圆形或具细齿；叶片扁平，长3~10cm，分蘖叶片可较长，宽1~3mm，微粗糙，上面绿色或灰绿色。圆锥花序狭窄，花后开展，长5~15cm，宽1.5~5cm，分枝细长，每节2~5枚；小穗长约2mm；第1颖稍长于第2颖，平滑，脊上微粗糙，先端尖；外稃长约1.5mm，具明显的5脉，基盘无毛，先端钝，无芒；内稃卵形，长约0.3mm；花药微小，长0.3~0.4mm。花果期4—6月。

全区各地常见。生于海拔1300m以下的地边草丛或山坡疏林下。分布于亚洲、欧洲、北美洲。

为牛羊喜食之牧草。

2. 巨序剪股颖

Agrostis gigantea Roth

多年生草本，具细长根状茎。秆丛生，直立或基部膝曲，高30~60cm，具3~5节。叶鞘短于节间，无毛；叶舌透明膜质，长2~5.5mm；叶片条形，长15~25cm，宽3~6 mm。圆锥花序塔形，疏松开展，基部常包于鞘内，每节具2~4分枝，分枝纤细，通常自分枝基部即着生小穗；小穗绿色，老后呈黄紫色，长2~2.5mm；颖近相等或第1颖稍长，具1脉，脊上微粗糙，先端尖；外稃长1.5~2mm，具明显的5脉，基盘两侧有短毛，无芒；内稃长为外稃长的2/3~3/4。花果期5—6月。

见于保护区外围屏南塘山等地。生于海拔约600m的山脚路边草丛。分布于亚洲、欧洲、非洲（北部）。

13 拂子茅属 *Calamagrostis* Adans.

多年生粗壮草本，具根状茎。叶片条形，扁平；叶舌膜质。圆锥花序紧缩或开展。小穗线形，常含 1 小花，小穗轴脱节于颖之上；两颖近于等长，锥状狭披针形，先端长渐尖，具 1 脉或第 2 颖有时具 3 脉；外稃透明膜质，短于颖片，先端有微齿或 2 裂，芒自顶端齿间或中部以上伸出，基盘密生长于稃体的丝状毛；内稃细小而短于外稃。

约 200 种，分布北温带至热带山地。本区有 1 种。

拂子茅

Calamagrostis epigeios（L.）Roth——*C. epigeios* var. *densiflora* Griseb.

多年生草本，具根状茎。秆直立，高 50~100cm，直径 2~3mm。叶鞘平滑或稍粗糙；叶舌膜质，长 5~8mm，长圆形；叶片长 15~30cm，宽 5~12mm，扁平或边缘内卷。圆锥花序紧密，圆筒形，具间断，长 15~30cm；小穗长 5~7mm，淡绿色或带淡紫色；两颖近等长或第 2 颖稍短；外稃透明膜质，长约为颖长之半，顶端具 2 齿，基盘的柔毛几与颖等长，芒自稃体背面近中部伸出，长 2~3mm；内稃长约为外稃长的 2/3，顶端细齿裂；雄蕊 3，花药黄色。花果期 6—9 月。

全区各地常见。生于海拔 1500m 以下的沼泽湿地或荒田中。分布于亚洲、欧洲。

为牲畜喜食的牧草；其根状茎发达，又耐水湿，是固定泥沙、保护河岸的良好材料。

14 野青茅属 *Deyeuxia* Clarion ex P. Beauv.

多年生草本。秆直立。圆锥花序紧缩或开展；小穗通常含 1 小花，稀含 2 小花，小穗轴脱节于颖之上，延伸于内稃之后而常被丝状柔毛；颖几等长或第 1 颖较长，具 1~3 脉，先端尖或渐尖；外稃草质或膜质，稍短于颖，具 3~5 脉，基盘两侧显著具毛，芒自稃体基部或中部以上伸出，稀无芒；内稃质薄，等长或短于外稃，具2脉；雄蕊常为3，稀1或2。

约200种，分布于全球的温带至热带高山。本区有3种。

分种检索表

1. 不具或仅具短根状茎，秆丛生；外稃基盘两侧的毛长不到稃体的1/2。
   2. 外稃基盘两侧的毛长不到稃体长的1/5；叶舌长0.5~2mm ………… 1. 疏花野青茅 *D. effusiflora*
   2. 外稃基盘两侧的毛长为稃体长的1/5~2/5；叶舌长2.5~20mm ………… 2. 野青茅 *D. pyramidalis*
1. 具横走根状茎，秆散生；外稃基盘两侧的毛长达稃体长的1/2或以上 3. 箱根野青茅 *D. hakonensis*

1. 疏花野青茅　疏穗野青茅

Deyeuxia effusiflora Rendle——*D. arundinacea*（L.）P. Beauv. var. *laxiflora*（Rendle）P. C. Kuo et S. L. Lu

多年生草本。秆丛生，高60~100cm，基部直径1~2mm，具3~4节，在花序下微粗糙。叶鞘无毛，上部者短于节间；叶舌长1~3mm，先端钝或齿裂；叶片扁平或基部折卷，长25~40cm，宽2~4mm，两面粗糙。圆锥花序开展，稀疏，长12~20cm，宽3~8cm，分枝粗糙，在中部以上分出小枝；小穗长4.5~5mm，第1颖稍长于第2颖；外稃长约3.5mm，基盘两侧的毛长不到稃体长的1/5，芒膝曲，自外稃的近基部伸出，长约6mm。花果期8—11月。

全区各地均产。生于海拔1200m以下的山坡疏林下或灌草丛。我国特有，分布于华中、华东、西南、西北。

为优良的牧草。

2. 野青茅

Deyeuxia pyramidalis（Host）Veldkamp——*D. henryi* Rendle

多年生草本。植株具短根状茎。秆丛生，高80~120cm，基部直径1.5~2mm，具3~4节。叶鞘光滑无毛，上部者短于节间；叶舌长1~3mm；叶片条形，扁平或基部折卷，长25~45cm，宽2~4mm，两面粗糙。圆锥花序开展，较疏松，长10~20cm，宽3~9cm，在中部以上分出小枝；小穗长 4~5mm；第 1 颖稍长于第 2 颖，边缘具纤毛；外稃长约 4~4.5mm，基盘两侧的毛长为稃体长的 1/5~2/5，芒膝曲，自外稃的近基部伸出，长约 6mm。花果期 9—11 月。

全区各地广布。生于海拔 1500m 以下的山坡疏林下或灌草丛。分布于亚洲、欧洲。

为优良的牧草。

3. 箱根野青茅

Deyeuxia hakonensis（Franch. et Sav.）Keng

多年生草本，具横走根状茎。秆散生，直立，高 30~60cm，平滑无毛。叶鞘短于节间，无毛或脉间具倒生而易落的毛，边缘及鞘口常疏生柔毛；叶舌干膜质，长约 1mm，钝圆或平截；叶片条形，扁平或边缘内卷，长 10~25cm，宽 2~6mm，上面被微柔毛，下面无毛。圆锥花序疏松，长 6~15cm，宽 1~3cm，分枝常孪生，下部常裸露；小穗长 4~5mm；颖片披针形，先端稍钝，两颖近等长或第 2 颖稍短，第 1 颖具 1 或 2 脉，第 2 颖具 3 脉，仅中脉粗糙；外稃长 3~4mm，基盘两侧的柔毛长为稃体长的 2/3 或 1/2，芒自稃体基部伸出，细直，长 2~4mm；内稃近等长于或微短于外稃。花期 7—10 月。

见于黄茅尖等地。生于海拔 1500~1850m 的山坡灌草丛或山顶矮林下。分布于东亚。

15 棒头草属 *Polypogon* Desf.

一年生草本。秆直立或基部膝曲。叶片扁平。圆锥花序穗状或金字塔形；小穗含 1 小花，两侧压扁，小穗柄有关节，自节处脱落；颖近于相等，具 1 脉，粗糙，芒细直，自裂片间伸出；外稃膜质，光滑，长约为小穗长之半，通常具 1 枚易落之短芒；内稃较小，透明膜质，具 2 脉；雄蕊 1~3。颖果与外稃等长，连同稃体一起脱落。

共 25 种，分布于世界的暖温带至热带山地。本区有 2 种。

分种检索表

1. 叶鞘光滑；圆锥花序具缺刻或间断；颖之芒长 1~3mm ……………………………… 1. 棒头草 *P. fugax*
1. 叶鞘粗糙； 圆锥花序不间断；颖之芒长达 5mm …………………………… 2. 长芒棒头草 *P. monspeliensis*

1. 棒头草

Polypogon fugax Nees ex Steud.

一年生草本。秆丛生，高 20~65cm。叶鞘光滑无毛；叶舌膜质，长 3~8mm；叶片长 5~15cm，宽 3~5mm。圆锥花序长 4~15cm，花时分枝开展而使花序较疏松，花后收拢成穗状，具缺刻或有间断；小穗长约 2.5mm，灰绿色或部分带紫色；颖长圆形，疏被短纤毛，先端 2 浅裂，芒从裂口处伸出，细直，长 1~3mm；外稃光滑，长约 1mm，先端具微齿，中脉延伸成长约 2mm 而易脱落的芒；雄蕊 3。颖果椭圆形，1 面扁平，长约 1mm。花果期 4—6 月。

全区各地广布。生于海拔 800m 以下的路边荒地、田边潮湿处、河岸湿地。分布于亚洲温带至亚热带。

2. 长芒棒头草

Polygogon monspeliensis (L.) Desf.

一年生草本。秆直立或基部膝曲，高 8~60cm。叶鞘松弛抱茎，粗糙；叶舌膜质，长 2~8mm，2 深裂或呈不规则撕裂状；叶片长 5~13cm，宽 4~8mm。圆锥花序长 5~10cm，花时分枝开展而使花序较疏松，花后收拢成穗状，不间断；小穗淡灰绿色，成熟后枯黄色，长 2~2.5mm；颖倒卵状长圆形，先端 2 浅裂，从裂口处伸出长达 5mm 的芒；外稃光滑无毛，长 1~1.2mm，先端具微齿，中脉延伸成约与稃体等长而易脱落的细芒；雄蕊 3。颖果倒卵状长圆形，长约 1mm。花果期 4—6 月。

见于保护区外围小梅金村等地。生于海拔 200m 以下的荒田或田边湿地中。分布于亚洲、欧洲、非洲。

16 看麦娘属 *Alopecurus* L.

一年生或多年生草本。秆丛生或单生。叶片扁平，柔软。圆锥花序紧缩成穗状圆柱形；小穗两侧压扁，含 1 小花；小穗轴脱节于颖之下；颖几等长，具 3 脉，两颖边缘基部通常合生；外稃膜质，较薄，具不明显的 5 脉，中部以下有芒，下部边缘合生；内稃常缺；雄蕊 3；子房光滑。颖果与稃分离。

40~50 种，分布于北半球亚热带、温带、寒带和南美洲。本区有 2 种。

分种检索表

1. 圆锥花序较细，宽 3~5mm；外稃的芒较短，隐藏或稍伸出颖外 …………………… **1. 看麦娘 *A. aequalis***
1. 圆锥花序较粗，宽 5~10mm；外稃的芒较长，远伸出颖外 …………………… **2. 日本看麦娘 *A. japonicus***

1. 看麦娘

Alopecurus aequalis Sobol.

一年生或二年生草本。须根细弱。秆细弱光滑，常被白粉，高 15~40cm，通常具 3~5 节，节部常膝曲。叶鞘疏松抱茎，短于节间，其内常有分枝；叶舌膜质，长 2~5mm；叶片薄而柔软，长 4~10cm，宽 2~6mm。圆锥花序圆柱形，长 3~7cm，宽 3~5mm；小穗长 2~3mm，颖膜质，脊上生细纤毛，两颖边缘基部合生；外稃膜质，先端钝头，等长或稍长于颖，芒自稃体下部 1/4 处伸出，长 2~3mm，隐藏或稍伸出颖外；花药橙黄色，长 0.5~0.8mm。颖果长约 1mm。花果期 3—6 月。

全区各地常见。生于海拔 1000m 以下的水田、田边水沟或沼泽地中。分布于亚洲、欧洲、北美洲。

为牛羊喜食的牧草；也是农田常见杂草。

2. 日本看麦娘

Alopecurus japonicus Steud.

一年生或二年生草本。秆多数丛生，直立或基部膝曲，高 20~50cm，具 3~4 节。叶鞘疏松抱茎，其内常有分枝；叶舌薄膜质，长 2~5mm；叶片质柔软，长 5~12cm，宽 3~7mm，上面粗糙，下面光滑无毛。圆锥花序圆柱形，长 5~10cm，宽 5~10mm；小穗长 5~7mm；颖脊上具纤毛；外稃略长于颖，厚膜质，下部边缘合生，芒自近稃体基部伸出，长 8~12mm，远伸出颖外，中部稍膝曲。花果期 3 — 6 月。

见于保护区外围大赛梅地、屏南百步、小梅金村等地。生于农田和田边草丛。分布于东亚。

可作牧草，也是农田杂草。

17 黑麦草属 *Lolium* L.

一年生、二年生或多年生草本。叶片扁平。穗状花序顶生；小穗单生，无柄，两侧压扁，以其背面（即第1、三、五外稃之背面）对向穗轴，含少数至多数小花；小穗轴脱节于颖之上和各小花之间；第1颖除在顶生小穗外均退化，第2颖位于背轴之一侧，具5~9脉；外稃背部圆形，具5脉，无芒或有芒；内稃稍短于外稃；雄蕊3。颖果腹部凹陷，与内稃黏合，不易脱落。

约8种，分布于欧亚大陆的温带地区，主产于地中海地区，世界各地广泛引种或归化。本区有2种。

分种检索表

1. 多年生草本；外稃无芒或仅具短尖头 …………………………………………………… 1. 黑麦草 *L. perenne*
1. 一年生或二年生草本；外稃有长达5mm的芒 …………………………………… 2. 多花黑麦草 *L. multiflorum*

1. 黑麦草

Lolium perenne L.

多年生草本。秆多数丛生，基部常倾卧，具柔毛，高40~50cm，具3~4节。叶鞘疏松，常短于节间；叶舌短小；叶片质地柔软，扁平，长10~20cm，宽3~6mm，无毛或上面具微毛。穗状花序顶生，长10~20cm，宽5~7mm，穗轴节间长5~15mm，下部者长达2cm以上；小穗长1~1.5cm，宽3~7mm，含7~11小花；颖短于小穗，通常长于第1小花，具5~7脉，边缘狭膜质；外稃披针形，基部具明显的基盘，无芒，偶具长不逾2mm的短芒；内稃稍短于外稃或与之等长，脊上具短纤毛。花果期4—5月。

原产于欧洲、中亚、西亚和北非，世界各地广泛引种。炉岙、大田坪等地有逸生。生于路边草丛。

为优良牧草，作牲畜的饲料和鱼的饵料。

2. 多花黑麦草

Lolium multiflorum Lam.

一年生或二年生草本。须根密集。秆成疏丛，直立，高80~120cm。叶鞘较疏松；叶舌较小或不明显；叶片长10~30cm，宽3~5mm。穗状花序长15~25cm，宽5~8mm，小穗以背面对向穗轴，长1~1.8cm，含10~15小花；颖质较硬，具5~7脉，长5~8mm；外稃质较薄，具5脉，第1外稃长6mm，芒细弱，长约5mm；内稃与外稃等长。花果期4—6月。

原产于欧洲、西亚和北非，世界各地有引种或归化。小梅金村等地有逸生。生于路边草丛。

18 短柄草属 *Brachypodium* P. Beauv.

多年生草本。叶片条形，扁平。穗形总状花序顶生，有时仅具1顶生小穗；小穗具短柄，略呈圆柱形或稍两侧压扁，含3至多数小花；小穗轴脱节于颖之上和各小花之间；颖不等长，长圆形至披针形，具3至数脉；外稃长圆形至披针形，具5~11脉，先端延伸成直芒或短尖头；内稃等长或稍短于外稃，脊上具硬纤毛；雄蕊3，花药线形；子房顶端具短茸毛。颖果线形或细圆柱形，具腹沟，成熟后多少附着于内稃。

约16种，分布欧亚大陆亚热带和温带、非洲山地、美洲（墨西哥至玻利维亚）。本区有1种。

小颖短柄草

Brachypodium sylvaticum (Huds.) P. Beauv. var. **breviglume** Keng

多年生草本，植株具根状茎，常成片生长。秆直立或斜升，高30~60cm，节上常被微毛。叶鞘通常具毛；叶舌厚膜质，长0.5~2mm；叶片长10~35cm，宽3~10mm，通常两面有毛或下面无毛。穗形总状花序长10~15cm，直立；小穗长1.5~2cm，含6~10小花，花后斜展或横生；小穗柄长1~2mm；颖披针形，第1颖长3~4mm，具3~5脉，第2颖长10~14mm，具7~9脉；第1外稃长11~14mm，背部贴生短毛，具7脉，芒细弱，长5~14mm；内稃短于外稃，先端钝圆，脊上具纤毛；花药长约2mm。花果期7—9月。

见于大田坪、凤阳湖、双溪等地。生于海拔1400~1700m的山谷林下、路边草丛或高山湿地。我国特有，分布于华东、华中、西南。

19 鹅观草属 *Roegneria* K. Koch

多年生草本，无根状茎。秆通常丛生。叶片扁平或内卷。穗状花序顶生，直立或弯垂，穗轴不逐节断落，每节具1小穗，顶生小穗发育正常；小穗稍两侧压扁，无柄或几无柄，含2至10余小花；小穗轴脱节于颖之上；颖披针形或长圆状披针形，先端无芒或有芒，通常具3~9脉；外稃背部圆形而无脊，先端有芒或无芒；雄蕊3。颖果顶端有茸毛。

约120种，大多分布于北半球温带、寒带。本区有2种。

分种检索表

1. 外稃具宽膜质边缘，不具短纤毛；内稃长圆状披针形，与外稃等长，先端尖………1. 鹅观草 *R. kamoji*
1. 外稃边缘具短纤毛；内稃倒卵状椭圆形，长约为外稃长的2/3，先端钝 ……………………………………………………………………………………… 2. 细叶鹅观草 *R. ciliaris* var. *hackeliana*

1. 鹅观草

Roegneria kamoji（Ohwi）Keng et S. L. Chen——*R. tsukushiensis*（Honda）B. R. Lu, C. Yen et J. L. Yang var. *transiens*（Hack.）B. R. Lu, C. Yen et J. L. Yang

多年生草本。秆直立或基部倾斜，高30~100cm。叶鞘长于节间或上部的较短，外侧边缘常具纤毛；叶舌纸质；叶片扁平，长5~30cm，宽3~15mm。穗状花序长10~20cm，下弯，穗轴边缘粗糙或具小纤毛；小穗长15~20mm，含3~10小花；颖卵状披针形或长圆状披针形，边缘膜质，先端渐尖至具短芒，具3~5脉，诸脉彼此疏离，第1颖长4~7mm，第2颖长5~10mm；第1外稃披针形，长7~11mm，背部光滑无毛或微粗糙，具宽膜质边缘，芒劲直或上部稍有曲折，长2~4cm；内稃与外稃近等长，先端尖，脊上显著具翼。花果期4—6月。

全区各地常见。生于海拔1200m以下的地边、路边旷地或山脚草丛。分布于亚洲。

为优良的牧草。

2. 细叶鹅观草

Roegneria ciliaris（Trin. ex Bunge）Nevski var. **hackliana**（Honda）L. B. Cai

多年生草本。秆直立，高50~90cm，具3~5节，无毛。叶鞘无毛；叶舌干膜质；叶片扁平，长10~25cm，宽4~10mm，两面均无毛，边缘粗糙。穗状花序直立或稍下垂，长10~20cm；小穗长15~20mm，含7~10小花；颖长圆状披针形，先端常具小尖头，两侧或一侧有齿，具隆起的5~7脉，第1颖长5~7mm，第2颖长6~8mm；外稃长圆状披针形，背部粗糙稀可具短毛，边缘具短纤毛，第1外稃长8~9mm，芒向外弯曲，长1.5~2.5cm；内稃长约为外稃长的2/3，倒卵状椭圆形，先端钝圆；雄蕊3。花果期5—6月。

见于全区各地。生于地边、路边草丛或山坡荒地。分布于东亚。

为优良的牧草。

20 芦苇属 *Phragmites* Adans.

多年生高大草本。叶片扁平。圆锥花序顶生；小穗含数小花，第 1 小花为雄性或中性，其余为两性；小穗轴节间短而无毛，脱节于第 1 外稃和第 2 小花之间；颖长圆状披针形，不等长，具 3~5 脉，第 1 颖较小；第 1 外稃远大于颖，其余外稃自下而上逐渐变小，先端渐狭如芒，具 3 脉，无毛，基盘细长而具丝状长毛；内稃甚短于外稃。颖果长圆状圆柱形。

4 或 5 种，分布于全球。本区有 1 种。

日本苇

Phragmites japonicus Steud.

多年生草本，具横走根状茎和发达的地面匍匐茎。秆高约 1.5m，直径 4~5mm，约有 16 节，最长节间长约 15cm；叶鞘与其节间等长或稍长；叶舌膜质，长约 0.5mm，边缘具短纤毛；叶片长约 20cm，宽约 2cm，顶端渐尖，边缘锯齿状。圆锥花序长约 20cm，宽 5~8cm，主轴与花序以下秆的部分贴生柔毛；小穗柄长 6~7mm，散生柔毛，基部具长约 2mm 之柔毛；小穗长约 11mm，含 3~4 小花，带紫色，第 1 颖长 5mm，顶端尖；第 2 颖长 5.5mm，第 1 外稃长 8mm，第 2 外稃长 9mm，先端渐尖成尖头，向上渐小，基盘下部 1/3 裸露，上部 2/3 生丝状柔毛，毛长为稃体长的 3/4。花果期 9 — 10 月。

见于保护区外围小梅金村等地。生于海拔约 500m 的山溪鹅卵石滩地。分布于东亚。

21 类芦属 *Neyraudia* Hook. f.

多年生草本，有时秆略木质化。秆常具分枝。圆锥花序顶生，开展；小穗含3~9小花，第1小花两性或中性，上部小花渐小，顶生者极退化；小穗轴无毛，脱节于颖之上或第1不育小花之上及诸小花之间；颖膜质，几相等，具1脉；外稃披针形，较长于颖，具3脉，中脉从先端2微齿间延伸成短芒，基盘具短柔毛；内稃狭而短于外稃；雄蕊3。颖果狭长。

5种，分布于东半球热带和亚热带地区。本区有2种。

分种检索表

1. 秆带木质，基部不具宿存枯萎之叶鞘，叶鞘仅沿颈部被柔毛；小穗之第1小花中性 ……………………………………………………………… 1. 类芦 *N. reynaudiana*
1. 秆草质，基部具宿存枯萎之叶鞘，叶鞘密生棕色柔毛；小穗之第1小花两性 … 2. 山类芦 *N. montana*

1. 类芦

Neyraudia reynaudiana（Kunth）Keng ex Hitchc.

多年生灌木状草本。秆直立，木质化，高可达2m，直径3~8mm，节间被白粉。叶鞘

紧密包茎，沿颈部被柔毛；叶舌密生柔毛；叶片条形，长 30~70cm，宽 4~10mm，先端渐尖。圆锥花序长 30~50cm，分枝开展下垂；小穗长 7~10mm，含 4~9 小花；颖无毛；第 1 小花中性仅存无毛之外稃，外稃长 4~5mm，先端具向外反曲的短芒，边脉上有白色长柔毛，内稃短于外稃，透明膜质。花果期 7—11 月。

全区各地常见。生于海拔 900m 以下的山沟、溪流边或山脚灌草丛。分布于东亚、东南亚至南亚。

可用于固堤，也可用于边坡绿化。

2. 山类芦

Neyraudia montana Keng

多年生草本，密丛生，具根状茎。秆直立，草质，高 40~80cm，直径 2~3mm，基部宿存枯萎的叶鞘，具 4~5 节。叶鞘疏松包裹茎，短于节间，上部者光滑无毛，基生者密生棕色柔毛；叶舌密生柔毛，长约 2mm；叶片内卷，长达 60cm，宽 5~7mm，光滑或上面具柔毛。圆锥花序长 30~50cm，分枝向上斜升；小穗长 7~10mm，含 3~6 小花，其第 1 小花为两性；颖长 4~5mm，先端渐尖或呈锥状；外稃长 5~6mm，近边缘处生较短的柔毛，先端具长 1~2mm 之短芒，基盘具长约 2mm 的柔毛；内稃略短于外稃。花果期 8 — 11 月。

见于全区各地。生于海拔 800m 以下的岩石壁上或山坡疏林下。我国特有，分布于华东、华中。

叶具很强韧性，可用于制绳索。

22 麦氏草属 *Molinia* Schrank

多年生草本，具匍匐根状茎。秆直立，节常聚集于基部。叶鞘闭合，顶端有柔毛；叶舌具白色柔毛；叶片条状披针形，扁平或稍内卷。顶生圆锥花序开展，分枝较长；小穗含2~5小花，两侧压扁或呈圆柱形，小穗轴脱节于颖之上及各小花之间；颖披针形，具1~3脉，远短于小穗；外稃厚纸质，具3脉；内稃稍短于外稃，具2脊；雄蕊3。

2种，欧洲和东亚各有1种。本区有1种。

沼原草 拟麦氏草

Molinia japonica Hack.——*M. hui* Pilg.——*Moliniopsis hui*（Pilg.）Keng

多年生草本。须根粗壮，直径约1mm。秆直立，单生，高50~100cm，通常具2~3节并聚集于秆基部。叶鞘多闭合，长于其节间，基生叶鞘被茸毛；叶舌密生一圈白色柔毛；叶片长30~50cm，宽6~12mm，中脉在下面隆起，有横脉，上面反转向下。圆锥花序开展，长15~25cm，分枝多枚簇生，斜升；小穗含3~5小花，长8~12mm；颖披针形，具3脉，第1颖长2~4mm，第2颖长3~5mm；外稃厚纸质，背部圆，具3脉，顶端短尖，无芒，基盘具长1~2mm之柔毛；内稃等长或稍短于外稃。花果期7—10月。

全区各地常见。生于海拔500~1800m的山坡、沟谷林下或山脊灌丛。分布于东亚。

23 䅟属 *Eleusine* Gaertn.

一年生或多年生草本。秆丛生或具匍匐茎；叶片平展或卷折。穗状花序较粗壮，常数枚成指状或近指状排列于秆顶；小穗无柄，两侧压扁，无芒；小穗轴脱节于颖上或小花之间；颖不等长，颖和外稃背部都具强压扁的脊；外稃顶端尖，具 3~5 脉，2 侧脉极靠近中脉；内稃较外稃短，具 2 脊；雄蕊 3。果为囊果，果皮膜质或透明膜质，疏松包裹种子。

9 种，分布于全球热带和亚热带，主产于非洲东部和东北部。本区有 1 种。

牛筋草

Eleusine indica（L.）Gaertn.

一年生草本。根系极发达。秆丛生，高 10~80cm。叶鞘两侧压扁而具脊；叶舌长约 1mm；叶片条形，长 10~15cm，宽 3~5mm。穗状花序 2~7 枚指状着生于秆顶，很少单生，长 3~10cm，宽 3~5mm；小穗长 4~7mm，宽 2~3mm，含 3~6 小花；颖披针形，具脊，脊粗糙；第 1 颖长 1.5~2mm；第 2 颖长 2~3mm；第 1 外稃长 3~4mm，卵形，膜质，具脊，脊上有狭翼，内稃短于外稃，具 2 脊，脊上具狭翼。种子卵形，长约 1.5mm，具明显的波状皱纹。花果期 7—11 月。

全区各地常见。生于海拔 1000m 以下的田边草丛、路旁草丛或荒地。分布于全球热带至亚热带。

全株可作饲料，又为优良保土植物；全草亦可供药用。

24 画眉草属 *Eragrostis* Wolf

一年生或多年生草本。秆丛生。叶片条形。圆锥花序开展或紧缩；小穗两侧压扁，含少数至多数小花；小穗通常呈“之”字形，逐渐断落或不断落；颖不等长，通常短于第 1 小花，常具 1 脉；外稃无芒，先端尖或钝，具 3 条明显的脉或有时侧脉不明显；内稃具 2 脊，常作弓形弯曲，宿存或与外稃同时脱落；雄蕊 2 或 3。颖果与稃分离，近圆球形。

约 350 种，分布于全球热带和亚热带地区。本区有 4 种。

分种检索表

1. 花序长度不及植株之半；小穗轴宿存，仅小花外稃自下而上逐个脱落。
  2. 花序分枝和小穗柄具腺体；小穗紫色至紫黑色，长 5~10mm …………………… 1. 知风草 *E. ferruginea*
  2. 花序分枝和小穗柄不具腺体；小穗灰绿色或暗绿色，长 3~7mm。
    3. 花序较疏松开展；第 1 颖长 0.6~1mm，通常无脉；外稃侧脉较明显 ………… 2. 画眉草 *E. pilosa*
    3. 花序较紧密；第 1 颖长 1.2~1.5mm，具 1 脉；外稃侧脉较明显 ………… 3. 秋画眉草 *E. autumnalis*
1. 花序长度等于或超过植株之半；小穗轴自上而下逐节脱落 ………………………… 4. 乱草 *E. japonica*

1. 知风草

Eragrostis ferruginea（Thunb.）P. Beauv.

多年生草本。秆丛生，坚韧，直立或基部膝曲，高 40~60cm。叶鞘两侧极压扁，鞘口两侧密生柔毛，脉上有腺体；叶舌退化成一圈短毛；叶片扁平或内卷，长 30~40cm，

宽 3~6mm。圆锥花序开展，长 20~30cm，基部常为顶生叶鞘所包，分枝单生或 2~3 个聚生，腋间无毛；小穗条状长圆形，紫色至紫黑色，长 5~10mm，含 5~12 小花；小穗柄长 4~10mm，在中间或中部以上生 1 黄色腺体；颖卵状披针形，具 1 脉，第 1 颖长 1.5~2.5mm，第 2 颖长 2.5~3mm；第 1 外稃长约 3mm；内稃短于外稃。颖果长约 1.5mm。花果期 7—11 月。

全区各地广布。生于海拔 1500m 以下的地边、路边旷地草丛中。分布于东亚、东南亚、南亚。

2. 画眉草

Eragrostis pilosa（L.）P. Beauv.

一年生草本。秆直立或自基部斜升，高 30~60cm。叶鞘多少压扁，鞘口有柔毛；叶舌退化为一圈纤毛；叶片扁平或内卷，长 5~20cm，宽 1.5~3mm，上面粗糙，下面光滑。圆锥花序长 15~25cm，分枝腋间有长柔毛；小穗成熟后暗绿色或稍带紫黑色，长 2~7mm，含 3 至 10 余朵小花；颖先端钝或第 2 颖稍尖，第 1 颖长 0.5~1mm，常无脉；第 2 颖长 1~1.2mm，具 1 脉；外稃侧脉不明显，第 1 外稃长 1.5~2mm；内稃弓形弯曲，长约 1.5mm，迟落或宿存，脊上粗糙至具短纤毛。颖果长圆形。花果期 6—8 月。

见于官埔垟等地。生于海拔 600m 左右的路边草丛。分布于亚洲、欧洲、非洲、大洋洲。

区内还有变种无毛画眉草 var. *imberbis* Franch.，与画眉草的区别在于：其花序分枝腋间无长柔毛，内稃成熟时与外稃一起脱落。见于官埔垟及保护区外围垟栏头等地。

3. 秋画眉草

Eragrostis autumnalis Keng

一年生草本。秆常丛生，基部膝曲，高 15~45cm，具 3~4 节。叶鞘压扁，无毛，鞘口具长柔毛，成熟后往往脱落；叶舌为一圈纤毛；叶片多内卷或对折，长 6~15cm，宽 2~3mm。圆锥花序开展或紧缩，长 6~15cm，宽 3~5cm，分枝簇生、轮生或单生；小穗柄长 1~5mm，紧贴小枝；小穗长 3~5mm，宽约 2mm，具 3~10 小花；颖披针形，具 1 脉，第 1 颖长 1.2~1.5mm，第 2 颖长约 2mm；第 1 外稃长约 2mm，具 3 脉，先端尖；内稃长约 1.5mm，具 2 脊，脊上具纤毛；雄蕊 3。颖果红褐色，椭圆形。花果期 6—9 月。

见于官埔垟等地。生于海拔约 600m 的路边草丛。我国特有，分布于华北、华东、华中、西南。

4. 乱草

Eragrostis japonica（Thunb.）Trin.

一年生草本。秆丛生，直立或基部膝曲，高 30~80cm，具 3~4 节。叶鞘疏松包裹茎，大多长于节间；叶舌干膜质，平截；叶片扁平或内卷，长 8~26cm，宽 3~5mm。圆锥花序长圆柱形，长度超过植株的一半，宽 2~6cm，分枝细弱，簇生或近轮生；小穗卵圆形，长 1~2mm，成熟后成紫红色或褐色，含 4~8 小花；小穗轴自上而下逐节断落；颖近等长，卵圆形，先端钝，长 0.5~0.8mm；外稃卵圆形，先端钝，长 0.8~1mm；内稃与外稃近等长；雄蕊 2。颖果红棕色，倒卵球形。

花果期 7—11 月。

见于保护区外围大赛梅地等地。生于海拔 600m 以下的田边、田埂草丛。分布于东亚、东南亚、南亚。

25 千金子属 *Leptochloa* P. Beauv.

一年生或多年生草本。叶片条形。圆锥花序由多数穗形的总状花序组成；小穗含 2 至数小花，两侧压扁，无柄或具短柄，在穗轴的一侧成 2 行覆瓦状排列，小穗轴脱节于颖之上和各小花之间；颖不等长，具 1 脉，通常短于第 1 小花，偶有第 2 颖可长于第 1 小花；外稃具 3 脉，先端尖或钝，通常无芒；内稃与外稃等长或较之稍短，具 2 脊；雄蕊 3。

32 种，主要分布于全球的热带、美洲和大洋洲的暖温带。本区有 1 种。

千金子

Leptochloa chinensis（L.）Nees

一年生草本。秆直立或下部膝曲，高 30~90cm。叶鞘无毛，大多短于节间；叶舌膜质，常撕裂成小纤毛；叶片扁平或多少卷折，长 5~25cm，宽 2~6mm。圆锥花序长 10~30cm，分枝及主轴均微粗糙；小穗多带紫色，长 2~4mm，含 3~7 小花；颖具 1 脉，脊上粗糙，第 1 颖较短而狭窄，长 1~1.5mm，第 2 颖长 1.2~1.8mm，稍短于第 1 外稃；外稃顶端钝，无毛或下部被微毛，第 1 外稃长约 1.5~2mm。颖果长圆球形。花果期 7—11 月。

全区各地常见。生于海拔 800m 以下的田边草丛或路边草丛。分布于亚洲、非洲。

全草可作牧草；也是农田常见杂草。

26 乱子草属 *Muhlenbergia* Schreb.

多年生草本，常具根状茎。秆通常分枝。圆锥花序狭窄或开展；小穗细小，含 1 小花；小穗轴脱节于颖之上；颖宿存，质薄，近等长或第 1 颖较短，均短于外稃，无脉或具 1 脉；外稃近膜质，下部疏生柔毛，具 3 脉，先端尖或具 2 微齿，主脉延伸成细弱、劲直或稍弯曲的芒；内稃等长于外稃，具2脊；雄蕊2或3。颖果细长，圆柱形或稍压扁。

约155种，分布于南、北美洲和亚洲东部、东南部，主产于北美洲西南部和墨西哥。本区有2种。

分种检索表

1. 秆较细弱，直径约1mm；小穗长2~2.5mm ………………………………… 1. 日本乱子草 *M. japonica*
1. 秆略粗壮，直径2~2.5mm；小穗长约3mm ………………………………… 2. 多枝乱子草 *M. ramose*

1. 日本乱子草

Muhlenbergia japonica Steud.

多年生草本，具根状茎。秆基部横卧，节上生根，高20~50cm，基部直径1mm，无毛。叶鞘大多短于节间，光滑无毛；叶舌膜质，平截而呈纤毛状，长0.2~0.5mm；叶片狭披针形，长2~8cm，宽2~5mm，两面及边缘粗糙。圆锥花序狭窄，稍弯曲，长5~12cm，分枝单生，自基部即生小枝和小穗；小穗灰绿色带黑紫色，长2~2.5mm，披针形；小穗柄粗糙，大多短于小穗；颖质薄，具1脉，先端尖，第1颖长约1.5mm；第2颖长1.5~2mm；外稃具铅绿色斑纹，下部1/4具柔毛，芒长6~10mm，微粗糙。花果期9—10月。

见于官埔垟及保护区外围小梅金村等地。生于海拔1000m以下的沟谷或山坡草丛。分布于东亚。

2. 多枝乱子草

Muhlenbergia ramosa（Hack. ex Matsum.）Makino

多年生草本，具长根状茎。秆高 50~120cm，基部直径 2~2.5mm，中上部多分枝，无毛。叶鞘大多短于节间，光滑无毛；叶舌膜质，平截而呈纤毛状，长 0.2~0.5mm；叶片狭披针形，长 5~12cm，宽 3~6mm，两面及边缘粗糙。圆锥花序狭窄，稍弯曲，长 10~18cm，分枝单生或孪生，自基部即生小枝和小穗；小穗灰绿色带紫色，长约 3mm，披针形；小穗柄粗糙，大多短于小穗；颖质薄，具 1 脉，先端尖，第 1 颖长约 1.5mm；第 2 颖长 1.5~2mm；外稃具铅绿色斑纹，下部 1/4 具柔毛，芒长 5~10mm，微粗糙。颖果狭长圆形。花果期 7—11 月。

见于乌狮窟、大田坪及保护区外围屏南瑞垟等地。生于海拔 900~1400m 的沟谷林下或林缘湿地。分布于东亚。

27 狗牙根属 *Cynodon* Rich.

多年生草本，具根状茎及匍匐茎。叶片平展。穗状花序指状排列于秆顶；小穗两侧压扁，无柄，通常含 1 小花，成 2 行覆瓦状排列于穗轴之一侧；小穗轴脱节于颖之上，并延伸于内稃之后呈针芒状或在顶端具退化外稃；颖几相等或第 2 颖较长，具 1 脉；外稃草质兼膜质，具 3 脉，侧脉接近边缘；内稃几与外稃等长，具 2 脊；雄蕊 3。颖果椭圆球形，侧扁。

约 10 种，分布于欧亚大陆的热带、亚热带地区以及非洲。本区有 1 种。

狗牙根

Cynodon dactylon（L.）Pers.

多年生草本，具横走的根状茎。秆匍匐于地面，长可达 1m，1 长节间与 1 极短节间交互生长，直立部分高 10~30cm。叶鞘具脊，无毛或疏生柔毛；叶舌短，具小纤毛；叶片狭披针形至条形，长 1~6cm，宽 1~3mm。穗状花序长 1.5~5cm，3~6 枚指状排列于茎顶；小穗灰绿色或带紫色，长 2~2.5mm，含 1 小花；颖狭窄，两侧膜质，几等长或第 2 颖较长，长 1.5~2mm；外稃草质兼膜质，与小穗同长，脊上有毛；内稃与外稃等长。花果期 5—9 月。

见于官埔垟及保护区外围大赛等地。生于海拔 800m 以下的田边、路边旷地以及果园或绿化带中。分布于欧亚大陆的热带至亚热带地区。

为优良牧草和草坪草；也是常见农田杂草。

区内还有变种双花狗牙根 var. *biflorus* Merino，与狗牙根的区别在于：其小穗较大，通常含 2 小花。见于官埔垟。

28 鼠尾粟属 *Sporobolus* R. Br.

一年生或多年生草本。叶片狭披针形或条形。圆锥花序紧缩或开展；小穗圆柱形或稍两侧压扁，含 1 小花；小穗轴脱节于颖之上；颖透明膜质，不等长，具 1 脉或第 1 颖无脉；外稃膜质，具 1~3 脉，无芒，与小穗等长；内稃与外稃等长，具 2 脉，成熟后易自脉间纵裂；雄蕊 2 或 3。囊果椭圆球形至球形，两侧压扁，成熟后易从稃体间脱落，果皮与种子分离。

约 160 种，分布于全球热带、亚热带，延至温带地区，以美洲最多。本区有 1 种。

鼠尾粟

Sporobolus fertilis（Steud.）Clayton

多年生草本。秆直立，质较坚硬，高 40~80cm，基部直径 2~3mm，平滑无毛。叶鞘无毛，稀边缘及鞘口可具短纤毛；叶舌纤毛状，长约 0.2mm；叶片质较硬，通常内卷，长 10~55cm，宽 2~4mm，平滑无毛或上部者基部疏生柔毛。圆锥花序紧缩，长 20~45cm，宽 0.5~1cm，分枝直立，密生小穗；小穗长约 2mm；第 1 颖无脉，长 0.5~1mm，先端钝或平截；第 2 颖卵圆形或卵状披针形，长 1~1.5mm，先端尖或钝；外稃具 1 脉及不明显的 2 侧脉；雄蕊 3，花药黄色。囊果成熟后红褐色，长圆状倒卵形，长 1~1.2mm。花果期 7—11 月。

全区各地常见。生于海拔 1200m 以下的田边、山坡林缘、路边旷地草丛。分布于东亚、东南亚至南亚。

适应性强，可作边坡绿化或保持水土。

29 显子草属 *Phaenosperma* Munro ex Benth.

多年生草本。秆直立，较高大。圆锥花序顶生，开展；小穗含 1 小花，无芒，脱节于颖之下；颖膜质，卵状披针形，第 1 颖较小，具 1~3 脉，第 2 颖具 3~5 脉，两侧脉较短；外稃草质兼膜质，具 3~5 脉，与第 2 颖等长；内稃与外稃同质而稍短于外稃，具 2 脉；雄蕊 3。颖果倒卵球形，具宿存的部分花柱，成熟时露出于稃外。

仅 1 种，东亚特产。本区也产。

显子草

Phaenosperma globosum Munro ex Benth.

多年生草本。根较稀疏而硬。秆单生或少数丛生，高 1~1.5m。叶鞘光滑，通常短于节间；叶舌质硬，长 5~15mm，两侧下延；叶片宽条形，常翻转而使上面向下成灰绿色，下面向上成深绿色，长 20~40cm，宽 1~3cm。圆锥花序长 20~40cm，分枝在下部者多轮生，长 5~10cm；小穗背腹压扁，长 4~4.5mm；两颖不等长，第 1 颖长 2~3mm，第 2 颖长约 4mm，具 3 脉；外稃长约 4.5mm，具 3~5 脉；内稃略短于或近等长于外稃。颖果倒卵球形，长约 3mm，黑褐色，表面具皱纹，成熟后露出稃外。花果期 5—7 月。

全区各地常见。生于海拔 1000m 以下的沟谷、山坡疏林下或林缘灌草丛。分布于东亚。

30 结缕草属 *Zoysia* Willd.

多年生矮小草本，具横生的根状茎。叶片质坚。穗形总状花序单生于秆顶；小穗单生于主轴上，覆瓦状排列或稍有距离，两侧压扁，以其一侧贴向主轴，通常仅含 1 两性小花，斜向脱节于小穗柄之上；第 1 颖微小或缺，第 2 颖硬纸质，成熟后革质，具短芒或无芒，两侧边缘在基部连合，全部包裹膜质之外稃及内稃；内稃微小或退化；雄蕊 3。颖果与稃片离生。

共 9 种，分布于印度洋、太平洋和大洋洲沿岸的热带和亚热带地区。本区有 1 种。

结缕草

Zoysia japonica Steud.

多年生草本，具横走根状茎。秆直立，高 8~15cm。叶鞘无毛，下部松弛而互相跨覆，上部的紧密抱茎；叶舌不明显，具白色柔毛；叶片上部常具柔毛，质地较硬，长 2.5~8cm，宽 3~6mm，通常扁平或稍卷折。总状花序长 2~5cm，宽 3~6mm；小穗卵圆形，长 2~3.5mm，宽约 1.2mm，花后变为紫褐色；小穗柄长 3~6mm，常弯曲；第 2 颖成熟后革质，两侧边缘在基部连合，全部包裹外稃及内稃；外稃长 1.8~3mm，具 1 脉；内稃微小。花果期 4—6 月。

见于保护区外围屏南百步等地。生于海拔约 450m 的地边草丛。分布于东亚。

可供绿化用，为优良的草坪草。

31 黍属 *Panicum* L.

一年生或多年生草本。叶片条形至卵状披针形。圆锥花序开展，顶生或有时腋生。小穗背腹压扁，含 2 小花，第 1 小花为中性或雄性，第 2 小花为两性；小穗轴脱节于颖之下；颖草质，不等长，第 1 颖通常较小；第 2 颖等长或略短于小穗；第 1 外稃与第 2 颖同形，内稃存在或缺如；第 2 外稃硬纸质至革质，边缘包裹同质之内稃；雄蕊 3。颖果包藏于稃体内。

约 500 种，分布于全球热带和亚热带，少数分布于温带。本区有 1 种。

糠稷

Panicum bisulcatum Thunb.

一年生草本。秆直立或基部平卧，节上生根，高0.5~1m。叶片质薄，狭披针形，长5~20cm，宽0.3~1.5cm，基部近圆形；叶鞘松弛，边缘被纤毛；叶舌膜质，长约0.5mm，顶端具纤毛。圆锥花序开展，长15~30cm，分枝纤细，斜升或平展，无毛；小穗稀疏着生于分枝上部，椭圆形，长2~3mm，绿色或有时带紫色，具细柄；第1颖近三角形，先端尖或稍钝，长约为小穗长的1/2，具1~3脉，基部略包卷小穗，第2颖与第1外稃同形且等长，均具5脉，顶端尖；第1小花内稃缺；第2小花外稃椭圆形，长约1.8mm，成熟时黑褐色。花果期9—11月。

全区各地常见。生于海拔1000m以下的田边、水沟边或山坡路旁草丛。分布于东亚、南亚至大洋洲。

32 囊颖草属 *Sacciolepis* Nash

一年生或多年生草本。秆直立或基部膝曲。叶片较狭窄，柔软。圆锥花序紧缩成穗状；小穗含2小花，第1小花雄性或中性，第2小花两性，自膨大似盘状的小穗柄顶端脱落；颖不等长，第1颖较短，具透明的狭边和数脉，第2颖较宽，背部圆凸，呈浅囊状，具7~11脉；第1外稃较第2颖狭，但等长，第1内稃狭，第2外稃厚纸质或薄革质，包裹着同质的内稃。

约30种，分布于热带和亚热带地区。本区有1种。

囊颖草

Sacciolepis indica（L.）Chase

一年生草本，通常丛生。秆基常膝曲，高20~90cm。叶鞘具棱脊，短于节间；叶舌膜质，长约0.5mm；叶片条形，长5~20cm，宽2~5mm。圆锥花序紧缩成圆柱状，长3~12cm，宽3~5mm；小穗卵状披针形，长2~2.5mm；第1颖为小穗

长的 1/3~2/3，通常具 3 脉，第 2 颖背部囊状，与小穗等长，通常 9 脉；第 1 外稃等长于第 2 颖，通常 9 脉；第 1 内稃退化或短小，透明膜质；第 2 外稃平滑而光亮，长约为小穗长的 1/2。颖果椭圆球形，长约 0.8mm。花果期 6—11 月。

全区各地常见。生于海拔 1000m 以下的田边或路边草丛或溪边湿地。分布于亚洲、非洲、大洋洲。

33 求米草属 *Oplismenus* P. Beauv.

一年生或多年生草本。秆多匍匐而具分枝。叶片卵状披针形至披针形。圆锥花序具延伸或缩短的分枝；小穗卵圆形，多少两侧压扁，几无柄，孪生或簇生于分枝或主轴的一侧，含 2 小花，第 1 小花通常雄性，第 2 小花两性；颖几等长，有芒，第 1 颖之芒较长；第 1 外稃与小穗等长，先端无芒或具短尖头；第 2 外稃先端常具 1 微小的尖头；雄蕊 3。

约 9 种，分布于世界热带和亚热带地区。本区有 1 种。

求米草

Oplismenus undulatifolius（Ard.）Roem. et Schult.

一年生草本。秆较细弱，下部匍匐，节处生根，斜生部分高 20~50cm。叶鞘有疣基毛；叶片披针形，具横脉，通常皱缩不平，长 4~8cm，宽 8~15mm，通常具细毛。花序主轴长 2~10cm，密生疣基长刺柔毛，分枝缩短，或有时下部具长不超过 2cm 的分枝；小穗卵圆形，长 3~4mm，被硬刺毛；颖草质，第 1 颖长约为小穗长的 1/2，具 3~5 脉，具长 5~15mm 之硬直芒，芒先端具黏性，第 2 颖较长于第 1 颖，具 5 脉，具长 2~5mm 之硬直芒；第 1 外稃与小穗等长，具 7~9 脉，内稃通常缺如；第 2 外稃革质，边缘包卷同质之内稃。花果期 7—11 月。

见于官埔垟、夏边及保护区外围龙南下庄等地。生于海拔 450~1100m 的阴湿的山坡林下或沟谷边草丛。分布于北半球温带至亚热带。

本区还有其 2 变种：狭叶求米草 var. *imbecillis*（R. Br.）Hack.，花序轴、叶鞘和叶片几无毛，叶片宽 0.5~1cm，两面绿色；全区各地常见。日本求米草 var. *japonicus*（Steud.）Koidz.，花序轴、叶鞘和叶片几无毛，叶片宽 1.2~3cm，下面常为紫红色；见于横溪及保护区外围大赛梅地。

34 稗属 *Echinochloa* P. Beauv.

一年生或多年生草本。叶片扁平，条形。圆锥花序由穗形总状花序组成；小穗 1 面扁平，1 面凸起，近无柄，含 1~2 小花；颖草质，第 1 颖小，三角形，长为小穗长的 1/3~1/2 或 3/5，第 2 颖与小穗等长或稍短；第 1 小花中性或雄性，其外稃革质或近革质，先端具芒或无芒，内稃膜质；第 2 小花两性，其外稃成熟时变硬，顶端具极小尖头，边缘厚而内抱同质的内稃。

约 35 种，分布于全世界热带至暖温带地区。本区有 2 种。

分种检索表

1. 植株较矮小；花序分枝简单，不具小枝；小穗长不及 3mm，无芒 …………………… 1. 光头稗 *E. colona*
1. 植株较高大；花序分枝通常具小枝；小穗长超过 3mm，具芒或无芒 ……………………… 2. 稗 *E. crusgalli*

1. 光头稗

Echinochloa colona（L.）Link

一年生草本。秆细弱，直立，高 10~60cm。叶片扁平，条形，长 3~20cm，无毛，边缘稍粗糙；叶鞘压扁具脊，无毛；叶舌缺。圆锥花序狭窄，主轴具棱，通常无疣基长毛，棱边粗糙；花序分枝长 1~2cm，不具小枝，排列稀疏，穗轴无疣基长毛或仅基部被 1~2 根疣基长毛；小穗卵圆形，长 2~2.5mm，具小硬毛，无芒，较规则地呈 4 行排列于穗轴的一侧；第 1 颖三角形，长约为小穗长的 1/2，具 3 脉，第 2 颖与第 1 外稃等长而同形，顶端具小尖头，具 5~7 脉；第 1 小花常中性，外稃具 7 脉，内稃膜质且稍短于外稃，脊上被短纤毛；第 2 小花外稃椭圆形，边缘内卷，包裹同质的内稃，但内稃顶端露出。花果期夏、秋季。

见于保护区外围大赛等地。生于农田、路边荒地等较湿润处。分布于全世界温暖地区。

2. 稗

Echinochloa crusgalli（L.）P. Beauv.——*E. crusgalli* var. *hispidula*（Retz.）Honda

一年生草本。秆高 50~150cm，光滑无毛。叶鞘疏松裹秆，平滑无毛；叶舌缺；叶片条形，长 15~40cm，宽 5~15mm。圆锥花序直立，近尖塔形，长 8~20cm；小穗卵形，长 3~4mm，脉上密被疣基刺毛，密集在穗轴的一侧；第 1 颖三角形，长为小穗长的 1/3~1/2，具 3~5 脉；第 2 颖与小穗等长，具 5 脉，脉上具疣基毛；第 1 小花通常中性，其外稃草质，上部具 7 脉，顶端延伸成一粗壮的芒，芒长 0.5~1.5cm；第 2 外稃椭圆形，平滑，光亮，成熟后变硬，边缘内卷，包着同质的内稃，但内稃顶端露出。花果期 6—11 月。

全区各地常见。生于海拔 1000m 以下的水稻田或田边水沟中。分布于亚热带和温带地区。

可作牧草，也是农田常见杂草。

本区还有其 2 变种：无芒稗 var. *mitis*（Pursh）Peterm.，小穗无芒或具长不逾 0.5cm 之芒，区内各地常见。西来稗 var. *zelayensis*（Kunth）Hitchc.，圆锥花序分枝上不再分枝，小穗顶端具小尖头而无芒，脉上无疣基毛，疏生硬刺毛；见于龙案等地。

35 臂形草属 *Brachiaria* Griseb.

一年生或多年生草本。叶片条形或披针形，平展，具软骨质边缘。圆锥花序顶生，由 2 至数枚总状花序组成；小穗背腹压扁，具短柄或近无柄，单生或孪生，有 1~2 小花；第 1 小花雄性或中性；第 2 小花两性；第 1 颖长大都为小穗长之半；第 2 颖与第 1 外稃等长，同质同形；第 2 外稃骨质，背部凸起，边缘稍内卷，包着同质的内稃。

约 100 种，分布于东半球的热带和亚热带地区，主产于非洲。本区有 1 种。

毛臂形草

Brachiaria villosa（Lam.）A. Camus

一年生草本。秆高 6~20cm，密被柔毛。叶鞘被柔毛，尤以鞘口及边缘更密；叶舌小，具长约 1mm 的纤毛；叶片卵状披针形，长 1~4cm，宽 3~10mm，两面密被柔毛。圆锥花序由 4~8 枚总状花序组成；总状花序长 1~3cm，主轴与穗轴密生柔毛；小穗卵形，长约 2.5mm，通常单生；小穗柄长 0.5−1mm；第 1 颖长为小穗长之半，具 3 脉；第 2 颖等长或略短于小穗，具 5 脉；第 1 小花中性，其外稃与小穗等长，具 5 脉，内稃膜质，狭窄；第 2 外稃骨质，稍包卷同质内稃，具横细皱纹；鳞被 2，膜质，折叠；花柱基分离。花果期 7—10 月。

见于官埔垟等地。生于海拔 800m 以下的田野草丛和山坡灌草丛中。分布于亚洲、非洲。

36 野黍属 *Eriochloa* Kunth

一年生或多年生草本。秆分枝。叶片条形，扁平。圆锥花序顶生，由数枚总状花序组成；小穗背腹压扁，成 2 行覆瓦状排列于穗轴之一侧，有 2 小花，第 1 小花中性或雄性；第 2 小花两性，背着穗轴而生；第 1 颖极退化而与第 2 颖下之穗轴愈合膨大而成环状或珠状的小穗基盘；第 2 颖与第 1 外稃等长于小穗；第 2 外稃革质，包着同质而钝头的内稃。

约 30 种，分布于全世界热带至暖温带地区，尤其是非洲和美洲热带。本区有 1 种。

野黍

Eriochloa villosa（Thunb.）Kunth

一年生草本。秆直立，高 30~90cm，节具髯毛。叶鞘无毛或具微毛；叶舌具长约 1mm 的纤毛；叶片扁平，长 5~25cm，宽 5~15mm，上面具微毛。圆锥花序狭长，长 7~15cm，由 4~8 枚总状花序组成；总状花序长 1.5~4cm，常排列于主轴之一侧；小穗卵状椭圆形，长 4.5~6mm；小穗柄极短，密生长柔毛；第 1 颖微小；第 2 颖

与第 1 外稃皆为膜质，等长于小穗，前者具 5~7 脉，后者具 5 脉；雄蕊 3。颖果卵圆形，长约 3mm。花果期 7—10 月。

见于保护区外围大赛等地。生于海拔 800m 以下的路边草丛或低山坡草丛。分布于东亚。

全草可作牧草。

37 雀稗属 *Paspalum* L.

多年生草本。秆丛生，直立，具匍匐茎和根状茎。叶片条形或狭披针形，扁平或卷折。穗形总状花序 2 至多枚呈指状或总状排列于茎顶或伸长主轴上，穗轴扁平，具狭窄或较宽的翼；小穗单生或孪生，几无柄或具短柄，2 至 4 行排列于穗轴单侧，含 2 小花，第 1 小花雄性或中性，第 2 小花两性；第 1 颖常缺，第 2 颖膜质或厚纸质；第 1 小花外稃与第 2 颖同形同质，内稃缺；第 2 小花外稃背部隆起，对向穗轴，成熟后变硬，近革质；雄蕊 3。

约 330 种，分布于全世界的热带至温带地区，以热带美洲种类丰富。本区有 3 种。

分种检索表

1. 小穗被微毛。
  2. 小穗孪生，长约 2mm，在穗轴上排列成 4 行 …………………………… 1. 长叶雀稗 *P. longifolium*
  2. 小穗单生，长约 3mm，在穗轴上排列成 2~4 行 ………………………………………2. 雀稗 *P. thunbergii*
1. 小穗无毛 ………………………………………………………………… * 圆果雀稗 *P. scrobiculatum* var. *orbiculare*

1. 长叶雀稗

Paspalum longifolium Roxb.

多年生草本。秆单生或丛生，粗壮直立，高 80~120cm。叶片条状披针形，长 20~50cm，宽 0.5~1cm，无毛；叶鞘长于节间，背部具脊，边缘具疣基长柔毛；叶舌长 1~2mm。总状花序 4~9，长 5~8cm，分枝腋间常具长柔毛；小穗孪生，宽倒卵形，长约 2mm，成 4 行排列于穗轴一侧；第 2 颖与第 1 小花外稃近等长，被卷曲的细毛，具 3 脉，顶端稍尖；第 2 小花外稃倒卵形，黄绿色，后变硬。花果期 7 — 10 月。

见于保护区外围梅地等地。生于山坡林缘或田边草丛。分布于亚洲、大洋洲。

2. 雀稗

Paspalum thunbergii Kunth ex Steud.

多年生草本。秆通常丛生，高 50~80cm，具 2~3 节，节具柔毛。叶鞘松弛，长于节间，具脊，常聚集于秆基作跨生状，被柔毛；叶舌膜质，褐色，长 0.5~1.5mm；叶片长 10~25cm，宽 4~9mm，两面皆密生柔毛，边缘粗糙。总状花序 3~6 枚，长 5~10cm，互生于主轴上形成总状圆锥花序，分枝腋间具长柔毛；小穗倒卵状椭圆形，先端微凸，长 2.5~3mm，成 2~4 行排列，同行的小穗彼此常多少分离，绿色或带紫色；第 2 颖背面和边缘均被微毛；第 2 外稃灰白色，卵状圆形，与小穗等长，表面细点状，粗糙。花果期 5—11 月。

全区各地常见。生于海拔 1000m 以下的田边、路边草丛或山坡疏林下。分布于东亚。

为优良的牧草。

38 马唐属 *Digitaria* Heister ex Fabr.

一年生或多年生草本。秆多丛生，基部匍匐或倾卧，分枝披散状。总状花序 2 至数枚呈指状排列或散生于秆的顶部；穗轴略呈三棱形，边缘有翼或无翼；小穗通常 2~3 枚着生于穗轴之每节，含 2 小花，第 1 小花通常中性，第 2 小花两性，成 2 行互生于穗轴之一侧；第 1 颖微小或缺，第 2 颖草质，等长或短于同质之第 1 外稃；第 2 外稃厚纸质或软骨质，覆盖同质之内稃。

约 250 种，主要分布于全世界的热带至暖温带地区。本区有 3 种。

分种检索表

1. 小穗孪生，披针形，长 3~3.5mm，为宽的 3~4 倍 ………………………………… 1. 升马唐 *D. ciliaris*

1. 小穗 2~3 簇生，椭圆形，长 1.5~2.2mm，为宽的 1.5~2 倍。

  2. 总状花序 4~7 枚；小穗具柔毛 ………………………………………… 2. 紫马唐 *D. violascens*

  2. 总状花序 2~4 枚；小穗具棒状毛 ………………………………………… 3. 止血马唐 *D. ischaemum*

1. 升马唐

Digitaria ciliaris (Retz.) Koel.

一年生草本。秆基部匍匐地面，节上生根，具披散状分枝，高 30~70cm。叶鞘常短于节间，多少具柔毛；叶舌长约 2mm；叶片条形或披针形，长 8~20cm，宽 5~10mm，上面散生柔毛，微粗糙。总状花序 5~8 枚，长 5~12cm，呈指状排列于秆顶；穗轴宽约 1mm，边缘粗糙；小穗披针形，长 3~3.5mm，宽 1~1.2mm，双生于穗轴各节，一具长柄，一具极短的柄或几无柄；第 1 颖小，三角形，第 2 颖披针形，长约为小穗长的 2/3，具 3 脉；第 1 外稃等长于小穗，具 7 脉，中脉两侧的脉间及边缘无毛或具短纤毛；第 2 外稃黄绿色或带铅色。花果期 7—11 月。

全区各地广布。生于海拔 1200m 以下的农田、地边或路边旷地。世界分布。

为营养价值高的牧草，也是农田常见杂草。

变种毛马唐 var. *chrysoblephara* (Fig. et De Not.) R. R. Stewart 与原种的区别主要在于：植株较为粗壮，第 1 外稃边缘及侧脉间成熟后具开展的长柔毛。区内常见。

2. 紫马唐

Digitaria violascens Link

一年生草本。秆丛生，基部斜升，高 20~50cm，光滑无毛。叶多密集于基部；叶鞘疏松裹茎，短于节间，大多光滑无毛或于鞘口疏生柔毛；叶舌膜质，长 1~1.5mm；叶片条状披针形，长 5~15cm，宽 3~7mm，无毛或基部有疏柔毛。总状花序 4~7 枚，指状排列于秆顶，有时下部的 1 枚单生；穗轴宽 0.5~1mm，中肋白色，两侧有绿色的宽翼；第 1 颖缺，第 2 颖略短于小穗，具 3 脉，脉间被细小灰色短茸毛；第 1 外稃与小穗等长，具 5 脉，脉间常不明显，被细小灰色短茸毛或无毛；第 2 外稃成熟后呈深棕色或黑紫色。花果期 6—10 月。

全区各地常见。生于海拔 800m 以下的山坡林缘或路边荒地。分布于欧亚大陆亚热带、温带地区。

可作牧草。

3. 止血马唐

Digitaria ischaemum（Schreb.）Muhl.

一年生草本。秆丛生，高 10~40cm。叶片条状披针形，长 5~10cm，宽 2~5mm，顶端渐尖，基部近圆形，多少具长柔毛；叶鞘具脊，无毛或疏生柔毛，除基部者外均短于节间；叶舌膜质，长约 0.6mm。总状花序 2~4 枚近指状排列于秆顶部，穗轴宽 0.6~1.2mm；小穗椭圆形，2 或 3 枚着生于各节，长约 2mm，约为宽的 2 倍，具棒状毛，毛先端膨大；第 1 颖缺，第 2 颖具 3 脉，等长或稍短于小穗；第 1 外稃具 5 脉，与小穗等长，脉间及边缘具棒状毛；第 2 外稃成熟后紫褐色。花果期 6—11 月。

见于龙案等地。生于路边草丛和荒地。分布于欧亚大陆亚热带、温带地区。

39 狗尾草属 *Setaria* P. Beauv.

一年生或多年生草本。叶片条形、披针形或长披针形，扁平或具皱褶。圆锥花序紧缩成圆柱状，或疏松而开展；小穗椭圆形或披针形，单生或簇生，含 2 小花，第 1 小花雄性或中性，第 2 小花两性，小穗下托以宿存的刚毛；小穗轴脱节于颖之下杯状小穗柄之上或颖之上第 1 外稃之下；颖草质，第 1 颖长为小穗长的 1/4~1/2，第 2 颖短于或等长于小穗；第 1 外稃与颖同质，与小穗等长，第 2 外稃软骨质或革质；雄蕊 3。颖果椭圆球形或卵球形。

约 130 种，分布于全世界热带和亚热带，延至温带。本区有 6 种。

分种检索表

1. 圆锥花序紧缩成圆柱形；小穗下的刚毛多枚。
  2. 花序主轴上每簇分枝内通常有 3 至数个发育小穗；第 2 颖与第 2 外稃近等长或为第 2 外稃长的 3/4。
    3. 花序通常弯垂；小穗长约 3mm，先端尖；第 2 颖长为第 2 外稃长的 3/4 …… 1. 大狗尾草 *S. faberi*
    3. 花序通常直立；小穗长 2~2.5mm，先端钝；第 2 颖与第 2 外稃近等长 ………… 2. 狗尾草 *S. viridis*
  2. 花序主轴上每簇分枝内通常仅 1 个发育小穗；第 2 颖长为第 2 外稃长的 1/2 … 3. 金色狗尾草 *S. pumlia*
1. 圆锥花序疏松开展；小穗下的刚毛仅 1 枚。
  4. 叶片宽披针形，具明显纵向皱褶；圆锥花序长圆形或开展的塔形。
    5. 叶片长 10~25cm，宽 1~2.5cm；小穗长 3~3.5mm ………………………… 4. 皱叶狗尾草 *S. plicata*
    5. 叶片长 20~40cm，宽 2~6cm；小穗长 3.5~4mm ………………………… 5. 棕叶狗尾草 *S. palmifolia*
  4. 叶片条状披针形，扁平不具纵向皱褶；圆锥花序狭披针形 ……………… 6. 西南莩草 *S. forbesiana*

1. 大狗尾草

Setaria faberi Herrm.

一年生草本。秆直立或基部膝曲，有支柱根，高 0.5~1.2m，直径 3~6mm；叶鞘松弛，边缘常有细纤毛；叶舌膜质，具长 1~2mm 的纤毛；叶片长 10~30cm，宽 5~15mm，无毛或上面具疣基毛。圆锥花序紧缩至圆柱形，弯垂，长 5~20cm，宽 6~10mm，主轴有柔毛；小穗椭圆形，长约 3mm，顶端尖；小穗轴脱节于颖之下；刚毛多枚，粗糙，长 5~15mm；第 1 颖宽卵形，长为小穗长的 1/3~1/2，具 3 脉；第 2 颖长为小穗长的 3/4，具 5 脉；第 1 外稃具 5 脉；内稃膜质；第 2 外稃具细横皱纹，成熟后背部极膨胀隆起。花果期 7—11 月。

全区各地广布。生于海拔 1000m 以下的路边荒地、绿化带或地边草丛。分布于东亚。

为优良牧草，也是常见农田杂草。

2. 狗尾草

Setaria viridis（L.）P. Beauv.

一年生草本。秆直立或基部膝曲，高 20~80cm。叶鞘松弛，无毛或疏被柔毛；叶舌极短，边缘具纤毛；叶片扁平，狭披针形或条状披针形，长 4~30cm，宽 0.5~1.5cm，先端渐尖，基部钝圆，通常无毛或疏被疣基毛。圆锥花序紧密呈圆柱状，长 2~6cm，直立或稍弯垂；小穗 2~5 个簇生于主轴上或更多的小穗着生在短小枝上，椭圆形，先端钝，长 2~2.5mm；刚毛多数，长 4~12mm；第 1 颖卵形，长约为小穗长的 1/3，具 3 脉；第 2 颖与小穗等长，椭圆形，具 5~7 脉；第 1 外稃与小穗等长，具 5~7 脉；内稃短小狭窄；第 2 外稃椭圆形，具细点状皱纹，成熟时背部稍隆起。花果期 5—10 月。

见于官埔垟、均益等地。生于田边或路边草丛。世界分布。

可作牧草；秆叶也可入药。

3. 金色狗尾草

Setaria pumila（Poir.）Roem. et Schult.

一年生草本。秆直立或基部倾斜地面，节上生根，高 20~90cm。叶片条状披针形或狭披针形，长 5~40cm，宽 0.4~1cm，上面粗糙，下面光滑；叶鞘下部扁压具脊，上部圆形，光滑无毛，通常紫红色；叶舌具一圈长纤毛。圆锥花序紧密呈圆柱状，长 5~15cm，直立，主轴具短细柔毛；小穗长约 3mm，顶端尖，通常在一簇中仅一个发育；刚毛多数，金黄色或带褐色；第 1 颖宽卵形，长为小穗长的 1/3~1/2，先端尖，具 3 脉；第 2 颖宽卵形，长为小穗长的 1/2，先端稍钝，具 5~7 脉；第 1 外稃与小穗等长或微短，具 5 脉；内稃膜质，等长于外稃，具 2 脉；第 2 外稃革质，等长于第 1 外稃，成熟时背部极隆起，具明显横皱纹。花果期 6—10 月。

全区各地常见。生于农田边、路边或荒野草丛。分布于欧亚大陆温暖地带。为田间杂草，秆、叶可作牲畜饲料。

4. 皱叶狗尾草

Setaria plicata（Lamk.）T. Cooke

多年生草本。秆直立或基部倾斜，高 0.5~1.2m。叶鞘疏生较细疣基毛，边缘常具纤毛；叶舌边缘具长 1~2mm 的纤毛；叶片椭圆状披针形或条状披针形，长 10~25cm，宽

1~2.5cm，具较浅的纵向皱褶，先端渐尖，基部渐狭成柄状，两面或下面疏具疣基毛。圆锥花序狭长圆形，长 15~30cm，分枝斜向上升；小穗卵状披针状，长 3~3.5mm，部分小穗下托以 1 枚刚毛；第 1 颖宽卵形，顶端钝圆，长为小穗长的 1/4~1/3，具 3 脉；第 2 颖长为小穗长的 1/2~3/4，先端钝或尖，具 5~7 脉；第 1 外稃与小穗等长或稍长，具 5 脉；内稃膜质；第 2 外稃等长或稍短于第 1 外稃，具明显的横皱纹。花果期 6—10 月。

见于全区各地。生于山坡林下、路边草丛、沟谷阴湿处。分布于亚洲。

果实可供食用。

5. 棕叶狗尾草

Setaria palmifolia（Koen.）Stapf

多年生草本。具根状茎，须根较坚韧。秆直立或基部稍膝曲，高 0.75~1.5m，具支柱根。叶鞘松弛，具密或疏疣基毛；叶舌长约 1mm，具长纤毛；叶片宽披针形，长 20~40cm，宽 2~6cm，具纵深皱褶，两面具疣基毛或无毛，基部窄缩成柄状，近基部边缘有疣基毛。圆锥花序呈开展的塔形，长 20~50cm，宽 5~15cm，分枝排列疏松，下垂；小穗卵状披针形，长 3.5~4mm，部分小穗下托以 1 枚刚毛；第 1 颖长为小穗长的 1/3~1/2，具 3~5 脉；第 2 颖长为小穗长的 1/2~3/4，具 5~7 脉；第 1 外稃与小穗等长，具 5 脉；内稃膜质，狭小；第 2 外稃与第 1 外稃等长，具细横皱纹，成熟后背部极膨胀隆起。颖果卵状披针形。花果期 9—11 月。

全区各地常见。生于海拔 800m 以下的溪沟边灌草丛或山脚林下。分布于亚洲、非洲。

6. 西南莩草

Setaria forbesiana（Nees ex Steud.）Hook. f.

多年生草本。无横走根状茎。秆直立或基部膝曲，高 0.6~1.5m，基部直径 2~4mm，光滑无毛。叶鞘边缘具纤毛；叶舌短小，具纤毛；叶片条状披针形，长 10~40cm，宽 0.4~2cm，扁平，先端渐尖，基部钝圆，无毛。圆锥花序狭披针形，长 10~30cm，宽 1~4cm，直立或微下垂，主轴具棱，分枝短或稍延长；小穗椭圆形或卵圆形，长约 3mm，具 1 枚刚毛；第 1 颖宽卵形，长为小穗长的 1/3~1/2，具 3~5 脉；第 2 颖长为小穗长的 2/3~3/4，具 7~9 脉；第 1 外稃、内稃与小穗等长；第 2 外稃等长于第 1 外稃，革质，成熟时背部极隆起，同质内稃先端具小硬尖头。花果期 7—10 月。

见于官埔垟等地。生于路边或田边草丛。分布于东亚、东南亚。

40 狼尾草属 *Pennisetum* Rich.

一年生或多年生草本。圆锥花序紧缩成圆柱状；小穗单生或 2~3 枚簇生，下托有多数总苞状的刚毛，成熟时后者连同小穗一起脱落；小穗披针形，含 2 小花，第 1 小花雄性或中性，第 2 小花两性；颖不等长，第 1 颖质薄而微小，第 2 颖草质；第 1 外稃与第 2 颖等长且同质，第 2 外稃软骨质，等长或较短于第 1 外稃，边缘薄而扁平，包卷同质之内稃；雄蕊 3。颖果长圆球状或椭圆球状，背腹压扁。

约 80 种，分布于全球热带和亚热带地区。本区有 1 种。

狼尾草

Pennisetum alopecuroides（L.）Spreng.

多年生草本。须根较粗硬。秆丛生，直立，高 30~80cm，花序以下常密生柔毛。叶鞘两侧压扁，基部者相互跨生，除鞘口有毛外余均无毛；叶舌短小，上有一圈纤毛；叶片条形，长 15~45cm，宽 3~8mm，通常内卷。圆锥花序紧密呈圆柱形，长 8~20cm，主轴硬，密生柔毛；小穗披针形，通常单生，长 6~9mm；刚毛长 1~2.5cm，具向上微刺，成熟后常呈黑紫色；颖草质，第 1 颖卵形，长为小穗长的 1/3~2/3，具 3 脉；第 1 外稃与颖同质，与小穗等长，具 7~11 脉，第 2 外稃软骨质，具 5 脉，边缘包卷同质的内稃。颖果长圆球状，长约 3.5mm。花果期 9—11 月。

全区各地常见。生于海拔 1000m 以下的田边或路边荒地。分布于亚洲、大洋洲。

根系发达，可用于边坡绿化或护堤；也可用于园林栽培供观赏。

41 柳叶箬属 *Isachne* R. Br.

一年生或多年生草本。叶片扁平。圆锥花序开展；小穗卵圆形或卵状圆球形，含2小花，均为两性，或第1小花为雄性，第2小花为雌性；小穗轴脱节于颖之上，节间甚短，常连同两花一起脱落；颖草质，近于等长，具狭膜质边缘，迟缓脱落；外稃革质，或第1外稃草质，内稃与外稃同质，扁平，边缘被外稃所包裹；雄蕊3。颖果近球形或椭圆球形。

约90种，主要分布于全球热带，以热带亚洲为多。本区有4种。

分种检索表

1. 小穗的2小花异形异质；第1小花长于第2小花。
  2. 多年生草本；秆高60cm；节上无毛；叶片披针形，长3~11cm …………………… **1. 柳叶箬 *I. globosa***
  2. 一年生草本；秆高25cm；节上具毛；叶片卵状披针形，长1.5~3cm …… **2. 矮小柳叶箬 *I. pulchella***
1. 小穗的2小花同形同质。
  3. 颖片先端尖或钝圆…………………………………………………………………………… **3. 浙江柳叶箬 *I. hoi***
  3. 颖片先端平截或微凹…………………………………………………………………………**4. 平颖柳叶箬 *I. truncata***

1. 柳叶箬

Isachne globosa（Thunb.）Kuntze

多年生草本。秆直立或基部倾斜，高30~60cm，节上生根，无毛。叶片条状披针形，长3~11cm，宽3~9mm，顶端渐尖，基部钝圆或微心形，两面粗糙，边缘较厚呈微波状；叶鞘短于节间，一侧边缘的上部或全部具疣基毛；叶舌纤毛状。圆锥花序卵圆形，长3~11cm，宽1~4cm，分枝斜升或开展，每一分枝着生1~3枚小穗，分枝和小穗柄均具黄色腺斑；小穗椭圆状球形，长 2~2.5mm，淡绿色或成熟后带紫褐色；两颖近等长，草质，具 6~8 脉，无毛，顶端钝或圆，边缘狭膜质；第 1 小花常为雄性，外、内稃质地软；第 2 小花雌性，近球形，外、内稃质地硬。颖果近球形。花果期 5 — 10 月。

见于官埔垟及保护区外围屏南塘山等地。生于海拔 800m 以下的溪沟或田边湿地中。分布于亚洲、大洋洲及太平洋岛屿。

2. 矮小柳叶箬　二型柳叶箬

Isachne pulchella Roth ex Roem. et Schult.—— *I. dispar* Trin.

一年生草本。秆细弱，高 10~25cm，基部伏卧地面，多分枝，节上生根，向上抽生花枝。叶片卵状披针形，长 1.5~3cm，宽 0.3~1cm，边缘波状皱褶，顶端尖，基部心形；叶鞘短于节间，无毛或具疣基毛，边缘及鞘口具纤毛；叶舌纤毛状。圆锥花序长 2.5~5cm，花序分枝及小穗柄均无毛，具显著的淡黄色腺斑；小穗灰绿色或带紫色，长约 1.5mm；颖与小穗等长或稍短，无毛或具微毛，第 1 颖较窄，具 5 脉，第 2 颖具 5~7 脉；第 1 小花雄性，椭圆形，内外稃草质，无毛；第 2 小花两性，有时为雌性，较第 1 小花略短，顶端圆钝，内外稃革质，被细毛。颖果椭圆球形。花果期 5 — 10 月。

见于官埔垟及保护区外围大赛等地。生于田边或溪沟边湿地。分布于东亚、东南亚。

3. 浙江柳叶箬

Isachne hoi Keng f.

多年生草本。秆直立，基部膝曲，节处生根，高 45~85cm。叶片宽披针形，长 5~14cm，宽 1~1.8cm，顶端渐尖，基部钝圆，两面具疣基微毛，粗糙，边缘略增厚，呈白色软骨质，密生细锯齿；叶鞘短于节间，无毛或下部的叶鞘具疣基细刺毛，边缘及鞘口具纤毛；叶舌纤毛状，长约

2mm。圆锥花序极开展，长达25cm，宽10~15cm，分枝细弱，疏生小穗，主轴及分枝柄均具淡黄色腺斑；小穗椭圆形或倒卵形，长约2mm；颖近等长，淡绿色或略带紫色，具7~9脉，边缘宽膜质，背部中部以上被细小刺毛；小花淡黄色，两小花同质同形，均为两性花；颖果椭圆球形，棕褐色。花果期9—11月。

见于双溪、龙案等地。生于山谷林下或溪沟边阴湿处。我国特有，分布于华东、华中、华南。

4. 平颖柳叶箬

Isachne truncata A. Camus

多年生草本，具短根状茎，须根粗韧。秆丛生，质地较坚硬，直立或基部倾斜，高30~50cm，节上具细茸毛。叶鞘长于节间，边缘及鞘口具纤毛；叶舌纤毛状，长约2mm；叶片披针形，长4~9cm，宽0.8~1.2cm，两面被细毛，背面较密。圆锥花序开展，长8~20cm，宽8~15mm，每节具1~4分枝，分枝及小穗柄无毛，但有腺斑，下部裸露，上部疏生小穗，小穗柄长为小穗长的2至数倍；小穗倒卵形或近球形，长约2mm；颖宽阔，第1颖较第2颖略短，顶端平截状或微凹，通常具16脉；两小花同质同形，均为两性花。颖果近球形。花果期8—11月。

全区各地常见。生于海拔450m以上的田边、沟谷或山坡湿地。分布于东亚、东南亚。

42 野古草属 *Arundinella* Raddi

一年生或多年生草本。秆常丛生。叶片扁平；叶舌膜质。圆锥花序开展或紧缩；小穗孪生，一具长柄，一具短柄，稀单生，含2小花，第1小花雄性或中性，第2小花两性；小穗轴脱节于两小花之间；颖草质至厚纸质，几等长或第1颖较短；第1外稃膜质至纸质，与第1颖近等长；第2外稃厚纸质或薄革质，先端有芒或无芒；内稃为外稃所包；雄蕊3。颖果长卵形或长椭圆形。

约60种，分布于热带和亚热带，主产于亚洲。本区有2种。

分种检索表

1. 第2外稃薄革质，具近于劲直的芒 …………………………………… **1. 毛节野古草 *A. barbinodis***

1. 第2外稃硬纸质，无芒或具芒状小尖头 ……………………………………… **2. 野古草 *A. hirta***

1. 毛节野古草

Arundinella barbinodis Keng ex B. S. Sun et Z. H. Hu

多年生草本。秆疏丛生，直立，较柔弱，高 60~90cm，节上密生白色髯毛。叶鞘长于节间，疏生细疣基毛；叶片扁平或边缘稍内卷，两面疏生柔毛。圆锥花序疏散，分枝细弱，单生或孪生，枝腋间具细柔毛；小穗孪生或下部者单生，长 4.5~5.5mm，灰绿色；颖卵状披针形，脉上稍粗糙，第 1 颖长 3~4mm，具 3~5 脉，第 2 颖与小穗等长，具 5~7 脉；第 1 外稃具 5 脉，平滑无毛，内稃较短；第 2 外稃薄革质，长 2~3mm，稍粗糙，具不明显的 5 脉，先端具 1 芒和 2 侧生芒刺，芒近劲直，长约 6mm，基盘具长约为 1/4 稃体长的柔毛。花果期 9—10 月。

见于均溪等地。生于山坡灌草丛。我国特有，分布于华东、华中、华南。

2. 野古草 毛秆野古草

Arundinella hirta（Thunb.）Tanaka——*A. anomala* Steud.

多年生草本，具横走根状茎。秆直立，丛生，较坚硬，高 60~100cm，直径 2~4mm。叶鞘绿色或灰绿色，有毛或无毛；叶片扁平或边缘稍内卷，无毛至两面密生疣基毛。圆锥花序开展或稍紧缩，长 10~30cm；分枝及小穗柄均粗糙；小穗长 3.5~5mm，灰绿色或带深紫色；颖卵状披针形，具 3~5 明显而隆起的脉，第 1 颖长为小穗长的 1/2~2/3，第 2 颖与小穗等长或稍短；第 1 外稃具 3~5 脉，内稃较短；第 2 外稃披针形，

具不明显的 5 脉，无芒或先端具芒状小尖头，基盘两侧及腹面有长为 1/3~1/2 稃体长的柔毛，内稃稍短。花果期 8—11 月。

全区各地广布。生于海拔450~1900m的山坡林下、山顶灌丛和林缘灌草丛。分布于东亚、东南亚。

可作牧草。

43 鸭茅属 *Dimeria* R. Br.

一年生或多年生草本。秆细弱。叶片狭条形，两面通常具疣基毛或短柔毛。总状花序单生至数枚呈指状着生于秆顶；小穗有 2 小花，第 1 小花中性，第 2 小花两性，两侧压扁，单生于穗轴各节或成 2 行互生于穗轴的一侧；小穗柄极短；颖草质或纸质，边缘膜质，具 1 脊状脉；第 1 外稃及第 2 外稃透明膜质，均无内稃，第 2 外稃先端 2 裂，裂齿间伸出 1 芒；雄蕊 2。颖果线形，两侧压扁。

约 40 种，分布于亚洲、大洋洲的热带和亚热带地区。本区有 1 种。

具脊鸭茅

Dimeria ornithopoda Trin. subsp. **subrobusta**（Hack.）S. L. Chen et G. Y. Sheng

一年生草本。秆直立或基部稍倾斜，末端常细弱似丝状，高 30~40cm，具 2~5 节，节具倒髯毛。叶鞘具脊，常具直立开展的长疣基毛；叶舌长约 0.5mm；叶片条形，长 2.5~15cm，宽 1~2.5mm，两面具疏或密的开展的疣基长毛。总状花序 2~4 枚呈指状着生于秆顶，长 1~6cm；小穗交互排列在穗轴的一侧，穗轴宽不超过 0.5mm；小穗条状长圆形，两侧极压扁，长 3~4.5mm，基盘有倒髯毛；第 1 颖比小穗短；第 2 颖与小穗等长，呈脊状，自基部起或颖的上部 2/3 起成狭翼状；第 1 小花退化，仅存外稃，第 2 外稃狭椭圆状，比第 2 颖略短，

先端2裂，裂齿间伸出细弱的芒。花果期9—11月。

见于保护区外围交溪桥、屏南瑞垟等地。生于海拔约1100m的山坡岩石边或公路边旷地草丛。分布于东亚。

44 芒属 *Miscanthus* Andersson

多年生草本，通常有根状茎。秆较高大。叶片长而扁平，有时内卷。圆锥花序顶生，由数个至多数总状花序组成；穗轴延续而不逐节断落；小穗背腹压扁，孪生于穗轴各节，一具长柄，一具短柄，同形而均含2小花，第1小花中性，第2小花两性，基盘均有丝状长柔毛；颖厚纸质至膜质，稍不等长；第2外稃无芒或具长芒；雄蕊3或2。颖果长圆形。

14种，主要分布于热带亚洲、太平洋岛屿和热带非洲。本区有2种。

分种检索表

1. 小穗长3~3.5mm；圆锥花序主轴延伸至花序的2/3以上，长于其总状花序分枝 …… 1. 五节芒 *M. floridulus*
1. 小穗长4.5~5mm；圆锥花序主轴延伸至花序的2/3以下，短于其总状花序分枝 ……… 2. 芒 *M. sinensis*

1. 五节芒 芒秆

Miscanthus floridulus（Labill.）Warb. ex K. Schum. et Lauterb.

多年生高大草本，具根状茎。秆高1~2.5m，无毛，节下常具白粉。叶鞘无毛或鞘口有纤毛；叶舌长1~3mm；叶片条形，长30~80cm，宽1.5~3cm，边缘有锋利细锯齿。圆锥花序长30~50cm，主轴显著延伸至花序的2/3以上；总状花序细弱；小穗卵状披针形，长3~3.5mm，基盘均具较小穗稍长的丝状毛；小穗柄无毛，顶端膨大；第1颖先端钝或有2微齿；第2颖舟形，先端渐尖具3脉；第1外稃长圆状披针形，稍短于颖，无芒；第2外稃先端具2微齿，齿间伸出长5~11mm膝曲的芒，内稃极微小或缺；雄蕊3。花果期6—8月。

全区各地常见。生于海拔800m以下的山坡、沟边、田边灌草丛和疏林下。分布于东亚、东南亚。

嫩茎、叶可作耕牛饲料；也可作为生物质能源植物发电。

2. 芒 芒草

Miscanthus sinensis Andersson

多年生草本。高 0.8~2m。叶鞘长于节间，除鞘口有长柔毛外余均无毛；叶舌长 1~2mm，先端具小纤毛；叶片条形，长 20~60cm，宽 0.5~1.5cm，边缘具细锯齿。圆锥花序扇形，长 15~40cm，主轴仅延伸至中部以下；总状花序较强壮而直立；小穗披针形，长 4~5.5mm，基盘具白色至淡黄褐色之丝状毛；小穗柄无毛，顶端膨大；第 1 颖先端渐尖，具 3 脉；第 2 颖舟形，边缘具小纤毛；第 1 外稃长圆状披针形，较颖稍短；第 2 外稃较窄，较颖短 1/3，先端 2 齿间伸出 1 长 8~10mm 的芒，芒膝曲；雄蕊 3。花果期 9—11 月。

全区各地常见。生于山坡、山脊疏林下或灌草丛中，海拔可达 1900m。分布于东亚。

嫩茎、叶可作耕牛饲料；也可用于园林或庭院绿化供观赏。

45 甘蔗属 *Saccharum* L.

多年生草本。秆高大。圆锥花序顶生，开展；穗轴具关节而易逐节断落，具丝状长柔毛；小穗背腹压扁，孪生于穗轴各节，一无柄，一有柄，同形而均含 2 小花，第 1 小花中性，第 2 小花两性，基盘及小穗柄均有长于小穗的丝状长柔毛；颖草质或纸质，等长；外稃透明而膜质，第 1 外稃顶端无芒；第 2 外稃通常极退化或正常发育，先端无芒或具芒；雄蕊 2~3。

35~40 种，分布于全球的热带和亚热带地区，主产于亚洲。本区有 1 种。

斑茅

Saccharum arundinaceum Retz.

多年生草本。秆粗壮，高可达 3m，直径可达 2cm。叶鞘长于节间，基部或上部边缘和鞘口具柔毛；叶舌短，长 1~3mm，先端平截；叶片条状披针形，长达 1m，宽 2~2.5cm，上面基部密生柔毛，边缘具小刺状粗糙。圆锥花序大型，顶生，开展，长 40~50cm；穗轴节间长 4~6mm，顶端稍膨大，具丝状柔毛；小穗披针形，长约 4mm，基盘及小穗柄均有丝状长柔毛；颖纸质，第 1 颖具 2 脊，背部具长柔毛；第 2 颖舟形，上部边缘具纤毛；第 1 外稃长圆状披针形，上部边缘具纤毛；第 2 外稃披针形，先端具小尖头，内稃长圆形，长为外稃长的 1/2~2/3。颖果长圆形，长约 3mm。花果期 10—11 月。

见于保护区外围大赛等地。生于海拔约 450m 的溪滩或溪边草丛。分布于东亚、东南亚、南亚。

植株幼嫩叶可作饲料；亦可栽培于园林供观赏，或公路和铁路沿线边坡美化。

46 大油芒属 *Spodiopogon* Trin.

多年生草本。秆直立，单一或分枝。叶片条形或狭窄披针形。圆锥花序顶生，狭窄或开展；穗轴节间及小穗柄顶端膨大；小穗背腹压扁，孪生于穗轴各节，一无柄或具短柄，一有长柄，同形而均含 2 小花，第 1 小花通常雄性，第 2 小花两性；颖革质，几等长，多脉；第 1 外稃顶端尖或钝，无芒；第 2 外稃先端 2 深裂，裂齿间伸出一膝曲而下部扭转的芒；雄蕊 3。颖果圆筒形。

15 种，分布于亚洲。本区有 2 种。

分种检索表

1. 花序分枝劲直不下垂，穗轴易逐节断落，第 1 颖遍体被长柔毛 ······················ 1. 大油芒 *S. sibiricus*
1. 花序分枝细弱下垂，穗轴不逐节断落，第 1 颖边缘疏生柔毛 ························ 2. 油芒 *S. cotulifer*

1. 大油芒

Spodiopogon sibiricus Trin.

多年生草本。根状茎粗壮并具覆瓦状鳞片。秆直立，高 1~2m，有 7~9 节。叶鞘除顶端外大多长于节间，无毛或密生柔毛；叶舌干膜质，平截，长 1~2mm；叶片条形，基部渐狭，长 15~20cm，宽 6~20mm。圆锥花序长圆形，长 15~20cm，宽 3~5cm，主轴无毛；总状花序近轮生，劲直不下垂，穗轴节间及小穗柄顶端膨大而呈棒状，成熟后逐节断落，两侧具较长纤毛；小穗孪生，一具柄，一无柄，长 5~5.5mm，基部被短毛；第 1 颖遍体被较长的柔毛，具 6~9 脉；第 2 颖与第 1 颖近等长，无柄者具 3 脉，除脊与边缘具柔毛外余无毛，有柄者具 5~7 脉，脉间生柔毛；第 1 外稃卵状披针形；第 2 外稃具膝曲而下部扭转的芒。花果期 8 — 11 月。

见于保护区外围大赛垟栏头等地。生于海拔 800m 以下的山坡灌草丛或疏林下。分布于东亚。

2. 油芒

Spodiopogon cotulifer（Thunb.）Hack.——*Eccoilopus cotulifer*（Thunb.）A. Camus

多年生草本，具根状茎。秆直立强壮，基部近木质化，高 0.9~1.5m，直径 3~8mm，具 4~8 节。叶片条形，长 10~50cm，宽 8~15mm，基部逐渐狭窄而呈柄状，两面疏生细柔毛。圆锥花序开展，长 15~25cm，每节具 2 至数枚细弱下垂的总状花序；小穗披针形，长 5~6mm，基盘具细毛；第 1 颖具 7~9 脉，粗糙，边缘疏生柔毛；第 2 颖具 7 脉，背部及边缘生柔毛；第 1 外稃长圆状披针形；第 2 外稃长圆形，稍短于第 1 外稃，先端 2 深裂，芒自裂齿间伸出，长约 12mm，中部以下膝曲，芒柱稍扭转，内稃长约短于外稃长的 1/3。花果期 8—10 月。

见于乌狮窟、凤阳湖及保护区外围大赛坪栏头等地。生于海拔 1500m 以下的山坡疏林下或沟边灌草丛。分布于东亚。

47 白茅属 *Imperata* Cirillo

多年生草本，具横走的根状茎。圆锥花序分枝缩短，密集呈圆柱状；穗轴细弱而延续，具丝状长柔毛；小穗背腹压扁，孪生于穗轴各节，一具长柄，一具短柄，同形而均含 2 小花，第 1 小花中性，第 2 小花两性，基盘及小穗柄均具丝状长绵毛；颖膜质，近等长；外稃透明膜质，无芒；第 1 内稃缺如，第 2 内稃与外稃同质，稍短；雄蕊 1 或 2。颖果椭圆形。

约 10 种，分布于全世界的热带和亚热带地区。本区有 1 种。

大白茅

Imperata cylindrica（L.）Raeusch. var. **major**（Nees）C. B. Hubb.——*I. koenigii*（Retz.）P. Beauv.

多年生草本。根状茎密生鳞片。秆疏丛生，直立，高25~70cm，具2~3节，节上具长柔毛。叶鞘无毛，老时在基部常破碎成纤维状；叶舌干膜质，长约1mm；叶片扁平，长15~60cm，宽4~8mm，主脉在下面明显凸出而渐向基部变粗而质硬。圆锥花序圆柱状，长5~20cm，宽1.5~3cm，分枝短缩密集；小穗披针形或长圆形，长3~4mm，基盘及小穗柄均密生丝状长绵毛；第1颖较狭，具3~4脉；第2颖较宽，具4~6脉；第1外稃卵状长圆形，长约1.5mm；第2外稃披针形，长约1.2mm；雄蕊2，花药长2~3mm；柱头紫黑色。花果期5—11月。

本区各地常见。生于海拔1200m以下的旱作地、田边、堤坝、路边荒地草丛或山坡灌草丛。分布于亚洲、大洋洲。

根状茎味甜可食，入药为利尿剂、清凉剂；茅花常用于止血；可作牧草，也为常见农田杂草。

48 莠竹属 *Microstegium* Nees

一年生或多年生草本。秆通常基部匍匐。叶片披针形。总状花序数枚呈指状排列于秆顶；穗轴具关节而易逐节断落；小穗背腹压扁，孪生于穗轴各节，一无柄，一有柄，或两者均有柄，同形而均含2小花，第1小花中性或雄性，第2小花两性；颖纸质；第1外稃通常缺，第2外稃通常微小，先端或齿间具一膝曲或劲直的芒；雄蕊3或2。颖果长圆形。

约20种，主要分布于东亚、东南亚和印度，少数至非洲。本区有3种。

分种检索表

1. 总状花序轴节间细长，等长或长于其小穗，无毛。
  2. 孪生小穗一具长柄，一几近无柄……………………………………………………**1. 竹叶茅 *M. nudum***
  2. 孪生小穗均具柄，一具长柄，一具短柄…………………………………………… **2. 日本莠竹 *M. japonicum***
1. 总状花序轴节间粗短，压扁，较短于其小穗，两侧具纤毛 ………………… **3. 柔枝莠竹 *M. vimineum***

1. 竹叶茅

Microstegium nudum（Trin.）A. Camus

一年生蔓生草本。秆细弱，节上生纤毛。叶鞘长于或短于节间，边缘具纤毛；叶舌平截，长约0.5mm；叶片披针形，长2.5~7cm，宽5~12mm，两面无毛。总状花序2~5枚稍呈指状着生于秆顶，长 4~9cm，细弱；穗轴节间长 4~6mm，无毛；孪生小穗 1 具长柄，1 近无柄，长 3.5~4.5mm，基盘具纤毛；第 1 颖披针形，先端具 2 微齿，上部具 2 脊，脊间具 4 脉，脉在先端不成网状汇合；第 2 颖先端尖，具 3 脉；第 1 内稃稍短于颖，第 2 外稃极狭，长约 2mm，芒细弱，稍弯曲，长 10~15mm；雄蕊 2。花果期 9—11 月。

全区各地广布。生于海拔 1500m 以下的沟谷、山坡疏林下或灌草丛中。分布于亚洲、非洲、大洋洲。

2. 日本莠竹

Microstegium japonicum（Miq.）Koidz.

一年生草本。秆平卧或披散状，节稍膨大，膝曲。叶鞘短于其节间，长 2~4cm，边缘与上部具疣基柔毛；叶舌平截，长约 0.2mm；叶片卵状披针形，长 2~4cm，宽 6~12mm，基部圆形。总状花序 4~5 枚稍呈指状着生于秆顶，长 4~6cm；穗轴节间长 4~5mm，无毛，孪生小穗一具长柄，一具短柄；小穗同形，长 3.5~4mm，第 1 颖宽约 1mm，披针形，背部扁平，平滑无毛，脊微粗糙，顶端尖，基盘具短毛；第 2 颖舟形；芒自第 2 外稃顶端伸

出，长约 1cm；雄蕊 2。花果期 9 — 11 月。

见于夏边等地。生于海拔 800m 以下的路边草丛或山坡疏林下。分布于东亚。

3. 柔枝莠竹

Microstegium vimineum（Trin.）A. Camus

一年生草本。秆细弱，下部匍匐地面，高 60~80cm，一侧常有沟。叶鞘短于节间，上部叶鞘内常有隐藏小穗；叶舌膜质，长不及 1mm；叶片条状披针形，长 3~8cm，宽 5~10mm，边缘粗糙，主脉在上面呈绿白色。总状花序 2~3 枚，稀 1 枚，长 4~6cm；穗轴节间长 3~5mm，压扁，边缘具纤毛；孪生小穗一有柄，一无柄，长 4~6mm，基盘有少量短毛；第 1 颖披针形，上部具 2 脊，脊上有小纤毛，脊间有 2~4 脉，脉在先端网状汇合；第 1 花有时有雄蕊，有时内稃也缺；第 2 外稃极狭，先端延伸成小尖头。花果期 9—11 月。

全区各地常见。生于海拔 1000m 以下的地边和路边草丛，或阴湿的沟谷疏林下。分布于东亚、东南亚至南亚，伊朗也有。

可作牧草，也为农田杂草。

本区还有变种莠竹 var. *imberbe*（Nees ex Steud.）Honda，其小穗有膝曲的芒，无柄小穗长 5.5~6mm。见于官埔垟等地。

49 金发草属 *Pogonatherum* P. Beauv.

多年生草本。秆细长而硬。叶片条形或条状披针形。穗形总状花序单生于秆顶；小穗孪生，一有柄，一无柄，成覆瓦状排列于易逐节折断的总状花序轴一侧；无柄小穗有 1~2 小花；有柄小穗含 1 小花，两性或雌性；第 1 颖背腹压扁，具脊而延伸成 1 芒；第 2 颖背具脊；第 1 外稃无芒；第 2 外稃有细长而曲折的芒；雄蕊 1 或 2。颖果长圆形。

4 种，主要分布于印度至亚洲东南部、澳大利亚东北部、波利尼西亚。本区有 1 种。

金丝草

Pogonatherum crinitum（Thunb.）Kunth

多年生矮小草本。秆丛生，高 10~30cm，直径 0.5~0.8mm。叶鞘短于或长于节间；叶舌短，纤毛状；叶片条形，长 2~5cm，宽 2~4mm。穗形总状花序单生于秆顶，长 1.5~3cm（芒除外）；无柄小穗含 1 两性花；第 1 颖背腹扁平，长约 1.5mm；第 2 颖舟形，具 1 脉而呈脊状，先端 2 裂，脉延伸成弯曲的长芒；第 1 小花完全退化或仅存一外稃；第 2 小花外稃先端 2 裂，裂齿间伸出芒，芒长 18~24mm；内稃宽卵形，具 2 脉；雄蕊 1。有柄小穗与无柄小穗同形，但较小。颖果卵状长圆形，长约 0.8mm。花果期 5—10 月。

见于官埔垟、横溪、金龙及保护区外围大赛、五梅垟、屏南百步、瑞垟、垟顺等地。生于海拔 800m 以下的田埂、岩壁石缝或山坡灌草丛。分布于亚洲、大洋洲。

全株入药，有清凉散热，解毒、利尿通淋之药效；也可作饲料。

50 荩草属 *Arthraxon* P. Beauv.

一年生或多年生草本。秆基部倾斜。叶片披针形或卵状披针形，基部心形抱茎。总状花序呈指状排列或簇生于秆顶；小穗背腹压扁，孪生，一有柄，一无柄，有柄者雄性或中性或退化殆尽致使仅存无柄小穗；无柄小穗含 2 小花，第 1 小花中性，第 2 小花两性；第 1 颖近革质，具数脉，第 2 颖与第 1 颖等 长或稍长，具 3 脉；外稃透明膜质，第 1 外稃内无内稃；第 2 外稃内稃甚小或不存在；雄蕊 3 或 2。颖果细长。

约 26 种，分布于东半球的热带，主产于印度，美洲有引种。本区有 1 种。

荩草

Arthraxon hispidus（Thunb.）Makino——*A. hispidus* var. *cryptatherus*（Hack.）Honda

一年生草本。秆细弱，基部倾斜，高 30~50cm，具多节，常分枝，无毛。叶鞘短于节间，生短硬疣基毛；叶舌膜质，边缘具纤毛；叶片卵状披针形，除下部边缘生纤毛外，余均无毛。总状花序细弱，长 2~4.5cm，2~10 枚呈指状排列或簇生于秆顶；无柄小穗卵状披针形，长 4~4.5mm；第 1 颖边缘带膜质，有 7~9 脉；第 2 颖近膜质，与第 1 颖等长；第 1 外稃先端尖，长约为第 1 颖长的 2/3；第 2 外稃与第 1 外稃等长，芒长 6~9mm，膝曲，下部扭转，有时无芒；雄蕊 2；有柄小穗退化仅存短柄或退化殆尽。颖果长圆形。花果期 9—11 月。

全区各地均有。生于海拔 1100m 以下的农田、园地及路边草丛或山坡疏林下。分布于亚洲、非洲、大洋洲。

可作牧草，也是农田杂草。

51 鸭嘴草属 *Ischaemum* L.

一年生或多年生草本。叶片披针形或条形。总状花序通常 2 枚贴生成圆柱状；小穗背腹压扁，孪生，一有柄，一无柄；无柄小穗通常含 2 小花，第 1 小花雄性，第 2 小花两性；

有柄小穗全为雄花或第 2 小花为两性而不孕；穗轴易逐节断落；第 1 颖硬纸质或下部革质；第 2 颖舟形，质较薄，具 3~5 脉；第 1 外稃具内稃；第 2 外稃裂齿间有芒，稀无芒，具内稃；雄蕊 3，花药线形。颖果长圆形。

约 70 种，分布于世界热带、亚热带，但以亚洲为多，尤其是印度。本区有 1 种。

有芒鸭嘴草

Ischaemum aristatum L.——*I. hondae* Matsuda

多年生草本。秆直立或下部膝曲，高 50~80cm。叶鞘疏生长疣基毛；叶舌干膜质，长 2~3mm；叶片条状披针形，长 5~16cm，宽 4~8mm，无毛或两面有疣基柔毛。总状花序长 4~6cm；穗轴节间和小穗柄外侧边缘均有白色纤毛；无柄小穗披针形，长 6~7mm；第 1 颖先端钝或具 2 齿，具 5~7 脉；第 2 颖舟形，与第 1 颖等长；第 1 外稃稍短于第 1 颖，具不明显的 3 脉；第 2 外稃较第 1 外稃短 1/5~1/4，2 深裂至中部，裂齿间伸出长 8~12mm 之芒，芒在中部以下膝曲；有柄小穗通常稍小于无柄小穗，无芒或具短直芒。花果期 6—11 月。

全区各地常见。生于海拔 1000m 以下的溪沟边、田边湿地或山坡灌草丛。分布于东亚。

本区还有其变种鸭嘴草 var. *glaucum*（Honda）T. Koyama，与原种的区别在于：鸭嘴草无柄小穗无芒或有短直芒，小穗节间与小穗柄外侧边缘粗糙。见于官埔垟、均益等地。

52 细柄草属 *Capillipedium* Stapf

多年生草本。秆常丛生，细弱或较坚硬，实心。圆锥花序具1~2回分枝，由多数1~5节的总状花序组成；小穗背腹压扁，孪生，一无柄，一有柄；无柄小穗含2小花，第1小花中性，第2小花两性；有柄小穗雄性或中性；穗轴节间与小穗柄纤细；第1颖革质兼硬纸质，边缘内折成2脊，第2颖舟形；第1外稃透明膜质；第2外稃退化成条形，先端延伸成一膝曲之芒；雄蕊3或完全退化。

约14种，主要分布于亚洲热带、大洋洲和非洲东部。本区有2种。

分种检索表

1. 秆细弱，质柔软；叶片条形；有柄小穗等长或短于无柄小穗 ······················ 1. 细柄草 *C. parviflorum*
1. 秆较粗壮，质坚硬；叶片条状披针形；有柄小穗略长于无柄小穗 ··············· 2. 硬秆子草 *C. assimile*

1. 细柄草

Capillipedium parviflorum（R. Br.）Stapf

多年生草本。秆细弱，高30~100cm，直立或基部倾斜，单生或稍分枝。叶片扁平，条形，长10~20cm，宽2~7mm。圆锥花序长5~25cm，通常紫色；分枝及小枝纤细，枝腋间均具细柔毛；无柄小穗长3~5mm，被粗糙毛，基盘被白色长柔毛，具1~1.5cm的细芒；有柄小穗和无柄小穗等长或略短于无柄小穗，无芒；第1颖坚纸质，边缘内折成2脊，脊上部具糙毛；第2颖舟形，背面具钝圆的脊；第1外稃透明膜质，无脉；第2外稃退化成条形，先端延伸成一膝曲之芒。花果期7—11月。

全区各地常见。生于海拔1100m以下的田边、路边灌草丛或山坡疏林下。分布于亚洲、大洋洲。

2. 硬秆子草

Capillipedium assimile（Steud.）A. Camus

多年生草本。秆坚硬，高 0.7~1.5m；叶鞘疏松裹茎，常长于节间。叶片条状披针形，长 6~15cm，宽 3~7mm，具白粉。圆锥花序长 6~20cm，分枝簇生，与小枝腋间均具细柔毛；穗轴节间和小穗柄均具长纤毛；无柄小穗长 2~3mm；第 1 颖先端钝，具 4~6 不明显的脉；第 2 颖与第 1 颖等长，具 3 脉；第 1 外稃长圆形，长约为第 1 颖长的 2/3；第 2 外稃线形，先端延伸成一膝曲之芒，芒长约 10mm；有柄小穗雄性，长于无柄小穗，无芒，两颖上部边缘均具纤毛。花果期 7 — 11 月。

见于官埔垟及保护区外围梅地、瑞垟等地。生于海拔 800m 以下的山坡灌草丛或田边草丛。分布于东亚至南亚。

53 菅属 *Themeda* Forssk.

多年生草本。秆粗壮。叶片条形，长而狭。假圆锥花序复合或单纯，由数枚短总状花序所组成，每一总状花序基部有一佛焰苞，单生或成束生于叶腋；小穗圆柱形，孪生，总状花序基部的两对小穗为同性对（无柄小穗和有柄小穗均为雄性），其余 1~3 对小穗为异性对（无柄小穗为两性，有柄小穗为雄性或中性）；两性小穗通常具长芒，稀无芒，基盘生有棕色柔毛；雄蕊 3。颖果线状倒卵形，具沟。

共 27 种，分布于东半球的热带和亚热带地区，主产于亚洲。本区有 2 种。

分种检索表

1. 植株较高大，秆下部直径 5mm 以上；总状花序由 9~11 枚小穗组成，总苞状小穗着生在不同水平面上 ……………………………………………………………………… 1. 苞子草 *T. caudata*

1. 植株较矮小，秆下部直径 5mm 以下；总状花序由 7 枚小穗组成，总苞状小穗着生在同一水平面上 …… ……………………………………………………………………… 2. 黄背草 *T. triandra*

1. 苞子草

Themeda caudata（Nees）A. Camus

多年生草本。秆丛生，粗壮，高 1~3m，下部直径超过 5mm。叶鞘在秆基套叠，具脊；叶片条形，长 20~80cm，宽 0.5~1cm。大型假圆锥花序，由带佛焰苞的总状花序组成，佛焰苞长 2.5~5cm；总状花序由 9~11 小穗组成，下方 2 对小穗不着生在同一水平面；总苞状小穗条状披针形，长 1.2~1.5cm；无柄小穗圆柱形，略短；第 1 颖革质，几全包同质的第 2 颖；第 1 外稃披针形，边缘具睫毛或流苏状；第 2 外稃退化为芒基，芒长 2~8cm，芒柱粗壮而旋扭；有柄小穗形似总苞状小穗，雄性或中性。颖果长圆形，长约 5mm。花果期 10 — 11 月。

见于保护区外围屏南百步等地。生于海拔 800m 以下的溪边或山脚灌草丛。分布于东亚、东南亚、南亚。

2. 黄背草

Themeda triandra Forssk.—— *T. japonica*（Willd.）Tanaka

多年生草本。秆直立，高 0.6~1.2m，下部直径 5mm 以下。叶鞘紧密裹茎，通常具硬疣基毛；叶舌长 1~2mm，先端具小纤毛；叶片条形，长 15~40cm，宽 4~5mm，背面通常粉白色，基部生硬疣基毛。假圆锥花序较狭窄，长 30~40cm；总状花序长 15~20mm，具长 2~3mm 之花序梗，其下托以长 2.5~3cm 之佛焰苞；基部总苞状的雄性小穗位于同一平面上，似轮生；第 1 颖背面上方通常被硬疣基毛；上部的 3 枚小穗中，2 枚为雄性或中性，有柄而无芒，1 枚为两性，无柄而有芒；两性小穗纺锤状圆柱形，长 8~10mm，基盘具长 2~5mm 的棕色柔毛。花果期 7—11 月。

见于保护区外围大赛。生于海拔 500m 以下的山坡灌草丛。分布于亚洲、大洋洲。

54 蜈蚣草属 *Eremochloa* Buse

多年生草本。秆直立或匍匐。叶片条形，扁平。总状花序压扁，单生于秆顶。小穗单生；有柄小穗退化仅留柄的痕迹；无柄小穗背腹压扁，含 2 小花，第 1 小花雄性，第 2 小花两性或雌性，无芒，覆瓦状排列于穗轴的一侧；穗轴迟缓断落，节间呈棍棒状；第 1 颖宽阔，硬纸质，边缘内折，具 2 脊，第 2 颖略呈舟形，具 3 脉；稃片膜质；雄蕊 3；颖果长圆形。

7 种，分布于印度至东亚和大洋洲。本区有 1 种。

假俭草

Eremochloa ophiuroides（Munro）Hack.

多年生草本，具贴地而生的横走匍匐茎。秆斜升，高达 10cm。叶鞘压扁，密集生，鞘口常具短毛；叶片条形，扁平，先端钝，长 3~12cm，宽 2~6mm。总状花序直立或稍作镰刀状弯曲，长 4~6cm，宽约 2mm；穗轴节间压扁，略呈棍棒状；无柄小穗长圆形，长约 4mm；第 1 颖与小穗等长，具 5~7 脉；第 2 颖略呈舟形，厚膜质，具 3 脉；第 1 外稃长圆形，几等长于颖，内稃等长于外稃而较窄；第 2 外稃短于第 1 外稃，具较窄之内稃。花果期 7—11 月。

见于南溪口及保护区外围垟栏头等地。生于海拔 800m 以下的路边荒地或田边草丛。分布于东亚、东南亚。

优良的草坪草；也可作牧草。

55 薏苡属 *Coix* L.

一年生或多年生草本。秆高大，分枝。叶片长而宽。总状花序多数，成束由叶腋抽出；小穗单性，雄小穗含 2 小花，2 或 3 枚生于穗轴各节，其中 1 无柄，其余有柄；颖片具较明显的脉，草质；雌小穗生于总状花序的基部，包藏于骨质念珠状的总苞内，2 或 3 枚生于一节，其中仅 1 枚发育，其余均退化；孕性雌小穗的第 1 颖下部膜质，上部厚纸质，第 2 颖舟形，为第 1 颖所包。

4 种，分布于亚洲热带地区。本区有 1 种。

薏苡　菩提子

Coix lacryma-jobi L.—— *C. lacryma-jobi* var. *maxima* Makino

多年生草本。秆粗壮，直立，高 1~2m，多分枝。叶鞘光滑，上部者短于节间；叶片条状披针形，长 20~30cm，宽 1~3cm。总状花序多数，成束生于叶腋，长 5~8cm，具花序梗；小穗单性，雌小穗长 7~10mm，总苞骨质，念珠状，圆球形；第 1 颖具 10 脉，第 2 颖舟形；第 1 外稃略短于颖，内稃缺；第 2 外稃稍短于第 1 外稃，具 3 脉，较外稃小，具 3 枚退化雄蕊；无柄雄小穗长 6~8mm；颖草质，第 1 颖扁平，多脉，第 2 颖舟形，具多脉；外稃与内稃均为膜质；雄蕊 3；有柄雄小穗与无柄雄小穗相似，但较小或退化。花果期 8 — 11 月。

龙南下庄及屏南里洒等地有栽培或逸生。生于村庄旁溪沟边。原产于亚洲热带地区。

总苞坚硬，美观，按压不破，有光泽而平滑，用于制作佛珠或门帘；颖果小，质硬，淀粉少，不堪食用。

56 玉蜀黍属 *Zea* L.

一年生草本。秆高大，直立。花单性，雌雄同株异序；雄花序顶生，圆锥状；雌花序腋生，穗状，具短花序梗，外包有多数鞘状苞片；雄小穗含 2 小花，孪生于三棱形的花序分枝上，一无柄，一具短柄；颖膜质，先端尖；外稃与内稃均为透明膜质；雄蕊 3；雌小穗密集成纵行，排列于粗壮海绵状之穗轴上，含 2 小花，第 1 小花不育；颖宽广，顶端圆形或微凹；外稃透明膜质；雌蕊具细弱而极长之花柱。颖果成熟后超出颖片和稃片。

5 种，4 种野生于中美洲，1 种广泛栽培。本区引种 1 种。

玉米　玉蜀黍

Zea mays L.

一年生草本。秆高 1~4m，通常不分枝，基部各节具气生支柱根。叶鞘具横脉；叶片宽大，长披针形，长 50~90cm，宽 3~12cm，边缘波状皱褶，具强壮之中脉。雄性小穗长 7~10mm；两颖几等长，背部隆起，具 9~10 脉；外稃与内稃几与颖等长；花药橙黄色，长 4~5mm；雌小穗孪生，成 16~30 行排列于粗壮而呈海绵状的穗轴上；两颖等长，甚宽，无脉而具纤毛；第 1 外稃内具内稃或缺；第 2 外稃似第 1 外稃，具内稃；雌蕊具极长而细弱之花柱。成熟的果穗（玉米棒）长 10~30cm，直径 5~10cm；颖果略呈扁球形，成熟后超出颖片或稃片，黄色、白色或黑色。花果期 5—10 月。

保护区周边常有栽培。原产于美洲，全世界热带和温带广泛栽培。

本种是重要的粮食作物之一，谷粒营养成分比较全面，可供食用，也是各种家畜的优质饲料，亦可酿酒；秆、叶可作为青饲料，亦可造纸；干燥的花柱（玉米须）药用，有降血糖作用，适用于糖尿病患者辅助治疗，亦有利尿、消水肿的作用。

一四四 姜科 Zingiberaceae

多年生草本，稀一年生。通常具有芳香、横走或块状的根状茎。茎直立，稀无，基部通常具鞘。叶基生或茎生，通常2列排列，少数螺旋状排列；叶片较大，常为披针形或椭圆形；叶鞘闭合或不闭合，顶端有明显的叶舌。花单生，或组成穗状、总状、圆锥花序，生于具叶的茎上或单独由根状茎发出；花常为两性，两侧对称，具苞片；花被片6，2轮，外轮萼状，常合生成管，内轮花冠状，基部合生成管状，上部具3裂片，通常位于后方的1花被裂片较两侧的大；退化雄蕊2或4，外轮的2枚为侧生退化雄蕊，呈花瓣状，内轮的2枚连合成1唇瓣，极稀无；能育雄蕊1，花丝具槽，花药2室；子房下位，胚珠通常多数，倒生或弯生，花柱1，丝状，柱头漏斗状，具缘毛；子房顶部有2枚蜜腺，或无蜜腺，为陷入子房的隔膜腺。蒴果，室背开裂或不规则开裂，或肉质不开裂成浆果状；种子圆形或有棱角，有假种皮，胚直，胚乳丰富。

约50属，1300种，分布于全世界热带、亚热带地区，主产于亚洲热带。本区有2属，3种。

山姜 *Alpinia japonica* (Thunb.) Miq.
蘘荷 *Zingiber mioga* (Thunb.) Rosc.
绿苞蘘荷 *Zingiber viridescens* Z. H. Chen, G. Y. Li et W. J. Chen

分属检索表

1. 花序生于有叶的茎顶；侧生退化雄蕊小，齿状或钻状，常仅基部与唇瓣合生 ……… 1. 山姜属 *Alpina*
1. 花序生于由根状茎或叶鞘发出的花序梗上；侧生退化雄蕊较小，与唇瓣合生而似唇瓣的侧裂片状 ………………………………………… 2. 姜属 *Zingiber*

1 山姜属 *Alpina* Roxb.

多年生草本。根状茎横生。叶片长圆形或披针形。花序通常为顶生的圆锥花序、总状花序或穗状花序；总苞片早落；苞片及小苞片有或无；小苞片扁平、管状，或有时包围着花蕾；花萼陀螺状，管状，常浅3裂，复又一侧开裂；花冠管与花萼等长或较长，裂片长圆形，通常后方的1裂片较大，兜状，两侧的较狭；侧生退化雄蕊缺或极小，呈齿状、钻状，且常与唇瓣的基部合生；唇瓣比花冠裂片大，显著，常有美丽的色彩，有时顶端2裂；花丝扁平，药室平行，纵裂，药隔有时具附属物；子房3室，胚珠多数。蒴果，干燥或肉质，通常不开裂或不规则开裂，或3裂。种子多数，有假种皮。

约230种，主要分布于亚热带地区。本区有1种。

山姜

Alpinia japonica（Thunb.）Miq.

多年生草本。株高 35~70cm。根状茎横走，分枝，有节，节上具鳞片状叶。叶通常 2~5；叶片披针形，倒披针形或狭长椭圆形，长 16~29cm，宽 4~7cm，先端渐尖，顶端具小尖头，两面（尤其在叶背）被短柔毛；叶柄近无或长达 2cm；叶舌 2 裂，长约 2mm，被短柔毛。总状花序顶生，长 15~30cm，花序梗密生茸毛；总苞片披针形，长约 9cm，开花时脱落；小苞片极小，早落；花通常 2 朵聚生，在 2 花之间常有退化的小花残迹可见；小花梗长约 2mm；花萼棒状，长 1~1.2cm，被短柔毛，顶端 3 齿裂；花冠管长约 1cm，被小疏柔毛，花冠裂片长圆形，长约 1cm，外被茸毛，后方的裂片兜状；侧生退化雄蕊狭条形，长约 5mm；唇瓣卵形，宽约 6mm，白色而具红色脉纹，顶端 2 裂，边缘具不整齐缺刻；雄蕊长 1.2~1.4cm；子房密被茸毛。果球形或椭圆球形，直径 1~1.5cm，被短柔毛，熟时橙红色，顶有宿存的花萼筒。种子多角形，长约 5mm，有樟脑味。花期 5—6 月，果期 10—12 月。

区内常见。生于海拔 800m 以下的林下阴湿地、山谷溪边。分布于东亚。

2 姜属 *Zingiber* Boehm.

多年生草本。根状茎肉质，块状，有辛辣味。茎直立。叶片披针形或椭圆形，无柄。穗状花序球果状，后叶而出，生于由根状茎抽出的花序梗上；总苞片多数，鳞片状；苞片卵形至披针形，覆瓦状排列，宿存；花通常单生于苞片内；小苞片佛焰苞状；花萼筒圆筒状，顶端 3 裂；花冠筒长于苞片，裂片披针形，后方 1 裂片常较大；侧生退化雄蕊较小，与唇瓣合生，似唇瓣的侧裂片状，稀缺，唇瓣先端微凹或 2 裂；能育雄蕊的花丝极短，药室基部无距，药隔顶端具长喙状的附属物；子房 3 室，每室具多数胚珠。蒴果卵形至长圆形，室背开裂或不规则开裂。种子黑色，有假种皮。

100~150 种，分布于亚洲热带、亚热带地区。本区有 2 种。

分种检索表

1. 苞片红色，具紫色脉纹；上部的叶舌长 1cm 以上；地下茎节间长 ························ **1. 蘘荷 *Z. mioga***
1. 苞片绿色；上部的叶舌长不超过 0.8cm；地下茎节间短 ························ **2. 绿苞蘘荷 *Z. viridescens***

1. 蘘荷

Zingiber mioga（Thunb.）Rosc.

多年生草本。根状茎不明显，根末端膨大成块状。茎高 60~120cm。叶片披针形或披针状椭圆形，长 16~35cm，宽 3~6cm，先端尾尖，基部楔形，两面无毛，或下面中脉基部被稀疏的长柔毛；叶柄长 0.5~1.7cm，或无柄；叶舌膜质，2 裂，下部的长约 1.2cm，上部的长约 1cm。穗状花序椭圆形，长 5~7cm；花序梗无或明显；苞片椭圆形，红色，具紫色脉纹；花萼长 2.5~3cm，一侧开裂；花冠筒较萼长，裂片披针形，后方 1 裂片稍宽，长约 2.5cm，宽约 7mm，淡黄色；侧生退化雄蕊较小，与唇瓣合生，侧裂片长约 1.3cm；唇瓣卵形，中部黄色，边缘白色；花药、药隔附属物均长约 1cm。蒴果倒卵球形，熟时 3 瓣裂，内果皮鲜红色。种子椭圆球形，黑色，被白色假种皮。花期 7—8 月，果期 9—11 月。

全区常见。生于林缘阴湿处、水沟边阴湿地带。分布于东亚。

根状茎入药；花可作蔬菜。

2. 绿苞蘘荷

Zingiber viridescens Z. H. Chen, G. Y. Li et W. J. Chen

多年生草本，高 0.4~0.8m，地上部分丛生。根状茎缩短，节间长不及 1cm，淡黄色。叶片披针状椭圆形或条状披针形，长 12~25cm，宽 3~4.5cm，先端渐尖，基部楔形，两面无毛；叶柄长 5~15mm，或无柄；叶舌膜质，上部的长不足 1cm。穗状花序长 5~7cm；花序梗长 1~5cm，具披针形鳞片状的鞘；苞片覆瓦状排列，狭椭圆形或披针形，绿色；花萼长 2.5~3cm，一侧开裂；花冠管较花萼长，裂片披针形，后方 1 片稍宽，长约 3cm，宽约 8mm，白色或中央带黄色，稀黄色；侧生退化雄蕊较小，与唇瓣合生；唇瓣卵形，常 3 裂，中央裂片长约 2.5cm，宽约 1.8cm，先端圆钝或急尖，全缘或有时缺裂状，白色或淡黄色，侧裂片小得多，形状、大小多变，有时缺；花药长约 1cm，药隔附属物长约 1cm。蒴果倒卵球形，熟时 3 瓣裂，果皮内面鲜红色。种子椭圆球形，黑色，被白色假种皮。花果期 7—10 月。

见于炉岙、大田坪、均益、横溪、烧香岩、龙案等地。生于林下沟边或潮湿地带。我国特有，分布于华东等地。

一四五　美人蕉科 Cannaceae

多年生直立草本。有块状的根状茎。叶大，互生；叶片常宽椭圆形至长圆形，有明显的羽状平行脉，具叶鞘和叶柄，无叶舌。花两性，大而美丽，不对称，排成顶生的穗状花序、总状花序或狭圆锥花序；总苞片佛焰苞状，每一苞片内通常有2花，或每一苞片内含1花而下部的花退化殆尽；萼片3，绿色，宿存；花瓣3，萼状，通常披针形，下部合生成管状；退化雄蕊3或4，花瓣状，下部与花冠筒合生，外轮的3（有时2或无），较大，内轮的1枚雄蕊较狭，外反，称为唇瓣；能育雄蕊的花丝亦增大成花瓣状，多少旋卷，一侧边缘有1仅1室的花药；子房下位，3室，每室具胚珠多颗；花柱扁平或棒状。果为蒴果，3瓣裂，多少具3棱，有小瘤体或柔刺。种子球形。

1属，55种，分布于亚热带和美洲热带地区。本区常见栽培2种。

美人蕉 *Canna indica* L.　　　紫叶美人蕉 *Canna warszewiczii* A. Dietr.

 美人蕉属 *Canna* L.

属的特征、分布与科同。

分种检索表

1. 茎、叶全部绿色，不被粉霜；子房绿色 ………………………… 1. 美人蕉 *C. indica*
1. 茎、叶片两面暗紫色或古铜色，被蜡质粉霜；子房深红色 ………… 2. 紫叶美人蕉 *C. warszewiczii*

1. 美人蕉

Canna indica L.

植株体高1~2m。茎、叶绿色。叶片长圆形，长10~40cm，宽5~15cm，先端渐尖，基部渐狭。总状花序略超出叶片；总苞片绿色，长10~15cm，苞片绿白色，宽卵形，长1~2cm，花单生或孪生于苞片内；小苞片稍长于子房；萼片披针形，长1~1.5cm；花冠筒稍短于花萼，裂片稍带红色，披针形，长3~4cm；外轮退化雄蕊3或2，鲜红色，其中2枚倒披针形，长3.5~4cm，宽5~7cm，另1枚如存在，则特别小，长约15mm，宽约1mm；唇瓣倒披针形，较狭，先端钝或微凹；能育雄蕊半倒披针形，花药长6~10mm；子房卵球形，绿色，密生小疣状凸起，花柱稍高出能育雄蕊。花果期夏、秋季。

原产于印度。区内常栽培于村庄附近或路边。

供观赏。

2. 紫叶美人蕉

Canna warszewiczii A. Dietr.

植株体高1.5~2m。茎、叶被蜡质白粉，全部染紫色。叶片椭圆状卵形或长圆形，长25~60cm，宽15~30cm，先端渐尖，基部圆钝或宽楔形。总状花序超出叶片；总苞片紫色，长10~15cm，苞片卵形至长圆形，带紫色，长2~2.5cm，花常孪生于苞片内；小苞片长于子房；萼片长圆状披针形，带紫色，长1.2~1.8cm；花冠筒稍短于花萼，裂片披针形，橘黄色稍带淡紫色，长4~5cm；外轮退化雄蕊3，倒披针形，近等大或后方1枚稍小，橙红色，长7~8cm，宽1~1.5cm；唇瓣与外轮退化雄蕊同形，稍小，先端2浅裂；能育雄蕊半倒披针形，花药长约1.2cm；子房圆球形，绿色，密生小疣状凸起，花柱带橙红色，与能育雄蕊近等长。花果期夏、秋季。

原产于南美洲，各地常有栽培。区内常栽培于村庄附近。

供观赏。

一四六　雨久花科 Pontederiaceae

一年生或多年生水生草本。具根状茎或匍匐茎，根状茎通常有分枝。叶挺水、浮水或沉水，具平行脉或弧状脉；叶柄基部膨大成鞘；常具托叶。花序为顶生的总状、穗状或聚伞状圆锥花序，生于佛焰苞状叶鞘的腋部；花两性，辐射对称或两侧对称；花被片 6，排成 2 轮，花瓣状，蓝色、淡紫色、白色，很少黄色，分离或下部连合成筒；雄蕊常为 6，2 轮，稀为 3 或 1 轮，少有 1 雄蕊者则位于内轮的近轴面；花丝细长，分离，贴生于花被筒上，有时具腺毛；花药内向，2 室，纵裂，稀为顶孔开裂；子房上位，3 室，中轴胎座，或为 1 室而具 3 侧膜胎座；胚珠 1 至多数，倒生。果为蒴果，室背开裂，或为小坚果。种子卵球形，具纵肋，胚乳含丰富淀粉粒，胚为狭条形直胚。

6 属，约 40 种，广泛分布于热带和亚热带地区。本区有 1 属，1 种。

鸭舌草 *Monochoria vaginalis*（Burm. f.）C. Presl ex Kunth

雨久花属 *Monochoria* C. Presl

多年生沼泽或水生草本。茎直立或斜升，从根状茎发出。叶基生或单生于茎枝上，具长柄；叶片形状多变化，具弧状脉。花排列成总状花序或近伞状花序，从最上部的叶鞘内抽出，基部托以鞘状总苞片，近无梗或具短梗；花被片 6，深裂几达基部，白色、淡紫色或蓝色，中脉绿色，开花时开展，后螺旋状扭曲，内轮 3 枚较宽；雄蕊 6，着生于花被片的基部，较花被片短，其中 1 枚雄蕊较大，其花丝的一侧具斜生的裂齿，花药较大，蓝色，其余 5 枚相等，具较小的黄色花药，花药基部着生，顶孔开裂；子房 3 室，每室具多数胚珠。蒴果室背开裂成 3 瓣。种子小，多数。

8 种，分布于热带和亚热带的非洲、亚洲，以及澳大利亚。本区有 1 种。

鸭舌草

Monochoria vaginalis（Burm. f.）C. Presl ex Kunth

水生草本。根状茎极短，具柔软须根。茎直立或斜升，高达 20cm，或可更高。全株光滑无毛。叶基生和茎生；叶片心状宽卵形、长卵形至披针形，长 2~7cm，宽 0.8~5cm，顶端短突尖或渐尖，基部圆形或浅心形，全缘，具弧状脉；叶柄长 10~20cm，基部扩大成开裂的鞘，鞘长 2~4cm，顶端有舌状体，长 7~10mm。总状花序从叶柄中部抽出，在花期直立，果期下弯；花序梗短，长 1~1.5cm，基部具 1 披针形苞片；花通常 3~5 朵，蓝色；花被片卵状披针形或长圆形，长 10~15mm；花梗长不及 1cm；雄蕊 6，花药 1 大而 5 较小，花丝丝状。蒴果卵球形至长圆球形，长约 1cm。种子多数，椭圆球形，灰褐色，具 8~12 纵条纹。花期 6—9 月，果期 7—10 月。

区内及外围均常见。生于水田或沼泽地中。分布于东亚、东南亚至南亚。

民间全草入药。

一四七　百合科 Liliaceae

多年生草本，通常具根状茎、块茎或鳞茎，稀为亚灌木、灌木或乔木状。叶基生或茎生，后者多为互生，较少为对生或轮生，通常具弧形平行脉，稀具网状脉。花两性，稀为单性异株或杂性，通常辐射对称，稀稍两侧对称；花被片通常 6，离生或不同程度地合生；雄蕊通常与花被片同数，花丝离生或贴生于花被筒上；花药基着或“丁”字形着生；药室 2，纵裂，较少汇合成 1 室而为横缝开裂；心皮 3，合生或不同程度地离生，子房上位，稀半下位或下位，通常 3 室，中轴胎座，稀 1 室而具侧膜胎座，每室具 1 至多数倒生胚珠。果实为蒴果或浆果，稀为坚果。种子具丰富的胚乳，胚小。

约 350 属，约 4400 种，广布于全世界，特别是温带和亚热带地区。本区有 19 属，35 种。

无毛粉条儿菜 ***Aletris glabra*** Bur. et Franch.
短柄粉条儿菜 ***Aletris scopulorum*** Dum
粉条儿菜 ***Aletris spicata***（Thunb.）Franch.
藠头 ***Allium chinense*** G. Don
葱 ***Allium fistulosum*** L.
宽叶韭 ***Allium hookeri*** Thweites
薤白 ***Allium macrostemon*** Bunge
蒜 ***Allium sativum*** L.
韭 ***Allium tuberosum*** Rottler ex Spreng.
天门冬 ***Asparagus cochinchinensis***（Lour.）Merr.
九龙盘 ***Aspidistra lurida*** Ker Gawl.
开口箭 ***Campylandra chinensis***（Baker）M. N. Tamura, S. Yun Liang et Turland
云南大百合 ***Cardiocrinum giganteum***（Wall.）Makino var. ***yunnanense***（Leichtlin ex Elwes）Stearn
少花万寿竹 ***Disporum uniflorum*** Baker
黄花菜 ***Hemerocallis citrina*** Baroni
萱草 ***Hemerocallis fulva***（L.）L.
野百合 ***Lilium brownii*** F. E. Br. ex Miellez
百合（变种）var. ***viridulum*** Baker
卷丹 ***Lilium tigrinum*** Ker Gawl.
禾叶山麦冬 ***Liriope graminifolia***（L.）Baker
阔叶山麦冬 ***Liriope muscari***（Decne.）L. H. Bailey
山麦冬 ***Liriope spicata*** Lour.
石蒜 ***Lycoris radiata***（L'Her.）Herb.
鹿药 ***Maianthemum japonicum***（A. Gray）LaFrankie
沿阶草 ***Ophiopogon bodinieri*** H. Lév.
间型沿阶草 ***Ophiopogon intermedius*** D. Don
麦冬 ***Ophiopogon japonicus***（Thunb.）Ker Gawl.
阴生沿阶草 ***Ophiopogon umbraticola*** Hance
华重楼 ***Paris polyphylla*** Sm.var. ***chinensis***（Franch.）H. Hara
狭叶重楼（变种）var. ***stenophylla*** Franch.
多花黄精 ***Polygonatum cyrtonema*** Hua
长梗黄精 ***Polygonatum filipes*** Merr. ex C.Jeffrey et McEwan
吉祥草 ***Reineckea carnea***（Andrews）Kunth
万年青 ***Rohdea japonica***（Thunb.）Roth
油点草 ***Tricyrtis macropoda*** Miq.
绿花油点草 ***Tricyrtis viridula*** Hr. Takahashi
牯岭藜芦 ***Veratrum schindleri*** O. Loes.

分属检索表

1. 子房上位或半下位。
  2. 植株具或长或短的根状茎，不具鳞茎。
    3. 小枝特化成条状的绿色叶状枝；叶退化为鳞片状……………………………………1. 天门冬属 *Asparagus*
    3. 枝、叶发育正常。
      4. 叶4至多枚轮生；花单生于顶端；花4至多数……………………………………………2. 重楼属 *Paris*
      4. 叶和花均非上述情况。
        5. 叶基生、近基生，或茎生叶不发达。
          6. 花序仅具1朵花；花序梗自根状茎抽出，极短，花贴近地面………3. 蜘蛛抱蛋属 *Aspidistra*
          6. 花序具多数花，排列成各种花序；花序梗自叶丛中抽出。
            7. 穗状花序；浆果。
              8. 根状茎细长，匍匐于地面或浅土中；每隔一段距离向上发出叶簇；花序非肉质；雄蕊伸出花被外 ……………………………………………………………………4. 吉祥草属 *Reineckia*
              8. 根状茎粗壮，直生或横生；花序多少带肉质；雄蕊藏于花被中。
                9. 苞片通常长于花；花被裂片明显，开展，先端尖 ………… 5. 开口箭属 *Campylandra*
                9. 苞片短于花；花被裂片不明显，内弯，先端圆钝 ……………… 6. 万年青属 *Rohdea*
            7. 花序不为穗状花序；蒴果，稀为浆果。
              10. 花葶上具无花的苞片；蒴果或浆果，果实未成熟时不开裂，成熟种子不为小核果状。
                11. 花小，黄绿色或白色；花被片与子房贴生；子房半下位 …… 7. 粉条儿菜属 *Aletris*
                11. 花大，淡黄色至橘红色；花被片与子房分离；子房上位 … 8. 萱草属 *Hemerocallis*
              10. 花葶上不具无花的苞片；果实未成熟时即开裂，成熟种子为小核果状。
                12. 花葶通常近圆柱形；花直立；子房上位………………………………9. 山麦冬属 *Liriope*
                12. 花葶通常扁平；花下垂；子房半下位……………………… 10. 沿阶草属 *Ophiopogon*
        5. 叶茎生。
          13. 花被片大部分合生 ……………………………………………………………11. 黄精属 *Polygonatum*
          13. 花被片分离或仅基部稍合生。
            14. 果为蒴果 ……………………………………………………………………… 12. 油点草属 *Tricyrtis*
            14. 果为浆果。
              15. 花小，花被片长约3mm，基部非囊状或距状…………………13. 舞鹤草属 *Maianthmum*
              15. 花大，花被片长2~3cm，基部囊状或距状…………………… 14. 万寿竹属 *Disporum*
  2. 植株具鳞茎，鳞茎膨大成球形或不显著膨大。
    16. 伞形花序，未开花前为膜质的总苞包裹；植株绝大多数有葱蒜味 ……………… 15. 葱属 *Allium*
    16. 总状、圆锥状或近伞房状花序；植株无葱蒜味。
      17. 鳞茎近圆柱状；花序为圆锥花序；花药肾形，1室，横裂 ……………… 16. 藜芦属 *Veratrum*
      17. 鳞茎卵形或圆球形；花序为总状或近伞房花序；花药椭圆球形，2室，纵裂。
        18. 叶片卵状心形，具网状脉 …………………………………… 17. 大百合属 *Cardiocrinum*
        18. 叶片椭圆形至条形，具平行脉 ……………………………………… 18. 百合属 *Lilium*
1. 子房下位；植株具鳞茎；花茎上无叶；花或花序下部具佛焰苞状总苞 …………… 19. 石蒜属 *Lycoris*

1 天门冬属 *Asparagus* L.

多年生草本或亚灌木。根状茎粗短，常具肉质或纺锤状的块根。茎直立或攀援，多分枝，小枝近叶状，在茎、分枝和叶状枝上有时有透明的乳凸状细齿。叶退化成鳞片状，基部多少延伸成距或刺。花小，每1~4朵腋生，或多朵排成总状花序或伞形花序，两性或单性；花梗具关节；花被片6，离生，稀基部稍合生；雄蕊常着生于花被片基部，花丝全部离生；花药矩圆形，背着或近背着，内向纵裂；子房3室；花柱明显，柱头3裂。浆果球形。种子1至几粒。

约300种，除美洲外，全世界温带至热带地区都有分布。本区有1种。

天门冬

Asparagus cochinchinensis（Lour.）Merr.

攀援植物。根在中部或近末端呈纺锤状膨大。茎平滑，常弯曲或扭曲，长可达1~2m，分枝具棱或狭翅。叶状枝通常每3枚成簇，扁平或由于中脉龙骨状而略呈锐三棱形，稍镰刀状，长1~4cm，宽1~2mm。鳞片状叶膜质，主枝上的基部延伸为长2.5~3.5mm的硬刺，分枝上的刺较短或不明显。花淡绿色，通常2朵簇生于腋生，单性，雌雄异株；花梗长2~6mm，中部或中下部具关节；雄花被片椭圆形，长2.5~3mm, 花丝不贴生于花被片上；雌花与雄花近等大。浆果直径6~7mm，熟时红色。种子1粒。花期5—6月，果期8—10月。

见于双溪及保护区外围小梅金村等地。生于海拔500~1000m的林缘。分布于东亚、东南亚。

块根入药。

2 重楼属 *Paris* L.

多年生草本。根状茎肉质，圆柱状。茎直立，不分枝，基部具1~3枚膜质鞘。叶通常4至多枚，极少3枚，轮生于茎顶部；叶片具3主脉和网状支脉。花单生于茎顶端；花梗似为茎的延续；花被片离生，每轮通常4~6枚，外轮通常叶状，绿色，稀花瓣状，内轮条形，稀缺；雄蕊与花被片同数；花丝扁平，花药条形或短条形，基着，侧向纵裂；子房上位，4~10室，顶端具盘状花柱基或不具，花柱具4~10分枝。蒴果或浆果状蒴果。

约24种，分布于欧洲和亚洲温带、亚热带地区。本区有七叶一枝花 *Paris polyphylla* 的2个变种。

华重楼

Paris polyphylla Sm. var. **chinensis**（Franch.）Hara

根状茎粗壮，直径达~2.5cm，密生多数环节。茎通常带紫红色，高1~1.5m。叶通常6~8枚轮生；叶片长圆形或倒卵状长圆形，长7~15cm，宽2.5~5cm，先端短尖或渐尖，基部圆形或宽楔形；叶柄长0.5~3cm。花单生于茎顶；花梗长5~16cm；花被片每轮4~6枚，外轮绿色，狭卵状披针形，长3~7cm, 宽1~3cm, 内轮狭条形，稍短或近等长于外轮；花药长1~1.2cm，2倍于花丝长；子房近球形，具棱，花柱粗短，具（4）5分枝。蒴果近球形，紫色，具棱。种子具鲜红色多浆汁的外种皮。花期4—7月，果期8—11月。

见于官埔垟、炉岙、乌狮窟等地。生于海拔600~1800m的林下。分布于东亚、东南亚。块根入药。

为国家二级重点保护野生植物。

区内还有另一变种狭叶重楼 var. *stenophylla* Franch.，与华重楼的区别在于：其叶通常8~14枚轮生；内轮花被片远长于外轮花被片；花药长5~8mm, 与花丝近等长。见于炉岙、大田坪、凤阳湖、双溪等地，生于海拔1000~1500m的林下。为国家二级重点保护野生植物。

3 蜘蛛抱蛋属 *Aspidistra* Ker Gawl.

多年生常绿草本。根状茎横走，细长或粗短，节上有覆瓦状鳞片；纤维根通常密生绵毛。叶单生或2~4枚簇生于根状茎上；叶片卵形至带形，具细横脉；叶柄明显或不明显。花序仅具1花，花序梗从根状茎上长出，具2~8枚苞片；花肉质，紫色或带紫色，稀带黄色，钟状或坛状，顶端通常 6~8 裂；雄蕊与花被裂片同数，并与它对生，着生于花被筒基部；花丝很短或不明显；子房 3~4 室；柱头多数呈盾状膨大。浆果球形，通常具 1 颗种子。

约 55 种，产于亚洲亚热带与热带山地。本区有 1 种。

九龙盘

Aspidistra lurida Ker Gawl.

根状茎圆柱形，节上具鳞片。叶单生，彼此相距 0.5~3.5cm；叶片矩圆形披针形至矩圆状披针形，长 15~45cm，宽 2.5~10cm，先端渐尖，基部楔形或渐狭，两面绿色，有时多少具黄白色斑点；叶柄长 10~30cm。花序梗长 2.5~5cm；苞片 3~6 枚；花带紫色，肉质，近钟状，长 8~15mm，直径 5~10mm，花被片中上部以下合生，6~8（9）裂，裂片矩圆状三角形，先端钝，向外扩展，内面具 2~4 条不明显或明显的脊状隆起和多数小乳凸；雄蕊 6~8（9）枚，生于花被筒基部，花丝不明显，花药卵形；子房基部膨大，花柱无关节，柱头边缘波状浅裂，裂片边缘不向上反卷。花期 4 月。

见于炉岙等地。生于海拔 1000m 左右的山坡林下或沟旁。我国特有，分布于华东、华中、华南、西南。

根状茎入药。

4 吉祥草属 *Reineckia* Kunth

多年生草本。茎匍匐于地上，似根状茎，绿色，多节，顶端具叶簇；根聚生于叶簇的下面。花葶侧生，从下部叶腋抽出，直立，较短；花较多，排列成穗状花序；苞片卵状三角形，膜质，淡褐色或带紫色；花被片合生成短管状，上部 6 裂，裂片在开花时反卷，与花被管近等长；雄蕊 6，着生在花被管的喉部，花丝丝状，近基部贴生于花被筒上，花药背着，内向纵裂；子房上位，3 室，每室具 2 胚珠，花柱细长，柱头 3 裂。浆果球形。

仅 1 种，分布于东亚。本区也有。

吉祥草

Reineckea carnea（Andrews）Kunth

根状茎细长，蔓延于地面，每隔一段距离向上发出叶簇。叶每簇有 3~8 枚；叶片条形至披针形，长 10~38cm，宽 0.5~3.5cm，先端渐尖，下部渐狭成柄。花葶从叶腋抽出，长 5~15cm；穗状花序长 2~6.5cm；苞片膜质，长 5~7mm；花粉红色，芳香；花被片中部以下合生成短管状，裂片长圆形，长 5~7mm，先端钝，开花时反卷；雄蕊短于花柱，花丝丝状，花药近矩圆形；子房长约 3mm，花柱丝状。浆果直径 6~10mm，熟时鲜红色。花果期 7—11 月。

见于炉岙等地。生于海拔 1200m 左右的山谷林下。分布于东亚。

全株入药。

5 开口箭属 *Campylandra* Baker

多年生草本。根状茎粗厚，通常近直生。叶通常基生或聚生于短茎上，稀生于延长的茎上；叶片狭椭圆形至条形，下部渐狭成柄状，基部扩展，抱茎。花葶由叶丛中抽出；花钟状或圆筒状，排列成密集的穗状花序；苞片全缘或为流苏状；花被片 6，中部或中上部以下合生，喉部有时具向内扩展的环状体，裂片开展；雄蕊 6, 长于花柱，花药卵形，背着，内向纵裂；子房 3 室，花柱短或缺，柱头小，3 裂。浆果圆球形。

16 种，分布于亚洲，从斯里兰卡、印度、尼泊尔、不丹至我国。本区有 1 种。

开口箭

Campylandra chinensis (Baker) M. N. Tamura, S. Yun Liang et Turland——*Tupistra chinensis* Baker

根状茎圆柱形，多节，黄绿色。叶基生，4~8 枚；叶片近革质，倒披针形，条状披针形，长 15~65cm，宽 1.5~9.5cm，先端渐尖，基部渐狭。穗状花序长 2.5~9cm；

花序梗长 1~6cm；花黄色或黄绿色，肉质，钟状；苞片绿色，卵状披针形至披针形；花被筒长 2~2.5mm，裂片卵形，长 3~5mm，先端渐尖；花丝基部扩大，长 1~2mm，内弯，花药卵形；子房近球形，花柱不明显，柱头微 3 裂。浆果球形，直径 8~10mm，熟时紫红色。花期 4—6 月，果期 9—11 月。

见于大田坪、黄茅尖等地。生于海拔 1000m 以上的林下阴湿处、溪边。我国特有，分布于华东、华中、华南、西南、西北。

6 万年青属 *Rohdea* Roth

多年生草本。根状茎粗短，具许多纤维根，根上密生白色绵毛。叶基生，近 2 列套叠，成簇，向下部渐狭，柄不明显，基部稍扩大。花葶侧生，于叶腋抽出，直立或稍弯曲；穗状花序多少肉质，密生多花；苞片膜质，卵形；花被球状钟形，顶端 6 浅裂，裂片短，内弯，肉质；雄蕊 6，由于花丝大部分贴生于花被筒上，离生部分很短，故似着生于花被筒上端，花药背着，内向开裂；子房球形，3 室，每室具 2 胚珠；花柱不明显，柱头 3 裂。浆果球形，具单颗种子。

仅 1 种，分布于东亚。本区也有。

万年青

Rohdea japonica（Thunb.）Roth

根状茎粗 1.5~2.5cm。叶数枚，基生；叶片厚纸质，矩圆形、披针形或倒披针形，长 15~50cm，宽 2.5~7cm，先端急尖，基部稍狭。花葶短于叶；穗状花序长 3~4cm，直径 1.2~1.7cm，具几十朵密集的花；苞片卵形，膜质，短于花，长 2.5~6mm，宽 2~4mm；花肉质，淡黄色，花被片长 4~5mm，宽 6mm，裂片内弯，先端圆钝；雄蕊着生于花被筒上部至喉部，花丝不明显；花药卵形。浆果直径约 8mm，熟时红色。花期 5—6 月，果期 9—11 月。

见于炉岙、龙案等地。生于林下潮湿处或草地上，为栽培后逸生。分布于东亚。

根状茎入药；各地常有盆栽供观赏。

7 粉条儿菜属 *Aletris* L.

多年生草本。根状茎短。根纤细，稀肉质。叶通常基生，成簇，无明显叶柄；叶片条形或条状披针形。花葶从叶簇中抽出，通常具几枚由下而上渐小的苞片状叶；花小，钟形或坛状，单生于苞片腋内，排列成总状花序；小苞片微小；花被片 6，下部与子房合生，约从中部向上 6 裂；雄蕊 6，花丝短，花药基着；子房半下位，3 室；花柱短或长，具 3 裂的柱头。蒴果卵形、倒卵形或圆锥形，室背开裂，具多数细小的种子。

21 种，主要分布于亚洲东部和北美洲。本区有 3 种。

分种检索表

1. 花序轴、花梗、花被及蒴果均无毛 ………… 1. 无毛粉条儿菜 *A. glabra*
1. 花序轴、花梗、花被及蒴果均有腺毛。
  2. 花葶粗壮，高 30~60cm，总状花序具 15~50 朵花；小苞片位于花梗的近基部；根具膨大成米粒状的根毛 ………… 2. 粉条儿菜 *A. spicata*
  2. 花葶纤细，高 10~30cm，总状花序具 4~10 朵花；小苞片位于花梗的中下部；根无膨大成米粒状的根毛 ………… 3. 短柄粉条儿菜 *A. scopulorum*

1. 无毛粉条儿菜

Aletris glabra Bureau et Franch.

植株具细长的纤维根。叶基生，无柄；叶片条形或条状披针形，常对折，有时下弯，长 5~25cm，宽 0.5~1.7cm。花葶高 30~60cm，中下部有几枚长 1.5~5.5cm 的苞片状叶；总状花序长 7~25cm；花多，花序轴无毛，有黏性物质；苞片披针形，长于花；花梗长 1~3mm，无毛；小苞片位于花梗中上部；花粉白色，坛状，无毛；花被片中上部以下合生，裂片长椭圆形，长 3~4mm，膜质，有 1 条明显的绿色中脉；雄蕊着生于花被裂片的基部，花丝短，花药卵形或近球形。蒴果卵形，长 3~5mm，无毛。花期 5—6 月，果期 7—9 月。

见于黄茅尖等地。生于海拔 1800m 以上的山坡、路边、灌丛边或草地上。我国特有，分布于华东、华中、华南、西南、西北。

根可入药。

2. 粉条儿菜

Aletris spicata（Thunb.）Franch.

植株具多数须根，根毛局部膨大成米粒状，白色。叶基生，无柄；叶片条形，有时下弯，长10~25cm，宽3~4mm。花葶高30~60cm，有棱，密被腺毛，中下部有几枚长1.5~6.5cm的苞片状叶；总状花序长6~30cm，密被柔毛；苞片披针形，短于花；花梗极短，有毛；小苞片线形，位于花梗的近基部；花粉白色，近钟状，密被腺毛；花被片中上部以下合生，裂片披针形，长3~3.5mm；雄蕊着生于花被裂片的基部，花丝短，花药椭圆形。蒴果倒卵形或矩圆状倒卵形，具棱，长3~4mm，密生腺毛。花期4—5月，果期6—7月。

见于官埔垟、炉岙、凤阳庙、大田坪、龙案及保护区外围小梅金村至大窑、屏南瑞垟等地。生于山坡上、路边、灌丛边或草地上。分布于东亚、东南亚。

根入药。

3. 短柄粉条儿菜

Aletris scopulorum Dunn

植株具球茎，有稍肉质的纤维根。叶不呈明显的莲座状簇生；叶片条形，长5~15cm，宽2~4mm，先端急尖，基部狭而细。花葶高10~30cm，纤细，有腺毛，中下部有几枚长7~15m的苞片状叶；总状花序长4~11cm，疏生几朵花；苞片披针形，短于花，花梗极短；小苞片线形，位于花梗的中部；花白色，近钟形，有毛，分裂到中部；裂片条形，长1.8~2mm，宽约0.3mm，膜质；雄蕊着生于花被裂片基部，花丝长约0.8mm，花药矩圆形；子房近球形，花柱短。蒴果近球形，长2.5~3mm，宽2~2.5mm，有毛。花期3月，果期4月。

见于保护区外围小梅金村等地。生于路边山坡。我国特有，分布于华东、华中、华南。

8 萱草属 *Hemerocallis* L.

多年生草本。根状茎极短。根常多少肉质，中下部有时纺锤状膨大。叶基生，2列，条状。花葶从叶丛中央抽出，具少数无花的苞片；花近漏斗状，在顶端排列成总状或假二歧状的圆锥花序，稀仅1花；花梗粗短；花被片6，下部合生成管状，裂片长于花被管；雄蕊6，着生于花被管上端；花丝细长，花药背着或近基着；子房上位，3室，花柱细长，柱头小。蒴果钝三棱状椭圆球形或倒卵球形，室背开裂。种子黑色，有棱角。

约15种，主要分布于亚洲温带至亚热带地区，少数也见于欧洲。本区有2种。

分种检索表

1. 花橘红色至橘黄色；花被管长2~4cm，在内花被裂片下部有Λ形彩斑 ······················ 1. 萱草 *H. fulva*
1. 花淡黄色；花被管长3~5cm ······················ 2. 黄花菜 *H. citrina*

1. 萱草

Hemerocallis fulva（L.）L.

根状茎短。根近肉质，中下部纺锤状膨大。叶基生，2列；叶片条形，较宽，长40~80cm，宽1.5~3.5cm；花葶高达1.2m；圆锥花序假二歧状；花近漏斗状，橘红色至橘黄色，无香气，长7~13cm；花梗长约5mm；花被片下部合生成长2~4cm的花被筒，外轮3裂片长圆状披针形，宽1.2~1.8cm，内轮裂片长圆形，宽达2.5cm，下部一般有Λ形彩斑。雄蕊着生于花被筒上部，花丝细长，花药长圆形，背着；花柱细长，柱头小。蒴果长圆形，具3钝棱。种子黑色，有棱角。花果期为5—7月。

全区常见。生于山谷溪沟边。分布于东亚。

2. 黄花菜

Hemerocallis citrina Baroni

植株较高大。根近肉质，中下部常纺锤状膨大。叶片7~20枚，长50~130cm，宽6~25mm。花葶长短不一，一般稍长于叶，基部三棱形，上部多少圆柱形，有分枝；苞片披针形，下面的长可达3~10cm，自下向上渐短，宽3~6mm；花梗较短，常长不到1cm；花最多可达10朵以上；花被淡黄色，有时在花蕾时顶端带黑紫色；花被管长3~5cm，花被裂片长6~12cm，内三片宽2~3cm。蒴果钝三棱状椭圆形，长3~5cm。种子20多颗，黑色，有棱。花果期5—9月。

见于炉岙等地。村边栽培。我国特有，分布于华北、华东、华中、西南。

为著名的干菜食品。

9 山麦冬属 *Liriope* Lour.

多年生草本。根状茎很短；根细长，有时近末端呈纺锤状膨大。叶基生，密集成丛，禾叶状。花葶从叶丛中央抽出，通常圆形；花1至几朵簇生于苞片腋内，排列成总状花序；花被片6，分离；雄蕊6，着生于花被片基部；花丝稍长，狭条形；花药基着，2室，近于内向开裂；子房上位，3室，每室具2胚珠；花柱三棱柱形，柱头微3裂。在果实发育的早期，外果皮即破裂而露出种子。种子小核果状，球形或椭圆形，成熟后常呈黑色或紫黑色。

约8种，主要分布于越南、菲律宾、日本和中国。本区有3种。

分种检索表

1. 叶片宽2~4mm；花药近矩圆形，长约1mm，通常短于花丝；花序长6~15cm ………………………………………………………………………… 1. 禾叶山麦冬 *L. graminifolia*

1. 叶片宽5~22mm；花药狭矩圆形或近矩圆状披针形，长1.5~2mm，几等长于花丝。

  2. 具地下走茎；叶片宽5~8mm；花药狭矩圆形 ………………………… * 山麦冬 *L. spicata*

  2. 无地下走茎；叶片宽8~22mm；花药近矩圆状披针形 ………………… 2. 阔叶山麦冬 *L. muscari*

1. 禾叶山麦冬

Liriope graminifolia（L.）Baker

根状茎短或稍长，具地下走茎；根近末端常具纺锤形肉质小块根。叶长 20~60cm，宽 2~4mm，边缘具细齿。花葶通常稍短于叶簇；总状花序长 6~15cm，具多数花；花白色或淡紫色，通常 3~5 朵簇生于苞片腋内；苞片卵状披针形，干膜质，最下面的长 5~6mm；花梗长约 4mm，关节位于近顶端；花被片狭矩圆形或矩圆形，先端钝圆；花药近矩圆形，长约 1mm，花丝长 1~1.5mm；子房近球形，花柱长约 2mm，柱头与花柱等宽。种子卵圆球形或近球形，小核果状，直径 4~5mm，成熟时蓝黑色。花期 6—8 月，果期 9—11 月。

见于凤阳庙、金龙等地。生于山坡、山谷林下、灌丛中。我国特有，分布于华北、华东、华中、华南、西南。

小块根药用。

2. 阔叶山麦冬

Liriope muscari（Decne.）L. H. Bailey

根状茎短，无地下茎；根细长，具局部膨大成纺锤形的肉质小块根。叶长 25~65cm，宽 0.8~2.2cm，边缘仅上部微粗糙。花葶通常长于叶；总状花序长 12~40cm，具多数花；花紫色或红紫色，通常 4~8 朵簇生于苞片腋内；苞片卵形，干膜质；花梗长 4~5mm，关节位于中部或中部偏上；花被片矩圆状披针形或近矩圆形，先端钝；花药近矩圆状披针形，长 1.5~2mm，花丝长约 1.5mm；子房近球形，花柱长约 2mm，柱头 3 齿裂。种子球形，小核果状，直径 6~7mm，成熟时变黑紫色。花期 7—8 月，果期 9—11 月。

区内常见。生于山地、山谷林下或潮湿处。分布于东亚。

10 沿阶草属 *Ophiopogon* Ker Gawl.

多年生草本。根细长或粗壮，近末端有时膨大成小块根。茎较短。叶基生或茎生，无柄或具柄；叶片禾叶状或椭圆形至倒披针形。花葶从叶丛中央抽出，通常扁平；花单生或 2~7 朵簇生于苞片腋内，排列成总状花序；花梗常下弯，具关节；花被片 6，分离；雄蕊 6，着生于花被片基部；花丝很短；花药基着，2 室；子房半下位，3 室；花柱三棱状、圆柱状或圆锥形，柱头微 3 裂。在果实发育早期，外果皮即破裂而露出种子。种子小核果状，球形或椭圆球形，成熟后常呈蓝色或暗蓝色。

约 65 种，分布于亚洲温带、亚热带和热带地区。本区有 4 种。

分种检索表

1. 植株具细长的地下茎。
   2. 花紫色或淡紫色；种子球形，成熟时蓝色；花被片几不开展；花葶通常远比叶短 ………………………………………………………………………………………… 1. 麦冬 *O. japonicus*
   2. 花白色；种子近球形或椭圆球形，成熟时暗蓝色；花葶通常稍短于或近等长于叶 ………………………………………………………………………………………… 2. 沿阶草 *O. bodinieri*

1. 植株不具细长的地下茎。

3. 叶较宽，宽 2~8mm；花梗与花被片近等长；花柱基部不扩大 …………3. 间型沿阶草 *O. intermedius*

3. 叶较狭窄，宽 1~1.5mm；花梗比花被片长约 1 倍；花柱基部扩大 ……… 4. 阴生沿阶草 *O. umbraticola*

1. 麦冬

Ophiopogon japonicus（Thunb.）Ker Gawl.

根状茎粗短，地下走茎细长；根较粗，中间或近末端常膨大成椭圆形或纺锤形的小块。叶基生成丛，无柄；叶片条形，长 10~50cm，宽 1.5~3.5mm，边缘具细锯齿。花葶通常比叶短得多，扁平；总状花序长 2~5cm，稀更长些；花紫色或淡紫色，单生或成对着生于苞片腋内；苞片披针形；花梗长 3~4mm，常下弯，关节位于中部以上或近中部；花被片披针形，长约 5mm，盛开时稍张开；花药圆锥形，长 2.5~3mm，花丝不明显；花柱长约 4mm，长圆锥形，基部宽阔，向上渐狭。种子球形，小核果状，直径 7~8mm，成熟时蓝色。花期 5—8 月，果期 8—9 月。

见于炉岙、黄茅尖、将军岩、双溪、金龙等地。生于海拔 1800m 以下的山坡阴湿处、林下、路边。分布于东亚。

小块根入药。

2. 沿阶草

Ophiopogon bodinieri H. Lév.

地下走茎细长；根纤细，近末端处有时具膨大成纺锤形的小块根。叶基生成丛；叶片条形，长（5~）20~40cm，宽 1~4mm，边缘具细锯齿。花葶稍短于或几等长于叶，扁平；总状花序长 1~7cm，具几朵至十几朵花；花白色，单生或 2 朵簇生于苞片腋内；苞片条形或披针形；花梗长 5~8mm，关节位于中部；花被片卵状披针形至近矩圆形，长 4~6mm，盛开时开展；花药狭披针形，长约 2.5mm，花丝很短；花柱细，长 4~5mm。种子近球形或椭圆球形，小核果状，直径 5~6mm，成熟时暗蓝色。花期 6—8 月，果期 8—10 月。

见于黄茅尖、龙案等地。生于海拔 1800m 以下的山坡、山谷潮湿处、沟边、灌木丛下或林缘。我国特有，分布于华东、华中、华南、西南、西北。

小块根入药。

3. 间型沿阶草

Ophiopogon intermedius D. Don

根状茎粗短；根细长，近末端处膨大成椭圆形或纺锤形的小块根。叶基生；叶片条形，长 15~55cm，宽 2~8mm，边缘具细齿。花葶长 20~50cm，通常短于叶；总状花序长 2.5~7cm；花白色或淡紫色，单生或 2、3 朵簇生于苞片腋内；苞片钻形或披针形；花梗长 4~6mm，关节位于中部；花被片矩圆形，先端钝圆，长 4~7mm；花药条状狭卵形，长 3~4mm，花丝极短；花柱细，长约 3.5mm。种子椭圆球形，小核果状。花期 5—8 月，果期 8—10 月。

见于炉岙等地。生于海拔 1400m 的山谷、林下阴湿处或水沟边。分布于东亚、东南亚。

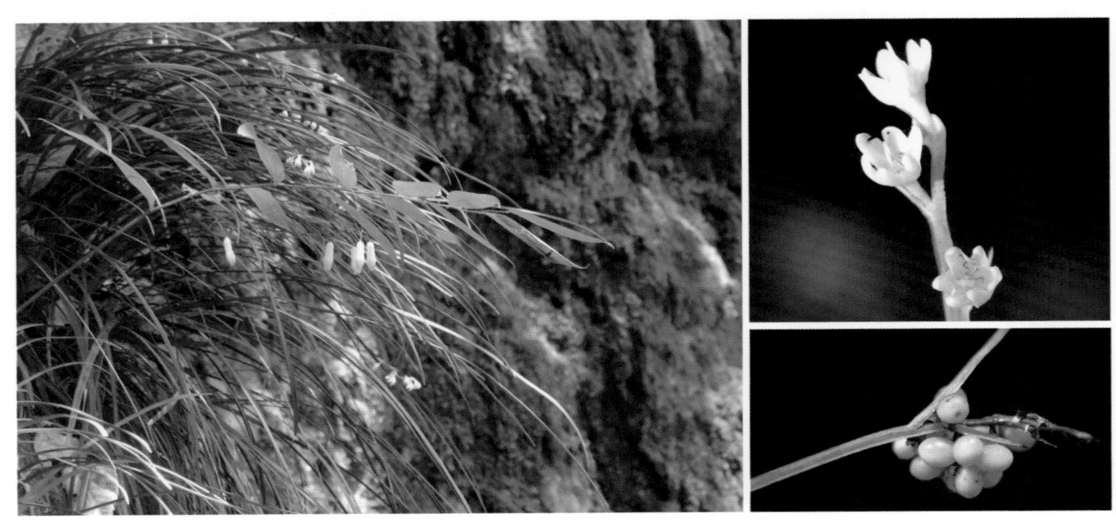

4. 阴生沿阶草

Ophiopogon umbraticola Hance

根状茎粗短；根细长，近末端处膨大成椭圆形或纺锤形的小块根。叶基生，叶片条形，长 25~35cm，宽 1~1.5mm，边缘具细齿。花葶稍短于或几等长于叶，长约 30cm；总状花序长 8~16cm；花淡紫色，1~3 朵簇生于苞片腋内；苞片近钻形；花梗细，长约 1cm，关节位于中部或中部稍下处；花被片披针形或矩圆形，先端钝圆，长约 4mm；花药狭披针形，长约 2mm；花丝明显，长不及 1mm；花柱粗短，基部宽阔，粗达 1.2mm，向上渐狭。花期 8 月。

见于炉岙、金龙等地。生于 500~1200m 的山谷林下阴湿处。我国特有，分布于华东、华南、西南。

11 黄精属 *Polygonatum* Mill.

多年生草本。具根状茎。茎直立或弯拱，不分枝，基部具膜质的鞘，直立。叶互生、对生或轮生，叶片全缘。花近圆筒形或坛形，排列成腋生的伞状、伞房状或总状花序；花被片 6，下部合生成筒，裂片顶端外面通常具乳凸状毛，花被筒基部与子房贴生，呈小柄状，并与花梗间有一关节；雄蕊 6，内藏，花丝下部贴生于花被筒，上部离生，丝状或两侧扁，花药 2 室，背着，内向开裂；子房 3 室，花柱丝状，柱头小。浆果近球形。

约 60 种，广布于北温带、亚热带。本区有 2 种。

分种检索表

1. 叶下面无毛；花序梗粗短，长 1~4cm ……………………………………………… 1. 多花黄精 *P. cyrtonema*
1. 叶下面脉上有短毛；花序梗细长，长 3~8cm ………………………………………… 2. 长梗黄精 *P. filipes*

1. 多花黄精

Polygonatum cyrtonema Hua

根状茎肥厚，通常连珠状或结节成块，直径 1~2cm。茎高 50~100cm。叶互生；叶片椭圆形至长圆状披针形，长 10~18cm，宽 2~7cm，先端急尖至渐尖，基部圆钝，两面无毛。伞形花序具 2~7 花，花序梗长 1~4cm；苞片微小，位于花梗中部以下；花黄绿色，长 18~25m，花梗长 0.5~1.5cm；花被裂片长约 3mm；花丝两侧稍扁，被短绵毛，顶端稍膨大至具囊状凸起，花药长圆形；花柱不伸出花被之外。浆果黑色，直径约 1cm。种子 3~9 粒。花期 5—6 月，果期 8—10 月。

区内各地常见。生于海拔 500~1800m 的林下、灌丛或山坡阴处。我国特有，分布于华东、华中、华南、西南。

根状茎入药。

2. 长梗黄精

Polygonatum filipes Merr. ex C. Jeffrey et McEwan

根状茎连珠状或有时"节间"稍长，直径 1~1.5cm。茎高 30~70cm。叶互生；叶片椭圆形至长圆形，先端急尖，长 6~12cm，宽 2~7cm，下面脉上有短毛。伞形花序具 2~7 花，花序梗细丝状，长 3~8cm；苞片条形，位于花梗中下部至近基部；花淡黄绿色，长 15~20mm；花梗长 0.5~1.5cm；花被裂片长约 4mm；花丝具短绵毛，花药长圆形；花柱稍伸出花被之外。浆果黑色，直径约 8mm。种子 2~5 粒。花期 5—6 月，果期 8—10 月。

区内各地常见。生于海拔 600~1800m 的林下、灌丛或草坡。我国特有，分布于华东、华中、华南。

12 油点草属 *Tricyrtis* Wall.

多年生草本。茎直立，有时分枝。叶互生；叶片卵形、矩圆形至椭圆形，抱茎。花单生或排列成二歧聚伞花序；花被片 6，离生，绿白色、黄绿色或淡紫色，通常早落，外轮 3 片在基部囊状或具短距；雄蕊 6，花丝扁平，下部常多少靠合成筒，花药矩圆形，背着，2 室，外向开裂；子房 3 室，胚珠多数，柱头 3 裂，向外弯垂，裂片上端又 2 深裂，密生腺毛。蒴果狭矩圆形，具 3 棱。种子小而扁，卵球形至圆球形。

约 18 种，分布于亚洲东部，从喜马拉雅地区至日本。本区有 2 种。

分种检索表

1. 茎被糙毛；叶基部圆形或稍心形抱茎；花被片背面无毛 ………………………… 1. 油点草 *T. macropoda*
1. 茎近无毛；叶基部深心形抱茎；花被片背面具腺毛 ……………………………… 2. 绿花油点草 *T. viridula*

1. 油点草

Tricyrtis macropoda Miq.

茎直立，高 40~100cm，上部被短糙毛。叶片卵状椭圆形至长圆形，长 8~16cm，宽 4~10cm，先端急尖，基部圆形或稍心形抱茎，两面疏生短糙伏毛，边缘具短糙毛。二歧聚伞花序顶生或生于上部叶腋，花序轴和花梗均被短糙毛，并间生细腺毛；花疏散；花梗长 1.4~2.5cm；花被片绿白色或白色，内面具多数紫红色斑点，卵状椭圆形至披针形，开放后自中下部向下反折，外轮花被片基部呈囊状；雄蕊约等长于花被片，花丝中上部向外弯垂；子房无毛，柱头 3 裂，每一裂片上端又 2 深裂，小裂片密生腺毛。蒴果直立。花果期 8—9 月。

区内各地常见。生于山坡林缘。我国特有，分布于华东、华中、华南。

2. 绿花油点草

Tricyrtis viridula Hiroshi Takahashi

茎直立，高 40~100cm，无毛。叶片卵形至狭椭圆形，先端急尖，基部深心形抱茎，长 10~17cm，宽 4~7cm，两面无毛，仅中脉疏被糙毛，具缘毛。二歧聚伞花序顶生或生于上部叶腋，花序轴和花梗均被短糙毛，并间生细腺毛；花梗长 8~20mm；花被片绿白色或白色，内面具多数紫红色斑点，基部散生暗橙色斑点，卵形，背面被腺毛，外轮花被片基部呈囊状，内轮花被片披针形，背面中脉具腺毛；雄蕊 6，花丝具紫色斑点；子房无毛，柱头 3 裂，每一裂片上端又 2 深裂，小裂片密生腺毛。蒴果具 3 棱。种子黑紫色。花果期 6—10 月。

见于炉岙、大田坪、黄茅尖等地，本区为模式标本产地。生于 1000m 以上的山坡林缘。我国特有，分布于华东、华南、西南。

13 舞鹤草属 *Maianthmum* F. H. Wiggers

多年生草本。根状茎细长或粗短，直生或横生。茎单生，直立，下部有膜质鞘。叶互生，具柄或无柄；叶片通常矩圆形或椭圆形。花小，两性或雌雄异株，排列成顶生的圆锥花序或总状花序；花被片 6，离生或不同程度地合生，稀合生成高脚碟状；雄蕊 6，花丝常与花被片或花被筒有不同程度的贴生，花药球形或椭圆球形，基着，内向纵裂；子房近球形，3 室，每室具 2 胚珠；花柱长或短，柱头 3 浅裂或深裂。浆果球形。

约 35 种，分布于亚洲东部至北部、北美洲至中美洲、欧洲北部。本区有 1 种。

鹿药

Maianthemum japonicum（A. Gray）LaFrankie——*Smilacina japonica* A. Gray

根状茎横走，圆柱状，有时具膨大结节。茎高 30~60cm，中部以上具粗伏毛。叶 4~9，具短柄；叶片纸质，卵状椭圆形、椭圆形或长圆形，长 6~15cm，宽 3~7cm，先端近短渐尖，基部圆形，两面疏生粗毛。圆锥花序顶生，长 3~6cm，有粗毛；花白色；花梗长 2~6mm；花被片分离或仅基部稍合生，长圆形或长圆状倒卵形，长约 3mm；雄蕊基部贴生于花被片上，花药小；花柱与子房近等长，柱头几不裂。浆果近球形，直径 5~6mm，熟时红色。花期 5—6 月，果期 8—9 月。

见于大田坪等地。生于山坡林下。分布于东亚。

14 万寿竹属 *Disporum* Salisb.

多年生草本。根状茎短或长，有时有匍匐茎。茎下部各节有鞘，上部通常有分枝。叶互生，有 3~7 主脉，叶柄短或无。花狭钟形或近筒状，1 朵或数朵排列成伞形花序，着生于茎和分枝顶端，或着生于与中上部叶对生的短枝顶端，无苞片；花被片 6，离生，基部囊状或距状；雄蕊 6，着生于花被片基部，花丝扁平，花药矩圆形，基着，半外向开裂；子房 3 室，柱头 3 裂。浆果近球形，熟时黑色；种子近球形，种皮具点状皱纹。

20 种，分布于亚洲东部、东南部。本区有 1 种。

少花万寿竹

Disporum uniflorum Baker

根状茎肉质。茎直立，高 30~80cm，上部具叉状分枝。叶片薄纸质至纸质，卵状椭圆形至披针形，长 4~9cm，宽 1~6.5cm，先端骤尖或渐尖，基部圆形或宽楔形。花黄色、绿黄色，1~3（~5）朵着生于分枝顶端；花梗长 1~2cm；花被片近直生，倒卵状披针形，长 2~3cm，上部宽 4~7mm，下部渐窄，内面有细毛，边缘有乳头状凸起，基部具长 1~2mm 的短距；雄蕊内藏，花丝长约 1.5cm，花药长 4~6mm；花柱长约 1.5cm，柱头 3 裂，外弯。浆果椭圆球形或球形，直径约 1cm。种子 3 粒，直径约 5mm，棕色。花期 3—6 月，果期 6—11 月。

见于凤阳庙、黄茅尖、凤阳湖等地。生于海拔 1500~1800m 的林下或灌木丛中。我国特有，分布于东北、华北、华东、华中、西南。

根状茎入药。

15 葱属 *Allium* L.

多年生草本，大部分具葱蒜气味。鳞茎圆柱状至球状。叶基生或兼茎生；叶片扁平至圆柱形，实心或中空，基部直接与闭合的叶鞘相连或具柄。花葶从鳞茎基部长出，露出地面的部分被叶鞘或裸露；伞形花序生于花葶的顶端，开放前为一闭合的总苞所包；小花梗基部有或无小苞片；花被片 6，排成 2 轮，分离或基部靠合成管状；雄蕊 6，排成 2 轮；子房上位，3 室，花柱单一。蒴果具 3 棱，室背开裂。种子黑色，多棱形或近扁球形。

约 660 种，分布于北半球。本区有 6 种。

分种检索表

1. 叶片挺拔，圆柱状，中空；鳞茎小，圆柱形；花丝长为花被片长的 1.5~2 倍 ……… 1. 葱 *A. fistulosum*

1. 叶片柔软，线形，扁平、半圆形或三棱状，实心或中空。

  2. 根粗壮；叶具明显的中脉；花葶常具 2 或 3 条纵棱；子房每室具 1 胚珠 ………… 2. 宽叶韭 *A. hookeri*

  2. 根纤细；叶无明显的中脉；花葶常不具纵棱；子房每室具 2 至多枚胚珠。

    3. 花白色或稍带淡红色；花丝短于花被片。

      4. 鳞茎大，圆球形或扁球形；叶片宽达 2.5cm；内轮花丝基部扩大部分每侧具 1 齿，齿端具丝状长尾 ……………………………………………………………… 3. 蒜 *A. sativum*

4. 鳞茎小，圆柱形或卵状圆柱形；叶片宽不到 8mm；内轮花丝基部扩大部分全缘 …… 4. 韭 *A. tuberosum*

3. 花淡红色至暗紫色，稀近白色；花丝长于花被片。

5. 鳞茎近球形；花序内通常有珠芽；花被片先端稍尖，花丝稍长于花被片 …… 5. 薤白 *A. macrostemon*

5. 鳞茎狭卵球形；花序内无珠芽；花被片先端圆钝，花丝长为花被片长的 1.5 倍 …… 6. 藠头 *A. chinensis*

1. 葱

Allium fistulosum L.

鳞茎单生，圆柱状，稀为基部膨大的卵状圆柱形，粗 1~2cm；鳞茎外皮白色，稀淡红褐色，膜质至薄革质，不破裂。叶圆柱状，中空，向顶端渐狭，约与花葶等长，粗在 0.5cm 以上。花葶圆柱状，中空，高 30~50（~100）cm，中部以下膨大，向顶端渐狭，约在 1/3 以下被叶鞘；总苞膜质，2 裂；伞形花序球状，多花，较疏散；小花梗纤细，与花被片等长，或为其 2~3 倍长，基部无小苞片；花白色；花被片长 6~8.5mm，近卵形，先端渐尖，具反折的尖头，外轮的稍短；花丝长为花被片长的 1.5~2 倍，锥形，在基部合生，并与花被片贴生；子房倒卵状，腹缝线基部具不明显的蜜穴，花柱细长，伸出花被外。花果期 4—7 月。

村庄内普遍栽培。原产于西伯利亚，各地栽培。

作蔬菜。

2. 宽叶韭

Allium hookeri Thwaites

鳞茎圆柱状，具粗壮的根；鳞茎外皮白色，膜质，不破裂。叶条形至宽条形，稀为倒披针状条形，比花葶短或近等长，宽 5~10（~28）mm，具明显的中脉。花葶侧生，圆柱状，或略呈三棱柱状，高（10~）20~60cm，下部被叶鞘；总苞 2 裂，常早落；伞形花序近球状，多花，花较密集；小花梗纤细，近等长，为花被片的 2~3（4）倍长，基部无小苞片；花白色，星芒状开展；花被片等长，披针形至条形，长 4~7.5mm，宽 1~1.2mm，先端渐尖或不等的 2 裂；花丝等长，比花被片短或近等长，在最基部合生，并与花被片贴生；子房倒卵形，基部收狭成短柄，外壁平滑，每室具 1 胚珠；花柱比子房长；柱头点状。花果期 8—9 月。

见于官埔垟及保护区外围小梅金村等地。村庄内栽培。原产于中国，各地栽培。

作蔬菜。

3. 蒜

Allium sativum L.

鳞茎球状至扁球状，通常由多数肉质、瓣状的小鳞茎紧密排列而成，外面被数层白色至带紫色的膜质鳞茎外皮。叶宽条形至条状披针形，扁平，先端长渐尖，比花葶短，宽可达 2.5cm。花葶实心，圆柱状，高可达 60cm，中部以下被叶鞘；总苞具长 7~20cm 的长喙，早落；伞形花序密具珠芽，间有数花；小花梗纤细；小苞片大，卵形，膜质，具短尖；花常为淡红色；花被片披针形至卵状披针形，长 3~4mm，内轮的较短；花丝比花被片短，基部合生，并与花被片贴生，内轮的基部扩大，扩大部分每侧各具 1 齿，齿端呈长丝状，长超过花被片，外轮的锥形；子房球状；花柱不伸出花被外。花期 7 月。

原产于西亚或欧洲，各地栽培。区内村庄常见栽培。

幼苗、花葶和鳞茎均作蔬菜。

4. 韭

Allium tuberosum Rottler et Spreng.

鳞茎簇生，近圆柱状；鳞茎外皮暗黄色至黄褐色。叶条形，扁平，实心，比花葶短，宽 1.5~8mm。花葶圆柱状，常具 2 纵棱，高 25~60cm，下部被叶鞘；总苞单侧开裂或 2 或 3 裂，宿存；伞形花序半球状或近球状，具多数但较稀疏的花；小花梗近等长，比花被片长 2~4 倍，基部具小苞片，且数枚小花梗的基部又为 1 枚共同的苞片所包围；花白色；花被片常具绿色或黄绿色的中脉，内轮的矩圆状倒卵形，外轮的常较窄，矩圆状卵形至矩圆状披针形；花丝等长，为花被片长的 2/3~4/5，基部合生，并与花被片贴生；子房倒圆锥状球形，具 3 圆棱，外壁具细的疣状凸起。花果期 7—9 月。

原产于亚洲东南部，各地栽培。区内村庄普遍栽培。

叶、花葶和花均作蔬菜。

5. 薤白

Allium macrostemon Bunge

鳞茎近球状，直径 0.7~1.5cm，基部常具小鳞茎；鳞茎外皮带黑色，内层白色。叶无柄；叶片半圆柱形或三棱状半圆柱形，中空，上面具沟槽，短于花葶。花葶圆柱状，实心，高 30~70cm，下部具叶鞘；总苞 2 裂；伞形花序半球状至球状，通常具暗紫色的珠芽或有时全为珠芽，稀全为花；花淡紫色或淡红色；小花梗长 7~12mm，基部具小苞片；花被片矩圆状卵形至矩圆状披针形，长 4~5.5mm，宽 1.2~2mm，先端稍尖；花丝稍长于花被片，在基部合生并与花被片贴生，分离部分的基部外轮呈狭三角形，内轮的为外宽三角形；子房近球状，腹缝线基部具有帘的凹陷蜜穴。花果期 5—7 月。

见于保护区外围大赛、屏南百步等地。生于路边草丛。分布于东亚。

鳞茎供药用，也可作蔬菜。

6. 藠头

Allium chinense G. Don

鳞茎狭卵球状，直径 1~2cm；鳞茎外皮白色或带红色。叶无柄，具 3~5 棱的圆柱状，中空，与花葶近等长。花葶侧生，半圆柱状，高 20~40cm，下部被叶鞘；总苞 2 裂；伞形花序近半球状，较松散；花淡紫色至暗紫色；花梗近长 15~20mm，基部具小苞片；花被片宽椭圆形至近圆形，顶端钝圆，长 4~6mm，宽 3~4mm，内轮的稍长；花丝长约为花被片长的 1.5 倍，仅基部合生，并与花被片贴生，内轮的基部扩大，扩大部分每侧各具 1 齿，外轮的无齿，锥形；子房倒卵状，腹缝线基部具有帘的凹陷蜜穴。花果期 9—11 月。

见于官埔垟、龙南大庄等地。生于路边荒地。分布于东亚、东南亚。

鳞茎可作蔬菜。

16 藜芦属 *Veratrum* L.

多年生草本。根状茎粗短。茎直立，圆柱形，基部为叶鞘所包围。叶互生；叶片椭圆形至条形，茎下部的较宽，向上逐渐变狭，基部常抱茎。花小，排列成圆锥花序，雄性花和两性花同株，极少仅为两性花；花被片 6，离生，内轮较外轮长而狭；雄蕊 6，着生于花被片基部；花丝丝状，花药近肾形，背着，汇合成 1 室，横向开裂；子房 3 室，每室有多数胚株，花柱 3，分离，柱头小。蒴果椭圆球形或卵圆球形，微具 3 钝棱；种子扁平，周围具膜质翅。

约 40 种，主要分布于北温带。本区有 1 种。

牯岭藜芦

Veratrum schindleri O. Loes.

植株高约 1m，基部具棕褐色带网眼的纤维网。茎下部的叶片宽椭圆形至长圆形，长 20~30cm，宽 4~10cm，先端渐尖，基部收狭为柄，两面无毛。圆锥花序长而扩展，花序轴和支花序轴生灰白色绵状毛；花淡黄绿色、绿白色或褐色；花梗长 5~8mm；小苞片短于或近等长于花梗；花被片椭圆形或倒卵状椭圆形，先端钝，基部无柄，全缘，外花被片背面被白色短绵毛；雄蕊长为花被片长的 2/3；子房卵状矩圆形。蒴果直立，长 1.5~2cm，宽约 1cm。花果期 6—10 月。

区内各地常见。生于山坡林下阴湿处。我国特有，分布于华东、华中、华南、西南。

17 大百合属 *Cardiocrinum*（Endl.）Lindl.

多年生草本。基生叶的叶柄基部膨大成鳞茎，但在花序长出后即凋萎。小鳞茎数个，卵球形，具纤维质的鳞茎皮。茎高大，无毛。叶基生和茎生，后者散生，通常卵状心形，向上渐小，叶脉网状，具叶柄。花狭喇叭形，白色，3~16 朵排列成总状花序；花被片 6，离生；雄蕊 6，花丝扁平，花药"丁"字形着生；子房圆柱形，花柱约与子房等长，柱头头状，微 3 裂。蒴果矩圆形，顶端有 1 小尖凸，具 6 钝棱，并有多数细横纹。种子扁平，周围有狭翅。

3 种，分布于亚洲东南部。本区有 1 种。

云南大百合

Cardiocrinum giganteum（Wall.）Makino var. **yunnanense**（Leichtlin ex Elwes）Stearn

小鳞茎卵球形，高 3.5~4cm，直径 1~2cm。茎直立，中空，高 1~2m，直径 2~3cm，无毛。叶片卵状心形，下面的长 15~20cm，宽 12~15cm，叶柄长 15~20cm，向上渐小。总状花序有花 10~16 朵，无苞片；花狭喇叭形，白色，里面具淡紫红色条纹；花被片条状倒披针形，长 12~15cm，宽 1.5~2cm；雄蕊长 6.5~7.5cm，长约为花被片长的 1/2，花丝向下渐扩大，扁平，花药长椭圆球形，长约 8mm；子房圆柱形，长 2.5~3cm，花柱长 5~6cm。蒴果近球形，直径 3.5~4cm。种子呈钝三角形。花期 6—7 月，果期 9—10 月。

见于炉岙、乌狮窟、大田坪、均益等地。生于海拔 800~1500m 沟谷林下。分布于东亚。

鳞茎供药用。

18 百合属 *Lilium* L.

多年生草本。鳞茎卵球形或近球形；鳞片多数，肉质，卵形或披针形。茎直立，不分枝。叶通常互生，稀轮生；叶片披针形至椭圆形。花喇叭形或钟形，单生或排成总状花序、近伞形花序；苞片叶状，较小；花被片6，2轮，离生，披针形或匙形，基部有蜜腺，有时蜜腺两边有乳头状、鸡冠状或流苏状凸起；雄蕊6，花丝钻形，花药椭圆形，背着或“丁”字形着生；子房上位，3室，花柱细长，柱头膨大，3裂。蒴果矩圆形，室背开裂。种子扁平，周围有翅。

约115种，分布于北温带、亚热带。本区有2种。

分种检索表

1. 花乳白色或黄白色；花被片先端外弯；茎无毛 ……………………………………… 1. 野百合 *L. brownii*
1. 花橘红色；花被片中部以上反卷；茎被白色绵毛 ……………………………………… 2. 卷丹 *L. lancifolium*

1. 野百合

Lilium brownii F. E. Br. ex Miellez

鳞茎球形，直径2~4.5cm；鳞片披针形。茎高0.7~2m，无毛，下部有小乳头状凸起。叶互生，通常自下向上渐小；叶片披针形至条形，长7~15cm，宽0.6~1.5cm，向上稍变小。花喇叭形，乳白色，有香气，向外张开或先端外弯，长13~18cm，单生或几朵排成近伞形花序；花梗长3~10cm，中部具1枚小苞片；外轮花被片宽2~4.3cm，内轮较宽，蜜腺两边具小乳头状凸起；花丝长10~13cm，中部以下密被柔毛，花药长椭圆形，长1.1~1.6cm；子房圆柱形，花柱长8.5~11cm，柱头3裂。蒴果矩圆形，有棱。花期5—6月，果期9—10月。

见于炉岙、凤阳庙、龙南大庄及保护区外围大赛、梅地、小梅金村、屏南瑞垟等地。生于海拔600~1500m的山坡、林下、路边、岩壁上、溪旁。我国特有，分布于华东、华中、华南、西南、西北。

鳞茎含丰富淀粉，可食。

本区还有变种百合 var. *viridulum* Baker，与野百合的区别主要在于：百合的叶片倒披针形至倒卵形，茎上部的叶明显变小，呈苞片状。

2. 卷丹

Lilium tigrinum Ker Gawl.

鳞茎近宽球形，高约 3.5cm，直径 4~8cm；鳞片宽卵形。茎高 0.8~1.5m，被白色绵毛。叶互生；叶片矩圆状披针形或披针形，长 6.5~9cm，宽 1~1.8cm，边缘有乳头状凸起，上部叶腋有珠芽。花 3~10 朵排列成总状花序；苞片叶状，卵状披针形；花橘红色，下垂；花梗长 6.5~9cm；花被片披针形，长 6~12cm，宽 1~2cm，反卷，有紫黑色斑点，蜜腺两边有乳头状凸起及流苏状凸起；花丝长 5~7cm，无毛，花药矩圆形；子房圆柱形，花柱长 4.5~6.5cm，柱头 3 裂。蒴果狭长卵球形。花期 7—8 月，果期 9—10 月。

见于龙案及保护区外围屏南瑞垟等地。生于山坡灌木林下、草地。分布于东亚。

鳞茎富含淀粉，供食用，亦可供药用；花含芳香油，可作香料。

19 石蒜属 *Lycoris* Herb.

多年生草本。鳞茎近球形或卵球形，鳞茎皮褐色或黑褐色。叶于花前或花后抽出，带状。花茎单一，直立，实心；伞形花序顶生，有花 4~8 朵；花被漏斗状，上部 6 裂，基部合生成筒状，花被裂片倒披针形或长椭圆形，边缘皱缩或不皱缩；雄蕊 6 枚，着生于喉部，花丝丝状，花丝间有 6 枚极微小的齿状鳞片，花药“丁”字形着生；子房下位，3 室，每室具少数胚珠，花柱细长，柱头极小，头状。蒴果通常具 3 棱，室背开裂。种子近球形，黑色。

20 余种，分布于亚洲东部和南部，主产于中国和日本。本区有 1 种。

石蒜

Lycoris radiata（L′Her.）Herb.

鳞茎近球形，直径 1~3cm。秋季出叶，叶狭带状，长 14~30cm，宽约 0.5cm，顶端钝，深绿色，中间有粉绿色带。花茎高约 30cm；总苞片 2 枚，披针形，棕褐色，长约 3.5cm，宽约 0.5cm；伞形花序有花 4~7 朵；花鲜红色；花被裂片狭倒披针形，长约 3cm，宽约 0.5cm，强度皱缩和反卷，花被筒绿色，长约 5mm；雄蕊比花被长 1 倍左右。花期 8—9 月，果期 10—11 月。

见于官埔垟、龙案等地。生于阴湿山坡和溪沟边。分布于东亚。

鳞茎入药，但有小毒；栽培可供观赏。

一四八　鸢尾科 Iridaceae

多年生草本，稀为一年生。地下部分通常具根状茎、球茎或鳞茎。叶多基生，少为互生；叶片条形、剑形或为丝状，基部成鞘状，互相套叠，具平行脉。大多数种类只有花茎，少数种类有分枝或不分枝的地上茎。花两性，色泽鲜艳，辐射对称，少为两侧对称，单生，或数朵簇生，或多朵排列成总状、穗状、聚伞或圆锥花序；花或花序下有 1 至多枚草质或膜质的苞片；花被裂片 6，2 轮排列，内轮裂片与外轮裂片同形等大或不等大，花被管通常为丝状或喇叭形；雄蕊 3，花药多外向开裂；子房下位，3 室，中轴胎座，胚珠多数，花柱 1，上部常 3 分枝，分枝圆柱形或扁平呈花瓣状，柱头 3~6。蒴果，成熟时室背开裂。种子多数，为半圆形或不规则的多面体，扁平，常有附属物或小翅。

70~80 属，约 1800 种，几乎遍布全世界，主产于非洲、亚洲和欧洲。本区有 2 属，3 种。

射干 *Belamcanda chinensis*（L.）Redouté　　小花鸢尾 *Iris speculatrix* Hance
蝴蝶花 *Iris japonica* Thunb.

分属检索表

1. 根状茎为不规则块状；地上茎明显；花橙红色，花柱分枝不明显呈 3 浅裂状；种子球形 ……………………………………………… 1. 射干属 *Belamcanda*
1. 根状茎圆柱形；地上茎不明显；花非橙红色，花柱分枝扁平呈花瓣状；种子不为球形 … 2. 鸢尾属 *Iris*

1　射干属 *Belamcanda* Adans.

多年生直立草本。根状茎为不规则的块状。茎直立，实心。叶剑形，扁平，互生，嵌叠状 2 列。二歧状伞房花序顶生；苞片小，膜质；花橙红色；花被管甚短，花被裂片 6，2 轮排列，外轮的略宽大；雄蕊 3，着生于外轮花被的基部；花柱圆柱形，柱头 3 浅裂，子房下位，3 室，中轴胎座，胚珠多数。蒴果倒卵形，黄绿色，成熟时 3 瓣裂；种子球形，黑紫色，有光泽，着生在果实的中轴上。

1 种，分布于东亚、东南亚。本区也有。

射干

Belamcanda chinensis（L.）Redouté

根状茎粗壮，不规则结节状，鲜黄色。茎直立，高 0.5~1.5m。叶片剑形，长 20~60cm，宽 1~4cm，基部鞘状抱茎，先端纤尖，无中脉。二歧状伞房花序顶生；花梗与分枝基部均有数枚膜质苞片，苞片卵形至狭卵形，先端钝，长约 1cm；花梗细，长约 1.5cm；花橙红色，散生暗红色斑点，直径 4~5cm，外轮花被裂片倒卵形至长椭圆形，长约 2.5cm，宽约 1cm，先端钝圆或微凹，基部楔形，内轮花被裂片较外轮的稍短而狭；雄蕊长 1.8~2cm，花药条形，长约 1cm；子房倒卵球形，花柱顶端稍扁，裂片稍外卷，具短细毛。蒴果倒卵球形或长椭圆球形，长 2.5~3cm，直径 1.5~2.5cm，顶端常宿存凋萎花被。种子圆球形，黑色，有光泽。花期 6—8 月，果期 7—9 月。

见于官埔垟、炉岙、坪田、南溪等地。生于林缘、岩石旁及溪边草丛。分布于东亚、东南亚。

根状茎入药。

2 鸢尾属 *Iris* L.

多年生草本。根状茎长条状或块状。叶多基生，相互套叠，排成 2 列；叶片剑形，条形或丝状，顶端渐尖。花茎自叶丛中抽出，顶端分枝或不分枝；花序生于分枝的顶端，或仅在花茎顶端生 1 花；花及花序基部具数苞片，苞片膜质或草质；花蓝紫色、紫色、红紫色、黄色、白色；花被管喇叭形、丝状或甚短而不明显，花被裂片6，2轮排列，外轮花被裂片3，常较内轮的大，上部常反折下垂，无附属物，或具有鸡冠状、须毛状附属物，内轮花被裂片3，直立或向外倾斜；雄蕊3，着生于外轮花被裂片的基部；子房下位，3室，中轴胎座，胚珠多数；花柱单一，上部3分枝，分枝扁平，拱形弯曲，呈花瓣状，顶端再2裂，裂片半圆形、三角形或狭披针形，柱头生于花柱顶端裂片的基部，多为半圆形，舌状。蒴果椭圆球形、卵圆球形或圆球形，顶端有喙或无，成熟时室背开裂。种子梨形、扁平半圆形或为不规则的多面体。

约225种，分布于北温带、亚热带。本区有2种。

分种检索表

1. 花数朵，排成总状聚伞花序；花直径4.5~5cm，外轮花被片宽逾1cm ………………… 1. 蝴蝶花 *I. japonica*
1. 花序仅1或2花；花直径5.5~6cm，外轮花被片宽不及1cm ………………… 2. 小花鸢尾 *I. speculari*x

1. 蝴蝶花

Iris japonica Thunb.

多年生草本。根状茎直立扁圆形或横走。叶基生，有光泽；叶片剑形，长25~60cm，宽1.5~3cm，无明显的中脉。花茎直立，高于叶片，顶生稀疏总状聚伞花序，分枝5~12，与苞片等长或略超出；苞片3~5，叶状，宽披针形或卵圆形，长0.8~1.5cm，具2~4花；花梗长于苞片；花淡蓝色或蓝紫色，直径4.5~5cm；花被管长1.1~1.5cm，外轮花被裂片倒卵形，长2.5~3cm，宽1.4~2cm，先端微凹，边缘波状，有细齿裂，中脉上有隆起的黄色鸡冠状附属物，内轮花被裂片椭圆形或狭倒卵形，长约3cm，宽1.5~2cm，先端微凹，边缘有细齿裂；雄蕊长0.8~1.2cm，花药长椭圆形，白色；子房纺锤形，长0.7~1cm，花柱分枝较内轮花被裂片略短，中肋处淡蓝色，顶端裂片缝状丝裂。蒴果椭圆状圆柱形，长2.5~3cm，直径1.2~1.5cm，顶端微尖，基部钝，无喙，6条纵肋明显，成熟时自顶端开裂至中部。种子黑褐色，为不规则的多面体，无附属物。花期3—4月，果期5—6月。

区内常见。生于林缘阴湿处或路边、水沟边阴湿地带。分布于东亚。

常栽培作观赏植物。

2. 小花鸢尾

Iris speculatrix Hance

多年生草本，植株基部围有棕褐色的老叶纤维及鞘状叶。根状茎二歧状分枝，斜生。叶片剑形或条形，长 15~30cm，宽 0.6~1.2cm，有 3~5 条纵脉。花茎高 20~25cm，有 1 或 2 茎生叶；苞片 2 或 3，草质，狭披针形，长约 5.5cm，宽约 7.5cm，先端长渐尖，内有 1 或 2 花；花梗长 3~5.5cm；花蓝紫色或淡蓝色，直径 5.6~6cm；花被管短而粗，外轮花被裂片匙形，长约 3.5cm，宽约 9mm，有深紫色的环形斑纹，中脉上有鲜黄色的鸡冠状附属物，内轮花被裂片狭倒披针形，长约 3.7cm，宽约 9mm，直立；雄蕊长约 1.2cm，花药白色，较花丝长；子房纺锤形，绿色，长 1.6~2cm，直径约 5mm，花柱分枝扁平，与花被裂片同色，顶端裂片狭三角形。蒴果椭圆球形，长 5~5.5cm，直径约 2cm，顶端有细长而尖的喙，果梗于花凋谢后弯曲成 90°，使果实呈水平状态；种子为多面体，棕褐色，有小翅。花期 5 月，果期 7—8 月。

见于官埔垟、炉岙、龙南、大田坪、双溪、均益、南溪等地。生于潮湿路边、山谷、岩隙及林下。我国特有，分布于华北、华东、华中、华南、西南、西北。

一四九　龙舌兰科 Agavaceae

多年生草本。茎不分枝，或有时分枝。单叶，呈莲座式排列，有时具茎生叶；叶片通常有白霜，全缘或有锯齿，先端有时具或长或短的刺。雌雄同株、异株或杂性异株。穗状花序、总状花序、伞形花序或圆锥花序顶生或腋生；苞片明显，直立向上，有时反折，下部的常为叶状，上部的鳞片状；花瓣 6，2 轮；花被片离生或合生成筒，先端有时具腺体或腺状短柔毛；雄蕊内藏或外露，花丝通常膨大，肉质，无毛、具短柔毛或具小乳凸，花药“丁”字形着生，纵裂；子房上位或下位，三角形、卵球形或圆柱状，3 室或偶为 1 室，花柱内藏或外露，柱头 1 或 3。浆果或蒴果，扁平，半球形、卵球形、倒卵球形或球形，每室具种子 1~3。

17 属，550 余种，主要分布于热带、亚热带。本区有 1 种。

紫萼 *Hosta ventricosa* Stearn

玉簪属 *Hosta* Tratt.

多年生草本。根状茎粗短。叶基生，具弧形脉和纤细的横脉；叶柄长。花葶从叶丛中央抽出，具 1~3 枚无花苞片；花近漏斗状，单生，稀 2 或 3 朵簇生，或多数排列成总状花序；花被片 6，下半部合生成管状，上半部近漏斗状，裂片 6；雄蕊 6，贴生于花被管上，稍伸出花被筒；花丝纤细；花药背部有凹穴，“丁”字形着生，2 室；子房 3 室，每室具多数胚珠，花柱细长，柱头小。蒴果近圆柱状，3 棱，室背开裂。种子黑色，有扁平的翅。

约 45 种，分布于亚洲温带与亚热带地区，主产于日本。本区有 1 种。

紫萼

Hosta ventricosa Stearn

根状茎粗短。叶基生；叶片卵状心形、卵形至卵圆形，长 8~19cm，宽 4~17cm，先端通常近短尾尖或骤尖，基部心形或近截形，侧脉 7~11；叶柄长 6~30cm。花葶高 30~60cm；花淡紫色，长 4~6cm，10~30 朵排列成总状花序；苞片膜质，白色，矩圆状披针形，长 1~2cm；花梗长 7~10mm；花被片下半部合生成管状，上半部近漏斗状，裂片 6，长椭圆形，长 1.5~1.8cm；雄蕊伸出花被之外。蒴果圆柱状，具 3 棱，长 2.5~4.5cm，直径 6~7mm。花期 6—7 月，果期 7—9 月。

见于炉岙村、大田坪、黄茅尖及保护区外围屏南瑞垟等地。生于海拔 500~1600m 的林下山坡、山谷路旁。我国特有，分布于华东、华中、华南、西南。

栽培供观赏。

一五〇 百部科 Stemonaceae

多年生直立或攀援草本。常具块根，稀为根状茎；须根肥大肉质或否，味苦。叶对生、轮生，稀互生；有明显的基出脉和平行、致密的横脉。花单生或数朵排成总状花序，两性，辐射对称；花序梗腋生，稀部分贴生于叶片中脉上；花被片 4，花瓣状，2 轮排列；雄蕊 4，较花被片略短，花丝粗短，分离或基部稍合生，花药 2 室，内向纵裂；子房上位，1 室，由 2 心皮合成，具 2 至多数胚珠，花柱不明显，柱头头状、小，不裂或 2、3 浅裂。果为蒴果。种子具丰富胚乳，种皮厚，表面有纵槽，一端有膜质附属物。

3 属，约 30 种，分布于亚洲东部至南部、大洋洲北部、北美洲东南部。本区有 1 属，1 种。

百部 *Stemona japonica*（Blume）Miq.

百部属 *Stemona* Lour.

多年生草本，攀援、缠绕或直立。根状茎粗短。须根簇生；块根肉质，纺锤形，味苦。茎多缠绕，少数直立，光滑无毛。叶轮生、对生或互生，均匀分布于全茎；叶片有主脉 5~13 条，侧脉无，细脉横向平行、致密；叶柄有或无。花两性，单生或数朵排列成总状花序；花被片 4，淡黄绿色；雄蕊 4，雄蕊花丝、花药几等长，花药紫红色，药隔延伸成 1 细长的附属物；子房上位，1 室，有胚珠多枚。蒴果卵球形至宽卵球形，略扁，2 瓣开裂；种子基底着生。

约 27 种，分布于东亚、印度、马来西亚、菲律宾至澳大利亚北部。本区有 1 种。

百部　蔓生百部

Stemona japonica（Blume）Miq.

块根肉质、成簇，常长圆状纺锤形。茎下部直立，上部攀援状。叶 2~4 轮生；叶片纸质或薄革质，卵形、卵状披针形或卵状长圆形，长 4~9cm，宽 1.5~4.5cm，主脉通常 5 条；叶柄细，长 1~4cm。花序梗贴生于叶片中脉上，花单生或为聚伞状花序；苞片条状披针形，长约 3mm；花被片淡绿色，披针形，开放后反卷；雄蕊紫红色，花丝基部多少合生成环，花药顶端具 1 箭状附属物，两侧各具 1 直立或下垂的丝状体，药隔直立，延伸为钻状或条状附属物。蒴果卵球形，赤褐色，长 1~1.4cm，宽 4~8mm，顶端锐尖，常具 2 种子。种子椭圆形，稍扁平，长 6mm，宽 3~4mm，深紫褐色，表面具纵槽纹，一端簇生多数淡黄色、膜质、短棒状附属物。花期 5—7 月，果期 7—10 月。

见于保护区外围五梅垟、小梅金村等地。生于山坡草丛或林下。分布于东亚。

块根含生物碱，可入药。

一五一　菝葜科 Smilacaceae

灌木或草本。攀援或直立，常具坚硬、粗壮的根状茎，茎有刺或无刺。叶互生或对生；叶片全缘，革质至纸质，背面有时具白粉、粉尘状毛或短柔毛，具3~7弧形脉；叶柄常有鞘和卷须。花小，单性异株，稀两性，通常排成腋生的伞形花序，稀为穗状、总状或圆锥花序。花被片6，2列而分离或外轮的合生成1圈，而内轮的缺；雄蕊通常6，稀更多或更少，花丝分离或合生，花药2室，多少汇合，在中央内侧纵裂；子房上位，3室，每室有下垂的胚珠1~2颗；雌花中有退花雄蕊。浆果。

1属，约200种，广泛分布于全球，以热带和亚热带山地最多。本区有12种。

尖叶菝葜 *Smilax arisanensis* Hayata
菝葜 *Smilax china* L.
小果菝葜 *Smilax davidiana* A.DC.
托柄菝葜 *Smilax discotis* Warb.
土茯苓 *Smilax glabra* Roxb.
黑果菝葜 *Smilax glaucochina* Warb.
马甲菝葜 *Smilax lanceifolia* Roxb.
缘脉菝葜 *Smilax nervomarginata* Hayata
牛尾菜 *Smilax riparia* A.DC.
华东菝葜 *Smilax sieboldii* Miq.
肖菝葜 *Smilax stemonifolia* H. Lév. et Vaniot
鞘柄菝葜 *Smilax vaginata* Decne.

菝葜属 *Smilax* L.

属特征、分布与科同。

分种检索表

1. 花被片离生；花丝完全分离。
  2. 花序着生点上方不具与叶柄相对的鳞片，稀具1贝壳状鳞片；花序梗不具关节。
    3. 叶脱落点位于叶柄中部，因而脱落的叶带一段叶柄；花中等大，直径5~10mm，花被片长4~8mm。
      4. 草本植物，茎中空，有少量髓，无刺…………………………………………1. 牛尾菜 *S. riparria*
      4. 灌木或半灌木，茎实心，无髓，多少具刺。
        5. 叶柄全具翅状鞘，鞘近半圆形或卵形，每侧宽3~5mm ……………………2. 托柄菝葜 *S. discotis*
        5. 叶柄无鞘或一部分具狭鞘。
          6. 叶片背面苍白色；浆果成熟时黑色 ……………………………3. 黑果菝葜 *S. glaucochina*
          6. 叶片背面绿色；浆果成熟时红色或黑色。
            7. 花序生于叶已完全长成的小枝上；果实成熟后紫黑色；茎上刺呈针状………………………………………………………………………………4. 华东菝葜 *S. sieboldii*

7. 花序生于叶尚幼嫩或刚抽出的小枝上；果实成熟时红色；茎上刺基部骤然变粗。

8. 叶柄上的鞘耳状，宽 2~4mm，明显宽于叶柄；花序梗长 2~15mm；果径 5~7mm …………………… 5. 小果菝葜 *S. davidiana*

8. 叶柄上的鞘较狭，宽 0.5~1mm；花序梗长 15~30mm；果径 6~15mm …………………… 6. 菝葜 *S. china*

3. 叶脱落点位于叶柄近顶端，因而脱落的叶几乎完全不带叶柄；花较小，直径 2~4mm，花被片长 1~3mm。

9. 直立或披散的落叶灌木；叶柄无卷须；叶片长、宽近相等 ……………… 7. 鞘柄菝葜 *S. vaginata*

9. 常绿攀援灌木；叶柄具卷须；叶片长为宽的 2 倍以上。

10. 花序梗短于叶柄或近等长 …………………… 8. 土茯苓 *S. glabra*

10. 花序梗明显长于叶柄。

11. 叶柄具鞘部分占叶柄全长的 1/3~1/2；卷须生于叶柄近中部…… 9. 尖叶菝葜 *S. arisanensis*

11. 叶柄具鞘部分不及叶柄全长的 1/3；卷须生于叶柄近基部 … 10. 缘脉菝葜 *S. nervomarginata*

2. 花序着生点上方具 1 枚鳞片，花序梗具关节 …………………… 11. 马甲菝葜 *S. lanceifolia*

1. 花被片合生成筒；花丝多少合生成柱状 …………………… 12. 肖菝葜 *S. stemonifolia*

1. 牛尾菜　草菝葜　白须公

Smilax riparia A. DC.

多年生草质藤本。具根状茎。茎中空，无刺。叶片卵形、椭圆形至长圆状披针形，长 7~15cm，宽 2.5~11cm，两面绿色，无毛；主脉 5 条，背面明显凸起；叶柄长 0.7~2cm，脱落点位于叶柄上部，中部以下具卷须。花序腋生，多花；花序梗纤细，长 3~10cm；花黄绿色，花被内、外轮相似；雌花较雄花小，不具或具退化雄蕊。浆果圆球形，直径 7~9mm，黑色。花果期 5—10 月。

见于凤阳湖、龙案等地。生于阔叶林林下、灌草丛中。分布于东亚。

根入药，有祛风、活血、散瘀、润肺止咳之功效。

2. 托柄菝葜

Smilax discotis Warb.

攀援落叶灌木。茎圆柱形，长 0.5~3m，疏生刺或近无刺。叶片纸质，卵状椭圆形，长 4~10cm，宽 2~5cm，先端急尖，基部心形，上面绿色，下面苍白色；主脉 3~5 条，下面明显凸起；叶柄长 3~5mm，脱落点位于近顶端，有时具卷须；鞘与叶柄等长或稍长，一侧宽 3~5mm，近半圆形或卵形，多少呈贝壳状。花序生于具幼嫩叶的小枝上，具数花；花序梗纤细，长 1~4cm，不具关节；花黄绿色；雄花被片长约 4mm，雄蕊 6 枚；雌花较雄花略小，具 3 枚退化雄蕊。浆果圆球形，直径 6~8mm，黑色，被粉霜。花果期 4—10 月。

见于大田坪、凤阳湖等地。生于海拔1000m以上的阔叶林林下、林缘、灌丛中。我国特有，分布于华东、华中、西南、西北。

根状茎入药，有清热利湿、补虚益损、活血、止血之功效。

3. 黑果菝葜

Smilax glaucochina Warb.

攀援落叶灌木。茎圆柱形，长 0.5~4m，疏生刺。叶片厚纸质，椭圆形，长 5~13cm，宽 2~10cm，先端骤尖，基部圆形或宽楔形，上面绿色，下面苍白色；主脉 3~5 条；叶柄长 8~15mm，约全长的一半具鞘，脱落点位于上部，具卷须。花序生于稍幼嫩叶的小枝上，具多花；花序梗长 1~3cm；花黄绿色；雄花被片长 5~6mm，雄蕊 6 枚；雌花与雄花大小相似，具 3 枚退化雄蕊。浆果圆球形，直径 7~8mm，黑色，常具白粉。花果期 3—11 月。

见于大田坪、凤阳庙、凤阳湖等地。生于林下、路边灌丛中。分布于东亚。

根状茎富含淀粉，可以加工后食用。

4. 华东菝葜 钻鱼须

Smilax sieboldii Miq.

攀援落叶灌木。具粗短的根状茎。茎长 1~2m，小枝常草质，一般有细长针状刺。叶片草质，卵形或卵状心形，长 4~12cm，宽 3~7cm，先端骤尖至渐尖，基部楔形或浅心形；主脉 5~7 条；叶柄长 10~20mm，约一半具狭鞘，有卷须，脱落点位于上部。花序具数花；花序梗纤细，长 1~2.5cm；花黄绿色；雄花被片长 4~5mm，雄蕊 6 枚；雌花较雄花略小，具 6 枚退化雄蕊。浆果圆球形，直径 6~8mm，蓝黑色。花果期 5—10 月。

见于保护区外围屏南瑞垟。生于山坡林缘、路边灌丛中。分布于东亚。

5. 小果菝葜

Smilax davidiana A. DC.

攀援落叶灌木。具粗短的根状茎。茎长 1~2m，具疏刺。叶片厚纸质，通常椭圆形，长 3~7cm，宽 2~4cm，萌发枝上的叶片长可达 14cm，宽可过 12cm，先端骤尖，基部圆形至宽楔形，两面绿色；主脉 3~5 条；叶柄长 4~7mm，全长的 1/2~2/3 具鞘，有细卷须，脱落点位于近卷须上方，鞘耳状，远宽于叶柄。花序生于叶尚幼嫩的小枝上，具多花；花序梗长 5~14mm；花黄绿色；雄花被片长 3.5~4mm，雄蕊 6 枚；雌花与雄花大小相似，具 3 枚退化雄蕊。浆果圆球形，直径 5~7mm，红色。花果期 4—11 月。

区内常见。生于山坡林下、林缘、沟谷灌丛中。分布于东亚。

根状茎入药，常与菝葜混用。

6. 菝葜　金刚刺

Smilax china L.

攀援落叶灌木。根状茎粗壮、坚硬，为不规则的块状。茎长 1~3m，具疏刺。叶片薄革质或坚纸质，形状多样，通常近圆形、卵形，长 3~10cm，宽 2~10cm，萌发枝上的叶片长可达 16cm，宽可达 12cm，先端骤尖，基部宽楔形或圆形，有时微心形，叶背面淡绿色，稀苍白色；主脉 3~5 条；叶柄长 7~25mm，在下部 1/2~1/3 处具狭鞘，鞘上方通常有卷须，脱落点位于中上部。花序具多花，生于叶尚幼嫩的小枝上；花序梗长 1.5~3cm；花黄绿色；雄花被片长 3.5~4.5mm，雄蕊 6 枚；雌花与雄花大小相似，具 6 枚退化雄蕊。浆果圆球形，直径 6~15mm，红色。花果期 4—10 月。

见于官埔垟、炉岙、金龙及屏南等地。生于山坡林中、山冈灌丛中、沟谷阔叶林林下。分布于东亚至南亚。

根状茎富含淀粉，可供酿酒；根状茎入药。

7. 鞘柄菝葜

Smilax vaginata Decne.

直立或披散状落叶灌木。茎高 0.3~2m，分枝稍具棱，无刺。叶片纸质，近圆形、卵形或卵状披针形，长 1.5~4cm，宽 1.2~4cm，先端急尖，基部圆形或楔形，下面苍白色；主脉 5 条；叶柄长 5~12mm，向基部渐宽，呈鞘状，无卷须，脱落点位于近顶端。花序有 1~3 花或更多；花序梗纤细，长 1.5~3cm，不具关节；花黄绿色或稍带淡红色；雄花被片长 2.5~3mm，雄蕊 6 枚；雌花较雄花略小，具 6 枚退化雄蕊。浆果圆球形，直径 5~10mm，黑色，具白粉。花果期 5—10 月。

见于大田坪、金龙等地。生于山坡林下。分布于东亚。

根状茎入药，有祛风除湿、活血顺气、止痛之功效。

8. 土茯苓 光叶菝葜

Smilax glabra Roxb.

常绿攀援灌木。根状茎粗壮、坚硬，为不规则的块状，多分枝，有结节状隆起。茎长 1~4m，无刺。叶片革质，长圆状披针形至披针形，长 5~15cm，宽 1~4cm，萌发枝上的叶片长可达 16cm，宽可过 12cm，先端骤尖至渐尖，基部圆形或楔形，有时微心形，叶背面有时苍白色；主脉 3 条；叶柄长 3~15mm，在下部 1/4~2/3 处具狭鞘，鞘上方有卷须，脱落点位于近顶端。花序具多花；花序梗明显短于叶柄；花绿白色，六棱状球形；雄花外轮花被片兜状，背面中央具纵槽，内轮花被片近圆形，较小，边缘有不规则细齿，雄蕊 6 枚；雌花与雄花大小相似，具 3 枚退化雄蕊。浆果圆球形，直径 6~8mm，黑色，具白粉。花期 7—8 月，果期 10—11 月。

见于官埔垟、炉岙、凤阳湖、黄茅尖、金龙、龙案等地。生于山坡阔叶林下、灌草丛中、路边林缘。分布于东亚、东南亚。

根状茎入药。

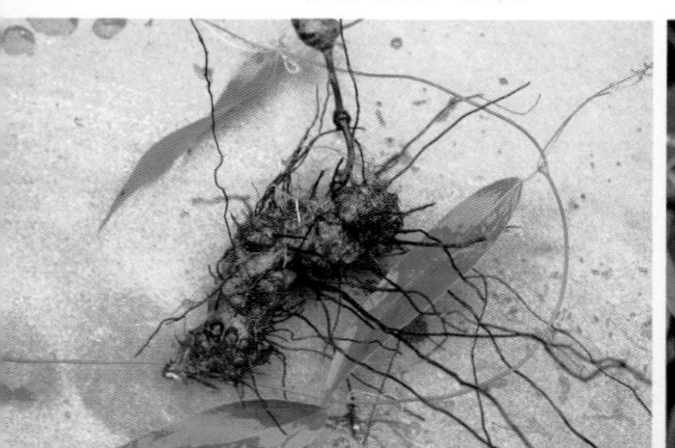

9. 尖叶菝葜

Smilax arisanensis Hayata

常绿攀援灌木。具粗短的根状茎。茎长可达 10m，无刺或有疏刺。叶片纸质，椭圆形、卵状披针形或长圆状披针形，长 4~10cm，宽 1.5~5cm，先端骤尖至渐尖，基部圆形；主脉 3~5 条；叶柄长 7~15mm，常扭曲，约全长的一半具狭鞘，有卷须，脱落点位于近顶端。花序具多花；花序梗纤细，长为叶柄长的 3~5 倍，上部者基部常有 1 枚与叶柄相对的鳞片；花黄绿色；雄花被片长 2.5~3mm，雄蕊 6 枚；雌花较雄花略小，具 3 枚退化雄蕊。浆果圆球形，直径约 8mm，紫黑色。花果期 4—11 月。

区内常见。生于山坡阔叶林下、路边林缘。分布于东亚、东南亚。

10. 缘脉菝葜

Smilax nervomarginata Hayata

常绿攀援灌木。具粗短的根状茎。茎长 1~2m，分枝有细纵棱，具小疣状凸起，无刺。叶片革质，长圆状披针形至披针形，长 5~10cm，宽 1~3cm，先端渐尖，基部楔形，近圆形，两面绿色；主脉 5~7 条，最外侧的脉几于叶缘重合；叶柄长 5~15mm，全长的 1/4~1/3 具狭鞘，有卷须，脱落点位于顶端。花序具多花；花序梗纤细，长为叶柄长的 2~4 倍，稍扁平；花紫色；雄花被片长 2.5~3.5mm，雄蕊 6 枚；雌花与雄花大小相似，具 6 枚退化雄蕊。

浆果圆球形，直径 7~10mm，黑色。花果期 5—10 月。

区内常见。生于山坡阔叶林下与林缘、沟谷灌丛中。分布于东亚。

11. 马甲菝葜

Smilax lanceifolia Roxb.

常绿攀援灌木。根状茎粗壮，坚硬，多分枝。茎长 1~2m，枝具细条纹，无刺或有疏刺。叶片革质，椭圆形、长圆形、长圆状卵形至长圆状披针形，长 6~12cm，宽 2~6cm，先端骤尖至渐尖，基部圆形或宽楔形；主脉 3~5 条；叶柄长 10~20mm，全长的 1/5~1/4 具狭鞘，有卷须，脱落点位于近中部。花序具多花；花序梗稍长于叶柄，基部具 1 枚与叶柄相对的贝壳状鳞片；花黄绿色；雄花被片长 4~5mm，雄蕊 6 枚；雌花远较雄花小，具 6 枚退化雄蕊。浆果圆球形，直径约 5mm，黑色。花期 9—11 月，果期 12 月至次年春季。

见于大田坪、黄茅尖、凤阳湖等地。生于山坡阔叶林下、沟谷落叶阔叶林中。分布于东亚、东南亚。

12. 肖菝葜

Smilax stemonifolia H. Lév. et Vaniot——*Heterosmilax japonica* Kunth

落叶攀援灌木。根状茎粗壮、坚硬，断面近白色。茎长可达数米，有纵棱，无刺，无毛。叶片纸质至薄革质，卵形、卵状披针形或卵状心形，长 6~15cm，宽 2.5~10cm，先端急尖至渐尖，基部近心形，主脉 5~7 条；叶柄长 10~30mm，具卷须，翅状鞘狭短，长为叶柄长的 1/5~1/4，几全部与叶柄合生，脱落点位于叶柄顶端的稍下方。花序具多花；花序梗扁，长 1~3cm；花黄绿色；雄花被筒长圆形或狭倒卵形，长 3.5~4.5mm，顶端具 3 枚小钝齿，雄蕊 3 枚，花丝中部以下合生成柱；雌花被筒卵形，长 2.5~3mm，具 3 枚退化雄蕊。浆果圆球形，直径 5~10mm，黑色。花果期 6—11 月。

见于凤阳庙等地。生于岩壁下林缘。分布于东亚。

根状茎入药。

一五二　薯蓣科 Dioscoreaceae

缠绕草质或木质藤本，少数为矮小草本。地下部分为根状茎或块茎。茎左旋或右旋，有毛或无毛，具刺或无刺。叶多为单叶，少数为掌状复叶；叶互生，或茎中部以上对生；基出脉 3~9 条，侧脉网状；叶柄常扭转，有时基部有关节。花单性或两性，雌雄异株，稀同株；花单生，簇生，或排成穗状、总状、圆锥花序。雄花被片 6，2 轮排列，基部合生或离生，雄蕊 6，有时其中 3 枚退化，退化子房有或无；雌花被片与雄花相似，退化雄蕊 3~6，或无，子房下位，花柱 3，分离。果实为蒴果、浆果或翅果。种子有翅或无翅。

约 9 属，650 种，分布于全世界热带至温带地区，主产于热带美洲。本区有 1 属，4 种。

粉背薯蓣 *Dioscorea collettii* Hook. f. var. *hypoglauca* (Palib.) Pei et C. T. Ting
黄独 *Dioscorea bulbifera* L.
日本薯蓣 *Dioscorea japonica* Thunb.
毛芋头薯蓣 *Dioscorea kamoonensis* Kunth

薯蓣属 *Dioscorea* L.

多年生缠绕草本，稀木质藤本，无卷须。单叶或掌状复叶，互生，有时中部以上对生；叶腋内有珠芽或无。花单性，雌雄异株，稀同株。雄花有雄蕊 6，有时其中 3 枚退化；雌花有退化雄蕊 3~6，或无。蒴果三棱形，每条棱翅状，果皮革质，成熟后顶端开裂，果梗反折或否。种子生于中轴的中部或一端；种翅膜质，宽椭圆形至长三角形。

600 多种，广泛分布于热带和温带地区。本区有 4 种。

分种检索表

1. 地下茎为根状茎，水平生长；有花被管；叶片上面常有白斑，下面粉白色 ……………………………………………………………… **1. 粉背薯蓣 *D. collettii* var. *hypoglauca***
1. 地下茎为块茎，垂直生长；花被片离生；叶片两面均不呈粉白色。
  2. 叶为单叶；果无毛。
    3. 茎左旋；叶全部互生；叶片宽卵状心形至卵状心形，先端尾尖 ……………… **2. 黄独 *D. bulbifera***
    3. 茎右旋；茎下部叶互生，上部对生；叶片披针状心形或长三角状心形 ………… **3. 日本薯蓣 *D. japonica***
  2. 叶为掌状复叶；果被短柔毛……………………………………………………* **毛芋头薯蓣 *D. kamoonensis***

1. 粉背薯蓣

Dioscorea collettii Hook. f. var. **hypoglauca**（Palib.）Pei et C. T. Ting

缠绕草质藤本。根状茎横生，竹节状，直径 1.5~3cm，断面黄色，干后坚硬、粉性，淡黄色至粉白色，味微苦。茎左旋，无毛，有时密生黄色短毛。单叶互生；叶片三角形至卵圆形，顶端渐尖，基部心形、宽心形或有时近截形，边缘波状或近全缘，呈半透明干膜质，干后黑色，有时背面灰褐色，有白色刺毛，沿脉较密。雄花序单生，簇生于叶腋，花被黄色，干后黑色，有时少数不变黑，雄蕊 3，花开放后药隔变宽，宽约为花药的一半，退化雄蕊有时只有花丝；雌花序穗状，雌花的退化雄蕊呈花丝状，子房长圆柱形，柱头 3 裂。蒴果三棱形，顶端稍宽，基部稍狭，表面栗褐色，富有光泽，成熟后反曲下垂。种子 2 枚，着生于中轴中部，成熟时四周有薄膜状翅。花期 5—8 月，果期 6—10 月。

区内常见。生于山谷缓坡、水沟边阴湿处。我国特有，分布于华东、华中、华南。

根状茎入药。

2. 黄独　黄药子

Dioscorea bulbifera L.

缠绕草质藤本。块茎卵圆形或梨形，直径 3~7cm，外皮棕黑色，表面密生须根。地上茎左旋，浅绿色稍带红紫色，光滑无毛。叶腋内有球形或卵圆形珠芽，紫棕色，表面有斑点。单叶互生；叶片宽卵状心形或卵状心形，长 9~6cm，宽 6~26m，顶端尾状渐尖，边缘全缘或微波状，两面无毛。雄花序穗状或再排成圆锥状，花被片离生，紫红色，雄蕊全部能育；雌花序常 2 至数枚簇生，长 20~50cm。蒴果长圆形，长 1.5~3cm，宽 0.8~1.5cm，两端浑圆，熟时草黄色，表面密被紫色小斑点，果梗反折。种子生于中轴顶部，种翅三角状倒卵形。花期 7—10 月，果期 8—11 月。

见于官埔垟、炉岙、南溪等地，较常见。生于林缘或林下。分布于亚洲、非洲、大洋洲。

块茎为中药黄药子。

3. 日本薯蓣　纤细薯蓣　尖叶薯蓣

Dioscorea japonica Thunb.

缠绕草质藤本。块茎长圆柱形，垂直生长，长 7~12cm，直径 1~1.5cm，不分枝，外皮棕黄色，断面鲜时乳白色，富含黏液，干后粉白色，味淡至微甜。地上茎右旋。叶在茎下部互生，中部以上对生；叶片纸质，变异大，常为三角状披针形，有时茎下部的为宽卵心形，长 3~18cm，宽 2~9cm，两面无毛；叶腋内有珠芽。雄花序穗状，长 2~8cm，近直立，1 至数个簇生，花被片绿白色或淡黄色，雄蕊 6；雌花序长 6~20cm，单生或 2~3 个簇生，退化雄蕊 6。蒴果不反折，淡褐色，长 1~2cm，宽 1.5~3cm，基部截形，先端微缺；种子着生于蒴果近中部，四周具翅。花期 5—10 月，果期 7—11 月。

全区常见。生于向阳山坡、山谷、溪沟边或草丛中。分布于东亚。

块茎可入药，亦可食用。

一五三　兰科 Orchidaceae

多年生草本，稀为亚灌木或攀援藤本。地生、附生，少为腐生，常具块茎或肥厚的根状茎，附生者具肥厚、肉质的气生根。茎直立或基部匍匐状，悬垂或攀援，常在基部或全部膨大为具1至多节的形状多样的假鳞茎。叶常互生，排成2列或螺旋状着生，少有对生或轮生，有时生于假鳞茎顶端或近顶端处；叶片鲜时革质或带肉质（干后膜质），扁平、两侧压扁或呈圆柱形，有时退化成鳞片状，基部具关节或无，或具管状抱茎的叶鞘。花葶顶生或侧生；花常排列成总状、穗状、伞形或圆锥花序，少为缩短的头状花序，或为单花；花大多两性，大多两侧对称；花被片6枚，2轮；外轮3枚为萼片，通常花瓣状，离生或不同程度合生，中央的1枚为中萼片，通常稍大，并与花瓣靠合成兜，两侧的2枚为侧萼片，常略歪斜，离生或靠合，有时基部的一部分或全部贴生于蕊足上而形成萼囊；内轮两侧2枚被称花瓣，中央1枚特化为唇瓣，形态多样，常因子房作180° 扭转或花序下垂而位于下方，先端分裂或不分裂，有时因中部缢缩而分成前部与后部（上唇与下唇），上面有时具脊、褶片、胼胝体或其他附属物，有时其基部延伸成囊状或距，内具蜜腺或无；雄蕊和雌蕊合生成合蕊柱（常称蕊柱），有时其基部延伸为蕊柱足，顶端常有药床；能育雄蕊通常1，生于蕊柱顶端背面，较少为2，生于蕊柱的两侧，花药2室，内向，直立或前倾，花粉黏合成花粉块，花粉块2~8，粉质或蜡质，具花粉块柄或蕊喙柄和黏盘，或无，退化雄蕊有时存在，呈小凸起状，有时大而具色彩；柱头侧生，极少顶生，凹陷或凸出，上方通常有1喙状的小凸起（称蕊喙）；子房下位，1室，侧膜胎座，少为3室而成中轴胎座，胚珠多数，倒生。蒴果常为三棱状圆柱形或纺锤形，成熟时开裂为3~6果片。种子极多且细小，无胚乳，通常具膜质或翅状张开的种皮，具未分化的小胚。

约750属，约28000种，分布于热带、亚热带和温带地区，尤以亚洲热带和南美洲为多。本区有25属，38种。

细葶无柱兰 *Amitostigma gracile*（Blume）Schltr.
金线兰 *Anoectochilus roxburghii*（Wall.）Lindl.
白及 *Bletilla striata* Rchb. f.
广东石豆兰 *Bulbophyllum kwangtungense* Schltr.
虾脊兰 *Calanthe discolor* Lindl.
钩距虾脊兰 *Calanthe graciliflora* Hayata
金兰 *Cephalanthera falcata*（Thunb.）Blume
建兰 *Cymbidium ensifolium*（L.）Sw.
蕙兰 *Cymbidium faberi* Rolfe
多花兰 *Cymbidium floribundum* Lindl.
春兰 *Cymbidium goeringii*（Rchb. f.）Rchb. f.
寒兰 *Cymbidium kanran* Makino
细茎石斛 *Dendrobium moniliforme*（L.）Sw.
单叶厚唇兰 *Epigeneium fargesii*（Finet）Gagnep.
中华盆距兰 *Gastrochilus sinensis* Tsi
天麻 *Gastrodia elata* Blume

斑叶兰 *Goodyera schlechtendaliana* Rchb. f.
绒叶斑叶兰 *Goodyera velutina* Makino ex Regel
鹅毛玉凤花 *Habenaria dentata*（Sw.）Schltr.
线叶十字兰 *Habenaria linearifolia* Maxim.
见血青 *Liparis nervosa*（Thunb.）Lindl.
香花羊耳蒜 *Liparis odorata*（Will.）Lindl.
长唇羊耳蒜 *Liparis pauliana* Hand.-Mazz.
二叶兜被兰 *Neottianthe cucullata*（L.）Schltr.
小沼兰 *Oberonioides microtatantha*（Schltr.）Szlach.
细叶石仙桃 *Pholidota cantonensis* Rolfe
尾瓣舌唇兰 *Platanthera mandarinorum* Rchb. f.
小舌唇兰 *Platanthera minor*（Miq.）Rchb. f.
黄山舌唇兰 *Platanthera whangshanensis*（Chien）Elimov
东亚舌唇兰 *Platanthera ussuriensis*（Regel et Maack）Maxim.
台湾独蒜兰 *Pleione formosana* Hayata
朱兰 *Pogonia japonica* Rchb. f.
时珍兰 *Shizhenia pinguiculum*（Rchb. f. et S. Moore）X. H. Jin et al.
香港绶草 *Spiranthes hongkongensis* S. Y. Hu et Barretto
绶草 *Spiranthes sinensis*（Pers.）Ames
带叶兰 *Taeniophyllum glandulosum* Blume
带唇兰 *Tainia dunnii* Rolfe
宽距兰 *Yoania japonica* Maxim.

分属检索表

1. 腐生植物；叶退化成鳞片状或鞘状，非绿色。
  2. 植株具肥大、横生、具环纹的块茎；萼片和花瓣合生成筒状……………………… **1. 天麻属 *Gastrodia***
  2. 植株具长而分枝的根状茎；萼片和花瓣离生………………………………… **2. 宽距兰属 *Yoania***
1. 地生或附生植物；叶片发育正常，绿色，或无叶片但至少植物体为绿色。
  3. 地生或岩壁生植物，若生长在石壁上，则表面必有覆土。
    4. 花序梗和花序轴上具翅。
      5. 蕊柱长，通常向前弯曲，半圆柱状，两侧具翅；花药与蕊柱的连接点比蕊喙高 ……………………………………………………………… **3. 羊耳蒜属 *Liparis***
      5. 蕊柱短，直立；花药与蕊柱的连接点比蕊喙低……………………… **4. 沼兰属 *Oberonioides***
    4. 花序梗和花序轴上无翅。
      6. 花在花序轴上螺旋状着生；茎基部具数条肉质、指状簇生的根 …………… **5. 绶草属 *Spiranthes***
      6. 花绝非螺旋状着生。
        7. 植株具或长或短的直立茎，无假鳞茎或具隐藏于叶丛中而不明显可见的假鳞茎。
          8. 植株具块茎，或具肉质、肥厚、指状、平展的根状茎。
            9. 植株具块茎；花紫红色或粉红色。
              10. 叶 1 枚；花序的花不偏向同一侧，或仅具 1 花；萼片完全离生，或与花瓣合生。
                11. 花序疏生多花；花小，长不超过 1cm；萼片完全离生 …… **6. 无柱兰属 *Amitostigma***
                11. 花序仅具 1 花；花大，长逾 2cm；萼片与花瓣合生 ………… **7. 时珍兰属 *Shizhenia***
              10. 叶 2 枚；花序的花偏向同一侧；萼片与花瓣靠合成兜 ……… **8. 兜被兰属 *Neottianthe***
            9. 植株具肉质、肥厚、指状、平展的根状茎，或具块茎；花黄绿色、淡绿色或白色。
              12. 植株常具肉质、肥厚、指状、平展的根状茎；柱头 1，位于蕊喙之下，凹陷或隆起……………………………………………………………… **9. 舌唇兰属 *Platanthera***

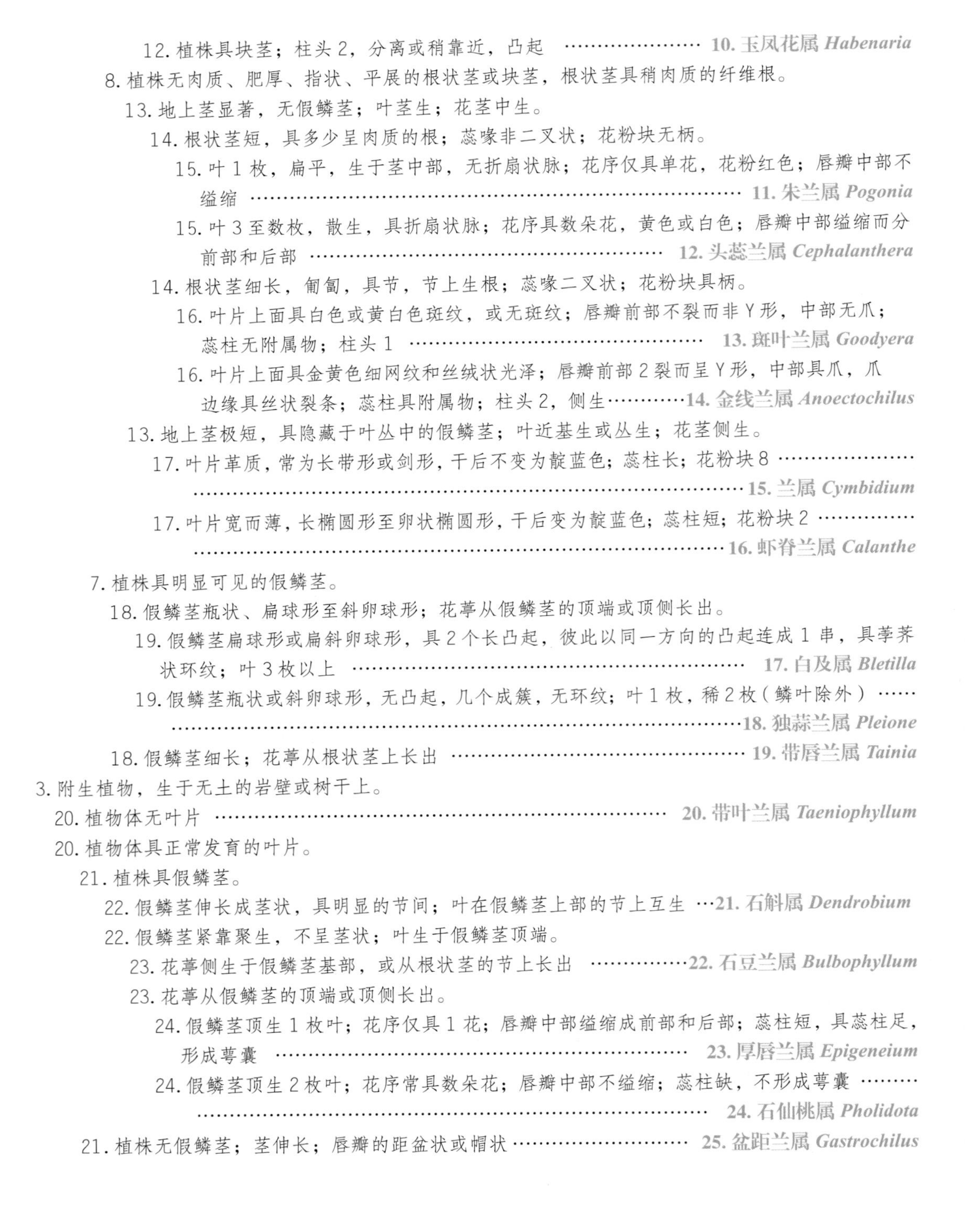

12. 植株具块茎；柱头 2，分离或稍靠近，凸起 …………………… **10. 玉凤花属** ***Habenaria***

8. 植株无肉质、肥厚、指状、平展的根状茎或块茎，根状茎具稍肉质的纤维根。

13. 地上茎显著，无假鳞茎；叶茎生；花茎中生。

14. 根状茎短，具多少呈肉质的根；蕊喙非二叉状；花粉块无柄。

15. 叶 1 枚，扁平，生于茎中部，无折扇状脉；花序仅具单花，花粉红色；唇瓣中部不缢缩 …………………………………………………………………… **11. 朱兰属** ***Pogonia***

15. 叶 3 至数枚，散生，具折扇状脉；花序具数朵花，黄色或白色；唇瓣中部缢缩而分前部和后部 ………………………………………… **12. 头蕊兰属** ***Cephalanthera***

14. 根状茎细长，匍匐，具节，节上生根；蕊喙二叉状；花粉块具柄。

16. 叶片上面具白色或黄白色斑纹，或无斑纹；唇瓣前部不裂而非 Y 形，中部无爪；蕊柱无附属物；柱头 1 ………………………………………… **13. 斑叶兰属** ***Goodyera***

16. 叶片上面具金黄色细网纹和丝绒状光泽；唇瓣前部 2 裂而呈 Y 形，中部具爪，爪边缘具丝状裂条；蕊柱具附属物；柱头 2，侧生…………**14. 金线兰属** ***Anoectochilus***

13. 地上茎极短，具隐藏于叶丛中的假鳞茎；叶近基生或丛生；花茎侧生。

17. 叶片革质，常为长带形或剑形，干后不变为靛蓝色；蕊柱长；花粉块 8 ……………………………………………………………………………………… **15. 兰属** ***Cymbidium***

17. 叶片宽而薄，长椭圆形至卵状椭圆形，干后变为靛蓝色；蕊柱短；花粉块 2 ……………………………………………………………………………………… **16. 虾脊兰属** ***Calanthe***

7. 植株具明显可见的假鳞茎。

18. 假鳞茎瓶状、扁球形至斜卵球形；花葶从假鳞茎的顶端或顶侧长出。

19. 假鳞茎扁球形或扁斜卵球形，具 2 个长凸起，彼此以同一方向的凸起连成 1 串，具荸荠状环纹；叶 3 枚以上 ……………………………………………… **17. 白及属** ***Bletilla***

19. 假鳞茎瓶状或斜卵球形，无凸起，几个成簇，无环纹；叶 1 枚，稀 2 枚（鳞叶除外）…………………………………………………………………………**18. 独蒜兰属** ***Pleione***

18. 假鳞茎细长；花葶从根状茎上长出 ……………………………… **19. 带唇兰属** ***Tainia***

3. 附生植物，生于无土的岩壁或树干上。

20. 植物体无叶片 …………………………………………………… **20. 带叶兰属** ***Taeniophyllum***

20. 植物体具正常发育的叶片。

21. 植株具假鳞茎。

22. 假鳞茎伸长成茎状，具明显的节间；叶在假鳞茎上部的节上互生 …**21. 石斛属** ***Dendrobium***

22. 假鳞茎紧靠聚生，不呈茎状；叶生于假鳞茎顶端。

23. 花葶侧生于假鳞茎基部，或从根状茎的节上长出 ……………**22. 石豆兰属** ***Bulbophyllum***

23. 花葶从假鳞茎的顶端或顶侧长出。

24. 假鳞茎顶生 1 枚叶；花序仅具 1 花；唇瓣中部缢缩成前部和后部；蕊柱短，具蕊柱足，形成萼囊 ………………………………………………… **23. 厚唇兰属** ***Epigeneium***

24. 假鳞茎顶生 2 枚叶；花序常具数朵花；唇瓣中部不缢缩；蕊柱缺，不形成萼囊 ……………………………………………………………………… **24. 石仙桃属** ***Pholidota***

21. 植株无假鳞茎；茎伸长；唇瓣的距盆状或帽状 ……………………… **25. 盆距兰属** ***Gastrochilus***

1 天麻属 *Gastrodia* R. Br.

腐生草本。块茎肉质，肥厚，横生，具环纹。茎直立，常为黄褐色，无绿叶，一般在花后延长，中部以下具数节，节上被筒状或鳞片状鞘。总状花序顶生，具几朵花至多数花，较少为单花；花近壶形、钟形或宽圆筒形，不扭转或扭转；萼片与花瓣合生成筒，仅上端分离；花被筒基部有时膨大成囊状，稀2侧萼片之间开裂；唇瓣贴生于蕊柱足末端，通常较小，藏于花被筒内，不裂或3裂；蕊柱长，具狭翅，基部有短的蕊柱足；花药较大，近顶生；花粉块2，粒粉质，常由小团块组成，无花粉块柄和黏盘。

约20种，分布于亚洲、大洋洲。本区有1种。

天麻

Gastrodia elata Blume

植株高30~70cm。块茎肉质，肥厚，长椭圆球形，横生，具环纹。茎不分枝，直立，稍肉质，长8~12cm，直径3~5cm，黄褐色。叶退化，鳞片状或鞘状，棕褐色，膜质。总状花序长5~10cm，具多数花；苞片膜质，披针形；花淡黄色或绿黄色；萼片与花瓣合生成歪斜的筒状，长约1cm，直径5~7mm，口部偏斜，先端5齿裂，裂片三角形，钝头；唇瓣较小，呈酒精灯状，白色，基部贴生于蕊柱足的顶端，紧贴于花被筒内壁上，先端3裂，中裂片舌状，具乳凸，边缘流苏状，侧裂片耳状；蕊柱长5~7mm，顶端具2小的附属物，基部具蕊柱足；子房倒卵球形。蒴果倒卵球形，长1.4~1.8cm，宽8~9mm。种子细而呈粉尘状。花期7月，果期10月。

见于乌狮窟、大田坪。生于海拔1400~1550m山坡林下。分布于东亚、南亚。

茎为常用中药，具平肝息风之功效。

为国家二级重点保护野生植物。

2 宽距兰属 *Yoania* Maxim.

腐生草本。具肉质根状茎；根状茎分枝或有时呈珊瑚状。茎肉质，直立，稍粗壮，无绿叶，具多枚鳞片状鞘。总状花序顶生，疏生或稍密生数朵至10余朵花；花中等大，肉质，倒置，唇瓣位于下方；萼片与花瓣离生，花瓣常较萼片宽而短；唇瓣凹陷成舟状，基部有短爪，着生于蕊柱基部，在唇盘下方具1宽阔的距；距向前方伸展，与唇瓣前部平行，顶端钝；蕊柱宽阔，直立，顶端两侧各有1个臂状物，具短蕊柱足；花药2室，宿存，顶端有长喙；花粉块4，成2对，粒粉质，由可分的小团块组成，无明显的花粉块柄，具1黏盘；柱头凹陷，宽大；蕊喙不明显。

约4种，分布于中国、日本、越南至印度东北部。本区有1种。

宽距兰 兰天麻

Yoania japonica Maxim.

植株高20~35cm。根状茎肉质，长而分枝。茎粗壮，肉质，淡红白色，散生数枚鳞片状鞘，无绿叶。鳞叶兜勺形，长5~6mm，先端锐尖。总状花序顶生，具3~5花；苞片卵形或宽卵形，长5~7mm；花梗连同子房长可达3cm；花梗长2~2.5cm；花玫瑰红色至紫色；萼片几同形，卵状椭圆形，长1.3~1.5cm，宽6~10mm，先端锐尖；花瓣长椭圆形，长约1.3cm，宽4~6mm，先端钝圆；唇瓣舟状，长约1cm，贴生于蕊柱足，下面具前伸囊状的距；蕊柱长约11mm，宽约3mm，先端3裂，中裂片三角形，侧裂片耳状，直立；花药具长喙；柱头凹陷。蒴果圆柱形，具长柄。花期5月。

见于炉岙。生于海拔1200m左右的山谷林下。分布于中国、日本。

3 羊耳蒜属 *Liparis* Rich.

地生草本，或为附生。通常具假鳞茎或有时具多节的肉质茎。假鳞茎密集或疏离，外面常被膜质鞘。叶1至数枚；叶片草质、纸质至厚纸质，基部多少具柄，具关节或不具关节。花葶顶生，直立、外弯或下垂，常稍呈扁圆柱形，并在两侧具狭翅；总状花序疏生或密生多花；苞片小，宿存；花小或中等大，扭转；萼片相似，离生，通常伸展或反折；花瓣通常比萼片狭；唇瓣不裂或有时3裂，有时在中部或下部缢缩，上部或上端常反折，基部或中部常有胼胝体，无距；蕊柱较长，多少向前弓曲，上部两侧常多少具翅，无蕊柱足；花药俯倾，极少直立；花粉块4，成2对，蜡质，无明显的花粉块柄和黏盘。蒴果多少具3钝棱。

250余种，广布于热带与亚热带，少数见于北温带。本区有3种。

分种检索表

1. 假鳞茎圆柱形；唇瓣暗紫色，基部具2胼胝体；叶片2~5 ……………………………… 1. 见血青 *L. nervosa*
1. 假鳞茎狭卵球形或卵球形；唇瓣黄绿色或淡紫色，基部胼胝体明显或不明显；叶片2或3。
  2. 唇瓣黄绿色，基部具2棒状胼胝体；叶片狭长圆形至卵状披针形 …………… 2. 香花羊耳蒜 *L. odorata*
  2. 唇瓣淡紫色，基部具1微凹的胼胝体；叶片椭圆形至卵状椭圆形 ……… 3. 长唇羊耳蒜 *L. pauliana*

1. 见血青

Liparis nervosa（Thunb.）Lindl.

植株高12~30cm，地生。假鳞茎聚生，圆柱形，肉质，暗绿色，具节，外被膜质鳞片。叶通常2~5；叶片干后膜质，宽卵形或卵状椭圆形，长5~11cm，宽3~5cm，先端渐尖，基部鞘状抱茎。花葶顶生，长8~30cm，总状花序疏生5~15花；苞片细小，卵状披针形，长约2mm；花暗紫色；中萼片条形，长8~9mm，宽1.5~2mm，先端钝，侧萼片卵状长圆形，稍偏斜，长约7mm，宽3~3.5mm，先端钝，通常扭曲反折；花瓣条状，长约10mm；唇瓣倒卵形，长约7mm，宽约5mm，先端平截或钝头，中央微凹而具短尖头，中部弯曲反折，基部稍收狭，上面具2胼胝体；蕊柱长约4mm，上部具翅，近先端的翅钝圆。花期5—6月，果期9—10月。

区内较常见。生于山坡路旁阔叶林林缘。广布于全世界热带与亚热带地区。

2. 香花羊耳蒜

Liparis odorata（Willd.）Lindl.

植株高20~40cm，地生。假鳞茎狭卵球形。茎明显，圆柱形。叶2或3；叶片纸质，狭长圆形至卵状披针形，长6~17cm，宽2.5~6cm，先端渐尖，基部下延，鞘状抱茎。花葶长16~30cm，总状花序疏生多数花；苞片披针形，长4~6mm，短于花梗和子房长；花黄绿色；中萼片条状长圆形，长7~8mm，宽约1.5mm，侧萼片镰状长圆形，长约6mm，宽约2.5mm，反折；花瓣条形，长约6mm；唇瓣倒卵状楔形，长约4mm，宽约3mm，先端近平截，稍波状，中央微凹而具短尖头，基部具2棒状胼胝体；蕊柱长2.5~3mm，前弯，上部具翅，近先端的翅增大成钝圆或钝三角形。花期6—7月，果期10月。

见于均益、烧香岩。生于林下、疏林下或山坡草丛中。分布于东亚、东南亚、南亚。

3. 长唇羊耳蒜

Liparis pauliana Hand.-Mazz.

植株高 8~30cm，地生。假鳞茎聚生，卵球形，肉质，长 1.5~3cm，顶生 2 叶。叶片干后膜质，椭圆形至卵状椭圆形，长 2.7~9cm，宽 1.5~5cm，先端锐尖或稍钝，基部宽楔形，鞘状抱茎。花葶长 8~27cm，总状花序疏生多花；苞片小，卵状三角形，长约 2mm；花大，浅紫色；萼片几相似，狭长圆形，长 8~14mm，宽 1~1.5mm；花瓣条形，与萼片几等长；唇瓣倒卵状长圆形，长 10~15mm，宽 4~7mm，先端圆形并具短尖，边缘全缘，基部具 1 微凹的胼胝体或有时不明显；蕊柱长 3.5~4.5mm，向前弯曲，顶端具翅，基部扩大、肥厚。花期 4—5 月，果期 9—10 月。

见于官埔垟、南溪口、金龙。生于林下阴湿处。分布于东亚。

4 沼兰属 *Oberonioides* Szlach.

地生草本，稀附生。通常具多节的肉质茎或假鳞茎，外面常被有膜质鞘。叶通常 1 枚，近基生，基部具柄，无耳；叶柄无关节。花葶顶生，通常直立，具狭翅；总状花序具多数花；

苞片宿存；花较小；萼片离生，相似，通常开展；花瓣条形；唇瓣位于下方，3裂，无耳，侧裂片条形或三角形，环抱蕊柱，中裂片2裂；蕊柱短，直立，无蕊柱足；花药生于蕊柱顶端后侧，直立；花粉块4，无明显的花粉块柄和黏盘。

2种，分布于中国和泰国。本区有1种。

小沼兰

Oberonioides microtatantha（Schltr.）Szlach.——*Microstylis microtatantha* Schltr.——*Malaxis microtatantha*（Schltr.）Tang et F. T. Wang

植株高3~8cm，地生。假鳞茎球形，肉质，绿色。叶1枚，生于假鳞茎顶端；叶片稍肉质，近圆形、卵形或椭圆形，先端钝圆或稍尖，基部宽楔形，并下延成鞘状柄；叶柄长3~10mm。花葶纤细，长2~2.8cm，生于假鳞茎顶端；总状花序密生多数花；苞片三角状钻形，长约为子房连花梗长的1/2，直立；花小，直径1.5~2mm，黄色，倒置，唇瓣在下方；萼片等长，长圆形，先端钝；花瓣条形或舌状披针形，稍短于萼片；唇瓣近先端3深裂，侧裂片条形，稍短于花瓣，中裂片三角状卵形，稍长于侧裂片。花期4—10月，果期11月。

见于炉岙、老鹰岩、大田坪。生于潮湿的岩石上。我国特有，分布于华东、华南。

5 绶草属 *Spiranthes* Rich.

地生草本。根数条，指状，肉质，簇生。叶基生，多少肉质；叶片条形、椭圆形或宽卵形，稀为半圆柱形，基部下延成柄状鞘。总状花序顶生，具多数密生的花，似穗状，常多少呈螺旋状扭转；花小，不完全开展，倒置，唇瓣位于下方；萼片离生，近相似；中萼片直立，常与花瓣靠合成兜状；侧萼片基部常下延而胀大，有时呈囊状；唇瓣基部凹陷，常有2枚胼胝体，有时具短爪，多少围抱蕊柱，不裂或3裂，边缘常呈皱波状；蕊柱短或长，圆柱形或棒状，无蕊柱足或具长的蕊柱足；花药直立，2室，位于蕊柱的背侧；花粉块2，粒粉质，具短的花粉块柄和狭的黏盘；蕊喙直立，2裂；柱头2，位于蕊喙的下方两侧。

约50种，广布于全球北温带、亚热带，少数见于热带亚洲和南美洲。本区有2种。

分种检索表

1. 花紫红色或粉红色；苞片、子房、萼片均无毛 ……………………………… 1. 绶草 *S. sinensis*
1. 花白色，苞片、子房、萼片被腺状短柔毛 ……………………………… 2. 香港绶草 *S. hongkongensis*

1. 绶草　盘龙参

Spiranthes sinensis（Pers.）Ames

植株高15~45cm。茎直立，基部簇生数条肉质根。叶2~8；叶片稍肉质，下部的条状倒披针形或条形，先端尖，中脉微凹，上部的呈苞片状。穗状花序长4~20cm，具多数呈螺旋状排列的小花；苞片长圆状卵形，稍长于子房，先端长渐尖；花粉红色或紫红色；萼片几等长，长3~4mm，宽约3mm，中萼片长圆形，先端钝，与花瓣靠合成兜状，侧萼片较狭；花瓣与萼片等长；唇瓣长圆形，先端平截，皱缩，基部全缘，中部以上呈啮齿皱波状，表面具皱波纹和硬毛，基部稍凹陷，呈浅囊状，囊内具2凸起；蕊柱短，先端扩大，基部狭窄。花期5—6月，果期7—9月。

区内常见。生于草丛中。分布于亚洲及澳大利亚。

2. 香港绶草

Spiranthes hongkongensis S. Y. Hu et Barretto

植株高15~40cm。茎直立或匍匐。叶2~6，条形至倒披针形，先端尖锐。花葶直立，20~40cm；花序具多数呈螺旋状排列的花；苞片披针形，被稀疏腺状短柔毛，先端渐尖；花白色；子房绿色，长约4mm，被腺状短柔毛；中萼片长圆形，与花瓣靠合成兜状，外表面被腺状短柔毛，先端钝；侧萼片长披针形，外表面被腺状短柔毛，先端钝；唇瓣长圆形，先端平截，皱缩，基部全缘，中部以上呈啮齿皱波状，表面具皱波纹和硬毛，基部稍凹陷，呈浅囊状，囊内具2枚凸起。花期7—8月，果期8—9月。

见于炉岙、凤阳湖。生于海拔1400~1500m的路旁阴湿石壁上。我国特有，分布于华东、华中、华南。

6 无柱兰属 *Amitostigma* Schltr.

地生草本。块茎圆球形至椭圆球形，肉质。叶通常1枚，稀为2或3枚，基生或茎生。总状花序顶生，常具多数花；苞片常为披针形，直立伸展；子房圆柱形至纺锤形，扭转，有时被细乳头状凸起，基部多少具花梗；花较小，淡紫色、粉红色或白色；萼片离生，长圆形、椭圆形或卵形，具1~3脉；花瓣直立，较宽；唇瓣通常较萼片和花瓣长而宽，基部具距，前部通常3裂；蕊柱极短，退化雄蕊2；花药生于蕊柱顶，2室，药室并行；花粉块2，为具小团块的粒粉质，具花粉块柄和黏盘，黏盘裸露；柱头2，离生，多为棒状。蒴果近直立。

约30种，分布于东亚。本区有1种。

无柱兰 细葶无柱兰

Amitostigma gracile（Blume）Schltr.

植株高 9~20cm。块茎椭圆球形，长 1~2.5cm，直径约 1cm，肉质。茎纤细，直立，下部具 1 叶，叶下具 1 或 2 筒状鞘。叶片长圆形或卵状披针形，长 5~12cm，宽 1~3.5cm，先端急尖或稍钝，基部鞘状抱茎。花葶纤细，直立，无毛，总状花序长 1~5cm，具花 5 至 20 余朵，偏向同一侧，疏生；苞片卵状披针形，先端渐尖；花小，红紫色或粉红色；萼片卵形，几靠合；花瓣斜卵形，与萼片近等长而稍宽，长 2.5~3mm，宽约 2mm，先端近急尖；唇瓣 3 裂，长 5~7mm，中裂片长圆形，先端几平截或具 3 细齿，侧裂片卵状长圆形；距纤细，筒状，几伸直，下垂，长 2~3mm；子房长圆锥形，具长柄。花期 6—7 月，果期 9—10 月。

见于官埔垟、炉岙、大田坪。生于海拔 610~1400m 的山坡林缘阴湿岩石上。分布于东亚。

7 时珍兰属 *Shizhenia* X. H. Jin et al.

地生草本。块茎圆球形或卵球形，肉质。叶通常 1 枚，近基生。花序仅具 1 花；苞片叶状，卵状披针形，直立伸展，具鞘；子房纺锤形，扭转；花较大，淡紫色或粉红色，倒置；萼片与花瓣合生，卵状披针形或卵形，具 1~3 脉；花瓣较宽；唇瓣通常较萼片和花瓣长而宽，基部具圆锥状的距，前部通常 3 裂；蕊柱极短，退化雄蕊 2；柱头 2，延伸至蕊柱下方。蒴果近直立。

1 种，我国特有。本区也有。

时珍兰 大花无柱兰

Shizhenia pinguicula（Rchb. f. et S. Moore）X. H. Jin et al.——*Amitostigma pinguicula*（Rchb. f. et S. Moore）Schltr.

植株高 8~16cm。块茎卵球形，直径约 1cm，肉质。茎直立，下部具 1 叶，叶下具 1 或 2 筒状鞘。叶片卵形、舌状长圆形、条状披针形或狭椭圆形，长 1.5~8cm，宽 6~12mm，先端钝或稍急尖。花葶纤细，直立，顶生 1 花；苞片卵状披针形；花粉红色；中萼片卵状披针形，先端急尖，侧萼片卵形，长 6~7mm，宽约 4mm，与中萼片几等长，但较宽，先端渐尖；花瓣斜卵形，较萼片略短而宽，先端钝；唇瓣扇形，长与宽几相等，长约 1.5cm，具爪，3 裂，中裂片倒卵形，先端微凹或全缘，侧裂片卵状楔形，伸展；距圆锥形，长约 1.5cm，下垂；子房无毛。花期 4—5 月，果期 6 月。

见于乌狮窟。生于山坡林下岩石上。我国特有，仅分布于浙江。

8 兜被兰属 *Neottianthe*（Rchb. f.）Schltr.

地生草本。块茎圆球形或卵球形，肉质，颈部生几条细长的根。叶 1 或 2，基生或茎生。总状花序顶生，具多数花；苞片直立伸展；花紫红色或淡红色，常偏向一侧，倒置，唇瓣位于下方；萼片近等大，在 3/4 以上处紧密靠合成兜；花瓣长条形或条状披针形，与中萼片贴生；唇瓣向前伸展，从基部向下反折，常 3 裂，侧裂片常较中裂片短而窄，基部具距；蕊柱短，直立；花药直立，2 室，药室并行；花粉块 2，为具小团块的粒粉质，具短的花粉块柄和黏盘，黏盘小，卵形或近圆形，裸露；蕊喙小，隆起，位于药室基部之间；柱头 2，隆起，位于蕊喙之下。蒴果直立，无喙。

约 7 种，主要分布于亚洲亚热带至北温带山地。本区有 1 种。

二叶兜被兰

Neottianthe cucullata（L.）Schltr.

植株高 6~20cm。块茎圆球形或卵球形。茎直立，基部具 2 近对生的叶，其上常具 2~4 苞片状叶。基部叶片卵形、卵状披针形或椭圆形，长 3~7cm，宽 1.5~3.5cm，先端急尖或渐尖，基部骤狭成抱茎的短鞘。总状花序长 3~10cm，具花 4 至 20 余朵，偏向同一侧；苞片条状披针形，向上渐变短，通常长于子房；花紫红色或粉红色；萼片彼此紧密靠合成兜，中萼片长 6~9mm，宽 2~3mm，先端急尖，具 1 脉，侧萼片斜镰状披针形，与中萼片近等长，具 1 脉；花瓣条形，具 1 脉，与萼片贴生；唇瓣向前伸展，长 7~9mm，上面和边缘具细乳凸，中部 3 裂，裂片三角状条形，具 1 脉，中裂片较侧裂片长而稍宽；距圆锥形，向上稍弯曲。花期 8—9 月。

见于黄茅尖、大小天堂。生于海拔 1000~1600m 山坡路边林下。分布于东亚至中亚、西欧。

9 舌唇兰属 *Platanthera* Rich.

地生草本。具肉质肥厚的根状茎或块茎。茎直立，具 1 至数叶。叶互生，稀近对生。总状花序顶生，具少数至多数花；苞片草质，直立伸展，常为披针形；花常为白色或黄绿色，倒置，唇瓣位于下方；中萼片短而宽，凹陷，常与花瓣靠合成兜状，侧萼片伸展或反折；唇瓣常为舌状或长条形，肉质，不裂，向前伸展，基部两侧无耳，稀具耳，下方具甚长的距；蕊柱粗短；花药直立，2 室，药室平行或叉开，药隔明显；退化雄蕊 2，位于花药基部两侧；花粉块 2，为具小团块的粒粉质，具明显的花粉块柄和裸露的黏盘；蕊喙基部具扩大而叉开的臂；柱头 1，凹陷，与蕊喙下部汇合，两者分不开，或 1 个隆起位于距口的后缘或前方，或 2 个隆起位于距口的前方两侧，离生。蒴果直立。

约 200 种，分布于热带至北温带地区。本区有 4 种。

分种检索表

1. 唇瓣基部 3 裂；柱头隆起凸出；根状茎肉质，指状平展 ………………… **1. 东亚舌唇兰 *P. ussuriensis***

1. 唇瓣不裂；柱头凹陷；根状茎肉质，指状平展或膨大成块茎状。

  2. 叶片长椭圆形至条状长圆形，长为宽的 5 倍以上…………………… **2. 黄山舌唇兰 *P. whangshanensis***

  2. 叶片椭圆形、长圆形至长圆状披针形，长为宽的 4 倍以下。

3. 根状茎肉质，指状平展；花瓣镰形，先端尾状，肉质增厚；距向后斜伸且有时多少上举 …………………… 3. 尾瓣舌唇兰 *P. mandarinorum*

3. 根状茎膨大成块茎状；花瓣斜卵形，先端钝，不肉质增厚；距下垂，多少向前弯曲 …………………… 4. 小舌唇兰 *P. minor*

1. 东亚舌唇兰　小花蜻蜓兰

Platanthera ussuriensis（Regel et Maack）Maxim.——*Tulotis ussuriensis*（Regel et Maack）H. Hara

植株高 20~55cm。根状茎肉质，指状，细长，弓曲。茎直立，通常较纤细，基部具 1 或 2 筒状鞘，鞘之上具叶，下部的 2 或 3 叶较大，向上渐小。大叶片匙形或狭长圆形，直立伸展，先端钝或急尖，基部收狭成抱茎的鞘。总状花序疏生 10 至 20 余朵花；苞片直立伸展，狭披针形，最下部的稍长于子房；花较小，淡黄绿色；中萼片直立，凹陷呈舟状，宽卵形，长约 3mm，宽约 2mm，侧萼片张开或反折，偏斜，狭椭圆形；花瓣直立，狭长圆状披针形，长约 3.5mm，宽约 1mm，与中萼片相靠合且近等长或狭很多，先端钝或近平截；唇瓣条形，肉质，基部 3 裂，两侧各具 1 近半圆形小侧裂片，中裂片舌状条形；距纤细，细圆筒状，下垂，与子房近等长，向末端几乎不增粗；柱头位于蕊喙中央，隆起而肥厚。花期 7—8 月，果期 9—10 月。

见于炉香、大田坪。生于林缘潮湿岩石上。分布于东亚。

2. 黄山舌唇兰

Platanthera whangshanensis（Chien）Efimov——*P. tipuloides* auct. non（L. f.）Lindl.: H. S. Guo in Q. Lin, Fl. Zhejiang 7: 505. 1993.

植株高 20~30cm。根状茎肉质，指状。茎细长，中部以下具大叶 1 枚，其上具 2 或 3 较小的叶，且向上渐小。最大叶片长椭圆形至条状长圆形，长 8~11cm，宽 1~2cm，先端钝，基部收狭成抱茎的鞘。总状花序长 6~12cm，疏生多数花；苞片长披针形，长 0.7~1.2cm，与子房近等长；花绿黄色，细长；中萼片卵形或宽卵形，长 2.5~3mm，宽 2~2.5mm，先端渐尖或钝，具 3 脉，侧萼片反折，狭椭圆形，具 3 脉；花瓣斜卵形，长 2.5~3mm，宽 1.5~2mm，稍肉质，先端钝，具 1 脉；唇瓣三角状条形，肉质，长 5~6mm；距细筒状，长 1.2~1.7cm，向后斜伸且中部以下向上举，末端钝圆；蕊柱短；柱头 1，凹陷，位于蕊喙之下穴内；子房细圆柱形。花期 5—6 月。

见于炉岙、南溪口。生于海拔 1200m 的林缘沟谷中。分布于东亚。

3. 尾瓣舌唇兰

Platanthera mandarinorum Rchb. f

植株高 20~45cm，根状茎肉质，指状。茎直立，具 1~3 叶。叶片长圆形，少为条状披针形，长 5~12cm，宽 1.5~2.5cm，先端急尖，基部抱茎。总状花序疏生 7 至 20 余朵花；苞片披针形，长 7~14mm，长于或等长于子房；花黄绿色；中萼片宽卵形，长 4~5mm，宽 3~4mm，先端钝圆，具 3 脉，侧萼片长圆状披针形，偏斜，长约 5mm，基部一侧扩大，反折，先端钝，具 3 脉；花瓣镰形，下半部卵圆形，基部一侧扩大，上部骤狭为条形、尾状，增厚，具 3 脉，其中 1 脉又侧生支脉；唇瓣舌状条形，长约 6mm，宽 1.5~2mm；距细长，长 2~3cm，向后斜伸且有时向上举；花药直立；子房纺锤形。花期 5—6 月。

见于黄茅尖。生于山坡林下草丛中。分布于东亚。

4. 小舌唇兰

Platanthera minor（Miq.）Rchb. f

植株高 20~60cm。根状茎膨大成块茎状，椭圆球形或纺锤形。茎直立，具 2 或 3 叶，叶由下向上渐小，呈苞片状。叶片椭圆形或长圆状披针形，长 6~15cm，宽 1.5~5cm，先端急尖或钝圆，基部鞘状抱茎，茎上部的条状披针形，先端渐尖。总状花序长 10~18cm，疏生多数花；苞片卵状披针形，长 0.8~2cm；花淡绿色；中萼片宽卵形，长 4~5mm，宽约 3.5mm，先端钝或急尖，具 3 脉，侧萼片椭圆形，稍偏斜，长 5~6mm，宽约 2mm，先端钝，具 3 脉，反折；花瓣斜卵形，先端钝，基部一侧稍扩大，具 2 脉，其中 1 脉又分出 1 支脉；唇瓣舌状，长 5~7mm，肉质，下垂；距细筒状，下垂，稍向前弧曲，长 1~1.5cm；子房圆柱形。花期 5—7 月。

区内常见。生于山坡林下。分布于东亚。

10 玉凤花属 *Habenaria* Willd.

地生草本。块茎肉质，卵球形、球形或椭圆球形，颈部生几条细长的根。茎直立，具叶 2 至多数，基部具 1~3 筒状鞘，上部具苞片状叶。叶散生或集生于茎的中部，或在近基部呈莲座状。总状花序顶生，具少数至多数花；苞片宿存；花白色或淡绿色；中萼片与花瓣靠合成兜状，侧萼片开展或反折；花瓣不裂或分裂；唇瓣基部与蕊柱贴生，通常 3 裂，稀不裂，基部具或长或短的距，稀无距；蕊柱短，蕊喙长厚而大，具臂；花药 2 室，药隔较宽，药室下部通常叉开，基部延长成或长或短的管；花粉块 2，为具小团块的粒粉质，具花粉块柄和黏盘；柱头 2，凸起或延长成为柱头枝，位于蕊柱前方基部。

约 600 种，分布于热带、亚热带至温带地区。本区有 2 种。

分种检索表

1. 叶片长圆形，宽 1.5cm 以上；唇瓣 3 裂，非“十”字形，侧裂片半圆形，尖端具细齿 …………………………………… 1. 鹅毛玉凤花 *H. dentata*

1. 叶片条形，宽 1cm 以下；唇瓣 3 裂，呈“十”字形，侧裂片先端呈流苏状 …………………………………… 2. 线叶十字兰 *H. linearifolia*

1. 鹅毛玉凤花

Habenaria dentata（Sw.）Schltr.

植株高 35~90cm。块茎 1 或 2，肉质，长圆球形，长 2~5cm。茎无毛，散生 3~5 叶，下部具 1~3 筒状鞘，上部具多枚披针形苞片状叶。叶片长圆形，先端渐尖，长 5~15cm，宽 1.5~4cm，基部鞘状抱茎。总状花序密生3至多花；苞片披针形，长1.5~2cm，先端长渐尖；花白色，中等大；中萼片直立，舟状，长 9~10mm，宽 3~5mm，具 5 脉，先端钝；侧萼片斜卵形，长 6~7mm，宽约 4mm，先端渐尖，边缘具睫毛，具 3 脉；花瓣披针形，不裂，长 5~6mm，宽约 1.5mm，与中萼片相靠成兜状；唇瓣 3 裂，中裂片条形，稍短于侧裂片，侧裂片半圆形，先端具细齿，基部具距；距长达 4cm，下垂，向前稍弧曲，向末端逐渐膨大，距口具胼胝体；柱头 2，凸起物并行，具沟。花期 8—9 月。

见于龙案、烧香岩、大小天堂。生于林缘山坡、路旁草丛中。分布于东亚、东南亚、南亚。

块茎药用，有利尿消肿、壮腰补肾之效。

2. 线叶十字兰 线叶玉凤花

Habenaria linearifolia Maxim.

植株高25~80cm。块茎肉质，卵球形至球形。茎直立，茎上散生多叶，叶自基部向上渐小，呈苞片状。中、下部叶条形，先端渐尖，长9~20cm，宽3~7mm，基部扩大成鞘状抱茎。总状花序具8至20余花；苞片长卵状披针形，长约14mm，先端长渐尖；花白色或绿白色；中萼片宽卵形，兜状，长3~4mm，宽约3mm，先端钝圆，具5脉，侧萼片斜卵形，长4~5mm，宽约3mm，先端钝，具6脉，反折；花瓣卵形，长约3mm，宽约2mm，先端尖，具3脉，与中萼片相靠近，直立；唇瓣长10~12mm，宽0.5mm，侧裂片与中裂片近垂直，向前弯，先端撕裂成流苏状；距下垂，向末端逐渐膨大或突然膨大，棒状，长达3cm；柱头凸起物向前伸，前部2裂，平行。花期6—8月，果期10月。

见于大小天堂。生于山顶沼泽地草丛中。分布于东亚。

11 朱兰属 *Pogonia* Juss.

地生草本。常有直生的短根状茎及细长而稍肉质的根，有时有纤细横走的茎。茎细长，直立，在中上部具1叶。叶片扁平，椭圆形至长圆状披针形，草质至稍肉质，基部具抱茎的鞘，无关节。花中等大，通常单朵顶生，少有2或3朵；苞片叶状，明显小于叶，宿存；萼片离生，相似；花瓣通常较萼片略宽而短；唇瓣3裂或近不裂，基部无距，前部或中裂片上常有流苏状或髯毛状附属物；蕊柱细长，上端稍扩大，无蕊柱足；药床边缘啮蚀状；花药顶生，具短柄，向前俯倾；花粉块2，粒粉质，无花粉块柄与黏盘；柱头1；蕊喙宽而短，位于柱头上方。

4种，分布于东亚与北美洲。本区有1种。

朱兰

Pogonia japonica Rchb. f.

植株高达20cm。根状茎短小，具3~7条细长的根。茎细长，直立，在中部或中部以上具1叶。叶片长圆状披针形，直立，先端急尖，基部楔形，下延至茎。花1朵，顶生，淡紫红色；苞片狭长圆形，长2.5~3cm，较子房长；萼片和花瓣几同形等长，狭长圆状倒披针形，长1.6~2cm，宽3~4mm，中部以上3裂，中裂片较长，舌状，边缘具流苏状锯齿，侧裂片较短，基部至中裂片先端具2纵褶片，褶片在中裂片上具明显鸡冠状凸起；蕊柱长约7mm，稍弯曲，上部边缘稍扩大；子房长1~1.5cm。花期5—6月，果期8—9月。

见于黄茅尖。生于海拔1790m的山顶草丛中。分布于东亚。

12 头蕊兰属 *Cephalanthera* Rich.

地生草本。具缩短的根状茎和成簇的肉质纤维根。茎直立，不分枝，具茎生叶 3~7。叶互生，折扇状，通常近无柄，基部鞘状抱茎。总状花序顶生，具数朵花；苞片小，鳞片状或下部的较大；花白色或黄色，近直立或斜展，多少扭转，常不完全开放；萼片离生，相似；花瓣常略短于萼片，有时与萼片多少靠合成筒状；唇瓣常近直立，3 裂，基部凹陷成囊状或有短距；侧裂片较小，常多少围抱蕊柱；中裂片较大，上面有 3~5 褶片；蕊柱直立，近半圆柱形，蕊喙短小，不明显；花药生于蕊柱顶端背侧，直立，2 室；花粉块 2 个，每个稍纵裂为 2，粒粉质，不具花粉块柄，亦无黏盘；柱头凹陷，位于蕊柱前方近顶端处。蒴果直立。

约 16 种，主要分布于东亚和欧洲。本区有 1 种。

金兰

Cephalanthera falcata（Thunb.）Blume

植株高 20~30cm。根状茎粗短，具多数细长的根。茎直立，基部至中部具 3~5 鞘状鳞叶，上部具 4~7 叶。叶片椭圆形或椭圆状披针形，长 8~10cm，宽 2~4cm，先端渐尖或急尖，基部鞘状抱茎。总状花序顶生，具 5~10 花；苞片较小，长约 2mm，短于花梗连子房长；花黄色，直立，长 1.5~2cm，不完全开展；萼片卵状椭圆形，长 1.2~1.5cm，宽 3.5~4.5mm，先端钝或急尖，共 5 脉；花瓣与萼片相似，但稍短；唇瓣长约 5mm，宽约 8mm，先端不裂或 3 浅裂，中裂片圆心形，先端钝，内面具 7 纵褶片，侧裂片三角形，基部围抱蕊柱；距圆锥形，伸出萼外；蕊柱长约 9mm。花期 5 月，果期 8—9 月。

见于大田坪、黄茅尖。生于海拔 1500~1800m 的路边草丛中。分布于东亚。

13 斑叶兰属 *Goodyera* R. Br.

地生草本。根状茎常伸长，匍匐，具节，节上生根。茎直立，具叶。叶互生，稍肉质，具柄，上面常具杂色的斑纹。花序顶生，具少数至多数花，总状，稀因花小、多而密似穗状；花常较小或小，通常偏向同一侧或不偏向同侧；萼片离生，近相似，背面常被毛，中萼片直立，凹陷，与花瓣黏合成兜状，侧萼片直立或张开；唇瓣围绕蕊柱基部，不裂，无爪，基部凹陷成囊状，前部渐狭，先端多少向外弯曲，囊内常有毛；蕊柱短，无附属物；花药直立或斜卧，位于蕊喙的背面；花粉块 2 个，狭长，每个纵裂为 2，为具小团块的粒粉质，无花粉块柄，具黏盘；蕊喙直立，长或短，2 裂；柱头 1，较大，位于蕊喙之下。蒴果直立，无喙。

约 100 种，主要分布于北温带、亚热带，非洲南部、澳大利亚东北部也有。本区有 2 种。

分种检索表

1. 叶片上面绿色，具白色网状斑纹；花白色 …………………………………… 1. 斑叶兰 *G. schlechtendaliana*
1. 叶片上面暗紫绿色，呈天鹅绒状，中脉黄色或黄白色；花白色或粉红色 …… 2. 绒叶斑叶兰 *G. velutina*

1. 斑叶兰

Goodyera schlechtendaliana Rchb. f.

植株高 15~25cm。茎上部直立，具长柔毛，下部匍匐伸长成根状茎，基部具 4~6 叶。叶互生；叶片卵形或卵状披针形，长 3~8cm，宽 0.8~2.5cm，上面绿色，具黄白色斑纹，下面淡绿色；叶柄基部扩大成鞘状抱茎。总状花序长 8~20cm，疏生花数朵至 20 余朵；花序轴被柔毛；苞片披针形，长约 12mm，外面被短柔毛；花白色，偏向同一侧；萼片外面被柔毛，具 1 脉，中萼片狭椭圆状披针形，长 7~10mm，舟状，先端急尖，与花瓣黏合成兜状，侧萼片卵状披针形，长 7~10mm，先端急尖；花瓣倒披针形，长约 10mm，具 1 脉；唇瓣基部囊状，囊内面具稀疏刚毛，基部围抱蕊柱；蕊柱极短；蕊喙 2 裂，呈叉状。花期 9—11 月。

区内常见。生于山坡林下或潮湿岩石上。分布于东亚、东南亚、南亚。

全草民间入药。

2. 绒叶斑叶兰

Goodyera velutina Maxim. ex Regel

植株高达 20cm。根状茎匍匐伸长。茎直立，被柔毛，下部具叶多枚。叶片卵状长圆形，长 2~5cm，宽 1~2.5cm，上面暗紫绿色，呈天鹅绒状，中脉白色或黄白色，下面淡红色，边缘波状，具柄；叶柄长 1~1.5cm，基部扩大抱茎。总状花序直立，长 4~10cm，具花数朵至 10 余朵；花序轴被柔毛；苞片淡红褐色，披针形，长 1~1.5cm，先端渐尖，较花柄连子房长；花白色或粉红色，偏向同一侧；萼片近等长，外面被柔毛，具 1 脉，中萼片长圆形，长 7~8mm，宽约 4mm，侧萼片长圆形，长约 8mm，宽约 3mm，稍偏斜；花瓣长圆状菱形，长 7~8mm，宽约 3mm，与中萼片靠合成兜状；唇瓣凹陷囊状，长约 6mm，囊内面具毛；蕊柱短，长 2~3mm；蕊喙 2 裂，呈叉状，裂片条形。花期 7—10 月。

见于炉岙。生于海拔 1200m 沟边林下。分布于东亚。

14 金线兰属 *Anoectochilus* Blume

地生草本。具根状茎。茎下部匍匐，节上生根。叶近基生，叶片绿色或上面具彩色和光泽，叶柄基部鞘状抱茎。花序总状，顶生；苞片通常短于花；花中等大；萼片离生，中萼片与花瓣靠合成盔状，侧萼片开展；花瓣较萼片短；唇瓣贴生于蕊柱基部，前部通常 2 裂，呈 Y 形，中央缢缩成爪，两侧流苏状撕裂或具锯齿，或全缘，基部凹陷成球状距或圆锥状距，距内沿中脉有 1 褶片状隔膜，或无隔膜；蕊柱短；蕊喙直立；花药 2 室；花粉块 2，每个多少纵裂为 2，棒状，为具小团块的粒粉质，具长或短的花粉块柄，共同具 1 个黏盘；柱头 2，离生，凸出，位于蕊喙基部前方或基部的两侧，稀合生而位于蕊喙前面之下的正中央。蒴果长圆柱形，直立。

约 40 种，分布于热带亚洲至大洋洲。本区有 1 种。

金线兰 花叶开唇兰

Anoectochilus roxburghii（Wall.）Lindl

植株高 8~14cm。具匍匐根状茎。茎上部直立，下部具 2~4 叶。叶片卵圆形或卵形，长 1.3~3cm，宽 0.8~3cm，上面暗紫色，具金黄色网纹脉和丝绒状光泽，下面淡紫红色，先端钝圆或急尖，基部圆形，叶脉 5~7 条；叶柄基部扩展抱茎。总状花序长 3~5cm，疏生 2~6 花；苞片卵状披针形，长 6~8mm，先端尾尖；花白色或粉红色；萼片外面被柔毛，中萼片卵形，长约 6mm，宽约 2.5mm，向内凹陷，侧萼片卵状椭圆形，稍偏斜，与中萼片近等长；花瓣近镰刀状，和中萼片靠合成兜状；唇瓣前端 2 裂，呈 Y 形，裂片舌状条形，边缘全缘，长约 6mm，宽约 1.5mm，中部具爪，爪长约 5mm，两侧具 6 流苏状细条，基部具距；距长约 6mm，末端指向唇瓣，中部生有胼胝体；子房长圆柱形，长 1.2~1.3cm。花期 9—10 月。

见于炉岙。生于林下沟谷阴湿且腐殖质土厚处，亦有栽培。分布于东亚、东南亚、南亚。

全草入药，具清热凉血、解毒消肿、润肺止咳之效。

为国家二级重点保护野生植物。

15 兰属 *Cymbidium* Sw.

地生或附生草本，稀为腐生。根粗壮，肉质。茎极短或稍延长成假鳞茎，通常包藏于叶基部鞘内。叶丛生或基生；叶片带状或剑形，少为椭圆形而具柄，具关节。花葶侧生或发自假鳞茎基部，直立、外弯或下垂；总状花序具数花或多花，较少为单花；苞片长或短，在花期不落；花中等大，通常具香气；萼片与花瓣离生，多少相似；唇瓣位于下方，不裂或3裂，中裂片反折或外弯，侧裂片直立，常多少围抱蕊柱，唇盘上有2条纵褶片，基部贴生于蕊柱基部，无距；蕊柱较长，常多少向前弯曲，两侧有翅，无蕊柱足；花药顶生，1室或不完全2室；花粉块2，近球形，蜡质，有裂隙，生于共同的花粉块柄上，具黏盘。蒴果长椭圆球形。

约48种，分布于亚洲热带与亚热带地区，向南达新几内亚岛和澳大利亚。本区有5种，均为国家二级重点保护野生植物。

春兰、蕙兰、寒兰、建兰等称为“国兰”，观赏价值高，深受广大人民喜爱，在我国栽培历史悠久。但长期以年来采挖严重，须做好资源保护工作。

分种检索表

1. 花序仅具1花，少有2花；苞片较子房连同花梗长 ………………………………… 1. 春兰 *C. goeringii*
1. 花序具3至多花；苞片短于子房连同花梗长。
  2. 叶片基部具关节；花葶斜出而稍弯垂，花序具花20朵以上，花无香气 …… 2. 多花兰 *C. floribundum*
  2. 叶片基部无关节；花葶直立，花序具5~18花，花具香气。
    3. 叶脉透明，中脉明显；唇瓣中裂片边缘具不整齐的齿，皱褶呈波状 ……………… 3. 蕙兰 *C. faberi*
    3. 叶脉不透明，主脉两面凸起；唇瓣中裂片边缘无齿，不呈波状。
      4. 叶片稍柔软下垂；花葶短于叶丛；上部苞片短于子房长 …………………… 4. 建兰 *C. ensifolium*
      4. 叶片坚硬直立；花葶长于或近等长于叶丛；上部苞片与子房近等长 ……………… 5. 寒兰 *C. kanran*

1. 春兰　草兰

Cymbidium goeringii（Rchb. f.）Rchb. f.

地生草本。根状茎短。假鳞茎集生于叶丛中。叶基生，4~6枚成束；叶片带形，长

20~40cm，宽 5~9mm，先端锐尖，基部渐尖，边缘略具细齿。花葶直立，高 3~7cm，具 1 花，稀 2 朵；苞片膜质，鞘状包围花葶；花淡黄绿色，具清香，直径 6~8cm；萼片较厚，长圆状披针形，中脉紫红色，基部具紫纹，中萼片长 2.5~4cm，宽 8~10mm，侧萼片长约 2.7cm，宽约 8mm；花瓣卵状披针形，长 2~3cm，宽约 7mm，具紫褐色斑点，中脉紫红色，先端渐尖；唇瓣乳白色，长 2~2.5cm，宽约 1cm，不明显 3 裂，中裂片向下反卷，先端钝，侧裂片较小，位于中部两侧，唇盘中央从基部至中部具 2 褶片；蕊柱直立，长约 1.2cm，蕊柱翅不明显。蒴果长椭圆柱形。花期 2—4 月，果期 4—6 月。

区内常见，农户亦多栽培。生于山坡林下或林缘。分布于东亚。

本种栽培历史悠久，为我国传统十大名花之一，品种众多。

2. 多花兰

Cymbidium floribundum Lindl.——*C. floribundum* Lindl. var. *pumilum*（Rolfe）Y. S. Wu et S. C. Chen

地生草本。假鳞茎卵状圆锥形，隐于叶丛中。叶 3~6 枚成束丛生；叶片坚纸质，长 20~40cm，宽 8~20mm，带形，基部具明显关节，全缘。花葶常斜出或稍下垂，较叶短；总状花序密生 20~50 花；苞片卵状披针形，长约 5mm；花无香气，红褐色；萼片近同形等长，狭长圆状披针形，长 1.6~2cm，宽 4~6mm，先端急尖，基部渐狭，侧萼片稍偏斜；花瓣长椭圆形，长 1.8~2cm，宽约 4mm，先端急尖，基部渐狭，具紫褐色带黄色边缘；唇瓣卵状三角形，长约 2cm，宽约 4mm，上面具乳凸，明显 3 裂，中裂片近圆形，稍向下反卷，紫褐色，中部浅黄色，侧裂片半圆形，直立，具紫褐色条纹，边缘紫红色，唇盘从基部至中部具 2 黄色平行褶片；蕊柱长约 1.2cm，无蕊柱翅。花期 4—5 月，果期 7—8 月。

区内常见，亦多见栽培。常生于林缘或有覆土的潮湿岩石上。我国特有，分布于华东、华中、华南、西南。

3. 蕙兰　九节兰　夏兰

Cymbidium faberi Rolfe

地生草本。根粗壮，带白色。假鳞茎不明显。叶 6~10 枚束状丛生；叶片带形，长 25~80cm，宽 5~12mm，革质，多少硬而直立或下弯，边缘具细锯齿，叶脉透明，中脉明显。花葶高 30~60cm，中部以下具 4~6 枚膜质鞘；总状花序具 9~18 花；苞片披针形，长 2~3cm，短于子房连同花梗长；花黄绿色或紫褐色，直径 5~7cm，具香气；萼片狭长倒披针形，长 2.5~3cm，宽 6~8mm，稍肉质，先端急尖；花瓣狭长披针形，长约 2.5cm，宽 8~10mm，基部具红线纹；唇瓣长圆形，长 2~2.5cm，宽约 1cm，苍绿色或浅黄绿色，具红色斑点，不明显 3 裂，中裂片椭圆形，向下反卷，上面具透明乳凸和紫红色斑点，边缘具不整齐的齿，且皱褶呈波状，侧裂片直立，紫色，唇盘上有 2 弧形的褶片；蕊柱黄绿色，蕊柱翅明显。花期 4—5 月，果期 5—6 月。

区内常见，亦多见农户栽培。生于山坡林下潮湿处。分布于东亚、东南亚、南亚。

著名观赏兰花，有许多品种。

4. 建兰 秋兰

Cymbidium ensifolium Sw.

地生草本。根状茎短。假鳞茎卵球形。叶 2~6 枚成束；叶片带形，有光泽，长 30~50cm，宽 1~1.5cm，较弱软而弯曲下垂，先端急尖，基部收狭，边缘具不明显的钝齿，具 3 条两面凸起的主脉。花葶高 20~35cm，基部具膜质鞘；总状花序具 5~10 花；苞片卵状披针形，长约 1cm，上部的短于子房；花苍绿色或黄绿色，具清香，直径 4~5cm；萼片具 5 条深色的脉，长 2.3~2.8cm，宽 5~8mm，中萼片长椭圆状披针形，侧萼片稍呈镰刀状；花瓣长圆形，长约 2cm，宽约 8mm，具 5 条紫色的脉；唇瓣卵状长圆形，长 1.5~2cm，宽约 1cm，具红色斑点和短硬毛，不明显 3 裂，中裂片向下反卷，先端急尖，侧裂片长圆形，浅黄褐色，唇盘上具 2 半月形白色褶片；蕊柱长 1~1.4cm。花期 7—10 月。

见于炉岙。生于山坡林下腐殖质丰富的土壤中。分布于东亚、东南亚、南亚。

本种各地均有栽培。

5. 寒兰

Cymbidium kanran Makino

地生草本。假鳞茎卵球状棍棒形，或多少压扁，隐于叶丛中。叶 4 或 5 枚成束；叶片带形，长 35~70cm，宽 1~1.7cm，革质，坚挺，深绿色，略带光泽，先端渐尖，边缘近先端具细齿，叶脉在两面均凸起。花葶直立，长 30~54cm，稍长于或近等长于叶；总状花序疏生 5~12 花；苞片披针形，长 1.3~3.8cm，上部的与子房近等长；花绿色或紫色，直

径 6~8cm，具香气；萼片条状披针形，长约 3.5cm，宽 3~4mm，中萼片稍宽，先端渐尖，具几条红线纹；花瓣披针形，长 2.8~3cm，宽约 5mm，先端急尖，基部收狭，具 7 脉，近基部具红色斑点；唇瓣卵状长圆形，长 2.3~2.5cm，宽 7~12mm，乳白色，具红色斑点或紫红色，不明显 3 裂，中裂片先端钝，边缘无齿，侧裂片直立，半圆形，有紫红色斜纹，唇盘从基部至中部具 2 平行的褶片；蕊柱长 1.2cm，无蕊柱翅。花期 10—11 月。

见于保护区外围梅地，亦常见栽培。生于山坡林下或溪谷旁腐殖质丰富的土壤。我国特有，分布于华东、华中、华南、西南。

各地常栽培供观赏。

16 虾脊兰属 *Calanthe* R. Br.

地生草本。具短的根状茎与叶鞘包围的假鳞茎。叶 2 至数枚；叶片通常较大，少数为带状，先端尖，基部下延成鞘状柄，或无柄，全缘，干后通常呈靛蓝色。花葶直立，从叶丛中长出，或从假鳞茎基部的一侧长出；总状花序具多数花；花中等大；萼片与花瓣近相似，离生，开展；唇瓣大，基部全部或部分与蕊柱合生，通常 3 裂或不裂；蕊柱通常粗短，前面两侧具翅；蕊喙 2 裂或近 3 裂，裂片三角形；花药圆锥形，2 室；花粉块 8，蜡质，成 2 群，药帽心形。蒴果长圆柱形，常下垂。

约 150 种，分布于亚洲热带和亚热带地区、新几内亚岛、澳大利亚、热带非洲以及中美洲。本区有 2 种。

分种检索表

1. 唇瓣之中央裂片先端微凹而具短尖，距先端钩状 ………………………… **1. 钩距虾脊兰 *C. graciliflora***
1. 唇瓣之中央裂片先端明显 2 裂，不具短尖，距先端弯曲但非钩状 ……………… **2. 虾脊兰 *C. discolor***

1. 钩距虾脊兰

Calanthe graciliflora Hayata

植株高约 60cm。假鳞茎短，近卵球形，长 5~15cm，粗约 1.5cm，具 3 或 4 鞘状叶和 3 或 4 叶。叶片椭圆形或椭圆状披针形，长达 30cm，宽 4~7cm，两面无毛，先端急尖，基部楔形下延至柄。花葶出自假鳞茎上端的叶丛间，长达 50cm；总状花序长达 32cm，疏生多数花；苞片膜质，披针形；花下垂，直径约 2cm；萼片和花瓣在背面淡黄色或黄褐色，内面淡黄色，中萼片近椭圆形，先端锐尖，长 10~15mm，宽 5~6mm，基部收狭，侧萼片近似于中萼片，但稍狭；花瓣倒卵状披针形，先端锐尖，基部具短爪；唇瓣浅白色，3 裂，侧裂片稍斜的卵状楔形，基部约 1/3 与蕊柱翅的外侧边缘合生，中裂片近方形或倒卵形，先端扩大，微凹，在凹处具短尖，唇盘上具 4 褐色斑点和 3 平行的龙骨状脊凸；距圆筒形，长 10~13mm，先端钩曲。花期 4—5 月。

区内各地常见。生于山坡林下阴湿地或竹林中。我国特有，分布于华东、华中、华南、西南。

2. 虾脊兰

Calanthe discolor Lindl.

植株高 30~40cm。假鳞茎粗短，近圆锥形，粗约 1cm，具 3 或 4 鞘状叶。叶近基生，通常 2 或 3 枚；叶片狭倒卵状长圆形，长达 25cm，宽 4~6cm；叶柄明显，基部扩大。花葶从当年新株的幼叶的叶丛中长出，长 30~50cm，下部具几枚鞘状的鳞叶；总状花序有花数朵至 10 余朵；花序轴被短柔毛；苞片膜质，披针形；花紫褐色，开展；萼片近等长，长约 1.3cm，中萼片卵状椭圆形，侧萼片狭卵状披针形；花瓣较中萼片小，倒卵状匙形或倒卵状披针形，长 11~13mm，中部宽 6~7mm；唇瓣与萼片近等长，玫瑰色或白色，3 裂，中裂片卵状楔形，先端 2 裂，边缘具齿，侧裂片斧状，稍内弯，全缘，唇盘上具 3 褶片；距细长，长 5~10mm，先端弯曲而非钩状。花期 5 月。

见于乌狮窟。生于林下阴湿地。分布于东亚。

17 白及属 *Bletilla* Rchb. f.

地生草本。假鳞茎扁球形，具荸荠似的环纹，彼此接成一串，生数条细长根。茎直立，生于假鳞茎顶端，具3~9叶。叶互生，具折扇状叶脉，叶片与叶柄之间具关节，叶柄互相卷抱成茎状。总状花序顶生，具3至数花；苞片小，早落；花紫红色、黄色或白色，倒置，唇瓣位于下方；萼片离生，与花瓣相似；唇瓣3裂或几不裂，唇盘上面有3~5脊状褶片，基部无距；蕊柱细长，无蕊柱足，两侧具翅；花药2室；花粉块8个，成2群，每一药室4个，成对而生，粒粉质，多颗粒状，具不明显的花粉块柄，无黏盘；柱头1，位于蕊喙之下。蒴果长圆状纺锤形，直立。

约6种，分布于东亚。本区有1种。

白及 白芨

Bletilla striata Rchb. f.

植株高30~80cm，具粗壮、明显的茎。假鳞茎扁球形，具荸荠似的环纹，彼此连接，富黏性。叶4或5；叶片狭长椭圆形或披针形，长15~35cm，宽2~5cm，基部渐窄，下延成长鞘状抱茎，叶面具多条平行纵褶。总状花序顶生，具4~10花；苞片长椭圆状披针形，长2~3cm，开花时凋落；花较大，直径约4cm，紫红色或玫瑰红色；萼片离生，与花瓣几相似，狭卵圆形，长2.5~3cm，宽6~8mm；唇瓣倒卵形，长约2.5cm，白色带红色，具紫色脉纹，中部以上3裂，侧裂片直立，围抱蕊柱，先端钝而具细齿，稍伸向中裂片，中裂片倒卵形，上面有5脊状褶片，褶片边缘波状；蕊柱两侧具翅，具细长的蕊喙。花期5—6月，果期7—9月。

见于官埔垟。生于海拔约750m的林缘路边。分布于东亚。

根可入药，具收敛止血、消肿生肌之功效；花美丽，可供观赏。

为国家二级重点保护野生植物。

18 独蒜兰属 *Pleione* D. Don

地生草本，或附生于覆土的岩壁。假鳞茎常较密集，卵球形、圆锥形至陀螺形，叶脱落后顶端通常有皿状或浅杯状的环。叶1或2，常在冬季凋落，少有宿存，生于假鳞茎顶端，多少具折扇状脉，有短柄。花葶从老鳞茎基部发出，直立；花序具1或2花；苞片常有色彩，较大，宿存；花大而美丽；萼片离生，相似；花瓣常略狭于萼片；唇瓣不裂或3裂，基部常多少收狭，有时贴生于蕊柱基部而呈囊状，上部边缘啮蚀状或撕裂状，上面具2至数条纵褶片或沿脉具流苏状毛；蕊柱细长，稍向前弯曲，两侧具狭翅；花粉块4，蜡质，每2个成对，具花粉块柄；柱头横生。蒴果纺锤状，具3纵棱，成熟时沿纵棱开裂。

约19种，主产于热带亚洲。本区有1种。

台湾独蒜兰

Pleione formosana Hayata——*P. bulbocodioides* auct. non（Franch.）Rolfe: H. S. Guo in Q. Lin, Fl. Zhejiang 7: 532. 1993.

植株高达20cm，生于覆土的岩石表面。假鳞茎卵球形，绿色或暗紫色，顶端具1叶。叶在花期尚幼嫩，长成后叶片椭圆形或倒披针形，长5~15cm，宽1.5~2.5cm，纸质，先端渐尖，基部收狭成柄。花葶直立，基部有2或3膜质的圆筒状鞘，顶端通常具1花，极少2花；苞片条状披针形，稍长于花梗和子房；花紫红色或粉红色；萼片与花瓣近等长，近同形，狭披针形，长4~5cm，宽约1cm；花瓣稍狭，条状倒披针形，具5脉，中脉明显，先端急尖；唇瓣宽卵状椭圆形至近圆形，长3.5~4cm，最宽处达3cm，基部楔形，先端不明显3裂，侧裂片先端圆钝，中裂片半圆形，先端微缺或不凹缺，上部边缘撕裂状，上面具3~5纵褶片；蕊柱长3~4cm，顶部多少膨大，成翅。花期4—5月，果期7月。

区内较常见。生于海拔1000~1600m林缘腐殖质丰富的岩石上。我国特有，分布于华东、华南。

假鳞茎药用，具清热解毒、消肿散结之功效。

为国家二级重点保护野生植物。

19 带唇兰属 *Tainia* Blume

地生草本。根状茎横生。假鳞茎肉质，顶生1叶。叶片大，叶脉折扇状，具长柄；叶柄具纵条棱，无关节或在远离叶基处具1关节，基部被筒状鞘。花葶侧生于假鳞茎基部，直立，不分枝，具筒状鞘；总状花序具少数至多数花；苞片膜质，比花梗和子房短；花中等大，开展；萼片和花瓣相似，侧萼片贴生于蕊柱基部或蕊柱足上；唇瓣贴生于蕊柱足末端，直立，基部具短距或浅囊，不裂或前部3裂，侧裂片多少围抱蕊柱，中裂片上面具脊凸或褶片；蕊柱向前弯曲，两侧具翅，基部具蕊柱足；花粉块8，蜡质，每4个为1群，等大或其中2个较小，无明显的花粉块柄和黏盘。

约15种，分布于热带和亚热带地区。本区有1种。

带唇兰

Tainia dunnii Rolfe

植株高30~50cm。根状茎匍匐伸长，节上生假鳞茎。假鳞茎圆锥状长圆柱形，紫褐色，顶生1叶。叶片长椭圆状披针形，长15~20cm，宽0.6~2.5cm，先端渐尖，基部渐狭，具长柄。花葶直立，从假鳞茎侧边的根状茎上长出，高30~60cm，纤细；总状花序疏生10余朵花；苞片条状披针形，长约5mm，短于子房；花淡黄色；中萼片披针形，先端急尖，侧萼片与花瓣几等长，镰状披针形，长1.2~1.5cm，萼囊钝，长约3mm；唇瓣长圆形，长约1cm，3

裂，侧裂片镰状长圆形，中裂片横椭圆形，先端平截或中央稍凹缺，上面有3短的褶片，唇盘上有2纵褶片；蕊柱棍棒状，弧曲，长约6mm，具短蕊柱足。花期5月，果期7月。

区内常见。生于山坡林下潮湿地带。我国特有，分布于华东、华中、华南、西南。

20 带叶兰属 *Taeniophyllum* Blume

小型附生草本。茎短，几不可见，无绿叶，基部被多数淡褐色鳞片，具许多长而伸展的气生根。气生根圆柱形、扁圆柱形或扁平，紧贴于附体的树干表面，雨季常呈绿色，旱季时浅白色或淡灰色。总状花序直立，具少数花；花序梗和花序轴很短；苞片宿存，2列或多列互生；花小；萼片和花瓣离生，或中部以下合生成筒；唇瓣不裂或3裂，着生于蕊柱基部，基部具距，先端有时具倒向的针刺状附属物；距内无附属物；蕊柱粗短，无蕊柱足；药帽前端伸长而收狭；花粉块4，蜡质，等大或不等大，彼此分离；黏盘长圆形或椭圆形，明显比黏盘柄宽，黏盘柄短或狭长。

约120种，主要分布于热带亚洲和大洋洲，少数种向北至中国和日本。本区有1种。

带叶兰　蜘蛛兰

Taeniophyllum glandulosum Blume

植株极小，无绿叶，具发达的根。茎几无，被多数褐色鳞片。根极多，簇生，稍扁而弯曲，长3~12cm，伸展成蜘蛛状，附生于树干表皮。总状花序1~4，直立，具1~4花；苞片极小，宿存；花黄绿色；萼片和花瓣在中部以下合生成筒状，上部离生，中萼片卵状披针形，上部稍外折，在背面中肋呈龙骨状隆起，侧萼片与中萼片近等大，背面具龙骨状的中肋；花瓣卵形，先端锐尖；唇瓣卵状披针形，向先端渐尖，先端具1倒钩的刺状附属物，基部两侧上举而稍内卷；距短囊袋状，距口前缘具1肉质横隔。蒴果圆柱形。花期4—7月，果期6—10月。

见于保护区外围大赛。附生于林中树干上。分布于东亚、东南亚至大洋洲。

21 石斛属 *Dendrobium* Sw.

附生草本。鳞茎伸长成茎状，不分枝或分枝，丛生，直立或下垂，圆柱状，通常肉质，具多节，或有时假鳞茎膨大成多种形状。叶 1 至多枚；叶片革质、硬纸质或肉质，扁平，全缘，先端锐尖或不等侧 2 圆裂，基部具关节和膜质鞘，或无鞘。总状花序侧生茎上部的节上，具数朵花，稀具 1 花；花序梗通常很短；苞片细小或无；花大而艳丽；萼片相似，中萼片离生，侧萼片与蕊柱足合生成囊状的萼囊；花瓣多少与中萼片相似；唇瓣位于下方，贴生于蕊柱基部，先端 3 裂或不裂；蕊柱短，具或长或短的蕊柱足，先端通常具 2 钻状的蕊柱齿，蕊喙小；花药 2 室；花粉块 4，每室 1 对，离生，蜡质，无附属物。蒴果卵球形、长圆柱形或倒卵球形。

约 1000 种，分布于亚洲热带和亚热带地区、大洋洲。本区有 1 种。

细茎石斛　铜皮石斛

Dendrobium moniliforme（L.）Sw.

附生草本。茎细圆柱形，长 10~35cm，或更长，粗 3~5mm，不分枝，具多节，节间长 2~4cm，节上具膜质筒状鞘，干后金黄色或带深灰色。叶 3~8，常在茎的中部以上互生；叶片长圆状披针形，长 3~4.5cm，宽 0.5~1cm，先端钝且稍不等 2 侧裂，基部下延为抱茎的鞘。总状花序 2 至数个，侧生于具叶和已落叶的老茎上部，具 1~4 花；苞片卵状三角形，干膜质，浅白色带淡红色斑纹；花白色或黄绿色，稀白色带淡紫红色，直径 2~3cm，有时芳香；萼片与花瓣近相似，近长圆状披针形，长 1.5~2cm，宽 3~5mm，侧萼片偏斜；唇瓣白色，卵状披针形，3 裂，基部常具 1 椭圆形胼胝体，唇盘在两侧裂片之间密布短柔毛，近中裂片基部常具 1 淡褐或浅黄色的斑块；蕊柱短，白色。花期 4—5 月，果期 7—8 月。

见于官埔垟、将军岩、凤阳湖及保护区外围屏南金林。附生于林中树上或山谷岩壁上。分布于东亚。

为国家二级重点保护野生植物。

22 石豆兰属 *Bulbophyllum* Thouars

附生草本。根状茎匍匐。假鳞茎形状多样、大小不一，彼此紧靠，聚生或疏离。叶通常 1 枚，稀 2 或 3，生于假鳞茎顶端；叶片肉质或革质，先端稍凹、圆钝或锐尖。花葶侧生于假鳞茎基部或从根状茎的节上长出；近伞状花序、总状花序，或仅具 1 花；苞片小，膜质；萼片近相似或不相似，全缘或边缘具齿、毛或其他附属物，侧萼片离生，或对应边缘部分或大部分黏合，基部贴生于蕊柱足两侧而形成萼囊；花瓣全缘或边缘具齿、毛等附属物；唇瓣肉质，向外下弯，基部与蕊柱足末端连接而形成活动或不动的关节；蕊柱短，具翅，基部延伸为足；花药俯倾，2 室或由于隔膜消失而成 1 室；花粉块蜡质，4 个成 2 对，无附属物。蒴果卵球形，无喙。

约 1000 种，分布于亚洲、美洲、非洲等热带和亚热带地区，大洋洲也有。本区有 1 种。

广东石豆兰

Bulbophyllum kwangtungense Schltr.

根状茎长而匍匐。假鳞茎长圆柱形，在根状茎上远离着生，彼此相距 2~7cm，顶生 1 叶。叶片革质，长圆形，先端钝圆而凹，基部渐狭成楔形，中脉明显，具短柄，有关节。花葶从假鳞茎基部长出，高于叶，长达 8cm，有 3~5 膜质鞘；总状花序短，呈伞状，具 2~4 花；苞片小，较花梗连子房短；花淡黄色；萼片近同形，条状披针形，长 8~10mm，基部上方宽 1~1.3mm，中萼片长披针形，长约 1cm，宽约 1.5mm，侧萼片稍长，上部边缘上卷成筒状，先端尾状，基部贴生于蕊柱基部和蕊柱足上；花瓣狭披针形，长 4~5mm，先端长渐尖，全缘；唇瓣对折，较花瓣短，长约 1.5mm，中部宽约 0.4mm，唇盘上具 4 褶片。花期 6 月，果期 9—10 月。

见于官埔垟、烧香岩。附生于溪边石壁上。我国特有，分布于华东、华中、华南、西南。

23 厚唇兰属 *Epigeneium* Gagnep.

附生草本。根状茎匍匐，质地坚硬，密被栗色或淡褐色鞘。假鳞茎疏生或密生于根状茎上，基部具 2 或 3 鞘，顶生 1 或 2 枚叶。叶片革质，具短柄或几无柄，有关节。花单生于假鳞茎顶端，或为总状花序，具少数至多数花；苞片膜质，栗色，远比花梗连子房短；萼片离生，相似，侧萼片基部歪斜，贴生于蕊柱足，与唇瓣形成明显的萼囊；花瓣与萼片等长，较狭；唇瓣贴生于蕊柱足末端，中部缢缩而形成前、后唇或 3 裂，侧裂片直立，中裂片伸展，唇盘上面常有纵褶片；蕊柱短，具蕊柱足，两侧具翅；蕊喙半圆形，不裂；花粉块蜡质，4 个，成 2 对，无黏盘和黏盘柄。

约 35 种，主要分布于热带亚洲地区。本区有 1 种。

单叶厚唇兰

Epigeneium fargesii（Finet）Gagnep.

根状茎匍匐而不分枝。假鳞茎斜生，卵球形，长约 1cm，彼此相距约 1cm，顶生 1 叶。叶片革质，卵形或宽卵状椭圆形，长 1~2.5cm，宽 7~11mm，先端凹缺，基部圆形。花单生于假鳞茎顶端，紫红色而带白色；苞片小，膜质，位于花梗基部；中萼片卵形，长约 1cm，宽约 6mm，先端急尖，侧萼片斜三角状卵形，长约 1.5cm，宽约 6mm，基部与蕊柱足合生成萼囊，上部离生部分较中萼片长，先端急尖；花瓣与中萼片近相似，但稍长；唇瓣 3 裂，长约 2.3cm，中部缢缩，分前、后两部分，前唇部阔倒卵状肾形，先端深凹，后唇部的侧裂片半圆形；蕊柱短，具长的蕊柱足。花期 4—5 月。

见于凤阳庙。附生于海拔 1500m 左右的沟谷岩壁上。分布于东亚、东南亚。

24 石仙桃属 *Pholidota* Lindl. ex Hook.

附生草本。根状茎匍匐，具节，节上生根。假鳞茎在根状茎上疏离或密集。叶 1 或 2，生于假鳞茎顶端；叶片质厚，具短柄。花葶生于假鳞茎顶端；总状花序具数朵或多朵花；花序轴常稍曲折；苞片大，2 列，多少凹陷，宿存或早落；花小，常不完全张开；萼片相似，常多少凹陷，侧萼片背面常有龙骨状凸起；花瓣常小于萼片；唇瓣凹陷或仅基部凹陷成浅囊状，不裂或稀 3 裂，唇盘上有时有粗厚的脉或褶片，无距；蕊柱短，上端有翅，翅常围绕花药，无蕊柱足；蕊喙较大，弯拱，盖于柱头穴之上；花药前倾，生于药床后缘上；花粉块 4，蜡质，近等大，成 2 对，共同附着于黏质物上。蒴果常有棱。

约 30 种，主要分布于亚洲热带至亚热带南缘地区。本区有 1 种。

细叶石仙桃

Pholidota cantonensis Rolfe

根状茎长而匍匐，被鳞片。假鳞茎疏生于根状茎上，卵球形至卵状长圆球形，顶端具 2 叶，幼时被鳞片。叶片革质，条状披针形，长 2~8cm，宽 4~8mm，先端钝或短尖，基部收狭为短柄，叶脉明显。花葶着生于幼假鳞茎顶端；总状花序具 10 余朵花，花近 2 列；苞片卵状长圆形，开花时脱落；花小，白色或淡黄色；萼片近相似，椭圆状长圆形，长 3~4mm，宽约 2mm，离生，具 1 脉，侧萼片背面具狭脊；花瓣卵状长圆形，与萼片等长，但较宽，先端急尖；唇瓣兜状，长约 3.5mm，宽约 2mm，唇盘上无褶片；蕊柱短，长约 3mm，顶端具 3 浅裂的翅。蒴果椭圆球形。花期 3—4 月，果期 8 月。

区内常见。附生于沟谷石壁上。我国特有，分布于华东、华中、华南。

全草可入药，具滋阴润肺、清热凉血之功效。

25 盆距兰属 *Gastrochilus* D. Don

附生草本，具粗短或细长的茎。茎具少数至多数节，节上长出长而弯曲的根。叶多数，稍肉质或革质，通常2列互生，扁平，先端不裂，或2裂，基部具关节和抱茎的鞘。花序侧生，比叶短，不分枝或少有分枝；总状花序或常由于花序轴缩短而呈伞形花序，具少数至多数花；花序梗和花序轴粗壮或纤细；花小至中等大，多少肉质；萼片和花瓣近相似，多少伸展成扇状；唇瓣分为前唇和后唇（囊距），前唇垂直于后唇而向前伸展，后唇贴生于蕊柱两侧，与蕊柱近平行，盔状、半球形或近圆锥形，少有长筒形的；蕊柱粗短，无蕊柱足；蕊喙短，2裂；花药俯倾，药帽半球形，其前端收狭；花粉块2，蜡质，近球形，具1孔隙；黏盘厚，一端2叉裂，黏盘柄扁而狭长。

47种，分布于亚洲热带和亚热带地区。本区有1种。

中华盆距兰

Gastrochilus sinensis Tsi

茎细长，匍匐，长10~20cm或更长，粗约2mm。叶2列互生，平展；叶片椭圆形或长圆形，长1~2.5cm，宽不及1cm，革质，两面具紫红色斑点，先端细尖，基部收窄。花葶侧生，长约1cm；总状花序具2或3花，有时1朵；苞片卵状三角形，近肉质；花黄绿色，具紫红色斑点；花被片稍肉质，开展，中萼片舟状椭圆形，先端钝圆，长4~5mm，宽约2.5mm，侧萼片长圆形，稍偏斜，先端钝，背面中肋凸起成龙骨状；花瓣近倒卵形；唇瓣垫状增厚，前唇肾形，长约2.5mm，宽4~5mm，边缘与上面密被短柔毛，中央具增厚的垫状物，后唇近圆锥形，长3.5~4mm，宽约3mm，多少两侧压扁，末端圆钝并且稍向前弯曲；蕊柱长约2mm；药帽前端收窄成狭三角形。花期3—4月。

见于凤阳庙。附生于海拔1450m的林中树干上。我国特有，分布于华东、西南。

中名索引

S

T

W

X

Y

Z

拉丁名索引

D

E

S

T

V

Y

Z